普通高等教育“十一五”国家级规划教材
全国高职高专教育土建类专业教学指导委员会规划推荐教材

# 建筑装饰制图

（建筑装饰工程技术专业适用）

本教材编审委员会组织编写
张小平　张志明　主编

中国建筑工业出版社

图书在版编目（CIP）数据

建筑装饰制图/本教材编审委员会组织编写. —北京：中国建筑工业出版社，2005（2023.4 重印）
普通高等教育“十一五”国家级规划教材
全国高职高专教育土建类专业教学指导委员会规划推荐教材. 建筑装饰工程技术专业适用
ISBN 978-7-112-07149-4

Ⅰ. 建… Ⅱ. 本… Ⅲ. 建筑装饰-建筑制图-高等学校：技术学校-教材 Ⅳ. TU238

中国版本图书馆 CIP 数据核字（2005）第 018369 号

本书是高职高专教育土建类专业教学指导委员会规划推荐教材，可供高职高专建筑装饰工程技术类专业师生使用。本书内容分为三个部分：第一部分为制图的理论基础——正投影法。第二部分内容是阴影和透视投影。第三部分是专业施工图部分。本教材可作为高等职业技术学院、高等学校专科、职业大学等建筑装饰工程技术专业建筑装饰制图教材使用，也可作为环境艺术、室内设计等专业的教材和教学参考书。

* * *

责任编辑：朱首明 陈 桦
责任设计：郑秋菊
责任校对：李志瑛 张 虹 王金珠

---

普通高等教育“十一五”国家级规划教材
全国高职高专教育土建类专业教学指导委员会规划推荐教材
**建筑装饰制图**
（建筑装饰工程技术专业适用）
本教材编审委员会组织编写
张小平 张志明 主编
*
中国建筑工业出版社出版、发行（北京西郊百万庄）
各地新华书店、建筑书店经销
北京云浩印刷有限责任公司印刷
*
开本：787×1092 毫米 1/16 印张：34¾ 字数：630 千字
2005 年 4 月第一版 2023 年 4 月第十八次印刷
定价：**48.00** 元（含习题集）
ISBN 978-7-112-07149-4
（13103）
**版权所有 翻印必究**
如有印装质量问题，可寄本社退换
（邮政编码 100037）

# 本教材编审委员会名单

**主任委员：**季　翔

**副 主 任：**陈卫华

**委　　员：**（按姓氏笔画为序）

丁春静　马有占　马松雯　王华欣　冯美宇

孙亚峰　邢　宏　刘君政　刘超英　张小平

李　宏　杨青山　张若美　何　路　林锦基

袁建新　钟　建　蔡可键　蔡慧芳

# 前　言

随着我国经济建设的不断发展和人民生活水平的提高，人们对所生活、工作的环境的美观、舒适程度要求越来越高，从而产生了建筑装饰这个新行业，而且发展之快是有目共睹的，建筑装饰市场越来越热，建筑装饰行业也在不断地壮大。对于从事建筑装饰行业中装饰设计、装饰施工和管理工作的工程技术人员，装饰制图和识图是其必须掌握的基本知识。

根据我们在平时工作和与装饰行业的不断联系以及毕业学生反馈回来的意见，本教材在编写过程中吸取了其他出版社编写的有关装饰制图教材的优点，结合装饰行业与毕业学生的建议，主要突出以下几点：

1. 基本理论部分以够用为主，目前高职、高专采用的教学模式，总教学时数减少，为了给专业施工图部分留出足够的时间，基础知识部分进行了精简，内容围绕着表现图和施工图所需知识进行编写，所举例子也尽量是建筑构件或装饰构件。

2. 因建筑装饰工程涉及的知识面非常广泛，它不仅与建筑有关，而且与水、暖、电等设备的关系也非常大，因此，在本教材中还专门增加了设备施工图一章。

3. 阴影和透视图是表现图的基本理论，在这部分内容里，不仅有基本理论，而且结合工程实际中快速绘制效果图的特点，重点突出了透视图的简捷作图方法，以便学生更快地与工程实践结合，也为学生毕业后能实现零距离上岗奠定了基础。

4. 装饰施工图部分，详细地编写了装饰施工图所要表达的内容、绘制方法和最新的国家制图规范。教材中还专门对施工图中尺寸标注部分进行了详尽的叙述。这是从装饰行业反馈的意见增加的，目前装饰市场的施工图尽管对装饰构造表达得非常详细，但尺寸标注非常混乱，这体现在：一是尺寸标注所采用的规范不统一，建筑制图标准、机械制图标准、家具制图标准混合使用。二是尺寸的配置太乱，不集中，经常出现重复标注和漏标现象。

5. 除例题、习题尽可能接近工程实际外，还选用了一个工程实例贯穿于第十章建筑施工图和第十二章装饰施工图以及第十三章设备施工图。

6. 为了提高学生阅读施工图的能力，在教材后面又增加了一套附图，同时也使学生对全套施工图有了更深的理解。

为了帮助学生巩固复习，与本教材配套的《建筑装饰制图习题集》也将同时出版。

本教材可作为高等职业技术学院、高等学校专科、职工大学、业余大学、夜大学、函授大学、成人教育学院等建筑装饰专业建筑装饰制图教材使用，也可作为环境艺术、室内设计等专业的教材和教学参考书。

本书由黑龙江建筑职业技术学院蔡惠芳老师主审，在整个编写过程中提出很多宝贵意见，在此深表谢意。

本教材由山西建筑职业技术学院的张小平老师任主编。具体编写分工为：张小平老师编写绪论、第一章至第七章、第十一章和第十三章，沈阳建工学院建筑职业技术学院赵龙珠老师编写第八章和第九章，四川建筑职业技术学院魏大平老师编写第十章和第十二章。

在本书编写过程中，参考了部分相同学科的教材、习题集等文献（见书后的参考文献），在此谨向文献的作者致谢。

由于编者水平有限，时间仓促，在编写过程中不足或错误之处难免，恳请使用本教材的师生及广大同仁批评指正，本人代表所有参编人员表示感谢。

编者

2005年1月

# 目　　录

# 绪　论

## 一、本课程的性质和任务

工程图样是工程界的技术语言，是工程界用来表达设计意图、交流技术思想的重要工具，也是指导生产、施工和管理等必不可少的技术资料。任何从事工程建设的人员必须熟悉这门语言，并且严格按照这门语言的规定和要求去执行，才能顺利完成工程建设的任务。建筑装饰工程是整个建筑工程的后期工程，是创造优美生活、工作环境的重要阶段。随着社会的发展，经济的发展，人们生活水平有了很大的提高，最基本的生活、工作环境已经满足不了人们对美好生活的追求，所以近几年来建筑装饰发展得很快。特别是装修材料和装修技术的提高，给人们提供了创造美好生活、工作环境的手段。装饰施工图是表达设计人员和业主与装修施工人员交流技术思想的图样，是在建筑施工图的基础上进一步表达建筑室内外装修形式、装修材料、构造要求和技术要求的图样。

主要任务是：

1. 学习投影法（主要是中心投影和正投影）的基本理论及其应用。
2. 学习最新的国家制图标准的基本规定。
3. 学习表达装饰效果图的基本理论和绘图技能。
4. 学习装饰施工图的表达方法、内容和要求，并能阅读装饰施工图。
5. 培养认真负责的工作态度和严谨细致的工作作风。

## 二、本课程的内容与要求

本课程的主要内容有：制图的基本知识与技能、正投影的基本原理、阴影和透视投影、建筑施工图、装饰施工图以及与装饰施工图有关的设备施工图。

学完本课程，应达到以下要求：

1. 掌握投影理论，特别是正投影的基本知识，能够用正投影表达形体；
2. 能正确使用绘图工具与仪器绘制施工图，并掌握徒手作图的方法和技能；
3. 掌握阴影和透视投影的基本原理，能够较熟练地绘制室内外效果图；
4. 熟悉建筑制图的国家标准；
5. 能正确地阅读和绘制建筑形体及装饰构件的施工图，做到投影关系正确，投影图数量、表达与配置合理恰当，线型粗细分明，尺寸数字齐全且位置合理，图面整洁，布图合理，所绘图样符合最新的建筑制图标准和装饰施工图近几年沿用的图例符号。

## 三、本课程的学习方法

本课程实际上分为三大块，第一块主要是制图的理论基础——正投影法，内容是按照形体的组成方法，由点到线再到平面，最后再由基本体组成建筑形体，从简单到复杂的顺序编写，系统性较强，和中学的立体几何有一定的联系。第二块内容是阴影和透视投影，这部分内容理论较前面要略深一些，在学习时尤须注意。第三块内容是专业施工图部分，重点是装饰施工图的表达方法和绘制内容，是正投影知识在专业工程中的应用。这三部分内容和中学的知识相比较，实践性较强，学习方法也不同。如学习方法不恰当，势必会出现事倍功半的结果，而制图课程学不好，将给后续课程带来很大的不便，给工作带来一系列困难。

下面就本课程的特点，提出几点建议，以供参考。

1. 要端正学习态度。因为本课程是新生入学的第一门专业基础课。刚开始，学生对新课程不了解，思想比较紧张，不知道该如何学习，特别是数、理、化基础较差的学生，更是如此。其实，这门课程对任何学生来说都是一个新起点，只要端正态度，掌握了学习方法，都能学好。

2. 专心听讲，及时复习。课堂上一定要认真听老师讲课，弄清基本概念。教材按由易到难的顺序编写，图文并茂，便于教师在讲课时，边讲边演示，使学生更容易理解，更易接受。课后应及时完成作业，完成作业是对所学内容的巩固和复习，光听不练，知识巩固不牢，影响下一次课的理解。

3. 提高学习兴趣。学习理论知识是比较枯燥的，为了提高学习兴趣，学生应先了解建筑装饰这个专业的成果，如课余时间参观已经装修好的建筑，身临其境，感受我们装饰专业给人类环境带来的舒适感，或者到图书馆、书店阅读装饰效果图。这些活动不仅能提高学生的学习兴趣，而且给后续的专业课程提供了实践的机会，开阔了视野，为今后的工作提供了素材。建筑装饰这个行业发展是非常快的，如稍有懒惰，你的设计形式、采用的装饰材料或使用的施工技术就必然落后，就会被淘汰。因此，从现在养成多读专业书、多参观、多实践的习惯，会终身受益的。

4. 严格要求，耐心细致。虽然目前大多数装饰施工图都是电脑绘制，但现在大部分学校还满足不了每人一台电脑学习使用。因此，在学习过程中还需要用工具和仪器绘制图样，以巩固所学知识，熟悉绘图的方法和步骤。在绘制图样时，学生一定要端正态度，严格要求自己，耐心细致地完成作业，所绘图样不仅要正确无误，符合国家建筑制图的标准，还要图面干净，布图合理，线型分明，尺寸标注齐全，配置合理。

# 第一章　制图的基本知识

## 第一节　手工绘图的工具和仪器

目前绘图方法有两种，一种是手工绘图，一种是计算机绘图。计算机绘图的内容将专门在《建筑 CAD》中讲解，这里主要讲述手工绘图的方法及工具仪器的使用方法。了解绘图工具仪器的构造性能及其特点，能提高绘图质量和绘图速度。

**一、图板、丁字尺、三角板**

1. 图板

图板是胶合板制成的，四周镶有边框，用来固定图纸。要求板面平整光滑，有一定的弹性，由于丁字尺在边框上滑行，边框应平直，如图 1-1 所示。由于图板是木制品，用后应妥善保存，既不能曝晒，也不能在潮湿的环境中存放，图板的规格如表 1-1 所示。

**图板规格与尺寸**（单位：mm）　　**表 1-1**

| 图板规格 | 0 | 1 | 2 | 3 |
|---|---|---|---|---|
| 图板尺寸 | 950×1220 | 610×920 | 460×610 | 305×460 |

2. 丁字尺

丁字尺的作用是画水平线，由互相垂直的尺头和尺身两部分组成。使用时，左手握住尺头使其紧靠图板左边，并推移至需要的位置，右手握笔沿丁字尺工作边从左向右画水平线，如图 1-2 所示。丁字尺是用有机玻璃制成的，容易摔断、变形，用后应将其挂在墙上。

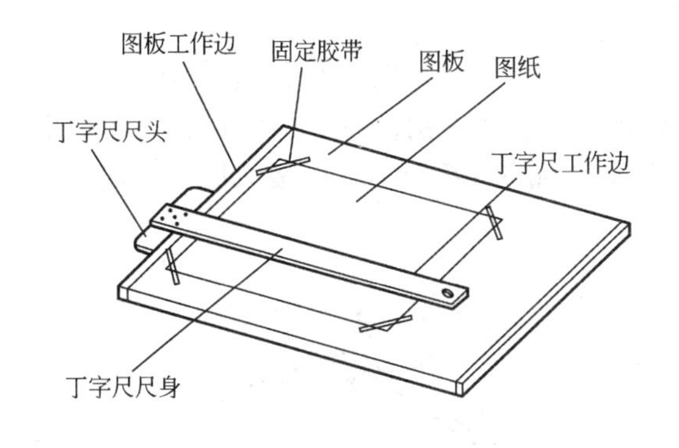


图 1-1　图板与丁字尺

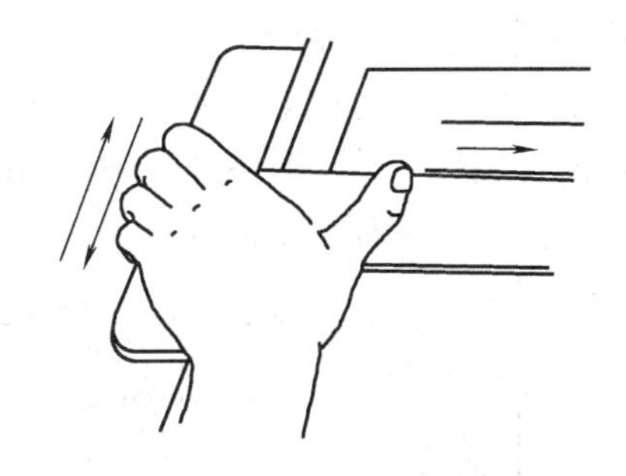

图 1-2　丁字尺的使用

3. 三角板

三角板两块为一副（45°×45°×90°、30°×60°×90°），配合丁字尺画竖线和斜线，画竖线和斜线时，使丁字尺尺头与图板工作边靠紧，三角板与丁字尺靠紧，左手按住三角板和丁字尺，右手画竖线和斜线。三角板和丁字尺配合可画出 75°和 105°等斜线，如图 1-3 所示。

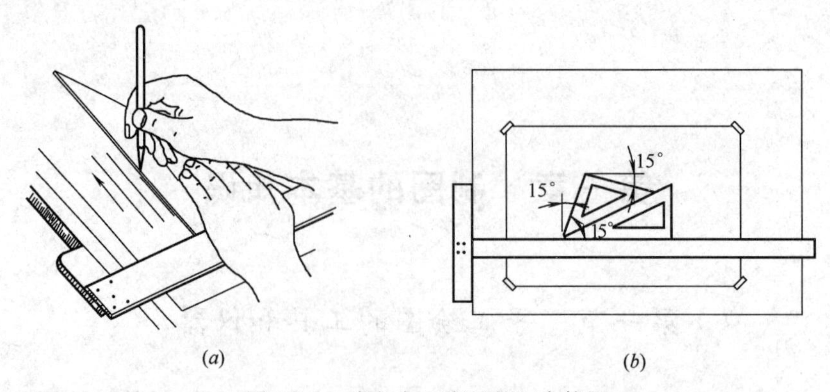


图 1-3　三角板与丁字尺的配合使用

（*a*）用三角板配合丁字尺画竖线；（*b*）用三角板配合丁字尺画斜线

## 二、比例尺

由于建筑物与其构件都较大，不可能也没有必要按 1∶1 的比例绘制，通常都要按比例缩小，为了绘图方便，使用比例尺。常用的比例尺为三棱比例尺，上有六种刻度，如图 1-4所示。画图时可按所需比例，用尺上标注的刻度直接量取，不需要换算。但所画图样如正好是比例尺上刻度的 10 倍或 1/10 倍，则可换算使用比例尺。

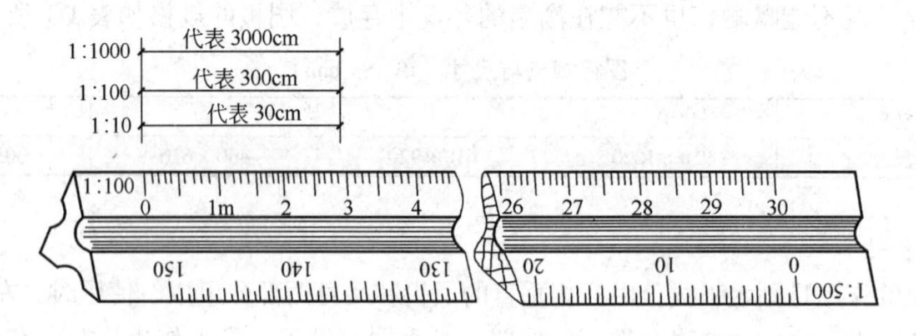


图 1-4　比例尺

## 三、圆规

圆规是画圆及圆弧的工具，画圆时，首先调整好钢针和铅芯，使钢针和铅芯并拢时，钢针略长于铅芯。再取好半径，右手食指和拇指捏好圆规旋柄，左手协助将针尖对准圆心，顺时针旋转。转动时圆规可稍向画线方向倾斜，如图 1-5 所示。画较大圆时，应加延伸杆，使圆规两端都与纸面垂直。

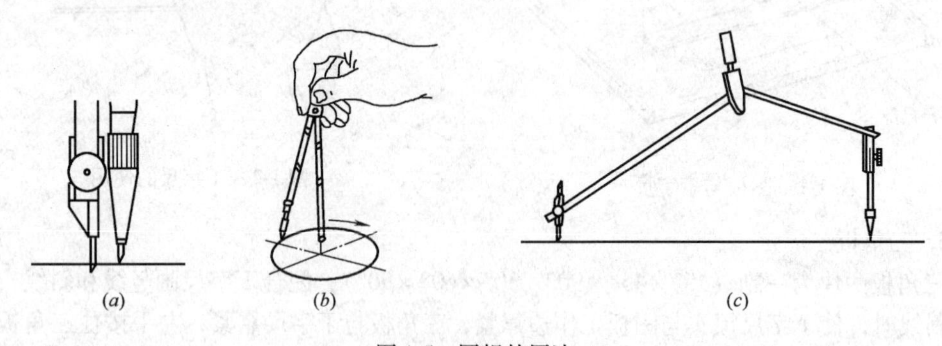


图 1-5　圆规的用法

## 四、绘图墨线笔

绘图墨线笔的作用是画墨线或描图，由针管、通针、吸墨管和笔套组成，如图 1-6 所示，针管直径有 0.2～1.2mm 粗细不同的规格，画线时针管笔应略向画线方向倾斜，发现下水不畅时，应上下晃动笔杆，使通针将针管内的堵塞物穿通。绘图墨线笔应使用专用墨水，用完后立即清洗针管，以防堵塞。

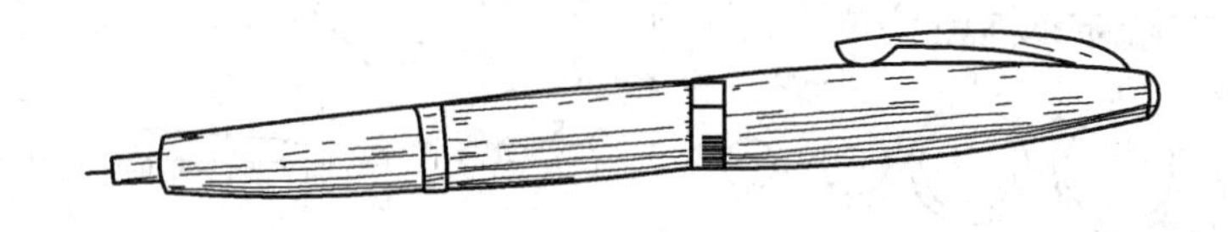

图 1-6　绘图墨水笔

## 五、曲线板

曲线板是画非圆曲线的工具，作图时，首先定出曲线上足够数量的点，曲率大的部位点密一些，曲率小的部位点疏一些。徒手用铅笔勾画出曲线，再将曲线板靠上去，依次连接四个点，并使第二次连接与第一次重复一段，延续下去，即可画完整段曲线，如图 1-7 所示。

图 1-7　曲线板及其使用方法

## 六、建筑模板

为了提高制图速度和质量，将图样上常用的符号、图形刻在有机玻璃板上，做成模板，方便使用。模板的种类很多，如建筑模板、家具模板、结构模板、给排水模板等，图 1-8为建筑模板。

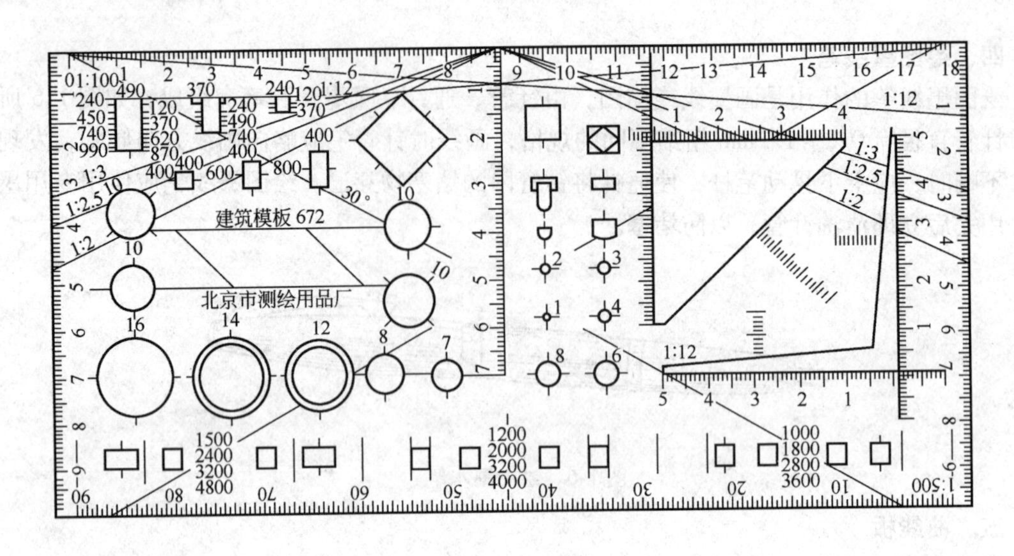


图 1-8　建筑模板

**七、其他用品**

1. 擦图片

擦图片是修改图线时，为了防止擦除错误图线时影响相邻图线的完整性而使用的工具，使用时将其覆盖在要修改的图线上，使要修改的图线露出来，擦掉重画，如图 1-9 所示。

2. 铅笔

画图用的铅笔是专用的绘图铅笔，有不同的软硬之分，分别用 B ~ 6B 及 H ~ 6H 以及 HB 等。B 铅笔随着数字的增大，铅芯越来越软，H 铅笔随着数字的增大，铅芯越来越硬，画底图时应用 H、2H、3H，加深时宜用 B、2B、3B 铅笔，写字宜用 HB 铅笔。

铅笔通常应削成锥形或扁平形，铅芯约 6 ~ 8mm，上面锥形部分为 20 ~ 25mm。画图时，应使铅笔垂直纸面，向运动方向倾斜 75°，如图 1-10 所示。

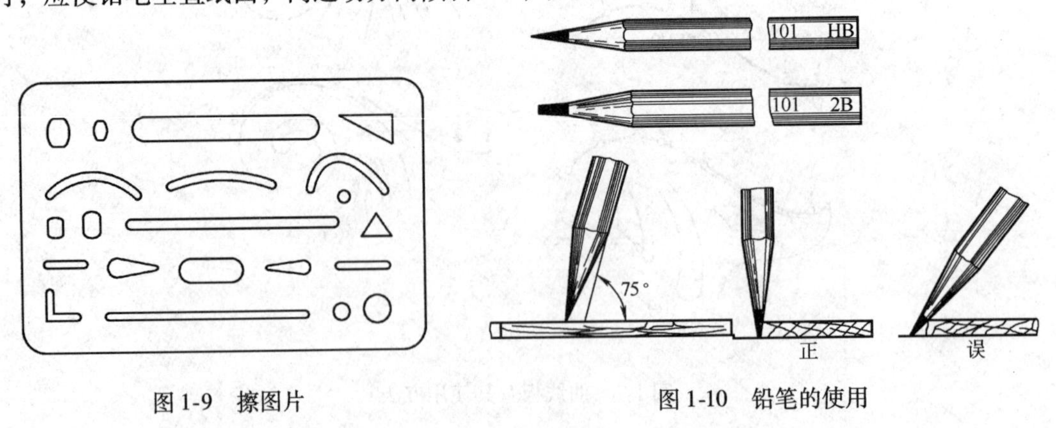


图 1-9　擦图片

图 1-10　铅笔的使用

## 第二节　制图的基本标准

工程图样是工程师的语言，为了便于技术交流，提高生产效率，必须对图样的内容、格式、画法等作出统一的规定，这就是制图标准。随着建筑技术的不断发展，根据建设部（建标［1998］244号）的要求，由建设部会同有关部门共同对《房屋建筑制图统一标准》等六项标准进行修订，批准并颁布了GB/T 50001—2001《房屋建筑制图统一标准》、GB/T 50103—2001《总图制图标准》、GB/T 50104—2001《建筑制图标准》、GB/T 50105—2001《建筑结构制图标准》、GB/T 50106—2001《给水排水制图标准》和GB/T 50114—2001《暖通空调制图标准》。所有工程技术人员在设计、施工、管理中都应该严格执行国家制图标准。我们从学习工程制图的第一天起，就应该养成严格遵守国标中的每一项规定的良好习惯。

**一、图纸的幅面和规格**

图纸的幅面即图纸的大小，为了使整套施工图方便装订，国标规定图纸按其大小分为5种，见表1-2，从表中可以看出，A1是A0的对裁，A2是A1的对裁，依次类推，即A0 = 2A1 = 4A2 = 8A3 = 16A4。同一项工程的图纸，幅面不宜多于两种。一般A0～A3图纸宜横式使用，必要时，也可立式使用，如图1-11所示。如图纸幅面不够，可将图纸长边加长，但短边不宜加长，长边加长应符合表1-3的规定。

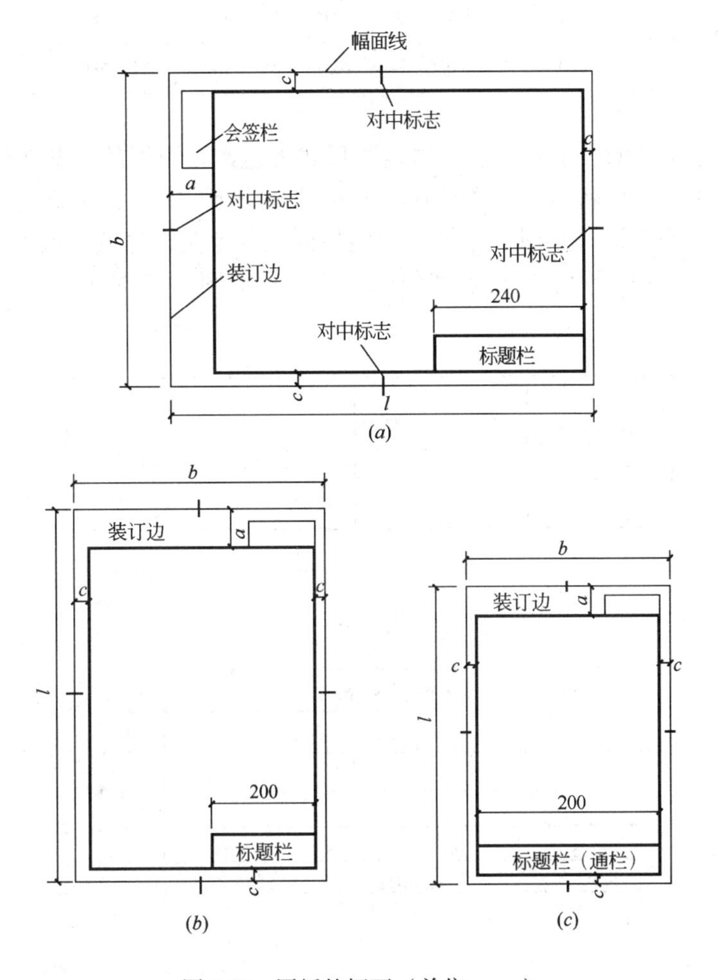


图1-11　图纸的幅面（单位：mm）
（a）A0～A3横式幅面；（b）A0～A3立式幅面；（c）A4立式幅面

幅面及图框尺寸（单位：mm） **表 1-2**

| 尺寸代号 \ 幅面代号 | A0 | A1 | A2 | A3 | A4 |
|---|---|---|---|---|---|
| b1 | 894×1189 | 594×840 | 420×594 | 297×420 | 210×297 |
| c | 10 | | | 5 | |
| a | 25 | | | | |

图纸长边加长尺寸（单位：mm） **表 1-3**

| 幅面代号 | 长边尺寸 | 长边加长尺寸 |
|---|---|---|
| A0 | 1189 | 1486 1635 1783 1932 2080 2230 2378 |
| A1 | 841 | 1051 1261 1471 1682 1892 2102 |
| A2 | 594 | 743 891 1041 1189 1338 1486 1635 1783 1932 2080 |
| A3 | 420 | 630 841 1051 1261 1471 1682 1892 |

标题栏位于图纸的右下角，主要以表格形式表达本张图纸的一些属性，如设计单位名称、工程名称、图样名称、图样类别、编号以及设计、审核、负责人的签名，如涉外工程应加注“中华人民共和国”字样。会签栏则是各专业工种负责人签字区，位于图纸的左上角，如图 1-12 所示。学生制图作业的标题栏如图 1-13 所示，学生作业可不画会签栏。

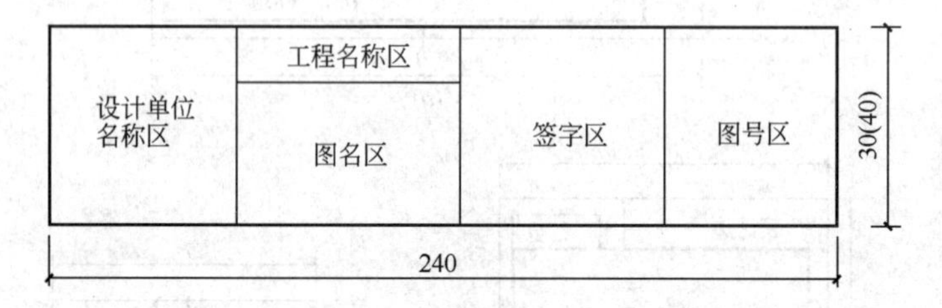


(*a*)

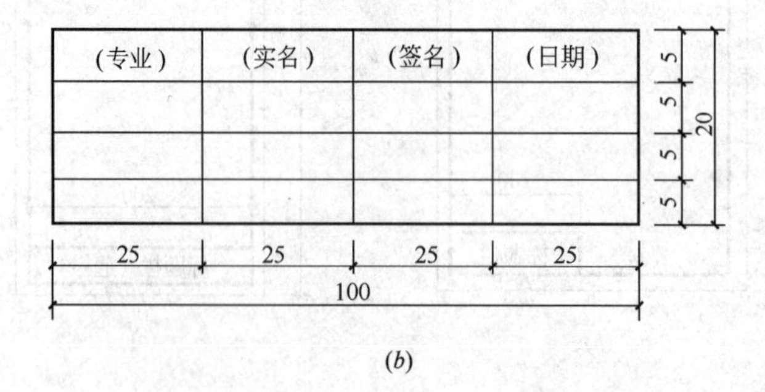


(*b*)

图 1-12 标题栏与会签栏（单位：mm）
（*a*）标题栏；（*b*）会签栏

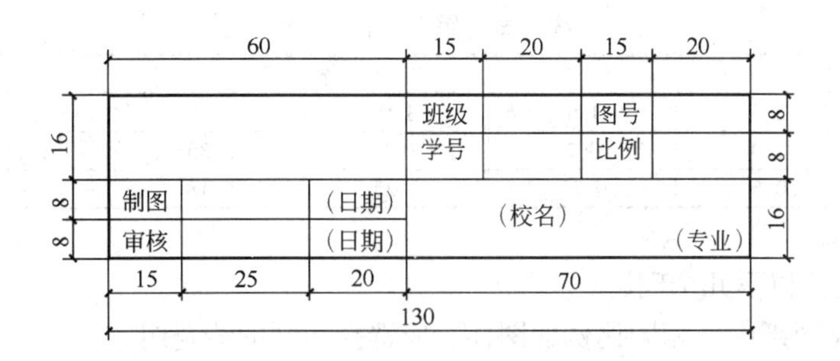


图 1-13　制图作业的标题栏（单位：mm）

图纸的图框线和标题栏的图线可选用表 1-4 所示的线宽。

**图框线、标题栏的线宽**（单位：mm）　　**表 1-4**

| 幅面代号 | 图框线 | 标题栏线 | |
|---|---|---|---|
| | | 外框线 | 分格线 |
| A0、A1 | 1.4 | 0.7 | 0.35 |
| A2、A3、A4 | 1.0 | 0.7 | 0.35 |

## 二、图线

为了使图样内容主次分明，国标规定，在建筑工程图样中的图线的线型、线宽及其作用如表 1-5 所示。

**线　型**　　**表 1-5**

| 名称 | | 线型 | 线宽 | 一般用途 |
|---|---|---|---|---|
| 实线 | 粗 | ———— | $b$ | 主要可见轮廓线 |
| | 中 | ———— | $0.5b$ | 可见轮廓线、尺寸起止符号等 |
| | 细 | ———— | $0.25b$ | 可见轮廓线、图例线、尺寸线和尺寸界线等 |
| 虚线 | 粗 | — — — — | $b$ | 见有关专业制图标准 |
| | 中 | — — — — | $0.5b$ | 不可见轮廓线 |
| | 细 | — — — — | $0.25b$ | 不可见轮廓线、图例线等 |
| 单点长画线 | 粗 | ——·——·—— | $b$ | 见有关专业制图标准 |
| | 中 | ——·——·—— | $0.5b$ | 见有关专业制图标准 |
| | 细 | ——·——·—— | $0.25b$ | 中心线、对称线等 |
| 双点长画线 | 粗 | ——··——··—— | $b$ | 见有关专业制图标准 |
| | 中 | ——··——··—— | $0.5b$ | 见有关专业制图标准 |
| | 细 | ——··——··—— | $0.25b$ | 假想轮廓线、成型前原始轮廓线 |
| 波浪线 | | ～～～～ | $0.25b$ | 断开界线 |
| 折断线 | | ——\/——\/—— | $0.25b$ | 断开界线 |

表中线宽 $b$ 应根据图样的复杂程度合理选择，一般较复杂的图样，图线应选择略细一点的图线，图样较简单的选择的图线应略粗一点。图线的宽度可从表 1-6 中选用。

线　宽　组（单位：mm）　　表 1-6

| 线宽比 | 线宽组 | | | | | |
|---|---|---|---|---|---|---|
| $b$ | 2.0 | 1.4 | 1.0 | 0.7 | 0.5 | 0.35 |
| $0.5b$ | 1.0 | 0.7 | 0.5 | 0.35 | 0.25 | 0.18 |
| $0.25b$ | 0.5 | 0.35 | 0.25 | 0.18 | — | — |

画图时应注意以下几个问题：

1. 在同一张图纸中，相同比例的图样，应选择相同的线宽组。

2. 图纸的图框和标题栏线可采用表 1-7 的线宽。

**标题栏、图框线的线宽**（单位：mm）　　**表 1-7**

| 幅面代号 | 图框线 | 标题栏外框线 | 标题栏分格线、会签栏线 |
|---|---|---|---|
| A0、A1 | 1.4 | 0.7 | 0.35 |
| A2、A3、A4 | 1.0 | 0.7 | 0.35 |

3. 相互平行的图线，其间隙不宜小于其中的粗线宽度，且不宜小于 0.7mm。

4. 虚线、单点长画线或双点长画线的线段长度和间隔，宜各自相等，虚线的线段长度约为 3～6mm，单点长画线的线段长度约为 15～20mm。

5. 单点长画线或双点长画线，当在较小图形中绘制有困难时，可用实线代替。

6. 单点长画线或双点长画线的两端不应是点，点画线与点画线交接或点画线与其他图线交接时，应是线段交接。

7. 虚线与虚线交接或虚线与其他图线交接时，应是线段交接。虚线为实线的延长线时，不得与实线连接。如图 1-14 所示。

8. 图线不得与文字、数字或符号重叠、混淆，不可避免时，应首先保证文字等的清晰。

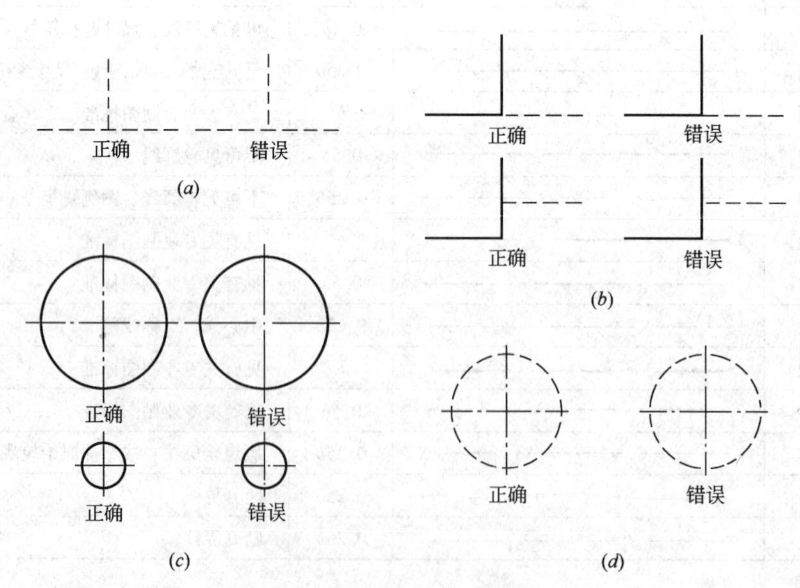


图 1-14　各种线型相交时的画法

（a）虚线与虚线相交；（b）虚线与实线相交；（c）中心线相交；（d）虚线圆与中心线相交

**三、字体**

工程图样中的字体有汉字、拉丁字母、阿拉伯数字、符号、代号等，图样中的字体应笔画清晰、字体端正、排列整齐、间隔均匀。

文字的字高应为3.5、5、7、10、14、20mm，如书写更大的字，其高度应按$\sqrt{2}$的倍数增加。

1. 汉字

图样及说明中的汉字，应符合国务院公布的《汉字简化方案》的有关规定，宜采用长仿宋体，宽度与高度的关系应符合表1-8的规定。长仿宋体字的书写要领是：横平竖直、起落分明、笔锋满格、结构匀称，其书写法如图1-15所示。

**长仿宋体字高宽关系**（单位：mm） **表1-8**

| 字高 | 20 | 14 | 10 | 7 | 5 | 3.5 |
|---|---|---|---|---|---|---|
| 字宽 | 14 | 10 | 7 | 5 | 3.5 | 2.5 |

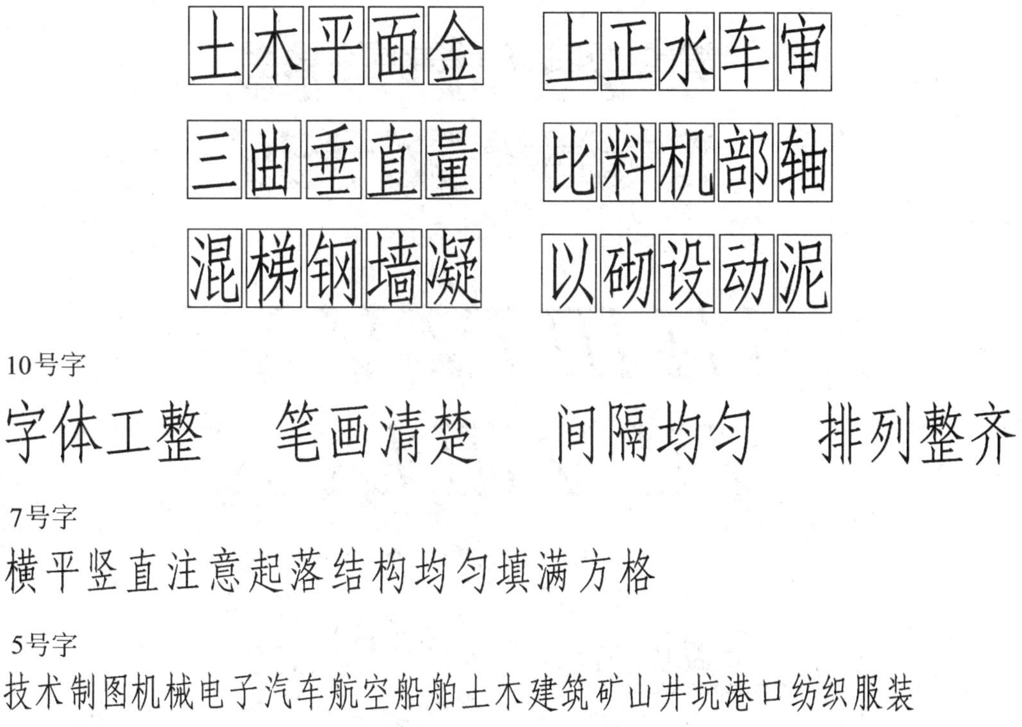

土木平面金　上正水车审

三曲垂直量　比料机部轴

混梯钢墙凝　以砌设动泥

10号字

字体工整　笔画清楚　间隔均匀　排列整齐

7号字

横平竖直注意起落结构均匀填满方格

5号字

技术制图机械电子汽车航空船舶土木建筑矿山井坑港口纺织服装

图1-15　长仿宋体字示例

2. 拉丁字母、阿拉伯数字与罗马字母

拉丁字母、阿拉伯数字与罗马数字，如写成斜体字，其斜度应是从字的底线逆时针向上倾斜75°。斜体字的高度与宽度应与相应的直体字相等。这三种字体的字高均不应小于2.5mm。如图1-16所示。

**四、比例**

图样的比例是指图形与实物相对应的线性尺寸之比。比例的大小是指其比值的大小，如1:50大于1:100。比例通常注写在图名的右方，字的基准线应取平，字高比图名小一号或二号，如图1-17所示。

(1)拉丁字母

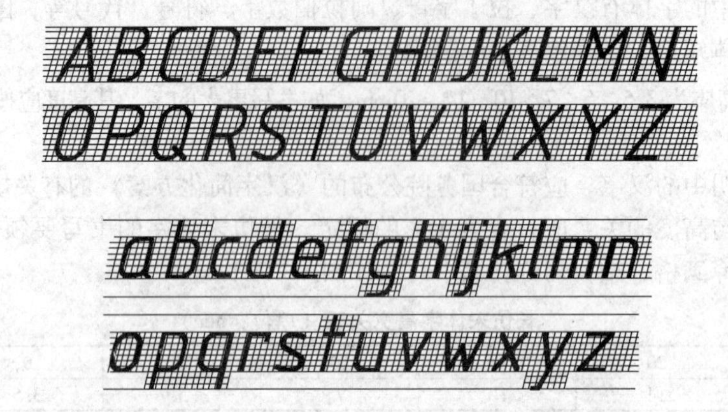


(2) 阿拉伯数字

(3) 罗马数字

I II III IV V VI

VII VIII IX X

图 1-16　数字与字母示例

平面图 1:100　　⑥ 1:20

图 1-17　比例的注写

绘图所用的比例应根据图样的用途与被绘对象的复杂程度，从表 1-9 中选用，并优先选择常用比例。

**绘图所用的比例**　　**表 1-9**

| | |
|---|---|
| 常用比例 | 1:1、1:2、1:5、1:10、1:20、1:50、1:100<br>1:150、1:200、1:500、1:1000、1:2000、1:5000<br>1:10000、1:20000、1:50000、1:100000、1:200000 |
| 可用比例 | 1:3、1:4、1:6、1:15、1:25、1:30、1:40、1:60、1:80、1:250、1:300、1:400、1:600 |

**五、尺寸标注**

工程图样中的图形只表达建筑物的形状，其大小还需要通过尺寸标注来表示。图样的尺寸是施工的重要依据，尺寸标注必须准确无误、字体清晰，不得有遗漏，否则会给施工造成很大的损失。

1. 尺寸的组成

尺寸由尺寸界限、尺寸线、尺寸起止符号和尺寸数字四部分组成，如图 1-18 所示。

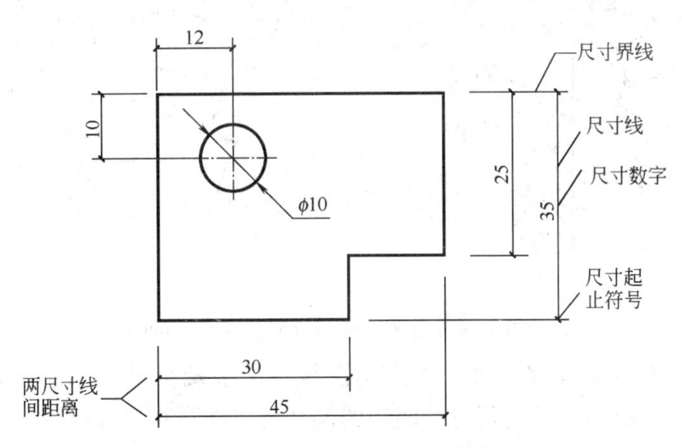


图 1-18 尺寸的组成（单位：mm）

（1）尺寸界限 尺寸界限表示所要标注轮廓线的范围，用细实线绘制，与所要标注轮廓线垂直。其一端应离开图样轮廓线不小于 2mm，另一端超过尺寸线 2～3mm，轮廓线、轴线和中心线也可作为尺寸界限。

（2）尺寸线 尺寸线表示所要标注轮廓线的方向，用细实线绘制，与所要标注轮廓线平行，与尺寸界限垂直，不得超越尺寸界限，也不得用其他图线代替。互相平行的尺寸线的间距，应大于 7mm，并应保持一致，尺寸线离图样轮廓线的距离不应小于 10mm，如图 1-19 所示。

（3）尺寸起止符号 尺寸起止符号是尺寸的起点和止点，建筑工程图样中的起止符号一般用 2～3mm 的中粗短线表示，其倾斜方向应与尺寸界限成顺时针 45°角。半径、直径、角度和弧长的尺寸起止符号，宜用箭头表示，如图 1-20 所示。

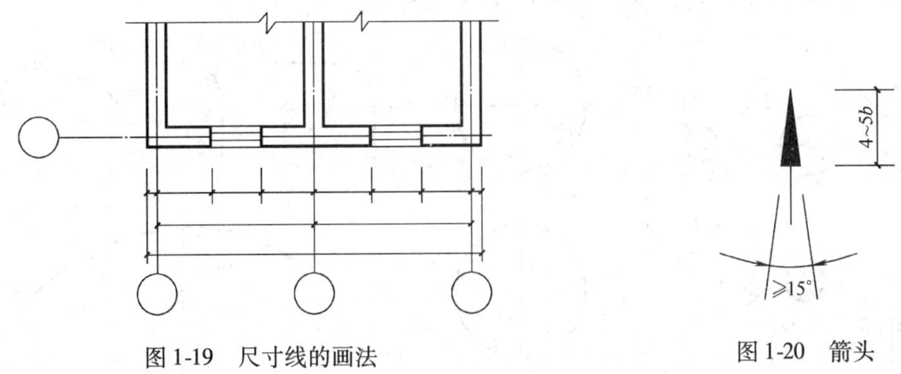


图 1-19 尺寸线的画法

图 1-20 箭头

（4）尺寸数字 建筑工程图样中的尺寸数字表示的是建筑物或构件的实际大小，与所绘图样的比例和精确度无关。尺寸的单位在“国标”中规定，除总平面图上的尺寸单位和标高的单位以“米”为单位，其余的尺寸均以“毫米”为单位，在施工图中不注写单位。尺寸标注时，当尺寸线是水平线时，尺寸数字应写在尺寸线的上方。当尺寸线是竖线时，尺寸数字应写在尺寸线的左方，字头向左。当尺寸线为其他方向时，标注方法如图 1-21 所示。

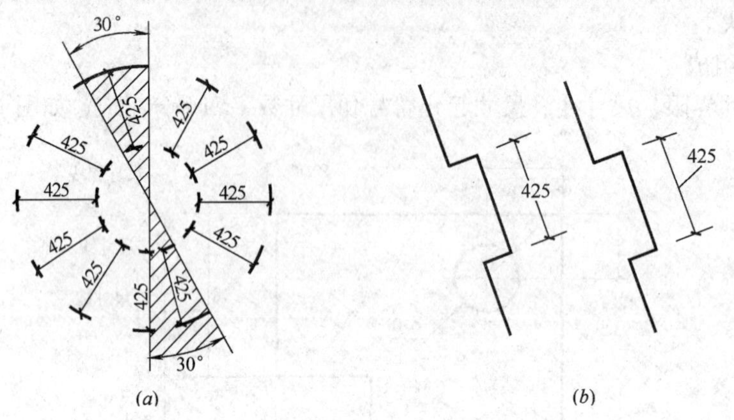


图 1-21 尺寸数字的注写方向（单位：mm）

尺寸宜标注在图样轮廓线以外，不宜与图线、文字及符号等相交，如图 1-22 所示。尺寸数字如果没有足够的位置注写时，两边的尺寸可以注写在尺寸界限的外侧，中间相邻的尺寸可以错开注写。如图 1-23 所示。

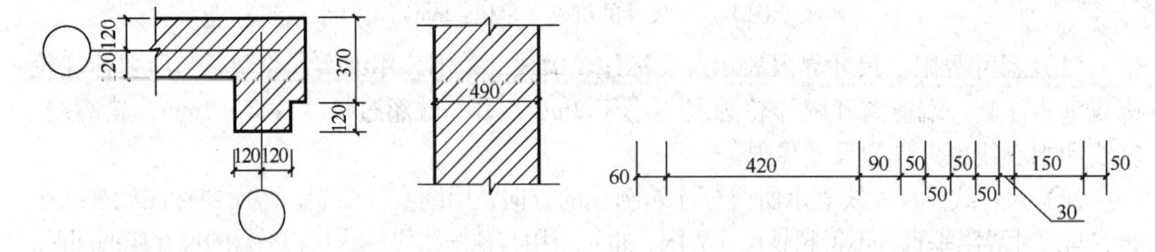


图 1-22 尺寸数字的注写（单位：mm）　　图 1-23 尺寸数字的注写位置（单位：mm）

2. 圆、圆弧及球体的尺寸标注

圆及圆弧的尺寸标注，通常标注其直径和半径，标注直径时，应在直径数字前加字母“$\phi$”；标注半径时，应在半径数字前加注字母“$R$”，如图 1-24 所示。

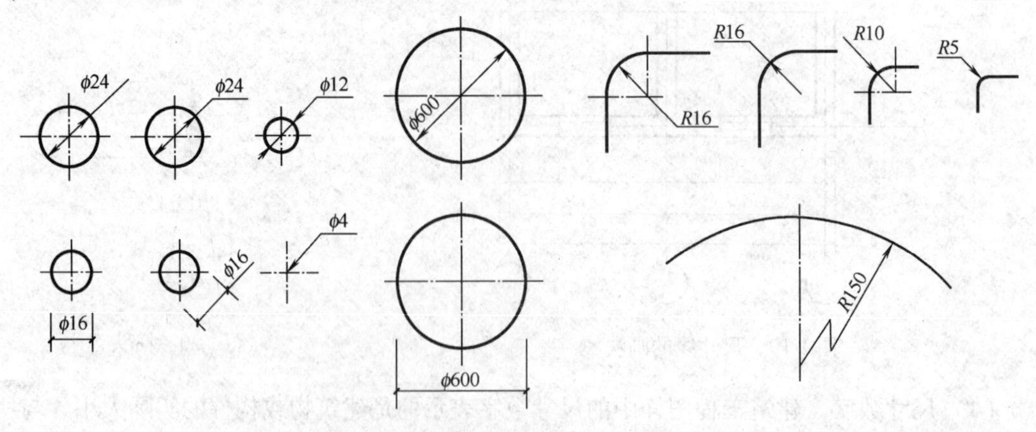


图 1-24 圆与圆弧的尺寸标注（单位：mm）

3. 球体的尺寸标注

球体的尺寸标注应在其直径和半径前加注字母“*S*”，如图 1-25 所示。

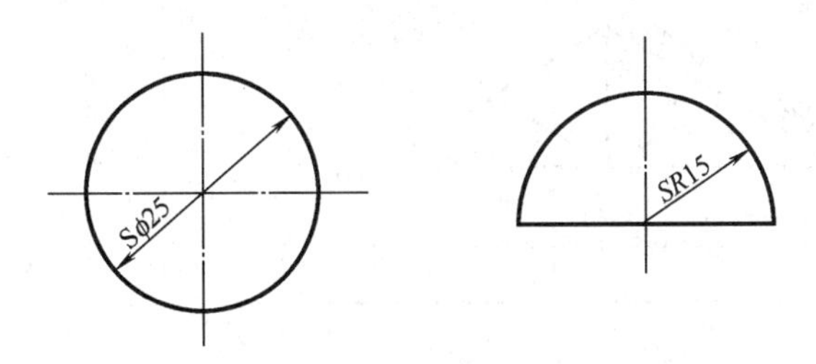


图 1-25　球体的尺寸标注（单位：mm）

4. 其他尺寸标注

其他的尺寸标注如表 1-10 所示。

**尺寸标注示例**（单位：mm）　　**表 1-10**

| 项目 | 标注示例 | 说明 |
| --- | --- | --- |
| 角度、弧度与弦长的尺寸法 | 75°20′　5°　6°09′56″　60°　(*a*)　120　(*b*)　113　(*c*) | 角度的尺寸线是以角顶为圆心的圆弧，角度数字水平书写在尺寸线之外，如图（*a*）所示<br>标注弧长或弦长时，尺寸界线应垂直于该圆弧的弦。弦长的尺寸线平行于该弦。弧长的尺寸线是该弧的同心圆，尺寸数字上方应加注符号“⌒”，如图（*b*）、（*c*）所示 |
| 坡度的注法 | 2%　1:2　2.5　2% | 在坡度数字下，应加注坡度符号“←”。坡度符号为单箭头，箭头应指向下坡方向，标注形式如示例所示 |
| 等长尺寸简化注法 | 140　5×100=500　60 | 连续排列的等长尺寸，可用“个数×等长 = 总长”的形式标注 |
| 薄板厚度注法 | *t*10 | 在厚度数字前加注符号“*t*” |

续表

| 项目 | 标注示例 | 说明 |
| --- | --- | --- |
| 杆件尺寸注法 | 1677 1677 1677 1500 750 1500 1500 6000 | 杆件的长度，在单线图上，可直接标注，尺寸沿杆件的一侧注写 |

## 第三节 几 何 作 图

在装饰施工图中，很多装饰做法都是由直线、圆弧线以及曲线形成的，掌握基本几何作图的方法，有助于提高绘图速度和精确度，有助于在施工生产中定位放线。

### 一、等分直线

1. 用平行线法任意等分线段（图 1-26）

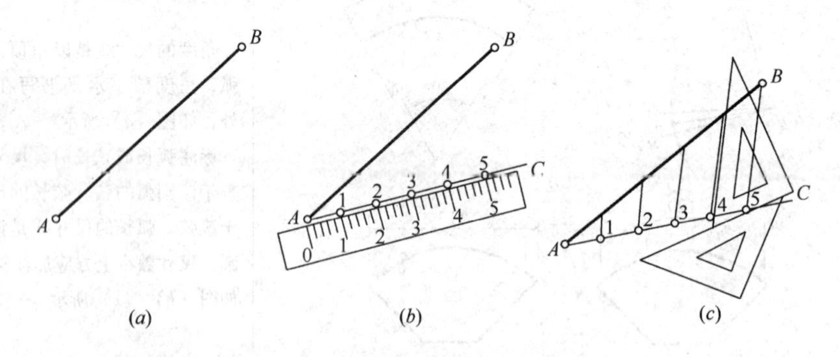


图 1-26 用平行线等分线段

（a）已知直线 AB；（b）过点 A 作任意直线 AC，用直尺在 AC 上从点 A 起截取等长的五等分，得 1、2、3、4、5 点；（c）连 B5，然后过其他点分别作直线平行于 B5，交 AB 于四个等分点，即为所求

2. 任意等分两平行线间的距离（图 1-27）

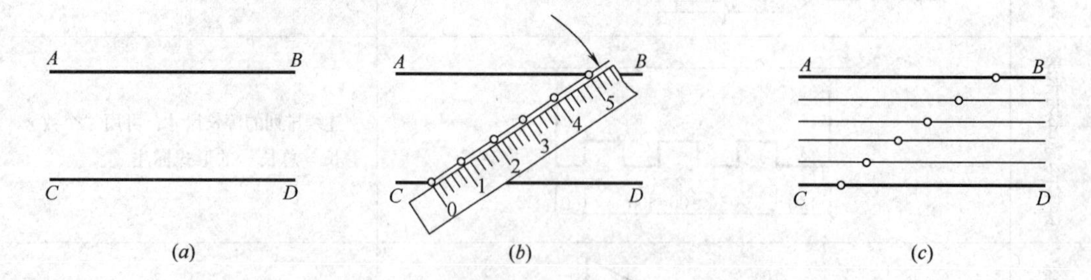


图 1-27 任意等分两平行线间的距离

（a）已知平行线 AB 和 CD；（b）置直尺 0 点于 CD 上，摆动尺身，使刻度 5 落在 AB 上，截得 1、2、3、4 各等分点；（c）过各等分点作 AB（或 CD）的平行线，即为所求

## 二、等分圆周作正多边形

1. 等分圆周并作圆内接正五边形（图 1-28）

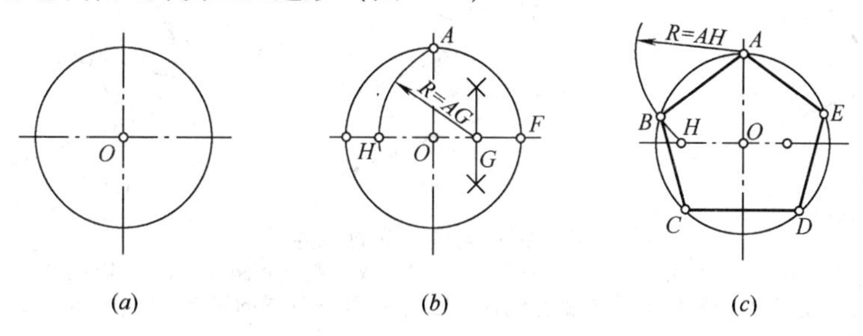


图 1-28　作圆的内接正五边形

（a）已知圆 O；（b）作出半径 OF 的等分点 G，以 G 为圆心，GA 为半径作圆弧，交直径于 H；（c）以 AH 为半径，分圆周为五等分，依次连各等分点 A、B、C、D、E，即为所求

2. 等分圆周并作圆内接正六边形（图 1-29）

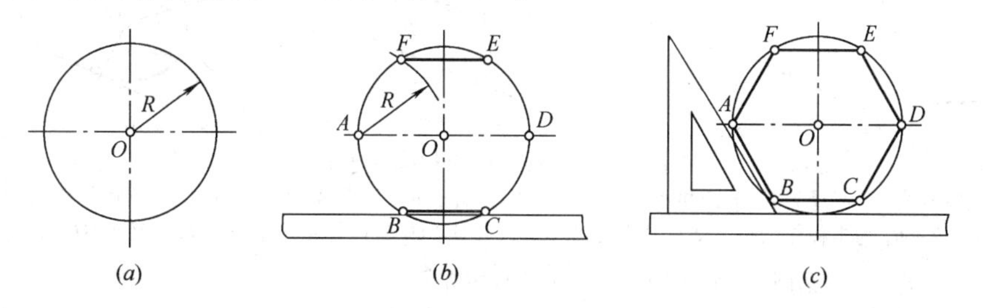


图 1-29　作圆的内接正六边形

（a）已知半径为 R 的圆；（b）用 R 划分圆周为六等分；（c）顺序将各等分点连起来，即为所求

3. 任意等分圆周并作圆内接正 n 边形（图 1-30）

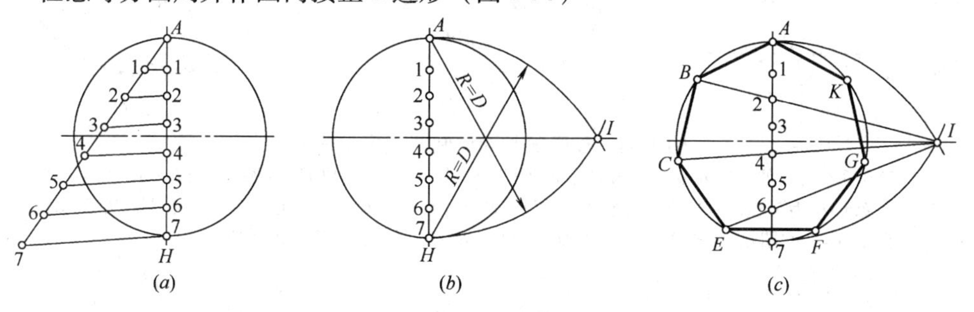


图 1-30　任意等分圆周并作圆内接正 n 边形

（a）已知直径为 D 的圆及中心线与圆周的交点 A、H，将 AH 等分为 n 等分，得 1、2、3、4…n 等点（本例为七等分）；（b）以 A（或 H）为圆心，D 为半径作弧，与中心的延长线交于点 I；（c）连接 I 及 AH 上的偶数点，并延长与圆弧相交即得等分点 B、C、E，在另一半圆上对称作出 F、G、K，依次连接各点，即得圆内接正七边形 ABC 及 FGK

## 三、圆弧连接

直线与圆弧连接、圆弧与圆弧连接，关键是确定连接圆圆心和连接点。

1. 作圆弧与相交两直线连接（图 1-31）
2. 作圆弧与一直线和一圆弧连接（图 1-32）
3. 作圆弧与两已知圆弧内切连接（图 1-33）
4. 作圆弧与两已知圆弧外切连接（图 1-34）

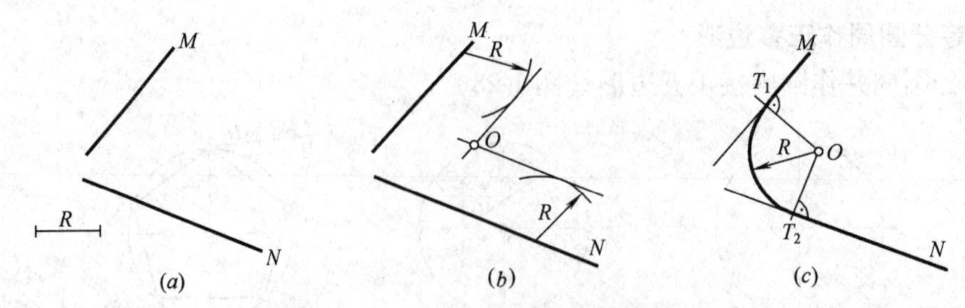


图 1-31　圆弧与两相交直线连接

（*a*）已知半径 $R$ 和相交二直线 $M$、$N$；（*b*）分别作出与 $M$、$N$ 平行而相距为 $R$ 的二直线，交点 $O$ 即所求圆弧的圆心；（*c*）过点 $O$ 分别作 $M$ 和 $N$ 的垂线，垂足 $T_1$ 和 $T_2$ 即所求的切点。以 $O$ 为圆心，$R$ 为半径，作圆弧 $\overset{\frown}{T_1T_2}$，即为所求

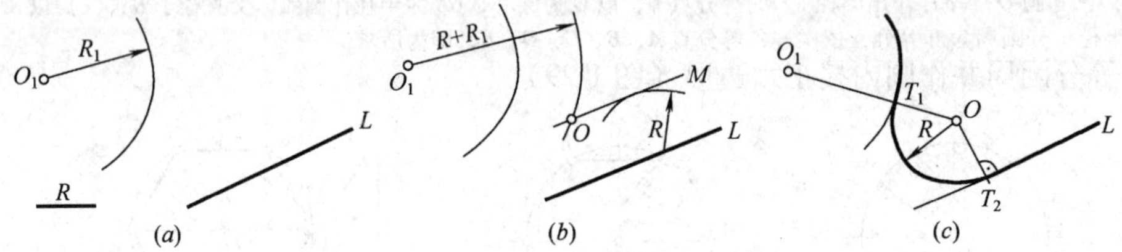


图 1-32　圆弧与直线和圆弧连接

（*a*）已知直线 $L$、半径为 $R_1$ 的圆弧和连接圆弧的半径 $R$；（*b*）作直线 $M$ 平行于 $L$ 且相距为 $R$；又以 $O_1$ 为圆心，$R+R_1$ 为半径作圆弧，交直线 $M$ 于点 $O$；（*c*）连 $OO_1$ 交已知圆弧于切点 $T_1$，又作 $OT_2$ 垂直于 $L$，得另一切点 $T_2$。以 $O$ 为圆心，$R$ 为半径，作 $\overset{\frown}{T_1T_2}$，即为所求

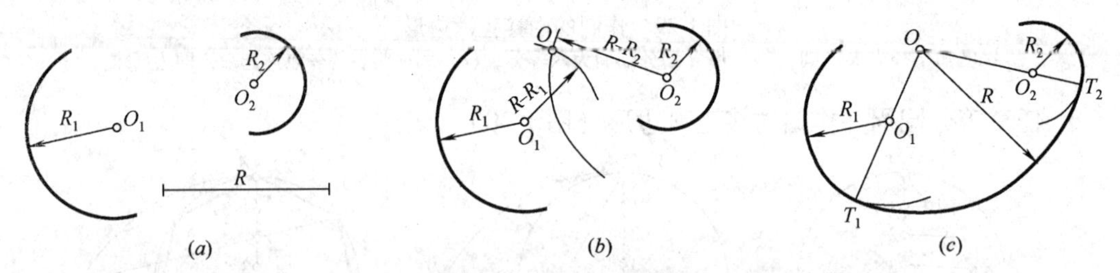


图 1-33　作圆弧与两已知圆弧内切连接

（*a*）已知内切圆弧的半径 $R$ 和半径为 $R_1$、$R_2$ 的两已知圆弧；（*b*）以 $O_1$ 为圆心，$|R-R_1|$ 为半径作圆弧，又以 $O_2$ 为圆心，$|R-R_2|$ 为半径作圆弧，两弧相交于点 $O$；（*c*）延长 $OO_1$、交圆弧 $O_1$ 于切点 $T_1$，延长 $OO_2$，交圆弧 $O_2$ 于切点 $T_2$，以 $O$ 为圆心，$R$ 为半径，作 $T_1T_2$，即为所求

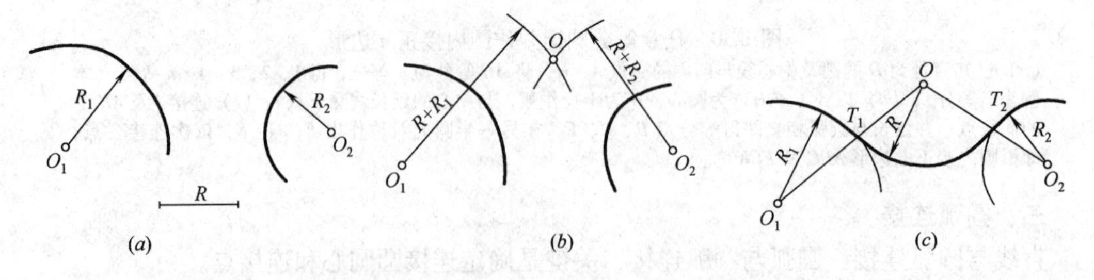


图 1-34　作圆弧与两已知圆弧外切连接

（*a*）已知外切圆弧的半径 $R$ 和半径为 $R_1$、$R_2$ 的两已知圆弧；（*b*）以 $O_1$ 为圆心，$R+R_1$ 为半径作圆弧，又以 $O_2$ 为圆心，$R+R_2$ 为半径作圆弧，两弧相交于点 $O$；（*c*）连 $OO_1$、交圆弧 $O_1$ 于切点 $T_1$，连 $OO_2$，交圆弧 $O_2$ 于切点 $T_2$，以 $O$ 为圆心，$R$ 为半径，作 $\overset{\frown}{T_1T_2}$，即为所求

**四、根据长短轴近似作椭圆**（图 1-35）

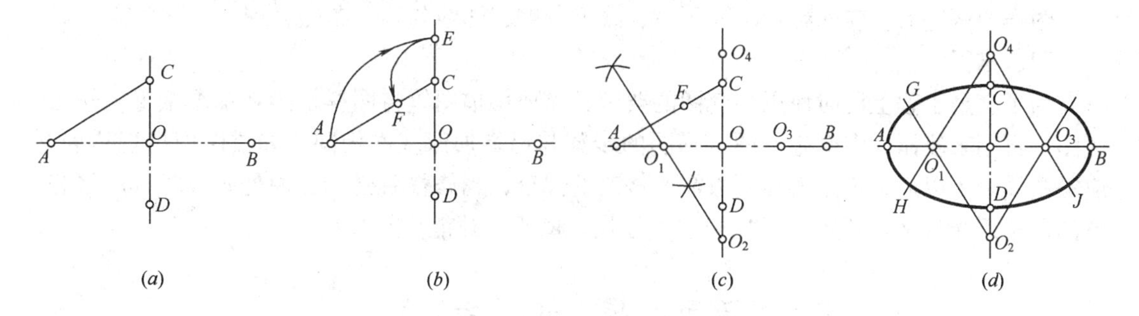


图 1-35　根据长短轴近似作椭圆

（*a*）已知长、短轴 *AB* 和 *CD*；（*b*）以 *O* 为圆心，*OA* 为半径，作圆弧，交 *CD* 延长线于点 *E*，以 *C* 为圆心，*CE* 为半径，作$\widehat{EF}$交 *CA* 于点 *F*；（*c*）作 *AF* 的垂直平分线，交长轴于 $O_1$，又交短轴（或其延长线）于 $O_2$，在 *AB* 上截 $OO_3 = OO_1$，又在 *CD* 延长线上截 $OO_4 = OO_2$；（*d*）分别以 $O_1$、$O_2$、$O_3$、$O_4$ 为圆心，$O_1A$、$O_2C$、$O_3B$、$O_4D$ 为半径作圆弧，使各弧在 $O_2O_1$、$O_2O_3$、$O_4O_1$、$O_4O_3$ 的延长线上的 *G*、*I*、*H*、*J* 四点处连接

## 第四节　绘图的方法与步骤

为了保证绘图质量，提高绘图速度，除正确使用绘图工具与仪器，严格遵守国家制图标准外，还应注意绘图的方法和步骤。

**一、做好准备工作**

（1）收集并认真阅读有关的文件资料，对所绘图样的内容、目的和要求作认真的分析，做到心中有数。

（2）准备好所用的工具和仪器，并将工具、仪器擦拭干净。

（3）将图纸固定在图板的左下方，使图纸的左方和下方留有一个丁字尺的宽度。

**二、画底图**（用较硬的铅笔，如 2H、3H 等）

（1）根据制图规定先画好图框线和标题栏的外轮廓。

（2）根据所绘图样的大小、比例、数量进行合理的图面布置，如图形有中心线，应先画中心线，并注意给尺寸标注留有足够的位置。

（3）画图形的主要轮廓线，由大到小，由整体到局部，直至画出所有轮廓线。为了方便修改，底图的图线应轻而淡，能定出图形的形状和大小即可。

（4）画尺寸界限、尺寸线以及其他符号。

（5）最后仔细检查底图，擦去多余的底稿图线。

**三、铅笔加深**（用较软的铅笔，如 B、2B 等，文字说明用 HB 铅笔）

（1）先加深图样，按照水平线从上到下，垂直线从左到右的顺序一次完成。如有曲线与直线连接，应先画曲线，再画直线与其相连。各类线型的加深顺序是：中心线、粗实线、虚线、细实线。

（2）加深尺寸界限、尺寸线，画尺寸起止符号，写尺寸数字。

（3）写图名、比例及文字说明。

（4）画标题栏，并填写标题栏内的文字。

(5) 加深图框线。

图样加深完后，应达到：图面干净，线型分明，图线匀称，布图合理。

**四、描图**

为了满足工程上同时使用多套图的要求，需要用描图笔将图样描绘在描图纸上，作为底图，再用来复制成多套施工图。描图的步骤与铅笔加深基本相同，如描图中出现错误，应等墨线干了以后，再用刀片刮去需要修改的部分，当修整后必须在原处画线时，应将修整的部位用光滑坚实的东西（如橡皮）压实、磨平，才能重新画线。

## 第五节　徒　手　绘　图

用电脑或绘图仪器画出的图称为“仪器图”，徒手作出的图称为“草图”，草图是技术人员交谈、记录、构思、创作的有力工具。特别对于从事装饰设计与装饰施工的人员，在现场与客户洽谈设计方案，让客户了解设计意图，徒手绘图是最常用的工具。因此，技术人员必须熟练掌握徒手作图的技巧。

徒手作图并不是画“草图”，不允许潦草。草图同样要求做到投影正确、线型分明、比例匀称、字体工整、图面整洁，符合国家制图标准。

画草图前，应用眼睛对所画形体有一大致的目测。要学会用眼睛观察并尽量用现有的工具与仪器测量。如目测时可将手臂伸直量取形体的长度，用步数也可估计其长度，或者用铅笔杆作度量工具都可以。然后根据现有图纸的大小确定图样的比例。画草图的铅笔要软一些，如 B 或 2B。铅笔要削长一点，铅芯不要过尖。

1. 直线的画法

画图时，运笔力求自然，小指靠着纸面，能清楚看出笔尖前进方向。画短线摆动手腕，画长线摆动前臂，眼睛看着终点，如图 1-36 所示。

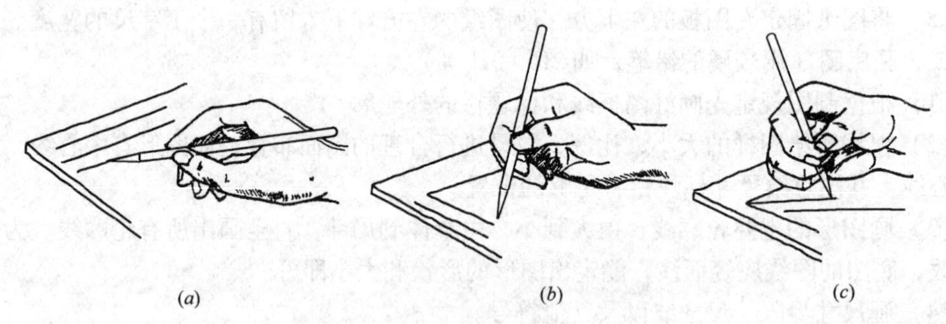


图 1-36　徒手画直线

(*a*) 画水平线；(*b*) 画竖直线；(*c*) 画斜线

2. 特殊斜线的画法

画特殊角度如 30°、45°、60°等的线，先按角度的对边、邻边的比例关系画出直角三角形的两条直角边，其斜边即为要画的斜线方向。根据等分的方法，也可画出其他角度的线，如图 1-37 所示。

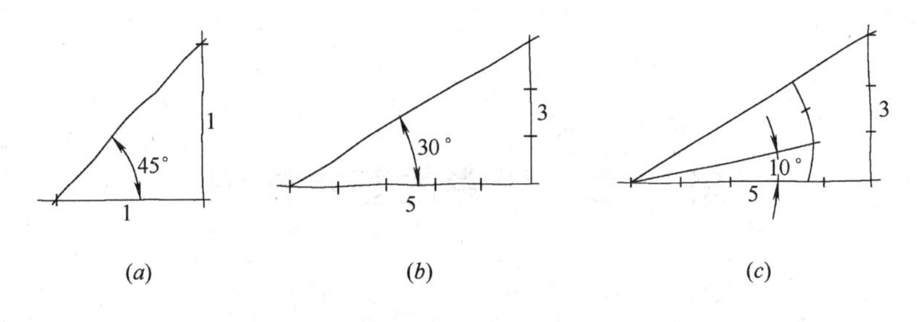


图 1-37　徒手画角度

3. 圆的画法

画圆时，徒手过圆心作垂直等分的二直径，画出圆外切正方形的对角线，大约等分对角线每一侧为三等分，以圆弧连接对角线上的最外等分点（稍偏外一点）和两直径的端点，如图 1-38 所示。

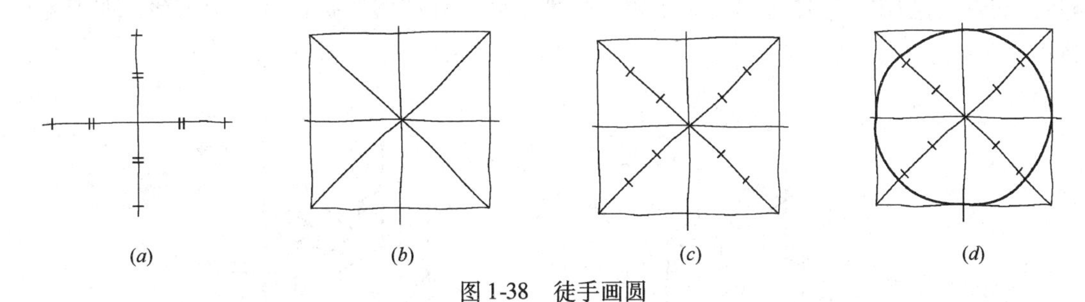


图 1-38　徒手画圆

（*a*）徒手过圆心作垂直等分的二直径；（*b*）画外切正方形及对角线；（*c*）大约等分对角线的每一侧为三等分；（*d*）以圆弧连接对角线上最外的等分点（稍偏外一点）和两直径的端点

4. 椭圆的画法

与画圆相同，先徒手画出椭圆的长、短轴，画出外切矩形及对角线，等分对角线每一侧为三等分，以圆滑曲线连对角线上等分点（稍偏外一点）和长、短轴的端点即可，如图 1-39 所示。

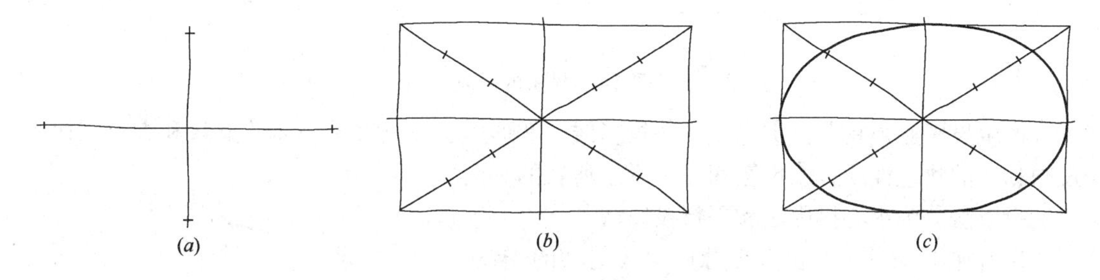


图 1-39　徒手画椭圆

（*a*）先徒手画出椭圆的长、短轴；（*b*）画外切矩形及对角线，等分对角线的每一侧为三等分；（*c*）以圆滑曲线连对角线上的最外等分点（稍偏外一点）和长、短轴的端点

# 第二章　投影的基本知识

## 第一节　投影的概念、分类及其应用

在日常生活中，我们经常见到人或物体在阳光或灯光的照射下，在地面或墙面上留下人或物的影子，这种影子只能反映人或物的轮廓，不能反映其真实大小和具体形状。工程制图就是利用了自然界的这种现象，将其科学地抽象和概括：假想所有物体都是透明体，光线能够穿透物体，这样得到的影子将具体地反映人和物的形状，这就是投影，如图 2-1 所示。

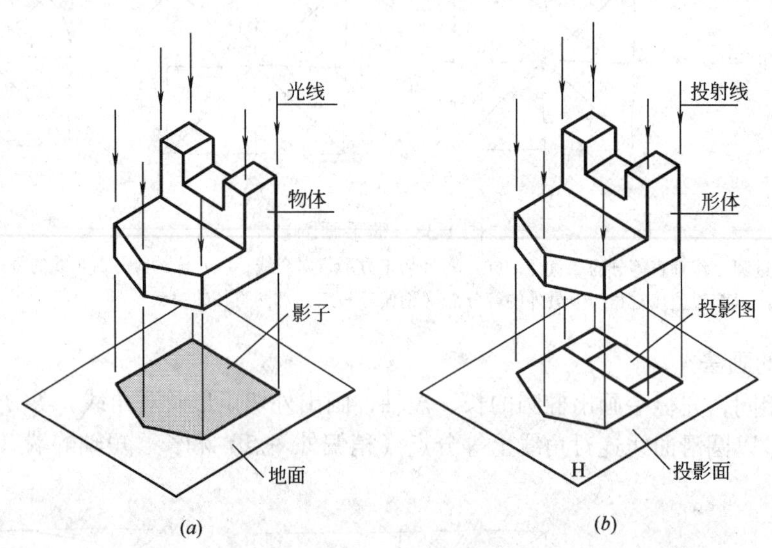


图 2-1　投影的形成

产生投影必须具备：①光线——投影线；②形体——只表示物体的形状和大小，而不反映物体的物理性质；③投影面——影子所在的平面。

投影法分为中心投影法和平行投影法：

1. 中心投影法——由点光源产生放射状的光线，使形体产生的投影，叫做中心投影。这种投影法产生的投影直观性较强，符合视觉习惯，但作图也较难。第九章的透视投影就是采用这种投影法所作的图。如图 2-2 所示的透视图。

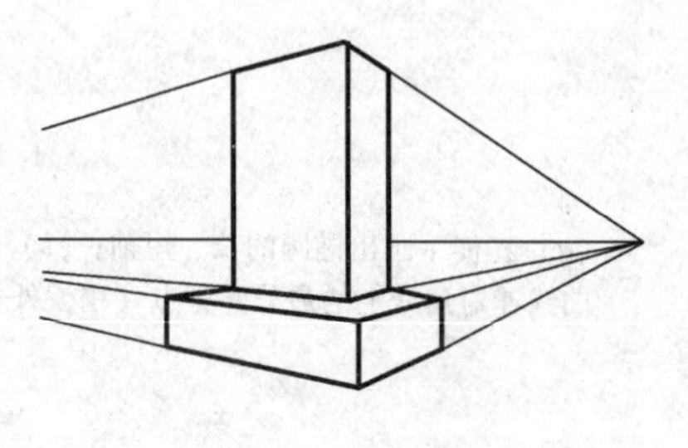

图 2-2　透视图

2. 平行投影法——由互相平行的投影线，使形体产生的投影，叫做平行投影。平行投影又根据投影线和投影面的相对位置不同，分为正投影和斜投影。正投影是指平行的投影线与投影面垂直的投影。正投影具有作图简单，度量方便的特点，被工程制图广泛应用，其缺点是直观性较差，投影图的识读较难，如图 2-3 所示。斜投影是指投影线与投影面倾斜的投影，直观性较强，但反映内容不完整，如图 2-4 所示。工程中管线系统图常用斜轴测图表达管线的空间走向和空间连接，如图 2-5 所示采暖系统图。

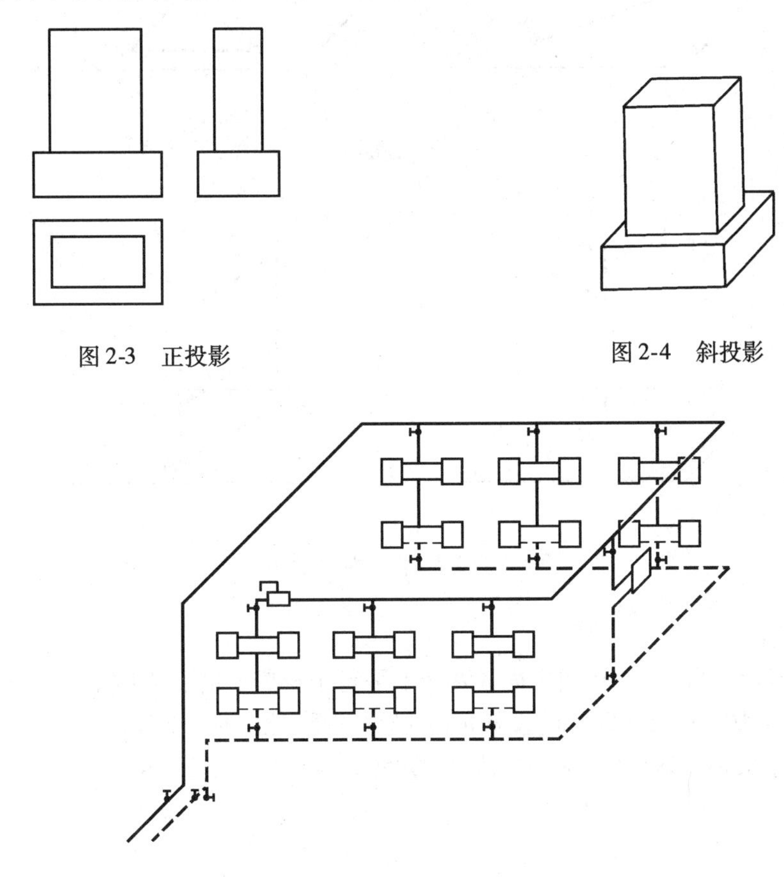

图 2-3　正投影

图 2-4　斜投影

图 2-5　采暖系统轴测图

## 第二节　正投影的特性

### 一、全等性

当直线或平面平行于投影面时，它们的投影是直线或平面的全等形，如图 2-6 所示。直线 $AB$ 平行于平面 H，它在平面 H 上的投影反映直线 $AB$ 的实长，即 $AB=ab$。平面 $ABCD$ 平行于平面 H，其在 H 面上的投影反映平面 $ABCD$ 的真实形状和实际大小，即 $\square ABCD \cong \square abcd$。这种性质称为正投影的全等性。

### 二、积聚性

当直线或平面垂直于投影面时，它们的投影积聚成点和直线，如图 2-7 所示。这种性质称为正投影的积聚性。

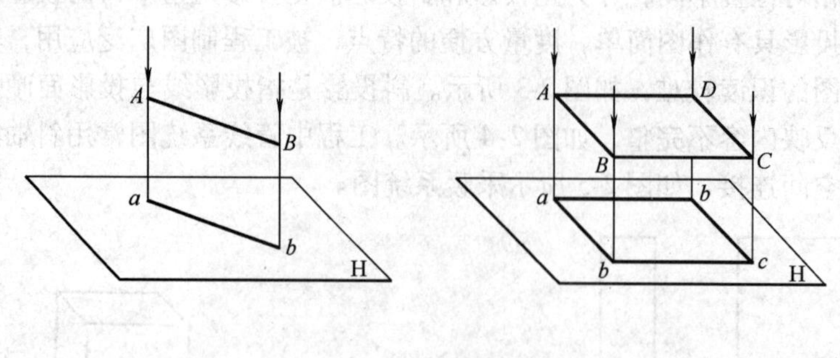


图 2-6　全等性

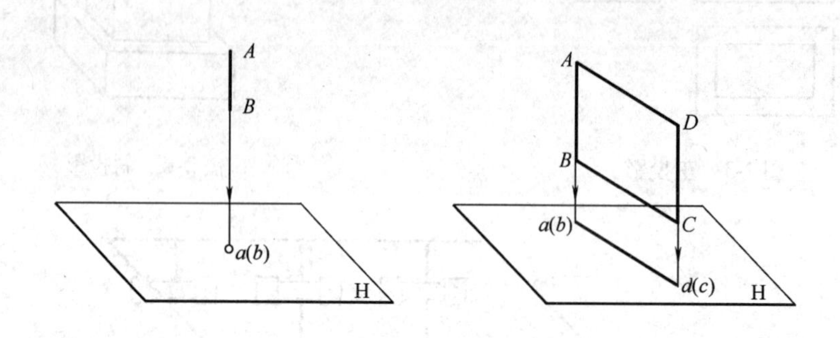


图 2-7　积聚性

## 三、类似性

如图 2-8 所示，当直线 *AB* 或平面 *ABCD* 不平行于投影面时，直线的投影短于原直线的实长，即 $ab<AB$；平面 *ABCD* 的投影 *abcd* 仍为平面，但 *abcd* 不仅比平面 *ABCD* 小，而且形状也发生了变化。这种性质称为正投影的类似性。

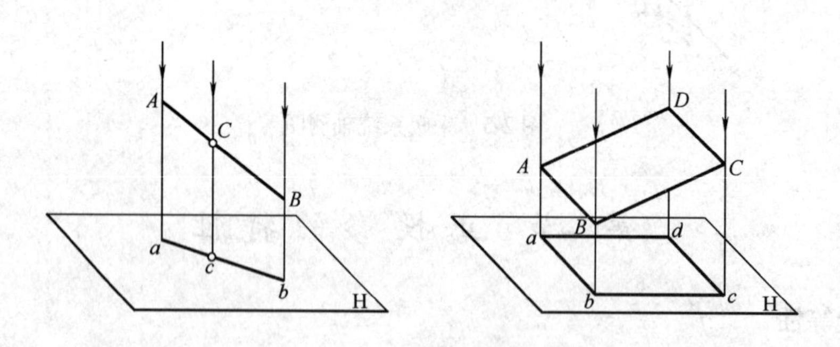


图 2-8　类似性

## 四、从属性

直线上点的投影必在直线的投影上。

## 五、平行性

空间两直线平行，其投影必平行。

## 第三节　三面投影图

### 一、三面投影图的形成

通常把平行于水平面的投影面称作水平投影面，用字母H表示，形体从上向下在水平投影面上的投影为水平投影，反映形体的长度和宽度，如图2-9所示。形体的水平投影不能将形体的所有尺度（长、宽、高）全部反映出来。

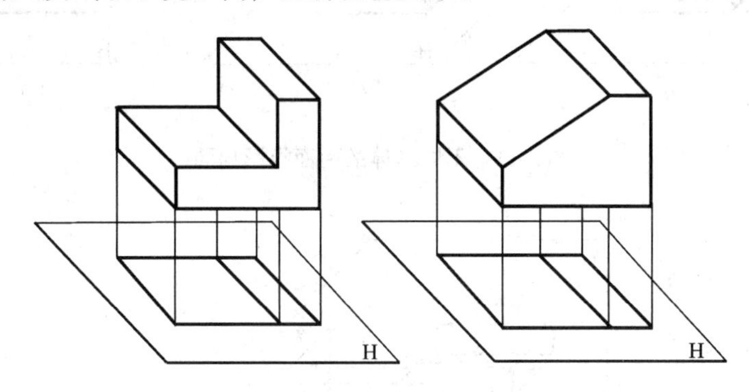


图2-9　形体的水平投影

与水平投影面垂直，位于观察者正对面的投影面称作正立投影面，用字母V表示，形体从前向后的正投影为正立面投影，形体的正立面投影反映了形体的长度和高度，如图2-10所示。

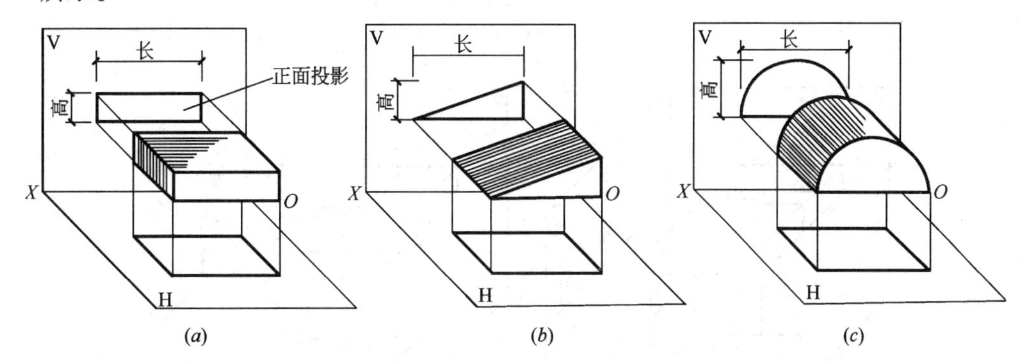


图2-10　形体的两面投影

水平投影面与正立投影面构成两面投影体系，它们的交线叫投影轴，用 *OX* 表示。形体的两面投影能将形体的长度、宽度和高度全部反映出来，但是却不能惟一地反映形体的形状，如图2-11所示。图中四棱柱、三棱柱和半圆柱是三个不同的形体，其两面投影却完全相同。

在水平投影面和正立投影面的右侧再增加一个投影面——侧立投影面，用字母W表示，形体在侧立投影面上的投影，称为侧面投影。侧面投影反映形体的宽度和高度，图2-12（*a*）所示。形体的三面投影不仅能确定形体的三个尺度，而且能惟一地确定形体的形状，如图2-12（*b*）、（*c*），将四棱柱、三棱柱和半圆柱区别开来。

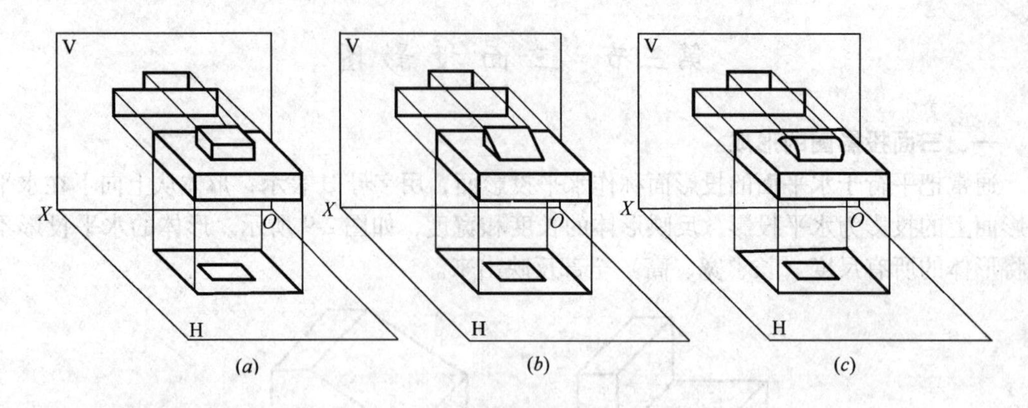


图 2-11　不同形体的两面投影相同

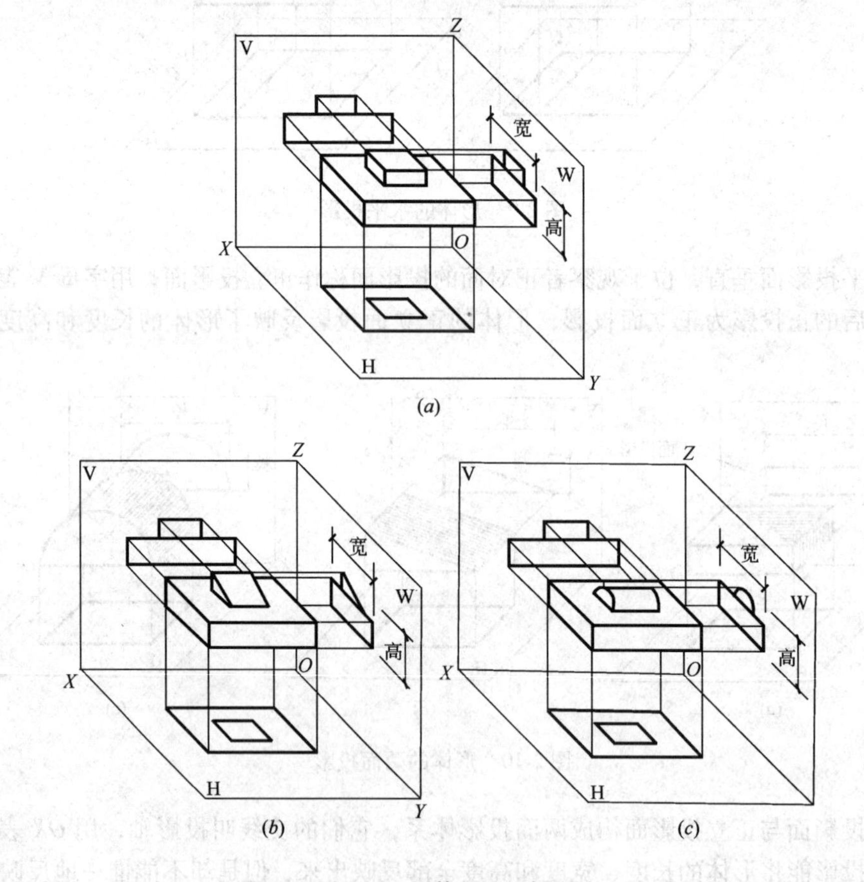


图 2-12　形体的三面投影

因此，在作形体投影图时，通常建立三面投影体系，即水平投影面（H）、正立投影面（V）和侧立投影面（W）。它们互相垂直相交，交线叫投影轴，水平投影面和正立投影面的交线用 *OX* 轴表示，水平投影面和侧立投影面的交线用 *OY* 轴表示，正立投影面与侧立投影面的交线用 *OZ* 轴表示，如图 2-13 所示。形体在三面投影体系中的投影，称作三面投影图，如图 2-14 所示。

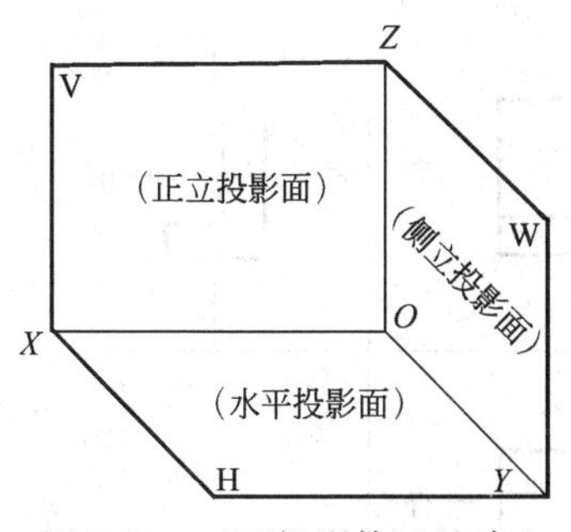


图 2-13　三面投影体系的建立

图 2-14　三面投影图的形成

**二、三面投影图的展开**

为了作图方便，作形体投影图后，需要把三面投影展开，如图 2-15 所示。将水平投影面绕 $OX$ 向下旋转 90°，与正立投影面在一个平面内，将侧立投影面绕 $OZ$ 轴向后旋转 90°；也使其与正立投影面在一个平面内。这样，三个投影面被摊开在一个平面内的方法，叫做三面投影图的展开。

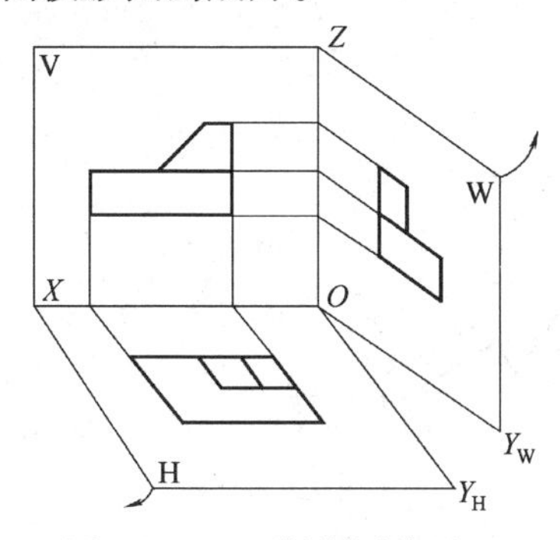


图 2-15　三面投影图的展开

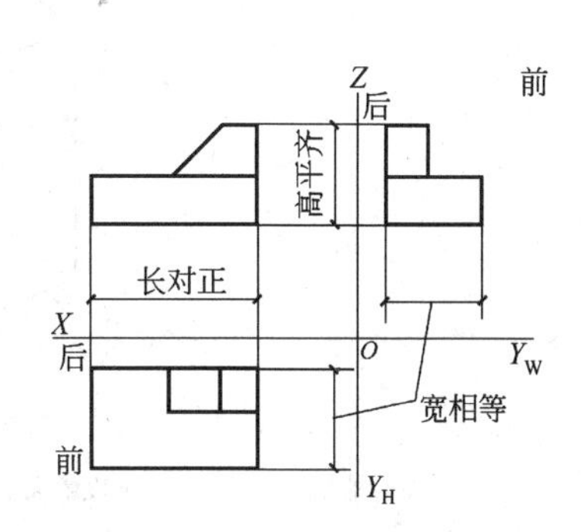


图 2-16　三面投影图的规律

**三、三面投影图的规律**

由于作形体投影图时，形体的位置不变，展开后，同时反映形体长度的水平投影和正面投影左右对齐——长对正，同时反映形体高度的正面图和侧面图上下对齐——高平齐，同时反映形体宽度的水平投影和侧面投影前后对齐——宽相等，如图 2-16 所示。

“长对正、高平齐、宽相等”是三面投影图的特点，是画图和看图必须遵循的投影规律，无论是整个物体，还是物体的局部都必须符合这条规律。

**四、三面投影图的方位**

形体在三面投影体系中的位置确定后，相对于观察者，它的空间就有上、下、左、右、前、后六个方位，如图 2-17 所示。水平面上的投影反映形体的前、后、左、右关系，正面投影反映形体的上、下、左、右关系，侧面投影反映形体的上、下、前、后关系。

**五、三面投影图的画图方法**

作形体投影图时，先画投影轴（互相垂直的两条线），水平投影面在下方，正立投影面在水平投影面的正上方，侧立投影面在正立投影面的正右方。如图 2-18 所示。

（1）量取形体的长度和宽度尺度在水平投影面上作水平投影。

（2）量取形体的长度和高度尺度，根据长对正的关系作正面投影。

（3）量取形体的宽度和高度尺度，根据高平齐和宽相等的关系作侧面投影。

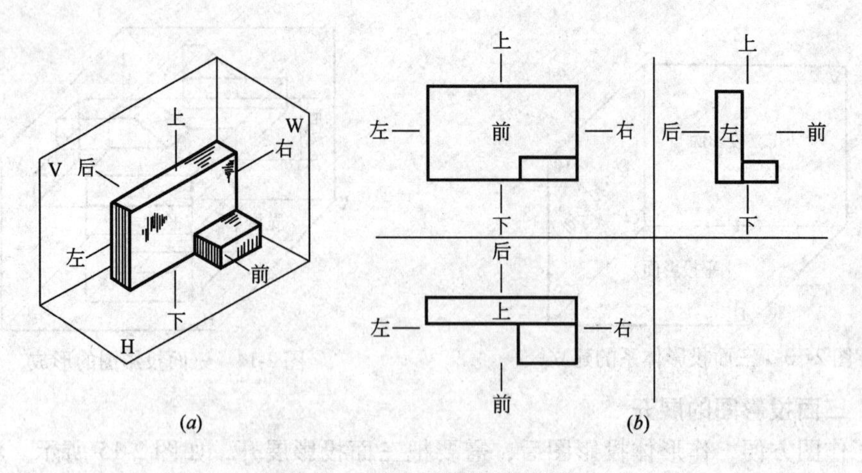


图 2-17　二面投影图的方位关系

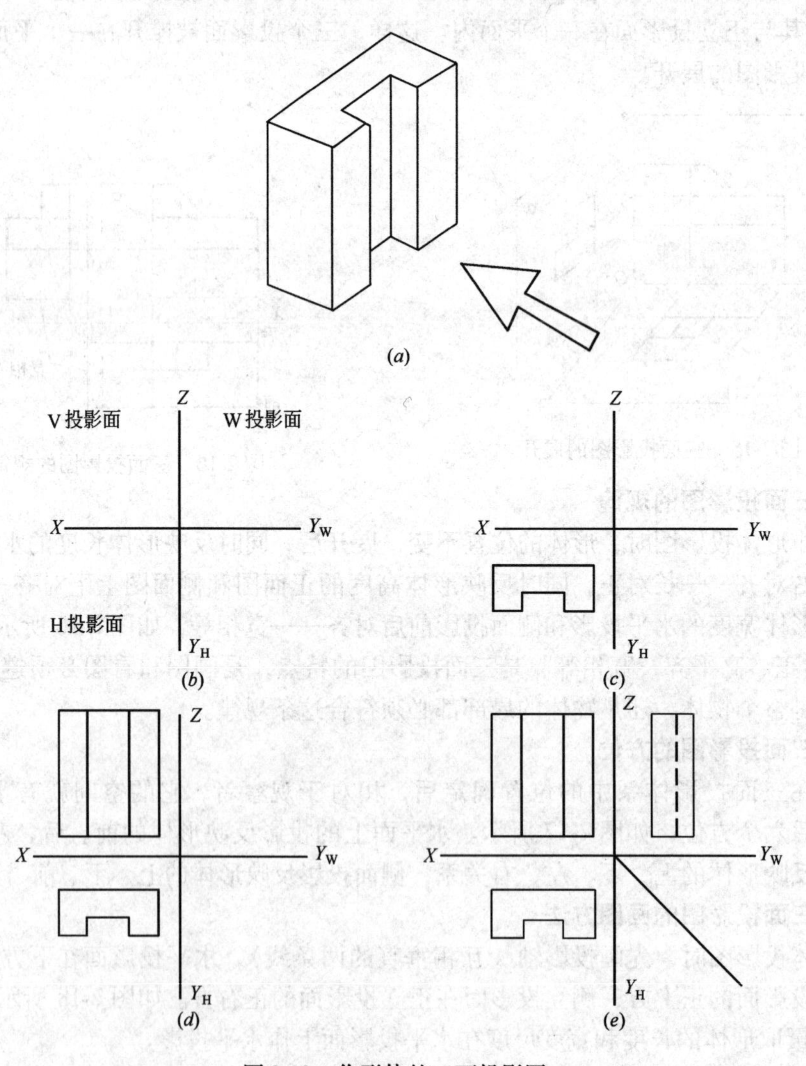


图 2-18　作形体的三面投影图

（*a*）立体图；（*b*）画投影轴；（*c*）画水平投影图；（*d*）作正面投影图；（*e*）作侧面投影，并加深

# 第三章　建筑形体基本元素的投影

建筑形体是由不同的基本体组成的，而基本体是由点、直线和平面这些基本元素形成的，要正确地绘制和识读建筑形体的投影图，必须先掌握组成建筑形体的基本元素的投影特性和作图方法。

## 第一节　点　的　投　影

### 一、点的三面投影

设空间点 $A$ 在三面投影体系中，作点 $A$ 的三面投影，即过点 $A$ 分别向三个投影面作投影线，投影线与投影面的交点，就是点 $A$ 在三投影面上的投影，分别用空间点的同名小写字母 $a$、$a'$、$a''$表示，过点 $A$ 的三面投影，向投影轴作垂线，和投影轴交于 $a_X$、$a_Y$ 和 $a_Z$，如图 3-1（*a*）所示。将点 $A$ 的三面投影图展开，如图 3-1（*b*）所示，去掉边框线，形成点 $A$ 的三面投影图，如图 3-1（*c*）所示。从图 3-1（*c*）可以得出点在三面投影体系中的投影规律：

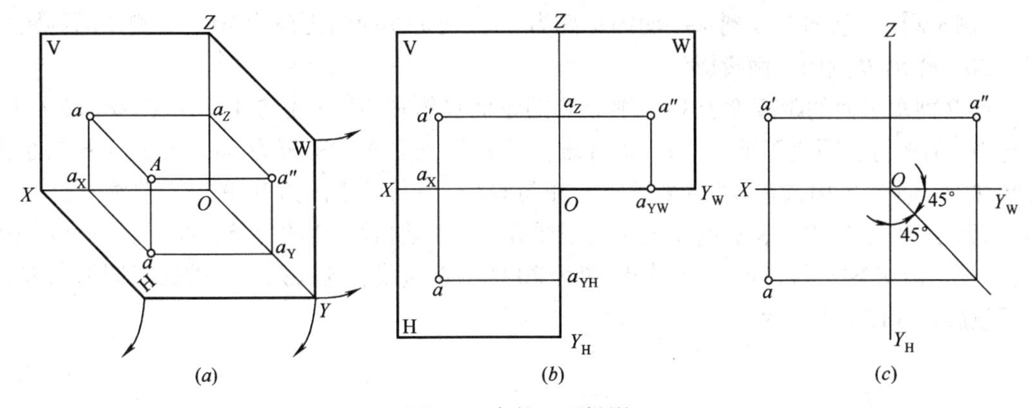


图 3-1　点的三面投影

（*a*）轴测图；（*b*）展开投影面；（*c*）投影图

（1）点的水平投影与正面投影的连线垂直于 $OX$ 轴；

（2）点的正面投影和侧面投影的连线垂直于 $OZ$ 轴；

（3）点的水平投影到 $OX$ 轴的距离等于侧面投影到 $OZ$ 轴的距离。

（4）点到某投影面的距离等于其在另两个投影面上的投影到相应投影轴的距离。

点的投影规律的前三条是形体投影规律“长对正、高平齐、宽相等”的理论根据。根据这个规律，可以解决已知点的两个投影，求作第三面投影。

**【例 3-1】**　如图 3-2，已知点 $A$ 的水平投影和正面投影，作出它的侧面投影。

从投影规律第（2）点可知，点的正面投影和侧面投影的连线垂直于 $OZ$ 轴，因此，过正面投影 $a'$作 $OZ$ 轴的垂线，并且延长；从投影规律的第（3）点可知，点的水平投影

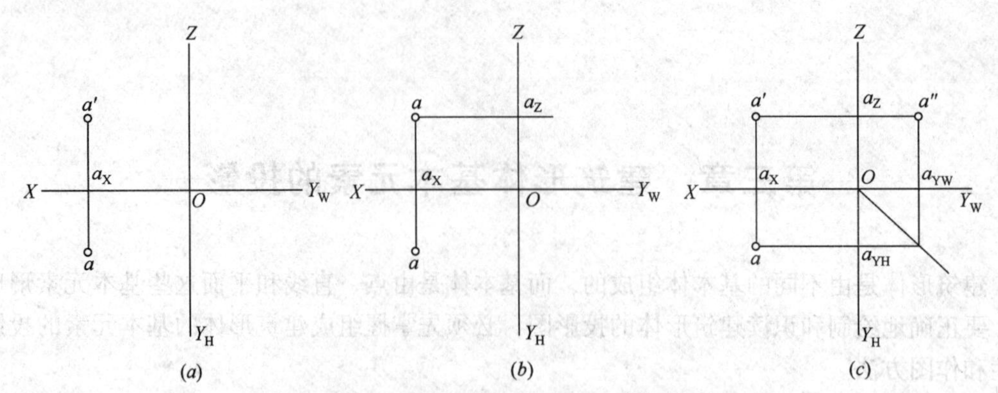


图 3-2　已知点的两面投影作第三投影

（a）已知点 A 的两投影 $a$、$a'$；（b）过 $a'$ 作 OZ 轴的垂直线 $a_Z$；

（c）在 $a'a_Z$ 的延长线上截取 $a''a_Z = aa_X$，$a''$ 即为所求

到 OX 轴的距离等于侧面投影到 OZ 轴的距离，为了满足这个条件，过投影轴的交点 O，在右下方作 45°斜线。再过 a 向 $OY_H$ 轴作垂线，与 45°斜线相交。过该交点向上作 $OY_W$ 轴的垂线，延长与 OZ 轴垂线的交点，就是点的侧面投影 $a''$。

点的三面投影图不仅表示点在三面投影体系中的投影，而且，还反映出点到三个投影面的距离。$aa_X$ 表示点 A 到 V 面的距离，$a'a_X$ 表示点 A 到 H 面的距离，$a'a_Z$ 表示点 A 到 W 面的距离。

**【例 3-2】**　已知点 B 到水平面的距离为 15，到正立面的距离为 10，到侧立面的距离等于 20，作出 B 点的三面投影。

点 B 到水平面的距离等于 15，则点 B 的正面投影在 OX 轴上方 15，可在 OX 轴上方，作与 OX 轴平行且距离等于 15 的一条直线；点 B 到正立面的距离为 10，表示点 B 的水平投影在 OX 轴下方 10，在 OX 轴的下方，作与 OX 轴平行且距离为 10 的一条直线；点 B 到侧立面的距离等于 20，表示点 B 的正面投影在与 OZ 轴相距 20 的一条直线上。在 OZ 轴的左方，作与 OZ 轴平行，且与 OZ 轴距离为 20 的一条直线，这三条直线的交点即为点 B 的三面投影，如图 3-3 所示。

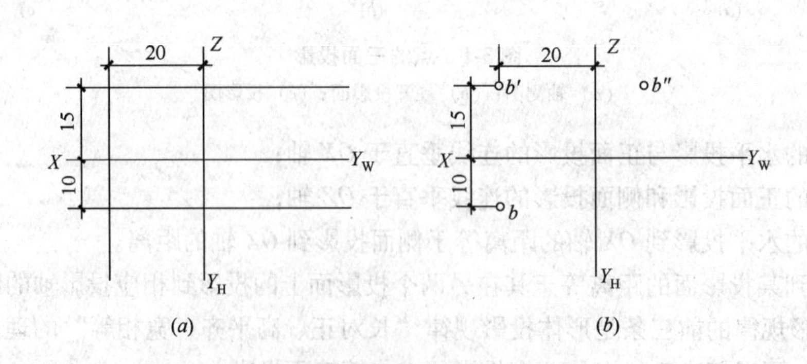


图 3-3　已知点到投影面距离，作其投影

## 二、点的坐标

从例 3-2 中可以看到，在三面投影体系中，点的空间位置可由该点到三个投影面的距

离来确定。如果把三面投影体系看作直角坐标系，则投影面 H 面、V 面、W 面成为坐标面，投影轴 *OX*、*OY*、*OZ* 为直角坐标轴。点的空间位置可由直角坐标值表示，因此，点到三个投影面的距离也可用坐标值表示，其中 *X* 坐标值表示点到侧立投影面的距离，*Y* 坐标值表示点到正立投影面的距离，*Z* 坐标值表示点到水平投影面的距离，如图 3-4 所示。

**【例 3-3】** 已知点 *A*（14、10、20），作点 *A* 的投影，并指出点 *A* 到三投影面的距离。

作图方法：在坐标轴上作出 $X=14$、$Y=10$、$Z=20$ 的点，过这些点分别作该坐标轴的垂线，垂线的交点即为点 *A* 的三面投影，如图 3-5 所示。

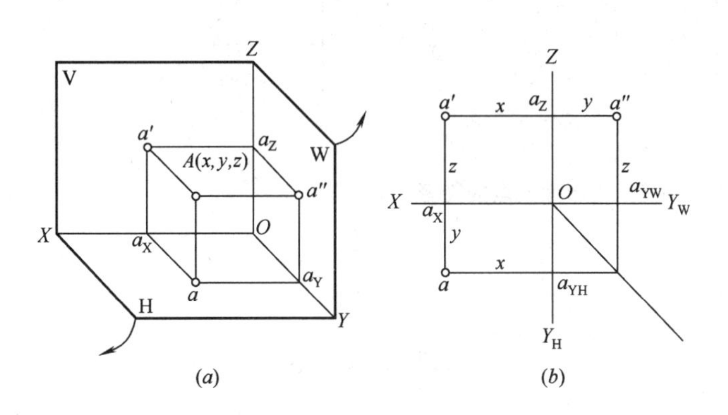


图 3-4 点的坐标

图 3-5 已知坐标，作点的投影

从该例题中，可以知道：

点 *A* 到水平投影面的距离等于 $Z_a=20$；

点 *A* 到正立投影面的距离等于 $Y_a=10$；

点 *A* 到侧立投影面的距离等于 $X_a=14$。

**三、特殊位置的点**

投影面上的点、投影轴上的点和原点的点通称为特殊位置的点，其他位置的点称为一般位置的点。

1. 投影面上的点

如图 3-6 所示：点 *A* 为水平面上的点，其水平投影在原来的位置，正面投影在 *OX* 投影轴上，侧面投影在 *OY* 投影轴上；点 *B* 为侧立投影面上的点，其侧面投影在原来的位置，水平投影在 *OY* 投影轴上，正面投影在 *OZ* 投影轴上；点 *C* 为正立投影面上的点，其正面投影在原来的位置，水平投影在 *OX* 投影轴上，侧面投影在 *OZ* 投影轴上。

从上面的投影图可以得出：投影面上的点，一个投影在投影面上，另两个投影在相应的投影轴上。

2. 投影轴上的点

如图 3-7 所示：点 *D* 在 *OX* 轴上，水平投影和正面投影都在 *OX* 轴上原来的位置，侧面投影在原点；点 *E* 在 *OY* 轴上，水平投影在 $OY_H$ 上，侧面投影在 $OY_W$ 上，正面投影在原点；点 *F* 在 *OZ* 轴上，其正面投影和侧面投影在 *OZ* 轴上，水平投影在原点。因此，可以得出：投影轴上的点，一个投影在原点，另两个投影在同一投影轴上。

3. 原点的点

原点的点的投影仍在原点。

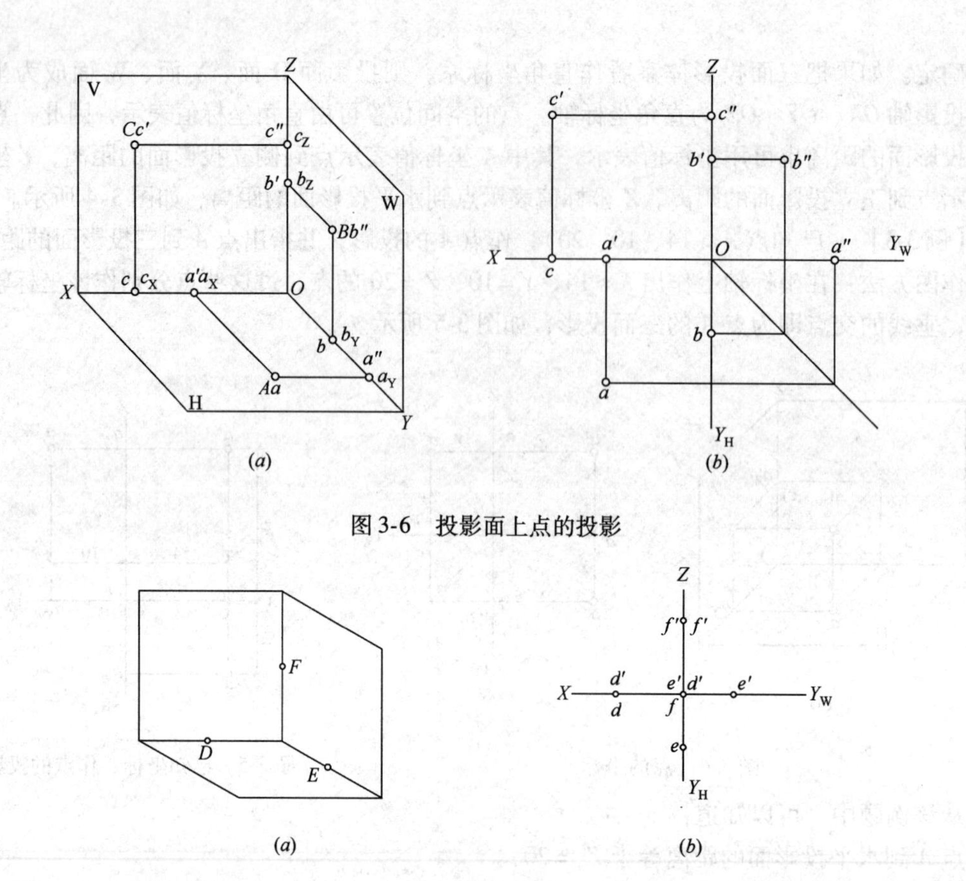


图 3-6　投影面上点的投影

图 3-7　投影轴上的点

**四、两点的相对位置**

空间两点的相对位置，是指两点间的左右、前后和上下关系，可在它们的三面投影中反映。如图 3-8 所示，从水平投影可知，点 *A* 在点 *B* 的左前方，从正面投影可知，点 *A* 在点 *B* 的左下方，因此点 *A* 在点 *B* 的左、前、下方。

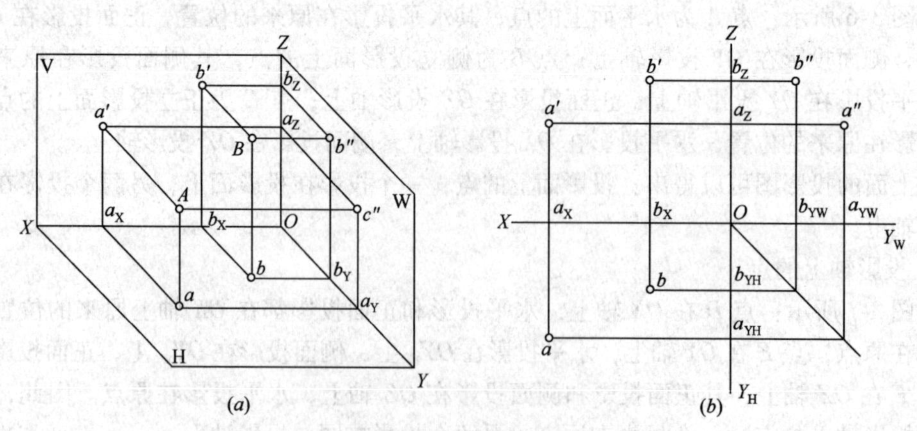


图 3-8　两点的相对位置

（*a*）直观图；（*b*）投影图

同样也可以用坐标值判断两点的相对位置，坐标值大的点在左、前、上方，坐标值小的点在右、后、下方。如图中，$x_a > x_b$，点 $A$ 在点 $B$ 的左方；$y_a > y_b$，点 $A$ 在点 $B$ 的前方；$z_a < z_b$，点 $A$ 在点 $B$ 的下方。

当空间两点处于某一投影面的同一投影线上，则它们在该投影面上的投影必然重合，这两个点称为重影点，其中位于左、前、上方的点为可见点，位于右、后、下方的点被遮挡，为不可见点，如图 3-9 所示。两点投影重合时，可见点注写在前，不可见点注写在后，并加括号。

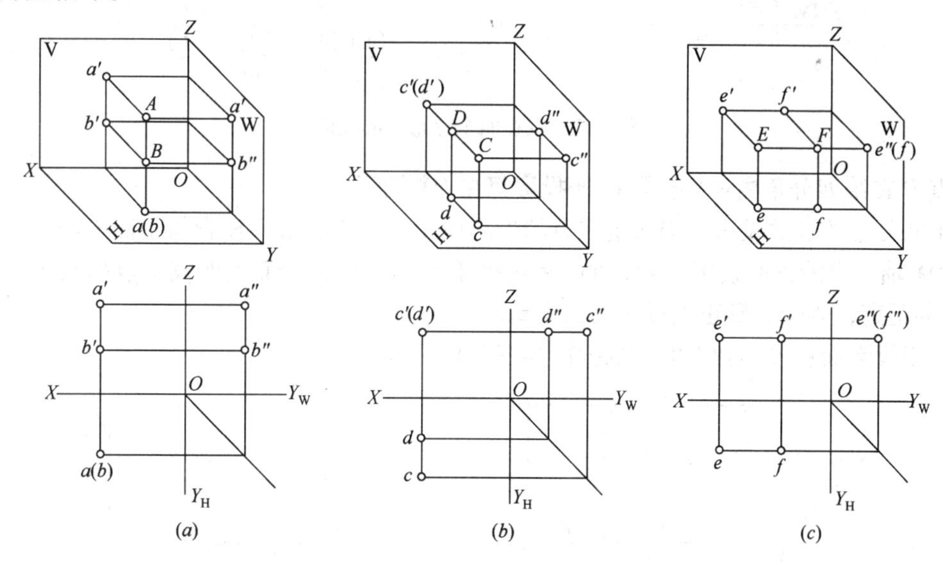


图 3-9　重影点的投影

## 五、点在其他分角的投影

在几何学中，平面是没有边界的，若使 V 投影面向下延伸，H 投影面向后延伸，则将两面投影体系划分为四个分角。其中，位于 V 投影面之前，H 投影面之上的分角，称为第一分角；位于 V 投影面之后，H 投影面之上的分角，称为第二分角；位于 H 投影面之下，V 投影面之后的分角，称为第三分角；位于 H 投影面之下，V 投影面之前的分角，称为第四分角。如图 3-10 所示。我国制图国家标准规定，画物体投影图时，让物体处于第一分角，作出的投影图，称为第一角投影法。

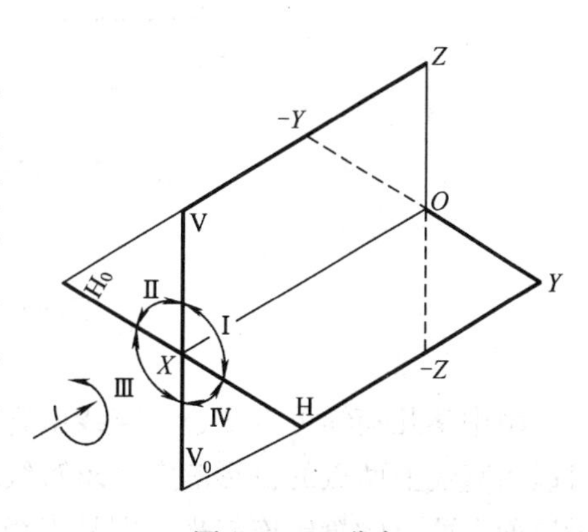


图 3-10　四分角

位于Ⅰ、Ⅱ、Ⅲ、Ⅳ分角的点 $A$、$B$、$C$、$D$ 投影如图 3-11（$a$）所示，展开时，让第一分角的 H 投影面向下转动 90°，和第四分角的 $V_0$ 投影面重合，则第二分角和第三分角的 $H_1$ 投影面向上转动 90°，与第一分角的 V 投影面重合。投影图如图 3-11（$b$）所示。

点 $A$ 在第一分角内：V 投影在 $OX$ 轴上方，H 投影在 $OX$ 轴下方。

点 $B$ 在第二分角内：V 投影和 H 投影都在 $OX$ 轴上方。

点 $C$ 在第三分角内：V 投影在 $OX$ 轴下方，H 投影在 $OX$ 轴上方。

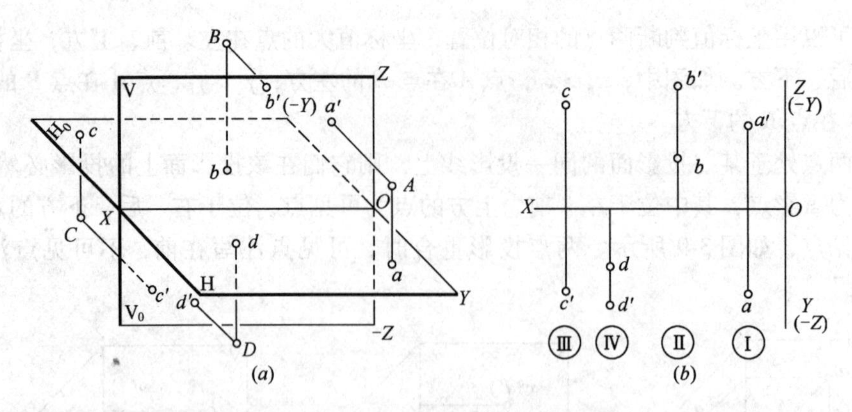


图 3-11　点在四个分角中的投影

点 $D$ 在第四分角内：V 投影和 H 投影都在 $OX$ 轴下方。

不同分角的点的投影，仍然遵守点的投影规律，即点的水平投影与正面投影的连线垂直于 $OX$ 轴，点的正面投影到 $OX$ 轴的距离等于点到水平投影面的距离；点的水平投影到 $OX$ 轴的距离，等于点到正立投影面的距离。

位于投影面和投影轴上的点的投影如图 3-12 所示。

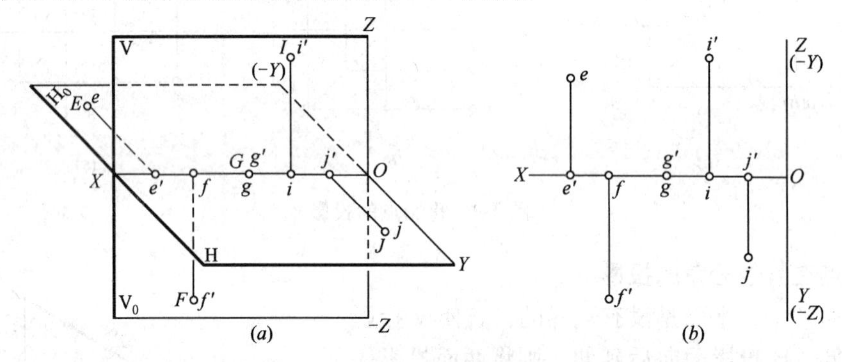


图 3-12　特殊位置的点在四分角中的投影

## 第二节　直线的投影

由中学几何学可以知道，直线由直线上任意两个点的位置确定，因此，直线的投影也可以由直线上两点的投影确定。求直线的投影，只要作出直线上两个点的投影，再将同一投影面上两点的投影连起来，即是直线的投影。

直线按其与投影面的相对位置不同，可以分为特殊位置的直线和一般位置的直线，特殊位置的直线又分为投影面平行线和投影面垂直线。

### 一、各种位置直线的投影

1. 投影面平行线

平行于一个投影面而倾斜于另两个投影面的直线称为投影面平行线。

投影面平行线又可分为：

水平线——平行于水平投影面而倾斜于正立投影面和侧立投影面的直线。

正平线——平行于正立投影面而倾斜于水平投影面和侧立投影面的直线。

侧平线——平行于侧立投影面而倾斜于水平投影面和正立投影面的直线。

直线与水平面的倾角用 $\alpha$ 表示，直线与正立投影面的倾角用 $\beta$ 表示，直线与侧立投影面的倾角用 $\gamma$ 表示。

投影面平行线在三面投影体系中的投影见表 3-1 所示。

**投影面平行线的投影** **表 3-1**

| 名称 | 水平线（$AB /\!/ H$） | 正平线（$AC /\!/ V$） | 侧平线（$AD /\!/ W$） |
|---|---|---|---|
| 立体图 | 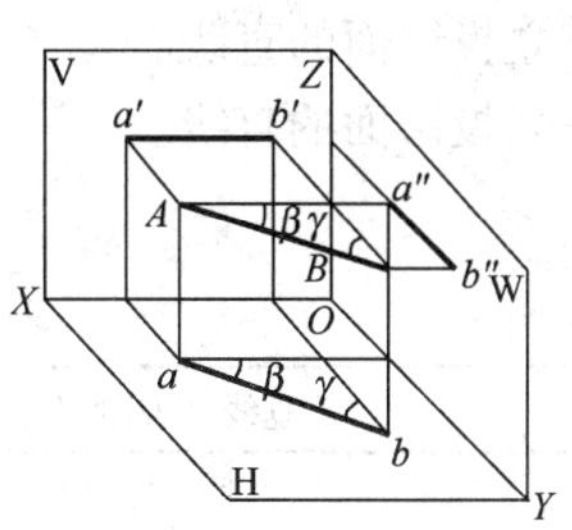 | 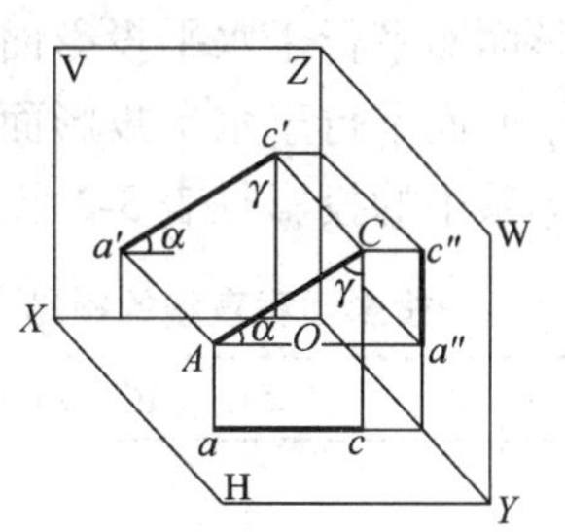 | 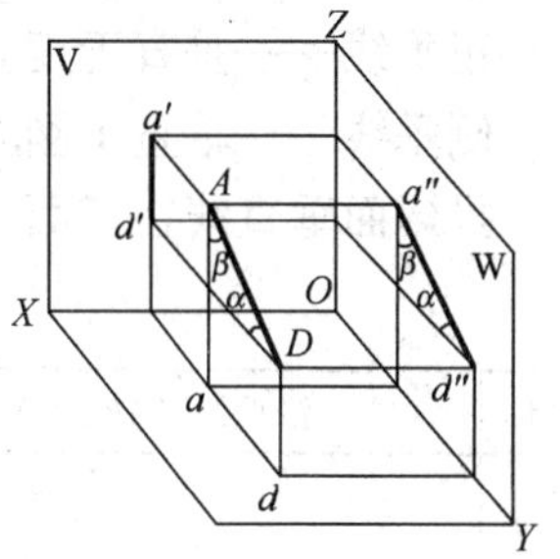 |
| 投影图 | 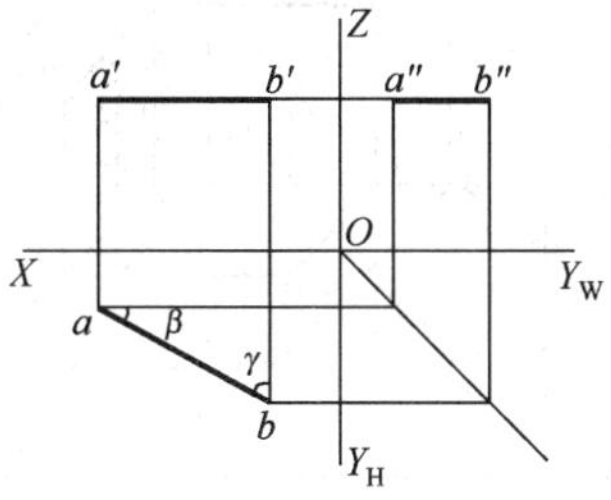 | 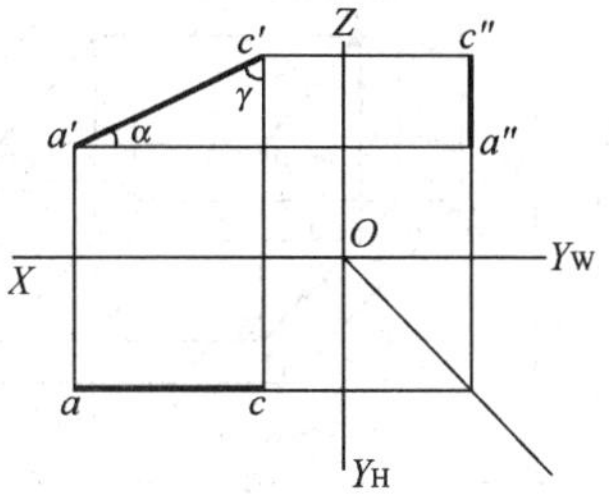 | 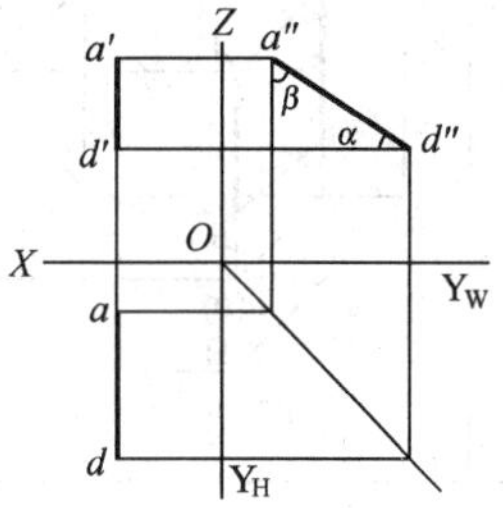 |
| 在形体投影图中的位置 | 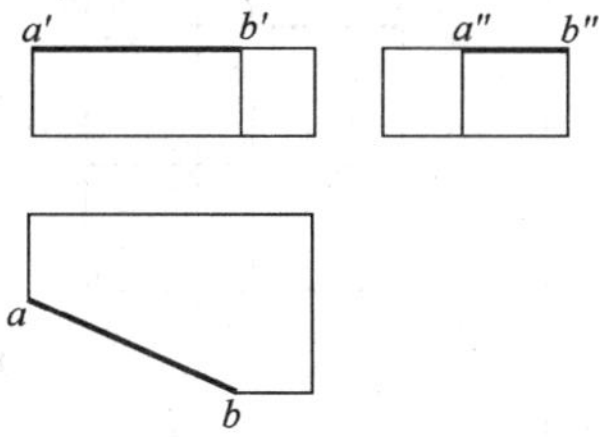 | 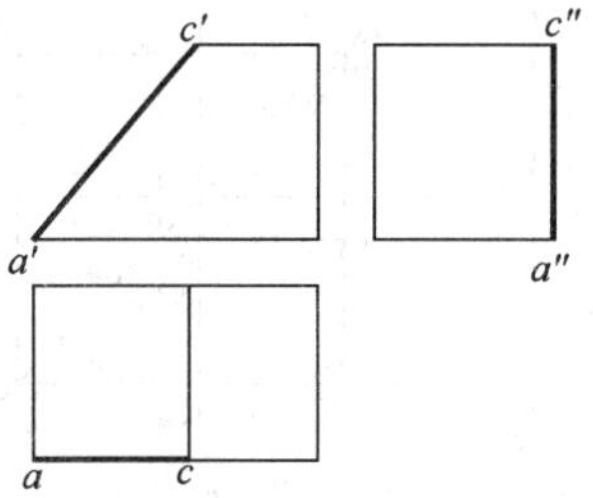 | 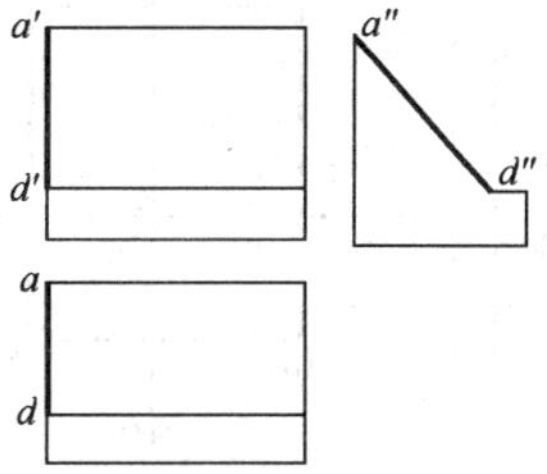 |
| 在形体立体图中的位置 | 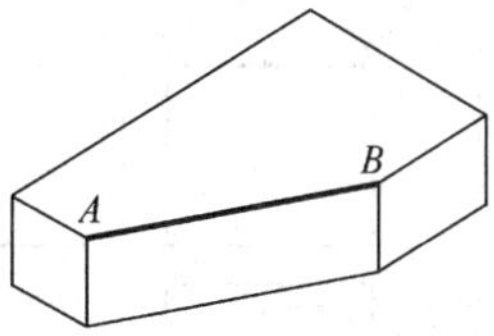 | 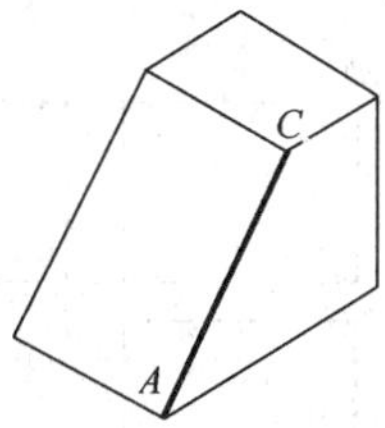 | 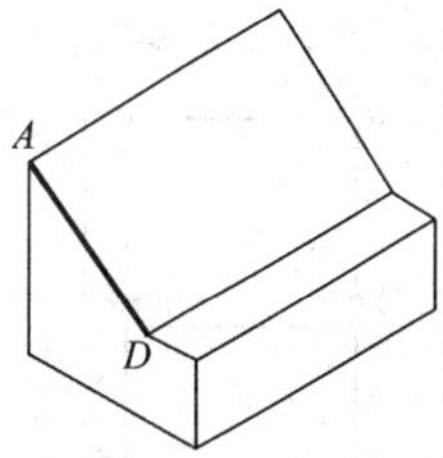 |
| 投影规律 | （1）$ab$ 与投影轴倾斜，$ab = AB$：反映倾角 $\beta$、$\gamma$ 的实形<br>（2）$a'b' /\!/ OX$、$a''b'' /\!/ OY_W$ | （1）$a'c'$ 与投影轴倾斜，$a'c' = AC$：反映倾角 $\alpha$、$\gamma$ 的实形<br>（2）$ac /\!/ OX$、$a''c'' /\!/ OZ$ | （1）$a''d''$ 与投影轴倾斜，$a''d'' = AD$：反映倾角 $\alpha$、$\beta$ 的实形<br>（2）$ad /\!/ OY_H$、$a'd' /\!/ OZ$ |

分析表 3-1，可以得出投影面平行线的投影特性：

（1）投影面平行线在其平行的投影面上的投影反映实长，与投影轴的夹角反映直线与另两个投影面的倾角。

（2）另两个投影分别平行于相应的投影轴，但不反映实长。

2. 投影面垂直线

垂直于一个投影面而平行于另两个投影面的直线称为投影面垂直线。

投影面垂直线也可分为：

铅垂线——垂直于水平投影面而平行于正立投影面和侧立投影面的直线。

正垂线——垂直于正立投影面而平行于水平投影面和侧立投影面的直线。

侧垂线——垂直于侧立投影面而平行于水平投影面和正立投影面的直线。

投影面垂直线在三面投影体系中的投影见表 3-2 所示。

**投影面垂直线的投影** **表 3-2**

| 名称 | 铅垂线（$AB\perp$H） | 正垂线（$AC\perp$V） | 侧垂线（$AD\perp$W） |
|---|---|---|---|
| 立体图 | 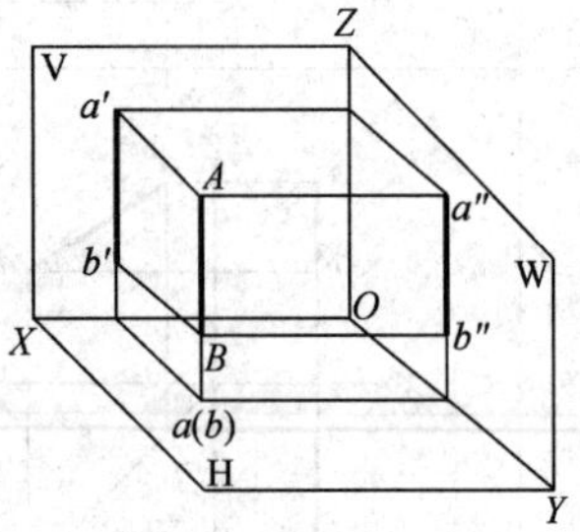 | 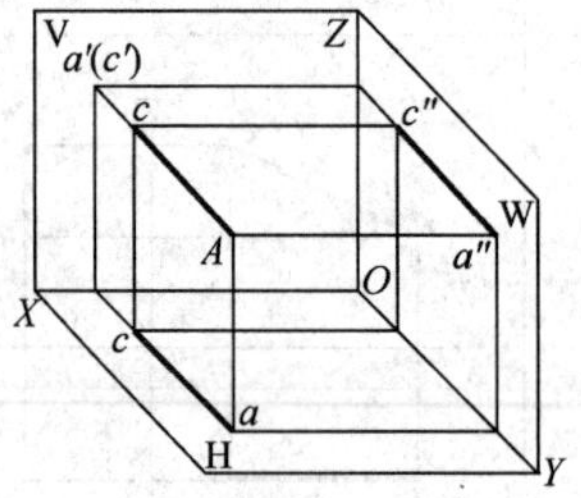 | 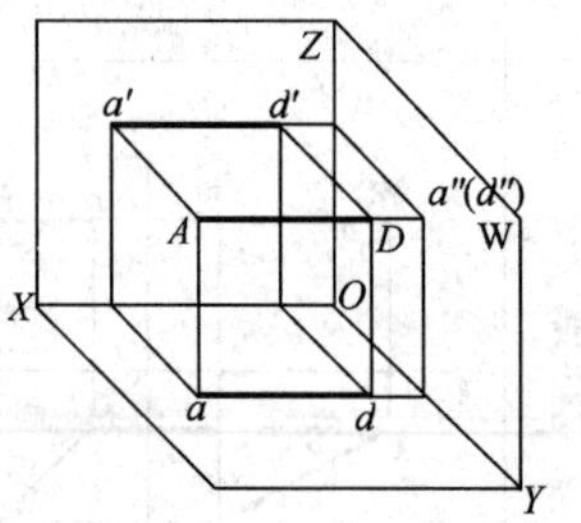 |
| 投影图 | 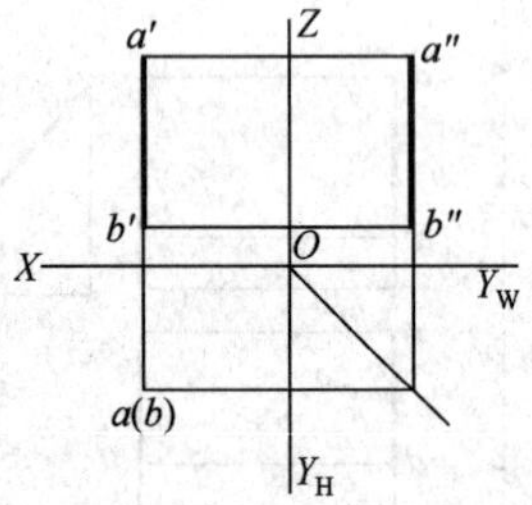 | 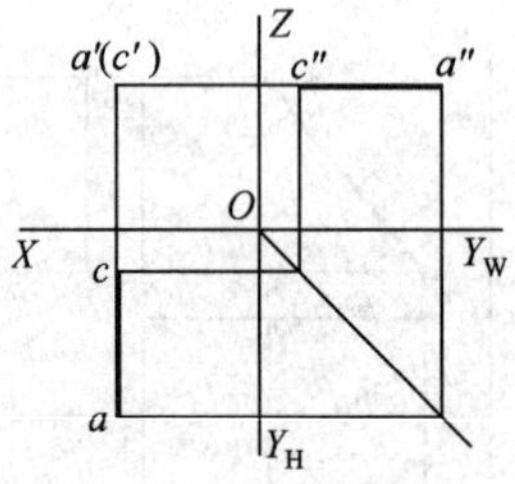 | 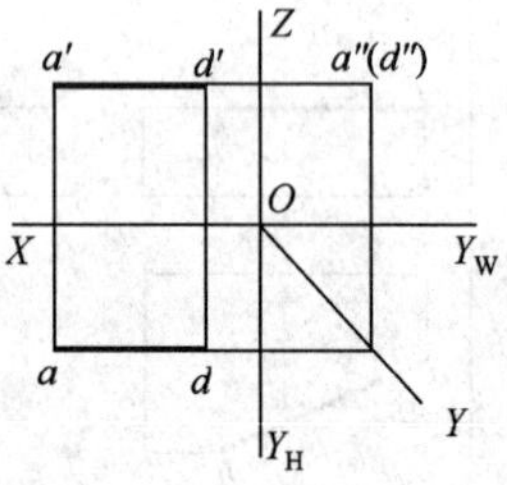 |
| 在形体投影图中的位置 | 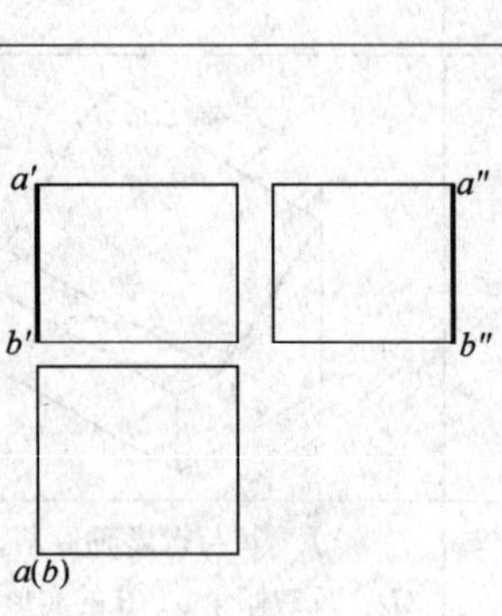 | 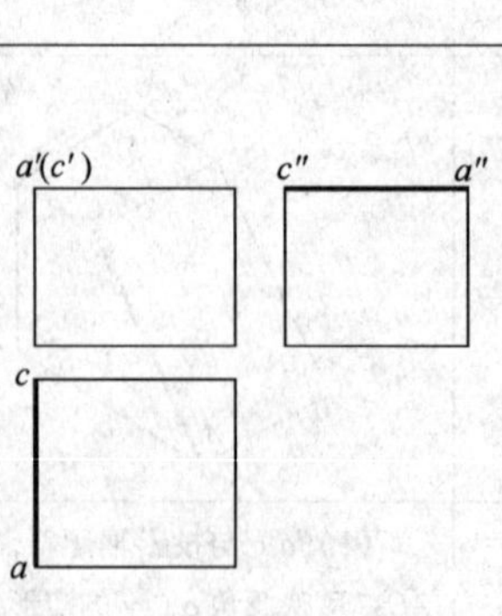 | 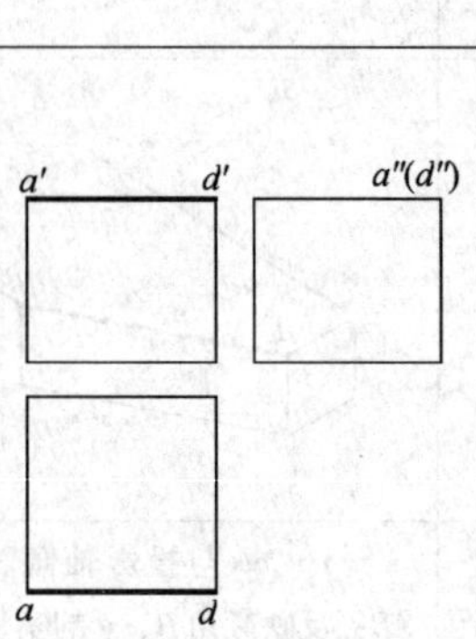 |

续表

| 名称 | 铅垂线（$AB \perp H$） | 正垂线（$AC \perp V$） | 侧垂线（$AD \perp W$） |
|---|---|---|---|
| 在形体立体图中的位置 | | | |
| 投影规律 | （1）$ab$ 积聚为一点<br>（2）$a'b' \perp OX$；$a''b'' // \perp OY_W$<br>（3）$a'b' = a''b'' = AB$ | （1）$a'c'$积聚为一点<br>（2）$ac \perp OX$；$a''c'' \perp OZ$<br>（3）$ac = a''c'' = AB$ | （1）$a''d''$积聚为一点<br>（2）$ad \perp OY_H$；$a'd' \perp OZ$<br>（3）$ad = a'd' = AD$ |

分析表 3-2，可以得出投影面垂直线的投影特性：

（1）投影面垂直线在垂直的投影面上的投影积聚成为一个点；

（2）在另外两个投影面上的投影分别垂直于相应的投影轴，并反映实长。

3. 一般位置直线

与三投影面都倾斜的直线称为一般位置的直线。一般位置的直线的投影如图 3-13 所示。

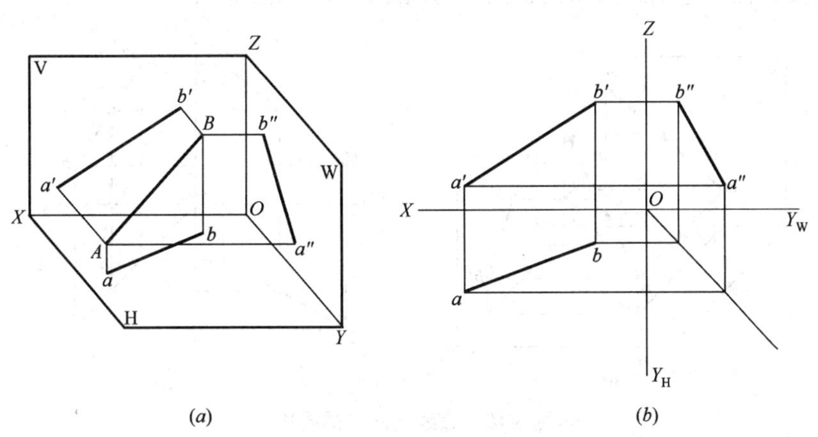


(a)　　(b)

图 3-13　一般位置直线的投影

从图 3-13 可以得出一般位置直线的投影特点：

（1）一般位置的直线的三个投影均倾斜于投影轴，但与投影轴的夹角不反映直线与投影面的倾角。

（2）一般位置直线的三个投影均不反映实长。

**【例 3-4】**　已知水平线 $AB$ 长 10mm，点 $A$ 的坐标是（15、10、20），求作点 $A$ 的三面投影。

分析：直线 $AB$ 是水平线，则 $AB$ 的水平投影反映实长，即 $ab = 10$mm，正面投影和侧面投影应平行于 $OX$ 轴和 $OY$ 轴。因已知点 $A$ 的坐标，可先作出点 $A$ 的三面投影，再根据水平线的特点，作出 $AB$ 线的三面投影，作图步骤如图 3-14 所示。

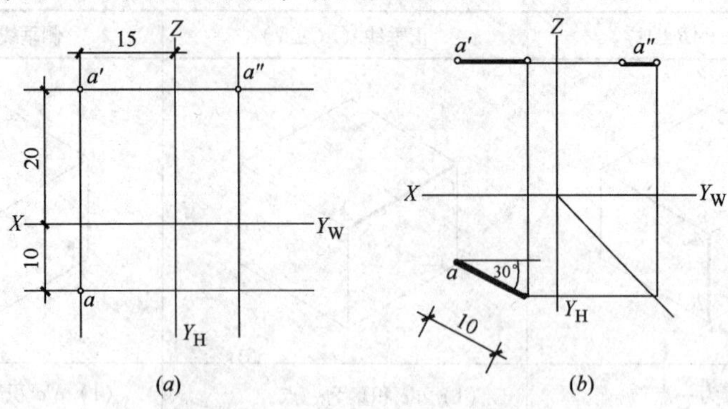


图 3-14　作水平线的三面投影

（a）作点 A 的投影；（b）作 AB 线的投影

## 二、直线上的点

### 1. 直线上点的投影

由几何学知道，直线是一些有规律点的集合，这些有规律点的投影也应该在直线的同面投影上。如图 3-15 所示，直线 $AB$ 上有一点 $C$，过点 $C$ 作投影线 $Cc$ 垂直于 H 面，与 H 面的交点必在 $AB$ 的水平投影 $ab$ 上，同理点 $C$ 的正面投影 $c'$ 和侧面投影 $c''$ 也在直线 $AB$ 的正面投影和侧面投影上。因此，直线上点的投影，必在直线的同面投影上。反之，如果一个点的三面投影在一直线的同面投影上，则该点必为直线上的点。

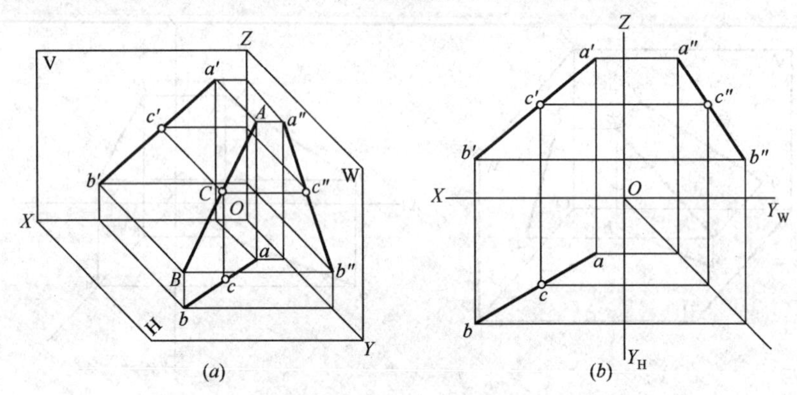


图 3-15　直线上的点的投影

（a）直观图；（b）投影图

对于一般位置直线，判别点是否在直线上，可由它们的任意两个投影决定，如图 3-16。点 $C$ 的水平投影 $c$ 和正面投影 $c'$，分别在直线的同面投影 $ab$、$a'b'$ 上，且 $cc'$ 连线垂直于 $OX$ 轴，因此，点 $C$ 在直线 $AB$ 上。点 $D$ 的水平投影在直线 $EF$ 的水平投影 $ef$ 上，但点 $D$ 的正面投影不在直线 $EF$ 的正面投影 $e'f'$ 上，因此点 $D$ 不在直线 $EF$ 上。

对于投影面平行线，判断点是否在直线上，还应根据直线所平行的投影面上的投影，判别点是否在直线上。如图 3-17 所示，点 $S$ 的三面投影 $s$、$s'$、$s''$ 分别在侧平线 $MN$ 的三面投影上，且符合点的投影规律，因此点 $S$ 在直线 $MN$ 上。而 $K$ 点的水平投影和正面投影虽然在直线 $MN$ 的同面投影上，但其侧面投影不在 $MN$ 的侧面投影上，说明点 $K$ 不在直线 $MN$ 上。

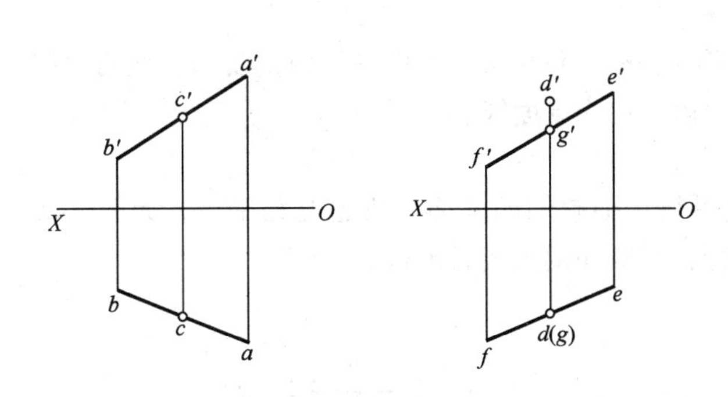


图 3-16　判别点是否在直线上

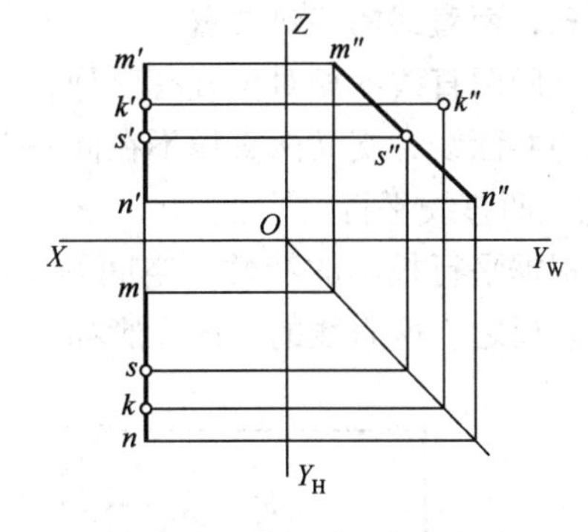


图 3-17　W 面平行线上的点

2. 直线上点的定比性

直线上一点，把直线分成两段，这两段线段的长度之比，等于它们相应的投影之比。这种比例关系称为定比关系。如图 3-18 所示，点 $C$ 为直线 $AB$ 上一点，因投影线互相平行，则 $AC:CB=ac:cb=a'c':c'b'$。

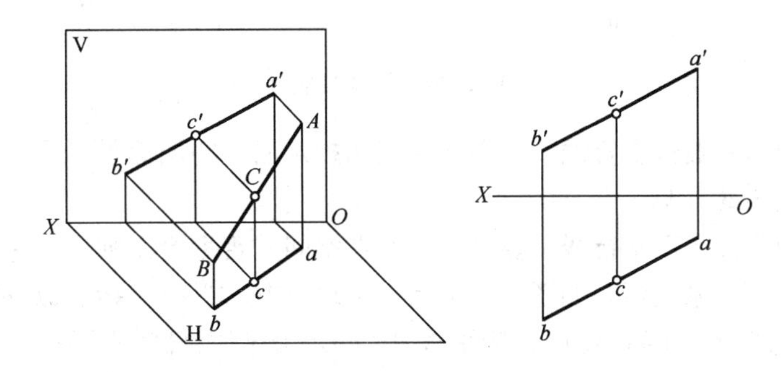


图 3-18　直线上的点分割线段成定比

（a）直观图；（b）投影图

**【例 3-5】**　如图 3-19（a）已知直线 $AB$ 的投影 $ab$ 和 $a'b'$，在直线上取点 $C$，使 $AC:CB=3:2$，求点 $C$ 的投影。

作图方法如图 3-19 的（b）图和（c）图。

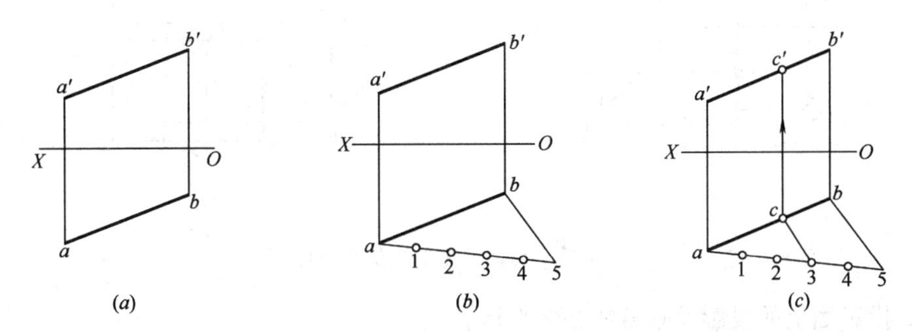


图 3-19　求直线 $AB$ 上分点 $C$ 的投影

（a）已知直线 $AB$ 的投影 $ab$ 和 $a'b'$；（b）过 $a$ 任意作一直线，在其上任取等长的五个单位，连接 $5b$；（c）过 3 作 $5b$ 的平行线交 $ab$ 于 $c$，过 $c$ 作 $OX$ 轴的垂直线，交 $a'b'$ 于 $c'$，$c$、$c'$ 即为点 $C$ 的两投影

## 三、两直线的相对位置

空间两直线的相对位置有三种，即平行、相交和交叉。其中平行两直线和相交两直线又称为共面线，交叉两直线不在同一平面内，称为异面线。

1. 两直线平行

根据平行投影的特性，空间两直线平行，则它们的同面投影也互相平行，如图 3-20 所示。反之，两直线的三面投影如果平行，则空间两直线必平行。

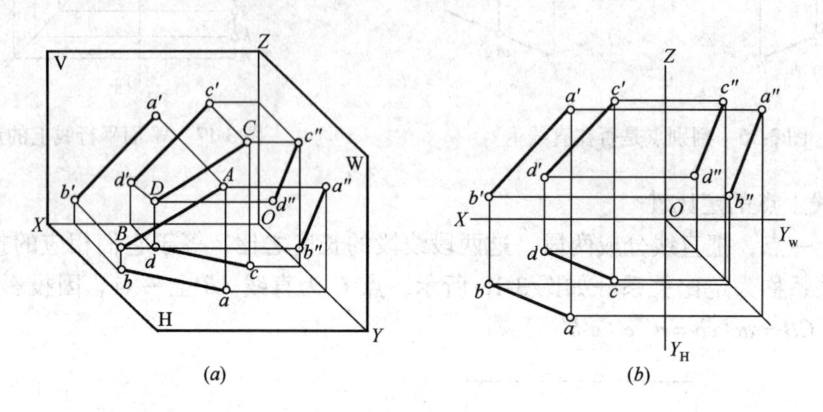


图 3-20　两直线平行

如果两直线为一般位置直线，它们在任意两投影面上的同面投影平行，则空间两直线互相平行，如图 3-20（*b*）。

如果两直线为投影面平行线，要判定它们在空间是否平行，则要看它们在平行的投影面上的投影是否平行来判断。如图 3-21 所示，（*a*）图中侧平线 *AB*、*CD* 的侧面投影平行，所以空间两直线平行；（*b*）图中，侧平线 *AB*、*CD* 的侧面投影不平行，所以空间两直线 *AB*、*CD* 也不平行。

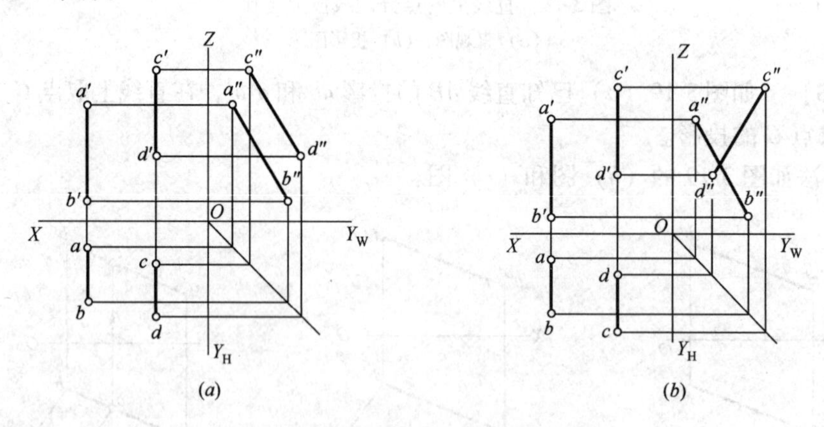


图 3-21　判别两侧平线是否平行

同一投影面上的投影面垂直线必然平行。

2. 两直线相交

两直线相交必然有一个交点，该交点是两直线的公共点，这个公共点的投影也应该是两直线投影的公共点。因此，两直线相交，其同面投影必相交，且交点的投影符合点的投影规律。如图 3-22 所示，空间直线 $AB$、$CD$ 的交点是 $K$ 点，则 $K$ 点的三面投影是两直线三面投影的交点。反之，如果两直线的同面投影相交，且交点符合点的投影规律，则空间两直线相交，如图 3-23 所示。图（$a$）中 $AB$ 线与 $CD$ 线的三面投影都出现了交点，且交点符合投影规律，所以 $AB$ 线与 $CD$ 线为相交线。而图（$b$）尽管 $AB$ 线和 $CD$ 线的水平投影和正面投影都出现了交点，但侧面投影无交点，所以 $AB$ 线与 $CD$ 线不相交。

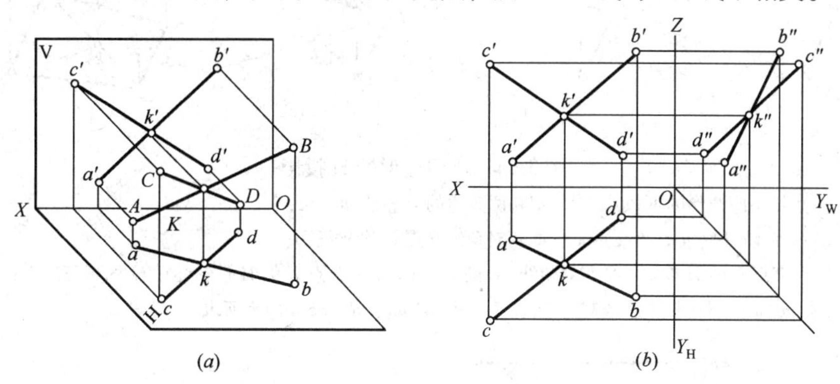


图 3-22　两直线相交

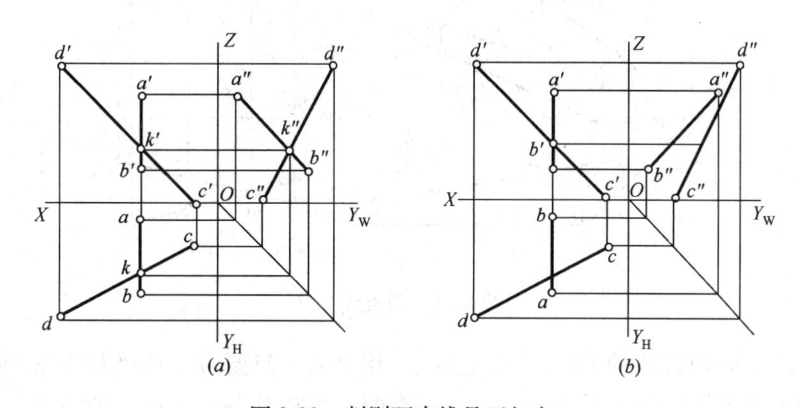


图 3-23　判别两直线是否相交

**【例 3-6】**　已知四边形 $ABCD$ 的 V 面投影和两条边的 H 面投影，求四边形的 H 面投影。

作图步骤如图 3-24 所示，先作出四边形对角线交点的正面投影，再求交点的水平投影，最后再作出点 $D$ 的水平投影。

3. 两直线交叉

既不平行又不相交的两直线为交叉直线。因此，交叉两直线的投影既不符合平行两直线的特性，也不符合相交两直线的特性，而交叉两直线的同面投影也可能相交，但交点不符合点的投影规律。交叉两直线投影的交点是两直线投影的重影点，如图 3-25 所示。交叉两直线 $AB$ 与 $CD$ 的水平投影和正面投影都出现了交点，但两交点的连线不与 $OX$ 轴垂直，因此，这两个交点不是两直线交点的投影，而是 $AB$ 线与 $CD$ 线重影点的投影。

4. 一边平行于投影面的直角的投影

一般情况下，如果两直线相交，且都平行于同一投影面，则在平行的投影面上的投影的夹角反映空间两直线的夹角。若两直线不同时平行于同一个投影面，则在投影面上的投

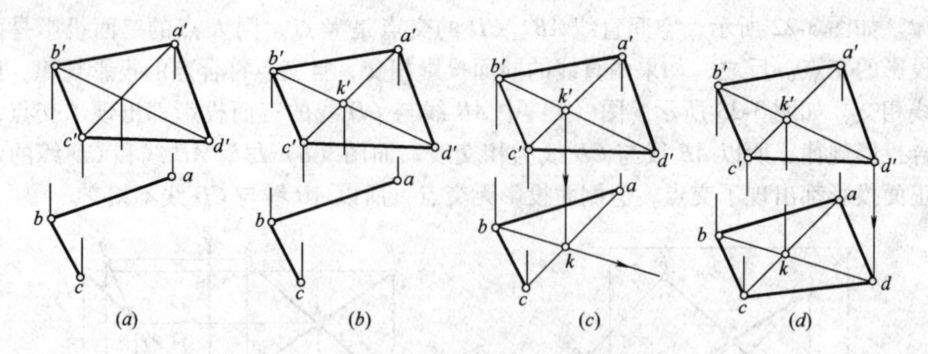


图 3-24　求四边形的 H 投影

（a）给出四边形的 V 投影 $a'b'c'd'$ 和两条边的 H 投影 $ab$、$bc$；

（b）连 $a'c'$ 和 $b'd'$，得交点 $k'$，即两对角线交点 $K$ 的 V 投影；

（c）交点 $K$ 的 H 投影 $k$ 必在对角线 $AC$ 的 H 投影 $ac$ 上，点 $D$ 的 H 投影必在 $bk$ 的延长线上；

（d）过 $d'$ 向下作投影连线交 $bk$ 延长线于 $d$，连 $da$、$dc$，$abcd$ 即为所求

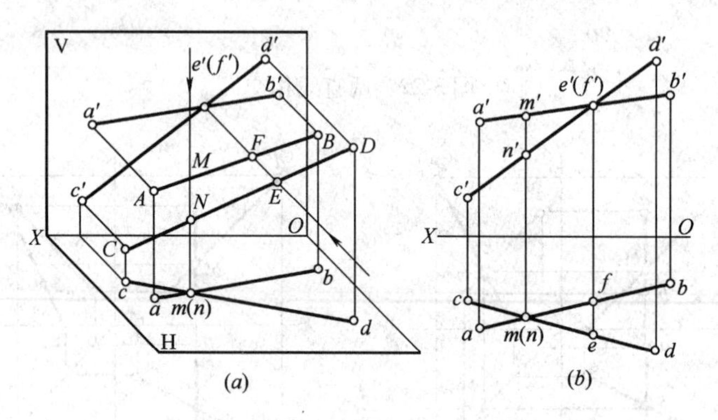


图 3-25　两直线交叉

影夹角不反映空间两直线的夹角。但两直线互相垂直，只要有一边平行于某一投影面，则在该投影面上的投影仍互相垂直。反之，相交两直线在某一投影面上的投影互相垂直，且两直线中有一直线平行于该投影面，则该两直线在空间互相垂直，如图 3-26 所示。

图 3-26 中，直线 $AB$、$BC$ 垂直相交，且 $AB$ 平行 H 面。由于 $Bb$ 垂直于 H 面，故 $AB$ 垂直于 $Bb$，且垂直于由 $BC$ 和 $Bb$ 决定的投影平面 $BbcC$。又由于 $AB$ 与 $ab$ 平行，所以 $ab$ 也垂

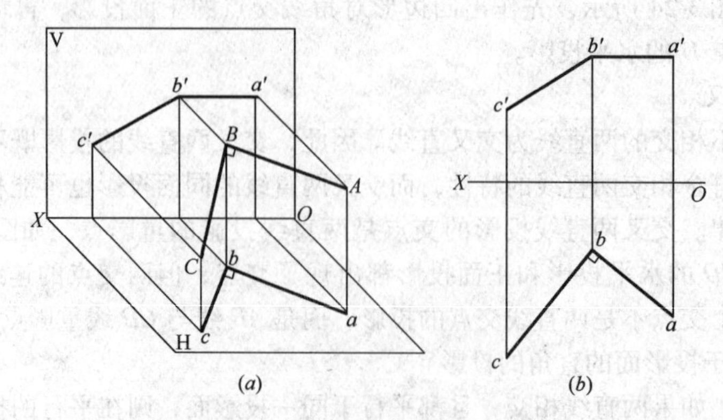


图 3-26　一边平行于投影面的直角的投影

直于投影平面 $BbcC$，故 $ab$ 垂直于 $bc$（平面的垂直线必垂直于平面上过其垂足的任何直线）。

**【例 3-7】** 已知正平线 $AB$ 及 $AB$ 线外一点 $C$，过点 $C$ 作一直线 $CD$ 与 $AB$ 线垂直相交（图 3-27）。

分析：从图中可以看出，$AB$ 线为正平线，$CD$ 线与 $AB$ 线垂直相交，则 $c'd'$ 垂直于 $a'b'$，因此，过 $c'$ 作 $a'b'$ 的垂线与 $a'b'$ 的交点即为 $d'$，再按投影规律作 $CD$ 的水平投影 $cd$。

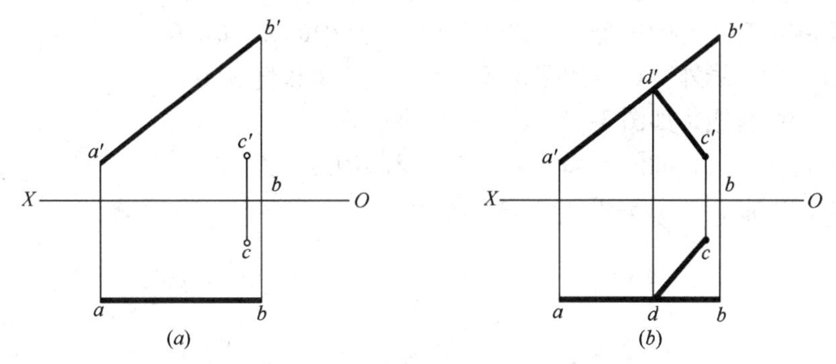


图 3-27 过点 $C$ 作正平线 $AB$ 的垂线

5. 直线的迹点

直线与投影面的交点，称为直线的迹点。直线与水平投影面的交点，称为水平迹点；与正立投影面的交点，称为正面迹点；与侧立面的交点称为侧面迹点。

如图 3-28 所示，直线 $AB$ 延长后与水平投影面的交点 $M$，为直线 $AB$ 的水平迹点，与正立投影面的交点 $N$，为正面迹点。从图中可以看出，直线的迹点为投影面上的点，因此水平迹点的正面投影和侧面投影在投影轴上，正面迹点的水平投影和侧面投影也在投影轴上。

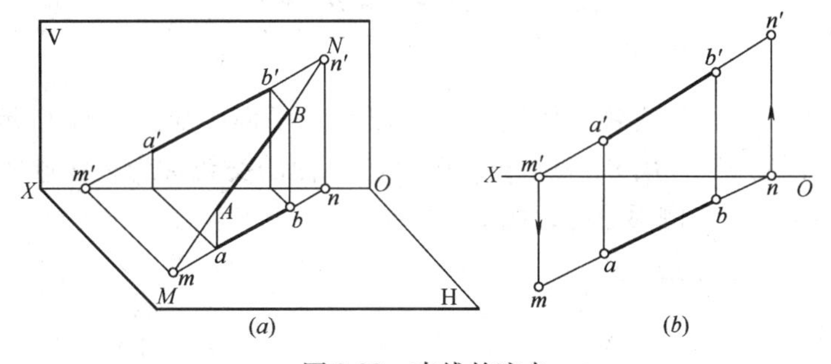


图 3-28 直线的迹点

**【例 3-8】** 已知直线 $AB$ 的两面投影，求其迹点。

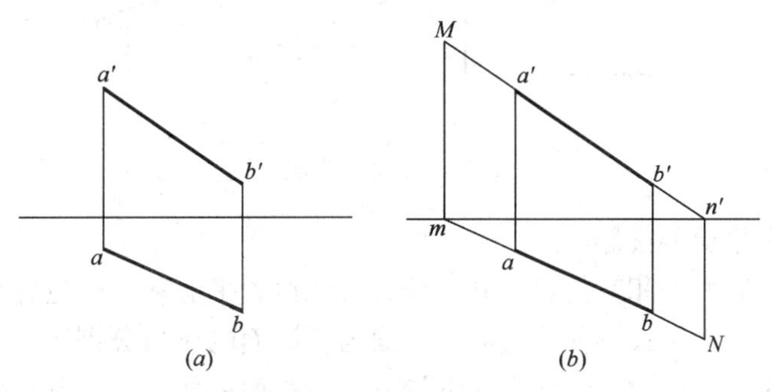


图 3-29 求直线的迹点

## 第三节 平面的投影

### 一、平面的表示法

由中学几何学知道，平面的空间位置可以由几何元素表示：

（1）不在一直线上的三个点，如图3-30（$a$）中的$A$、$B$、$C$。

（2）直线和直线外一点，如图3-30（$b$）中点$B$和直线$AC$。

（3）相交两直线，如图3-30（$c$）中$AB$和$AC$。

（4）平行两直线，如图3-30（$d$）中$AC$和$BD$。

（5）平面图形，如图3-30（$e$）中$\triangle ABC$。

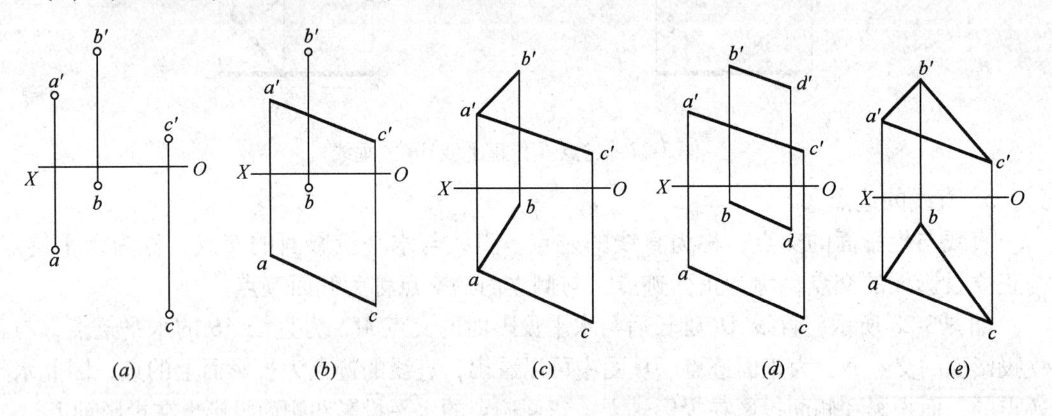


图3-30 用几何元素表示平面

（6）用迹线表示平面：

迹线是平面与投影面的交线，用迹线也可以表示平面，如图3-31所示：P平面与H平面的交线称为水平迹线，用$P_H$表示；P平面与V面的交线称为正面迹线，用$P_V$表示；P平面与W面的交线称为侧面迹线，用$P_W$表示。

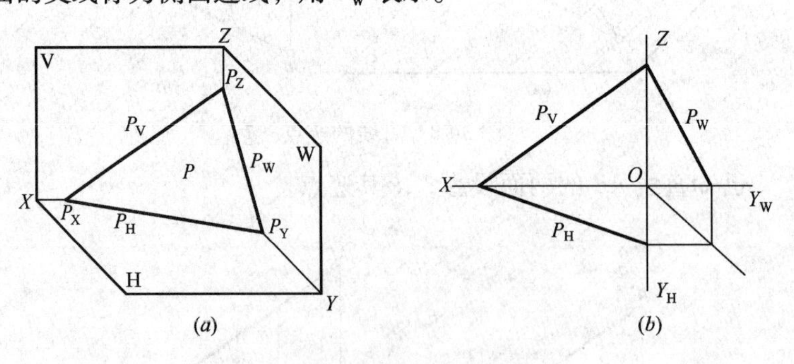


图3-31 用迹线表示平面

### 二、各种位置平面的投影

平面按其与投影面的相对位置不同，分为特殊位置平面和一般位置平面，特殊位置平面又分为投影面平行面和投影面垂直面。平面与投影面的倾角分别用$\alpha$、$\beta$、$\gamma$表示，$\alpha$表示平面与水平投影面的倾角，$\beta$表示平面与正立投影面的倾角，$\gamma$表示平面与侧立投影面的倾角。

1. 投影面平行面

平行于一个投影面而垂直于另两个投影面的平面，称为投影面平行面。投影面平行面又可分为：

（1）水平面——平行于水平投影面而垂直于正立投影面和侧立投影面的平面。

（2）正平面——平行于正立投影面而垂直于水平投影面和侧立投影面的平面。

（3）侧平面——平行于侧立投影面而垂直于水平投影面和正立投影面的平面。

投影面平行面在三面投影体系中的投影如表 3-3 所示。

**投影面平行面的投影** **表 3-3**

| 名称 | 水平面（$A /\!/ H$） | 正平面（$B /\!/ V$） | 侧平面（$C /\!/ W$） |
| --- | --- | --- | --- |
| 立体图 | 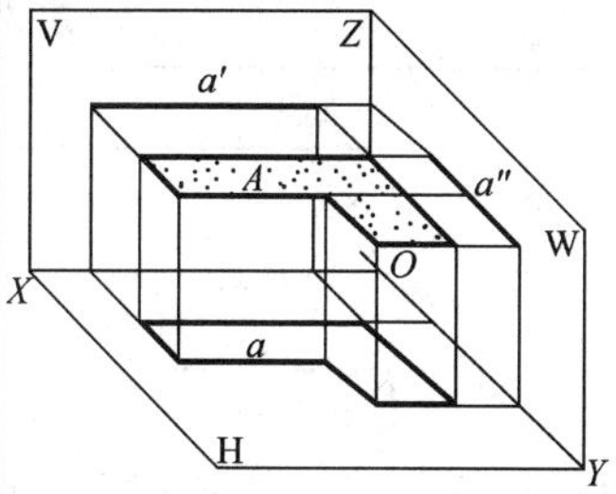 | 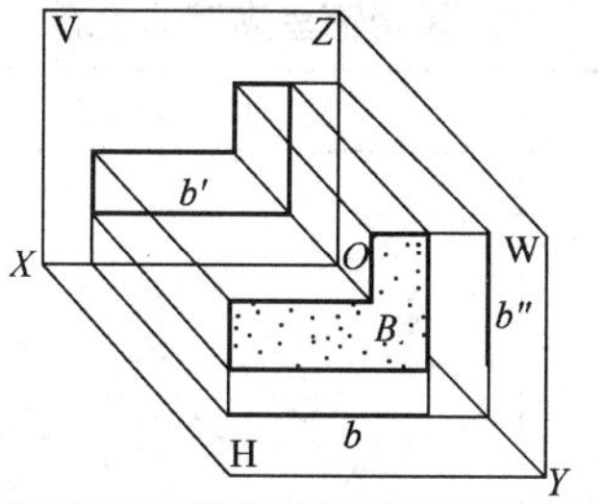 | 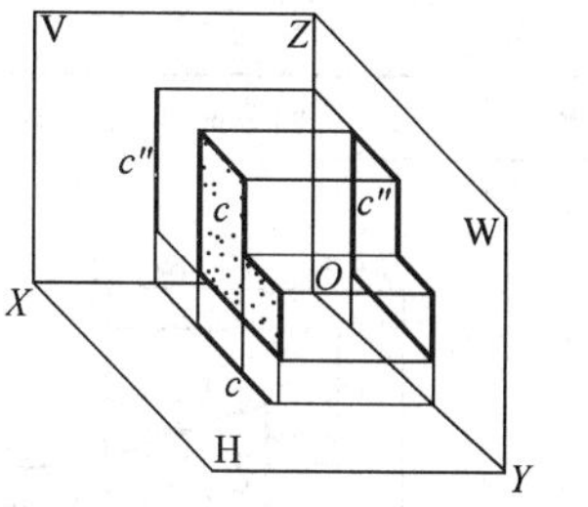 |
| 投影图 | 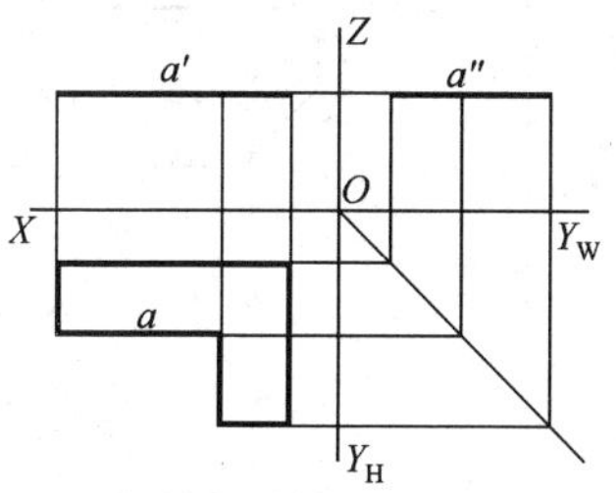 | 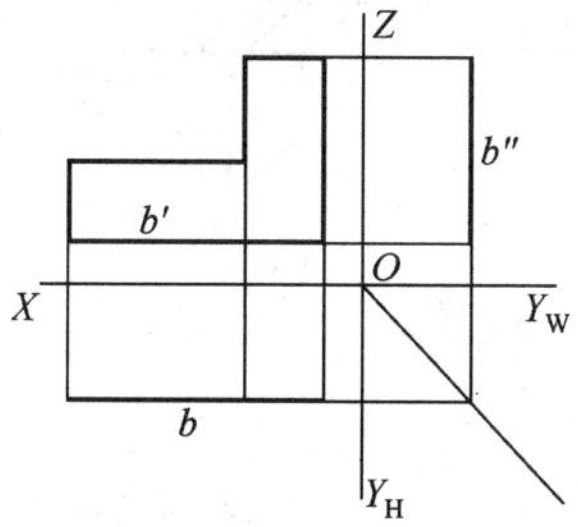 | 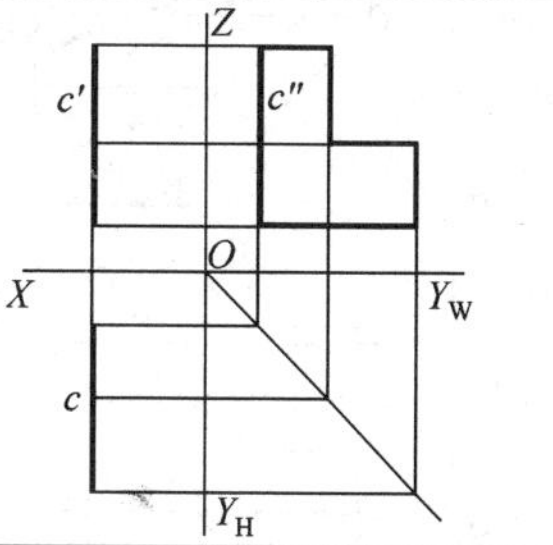 |
| 在形体投影图中的位置 | 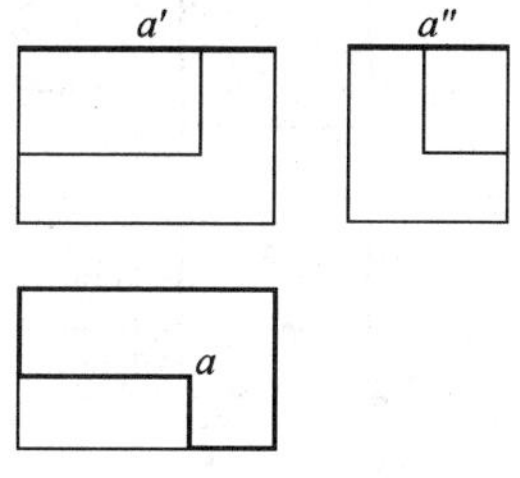 | 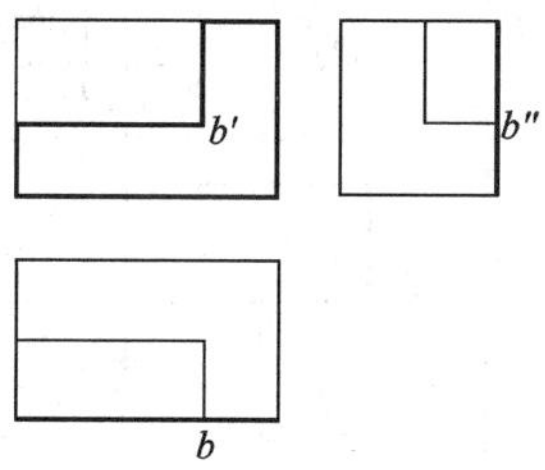 | 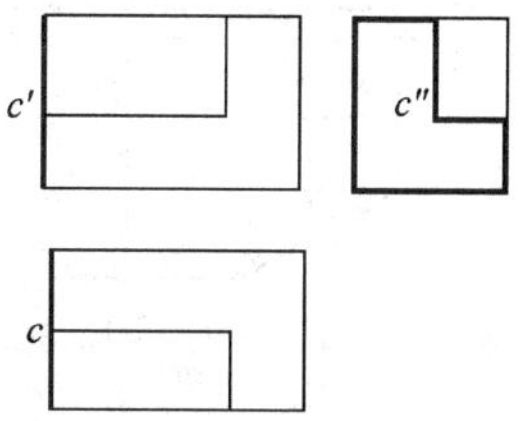 |
| 在形体立体图中的位置 | 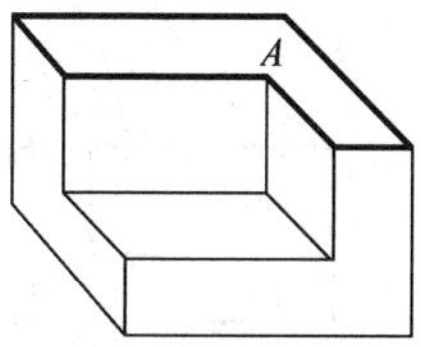 | 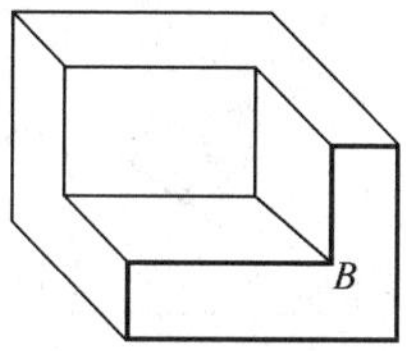 | 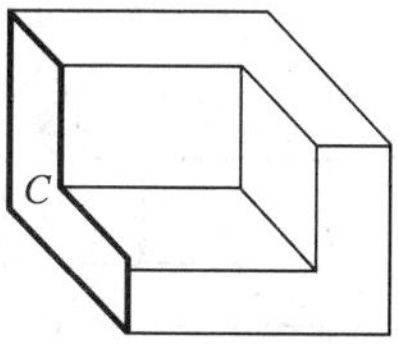 |
| 投影规律 | （1）H 面投影 $a$ 反映实形<br>（2）V 面投影 $a'$ 和 W 面投影 $a''$ 积聚为直线，分别平行于 $OX$、$OY_W$ 轴 | （1）V 面投影 $b'$ 反映实形<br>（2）H 面投影 $b$ 和 W 面投影 $b''$ 积聚为直线，分别平行于 $OX$、$OZ$ 轴 | （1）W 面投影 $c''$ 反映实形<br>（2）H 面投影 $c$ 和 V 面投影 $c'$ 积聚为直线，分别平行于 $OY_H$、$OZ$ 轴 |

分析表3-3，可以得出投影面平行面的投影特性：

（1）投影面平行面在平行的投影面上的投影反映实形；

（2）在另外两个投影面上的投影积聚成直线，且分别平行于相应的投影轴。

2. 投影面垂直面

垂直于一个投影面而倾斜于另两个投影面的平面，称为投影面垂直面。投影面垂直面又分为：

（1）铅垂面——垂直于水平投影面而倾斜于正立投影面和侧立投影面的平面。

（2）正垂面——垂直于正立投影面而倾斜于水平投影面和侧立投影面的平面。

（3）侧垂面——垂直于侧立投影面而倾斜于水平投影面和正立投影面的平面。

投影面垂直面在三面投影体系中的投影如表3-4所示。

**投影面垂直面的投影** **表3-4**

| 名称 | 铅垂面（$A\perp$H） | 正垂面（$B\perp$V） | 侧垂面（$C\perp$W） |
|---|---|---|---|
| 立体图 | 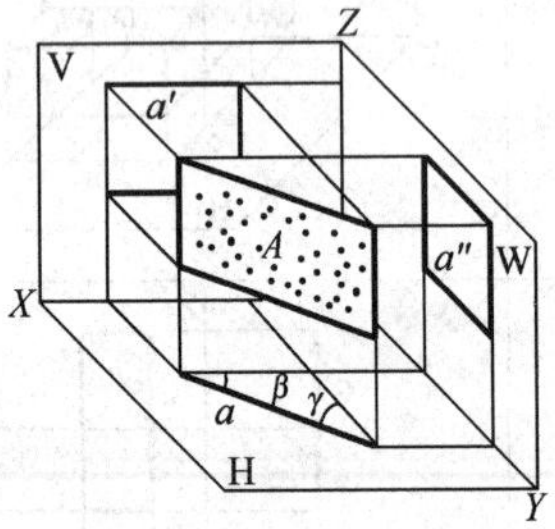 | 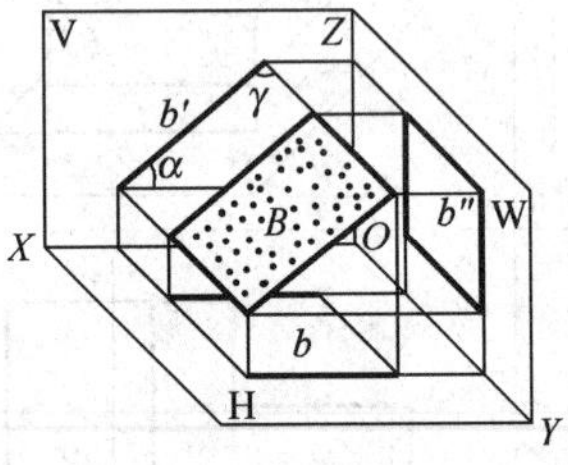 | 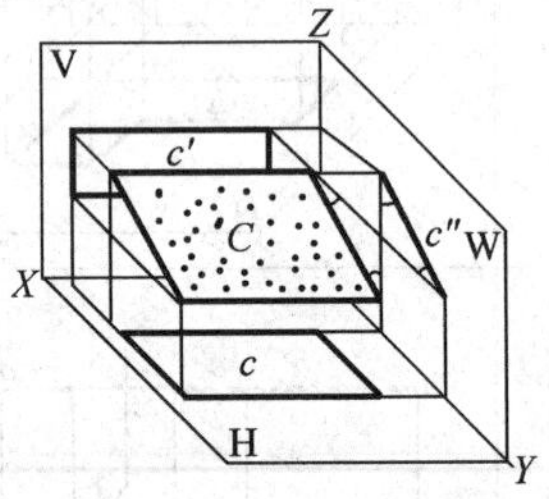 |
| 投影图 | 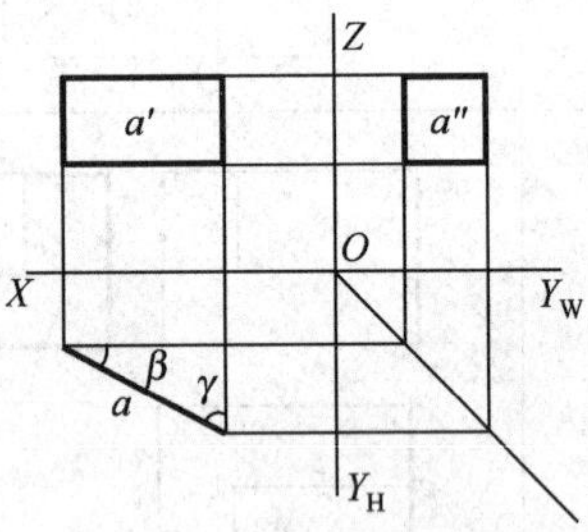 | 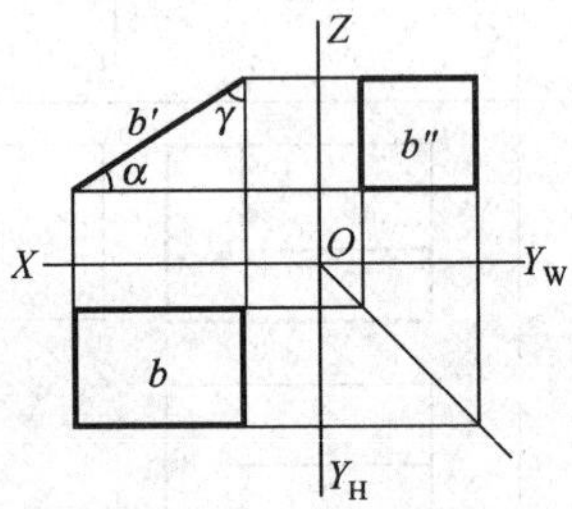 | 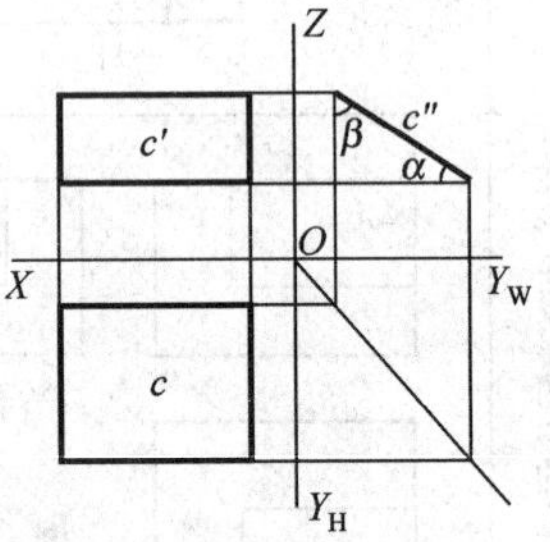 |
| 在形体投影图中的位置 | 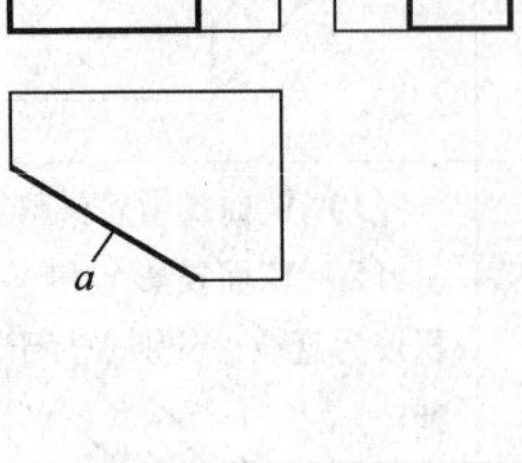 | 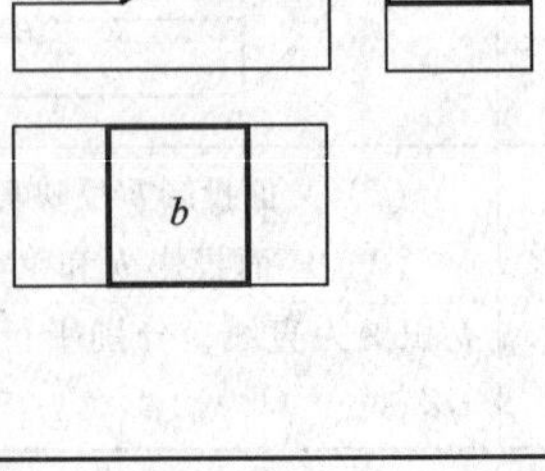 | 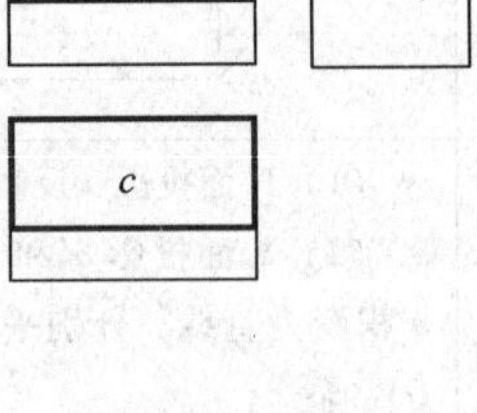 |

续表

| 名称 | 铅垂面（$A\perp H$） | 正垂面（$B\perp V$） | 侧垂面（$C\perp W$） |
| --- | --- | --- | --- |
| 在形体立体图中的位置 | A | B | C |
| 投影规律 | （1）H 面投影 $a$ 积聚为一条斜线且反映 $\beta$、$\gamma$ 的实形<br>（2）V 面投影 $a'$ 和 W 面投影 $a''$ 小于实形，是类似形 | （1）V 面投影 $b'$ 积聚为一条斜线且反映 $\alpha$、$\gamma$ 的实形<br>（2）H 面投影 $b$ 和 W 面投影 $b''$ 小于实形，是类似形 | （1）W 面投影 $c''$ 积聚为一条斜线且反映 $\alpha$、$\beta$ 的实形<br>（2）H 面投影 $c$ 和 V 面投影 $c'$ 小于实形，是类似形 |

分析表 3-4 可以得出投影面垂直面的投影特性：

（1）投影面垂直面在与其垂直的投影面上的投影积聚成一条倾斜于投影轴的直线，该直线与投影轴的夹角反映该平面与另两个投影面的倾角。

（2）在另外两个投影面上的投影是平面的类似形。

3. 一般位置平面

与投影面都倾斜的平面称为一般位置的平面。一般位置的平面在三个投影面上的投影都不反映实形，也不积聚成直线，均是平面的类似形，如图 3-32 所示。

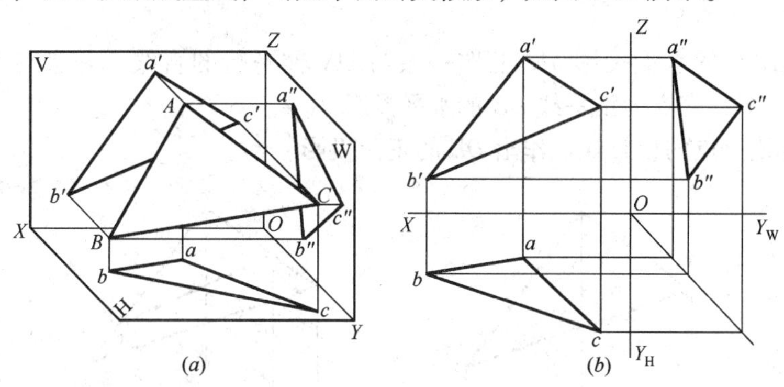


图 3-32　一般位置的平面

（$a$）直观图；（$b$）投影图

## 三、平面上的直线和点

### 1. 平面上的直线

直线在平面上的判定条件是，如果一直线通过平面上的两个点，或通过平面上的一个点，但平行于平面上的一直线，则直线在平面上。在图 3-33 中，直线 $BE$ 通过平面 $BCED$ 上的点 $B$ 和点 $E$，直线 $FG$ 通过平面上一点 $F$ 并平行于 $DE$ 边。因此，$BE$ 和 $FG$ 都

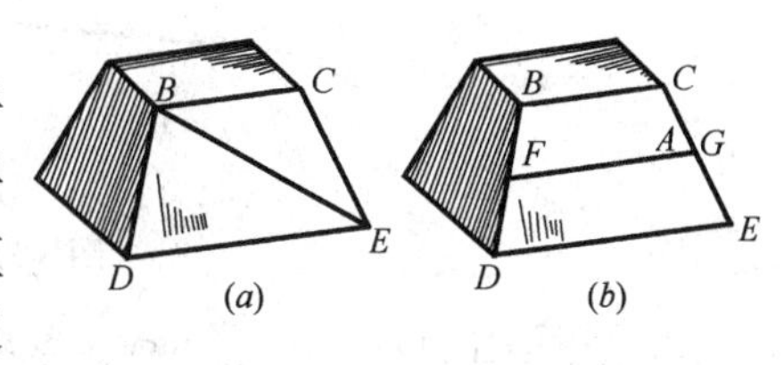


图 3-33　平面上的直线

在平面 $BCED$ 上。

在一般位置平面上可以作若干条相互平行的投影面平行线，这些投影面平行线可以作为辅助线帮助我们解题，应熟练掌握。如图 3-34 中，在一般位置平面 $ABC$ 中，任作一条正平线和一条水平线。作图时，根据投影面平行线的特点，先作平行于投影轴的线，再作另一投影。

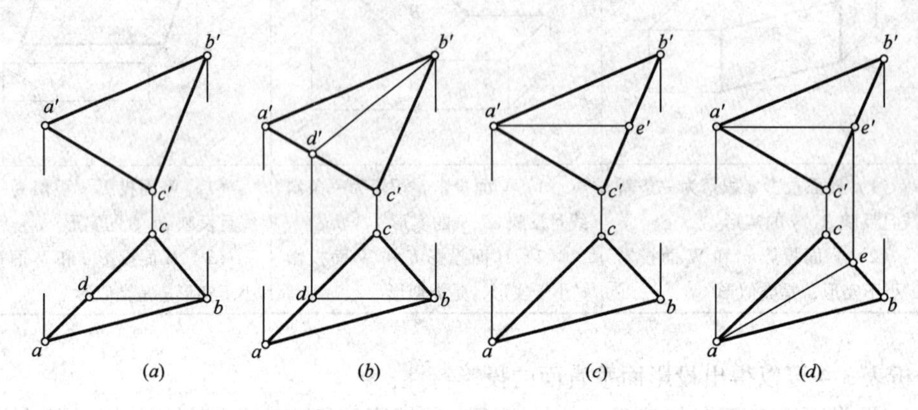


图 3-34　在平面上作投影面平行线

**【例 3-9】**　已知△$ABC$，如图 3-35，在该三角形上作一正平线 $DE$，使其距 V 面的距离等于 15mm。

分析：要作的直线 $DE$ 为正平线，其水平投影应平行于 $OX$ 轴，并与 $OX$ 轴的距离等于 15mm，正面投影与 $OX$ 轴倾斜。

作图方法：

（1）在△$ABC$ 的水平投影 $abc$ 上作一条与 $OX$ 轴平行的直线，并且与 $OX$ 轴距离为 15mm，与 $ab$、$bc$ 的交点为正平线 $DE$ 的水平投影 $d$、$e$。

（2）由直线上点的投影知识作出 $DE$ 的正面投影。

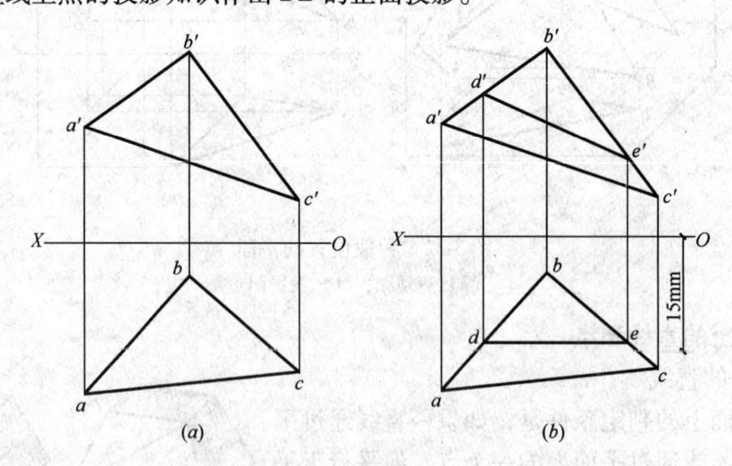


图 3-35　在△$ABC$ 上作正平线

2. 平面上的点

点在平面上的判定条件是，如果点在平面内的一条直线上，则点在平面上。如图 3-36

所示，点 $F$ 在直线 $DE$ 上，而 $DE$ 在△$ABC$ 上，因此，点 $F$ 在△$ABC$ 上。

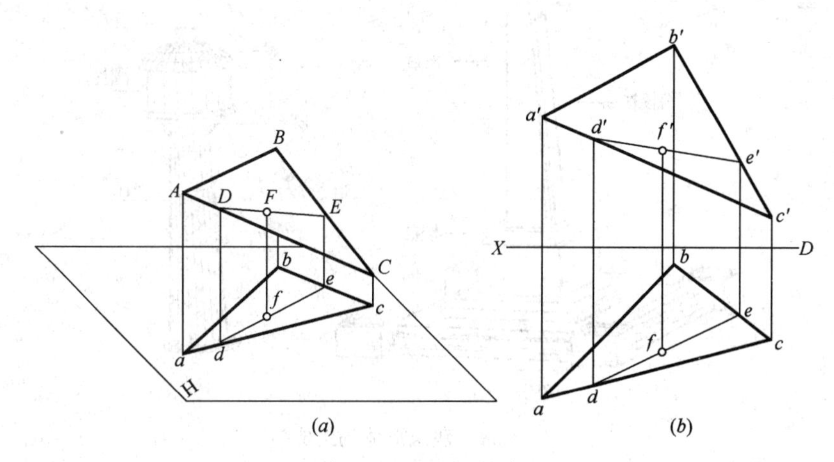


图 3-36　平面上的点

（$a$）直观图；（$b$）投影图

**【例 3-10】**　如图 3-37，已知△$ABC$ 上点 $D$ 的正面投影 $d'$，求点 $D$ 的水平投影 $d$。

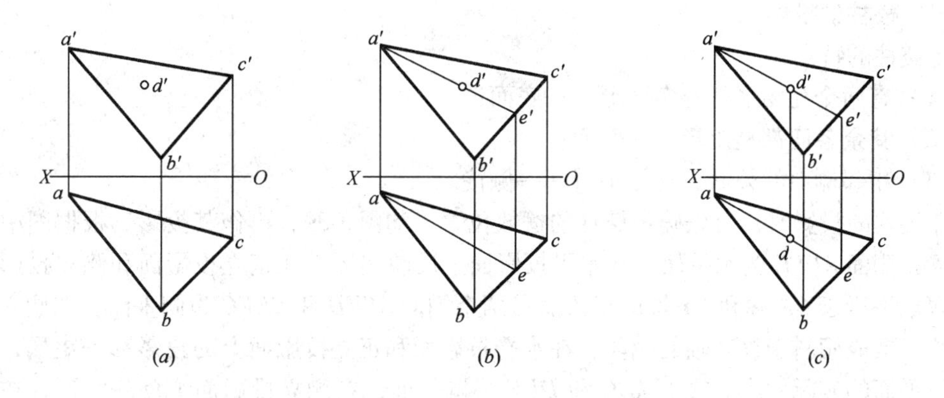


图 3-37　已知平面上点的一个投影，作另一个投影

（$a$）已知△$ABC$ 的投影及其平面上点 $D$ 的正面投影；（$b$）连接 $a'd'$ 并延长交 $b'c'$ 于 $e'$，并作 $ae$；（$c$）过 $d'$ 作 $OX$ 轴垂线交 $ae$ 于 $d$，$d$ 即为点 $D$ 的水平投影

作图步骤：

（1）先过点 $D$ 的正面投影作一辅助线 $AE$；

（2）作 $AE$ 的水平投影；

（3）过 $D$ 点的正面投影作 $OX$ 轴的垂线，与 $AE$ 水平投影的交点，即为点 $D$ 的水平投影。

## 第四节　基本体的投影

建筑物或构筑物及其构件都是由一些几何体组成，如图 3-38 所示的纪念碑和水塔。我们把组成建筑物或构筑物的最简单的几何体称为基本体，基本体分平面体和曲面体两种，平面体有棱柱、棱锥，曲面体有圆柱、圆锥和球体。

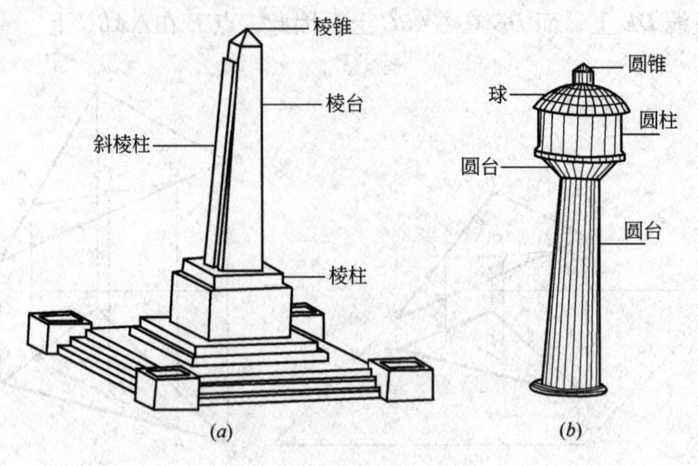


图 3-38　建筑形体的组成

（a）纪念碑；（b）水塔

平面体是指几何体的表面由平面围成的体。

曲面体是指几何体的表面由曲面或由平面和曲面围成的体。

**一、棱柱的投影**

正棱柱的特点：

(1) 有两个互相平行的多边形——底面；

(2) 其余各面都是矩形——侧面；

(3) 相邻侧面的公共边互相平行——侧棱。

作棱柱的投影时，首先确定棱柱的摆放位置，如图 3-39，再作其投影。根据图中的摆放位置，侧面 *ADFC* 为水平面，在水平投影面上反映实形，在正立投影面和侧立投影面上都积聚成平行于 *OX* 轴和 *OY* 轴的线段。另两个侧面 *ABED* 和 *BEFC* 为侧垂面，在侧立面上的投影积聚成倾斜于投影轴的线段，在水平投影面和正立投影面上的投影都是矩形，但不反映原平面的实际大小。底面 *ABC* 和 *DEF* 为侧平面，在侧立投影面上反映实形，在其余两个投影面上积聚成平行于 *OY* 轴和 *OZ* 轴的线段。

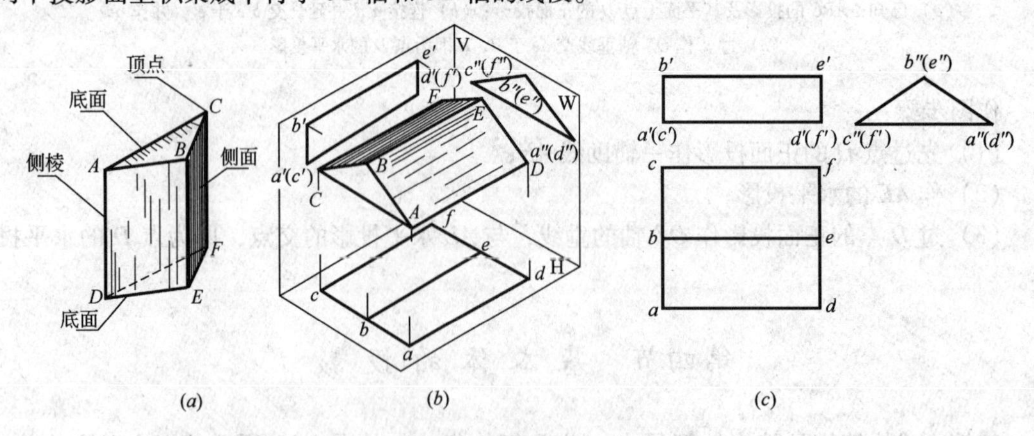


图 3-39　三棱柱的投影图

（a）三棱柱；（b）安放位置；（c）投影图

由图 3-39 可以得出棱柱体的投影特点：

一个投影为多边形；其余两个投影为一个或若干个矩形。

**二、棱锥的投影**

正棱锥的特点：

（1）有一个多边形——底面；

（2）其余各面是有公共顶点的三角形。

作棱锥的投影时，同样应先确定棱锥体的摆放位置，如图 3-40 所示。五棱锥的底面为水平面，在水平投影面上的投影反映实形，另两个投影积聚成线段，平行于 *OX* 轴和 *OY* 轴。侧面 *SCD* 为侧垂面，在侧立投影面上积聚成倾斜于投影轴的线段，在水平投影面和正立投影面上的投影是它们的类似形。其余侧面都是一般位置的平面，它们的投影都不反映实形，都是其原平面的类似形。

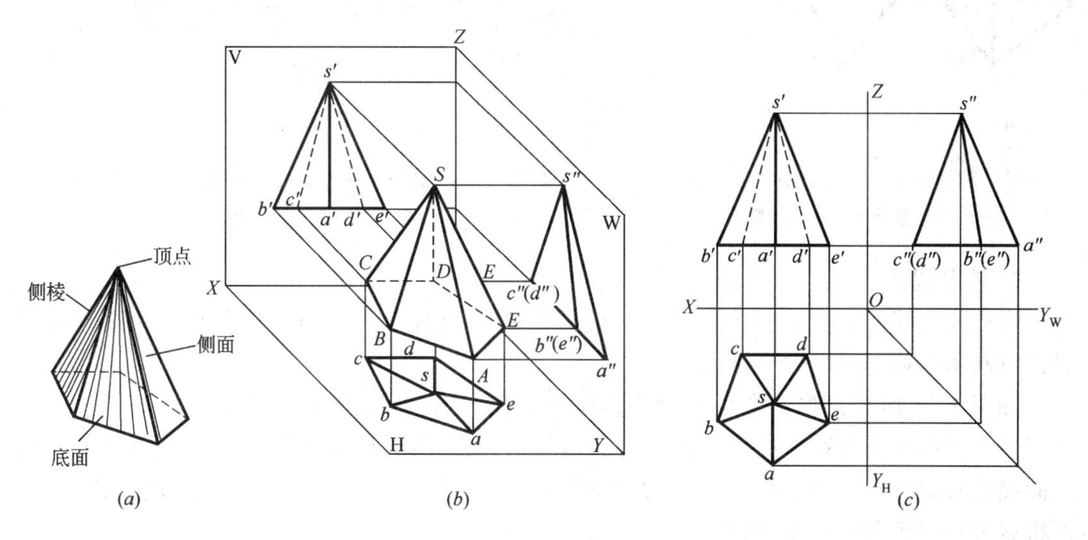


图 3-40　五棱锥体的投影图

（*a*）五棱锥体；（*b*）直观图；（*c*）投影图

由图 3-40 可以得出棱锥体的投影特点：

一个投影为多边形：另两个投影都为有公共顶点的若干个三角形。

**三、平面体表面上的点和直线**

平面体的表面是由平面围成的，在平面体表面上的点和直线的问题实际上是在平面上的点和直线的问题。因此，平面体表面上的点和直线的投影特性，与平面上的点和直线的投影特性基本上是相同的，而不同的是平面体表面上点和直线的投影存在可见性的问题。

平面体表面上的点和直线的作图方法一般有三种：从属性法、积聚性法和辅助线法。

1. 从属性法

当点位于平面体的侧棱上时，该点可按求直线上的点的方法作图，如图 3-41 所示。点 *M* 在三棱柱侧棱 *AB* 上，则点 *M* 的三面投影在 *AB* 的三面投影上。

2. 积聚性法

当点所在的平面体的表面具有积聚性时，点的投影必定在该表面对这个投影面的积聚投影上。如图3-42所示，直线$MN$在三棱柱表面$ABED$上，为了作直线$MN$的三面投影，应首先作出点$M$和点$N$的三面投影，而点$M$、$N$所在的平面$ABED$具有积聚性，利用积聚性的特点，将点$M$、$N$的三面投影作出，再将$M$、$N$的同面投影连起来，并判断直线$MN$的可见性即可。

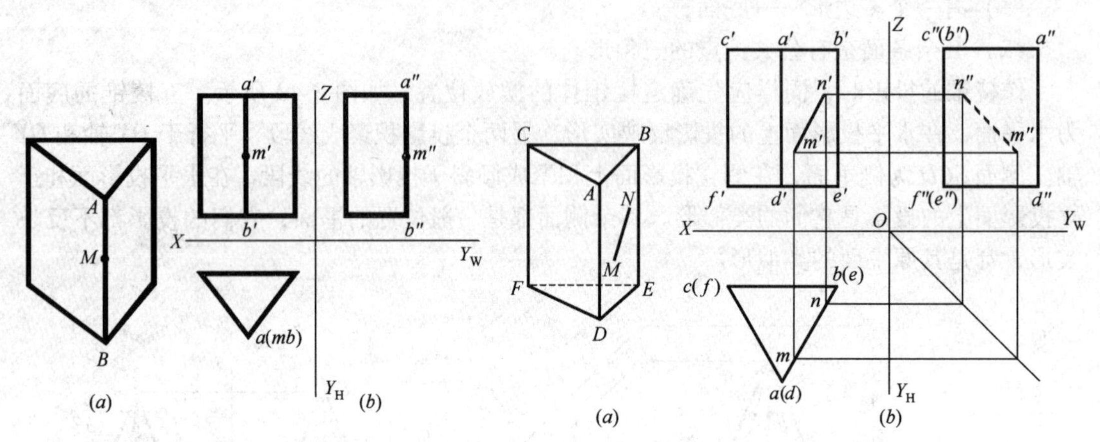


图3-41 利用从属性作平面体表面上的点投影
(*a*) 直观图；(*b*) 投影图

图3-42 利用积聚性作平面体表面上的点的投影
(*a*) 直观图；(*b*) 投影图

3. 辅助线法

当点或直线所在的平面体表面为一般位置的平面时，无法利用从属性和积聚性作图时，可利用作辅助线的方法作图。

如图3-43所示，在三棱锥体$SAC$上有一点$K$，三棱锥的侧面$SAC$为一般位置的平面，其三面投影都不具有积聚性，都是平面的类似形。由于点$K$在侧面$SAC$上，因此点$K$的三面投影必定在三棱锥侧面$SAC$上过点$K$的辅助线$SD$上。作出辅助线$SD$的三面投影，再将点$K$的三面投影作上去即可。

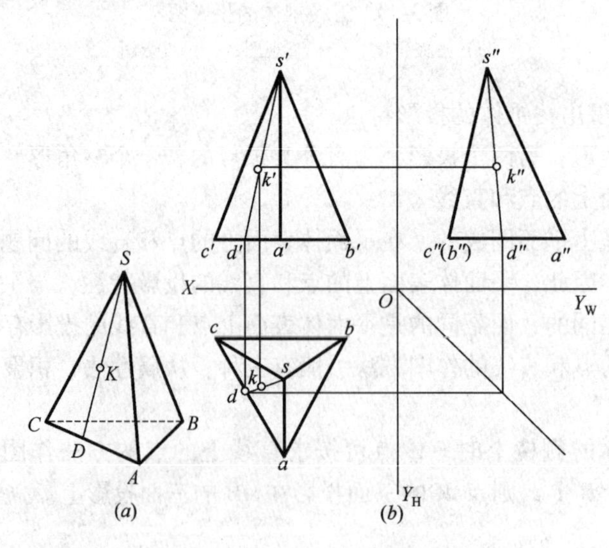


图3-43 利用辅助线作平面体表面上的点的投影
(*a*) 直观图；(*b*) 投影图

# 第四章　曲线与曲面

## 第一节　曲　　线

### 一、曲线概述

随着人们生活水平的提高，建筑装修的式样越来越多，曲线和曲面在装修工程中普遍应用，了解曲线、曲面的形成和图示方法，对装修工程的设计和施工是有很大帮助的。

1. 曲线的形成

曲线是由点运动形成的，如图 4-1（*a*）所示圆的渐开线；或者如图 4-1（*b*）平面与曲面、曲面与曲面的交线。

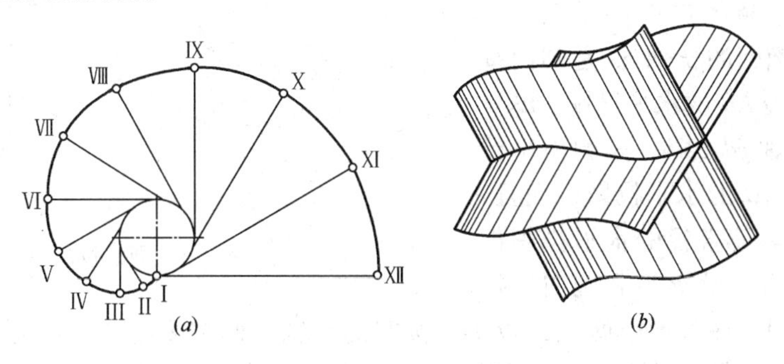


图 4-1　曲线的形成

根据曲线上各点的相对位置，曲线可分为平面曲线和空间曲线两大类。

平面曲线——曲线上所有点都在同一平面内。如圆、椭圆、抛物线和双曲线等。

空间曲线——凡曲线上四个连续的点不在同一平面内的曲线。如圆柱螺旋线。

2. 曲线的投影特性

（1）曲线的投影一般仍为曲线。

如图 4-2（*a*）所示，通过曲线上各点的投影线形成一个垂直于投影面的曲面，这个曲面与投影面的交线仍为曲线。

（2）平面曲线的投影一般仍为曲线。如椭圆的投影仍为椭圆，抛物线的投影仍为抛物线。但当曲线所在的平面垂直于投影面时，曲线的投影为一直线。如图 4-2（*b*）。

（3）曲线上点的投影仍在曲线的同面投影上。这与直线上点的投影在直线的同面投影上道理相同。曲线也是由点组成的，曲线的投影就是曲线上所有点投影的集合，所以，曲线上点的投影仍在曲线的同面投影上，如图 4-2（*c*）。

### 二、圆的投影

圆的投影有三种情况：当圆所在的平面平行于投影面时，圆的投影反映实形，即投影

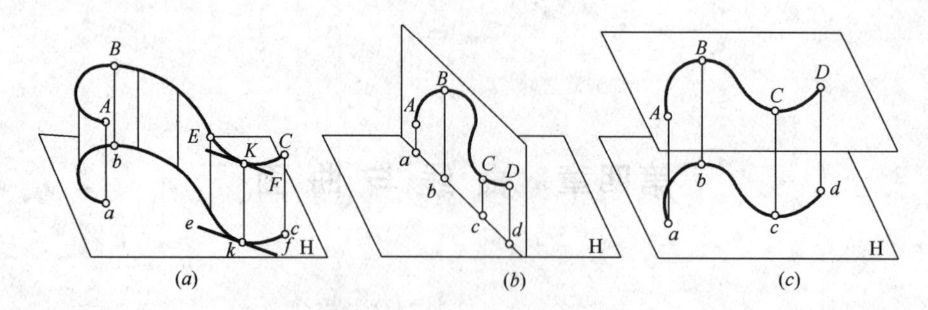


图 4-2 曲线的投影特性

是与圆同样大小的圆；当圆所在的平面垂直于投影面时，圆的投影积聚成一条线段，线段的长度等于圆的直径，如图 4-3（*b*）所示圆的 V 面投影；当圆倾斜于投影面时，圆的投影是椭圆。如图 4-3（*b*）所示的 H 面投影。从图 4-3 可知，圆 *O* 所在的平面是一正垂面，与 H 面的倾角为 $\alpha$，该圆的 V 面投影积聚成一直线，H 面投影为一椭圆。椭圆的中心是圆心 *O* 的水平投影，椭圆的长轴 *ab* 是圆内垂直于 V 面的直径 *AB* 的水平投影，$ab=AB$。椭圆的短轴 $cd \perp ab$，是圆内平行于 V 面的直径 *CD* 的水平投影，而且，*cd* 比圆内所有其他直径的水平投影都短。因此，当圆的投影为椭圆时，投影的中心就是圆心在该投影面上的投影；椭圆的长轴为圆内平行于该投影面的直径的投影，长度为圆的直径；椭圆的短轴是垂直于长轴的圆的直径的投影，长度与圆和该投影面的倾角有关。

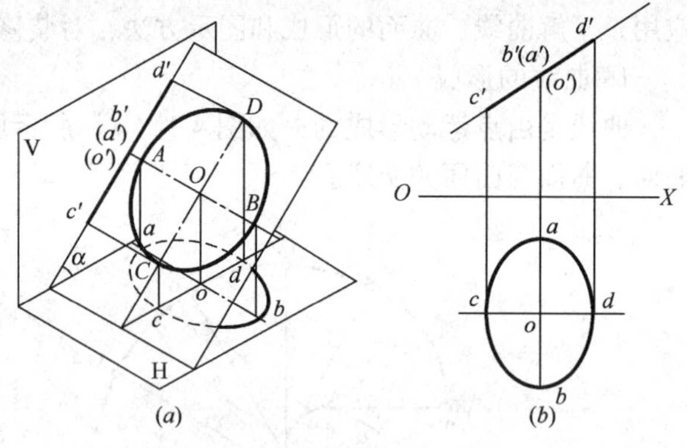


图 4-3 圆的投影

作图方法，当圆的正面投影积聚线和圆心 *O* 的水平投影作出后，作圆的水平投影椭圆时，先过圆心的水平投影 *o* 作 *OX* 轴的垂线，它是圆内垂直于 V 面的直径 *AB* 的水平投影方向，在此竖直线上点 *o* 的两侧分别截 $oa=ob=R$，*ab* 即为椭圆的长轴；再过圆心 *o* 作水平线平行于 *OX* 轴，由正面投影 *c*、*d* 分别作 *OX* 轴的垂线与水平线的交点得到水平投影 *cd*，*cd* 即为椭圆的短轴。作出椭圆长轴和短轴后，利用几何作图的方法作出椭圆。

**三、圆柱螺旋线**

当一动点 *M* 沿一直线等速运动，而该直线同时绕与它平行的一轴线 *O* 等速旋转时，动点的轨迹就是一条圆柱螺旋线。如图 4-4（*a*）所示，圆柱的轴线即为螺旋线的轴线，其直径为螺旋线的直径。直线旋转时形成一圆柱面，圆柱螺旋线是该圆柱面上的一条曲线。当直线绕 *O* 旋转一周，回到原来的位置，动点移到 *M*1 位置，动点移动的距离 *MM*1，称为圆柱螺旋线的导程。用 $p_{\mathrm{H}}$ 表示，如果将圆柱螺旋线展开，得到一直角三角形，该三角形的斜边即为螺旋线长，底边长度为圆柱周长 $\pi\phi$，三角形的高就是导程 $p_{\mathrm{H}}$，在三角形中，斜边与底边的夹角 $\alpha$ 称为升角。

$$\tan\alpha = p_{\mathrm{H}}/\pi\phi$$

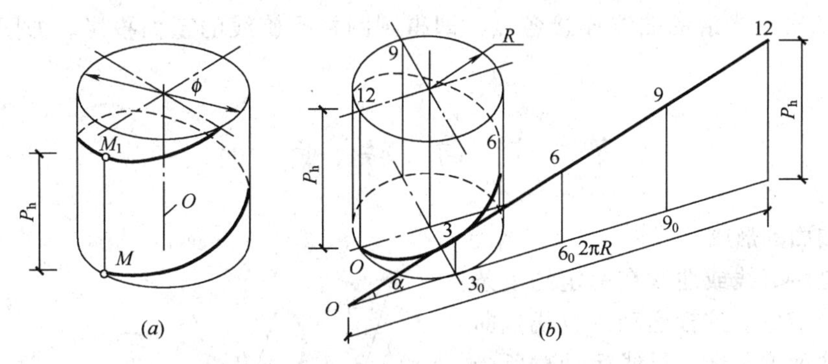


图 4-4　圆柱螺旋线的形成及展开

（*a*）圆柱螺旋线；（*b*）螺旋线的展开

根据动点旋转方向，螺旋线可分为左螺旋线和右螺旋线。符合右手四指握旋方向，动点沿拇指指向上升的螺旋线称右螺旋线；符合左手四指握旋方向，动点沿拇指指向上升方向的称为左螺旋线。如图 4-5 所示。

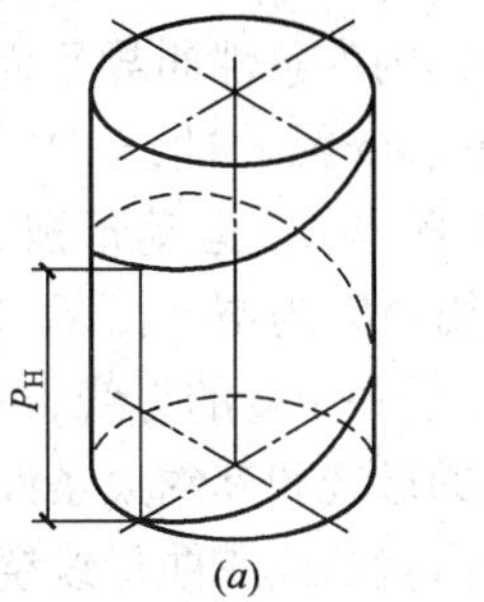


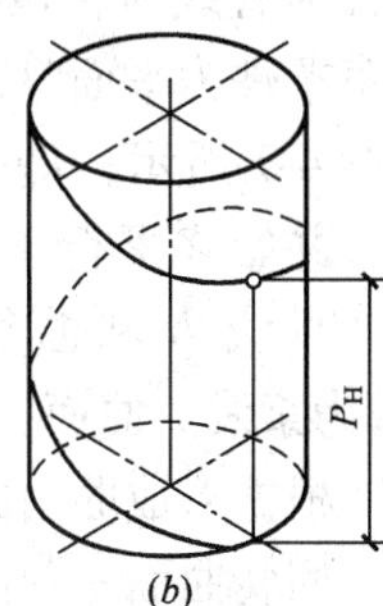


图 4-5　右螺旋线和左螺旋线

（*a*）右旋；（*b*）左旋

螺旋线的作图方法：

作圆柱螺旋线时必须有圆柱螺旋线的直径 $\phi$、导程 $p_H$ 和旋转方向。作图步骤如图 4-6 所示：

（1）由直径 $\phi$ 和导程 $p_H$ 作出圆柱的两面投影，如图 4-6（*a*）。

（2）把圆柱水平投影的圆周和正面投影的高等分成若干等分，如 12 份，如图 4-6（*b*）。

（3）由水平投影的等分点向上作垂线，正面投影的等分点作水平线，水平线与垂直线的交点就是圆柱螺旋线的点。

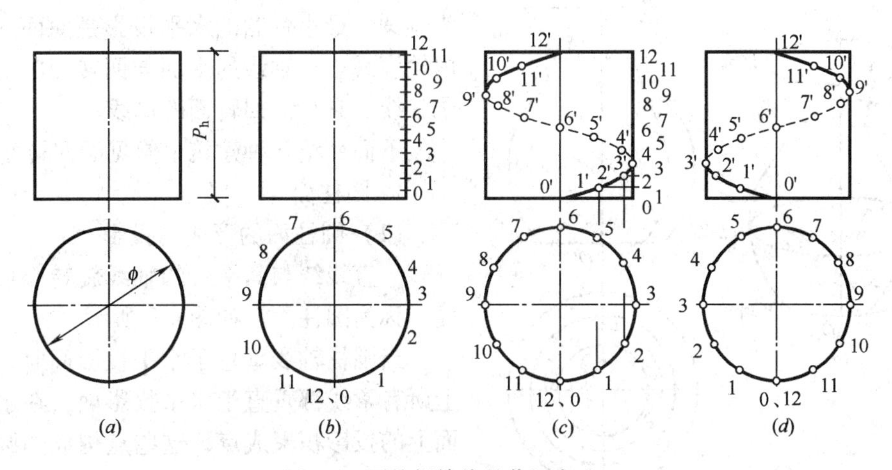


图 4-6　圆柱螺旋线的作图方法

（*a*）画出圆柱和导程；（*b*）等分圆周和导程为相同等分；

（*c*）右螺旋线的投影图；（*d*）左螺旋线的投影图

(4) 依次用光滑的曲线连接各点，即得到圆柱螺旋线的正面投影。如图 4-6 (*c*)、(*d*)。

## 第二节 回 转 曲 面

### 一、曲面的形成

曲面是由直线或曲线在一定约束条件下运动形成的。这根运动的直线或曲线，称为曲面的母线。母线运动时所受的约束，称为运动的约束条件，当约束条件为直线时，该约束条件叫导线，当约束条件为平面时，约束条件叫导平面。如图 4-7 所示，母线 $Aa$ 沿着曲线 $AD$ 运动，并始终平行于直线 $L$，运动形成曲面。直线 $L$ 和曲线 $AD$ 为导线，Ⅰ1、Ⅱ2为素线。曲面上任一位置的母线，称为素线。

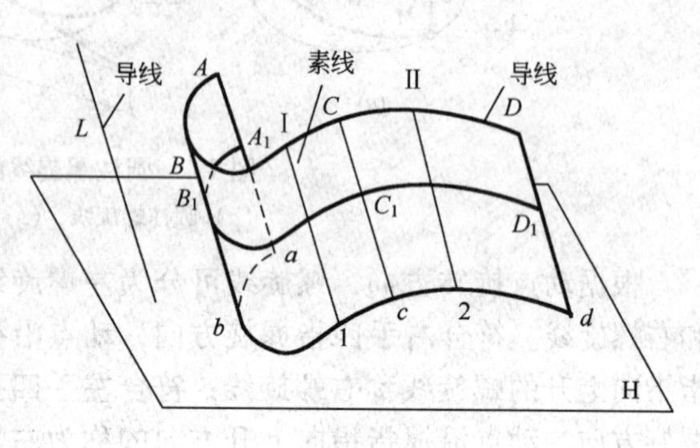

图 4-7 曲面的形成

根据形成曲面的母线和其约束条件，曲面分为：

回转曲面——由直母线或曲母线绕一固定轴旋转而形成的曲面；

非回转曲面——由直母线或曲母线依据固定的导线、导面移动而形成的曲面。

### 二、回转曲面

如图 4-8 所示，曲母线 $M$ 绕轴 $O$ 旋转时，母线上每一点的运动轨迹都是一个圆，这个圆称为曲面的纬圆。这些纬圆所在的曲面垂直于回转面的轴线。由于图 4-8 中的曲面轴线垂直于水平投影面，所以，所有纬圆在水平面上的投影都反映实形。曲面上比它相邻两侧的纬圆都大的纬圆称为曲面的赤道圆；这个赤道圆的水平投影是曲面水平投影的外轮廓线，曲面上比它相邻两侧的纬圆都小的纬圆称为颈圆。最小颈圆的水平投影是曲面水平投影内轮廓线。过轴线的平面与回转面的交线称为子午线，它是该回转面的母线。

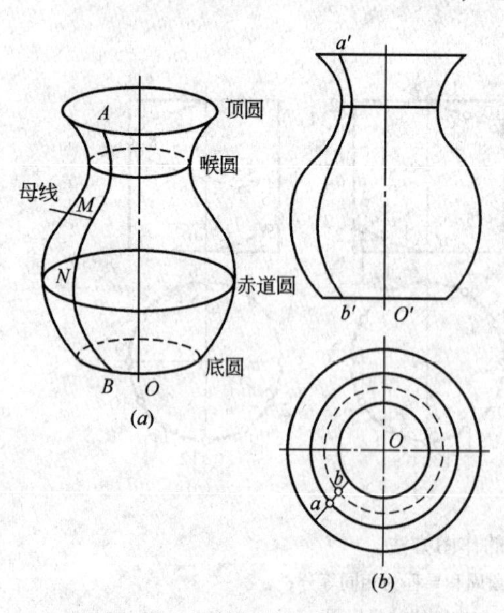

图 4-8 回转面的形成及其投影

下面介绍几种建筑上常见的回转面。

1. 圆柱面

(1) 圆柱面的形成与投影

一直线绕与其平行的轴线旋转而形成的曲面，称为圆柱面。如图 4-9 所示。

当圆柱轴线垂直于水平投影面时，圆柱面上所有素线都垂直于水平投影面，在水平投影面上的投影积聚成点，这些点构成的圆周为圆柱面的水平投影。正面投影为矩形，最左、最右的两条轮廓线是圆柱面上最左、最右两条素线的投影。这两条素线也是圆柱面前半部分和

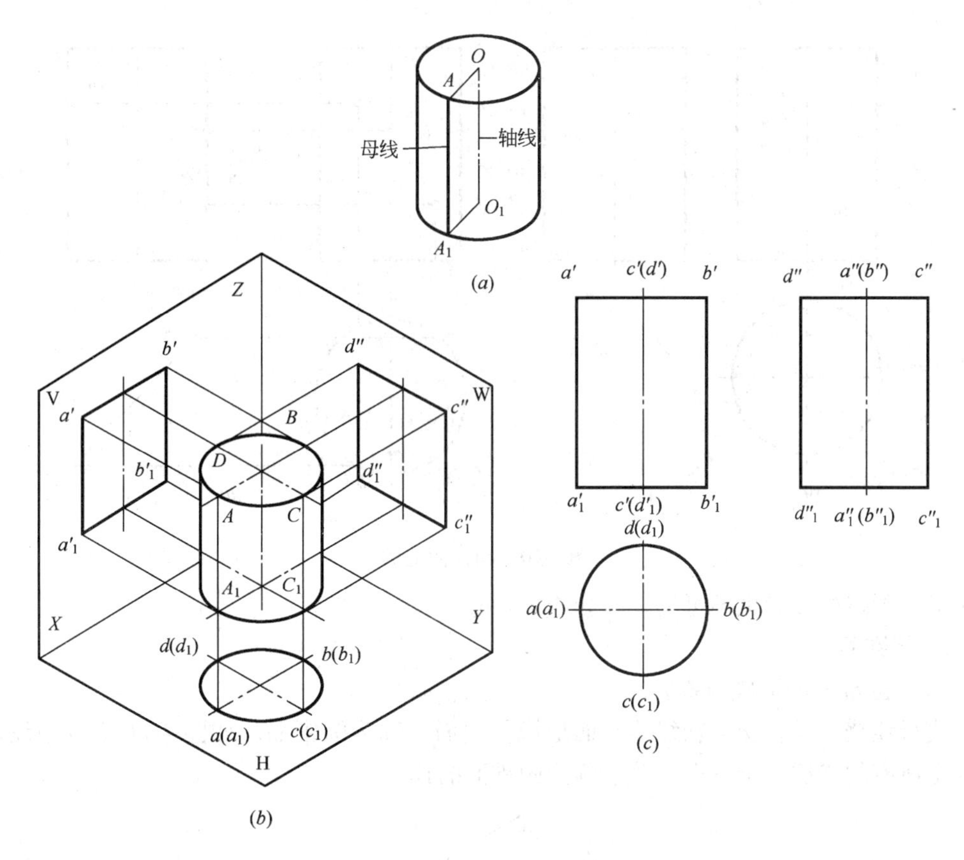


图 4-9　圆柱面的形成及其投影

后半部分的分界线，投影时，圆柱前半部分和后半部分重合，前半部分可见，后半部分不可见。圆柱面的侧面投影也为矩形，最前、最后两条轮廓线是圆柱面上最前、最后素线的投影，圆柱侧面投影时，左半部分和右半部分重合，左半部分可见，右半部分不可见。

作圆柱投影时，应先作出圆柱轴线的投影（细单点长画线）及圆柱水平投影圆的中心线，然后再根据中心线的位置和圆柱轴线的投影作出圆柱面的水平投影、正面投影和侧面投影。如图 4-9（*b*）、（*c*）所示。

（2）圆柱面上的点

圆柱面上的点可根据圆柱面投影的积聚性作图。如图 4-10 所示。已知圆柱面上点 *A*、点 *B* 的正面投影和点 *C* 的侧面投影，作其另两面投影，作图方法如下：

1）由于圆柱面的水平投影积聚为圆周，所以，点 *A*、点 *B* 的水平投影必在圆柱面水平投影的圆周上，因此，过 *A*、*B* 两点的正面投影作 *OX* 轴的垂线，与圆周的交点即为点 *A*、点 *B* 的水平投影，但从图中可知，由于点 *A* 的正面投影加括号，所以点 *A* 在后半圆柱面上，而点 *B* 在前半圆柱面上。再根据投影规律作出侧面投影。

2）点 *C* 的侧面投影在圆柱面侧面投影的最后轮廓线上，所以，点 *C* 在圆柱面的最后素线上，最后素线的正面投影在圆柱面正面投影的轴线投影上，水平投影在圆柱面水平投影圆的最后一点，将 *C* 点的正面投影和侧面投影分别作出。

3）判别可见性，若点所在圆柱面的位置可见，则点也可见；若点所在圆柱而的位置

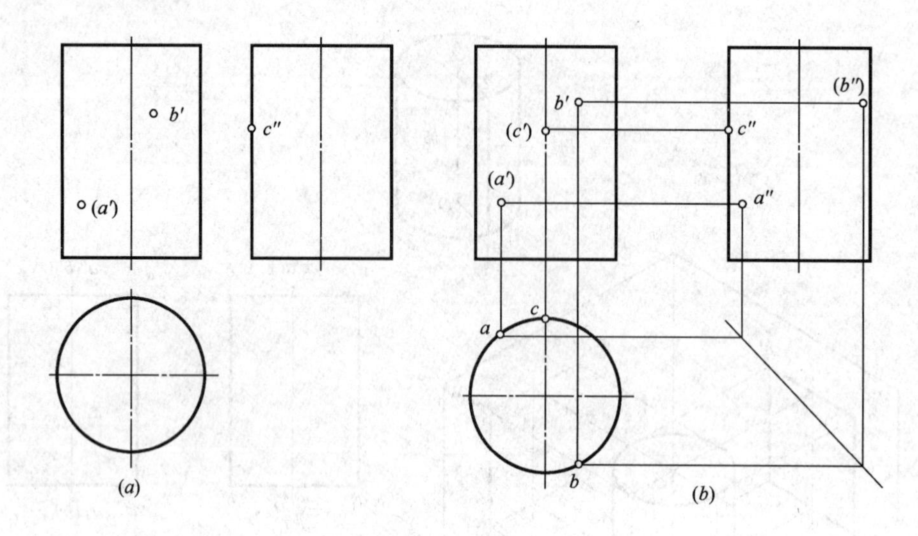

图 4-10　圆柱面上的点

不可见，则点的投影也不可见，投影应加括号。

2. 圆锥面

（1）圆锥面的形成与投影

直母线绕与其相交的轴线旋转而形成的曲面，称为圆锥面。如图 4-11（*a*）所示。圆锥面上所有的素线交于一点，该点称为圆锥面的顶点。

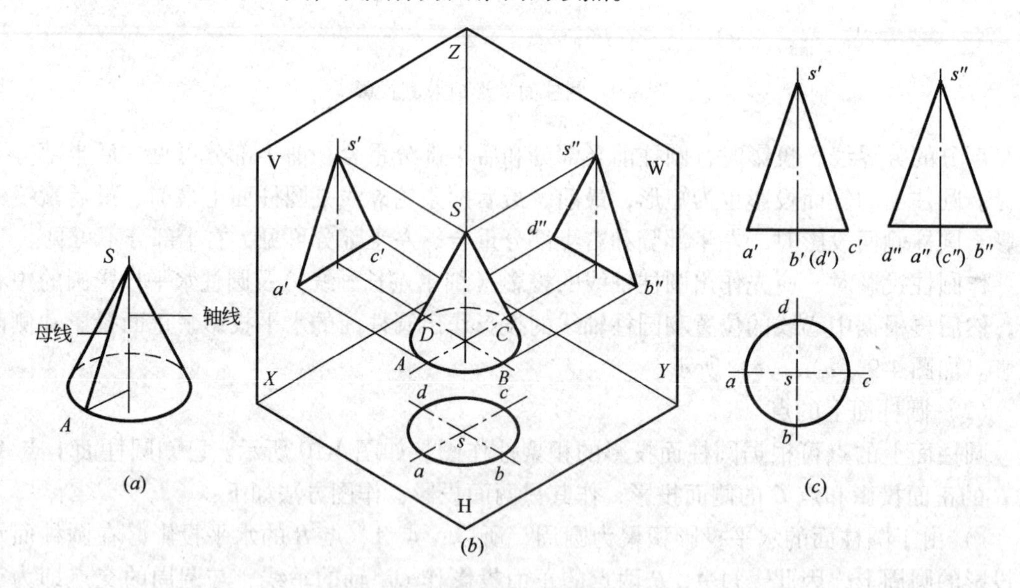

图 4-11　圆锥面的形成及其投影

当圆锥面的轴线垂直于水平投影面时，其三面投影如图 4-11（*b*）所示。圆锥面的水平投影为一圆。正面投影是一等腰三角形，三角形的两个腰是圆锥面最左、最右素线的投影，最左最右素线也是圆锥面前、后两部分的分界线。作圆锥面的正面投影时，圆锥面的前半部分与后半部分重合，前半部分可见，后半部分不可见。圆锥面的侧面投影也为等腰三角形，三角形的两个腰是圆锥面上最前、最后素线的投影，作圆锥面侧面投影时，圆锥面左半部分和右半部分重合，左半部分可见，右半部分不可见。

作圆锥面投影与圆柱面的投影相同，都应先作出中心线和轴线的投影，再作其三面投影。

（2）圆锥面上的点

圆锥面的投影与圆柱面的投影不同，圆柱面的投影有积聚性，而圆锥面的投影没有积聚性，因此，作图时，有时需要作辅助线。辅助线可以是素线，也可以是纬圆，用辅助素线解题的方法，称为素线法；用辅助纬圆解题的方法称为纬圆法。

1）辅助素线法

已知圆锥面上有点 $A$ 和点 $B$ 的一个投影，如图 4-12 所示，用素线法求 $A$、$B$ 两点的另两个投影。

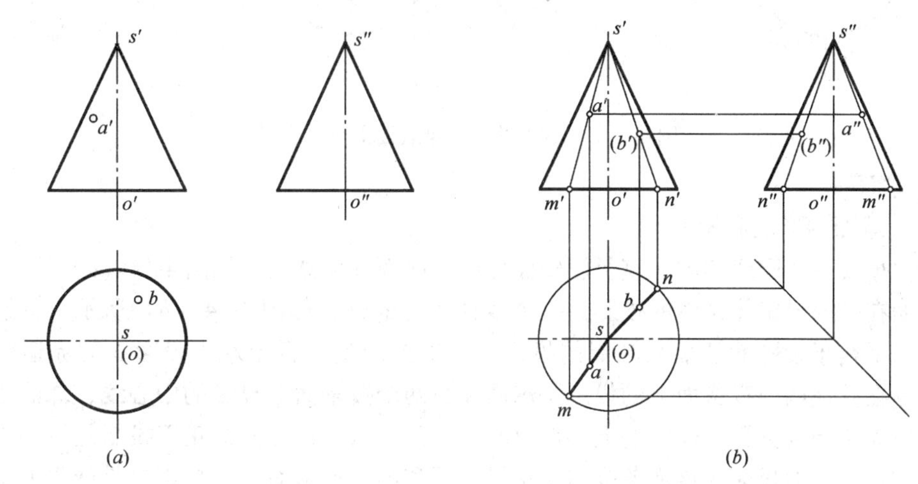


图 4-12　用素线法作圆锥表面上点的投影

作图方法：过点 $A$ 的正面投影作辅助素线 $SM$ 的正面投影 $s'm'$，并根据 $SM$ 的正面投影，作出水平投影，再将点 $A$ 的水平投影 $a$ 作出，根据投影规律作点 $A$ 的侧面投影。

点 $B$ 的作图方法与点 $A$ 相似，过点 $B$ 的水平投影，先作出辅助素线 $SN$ 的水平投影 $sn$，再作出 $SN$ 的正面投影 $s'n'$，并将 $B$ 点的正面投影作在 $SN$ 的正面投影上 $s'n'$，则 $B$ 点的两面投影即作出。由于点 $B$ 在圆锥面的右后方，所以，$B$ 点的正面投影和侧面投影都不可见。

2）辅助纬圆法

已知圆锥面上点 $A$ 的正面投影和点 $B$ 的水平投影，应用纬圆法作出 $A$ 点和 $B$ 点的另两面投影。如图 4-13 所示。

作图方法：过圆锥面上点 $A$ 的正面投影，作过 $A$ 点的纬圆，该纬圆的正面投影过 $A$ 点的正面投影 $a'$ 且平行于 $OX$ 轴，与圆锥面正面投影的左右轮廓线交于 1 点和 2 点，线段 12 即为纬圆的正面投影。该纬圆的水平投影是与圆锥面水平投影的同心圆，直径与纬圆正面投影 12 长度相同。过 $A$ 点的正面投影 $a'$ 作 $OX$ 轴垂线与纬圆水平投影的交点，即为点 $A$ 的水平投影。最后，根据点 $A$ 所在的位置判断点 $A$ 水平投影的具体位置。如图中所示，由于点 $A$ 在圆锥面的前半部分，所以，点 $A$ 的水平投影在纬圆的前半圆周上。点 $B$ 的作图方法与点 $A$ 相同。只不过先作点 $B$ 纬圆的水平投影而已。

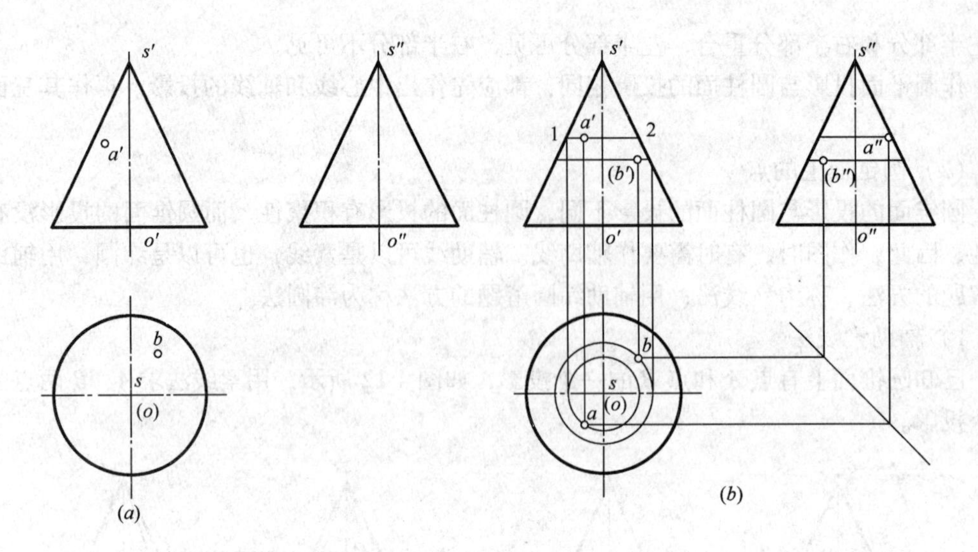


图 4-13　用纬圆法作圆锥表面上点的投影

3. 球面

（1）球面的形成和投影

由曲母线——圆绕圆内一直径旋转而形成的曲面称为球面。如图 4-14（*a*）所示。

球面在三面投影体系中的投影为三个直径相等的圆，如图 4-14（*b*）所示。各投影的轮廓线是平行于投影面的最大圆周的投影：水平投影是平行于水平投影面的赤道圆的投影，该圆在其他两个投影面上的投影是球面在另两个投影面上投影的中心线，球面水平投影时，以赤道圆为分界，球面的上半部分和下半部分重合；球面的正面投影是平行于正立投影面的赤道圆的投影，该赤道圆在水平投影面和侧立投影面上的投影也是球面上这两个投影面上投影的中心线。球面正面投影时，前半部分和后半部分重合；同理，球面的侧面投影是平行于侧立投影面的赤道圆的投影，该赤道圆的另两个投影为球面另两投影的中心线，投影时，左半部分与右半部分重合。

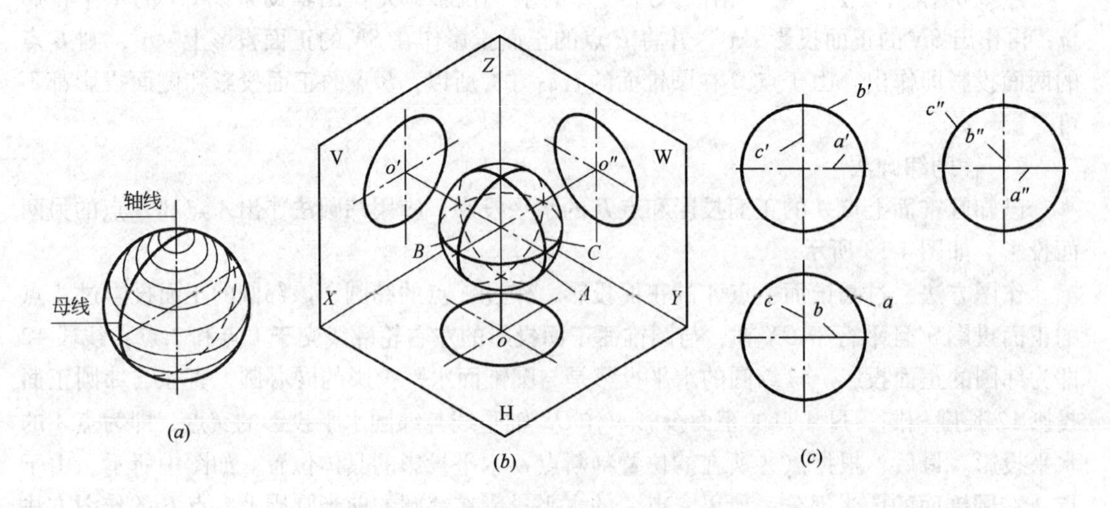


图 4-14　球面的形成与投影

（2）球面上点的投影

由于球面的素线是曲线，因此球面上的点采用辅助纬圆法确定。

如图 4-15，已知球面上有点 $A$、$B$，并已知点 $A$ 和 $B$ 的一个投影，作出另两个投影。

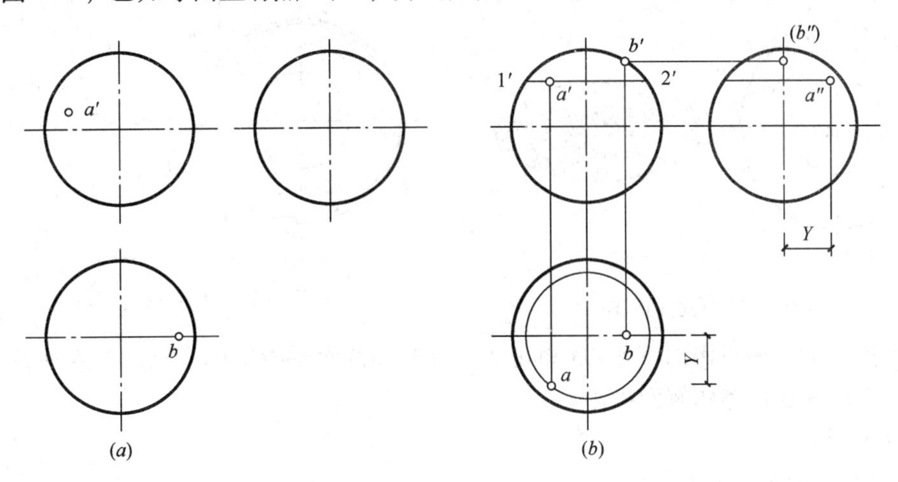


图 4-15　球面上取点

作图方法：

先求点 $A$ 的投影，因已知点 $A$ 的正面投影，过点 $A$ 的正面投影 $a'$ 作过点 $A$ 的纬圆的正面投影，它是平行于 $OX$ 轴的并与球面正面投影交于 1、2 两点的一段线段。该纬圆的水平投影是与球面水平投影的同心圆，直径为线段 12 的长度。过点 $A$ 的正面投影作 $OX$ 轴的垂线，与同心圆的交点即为点 $A$ 的水平投影。利用点的投影规律作出点 $A$ 的侧面投影。由正面投影可知，点 $A$ 位于球面的左前上方，其水平投影和侧面投影都可见。

由水平投影可以看到，点 $B$ 的水平投影位于球面水平投影的中心线上，所以点 $B$ 在平行于正立投影面的球面赤道圆上，侧面投影在该圆侧面投影的中心线上，直接引过去即可。

从该例中可以得出，在作形体表面上的点时，应先分析该点的空间位置，如该点在特殊位置上，可直接求得，这样，可以减少很多作图步骤。

4. 环面

（1）环面的形成和投影

以圆为母线，绕与它共面的圆外直线旋转而形成的曲面，称为环面。如图 4-16 所示。当环面的导线垂直于水平投影面时，环面的水平投影是两个同心圆，环面的正面投影和侧面投影都是由两个圆和与它们上下相切的两段水平轮廓线组成。正面投影的两个圆分别是环面最左素线圆和最右素线圆的正面投影，侧面投影的两个圆分别是环面最前素线圆和最后素线圆的侧面投影，它们都反映素线圆的实形，都有半个圆因被环面挡住而不可见。

（2）环面上的点

当轴线垂直于投影面时，在环面上定点，采用纬圆法。如图 4-17 所示。

如已知环面上点 $A$ 的正面投影，求该点的水平投影和侧面投影。

作图方法：过点 $A$ 的正面投影作平行于 $OX$ 轴的线与环面正面投影最左最右轮廓的交点所构成的线段为纬圆的正面投影，纬圆的水平投影是以环面水平投影的中心为圆心的同

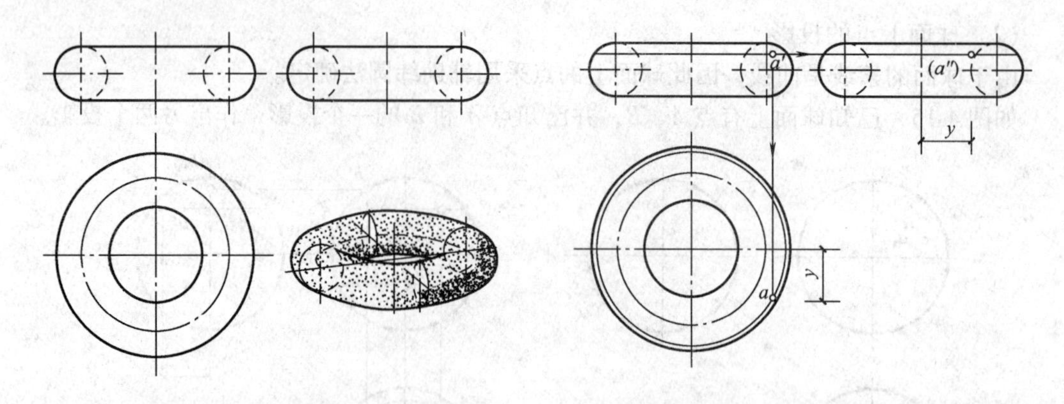


图 4-16　环面的三投影　　　　图 4-17　在环面上定点

心圆，过点 $A$ 的正面投影向下作 $OX$ 轴的垂线，与纬圆水平投影的交点即为点 $A$ 的水平投影。利用点的投影规律作侧面投影。

5. 平螺旋面

（1）平螺旋面的形成

一条直母线一端以圆柱螺旋线为曲导线，另一端以回转轴线为直导线，并始终平行于与轴线垂直的导平面运动所形成的曲面，称为平螺旋面，如图 4-18 所示。

画平螺旋面的投影图时，先画出曲导线圆柱螺旋线及其轴线（直导线）的两面投影，当轴线垂直于水平投影面时，可从螺旋线的水平投影（圆周）上各等分点，引直线与轴线的水平面积聚投影相连，就是螺旋面相应素线的水平投影，素线的正面投影是过螺旋线的正面投影上各分点引到轴线正面投影的水平线。如图 4-19（*a*）所示。如果平螺旋面被一个同轴的小圆柱面所截，它的投影图如图 4-19（*b*）所示。小圆柱面与螺旋面的交线，是一根与螺旋曲导线有相等导程的螺旋线。

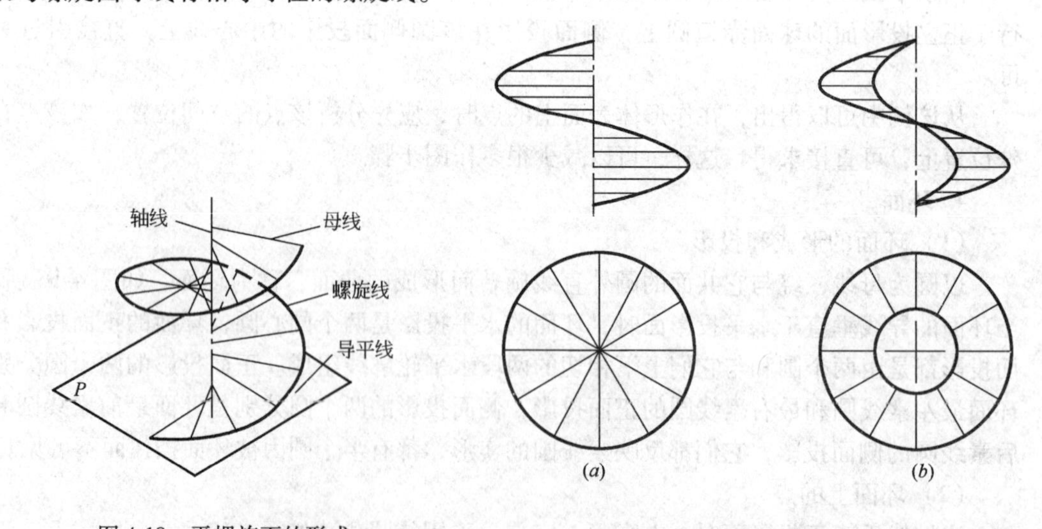


图 4-18　平螺旋面的形成　　　　图 4-19　螺旋面

（2）平螺旋面的应用

平螺旋面在建筑工程中应用很广，特别在高级宾馆、酒店中、大堂中经常设螺旋楼梯，既起交通作用，又起装饰作用。螺旋楼梯的画法如下：

1）画平螺旋面的投影。根据内外圆柱的半径、导程的大小以及楼梯的踏步数量将水平投影的环面和正面投影的曲线等分，如图 4-20（$a$）所示，图中等分 12 等分。

2）作出两条圆柱螺旋线的投影，并画出空心平螺旋面的两面投影，如图 4-21（$b$）。

3）画楼梯各踏步的投影。每一个踏步各有踢面和踏面，在水平投影中圆环的每个框线就是每个踏步的水平投影，由此作出各个踏步的正面投影，如图 4-20（$c$）所示。

4）画楼梯底板面的投影。楼梯底面也是一个螺旋面，它的形状和大小与梯级的螺旋面完全一样，只是两者相距一个梯板沿竖直方向的厚度，如图 4-20（$d$）。

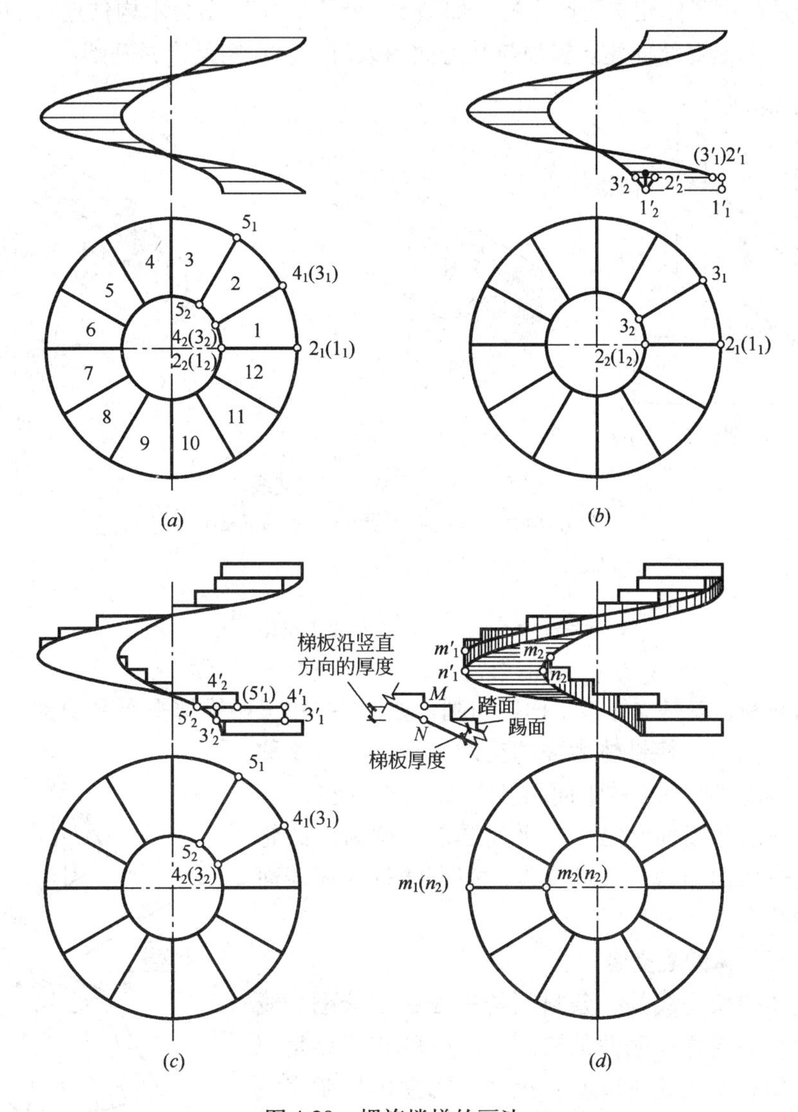


图 4-20　螺旋楼梯的画法

（$a$）作出圆柱螺旋面以及螺旋梯的 H 投影；（$b$）作出第一步级踢面和踏面的 V 投影；（$c$）作出第二步级踢面和踏面的 V 投影，并完成其余各级；（$d$）螺旋梯的两投影

# 第五章　立体表面的交线

建筑形体上，经常会出现一些表面交线，这些交线有些是由平面与立体相交而产生的，有些则是由两形体相交而产生的。如图 5-1 所示，(*a*) 图为木构件连接的榫头与榫槽的形成，(*b*) 图是双坡面建筑屋顶与其上面的天窗，(*c*) 图是锥壳基础。

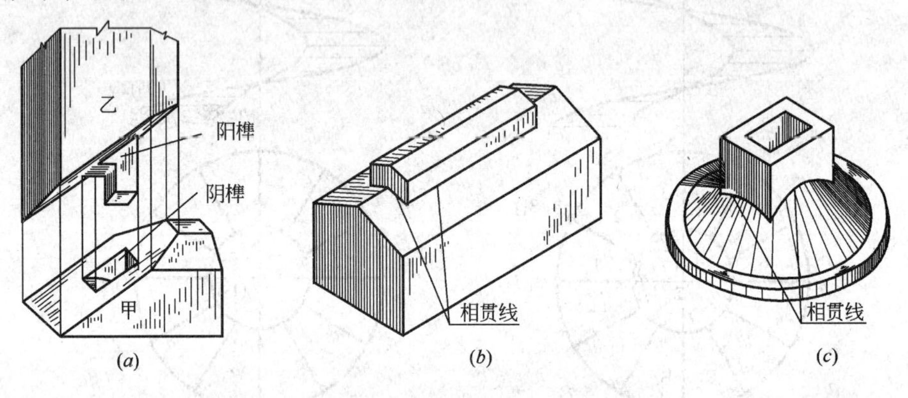


图 5-1　建筑形体的表面交线

(*a*) 木榫头；(*b*) 双坡建筑；(*c*) 锥壳基础

## 第一节　立体的截断

立体的截断，就是立体被平面所切割。如图 5-2 中三棱锥被平面 P 切割。平面 P 称为截平面，截平面与三棱锥体表面的交线 *AB*、*BC*、*CA* 称为截交线，截交线所围成的平面图形△*ABC* 称为截断面。

任何立体的截断面都是一个平面图形，截断面的轮廓线就是立体表面与截平面的交线。截交线是立体表面与截平面的共有线。

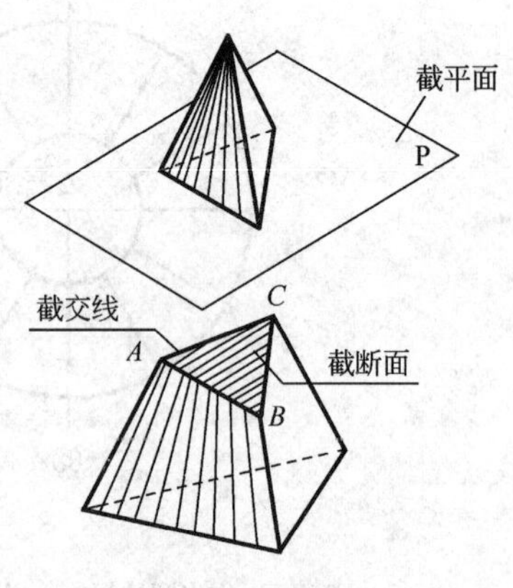


图 5-2　立体的截断

### 一、平面立体的截交线

平面立体的截交线是一条封闭的平面折线线框，线框的边是截平面与立体表面的交线，线框的转折点是截平面与立体侧棱或底边的交点。因此，求立体的截交线的步骤是：

(1) 求转折点，即求截平面与立体侧棱或立体底边的交点。

(2) 连线，将位于立体同一侧面上的两交点用直线连接起来即可。

1. 棱柱的截交线

如图 5-3 所示，三棱柱被正垂面 P 切割，由于三棱柱体的各个侧面都是铅垂面，故截交线与三棱柱各侧面的水平投影积聚成直线。因此，三棱柱体侧面的水平投影，是截交线的水平投影。

截平面 P 是正垂面，它与三棱柱体截交线的正面投影，都积聚在截平面上，各侧棱与截平面交点的正面投影可以直接得出。

作图步骤如下：

（1）求转折点，截平面与三棱柱的三个侧棱的交点 $D$、$E$、$F$，可由求直线上点的方法求得。

（2）连线，将上面求出的位于三棱柱同一侧面上的转折点连起来，就是平面 P 切割立体——三棱柱的截交线，如图 5-3 所示。

（3）完善投影，将截断体画成粗线，被切去的部分画成双点长画线。

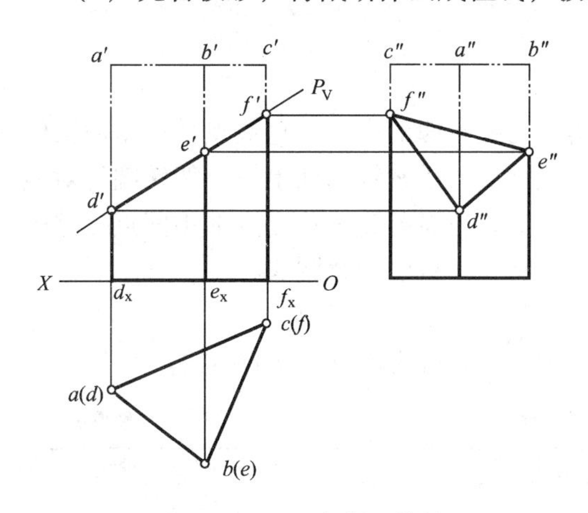


图 5-3　正垂面切割三棱柱

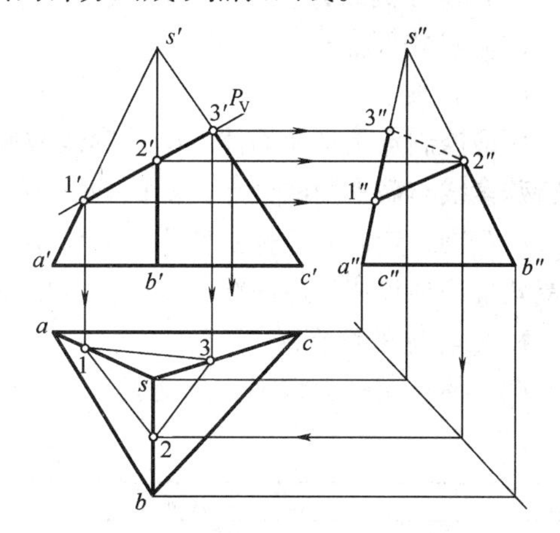


图 5-4　作三棱锥的截交线

2. 棱锥的截交线

截平面切割棱锥，截交线的作图方法与截平面切割棱柱截交线的作图方法完全相同。

如图 5-4 所示，三棱锥被截平面 P 切割，其作图步骤如下：

（1）求转折点，即求三棱锥侧棱与截平面的交点，由于截平面为正垂面，其与三棱锥三个侧棱的交点的正面投影就是截平面 P 的积聚投影与侧棱正面投影的交点 1′2′3′，水平投影即为从正面投影作 $OX$ 轴垂线与侧棱水平投影的交点，利用点的投影规律作出转折点的侧面投影。

（2）连线，将位于三棱锥同一侧面上的转折点依次连起来。

（3）完善投影图，侧面投影中 2″3″为不可见线应画为虚线。

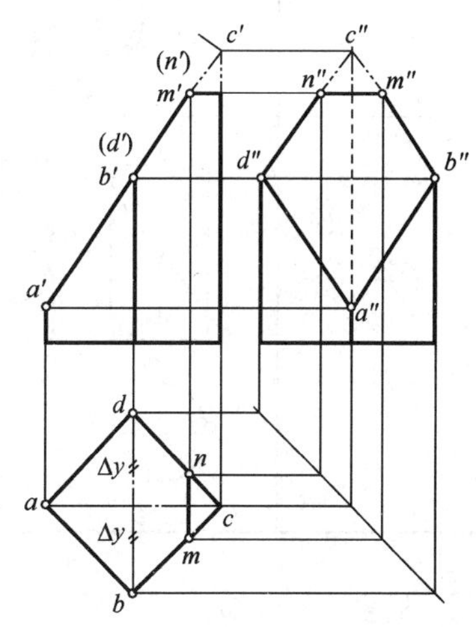


图 5-5　作四棱柱的截交线

**【例 5-1】**　求作四棱柱被正垂面截断后的投影。

截平面与四棱柱的四个侧面均相交，且与顶面也相交，故截交线为五边形 $ABMND$，作图步骤如图 5-5 所示。

由于截平面为正垂面，故截交线的正面投影 $a'b'm'n'd'$ 已知。截平面与顶面的交线为正垂线 $MN$，可直接作出 $mn$，于是，截交线的水平投影 $abmnd$ 也确定。然后可作出截交线的侧面投影 $a''b''m''n''d''$，$m''n''$ 可利用截平面与右侧棱线的交点 $c''$ 来作更方便。四棱柱截去左上角后，截交线的水平投影和侧面投影均可见。截去的部分，棱线不再画出，但右侧棱线未被截去的一段，在侧面投影中应画成虚线。

**二、曲面立体的截交线**

曲面立体被平面切割，其截交线是封闭的平面曲线，或曲线与直线组成的平面图形。

曲面体截交线上的每一点都是截平面与曲面体表面的一个公共点，求出足够的公共点，然后依次连接起来，即得曲面体上的截交线。

求曲面体的截交线的过程可分为以下几步：

（1）求控制点；

（2）补中间点；

（3）连线。

所谓控制点是指曲面体上的轮廓线或底面边线与截平面的交点，这些点往往是曲面体上特殊素线与截平面的交点，如圆柱、圆锥面上最前、最后素线球面上三个特殊圆等对截交线的范围、走向等起控制作用。要画出完整的截交线还需补充一些必要的中间点，这样才能较准确地连成光滑曲线。求公共点的基本方法有：素线法和纬圆法。

1. 圆柱体的截交线

圆柱体被截平面切割，截交线有三种情况，如表5-1圆柱体截交线的形状。

**圆柱体的截交线** **表 5-1**

| 截平面位置 | 倾斜于圆柱轴线 | 垂直于圆柱轴线 | 平行于圆柱轴线 |
|---|---|---|---|
| 截交线形状 | 椭圆 | 圆 | 两条素线 |
| 立体图 |  P | 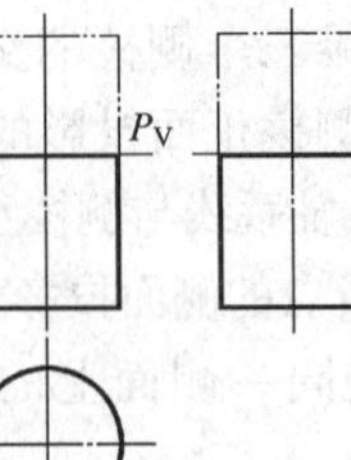 P | 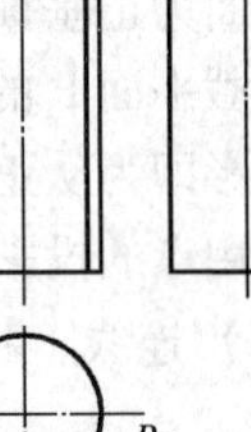 P |
| 投影图 | 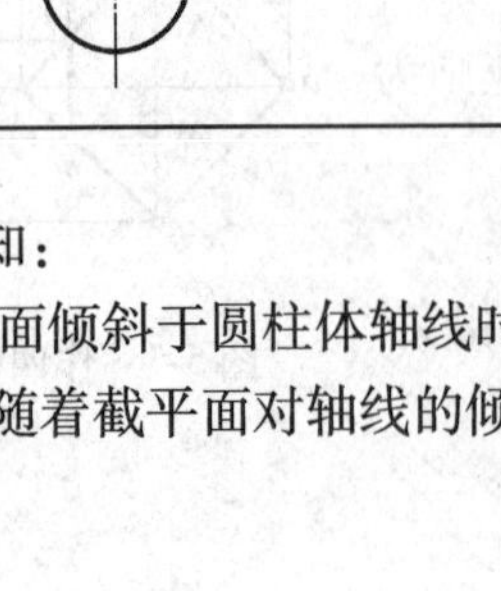 $P_V$ | 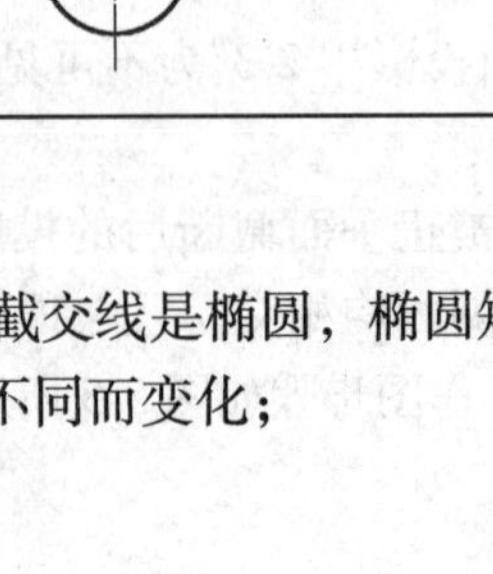 $P_V$ $P_W$ | 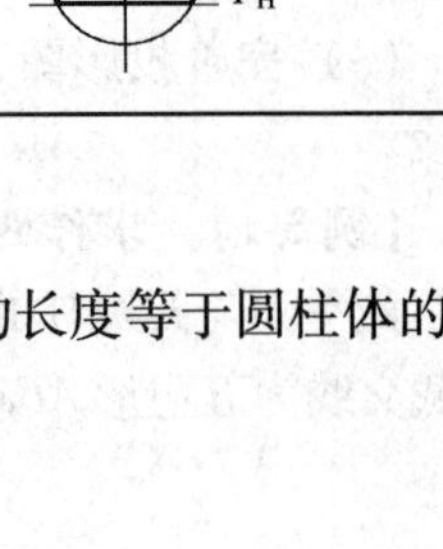 $P_W$ $P_H$ |

从表5-1可知：

（1）当截平面倾斜于圆柱体轴线时，截交线是椭圆，椭圆短轴的长度等于圆柱体的直径，椭圆的长轴随着截平面对轴线的倾角不同而变化；

（2）当截平面垂直于圆柱体轴线时，截交线是与圆柱体直径相等的圆；

（3）当截平面平行于圆柱体轴线时，截交线为矩形，矩形的两个边为圆柱体的素线。

**【例 5-2】** 如图 5-6（*a*）所示，求正垂面与圆柱体的截交线。

分析，从图 5-6（*a*）可知，正垂面 *P* 与圆柱体轴线倾斜，截交线应为椭圆。椭圆的水平投影仍是圆，侧面投影是椭圆。椭圆的短轴为圆柱体的直径，长轴为正垂面与圆柱体正面投影的交线长度。

作图步骤：

（1）求控制点，该截交线的控制点是椭圆的长轴与短轴的四个端点，也就是圆柱体上四条特殊素线（最左、最右、最前、最后）与截平面的交点，如图中的 1、2、3、4 四点，作出其三面投影。

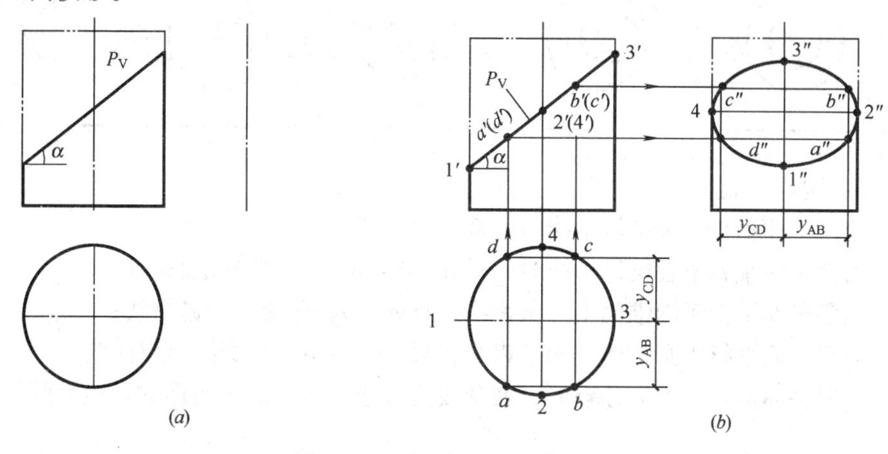


图 5-6　正垂面与圆柱的截交线

（2）补充中间点，为了作图准确，在截交线特殊点之间选取一些一般位置点，图中选取了 *A*、*B*、*C*、*D* 四个点，由水平投影与正面投影作出侧面投影。

（3）连线，用光滑曲线依次将所作出的点连接，即为椭圆的侧面投影。

（4）完善图形，完善图形主要是指去掉切去的部分，判别可见性。

2. 圆锥体的截交线

圆锥体被截平面切割，根据截平面与圆锥体轴线的相对位置不同，截交线会出现五种情况，如表 5-2 所示。

**圆锥体的截交线**　　**表 5-2**

| 截平面位置 | 垂直于圆锥轴线 | 与锥面上所有素线相交 $\alpha<\varphi<90°$ | 平行于圆锥面上一条素线 $\varphi=\alpha$ | 平行于圆锥面上两条素线 $0\leqslant\varphi\leqslant\alpha$ | 通过锥顶 |
|---|---|---|---|---|---|
| 截交线形状 | 圆 | 椭圆 | 抛物线 | 双曲线 | 两条素线 |
| 立体图 | P | P | A P | P | P |

续表

| 截平面位置 | 垂直于圆锥轴线 | 与锥面上所有素线相交 $\alpha<\varphi<90°$ | 平行于圆锥面上一条素线 $\varphi=\alpha$ | 平行于圆锥面上两条素线 $0\leqslant\varphi\leqslant\alpha$ | 通过锥顶 |
|---|---|---|---|---|---|
| 截交线形状 | 圆 | 椭圆 | 抛物线 | 双曲线 | 两条素线 |
| 投影图 | $P_V$ | $P_V$ $\alpha$ $\varphi$ | $P_V$ $\alpha$ $\varphi$ | $P_V$ $\alpha$ | $P_V$ |

从表5-2可以看到：

（1）当截平面垂直与圆锥体轴线时，截交线是圆；

（2）当截平面倾斜于圆锥体轴线时，且 $\alpha<\phi<90°$，截交线是椭圆；

（3）当截平面平行于圆锥面上一条素线，且 $\phi=\alpha$，截交线是抛物线；

（4）当截平面平行于圆锥体上两条素线，且 $0\leqslant\phi<\alpha$，截交线是双曲线；

（5）当截平面通过圆锥体顶点时，截交线是等腰三角形。三角形的两边是圆锥面的素线。

如图5-7所示，圆锥体被倾斜于轴线，并与所有素线相交的正垂面P切割，其截交线应为椭圆。椭圆的长轴应是一条正平线，正面投影是截平面的正面投影与圆锥体正面投影左右两素线交点的连线，即 $a'b'$；椭圆的短轴为与长轴垂直的正垂线，其正面投影为 $a'b'$ 的中点 $c'd'$。作图方法如下：

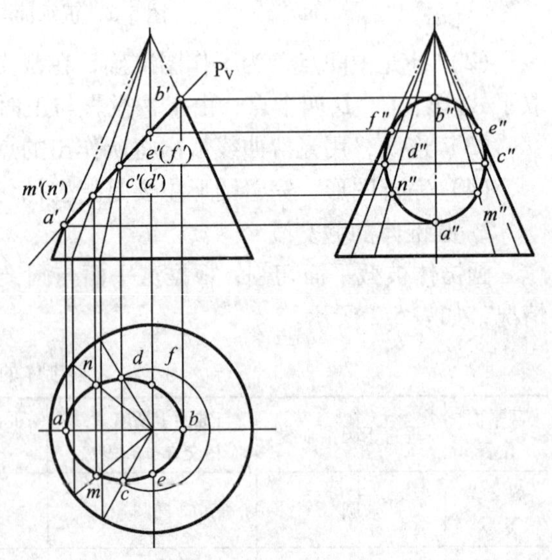


图5-7　圆锥体的截交线的画法

1）求椭圆上的特殊点，这些特殊点包括椭圆长轴、短轴的端点以及椭圆侧面投影轮廓素线与截平面的交点。长轴两端点的正面投影是截平面正面投影与圆锥体左、右素线正面投影的交点 $a'b'$，可直接利用直线上点的投影方法分别作出水平投影和侧面投影。短轴的两端点的正面投影积聚在 $a'b'$ 的中点，利用素线法作出 $C$、$D$ 的水平投影和侧面投影。椭圆侧面投影轮廓素线与截平面的交点的正面投影，是截平面正面投影与圆锥体轴线正面投影的交点 $e'f'$，$E$、$F$ 位于圆锥体的前后素线上，利用直线上点的投影方法分别作出水平投影和侧面投影。

2）求一般点，在截交线的正面投影上任意取 $m'n'$ 点，根据 $m'n'$，利用辅助素线法或纬圆法求出水平投影和侧面投影。

3）连线，依次用光滑的曲线将各点的同面投影连接起来即可。

**【例 5-3】** 如图 5-8（*a*）所示，求切口圆锥体的投影。

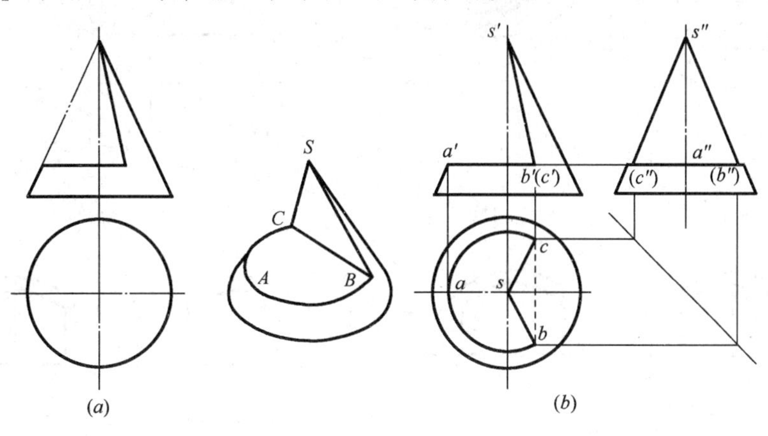


图 5-8　切口圆锥的截交线

分析：该圆锥体被两个截平面切割，水平面与圆锥体轴线垂直，其截交线应是圆的一部分，另一个截平面——正垂面通过圆锥体的顶点，截交线是三角形的一部分。如果在作图时，两个平面切割立体应先求出两截平面的交线，但在该例中，应先作截平面与圆锥体轴线垂直的截交线，更为方便。

作图步骤：

（1）作水平面切割圆锥体的截交线，截交线的水平投影是圆锥体水平投影同心圆的一部分，半径长度为 $a'$ 到圆锥体轴线正面投影的垂直距离。以圆锥体水平投影的圆心为圆心，以 $A$ 点到圆锥体轴线正面投影的垂直距离为半径作圆，再过 $b'c'$ 向下引垂线得到 $BC$ 的水平投影 $bc$，$bc$ 为两截平面交线的水平投影。$bc$ 左半部分为水平面切割圆锥截交线的水平投影。

（2）作正垂面切割圆锥体截交线的投影，该截交线是三角形，水平投影是 $sb$、$sc$、$bc$ 构成的三角形，利用投影关系，作出侧面投影。

（3）完善图形，两截平面交线的水平投影不可见，应为虚线。

3. 球体的截交线

球体被截平面切割，截交线是圆，但当截交线平行于投影面时，截交线的投影为圆，截交线不平行于投影面时，截交线的投影为椭圆。该椭圆的作图方法与圆锥体被截平面切割形成椭圆的作图方法相同，只不过截交线上的点的投影只能用纬圆法作图。

**【例 5-4】** 已知一建筑物球壳屋面的水平投影，求作其他两投影，如图 5-9 所示。

分析：从图 5-9（*a*）中可以看到，该球壳屋面是半球被两个正平面和两个侧平面切割而成。由正平面切割半球的截交线，其正面投影反映实形，由侧平面切割半球的截交线，其侧面投影反映实形。

作图步骤如下：

（1）根据水平投影，作出半球的正面投影和侧面投影。

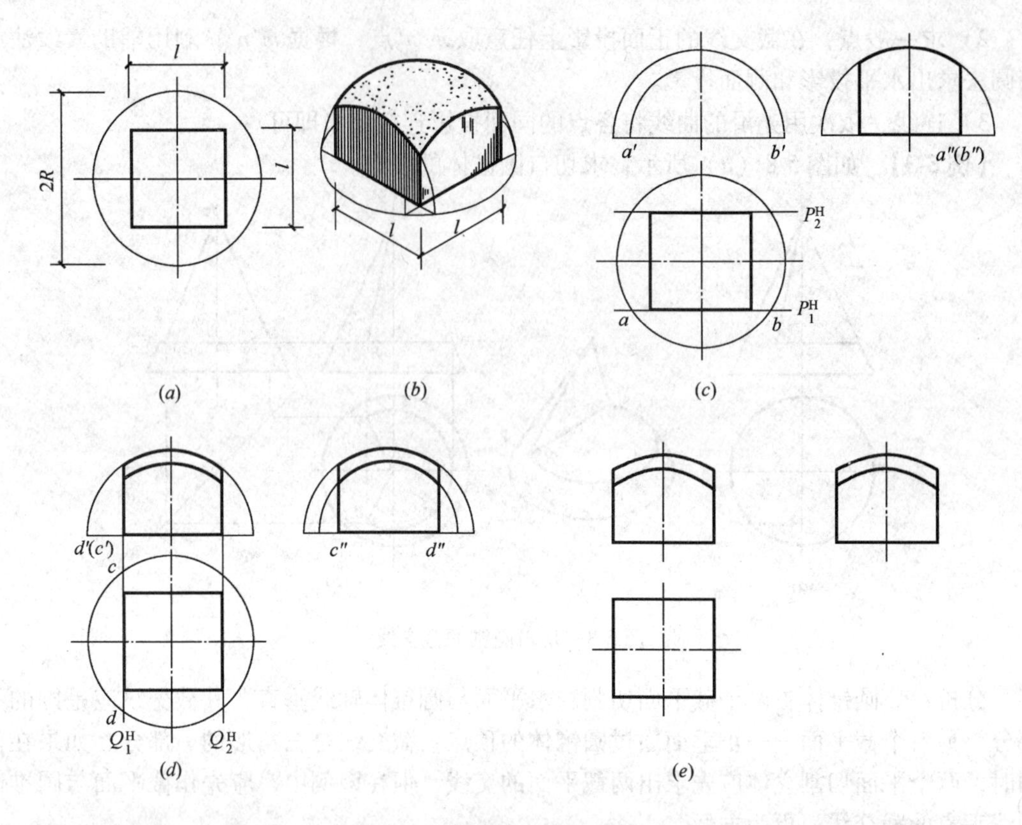


图 5-9　球壳屋面的作图方法

（*a*）已知条件；（*b*）立体图；（*c*）作前后截交线；（*d*）作左右截交线；（*e*）完成全图

（2）在水平投影上延长正方形前后边与半球的水平投影轮廓线相交，得到截交线圆弧的直径 *ab*。据此作出截交线圆弧的正面投影和侧面投影，如图 5-9（*c*）。

（3）在水平投影上延长正方形左右两边与半球的水平投影轮廓线相交，得到截交线圆弧的直径 *cd*，据此作出截交线的侧面投影和正面投影，如图 5-9（*d*）。

（4）擦去作图线，完成图形。

## 第二节　立体的相贯简介

### 一、相贯的概念及其特点

两相交立体称为相贯体，相贯立体表面的交线称为相贯线。当一个立体全部贯穿于另一个立体时，产生两组相贯线，这种情况称为全贯；当两个立体相互贯穿时，则产生一组相贯线，这种情况称为互贯。如图 5-10 所示。

相贯线是两立体表面的交线，是两立体的共有线，因此，求相贯线，实质上是求两立体表面上面与面的交线。

### 二、两平面立体相贯

两平面立体相贯，相贯线是封闭的平面或空间折线线框。折线线框的线段是两立体表面的交线，转折点是一立体侧棱与另一立体表面的交点，有时是两立体侧棱的交点。因此，求两平面立体相贯线时，应先求这些转折点，再依次连线。

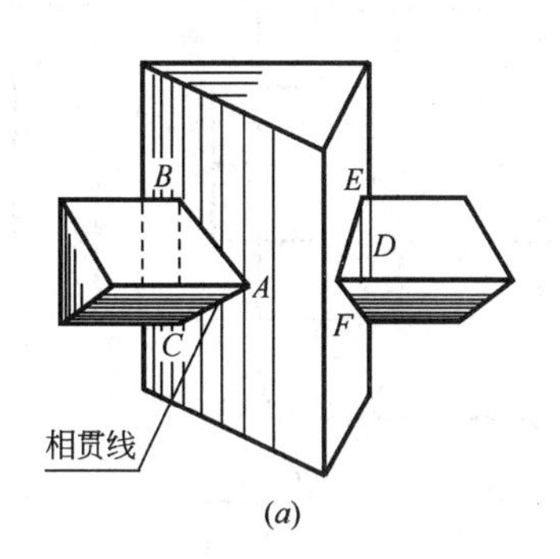


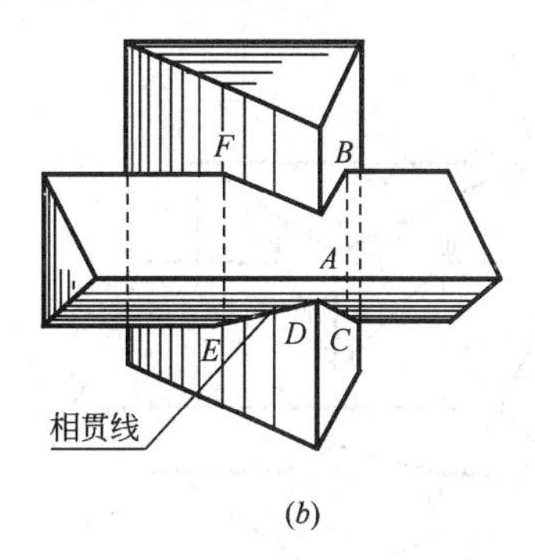


图 5-10　两平面立体相贯

（*a*）全贯；（*b*）互贯

按照上面原理，求两个平面立体相贯线的方法是：

（1）求转折点，可将立体分别编号，如甲立体和乙立体，先求甲立体侧棱与乙立体表面的交点，再求乙立体侧棱与甲立体表面的交点。

（2）依次连接各交点，因相贯线是两个立体表面的交线，所以只有位于一立体的同一侧面上，同时又位于另一立体的同一侧面上的两点才可以连线。

（3）判别相贯线的可见性，完善立体的投影。

相贯体是一个整体，所以，一个立体穿入另一个立体内部的侧棱不必画出。

**【例 5-5】** 求两三棱柱相贯线的投影，如图 5-11（*a*）所示。

从图 5-11（*a*）中可知，该相贯体属于互贯，只有一组相贯线，而一个三棱柱的侧面垂直于水平投影面，所以，相贯线的水平投影，积聚在该三棱柱的水平投影上；另一个三棱柱的侧面垂直于侧立投影面，相贯线的侧面投影积聚在该三棱柱的侧面投影上，所以本例题已经知道了相贯线的两个投影，利用投影规律，作出相贯线的正面投影即可。

作图方法如下：

（1）给立体编号，在本例中将侧面垂直于水平投影面的立体称为甲立体，将侧面垂直于侧面的立体称为乙立体。

（2）求转折点：

1）求甲立体的侧棱与乙立体表面的交点，从图 5-11（*b*）水平投影图中可知，甲立体只有最前侧棱与乙立体表面有两个交点，且积聚在甲立体侧棱上，其侧面投影是该侧棱与乙立体积聚线的交点 1″、2″。由水平投影和侧面投影作正面投影 1′、2′。

2）求乙立体侧棱与甲立体表面的交点，从图 5-11（*b*）侧面投影可知，乙立体后面两个侧棱与甲立体有四个交点，且积聚在乙立体在侧面投影的积聚点上，水平投影为该两侧棱与甲立体表面在水平投影积聚线的交点上，标注为 3、4、5、6 四个点，利用投影规律作正面投影。

（3）连线、将同一表面上的交点依次连接起来，如图中 1′、4′、6′、2′、5′、3′、1′。

**三、平面立体与曲面立体相贯**

平面体与曲面体相贯，相贯线是平面体表面和曲面体表面的共有线，因此，相贯线应

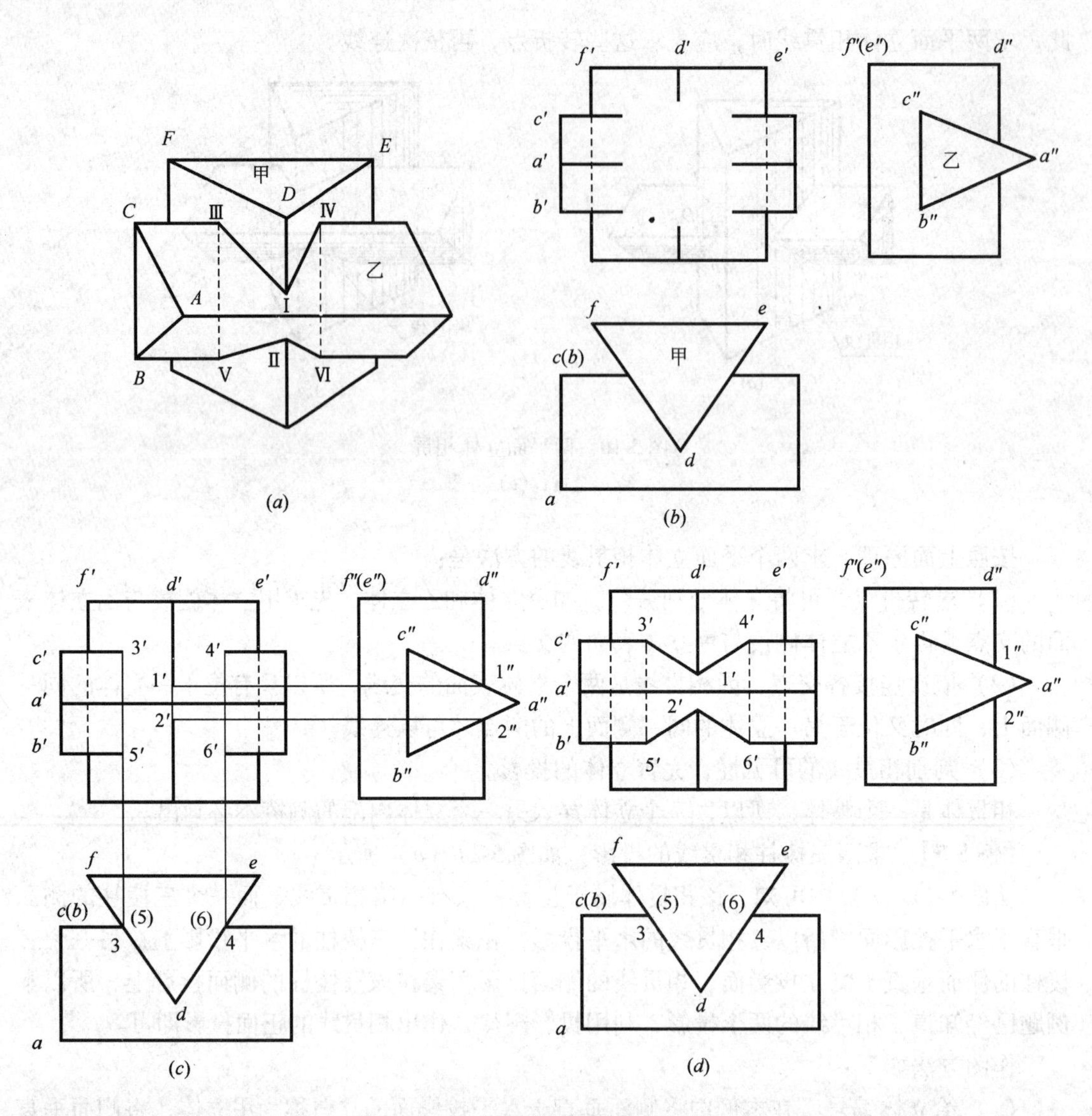


图 5-11　两三棱柱相贯线的投影

是由平面曲线组合而成的封闭曲线线框，如图 5-12 柱头，封闭曲线的转折点是平面体侧棱和曲面体表面的交点。

因此，作平面体与曲面体的相贯线时，应先作出转折点——侧棱和曲面体表面的交点，再作平面体表面与曲面体表面的交线——平面体的表面切割曲面体表面的截交线。

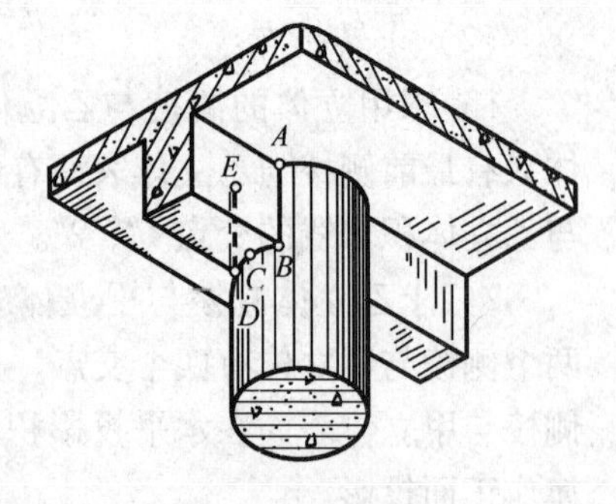


图 5-12　柱头

**【例 5-6】** 如图 5-13，已知薄壳基础的轮廓线，作出其相贯线。

由于四棱柱的四个侧面平行于圆锥体的轴线，所以相贯线是由四条双曲线组成的空间闭合线框，四条双曲线的连接点，就是四棱柱侧棱与圆锥体表面的交点。且相贯线的水平投影和四棱柱的水平

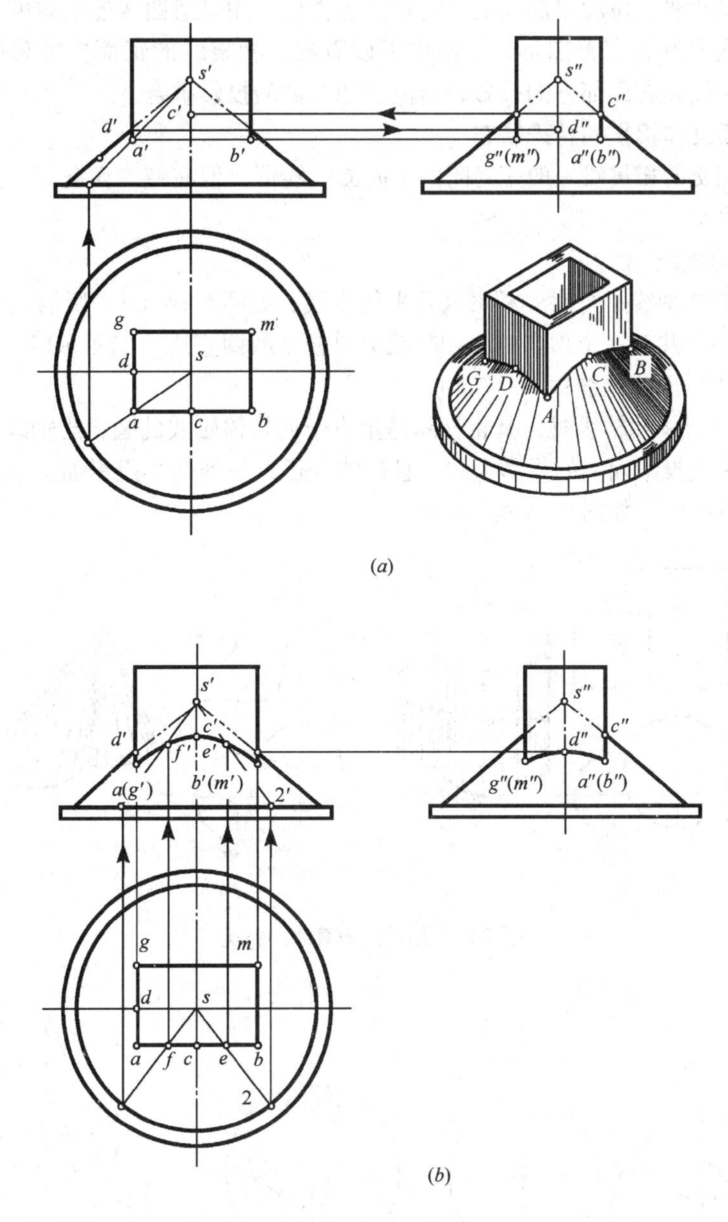


图 5-13　求圆锥薄壳基础的相贯线

（*a*）求转折点和最高点；（*b*）求一般点，连点

投影重合。

作图方法：

（1）求转折点，一组转折点是四棱柱四个侧棱与圆锥体表面的交点，其水平投影是四棱柱四个侧棱的水平投影 $a$、$b$、$c$、$d$，这四个点既是四棱柱侧棱上的点，也是圆锥体表面上的点，按照圆锥体表面上的点，用素线法求出转折点的正面投影和侧面投影。另一组转折点是双曲线的最高点，在圆锥面的最前、最后、最左、最右四条素线上。

（2）作四棱柱表面与圆锥体表面的交线，由分析可知，四棱柱四个侧面与圆锥体表面的交线是四段双曲线，每段双曲线的转折点已经作出，用光滑曲线连接即可。

（3）判别可见性，完善图形，由图中可以看出，相贯线的正面投影和侧面投影都可见，相贯线的后面和右面部分的投影，与前面和左面的投影重合。

**四、两曲面立体相贯的特殊状态**

两曲面体相交的相贯线一般是封闭的空间曲线线框，但在特殊情况下，相贯线是直线或平面曲线线框。

1. 相贯线为直线

（1）当两圆柱轴线平行时，相贯线是平行直线，如图 5-14（*a*）所示；

（2）当两圆锥共有一个顶点时，相贯线为过锥顶的两直线，如图 5-14（*b*）所示。

2. 相贯线为平面曲线线框

（1）当两回转体共轴线时，其相贯线是垂直于回转体轴线的圆；当轴线垂直于某投影面时，相贯线在该投影面上的投影为圆，且反映实形，另外两个投影面上的投影，积聚为垂直于轴线的直线段，如图 5-15 所示。

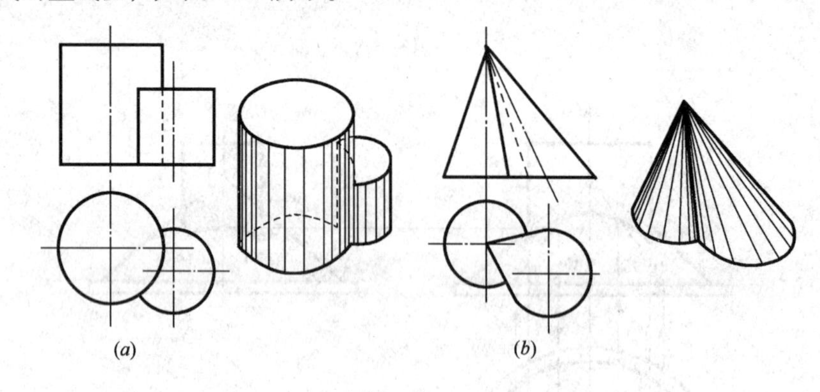


图 5-14　相贯线为直线的情况

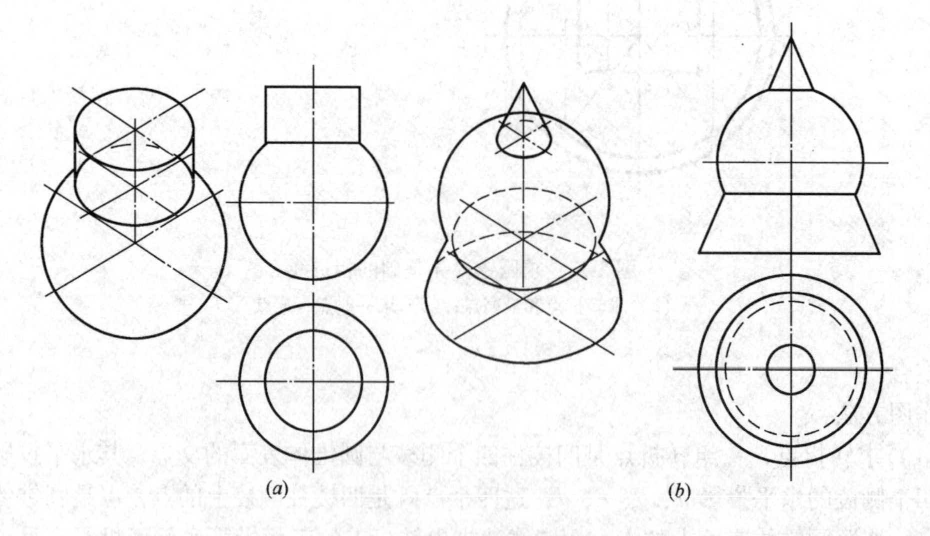


图 5-15　相贯线为圆的情况

（2）当轴线相交的两圆柱面或圆柱与圆锥面共同外切于一个球面时，它们的相贯线是两个相等的椭圆，如图 5-16 所示。其中图 5-16（*a*）为两直径相等的正交圆柱，其轴线相交成直角，此时，它们的相贯线是两个相同的椭圆，在与两轴线平行的正立投影面上，相贯线的投影为相交且等长的直线线段，其水平投影与直立圆柱的投影重合；图 5-16（*b*）是轴线正交的圆锥和圆柱相贯，它们的相贯线也是两个大小相等的椭圆，其正面投影同样积聚为直线。

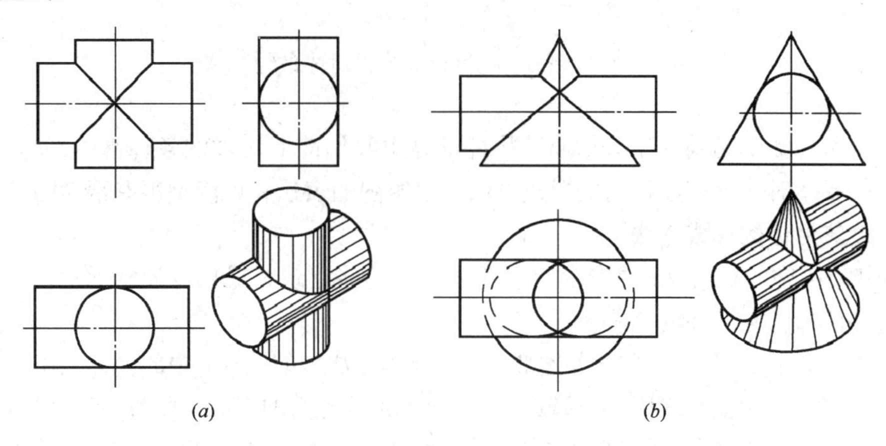


图 5-16　相贯线为椭圆的情况

# 第六章　建筑形体的表达方法

## 第一节　建筑形体投影图的画法

我们日常生活中见到的建筑物或其构件都是由我们前面讲过的各种基本形体所形成，在作形体投影图时，分析建筑物的形成方法对建筑图的表达和识读是很有帮助的。

**一、建筑形体的形成方法**

分析图6-1中的建筑物和建筑构件，不难看出这些建筑物或构件通常的形成方法有三种，即叠加法、切割法和混合法。

（1）叠加法：由若干个基本体叠加形成建筑的方法，如图6-1中的（*a*）图。

（2）切割法：由基本体切去一部分或几部分后形成建筑的方法，如图6-1中的（*b*）图。

（3）混合法：在建筑形体或构件的形成过程中既有叠加又有切割的形式，如图6-1中的（*c*）图。

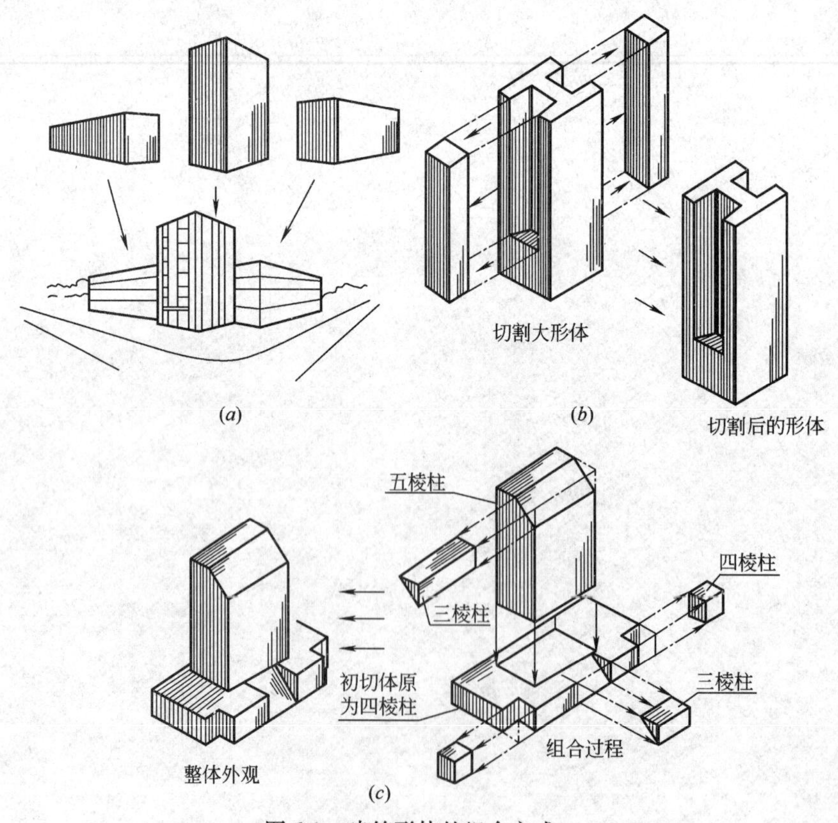


图6-1　建筑形体的组合方式

（*a*）叠加式；（*b*）切割式；（*c*）混合式

## 二、建筑形体投影图的画图步骤

1. 形体分析

在画建筑形体投影图之前，首先应对建筑形体进行形体分析，所谓的形体分析是指分析建筑形体由哪些基本体，采用什么形成方式形成，如图6-2中的肋式杯形基础，此基础可以看作是由底板、杯口和肋板组成。底板为四棱柱，杯口由四棱柱切去一个四棱台形成，肋板是六块梯形块（四棱柱）。在整个形成过程中，以叠加为主，底板和杯口以及肋板都是叠加，而杯口是切割而成。因此，在这个基础中，既有叠加，又有切割，该基础为混合式建筑形体。

2. 确定建筑形体的安放位置

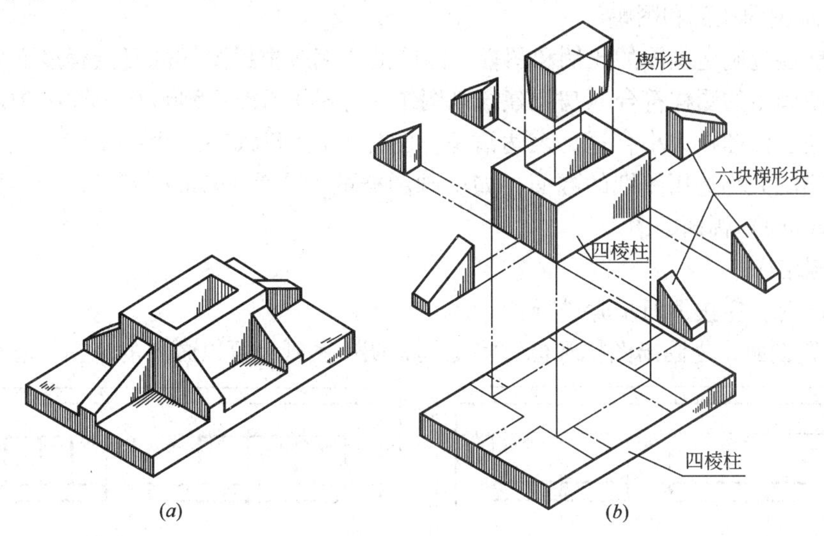


图6-2 肋式杯形基础

(a) 立体图；(b) 形体分析

作投影图时，建筑形体安放位置不同，形体投影图表达的效果就不同，而作投影图的目的是为施工人员施工读图所用。因此，作出的投影图应尽量使施工人员易读为准，这就要求在作建筑形体或构件投影图时，首先应确定形体的摆放位置以及投影方向。确定形体的摆放位置时应注意以下几点：

（1）将反映建筑物外貌特征的立面平行于正立投影面。

（2）让建筑形体或构件处于工作状态，如梁应水平放置，柱子应竖直放置，台阶应正对识图人员，这样识图人员较易识图。

（3）尽量减少虚线，过多的虚线既不易进行尺寸标注，也不易识图。

3. 确定投影图的数量

用几个投影图才能完整地表达建筑形体的形状，需根据建筑形体的复杂程度来确定。图6-3表示的室外台阶是由三块踏步板叠加而成的，旁边靠着的栏板是五棱柱，在投影图中，侧面投影可以比较清楚地反映出台阶的形状特征，因此，用正面投影和侧面投影即可将台阶表达清楚。如用正面投影和水平投影就不能清楚地反映出其形状特征。同时应注意在完整、准确地表达形体形状的基础上，应尽量减少投影图的数量，也就是减少作图的工作量。

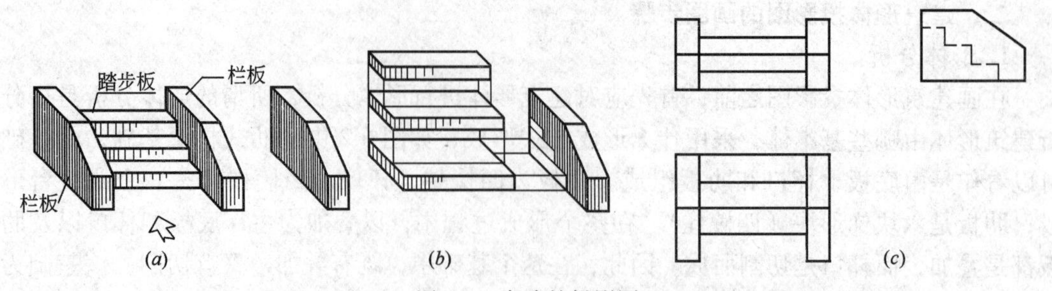


图 6-3　台阶的投影图

(*a*) 直观图；(*b*) 形体分析；(*c*) 投影图

4. 确定画图的比例和图幅

在作图前还应确定画图的比例和图幅，画图的比例应根据图样的复杂程度而定，所选用的比例要使画出的图样符合《房屋建筑制图统一标准》GB/T 500001—2001 中对图样比例的要求，还要使图样大小合适，表达清楚。图样的比例确定后，图样的大小就确定了，这时根据图样的大小选用图纸的幅面，如所画图样的大小为 495mm × 325mm，可选用 A2（594mm × 420mm）幅面的图纸。

5. 画投影图

画投影图时，应按下面步骤进行：

（1）布置图面，先画出图框和标题栏外框，明确图纸上可以画图的范围，然后根据投

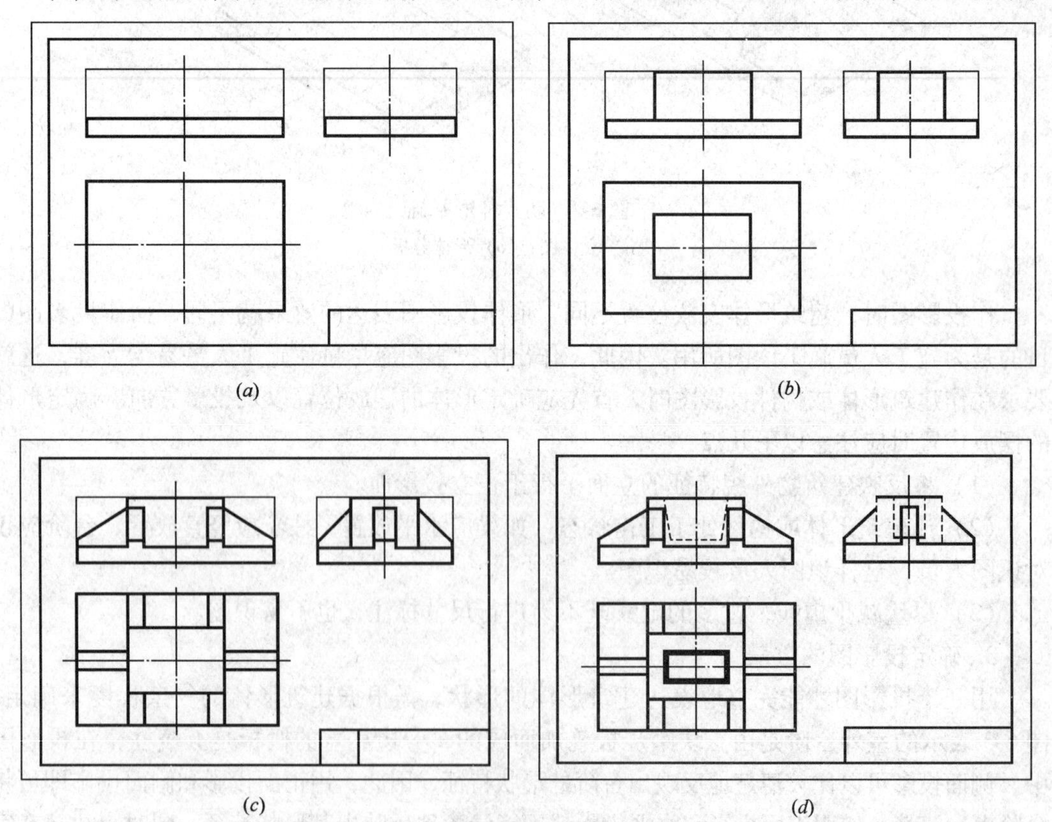


图 6-4　肋式杯形基础作图步骤

(*a*) 布图、画底板；(*b*) 画中间四棱柱；(*c*) 画六块梯形肋板；(*d*) 画楔形杯口，擦去底稿线，完成全图

影图的大小、数量和主次关系，确定各投影图的位置和相互距离。

（2）画投影图底图，如图6-4所示。按形体分析的结果，顺次画出四棱柱底板的三面投影、杯口的三面投影和六个肋块的三面投影，最后切去四棱台形成杯口。

（3）加深图线，经检查无误后，按要求加深图线。

对于不同形成方式的建筑形体，应根据形体形成方式的不同，采用不同的画图方法，如叠加式建筑形体，应从一个方向，一个基本体一个基本体地依次进行，而切割式建筑形体，应先画出切割前形体的投影图，再根据要求去掉切去的部分即可。

## 第二节　建筑形体投影图的尺寸标注

建筑形体的投影图，虽然已经清楚地表达形体的形状和各部分的相互关系，但还必须标注出详细的尺寸，才能明确形体的实际大小和各部分的相对位置。

### 一、基本体的尺寸标注

图6-5是常见的基本体的尺寸标注，在标注平面体时，应标注平面体的长度、宽度和高度，而对于投影图中有等边多边形时，应标注多边形外接圆的直径，不需标注多边形的边长。这样方便施工。在标注曲面体时，应标注曲面体上圆的半径以及曲面体的高度，在标注球体的半径和直径时，应在半径和直径前加注字母“S”，如“S$\phi$”、“S$R$”等。

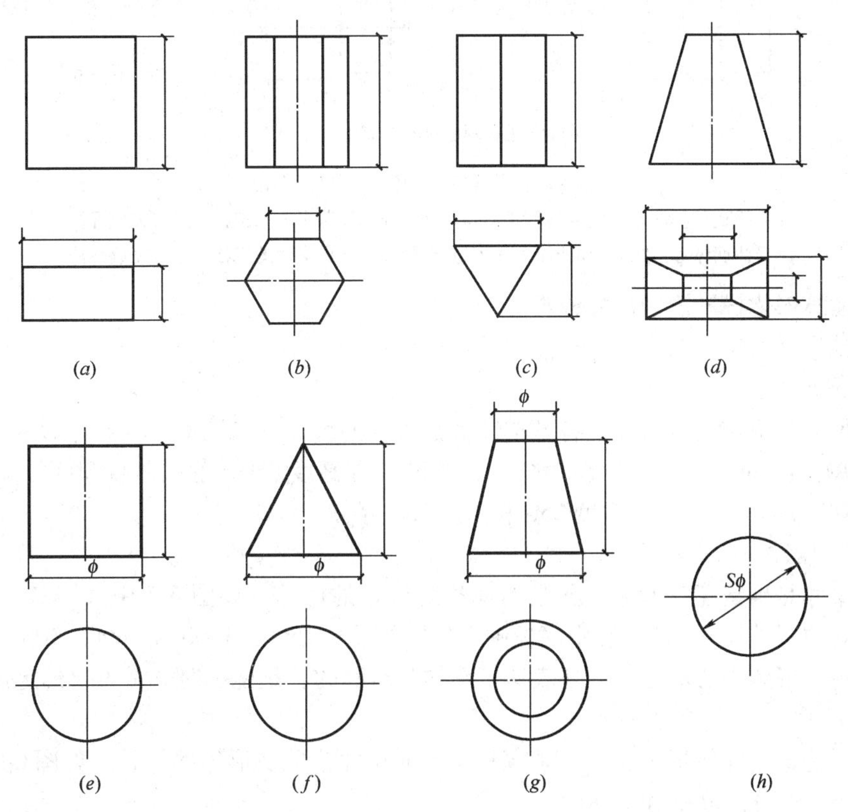


图6-5　基本几何体的尺寸标注

(*a*) 四棱柱；(*b*) 六棱柱；(*c*) 三棱柱；(*d*) 四棱台；(*e*) 圆柱；(*f*) 圆锥；(*g*) 圆台；(*h*) 球

对于切割式的基本体，除了要标注基本体的尺寸外，还应标注被切割去部分的定位尺寸。如图6-6所示。

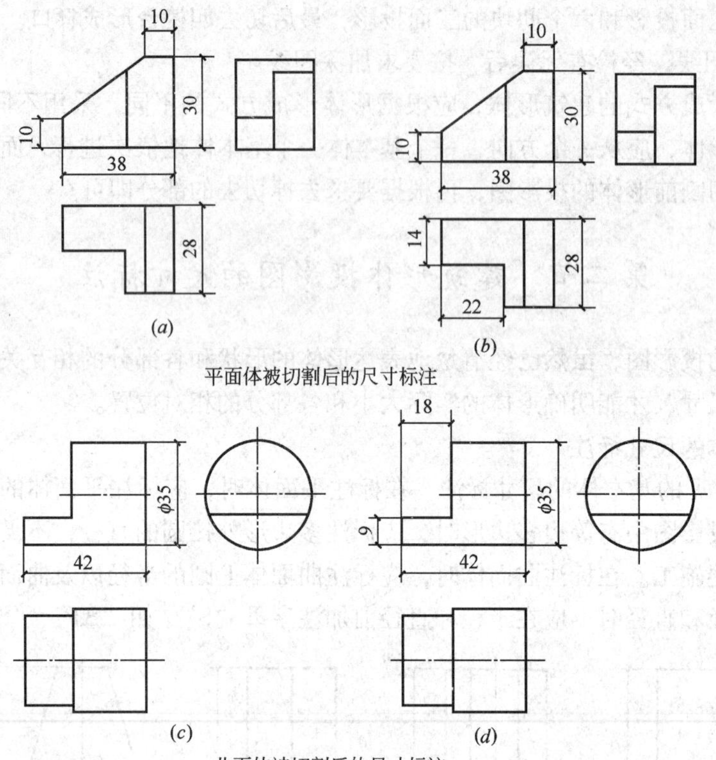


图6-6　基本体被切割后的尺寸标注（单位：mm）

（*a*）平面体标注原体的定形尺寸；（*b*）平面体标注截平面的定位尺寸、完成标注

（*c*）曲面体标注原体的定形尺寸；（*d*）曲面体标注截平面的定位尺寸、完成标注

## 二、建筑形体投影图的尺寸种类

在建筑形体的投影图中，应标注如下三种尺寸：

1. 定形尺寸

定形尺寸是确定建筑形体上各基本体形状大小的尺寸。如图6-7肋式杯形基础的尺寸标注中（单位：mm），杯身长度1500、宽度1000和高度750，底板长度3000、宽度2000和高度250，肋块长度750、宽度250和高度750等。

2. 定位尺寸

定位尺寸是确定建筑形体上各基本体相对位置的尺寸。如图6-7中（单位：mm）确定左右肋块位置的尺寸875，确定底板中心位置的尺寸1500、1500和1000、1000，这一组尺寸既表达了形体中心的位置，还表达了形体是对称的，是施工时非常重要的定位尺寸。

3. 总尺寸

总尺寸是确定建筑形体总长、总宽和总高的尺寸，反映形体的体量。如图6-7中（单位：mm）的3000、2000和1000。

## 三、标注尺寸的步骤

1. 标注定形尺寸

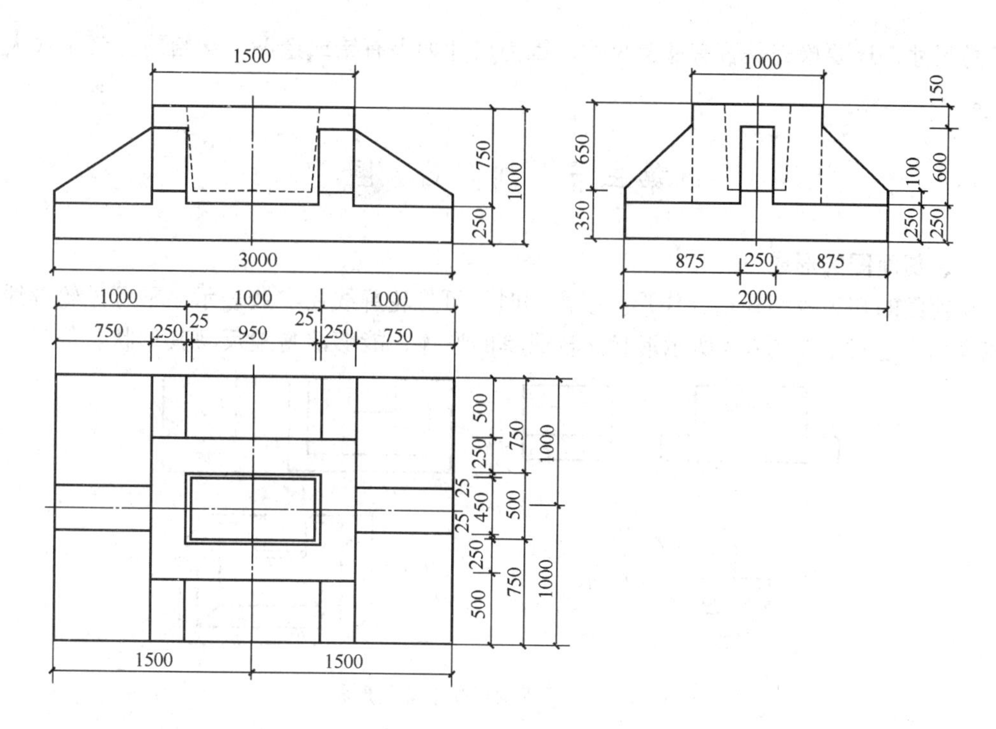


图 6-7　肋式杯形基础的尺寸标注（单位：mm）

仍以图 6-7 所示的肋式基础为例，标注定形尺寸的顺序是：底板四棱柱的长度、宽度和高度；中间四棱柱的长度、宽度和高度；前后肋块的长度、宽度和高度；左右肋块的长度、宽度和高度；最后标注切去四棱台的上下底的尺寸和高度尺寸。

2. 标注定位尺寸

标注定位尺寸时，先要选择一个或几个标注尺寸的起点。长度方向一般应选择左侧或右侧，宽度方向可选择前侧面或后侧面为起点，高度方向一般以下底面为起点。若物体是对称的，还可以以对称线为起点标注，这个尺寸起点也叫做尺寸基准。

3. 标注总尺寸

基础的总长为 3000mm，总宽为 2000mm，总高为 1000mm。

**四、投影图中尺寸的配置**

建筑形体本身比较复杂，尺寸标注也比较多，因此标注尺寸时，不仅要标注齐全，还应考虑整齐、清晰、便于阅读。这就要注意尺寸的配置。标注尺寸时还应注意以下几点：

（1）尺寸标注要齐全，不得遗漏，不要到施工时还要计算和度量。

（2）一般应把尺寸布置在图形轮廓线之外，但又要靠近被标注的投影图，对于某些细部尺寸，允许注在图形内。

（3）同一基本体的定形、定位尺寸，应尽量注在反映该形体特征的投影图中，并把长、宽、高三个方向的定形、定位尺寸组合起来，排成几行。尽量把长度尺寸和宽度尺寸标注在平面图上，高度尺寸标注在正面投影图的右面，兼顾侧面投影。标注定位尺寸时，通常对圆形要确定圆心的位置，多边形要确定各边的位置。

尺寸标注完后一定要认真检查，尺寸数字必须正确无误，每一方向细部尺寸的总和应等于总尺寸，还要检查是否有遗漏尺寸。因为尺寸如果有错或遗漏，会给施工带来很大的损失。

## 第三节 剖 面 图

### 一、剖面图的形成

从前面的知识我们知道，作形体投影图时，可见轮廓线用实线表示，不可见轮廓线用虚线表示，这对于如图 6-8 所示形状比较简单的形体，能够清楚地反映其形状。但是，对

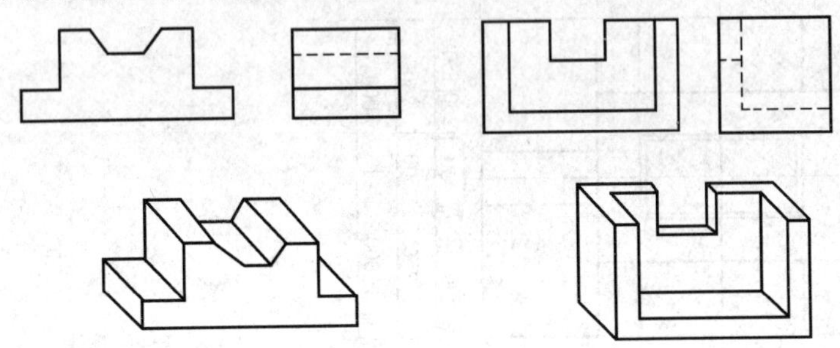

图 6-8 正投影图反映形体的形状

于较复杂的形体，如一幢建筑，作其水平投影，除了屋顶是可见轮廓，其余的如建筑内部的房间、门窗、楼梯、梁、柱等都是不可见的部分，都应该用虚线表示。这样在该建筑的平面图中，必然形成虚线与虚线、虚线与实线交错，混淆不清的现象，既不利于标注尺寸，也不容易读图。为了解决这个问题，可以假想用一个平面将形体切开，让其内部构造暴露出来，使形体中不可见的部分变成可见部分，从而使虚线变成实线，这样既有利于尺寸标注，又方便识图，如图 6-9 所示。

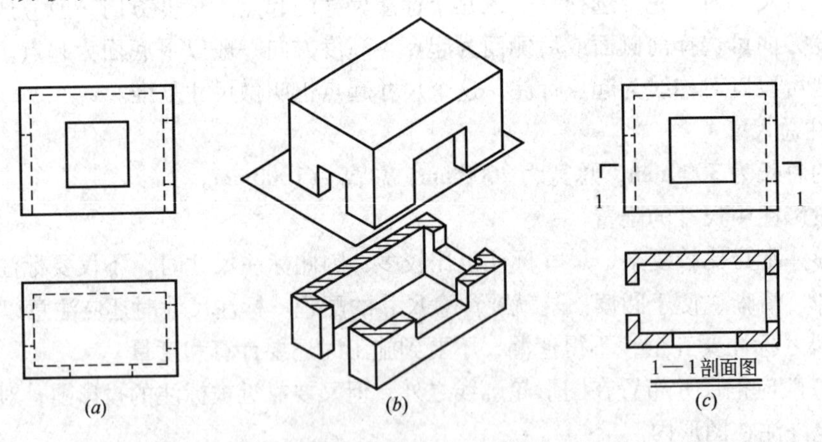


图 6-9 建筑形体正投影图和剖面图的比较

(a) 正投影图；(b) 直观图；(c) 剖面图

如图 6-10 所示，双杯基础的三面投影图，其正面投影和侧面投影都出现了虚线，如果用两个平面 $P$ 和 $Q$ 将基础剖开，如图 6-11 和图 6-12 所示，然后，将 $P$、$Q$ 和 $P$、$Q$ 前面的部分移走，作留下部分的正面投影和侧面投影，则投影图全部是实线。用一个假想的剖切平面将

形体剖切开，移去位于观察者和剖切平面之间的部分，作出剩余部分的正投影图叫做剖面图。

**二、剖面图的画图步骤**

1. 确定剖切平面的位置和数量

作形体剖面图时，首先应确定剖切平面的位置，剖切平面应选择适当的位置，使剖切后画出的图形能确切、全面地反映所要表达部分的真实形状。因此，选择剖切平面应注意这样两个问题：

（1）剖切平面应平行于投影面，使断面在投影图中反映真实形状。

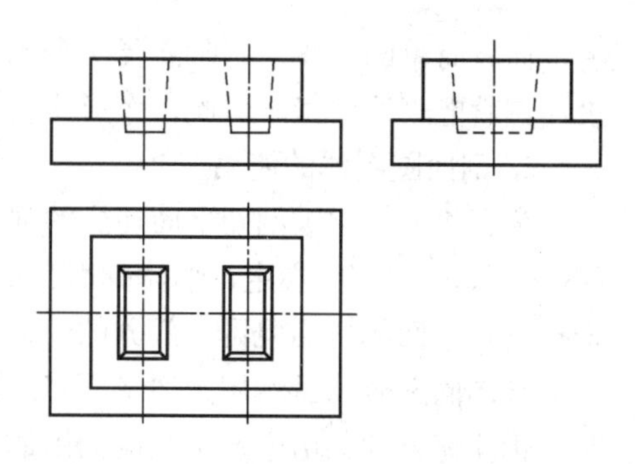

图 6-10 双杯基础

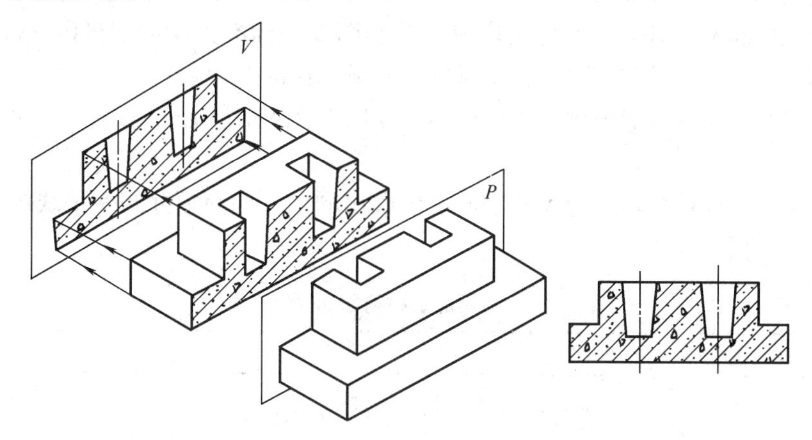


图 6-11 假想用剖切平面 *P* 将形体剖切开

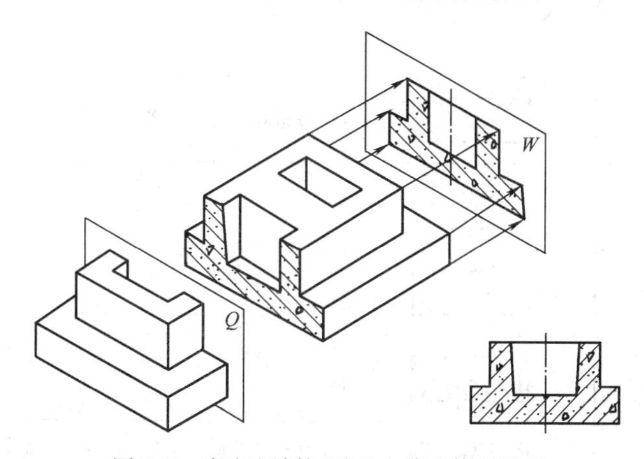


图 6-12 假想用剖切平面 *Q* 将形体剖切开

（2）剖切平面应通过形体要了解部分的孔洞，使剖面图表达的内容越多越好。如图 6-9 中剖切平面如果在窗洞下方，剖面图只能反映门洞的位置和大小，而剖切平面从窗洞口剖切，剖面图不仅反映门洞，而且反映窗洞。如孔洞对称，则应通过对称线或中心线，或有代表性的位置。

其次，确定剖切平面的数量，即要表达清楚一个形体，需要画几个剖面图的问题。剖面图的数量与形体自身的复杂程度有关，一般较复杂的形体，相应需要剖面图的数量也较多，而较简单的形体，有时需要一个或两个剖面图，有些形体甚至不需要画剖面图，只用投影图就能表达清楚。因此，作形体投影图时，应具体问题具体对待。

2. 剖面图图线的使用

为了将形体中被剖切平面切到的部分和未切到部分区分开，《房屋建筑制图统一标准》GB/T 50001—2001 规定，形体剖面图中，被剖切平面剖切到的部分轮廓线用粗实线绘制，未被剖切平面剖切到但可见部分的轮廓线用中粗实线绘制，不可见的部分可以不画。

画剖面图时，虽然用剖切平面将形体剖切开，但剖切是假想的，因此，画其他投影图时，仍应完整地画出来，不受剖面图的影响。

3. 画材料图例

形体被剖切后，断面反映出构件所采用的材料，因此，在剖面图中，相应的断面上应画出相应的材料符号。表 6-1 中是《房屋建筑制图统一标准》GB/T 50001—2001 中规定的部分常用建筑材料的图例符号，画图时应按照规定执行。

在钢筋混凝土构件投影图中，当剖面图主要用于表达钢筋的布置时，可不画混凝土的材料图例。

在作业中如未注明材料，应在相应的位置画出同向、同间距并与水平线成 45°角的细实线，称作剖面线。

**常用建筑材料图例** **表 6-1**

| 序号 | 名称 | 图例 | 备注 |
|---|---|---|---|
| 1 | 自然土壤 | | 包括各种自然土壤 |
| 2 | 夯实土壤 | | |
| 3 | 砂、灰土 | | 靠近轮廓线绘较密的点 |
| 4 | 砂砾石、碎砖三合土 | | |
| 5 | 石材 | | |
| 6 | 毛石 | | |
| 7 | 普通砖 | | 包括实心砖、多孔砖、砌块等砌体。断面较窄不易绘出图例线时，可涂红 |
| 8 | 耐火砖 | | 包括耐酸砖等砌体 |
| 9 | 空心砖 | | 指非承重砖砌体 |
| 10 | 饰面砖 | | 包括铺地砖、马赛克、陶瓷锦砖、人造大理石等 |

续表

| 序 号 | 名 称 | 图 例 | 备 注 |
|---|---|---|---|
| 11 | 焦渣、矿渣 | 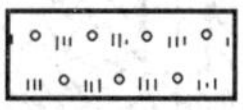 | 包括与水泥、石灰等混合而成的材料 |
| 12 | 混 凝 土 | 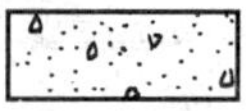 | 1. 本图例指能承重的混凝土及钢筋混凝土<br>2. 包括各种强度等级、骨料、添加剂的混凝土<br>3. 在剖面图上画出钢筋时，不画图例线<br>4. 断面图形小，不易画出图例线时，可涂黑 |
| 13 | 钢筋混凝土 |  | |
| 14 | 多孔材料 |  | 包括水泥珍珠岩、沥青珍珠岩、泡沫混凝土、非承重加气混凝土、软木、蛭石制品等 |
| 15 | 纤维材料 | 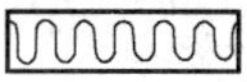 | 包括矿棉、岩棉、玻璃棉、麻丝、木丝板、纤维板等 |
| 16 | 泡沫塑料材料 | 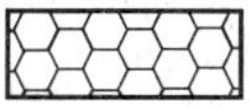 | 包括聚苯乙烯、聚乙烯、聚氨酯等多孔聚合物类材料 |
| 17 | 木 材 | 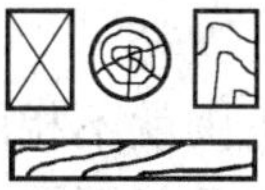 | 1. 上图为横断面，上左图为垫木、木砖或木龙骨<br>2. 下图为纵断面 |
| 18 | 胶 合 板 |  | 应注明为×层胶合板 |
| 19 | 石 膏 板 | 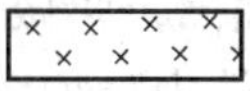 | 包括圆孔、方孔石膏板、防水石膏板等 |
| 20 | 金 属 |  | 1. 包括各种金属<br>2. 图形小时，可涂黑 |
| 21 | 网状材料 |  | 1. 包括金属、塑料网状材料<br>2. 应注明具体材料名称 |
| 22 | 液 体 | 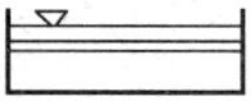 | 应注明具体液体名称 |
| 23 | 玻 璃 |  | 包括平板玻璃、磨砂玻璃、夹丝玻璃、钢化玻璃、中空玻璃、加层玻璃、镀膜玻璃等 |
| 24 | 橡 胶 |  | |
| 25 | 塑 料 |  | 包括各种软、硬塑料及有机玻璃等 |
| 26 | 防水材料 |  | 构造层次多或比例大时，采用上面图例 |
| 27 | 粉 刷 | 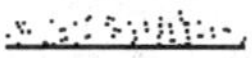 | 本图例采用较稀的点 |

注：序号1、2、5、7、8、13、14、16、17、18、22、23图例中的斜线、短斜线、交叉斜线等一律为45°。

4. 画剖切符号

由于剖面图本身不能反映清楚剖切平面的位置，而剖切平面的位置不同，剖面图的形状就不同，因此，必须在其他投影图上标出剖切平面的位置及剖切形式。《房屋建筑制图统一标准》GB/T 50001—2001中规定剖切符号由剖切位置线和剖视方向线组成，剖切位置线是长度为6～10mm的粗实线，剖视方向线是4～6mm的粗实线，剖切位置线与剖视方向线垂直相交，为了区别剖面图，在剖视方向线旁边加注编号。如图6-13所示，在剖面图的下方应写上带有编号的图名，如“*X*—*X*剖面图”。

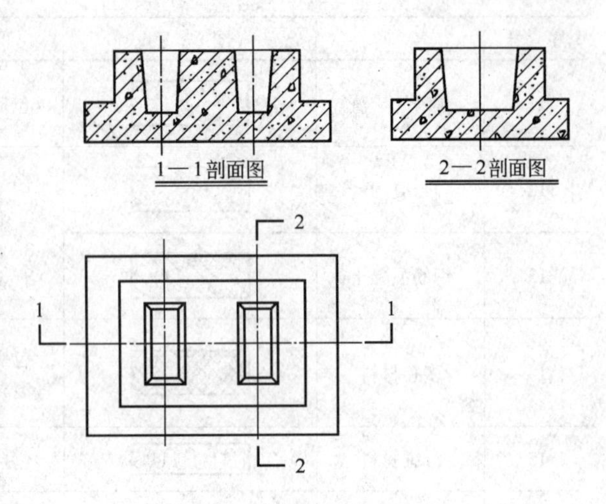

图6-13 剖切符号的画法

**三、剖面图的种类和应用**

由于建筑物的形状变化多样，作其剖面图时确定剖切平面的位置、剖视方向和剖切的范围就不相同，在建筑工程图中，常用的剖面图有：全剖面图、半剖面图、阶梯剖面图、展开剖面图和局部剖面图等。

1. 全剖面图

用一个剖切平面将形体完整地剖切开得到的剖面图，叫做全剖面图。全剖面图一般应用于不对称的建筑形体，或对称但较简单的建筑构件中。如图6-14所示，该形体虽然对称，但比较简单，分别用正平面、侧平面和水平剖切，得到1—1剖面图、2—2剖面图和3—3剖面图。

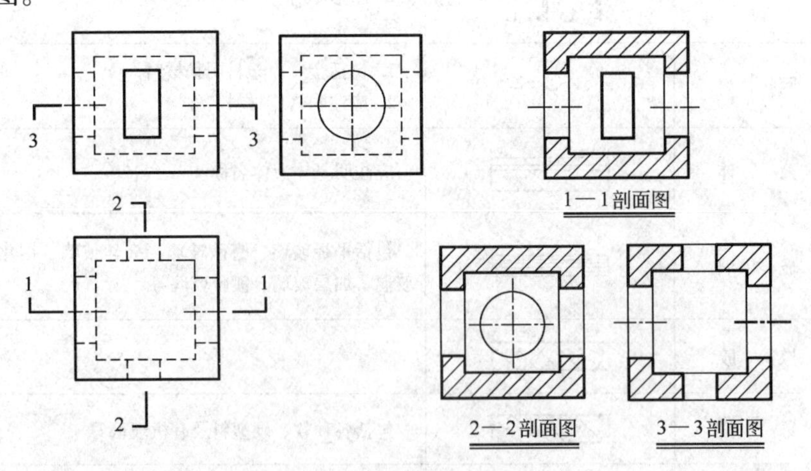

图6-14 形体的全剖面图

**【例6-1】** 如图6-15（*a*）所示，作该构件的1—1、2—2剖面图。

分析：该形体是四棱柱切割形成的，左上部切去一个四棱柱，右上方也切去一个四棱柱，并在该四棱柱下方去掉一个圆柱。因形体前后对称，1—1剖切符号通过对称中心线。

1—1 剖切平面是正平面，剖切形体后的形状如直观图 6-15（$c$）的上图，剖面图如图 6-15（$b$）中的 1—1 剖面图；2—2 剖切平面是侧平面，剖切位置通过圆柱的中心线，剖切后的直观图如图 6-15（$c$）的下图，剖面图如图 6-15（$b$）的 2—2 剖面图。

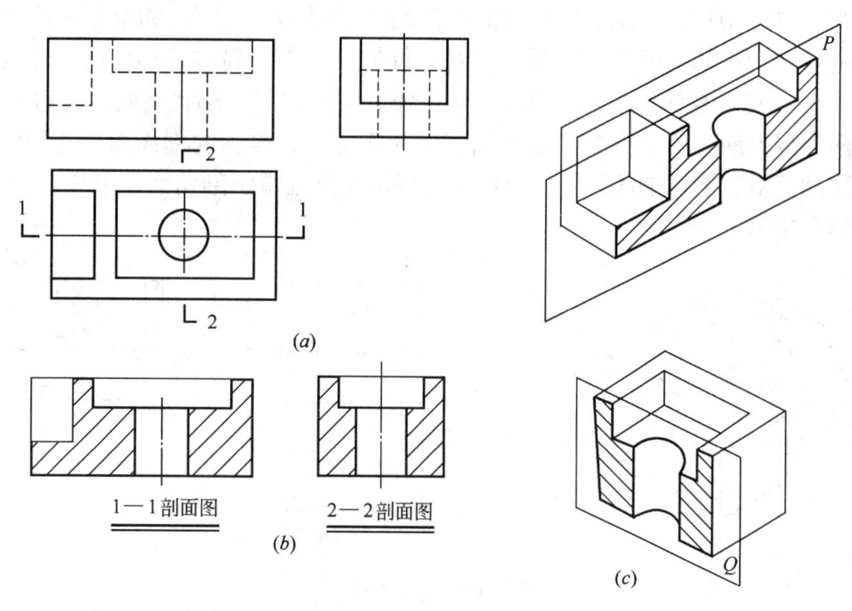


图 6-15　作构件的全剖面图

（$a$）正投影图；（$b$）剖面图；（$c$）直观图

2. 半剖面图

如果形体对称，画图时常把投影图一半画成剖面图，另一半画成外观图。这样组合而成的投影图叫做半剖面图。这种作图方法可以节省投影图的数量，而且从一个投影图可以同时了解到形体的外形和内部构造。

如图 6-16 所示为一个杯形基础的半剖面图，在正面投影和侧面投影中，都采用了半剖面图的画法，以表示基础的外部形状和内部构造。

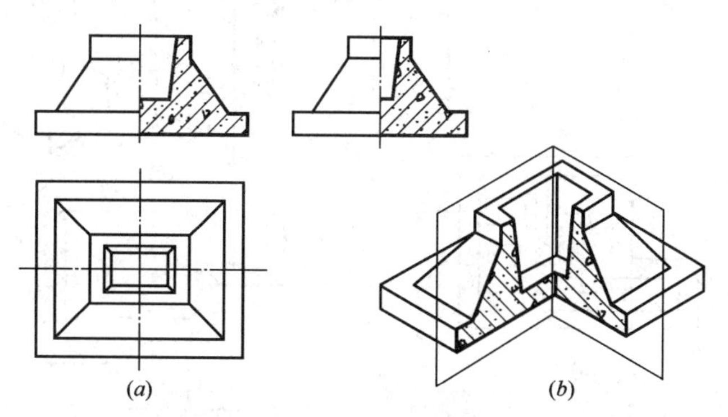


图 6-16　杯形基础的半剖面图

（$a$）正投影图；（$b$）直观图

画半剖面图时，应注意：

（1）半剖面图和半外形图应以对称面或对称线为界，对称面或对称线用细单点长画线表示。

（2）半剖面图一般应画在水平对称轴线的下侧或竖直对称轴线的右侧。

（3）半剖面图可以不画剖切符号。

3. 阶梯剖面图

如图6-17（$a$）所示，形体上有两个不在同一轴线上的孔洞，如果作一个全剖面图，不能同时剖切两个孔洞。因此，用两个相互平行的剖切平面通过该形体的两个孔洞剖切，如图6-17（$a$），这样在同一个剖面图上将两个不在同一轴线上的孔洞同时表达出来。这种用两个或两个以上的互相平行的剖切平面将形体剖切开，得到的剖面图称为阶梯剖面图。在这里要注意，由于剖切是假想的，所以剖切平面转折处由于剖切而使形体产生的轮廓线不应在剖面图中画出。

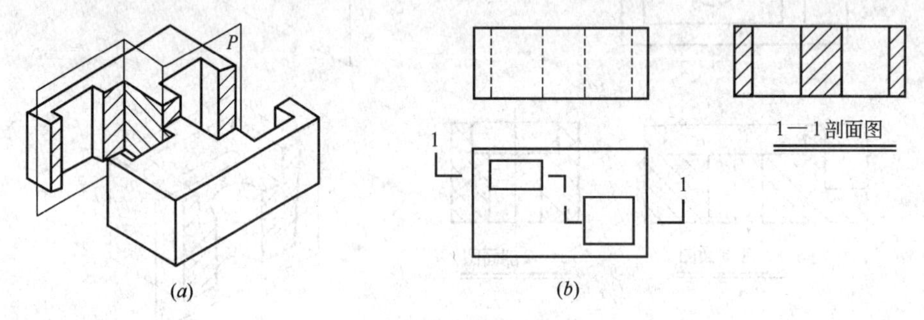


图6-17　阶梯剖面图

（$a$）直观图；（$b$）剖面图

【例6-2】　如图6-18，已知构件的两个投影图，作该构件的1—1剖面图。

分析：该形体是由三部分组成，左面和右面都是四棱柱体水池，右面水池的下方相连一个四棱柱，1—1剖切平面是两个互相平行的正平面，将形体的三部分全部剖切，如图中（$b$）所示，得到的1—1剖面图如图（$c$）所示。

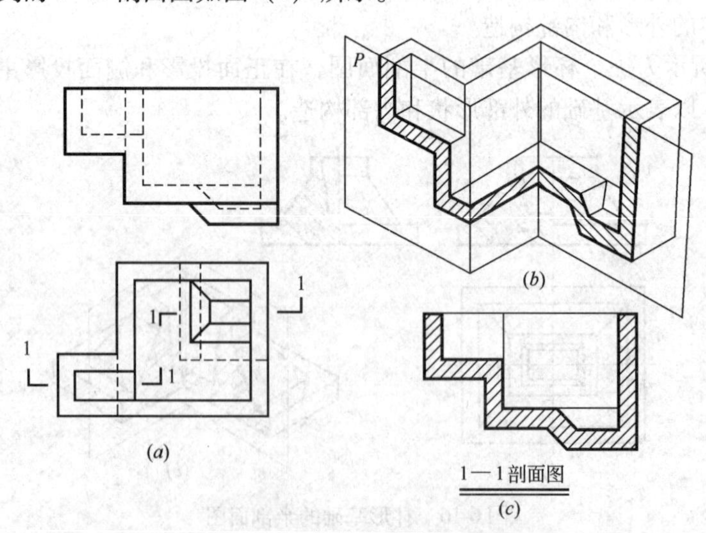


图6-18　构件的阶梯剖面图

（$a$）投影图；（$b$）直观图；（$c$）剖面图

4. 展开剖面图

用两个或两个以上相交剖切平面剖切形体，所得到的剖面图称作展开剖面图。

如图 6-19 所示的楼梯，由于楼梯的两个梯段在水平投影图上成一定夹角，用一个或两个互相平行的剖切平面都无法将楼梯清楚地反映出来。因此，用两个相交的剖切平面进行剖切，移去剖切平面前面的部分，将剩余楼梯的右面旋转至与正立投影面平行后，便可得到展开剖面图。展开剖面图的图名后应加注“展开”字样，剖切符号的画法如图 6-19 所示。

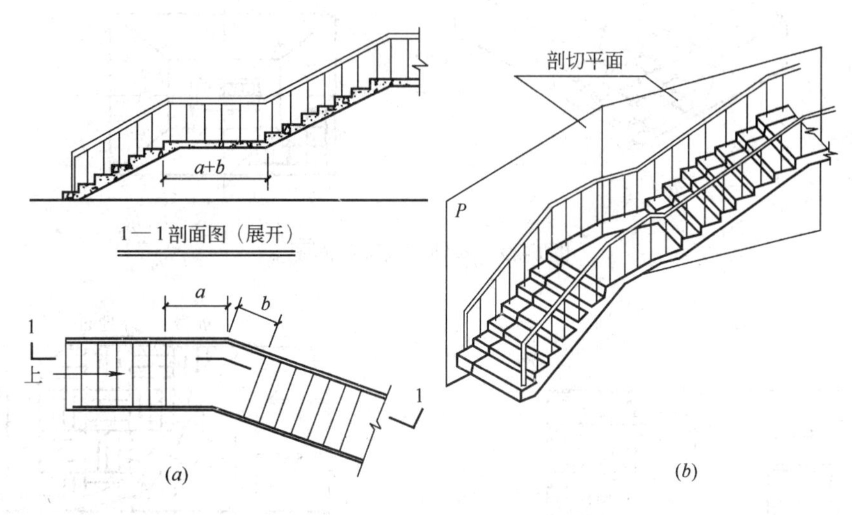


图 6-19　楼梯的展开剖面图

（*a*）水平投影图；（*b*）直观图

因展开剖面图将形体剖切开后，需要将形体进行旋转，因此有时也称为旋转剖面图。如上图，楼梯被剖切平面剖切后，为了使楼梯右半部分在剖面图中也能反映实形，将楼梯的右半部分向后转动（即两剖切平面的夹角），使右半部分楼梯也平行于正立投影面，这样，整部楼梯的投影图反映实形。

5. 局部剖面图与分层剖面图

当仅仅需要表达形体的某局部内部构造时，可以只将该局部剖切开，只作该部分的剖面图，称为局部剖面图。

如图 6-20 所示的基础局部剖面图，从图（*b*）中不仅可以了解到该基础的形状、大小，而且从水平投影图上的局部剖面图，可以了解到该基础的配筋情况。局部剖面图在投影图上用波浪线作为剖切部分与未剖切部分的分界线，分界线相当于断裂面的投影，因此，波浪线不得超过图形轮廓线，也不能画成图形的延长线。

注意在图 6-20 中，正面投影图是一个全剖面图，在这个投影图中主要是表达钢筋的配置情况，所以图中未画混凝土的图例。

对一些具有不同层次构造的建筑构件，可按实际需要，采用分层剖切的方法，获得的剖面图称为分层剖面图。

如图 6-21 所示用分层剖面图表示了一面墙的构造，以两条波浪线为界，分别把墙体三层构造表达清楚，内层为砖墙，中层为砂浆找平层，面层为罩灰面。在画分层剖面图时，应按层次以波浪线将各层分开，波浪线不应与任何图线重合。

图 6-22 是用分层剖面图表达地面的构造图。

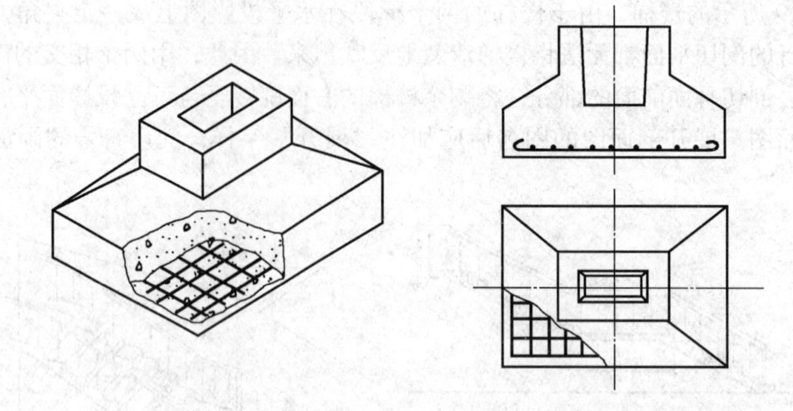

图6-20　基础的局部剖面图

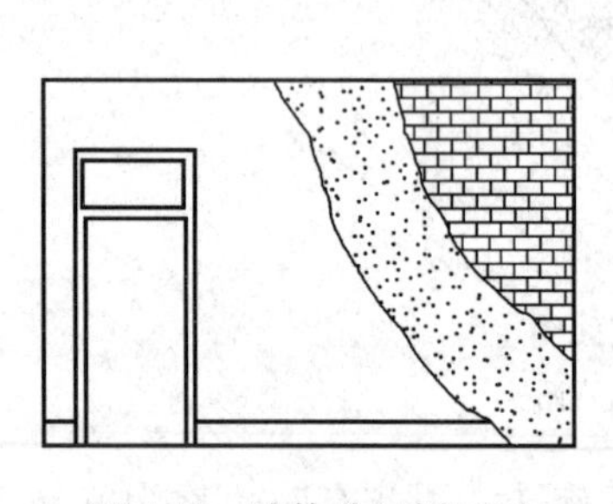

图6-21　墙体分层剖面图

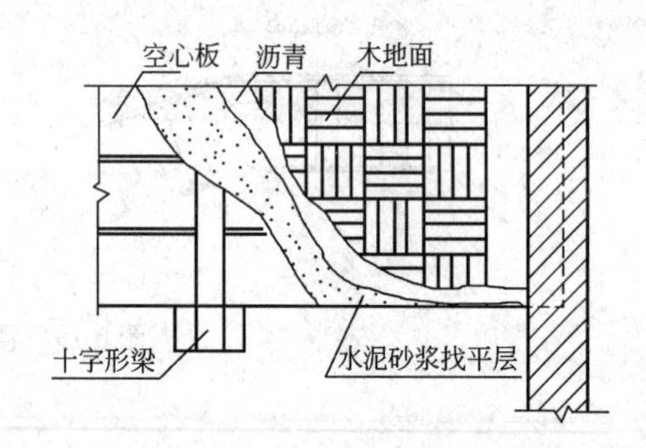


图6-22　木地面构造图

## 第四节　断　面　图

### 一、断面图的形成

建筑构件有时需要表达构件某部位的形状时，可以只画出形体与剖切平面相交部分的图形，即用假想剖切平面将形体剖切后，仅画剖切平面与形体接触部分的正投影，称为断面图。简称断面或截面。如图6-23所示，带牛腿的工字形柱子的1—1、2—2断面图，从断面图中可知，该柱子上柱与下柱不同。

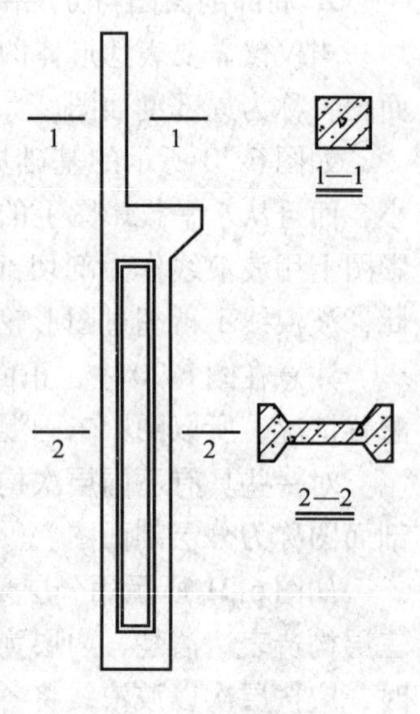


图6-23　断面图

### 二、断面图与剖面图的区别

断面图与剖面图的区别有三点：

（1）概念不同　断面图只画形体与剖切平面接触的部分，而剖面图画形体被剖切后剩余部分的全部投影，即剖面图不仅画剖切平面与形体接触的部分，而且还要画出剖切平面后没有被剖切平面切到的可见部分，如图6-24中台阶的剖面图与断面图。

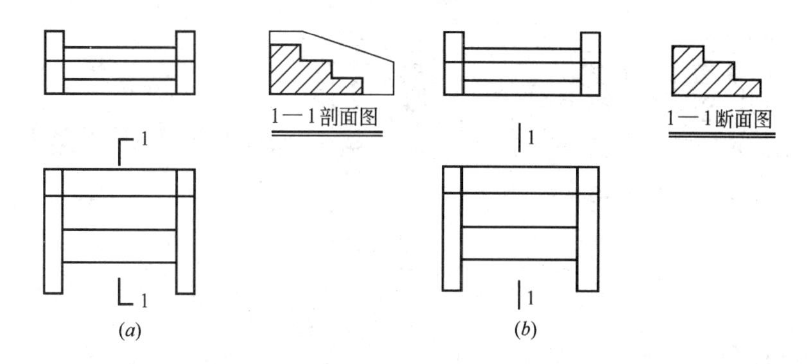


图 6-24　剖面图与断面图的区别

（a）剖面图的画法；（b）断面图的画法

（2）剖切符号不同　断面图的剖切符号是一条长度为 6 ~ 10mm 的粗实线，没有剖视方向线，剖切符号旁编号所在的一侧是剖视方向。

（3）剖面图中包含断面图。

**三、断面图的种类**

由于构件的形状不同，采用的断面图的剖切位置和范围也不同，通常断面图有三种形式。

1. 移出断面

将形体某一部分剖切后所形成的断面移画于原投影图旁边的断面图称为移出断面，如图 6-25 所示。断面图的轮廓线应用粗实线，轮廓线内也画相应的图例符号。断面图应尽可能地放在投影图的附近，以便识图。断面图也可以适当地放大比例，以利于标注尺寸和清晰地反映内部构造。在实际施工图中，很多构件都是用移出断面图表达其形状和内部构造的。

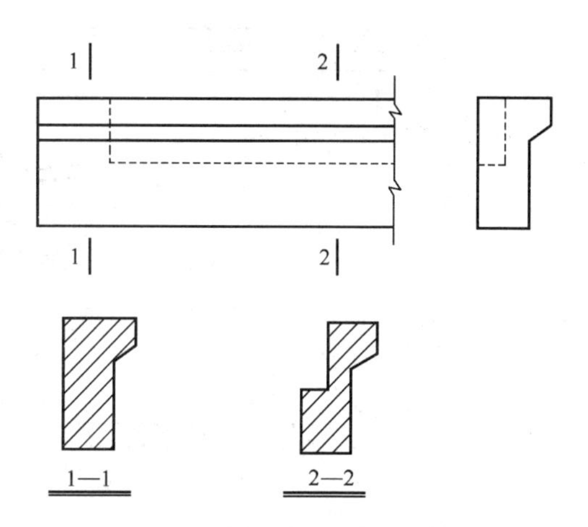


图 6-25　梁移出断面图的画法

**【例 6-3】**　图 6-26 是钢筋混凝土空腹鱼腹式吊车梁的投影图和六个断面图，试阅读该梁。

从图 6-26 中可知，该梁为变截面梁，端部高由 1—1 断面和 2—2 断面知道为 500mm，由 3—3、4—4 断面和正面投影可知梁中部高度为 800mm，但实有断面为 300mm（3—3 断面表示）和 160mm（4—4 断面表示）。3—3 断面和 4—4 断面之间有 340mm 为空腔，因此，该梁为空腹梁。由 1—1 断面、2—2 断面与 6—6 断面可知，梁端部宽有 200mm 到梁中部 150mm 的变化情况。总之，6 个断面图将梁的形状、大小和材料全部反映出来。

2. 重合断面图

将断面图直接画于投影图中，使断面图与投影图重合在一起称为重合断面图。如图 6-27所示的角钢和倒⊥形钢的重合断面图。

重合断面图通常在整个构件的形状基本相同时采用，断面图的比例必须和原投影图的

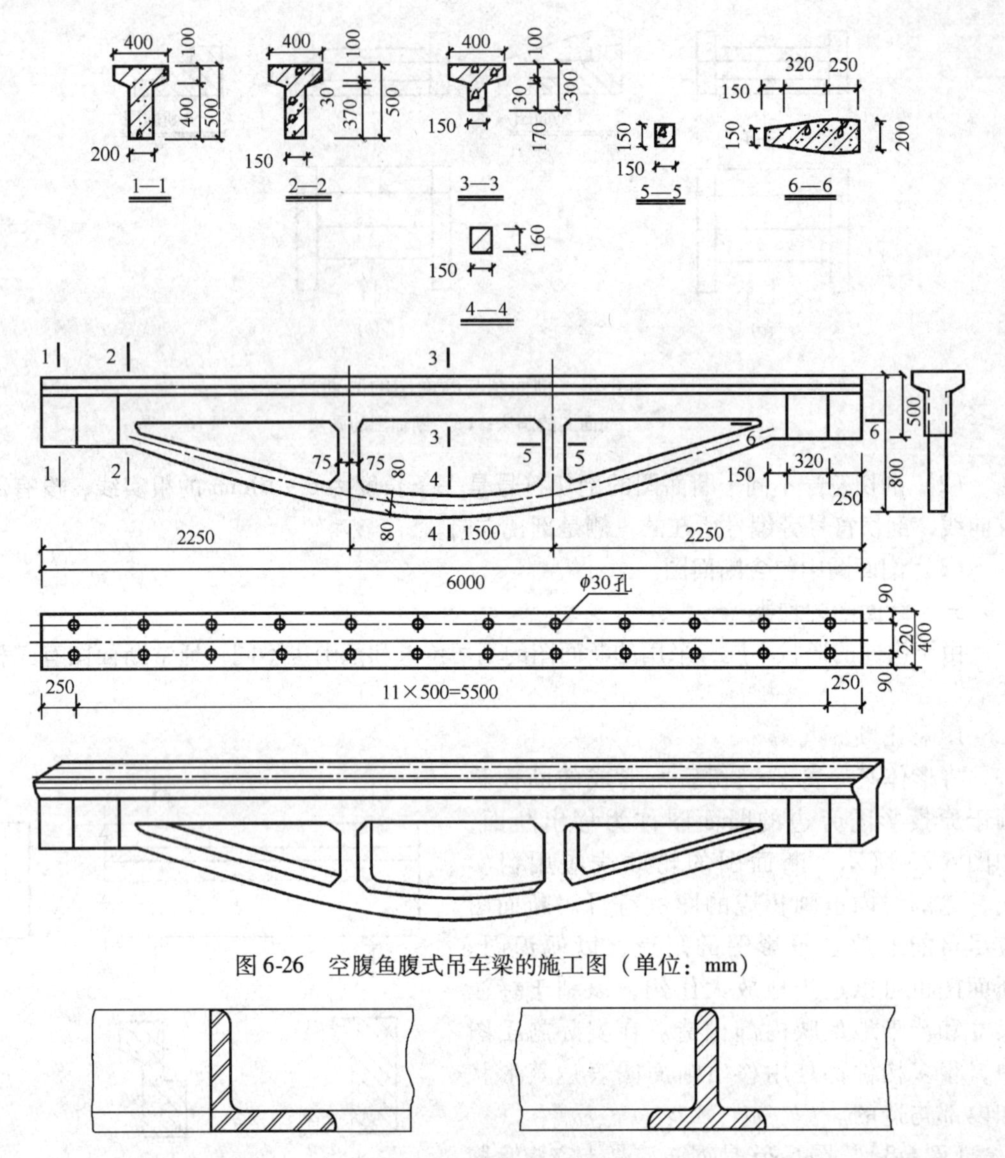


图 6-26　空腹鱼腹式吊车梁的施工图（单位：mm）

图 6-27　重合断面图的画法

比例一致。其轮廓线可能闭合，也可能部分闭合，如图 6-27 和图 6-28 所示，当断面图不闭合时，应于断面图轮廓线的内侧加画图例，图名沿用原图名。

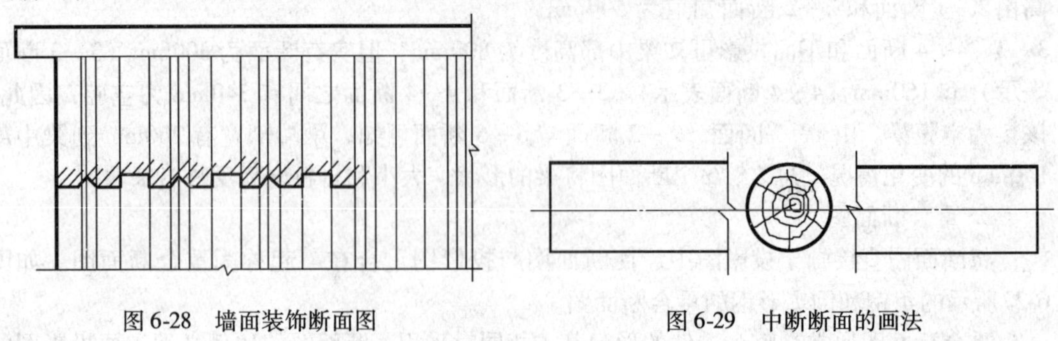

图 6-28　墙面装饰断面图

图 6-29　中断断面的画法

在施工图中的重合断面图，通常把原投影的轮廓线画成中粗实线或细实线，而断面图画成粗实线。

3. 中断断面

对于单一的长杆件，也可以在杆件投影图的某一处用折断线断开，然后将断面图画于其中，不画剖切符号，如图6-29的木材断面图。图6-30是钢屋架大样图，该图通常采用中断断面图的形式表达各弦杆的形状和规格。中断断面图的轮廓线也为粗实线，图名沿用原图名。

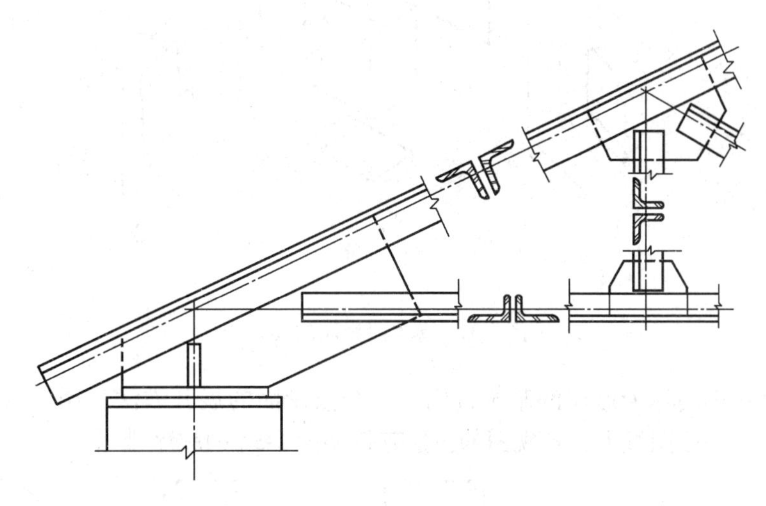

图6-30　中断断面图在钢屋架施工图中的应用

## 第五节　基本视图与辅助视图

在前面，我们用三面正投影图表达形体的形状，当形体内部复杂时，用剖面图或断面图表达其内部构造。在工程实际中，有些形体或构件很复杂，只用三面投影图或剖面图、断面图还无法将形体的形状完整、准确地表达出来，为此，在制图标准中规定了多种表达方法，画图时可根据具体情况适当选择。工程上把表达形体形状的投影图称为视图，通常我们把视图分为基本视图和辅助视图。

### 一、基本视图

从前面的知识我们知道，三面投影体系是由水平投影面、正立投影面和侧立投影面组成，所作形体的投影图分别是水平投影图、正立投影图和侧立投影图，在工程图中分别叫做平面图、正立面图和侧面图。

而对于有些形体，如一幢建筑，由于其正面和背面不同，左侧面和右侧面也不相同，如还用三视图表示，很显然表达不清。因此，在原有三投影面（H、V、W）的正对面又增加了三个投影面：在水平投影面对面的投影面用 $H_1$ 表示，其上投影图为底面图；在正立投影面对面的投影面用 $V_1$ 表示，其上投影图为背立面图；在左侧立面对面的投影面用 $W_1$ 表示，其上投影图称为右立面图。如图6-31所示。

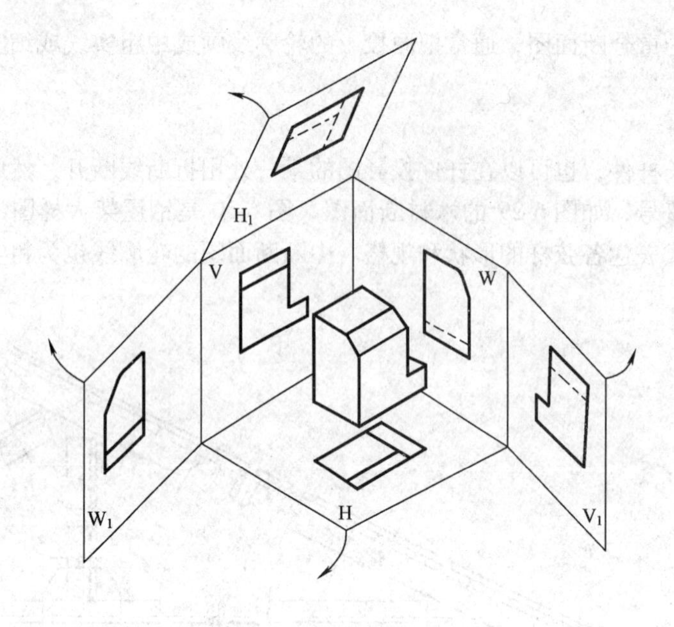


图 6-31　基本投影图的展开

以上六个投影图称为形体的基本视图，六个投影面的展开方法如图 6-31 所示。如将这六个视图放在一张图纸上，各视图的位置宜按如图 6-32 的顺序排列。

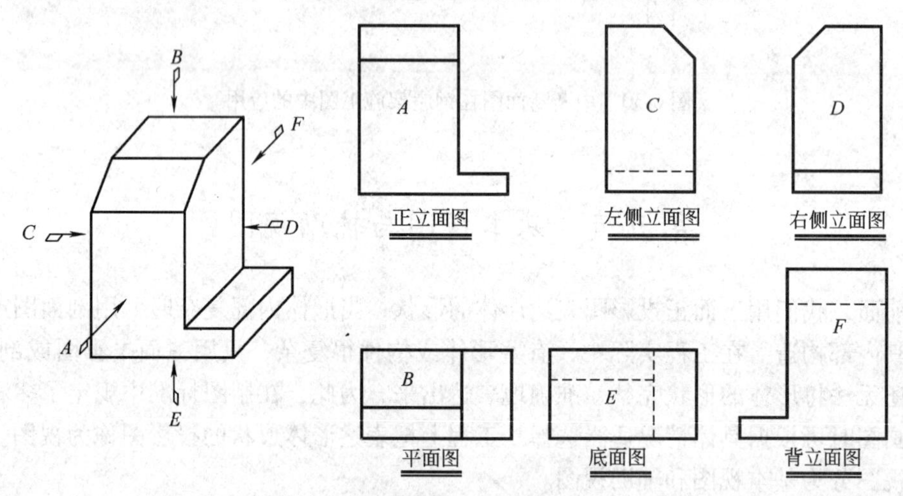


图 6-32　基本投影图的配置

在工程中有时称以上六个视图为正视图、俯视图、左视图、右视图、仰视图和背视图。在绘制施工图时，应根据构件的具体情况选择必要的视图，不需要全部画出，并在每个视图下方写上图名。

**二、辅助视图**

1. 局部视图

如图 6-33 所示，形体的水平投影和正面投影已经将形体的基本形状反映出来，只有一些局部不清楚，如为了反映这些局部形状，再作形体的左、右立面图，工作量将很大，而且也没有必要。因此，可以只画出没有表示清楚的那部分。这种只将形体的一部分向基本投影面投影得到的视图称为局部视图。

画图时，局部视图的图名用大写字母表示，注在视图的下方，在相应视图附近用箭头指明投影部位和投影方向，并标注相同的大写字母。局部视图一般按投影方向配置，如图6-33中 *A* 向视图。必要时，也可配置在其他适当位置，如图中 *B* 向视图。

局部视图的范围应以视图轮廓线和波浪线的组合表示，如图6-33中的 *A* 向视图。当所表示的局部结构形状完整，且轮廓线成封闭时，波浪线可省略，如图6-33中 *B* 向视图。

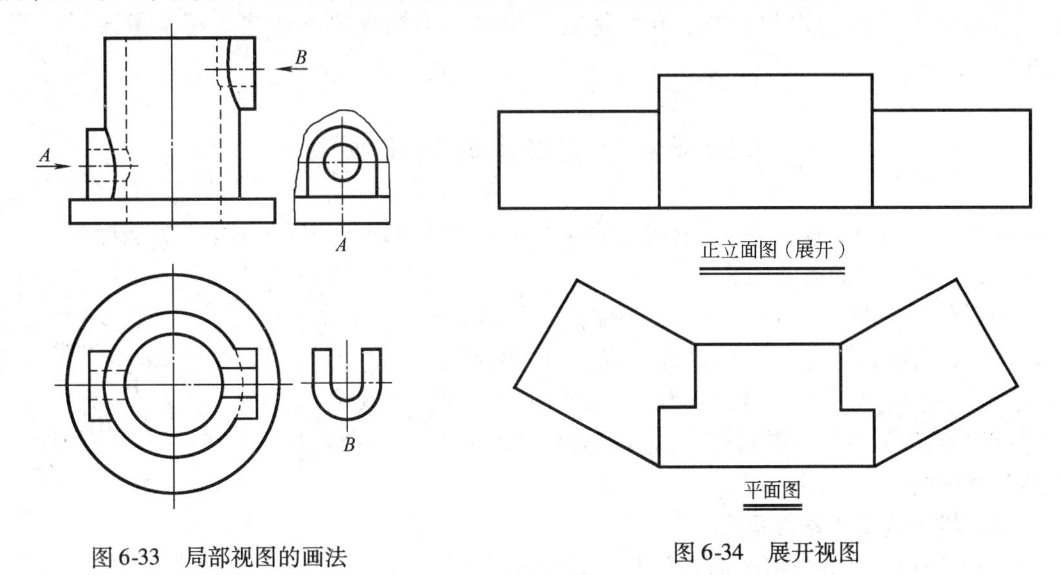


图6-33　局部视图的画法

图6-34　展开视图

2. 展开视图

有些形体由互相不垂直的两部分组成，作投影图时，可以将平行于其中一部分的面作为一个投影面，而另一部分必然与这个投影面不平行，在该投影面上的投影将不反映实形，不能具体反映形体的形状和大小。为此，将该部分进行旋转，使其旋转到与基本投影面平行的位置，再作投影图，这种投影图称为展开投影图，如图6-34所示。

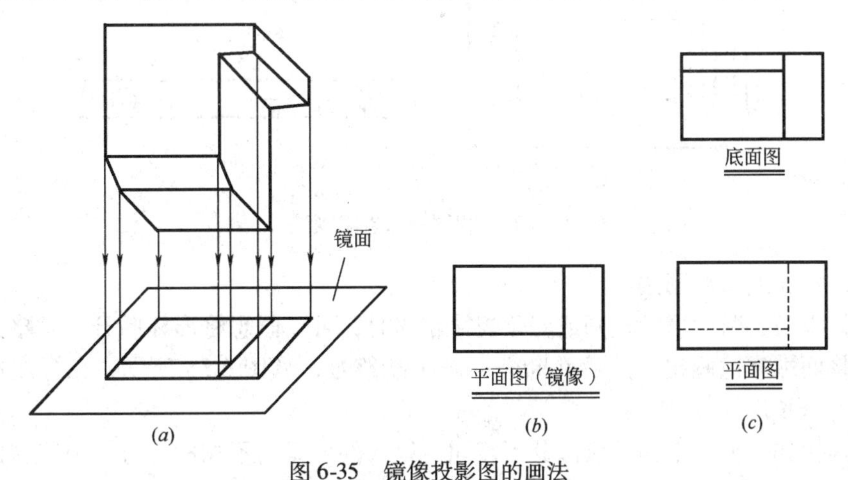


图6-35　镜像投影图的画法

(*a*) 镜像投影图的形成；(*b*) 镜像图；(*c*) 平面图与底面图

展开投影图应在原图名后加注展开二字，并加注括号。

3. 镜像投影

当用从上往下的正投影法所绘图样的虚线过多，无法读图或尺寸标注不清楚时，可以采用镜像投影的方法绘制，如图6-35所示，但应在原有图名后注写“镜像”二字。

绘图时，把镜面放在形体下方，代替水平投影面，形体在镜面中反射得到的图像，称为“平面图（镜像）”。镜像投影图与普通正投影图在方向上正好前后相反，但镜像投影图更符合视觉习惯。在装饰施工图中，顶棚投影图往往是用镜像投影图表示的。

## 第六节　建筑形体的简化画法

在工程图样中，有些特殊形体在制图标准规定中还可以用一些更简单的方法绘制。

### 一、对称形体的省略画法

当形体对称时，可以只画该视图的一半，如图6-36（*a*），对称符号是用细单点长画线表示，两端各画两条平行的细实线，长度为6～10mm，间距2～3mm。当形体不仅左右对称，前后也对称时，可以只画该视图的1/4，如图6-36（*b*）所示。

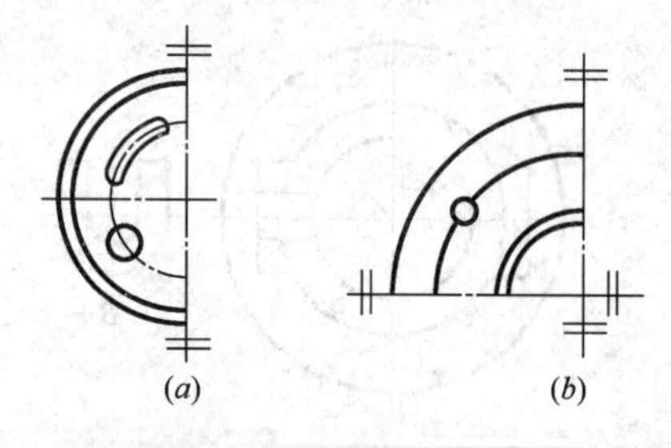

图6-36　对称省略画法

### 二、相同构造的省略画法

形体上有多个完全相同而连续排列的构造要素，可仅在两端或适当位置画出其完整形状，其余部分以中心线或中心线交点表示，如图6-37（*a*），在一块钢板上有7个形状相同的孔洞。在6-37（*b*）中，预应力空心楼板上有6个直径为80mm的孔洞。

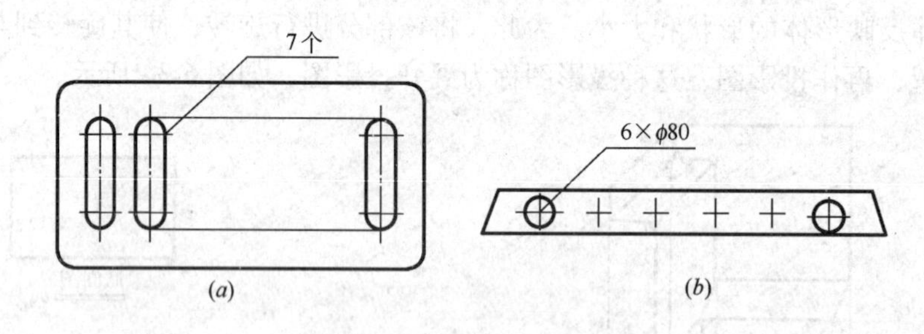

图6-37　相同构造省略画法

### 三、用折断线省略画法

当形体很长，断面形状相同或变化规律相同时，可以假想将形体断开，省略其中间的部分，而将两端靠拢画出，然后在断开处画折断符号，如图6-38所示，在标注尺寸时应注出构件的全长。

一个构件如与另一个构件仅部分不相同，该构件可只画不相同部分，但应在两个构件的相同部分与不同部分的分界线处，分别绘制连接符号，如图6-39所示。

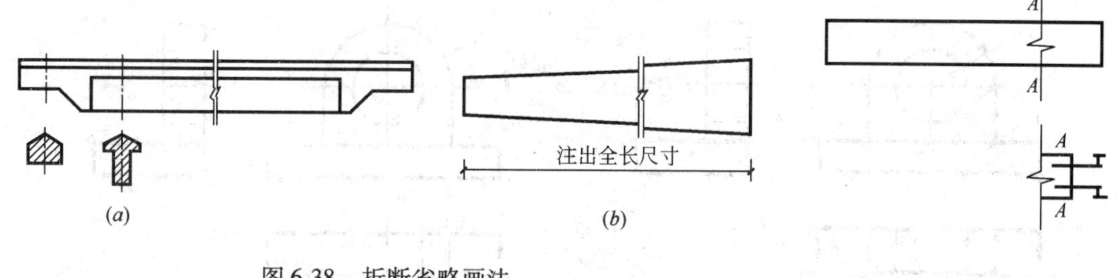


图 6-38　折断省略画法

（a）断面形状相同；（b）断面按一定规律变化

图 6-39　连接省略画法

## 第七节　建筑形体投影图的识读方法

建筑施工之前，施工人员首先要熟读施工图，了解建筑工程或装修工程的形状、大小和做法。建筑形体投影图的识读包括形体形状的识读和尺寸标注的识读两部分。

**一、建筑形体形状的识读**

1. 读图前应具备的基本知识

识读建筑形体投影图的具体形状，必须掌握下面的基本知识：

（1）掌握三面投影图的投影关系，即“长对正、高平齐、宽相等”的关系。

（2）掌握在三面投影图中各基本体的相对位置，即上下关系、左右关系和前后关系。

（3）掌握基本体的投影特点，即棱柱、棱锥、圆柱、圆锥和球体这些基本体的投影特点。

（4）掌握点、线、面在三面投影体系中的投影规律。

（5）掌握剖面图、断面图的表达方法。

（6）熟悉辅助视图的表达方法。

（7）掌握建筑形体投影图的画法。

2. 读图的基本方法

识读投影图时，一般主要是形体分析法。形体分析法就是以上面前三点为基础进行识读形体投影图。即读图时根据基本体投影图的特点，将建筑形体投影图分解成若干个基本体的投影图，分析各基本体的形状，根据三面投影规律了解各基本体的相对位置，最后联合起来想像出形体的整体形状。

下面以图 6-40 为例具体分析形体投影图。

（1）了解建筑形体的大致形状

从正面投影图中可以了解到该形体是一个曲面体和平面体的组合形体，且上面为曲面体，下面为平面体，从侧面投影图可以了解到该形体后半部分高于前半部分。

（2）分解投影图

根据基本体投影图的基本特点，首先将三面投影图中的一个投影图进行分解，分解投影图时，应使分解后的每一部分，能具体反映基本体形状。如图 6-41（*a*）中，正面投影能将形体的平面体和曲面体进行分解，而另两个投影图却只能分解成二部分，且都是矩形，并不能反映是否有曲面体的问题，更不能反映曲面体的特征。因此，应选择正面投影进行分解。

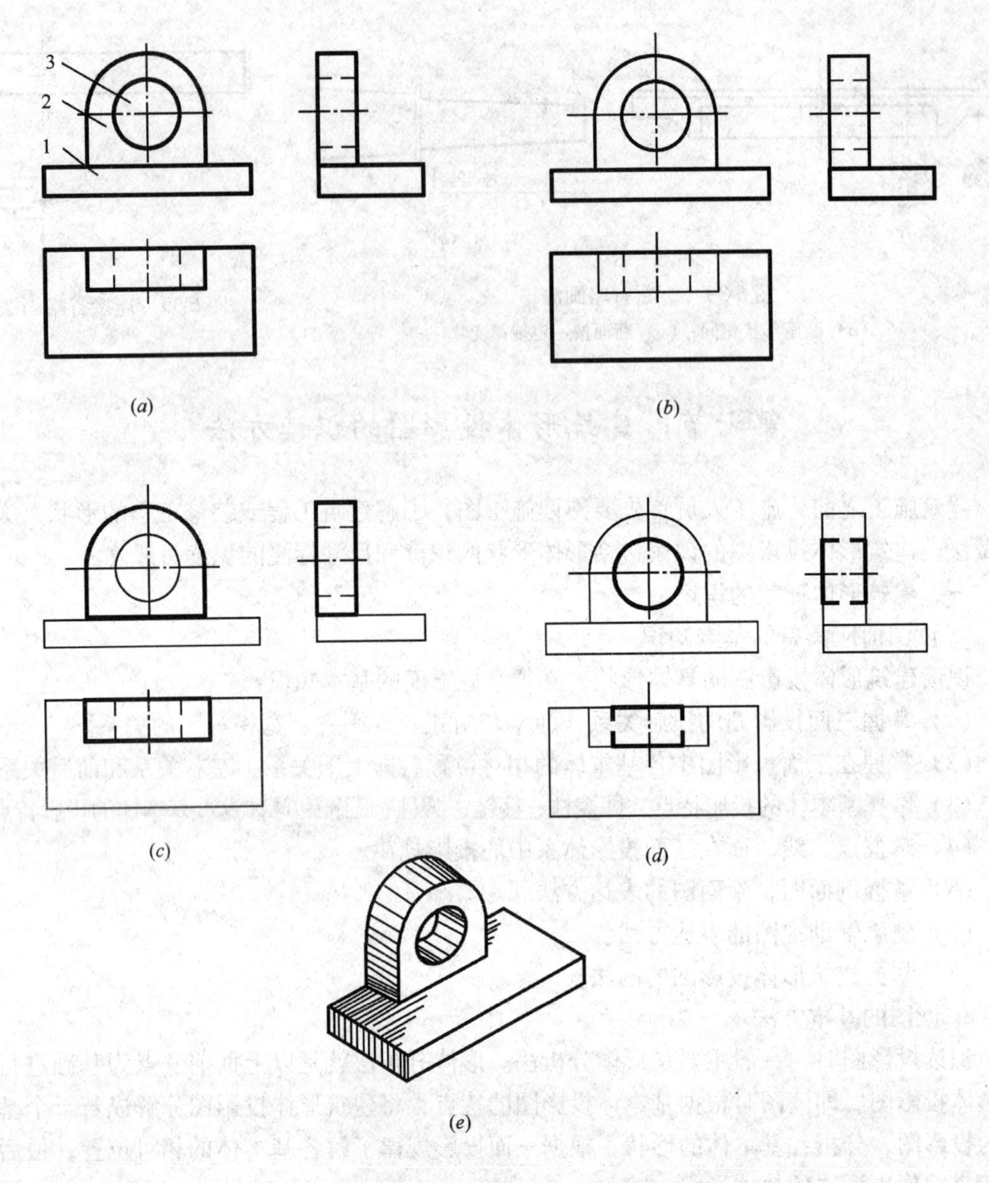


图 6-40　形体分析法分析形体

（*a*）三视图分线框；（*b*）线框 1 在形体中的三投影；（*c*）线框 2 在形体中的三投影；
（*d*）线框 3 在形体中的三投影；（*e*）整体形状

（3）分析各基本体

利用三面投影规律分析分解后的各投影图的具体形状。从图 6-40（*b*）中可以看到，形体的第一部分是四棱柱的投影；从图 6-40（*c*）中可以看到第二部分是四棱柱与半圆柱的叠加；从图 6-40（*d*）中可以看到第三部分是在第二部分上面切去一个圆柱。

（4）想整体

利用三面投影图中的上下、左右、前后关系，分析各基本体的相对位置。从图 6-40（*a*）中的正面投影可以看出，基本体 1——四棱柱，位于整个形体的最下面，为底座。由正面投影和水平投影可知形体 2——四棱柱和半圆柱的叠加，在形体 1 的上方，后中部。并且从水平投影的虚线可以知道形体 3——圆柱，是从形体 2 中去掉一个圆柱。这样分析清楚各基本体的形状的相对位置后，形体的整体形状就建立起来了。

有些形体的投影图或投影图中的局部反映不完整，无法采用形体分析法进行分解投影图，可以采用线面分析法分析投影图。线面分析法就是以线、面的投影规律为基础，分析组成形体投影图的线段和线框的形状和相互位置，从而想像出由它们组成形体的具体形状。线面分析法是形体分析法的辅助手段。

如图 6-41（*a*）为一挡土墙的投影图，分析其具体形状。

首先将反映特征的水平投影图分解成三个线框，如图 6-41（*b*），并分别找出它们在另外两个投影图上的对应线框，根据平面的投影规律，可知 1 面为水平面，2 面为侧垂面，3 面为正垂面。

将 1、2、3 面综合分析，结合形体分析法可知，该挡土墙的原始形状为一四棱柱，用侧垂面 2 和正垂面 3 切去其前部分而形成。

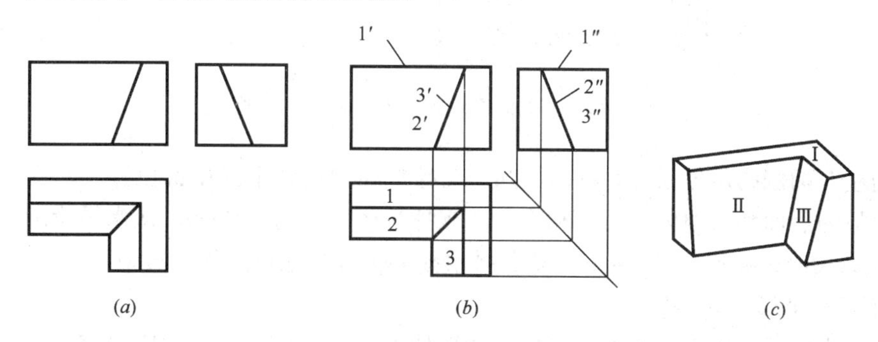


图 6-41　挡土墙的投影图及线面分析

（*a*）投影图；（*b*）分线框、对投影；（*c*）空间形状

## 二、建筑形体尺寸标注的识读

识读建筑形体投影图时仅知道建筑形体的具体形状还无法施工，还必须了解形体的大小，才能进行施工。

识读建筑形体的尺寸标注时应结合形体投影图的分析进行识读。如图 6-42 的水池施工图，其识图步骤应按下面的步骤进行：

1. 对水池投影图进行形体分析

从投影图可知，该水池由水池体和支撑板组成，水池体由四棱柱中挖去一个四棱柱形成，且在池底作一个圆孔，为排水孔。支撑板由两个梯形四棱柱形成，每个支撑板中部去掉一个相应的梯形四棱柱。

2. 分析每一部分的大小

先分析水池体，四棱柱水池体的长度为 620mm，宽度为 450mm，壁厚 25mm，底板厚 40mm。梯形支撑板上底长 400mm，下底长 310mm，高 550mm，去掉中部梯形块后，前后壁厚 50mm，上下壁厚 60mm。排水孔为直径 70mm 的圆孔。

3. 分析相对位置

各形体的相对位置主要由定位尺寸确定，该图中主要表现支撑板的位置，从正面投影

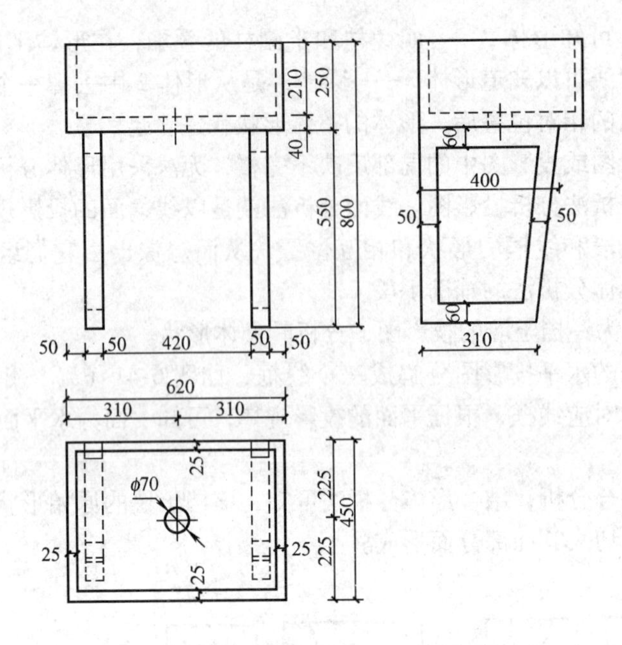


图6-42　水池的建筑施工图（单位：mm）

图下面的左右两侧的定位尺寸50mm可知，支撑板在水池体下方中部位置。而侧面投影中可知支撑板的后面和水池体的后面相齐。两支撑板的距离为420mm。从水平投影图的定位尺寸310、310mm和225、225mm可知，排水孔的位置在池体底板上居中。

4. 了解整个形体的体量

从水平投影图和正面投影图中可知，该形体的长度为620mm，宽度为450mm，高度为800mm。

**【例6-4】** 试识读如图6-43化粪池施工图。

分析步骤如下：

（1）分析投影图

正面投影采用全剖面图，剖切平面通过该形体的前后对称面，水平投影图采用半剖面图。从正面投影图所标注的剖切位置线和名称可知，水平剖切平面通过小圆孔和方孔的中心线。

（2）形体分析

从投影图中可知该形体主要由四部分组成：

1）四棱柱底板　四棱柱底板长度为6000mm，宽度为3200mm，高度为250mm。四棱柱底板的下方，近中间处有一个与底板相连的梯形截面，该截面上底为（250+500+250）mm，下底为500mm，高250mm。左右各有一个没有画上材料图例的直角梯形线框，它们与水平投影中的虚线框各自对应。可知底板近中间处有一四棱柱加劲肋，底板四角有四个棱台的加劲墩子，每个墩子上底（250+500）mm，下底500mm，高250mm。由于它们都在底板下，所以，在水平投影图中用虚线表示。如图6-44所示底板形状。

2）四棱柱池身　底板上部有一四棱柱池身，分隔为两个空间，形成两个箱体：左面箱体内部长度是3000mm，宽度为2700mm；右面箱体长度为1750mm，宽度为2700mm。

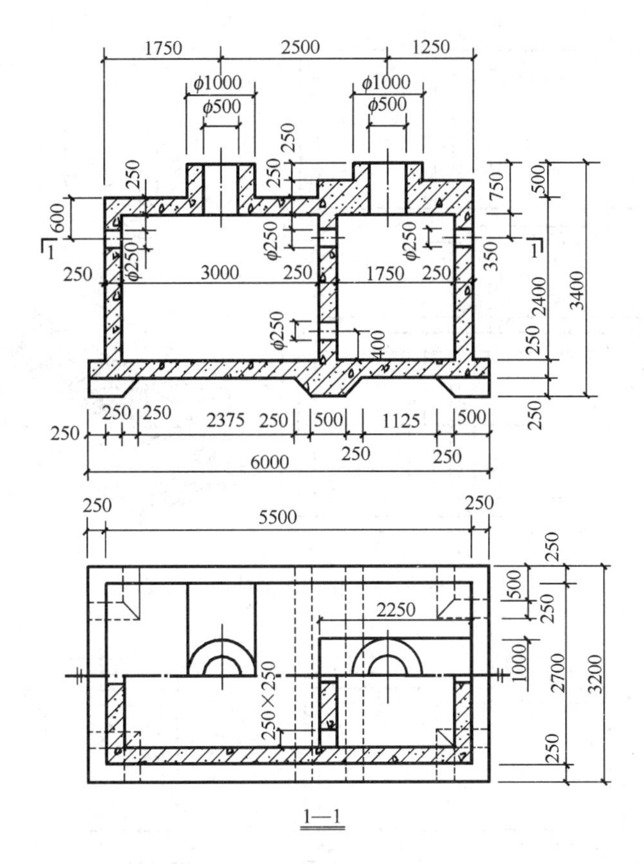


图 6-43　化粪池施工图（单位：mm）

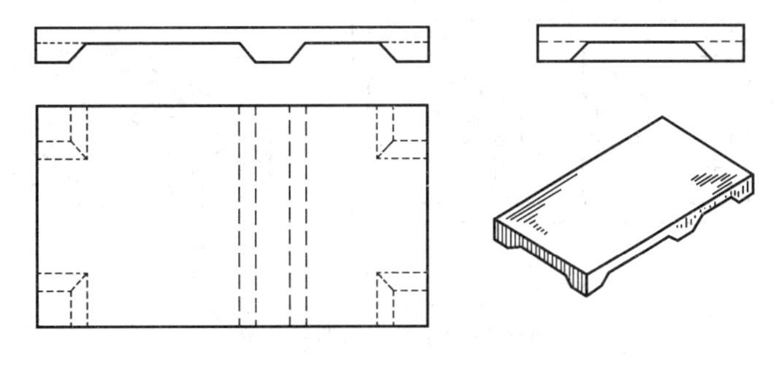

图 6-44　化粪池底板

左右壁和中间隔板厚均为 250mm。从正面投影图中可知，左右壁上各有一直径 250mm 的圆孔，中间隔板上下各有 250mm 的圆孔。从水平投影图中可知在中间隔板前后的上部还各有 250mm×250mm 的方孔，如图 6-45 所示。

3）池身上的加劲板　在池身顶面有两块四棱柱加劲板：左面一块横放，大小为 1000mm×2700mm×250mm；右面一块纵放，大小为 2250mm×1000mm×250mm。

4）两圆柱体　在池身上各有一直径为 1000mm，高 250mm 的圆柱体，其中去掉直径为 500mm 的圆柱孔，深度为 750mm，与池身相通。如图 6-46 所示。

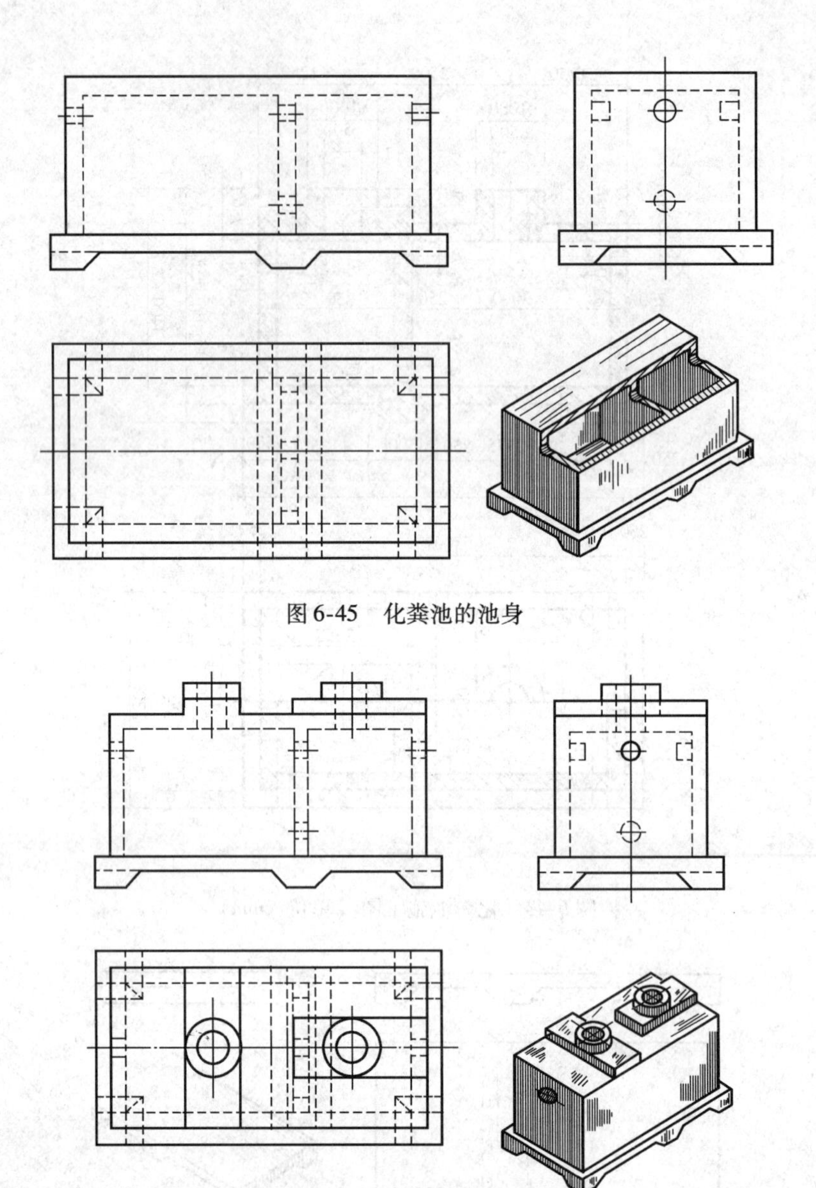

图 6-45　化粪池的池身

图 6-46　化粪池的整体形状

# 第七章 轴 测 投 影

## 第一节 轴测投影的基本知识

施工图中通常用两个或两个以上的正投影图表达形体的构件和大小，由于每个正投影图只反映构件的两个尺度，给识读施工图带来很大的困难，识读施工图时必须将两个或两个以上的正投影图联系起来利用正投影的知识才能想像出形体的空间形状。所以，正投影图具有能够完整、准确地表达构件形状的特点，但其图形的直观性差，识读较难。为了便于读图，在工程中常用一种富有立体感的投影图来表示形体，这种图样称为轴测投影图，简称轴测图。如图 7-1 中的垫座。

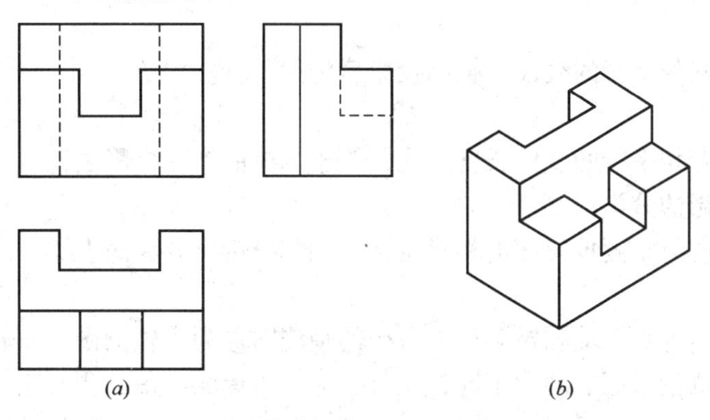


图 7-1 垫座的正投影图和轴测图

（a）正投影图；（b）轴侧图

从图 7-1 可以看出，轴测图具有立体感的优越性，但是，它同时又有表达形体不完全的缺点，如图 7-1 中的形体后面的槽是否通到底，或通到什么地方不清楚，侧面也由矩形变成平行四边形，不能反映真实大小。而有些简单形体，也可以用轴测图代替正投影图，如图 7-2 所示的雨水管出口的构造详图，图中只画一个剖面图表示雨水管和水簸箕的相对位置，另加一个水簸箕的轴测图，以表示水簸箕的形状和大小。

### 一、轴测投影的形成

将形体连同确定形体尺度的直角坐标轴用平行投影的方法，投影到一个投影面上（轴测投影

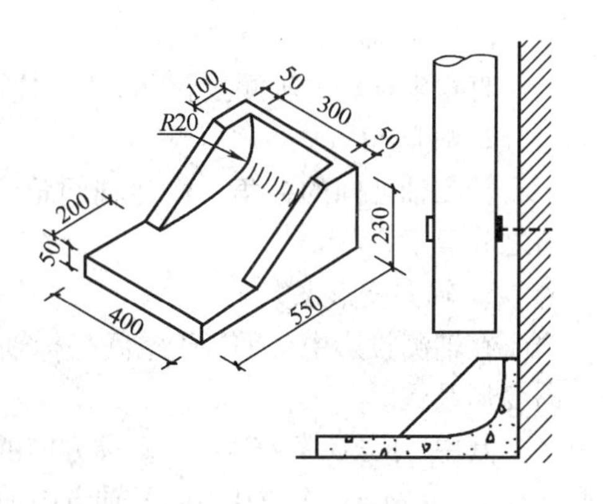


图 7-2 水簸箕的构造图（单位 mm）

面），得到的投影图，称为轴测投影图，简称轴测图。如图 7-3 所示。

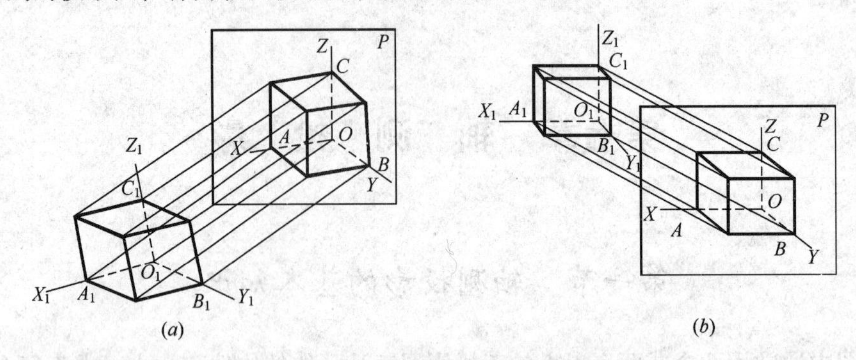


图 7-3　轴测投影图的形成

（*a*）正轴测投影；（*b*）斜轴测投影

## 二、轴测投影的特点

由于轴测投影属于平行投影，因此轴测投影具有平行投影的特点，为了方便作轴测图，这里只介绍作轴测投影图时常用的一些特点：

1. 平行性

形体上原来互相平行的线段，轴测投影后仍然平行。

2. 定比性

形体上原来互相平行的线段长度之比，等于相应的轴测投影之比。

## 三、轴测投影的分类

按照投影方向与轴测投影面的相对位置，轴测投影可分为两大类：

1. 正轴测

轴测投影方向垂直于轴测投影面，得到的轴测图称为正轴测图。正轴测图按照形体上直角坐标轴与轴测投影面的倾角不同，又可分为：正等测、正二测、正三测等。

2. 斜轴测

轴测投影方向倾斜于轴测投影面的轴测投影，得到的轴测图称为斜轴测。斜轴测也分为正面斜轴测图和水平斜轴测图等。

## 四、轴测投影的术语

1. 轴测轴

直角坐标轴的轴测投影称为轴测轴，用 $O_1X_1$、$O_1Y_1$、$O_1Z_1$ 表示。

2. 轴间角

轴测轴之间的夹角，称为轴间角。用 $\angle X_1O_1Y_1$、$\angle Y_1O_1Z_1$ 和 $\angle Z_1O_1X_1$ 表示，三轴间角之和等于 360°。

3. 轴向变形系数

在轴测投影中，平行于空间坐标轴方向的线段，其投影长度与空间长度之比，称为轴向变形系数。

其中　$p = O_1X_1/OX$　　$X$ 轴方向的变形系数；

　　　$q = O_1Y_1/OY$　　$Y$ 轴方向的变形系数；

　　　$r = O_1Z_1/OZ$　　$Z$ 轴方向的变形系数。

**五、常用轴测投影图**

1. 正等测图

当形体的三个直角坐标轴与轴测投影面的倾角相同时，作形体在轴测投影面上的正轴测投影为正等轴测图，简称正等轴测图。如图 7-4 所示，由于形体的三个直角坐标轴与轴测投影面的倾角相同，正等测图的三个变形系数相等，即 $p=q=r$，由几何原理可知，$p$、$q$、$r$ 都为 0.82，为了方便作图，$p$、$q$、$r$ 取值“1”，称为简化系数。正等测图的轴间角也相等，都等于 120°，作图时，规定 $O_1Z_1$ 轴保持铅垂状态，作 $O_1Z_1$ 轴的垂线，再过 $O_1$ 在 $O_1Z_1$ 轴的两侧分别作与 $O_1Z_1$ 轴垂线成 30°的线，这两条线即为 $O_1X_1$ 和 $O_1Y_1$，如图 7-4 所示。

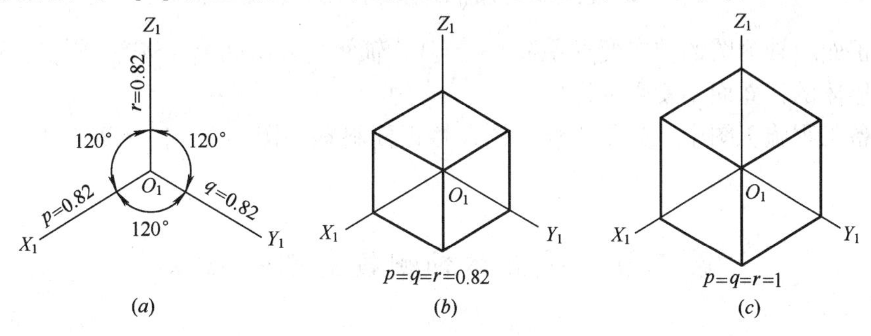


图 7-4　正等测图的轴间角和轴向伸缩系数

2. 正二测图

当选定 $p=r=2q$ 时，所作的正轴测投影，称为正二等轴测投影。此时，$OX$、$OZ$ 轴的轴向变形系数均为 0.94，$OY$ 轴的轴向变形系数为 0.47，为了作图方便，习惯上取 $p$ 和 $r$ 为 1，$q$ 为 0.5，1 和 0.5 称为简化系数，这样作出的轴测图比实际的轴测图略大一些，如图 7-5 所示。$O_1Z_1$ 轴作成铅垂线，$O_1X_1$ 轴与水平线的夹角是 7°10′，$O_1Y_1$ 轴与水平线的夹角为 41°25′。

在实际作图时，不需要用量角器准确画轴间角，可用近似方法作图，即 $O_1X_1$ 采用 1∶8，$O_1Y_1$ 采用 7∶8 的方法。如图 7-5 所示。

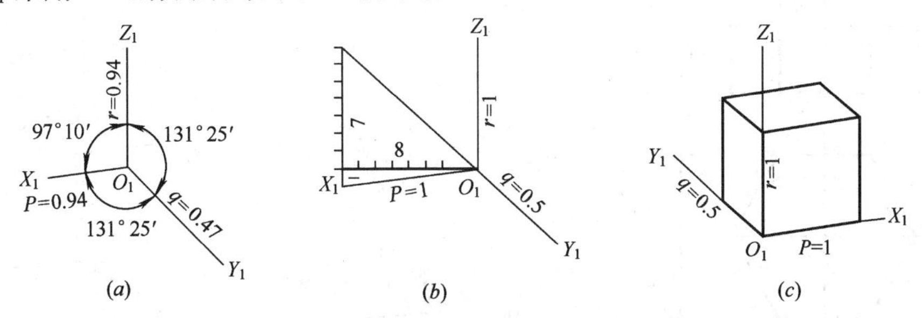


图 7-5　正二测图的轴间角和轴向伸缩系数

3. 正面斜轴测

正面斜轴测也称作正面斜二测。当形体的正立面平行于轴测投影面时，投影方向与轴测投影面倾斜所作的轴测图，称为正面斜轴测，也叫斜二测图。

正面斜轴测的轴测轴、轴间角和轴向变形系数如图 7-6 所示。从图中可知，正面斜轴测图的轴间角分别为 $\angle X_1O_1Y_1=\angle Y_1O_1Z_1=135°$，$\angle Z_1O_1X_1=90°$。轴向变形系数 $p=r=1$，$q=0.5$。

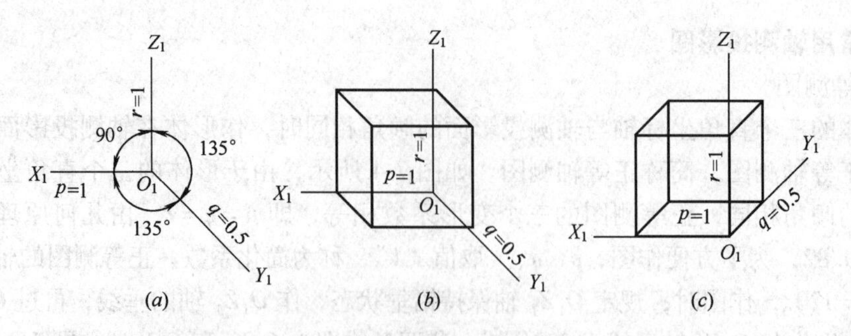


图 7-6　正面斜轴测图的轴间角和轴向伸缩系数

由于正面斜轴测图的轴向变形系数 $p=r=1$，轴间角 $\angle Z_1O_1X_1=90°$，所以，正面斜轴测图中，形体的正立面不发生变形。

在设备工程施工图中，为了方便作图，将正面斜轴测图的 $p$、$q$、$r$ 都取 1，叫做斜等测图。

## 第二节　平面体轴测投影图的画法

### 一、正等测图的画法

画形体轴测投影图的基本方法是坐标法，结合轴测投影的特性，针对形体形成的方法不同，进行叠加和切割。

1. 坐标法

沿坐标轴量取形体关键点的坐标值，用以确定形体上各特征点的轴测投影位置，然后将各特征点连线，即可得到相应的轴测图。

如图 7-7 所示，作六棱柱的正等测图。

作图步骤如图 7-8 所示。

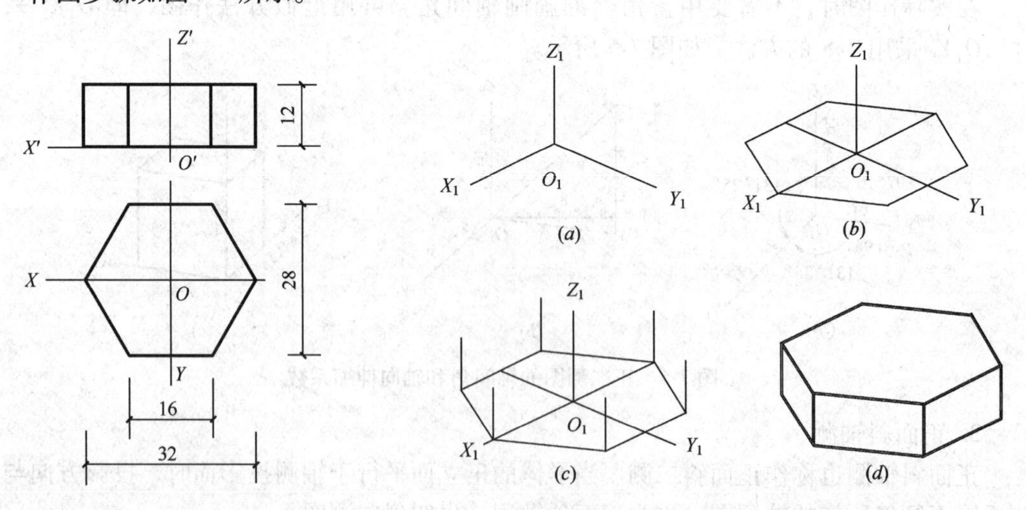


图 7-7　六棱柱的正投影图（单位：mm）

图 7-8　坐标法作六棱柱体的正等测图

（1）作正等测图的轴测轴，如图 7-8（$a$）所示。

（2）在正投影图上确定直角坐标轴的位置，如图 7-7，坐标原点在六棱柱下底面的中心上。

（3）根据图7-7中的水平投影，分别沿 $X$ 轴和 $Y$ 轴，量出几个顶点的坐标长度，在轴测轴上，确定形体的轴测投影点，从而画出形体下底面的正等测图，如图7-8（*b*）所示。

（4）从下底面的六个顶点上分别作 $O_1Z_1$ 轴的平行线（利用轴测投影的特性），并截取长度等于六棱柱的高度，即得到六棱柱上底面各顶点的正等测图，如图7-8（*c*）所示。

（5）将上底面六个顶点的正等测图依次连起来，得到六棱柱的上底面的正等测图。

（6）将轴测投影图的不可见线擦去，并加粗可见线，就得到六棱柱的正等测图，如图7-8（*d*）所示。

2. 叠加法

叠加法针对叠加式的形体，将叠加式的形体分解为若干个基本体，再依次按其相对位置，逐个画轴测图，最后形成形体的轴测图。

作图步骤如图7-9所示。

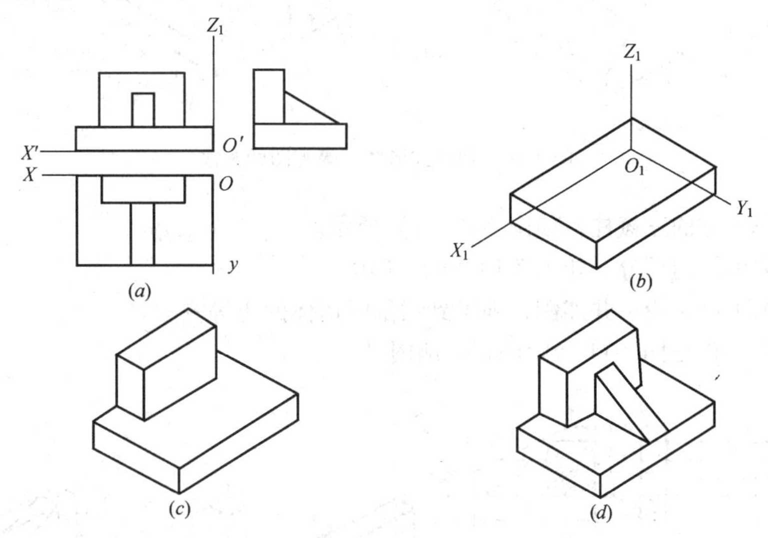


图7-9 叠加式形体正等测图的画法

（1）在正投影图上确定直角坐标轴，如图7-9（*a*）所示。

（2）画轴测轴，并作下面第一个四棱柱的正等测图，如图7-9（*b*）所示。

（3）按照第一个四棱柱和第二个四棱柱的相对位置，作出第二个四棱柱的正等测图，如图7-9（*c*）所示。

（4）再作出三棱柱的正等测图。

（5）擦去不可见线，并加深，如图7-9（*d*）所示。

3. 切割法

切割法适应于切割式的形体，作图时，先画出基本形体的正等测图，然后把应该去掉的部分切去，从而得到所需要的轴测图。

作图步骤如图7-10所示。

（1）在正投影图中确定直角坐标轴，如图7-10（*a*）所示。

（2）画正等测图的轴测轴，并画出形体未切割之前四棱柱的正等测图，如图7-10（*b*）所示。

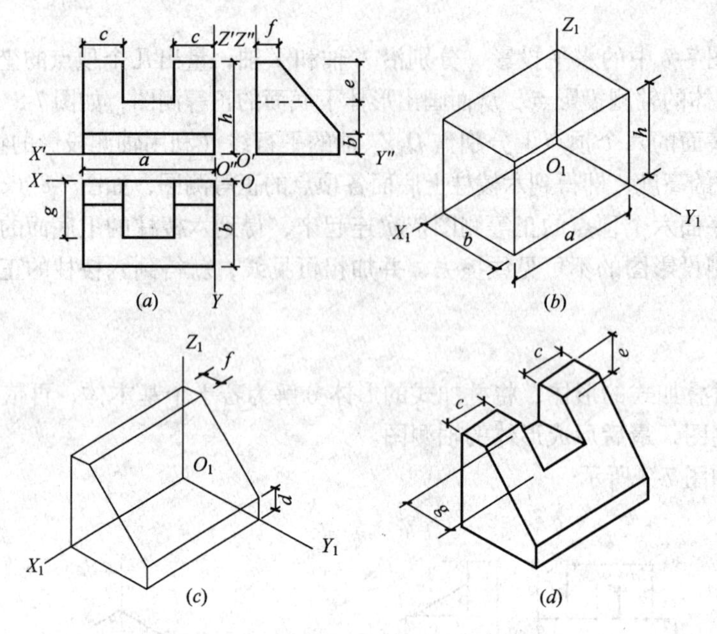


图 7-10　切割式形体正等测图的画法

（3）去掉上方的三棱柱，如图 7-10（$c$）所示。

（4）切去中间的部分，如图 7-10（$d$）所示。

（5）擦去不可见线，并加深，即得到切割式形体的正等测图。

【例 7-1】　作出图 7-11 台阶的正等测图。

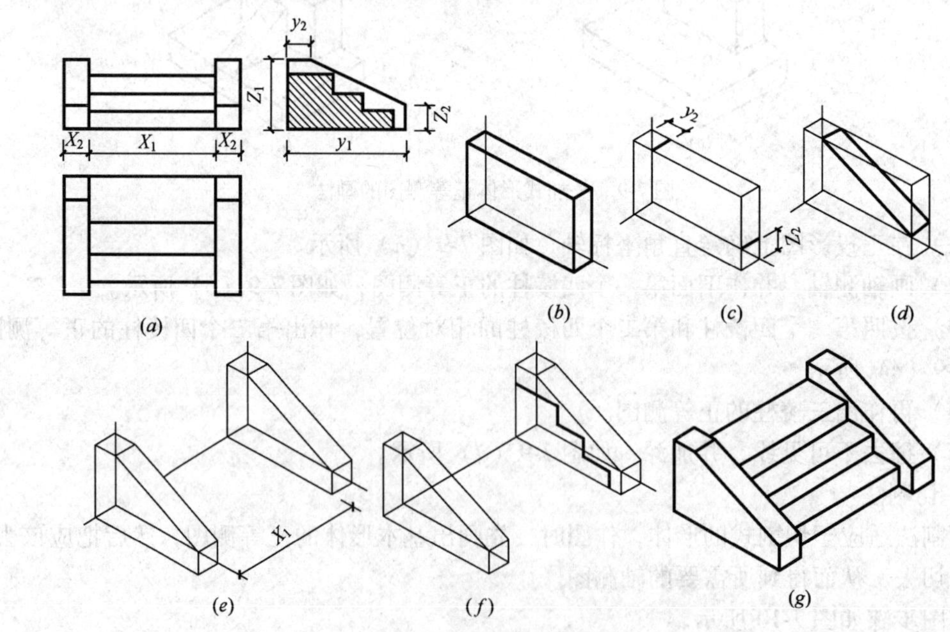


图 7-11　台阶的正等测图

（$a$）已知投影图；（$b$）画出一个长方体；（$c$）画斜面两水平边；（$d$）画斜面；（$e$）画另一侧栏板；（$f$）画踏步的端面；（$g$）画踏步

该台阶为混合式形体，作图方法应该是先叠加后切割，作图步骤如图 7-11 所示。

**二、正二测图的画法**

正二测图的作图方法与正等测图的作图方法相同，只不过轴间角和轴向变形系数发生了变化，作图方法如图 7-12 所示。

首先：作出正二测轴测轴，并在其上作底板四棱柱的轴测图，如图 7-12（*a*）。第二步：按照两四棱柱的相对位置，叠加上面的四棱柱，如图 7-12（*b*）。第三步：叠加中间的三棱柱。

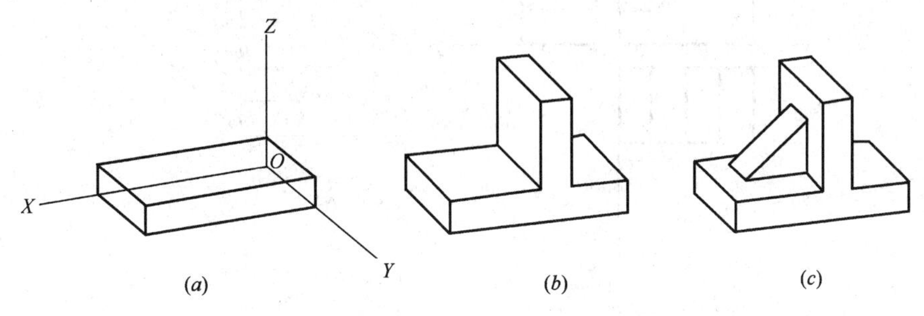


图 7-12　形体的正二测图的画法

**三、斜二测图的画法**

斜二测图的作图方法与前两种轴测图的作图方法也相同，但轴间角 $Z_1O_1X_1=90°$，轴向变形系数等于 1，$Y$ 轴方向的轴向变形系数为 0.5，如图 7-13 的作图方法。

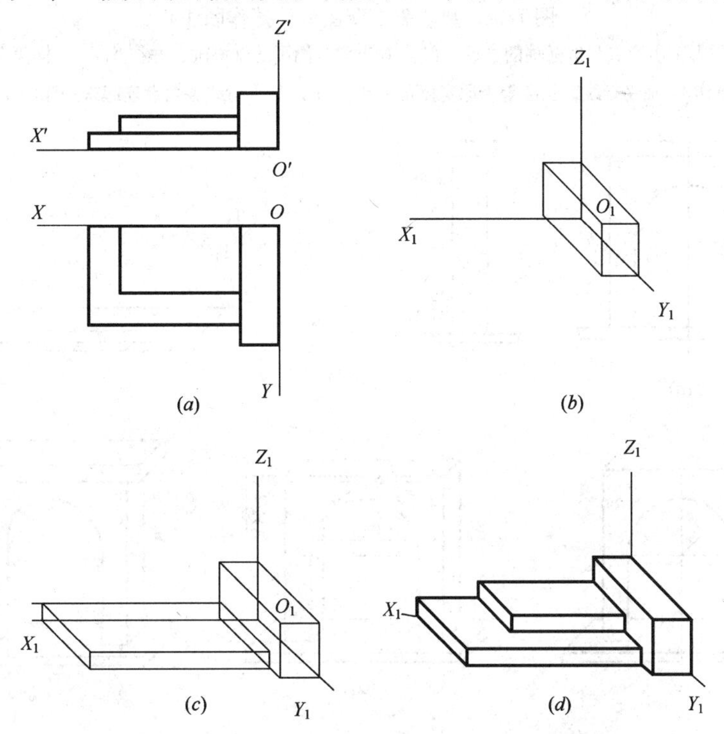


图 7-13　台阶斜二测图的作图方法

（*a*）台阶的正投影图；（*b*）作挡板的轴测图；（*c*）作第一个踏步的轴测图；（*d*）作第二个踏步的轴测图，并加深斜二测图的最大特点是轴间角 $Z_1O_1X_1=90°$，轴向变形系数等于1，因此作出的轴测图正立面不发生变形，形体的正面原来是矩形的平面，轴测投影后仍为矩形，这样对于一些已知形体的正面投影而 $Y$ 轴方向又长度相等的形体，作图时可更方便。如图7-14所示垫块斜二测图的作图过程。而当形体的正立面上有圆时，其斜二测仍然为圆，如图7-15所示。

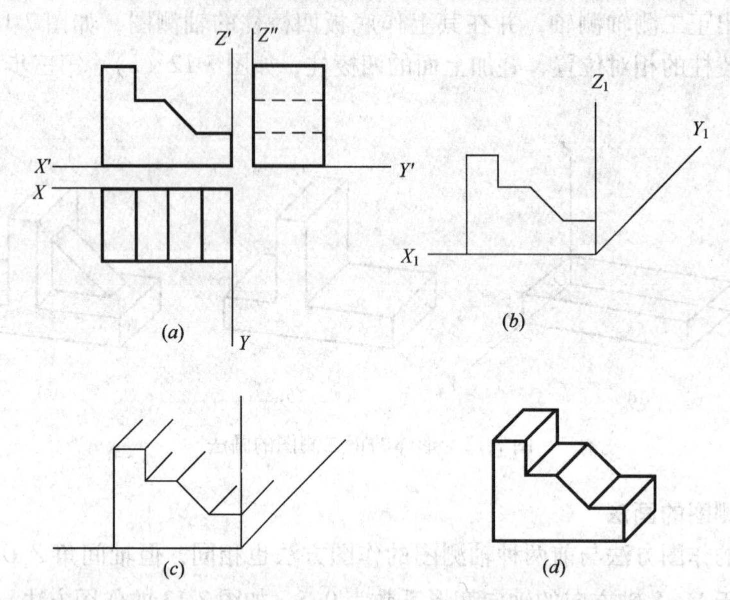


图7-14 垫块斜二测图的简捷作图法

（$a$）在正投影图上定出原点和坐标轴的位置；（$b$）画出斜二测图的轴测轴，并在 $X_1Z_1$ 坐标面上画出正面图；（$c$）过各角点作 $Y_1$ 轴平行线，长度等于原宽度的一半；（$d$）将平行线各角点连起来加深即得其斜二测图

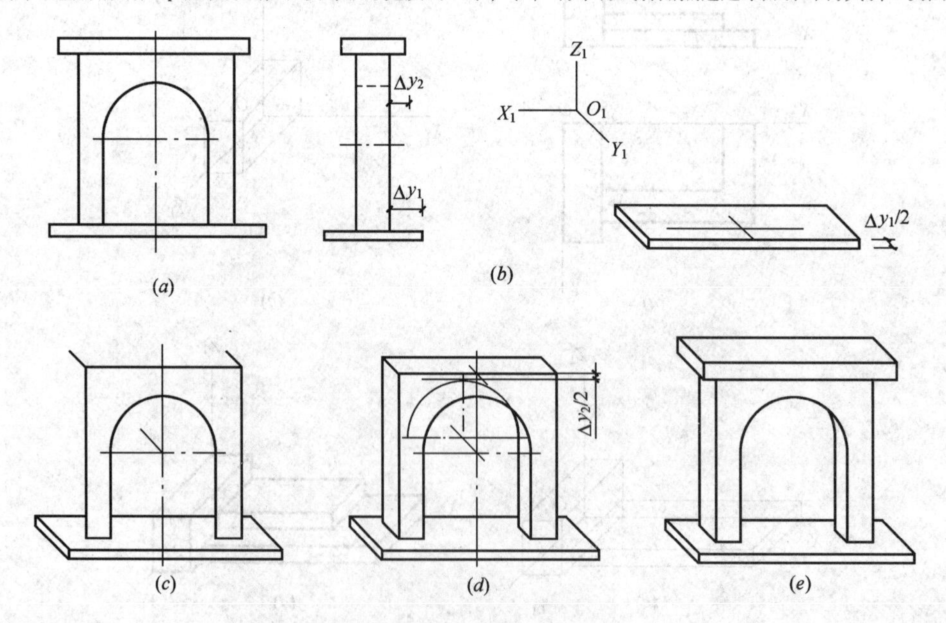


图7-15 作拱门的正面斜二测图

（$a$）投影图；（$b$）作地台及拱门前墙面位置线；（$c$）作拱门前墙面；（$d$）完成拱门，作顶板前缘位置线；（$e$）作顶板，完成轴测图

## 第三节　平行于坐标面的圆的轴测投影图的画法

在平行投影中，当圆所在的平面平行于投影面时，圆的投影仍为圆，而当圆所在的平面倾斜于投影面时，圆的投影成为椭圆。

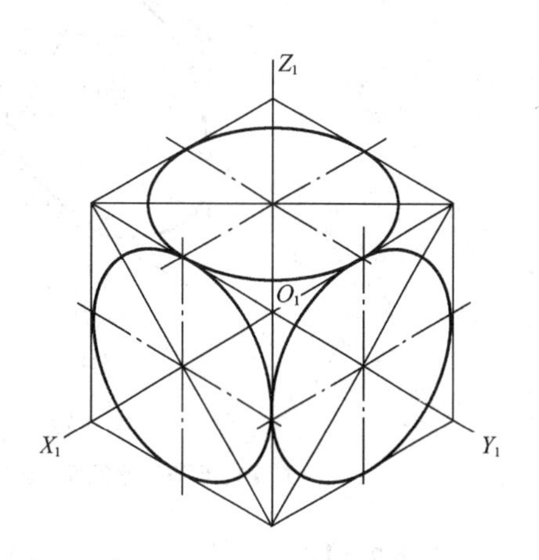


图 7-16　平行于坐标面的圆的正等测图

### 一、平行于坐标面的圆的正等测图的画法

平行于坐标面的圆的正等测图是椭圆，如图 7-16 所示。各椭圆长轴都在圆的外切正方形轴测图的长对角线上，短轴都在短对角线上，长轴的方向分别与相应的轴测轴垂直，短轴的方向分别与相应的轴测轴平行。椭圆的作图方法一般采用四心法近似作图，如图 7-17 所示。

作图步骤：

（1）作圆的外切四边形 $EFGH$，切点是 $A$、$B$、$C$、$D$，并确定直角坐标轴 $OX$ 和 $OY$ 轴的位置。

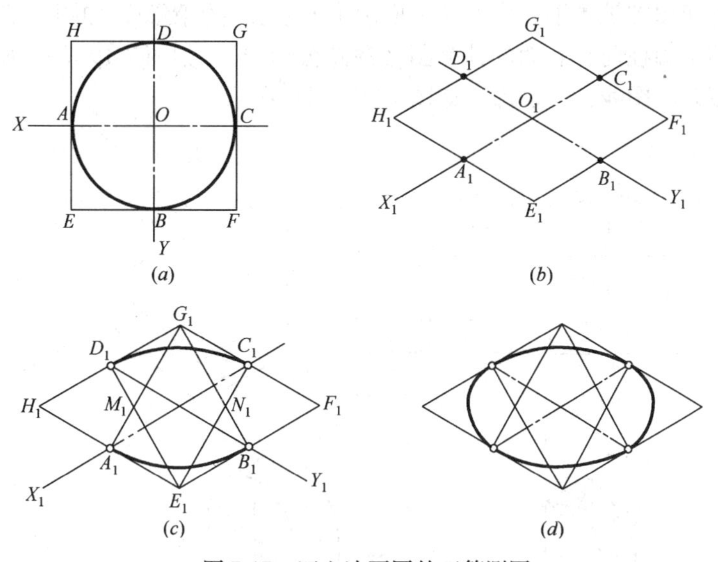


图 7-17　四心法画圆的正等测图

（2）画正等测图的轴测轴 $O_1X_1$、$O_1Y_1$，作圆外切四边形 $EFGH$ 的轴测图 $E_1F_1G_1H_1$，各边与轴测轴的交点为外切四边形轴测图的切点 $A_1$、$B_1$、$C_1$、$D_1$，外切四边形为菱形。

（3）将外切四边形菱形的钝角和四个切点连起来，连线和连线的交点 $M_1$、$N_1$ 为四心法中的两个圆心。

（4）分别以 $M_1$、$N_1$ 和钝角顶点 $E_1$、$G_1$ 为圆心，以圆心到切点的距离为半径，分别作圆弧，依次连成椭圆。

（5）擦去多余的图线，并加深即可。圆平行的坐标面不同，其轴测投影所形成的椭圆方向也不相同，如图 7-18 所示。

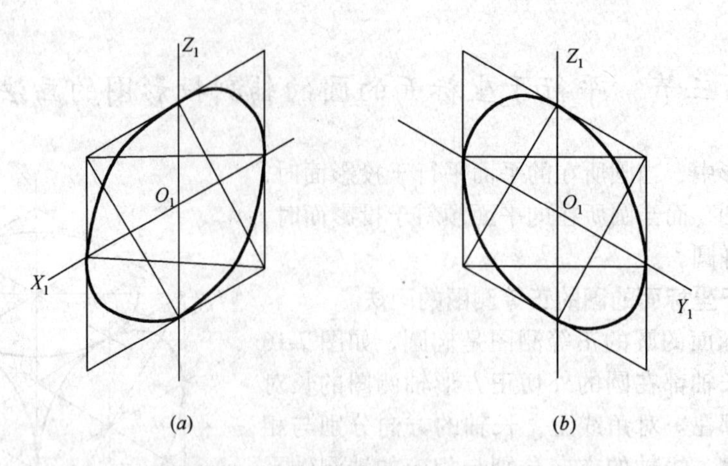


图 7-18　平行于不同坐标面的圆的正等测图

（*a*）平行于 *XOZ* 坐标面的圆的正等测图；（*b*）平行于 *YOZ* 的坐标面的圆的正等测图

**【例 7-2】**　作图 7-19 所示的正等测图。

作图步骤如图 7-19 所示。

（1）在正投影图中确定直角坐标轴的位置，如图 7-19（*a*）所示。

（2）画正等测图的轴测轴，作形体下面两个四棱柱的轴测图，如图 7-19（*b*）所示。

（3）作上面半圆柱前、后面的轴测图（注意公切线），如图 7-19（*c*）所示。

（4）擦去多余的图线，并加深，如图 7-19（*d*）所示。

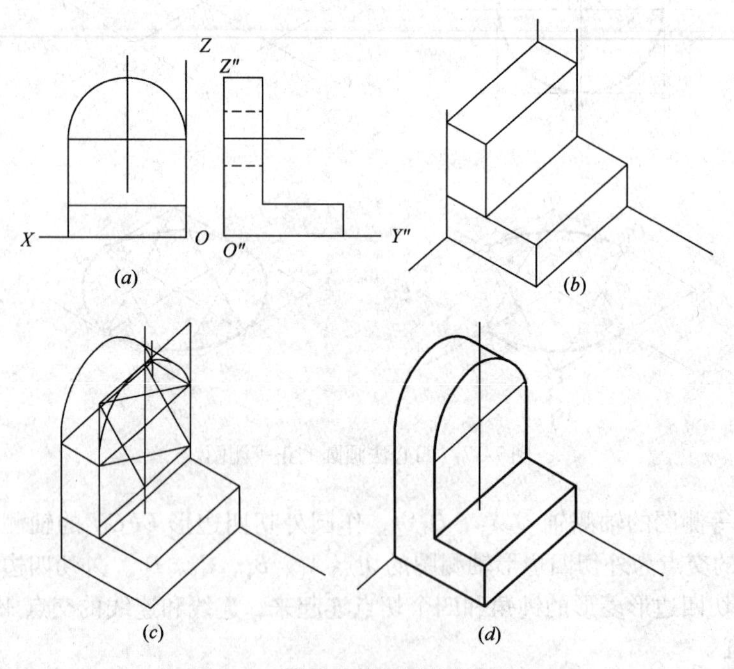


图 7-19　形体正等测图的作图方法

圆角的正等测图，也可按上述近似法求得，但实际上是作 1/4 椭圆，所以作图时，可以先延长与圆角相切的两边线，使之成直角，先按直角作出它的正等测图。由于直角所处的位置不同，其正等测图可能是钝角，也可能是锐角。分别以钝角或锐角的顶点为圆心，以圆弧 $r$ 为半径画弧和两直角边的轴测投影交于两点，这两点即为圆弧和直角两边相连接的连接点（切点），过这两个切点作所在边线的垂线，两垂线的交点即为圆角的圆心，再以该圆心到切点的距离为半径画圆弧与两直角边相切，得圆角的正等测图，如图 7-20 所示。

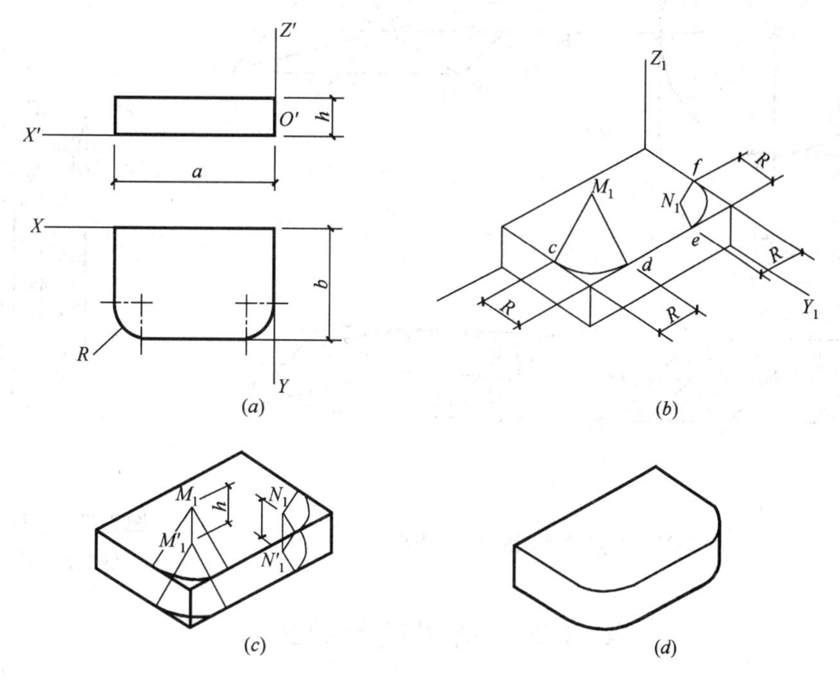


图 7-20　1/4 圆角的正等测图的画法

**二、平行于坐标面的圆的斜二测图的画法**

当圆平行于由 $OX$ 轴 $OZ$ 轴决定的坐标面时，其斜二测图仍为圆，而当圆平行于另两个坐标面时，圆的斜二测图就变成椭圆，此时由于圆的外切正方形的斜二测图不是菱形，其轴测图不能采用四心法作图，常采用八点法近似作图。

作图步骤如图 7-21 所示。

（1）在正投影图中确定直角坐标轴的位置和画出圆外切四边形 $EFGH$，其切点是 $A$、$B$、$C$、$D$，对角线与圆的交点为 1、2、3、4，如图 7-21（$a$）所示。

（2）画斜二测图轴测轴，并作圆外切四边形的轴测图 $E_1F_1G_1H_1$，得切点 $A_1$、$B_1$、$C_1$、$D_1$，如图 7-21（$b$）所示。

（3）在轴测图上画对角线，以外切四边形轴测图边长的一半为等腰直角三角形的斜边作等腰直角三角形，并以 $D_1$ 为圆心，等腰直角三角形的直角边为半径作圆弧与外切四边形交于两点 $N_1$、$K_1$，过 $N_1$、$K_1$ 作外切四边形两边 $E_1H_1$、$F_1G_1$ 的平行线，与外切四边形对角线交于 $1_1$、$2_1$、$3_1$、$4_1$ 四点。

（4）依次用曲线板将 $A_1$、$1_1$、$B_1$、$2_1$、$C_1$、$3_1$、$D_1$、$4_1$、$A_1$ 连起来即得圆的斜二测图。

平行于 $YOZ$ 决定的坐标面的正面斜二测图如图 7-22 所示。

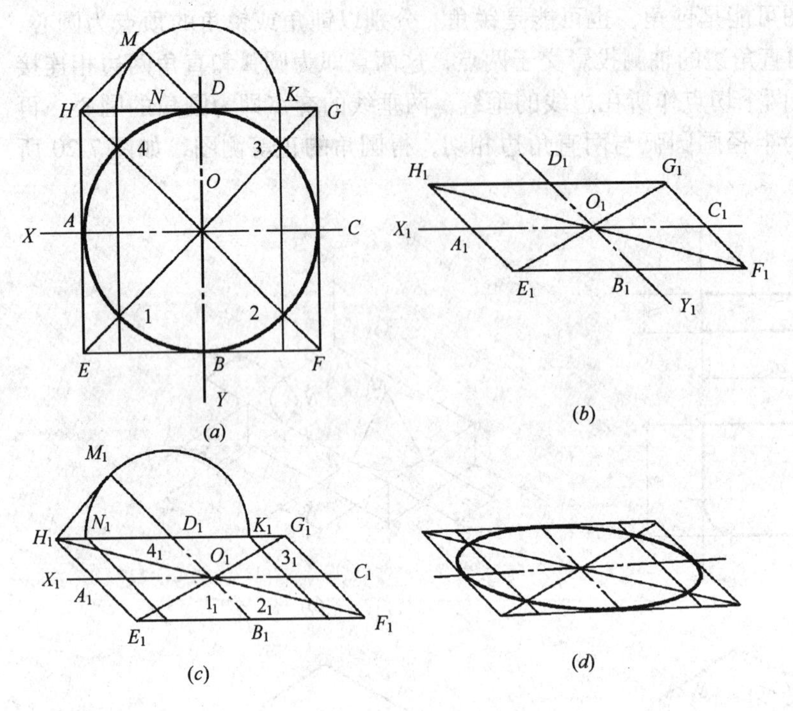


图 7-21　八点法作圆的斜二测图

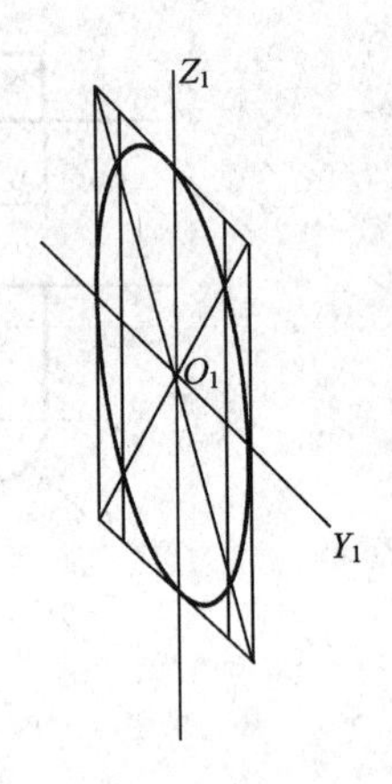


图 7-22　平行于 *YOZ* 方法的圆的斜二测图

## 第四节　轴测投影的选择

轴测图能将形体的立体形状直观地反映出来，但对于一个形体，采用轴测图的种类不同、采用的投影方向不同，得到的轴测图立体效果也不同。因此，作轴测图时，应认真分析形体的形状，选择合理的轴测图和轴测投影方向是非常重要的。

### 一、轴测图种类的选择

1. 作图方便

对于同一个形体，选用不同种类的轴测图，其作图的复杂程度将不相同，图示效果也不相同。对于一般的形体而言，由于正等测图的轴向变形系数相同，且等于 1，轴间角也相同，作图较容易。但对于一些正面形状较复杂或宽度相等的形体，则由于正面斜轴测图的正立面不发生变形，作图较容易，如图 7-23 所示。

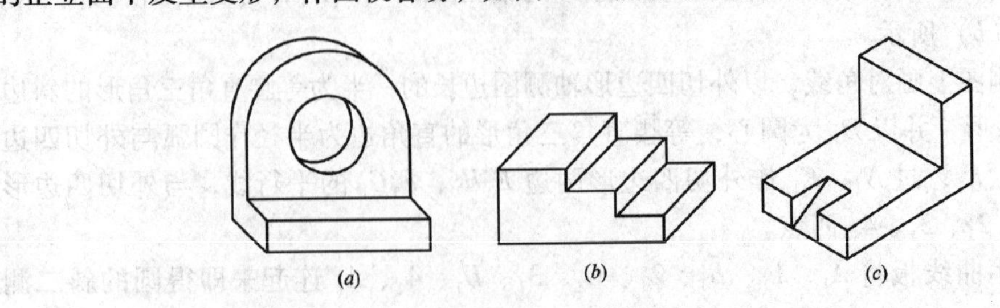


图 7-23　轴测图的比较

(*a*) 正面不发生变形（正面斜轴测图）；(*b*) 宽度相等（正面斜轴测图）；(*c*) 正等测图

2. 尽量减少被遮挡

对于一些内部有孔洞的形体，如是前后穿孔，则选用正面斜轴测图比正等测图效果更直观，如是上下穿孔的形体，选用正等测图比选用正面斜轴测图直观，如图 7-24 所示。

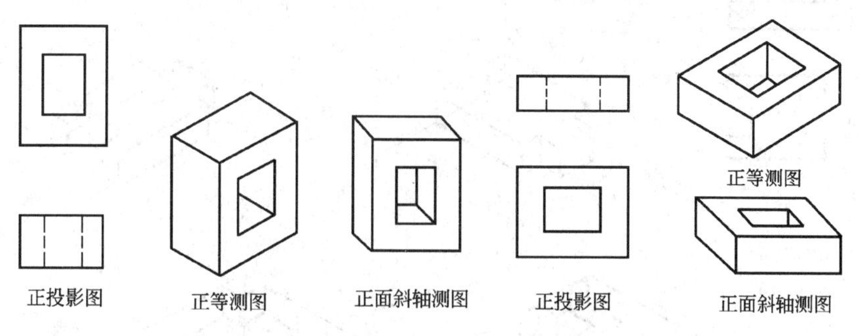


图 7-24　正等测图和正面斜轴测图的比较

3. 要避免转角处的交线投影成一直线

如图 7-25 所示，基础的转角处交线，恰好位于与 V 面成 45°倾角的铅垂线上，这个平面与正等测的投影方向平行，结果直角处的交线在正等测图上投影成直线。

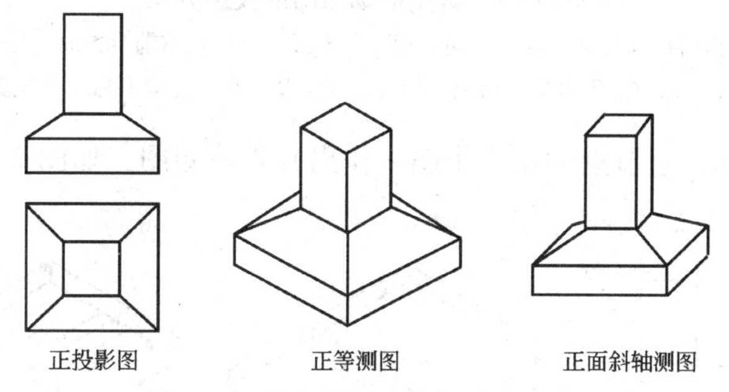


图 7-25　避免转角交线投影成直角

## 二、投影方向的选择

作形体轴测图时，不仅要选择好轴测图的种类，而且还要合理地选择投影方向，投影方向选择不当，其轴测投影图的直观效果将受到影响，如图 7-26 所示挡土墙的正面斜轴测图，从图中可以看出图 7-26（*b*）的直观效果更好。

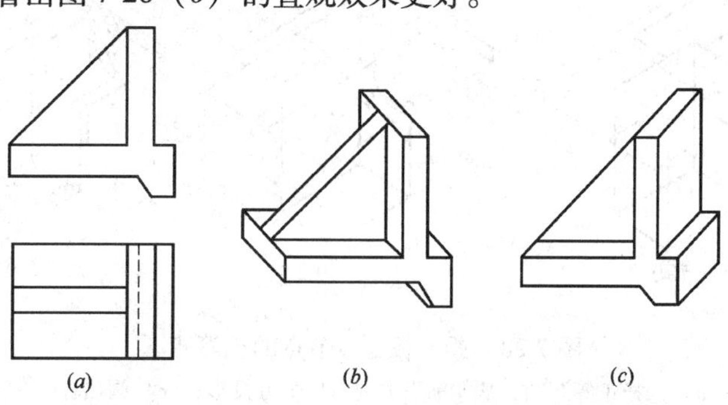


图 7-26　挡土墙的轴测图投影方向的选择

（*a*）正投影图；（*b*）从左前上方向右后下方投影；（*c*）从右前上方向左后下方投影

作形体轴测图时，常用的投影方向有四种：即从左前上方向右后下方投影；从右前上方向左后下方投影；从左前下方向右后上方投影；从右前下方向左后上方投影。如图7-27所示。

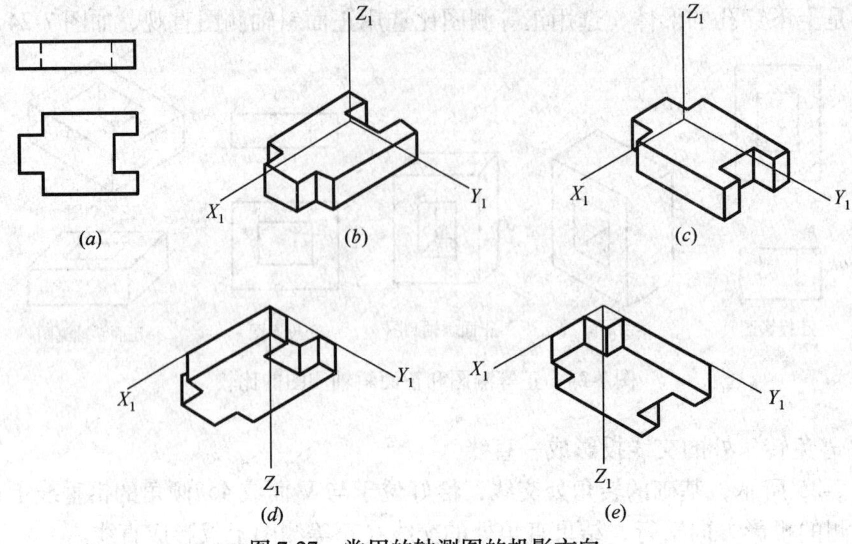


图7-27　常用的轴测图的投影方向

(a) 正投影图；(b) 从左前上方向右后下方投影；(c) 从右前上方向左后下方投影；
(d) 从右前下方向左后上方投影；(e) 从左前下方向右后上方投影

**【例7-3】**　根据柱顶节点的正投影图，作出其正等测图，如图7-28所示。

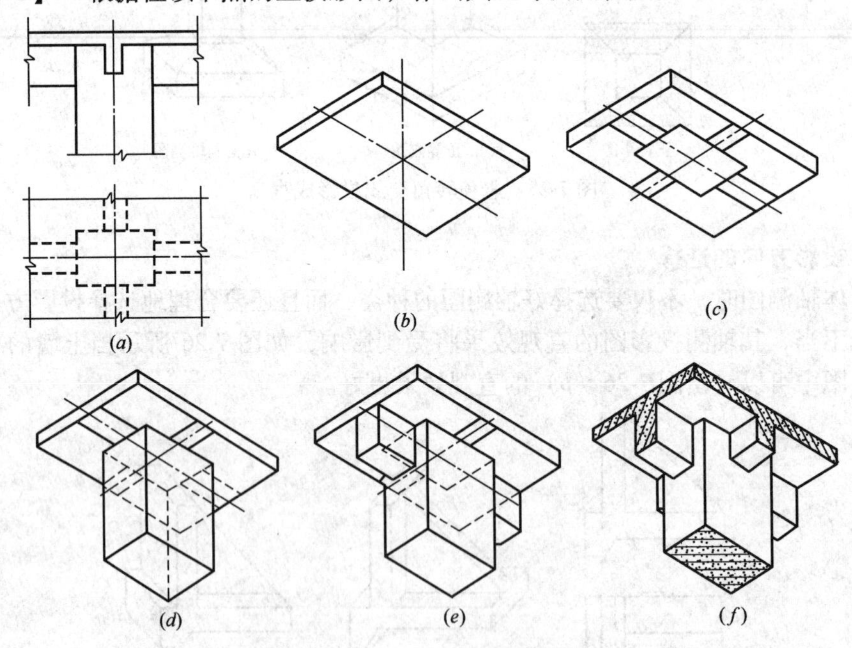


图7-28　梁、板、柱节点的正等测图

(a) 正投影图；(b) 选择正等测图，从左前下方向右后上方投影；(c) 画出柱、主梁、次梁的位置；
(d) 作柱轴测图；(e) 作主梁轴测图；(f) 作次梁轴测图，并完成轴测图

从图(a)中可以看出，只有选择从下向上的投影方向，才能把柱顶节点表达清楚，

否则，如从上往下投影，将只能看到楼板。作图方法、步骤如图 7-28 中（$b$）、（$c$）、（$d$）、（$e$）、（$f$）所示。

## 第五节　轴测剖面图的画法

在装修施工图中，为了表达某些节点，有时需要将一些节点的剖断面直观地表达出来，这就需要用轴测剖面图的形式表示。轴测剖面图的画法与一般切割式形体的画法相同，只是在截面轮廓范围内要加画剖面线，轴测剖面图中的剖面线不再是 45°斜线，而是按轴测投影方向来画，这样才能使图形逼真。常用的各种轴测投影图中的剖面线画法如图 7-29 所示。

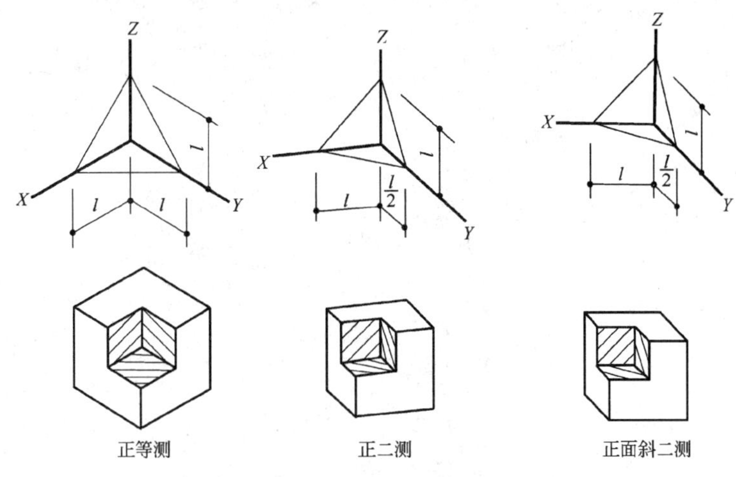


图 7-29　轴测图中剖面线的画法

**【例 7-4】**　画出图 7-30（$a$）所示的形体的轴测剖面图。

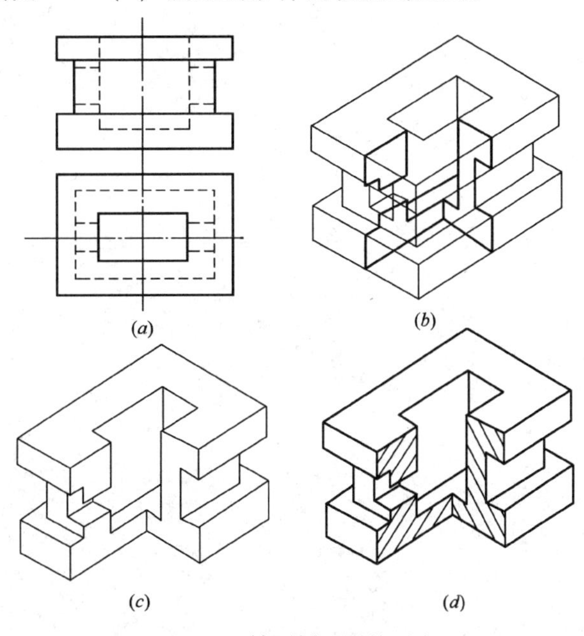


图 7-30　轴测剖面图的画法

作图时按切割式形体轴测图的作图方法：

（1）作出未切割前形体的轴测图，如图 7-30（*b*）所示；

（2）画出切割的轮廓线，如图 7-30（*b*）所示；

（3）去掉切割部分，如图 7-30（*c*）所示；

（4）画出剖面线，并加深，如图 7-30（*d*）所示。

# 第八章　阴　　影

## 第一节　阴影的基本知识

### 一、阴影的作用、概念

在建筑上加绘阴影，可以使它的形体和空间关系一目了然，使图面更加形象生动、有立体感，加强表现力。如图 8-1 所示，四个不同形状的柱饰，它们的立面图完全相同，在其上画出阴影后，很容易想象它们的空间形象。同时，加绘阴影对推敲空间的造型、评价装修的效果也有很大的帮助。

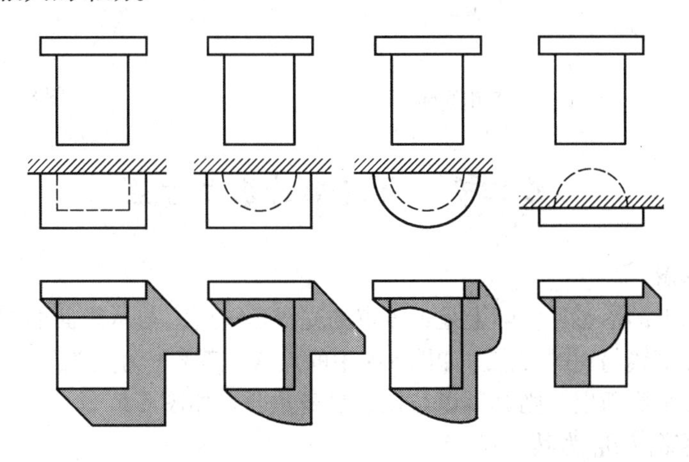

图 8-1　阴影的作用

图 8-2 中的形体在光线的照射下，物体上被直接照亮的表面，称为阳面；背光的表面称为阴面（简称为阴）；阳面与阴面的分界线称为阴线；由于阳面遮挡了光线，在该物体自身或其他平面上形成了阴暗部分，称为落影（简称为影）；影的边界线称为影线；影所在的面称为承影面，物体自身的一部分也可以是承影面；阴影是阴与影的合称。

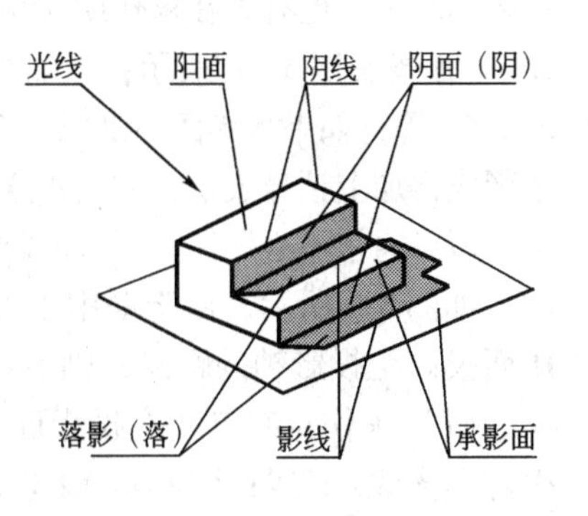


图 8-2　阴影的概念

可见，影线就是阴线的落影。阴影作图的首要任务是确定物体的阴线和影线。

### 二、习用光线

在正投影中求作阴影，一般采用平行光线，平行光线的方向本可以任意选取，但为了作图及度量上的方便，我们规定了一种特定指向的平行光线，称为习用光线。如图 8-3 所示，习用光线的方向即是正立方体自左、前、上指向右、后、下的对角线方向。光线的 H、V、W 面的投影 $l$、$l'$、$l''$的方向均与水平方向成 45°角；光线对 H、V、W 面的倾角 $\alpha$ 为 35°15′53″≈35°，在作图过程中，如果求这个倾角，则可按如图 8-4 所示的方法求得。

选用了习用光线在求作阴影时，可用 45°三角板简化作图。同时，立面图上的影，还可以直接反映阴线与承影面的距离以及某些部位的深度（在后面将有进一步的介绍）。

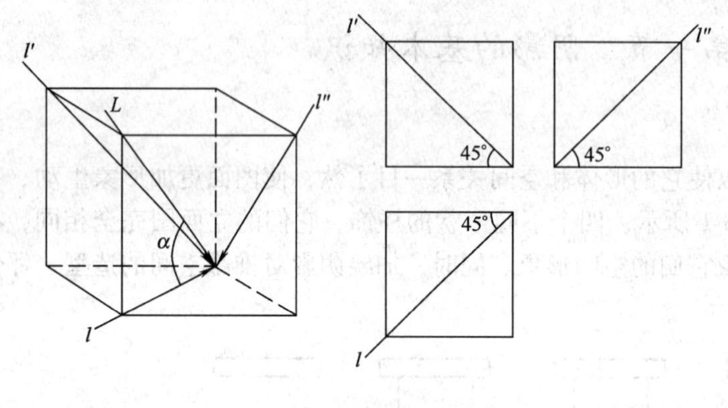


图 8-3　习用光线

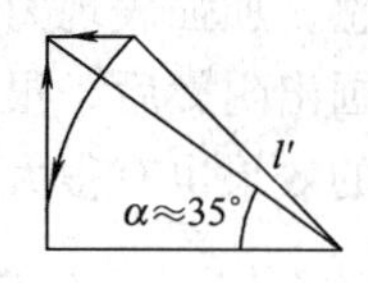


图 8-4　求倾角的方法

## 第二节　求阴影的基本方法

### 一、点的落影

点在承影面上的落影，实际上是过该点的光线延长后，与承影面的交点。求作点的落影，实质是求作直线与面的交点。如图 8-5 中的点 $A$，其落影为点 $A_H$。

如果点位于承影面上，则其落影与该点自身重合。如图 8-5 中的点 $B$，其落影点 $B_H$ 为其自身。

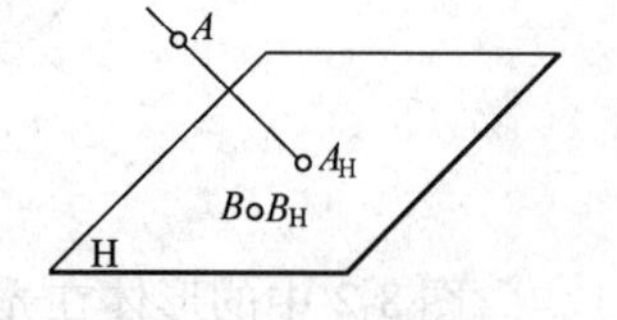


图 8-5　点的落影

如果有两个或两个以上的承影面，则过该点的光线先与某承影面交得的点，是真正的落影（简称真影）；再与其他承影面的交点，都称作虚影。因为承影面是不透明的，所以虚影是假想的，一般不画出，但有时在求作阴影的过程中要用到它。空间点 $A$ 的 H、V 面投影用 $a$、$a'$表示；点的真影用以该承影面的名称作下标的该点的字母表示，如 $A_H$、$B_V$、$C_P$ 等；如果承影面不是以一个字母表示，则下标为数字 0、1、2 等，如 $A_0$、$B_1$、$C_2$ 等；虚影应再加上括号表示，如（$A_H$）、（$B_V$）、（$C_P$）等；$A_V$ 的 H 面投影用 $a_V$ 表示（$a_V$ 在轴上，所以通常不必标注），V 面投影用 $a_V'$表示。图 8-6 中，$A_V$ 是真影，（$A_H$）是虚影。

如图 8-6 所示，由于采用了习用光线，可以得出点 $A$ 的 V 面投影距投影轴的距离大于 H 面投影距投影轴的距离，则点 $A$ 在 V 面上的落影为真影。

（1）求作空间点 $A$ 在投影面上的落影（图 8-6）。首先分别过点 $A$ 的两面投影 $a$ 和 $a'$，引习用光线 45°线；$l$ 与 $OX$ 轴先交于点 $a_V$，过该点作投影连线，与 $l'$相交得点 $a_V'$，点 $a_V'$ 即为点 $A$ 在 V 面的落影 $A_V$。若再求 $A$ 点的虚影，则过 $l'$与 $OX$ 轴的交点（$a_H'$），作投影连线，与 $l$ 相交得点（$a_H$），点（$a_H$）即为点 $A$ 在 H 面上的虚影。

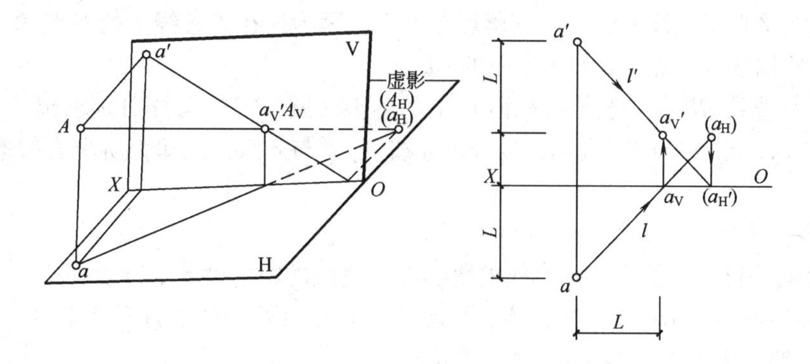


图 8-6　点在投影面上的落影

因为是习用光线，可以得出 $a_V'$ 与 $a'$ 的水平和垂直距离都等于点 $A$ 到 V 面的距离 $L$。因此，还可根据点 $A$ 到 V 面的距离 $L$，在 V 面上直接作出点 $A$ 的落影。在 $a'$ 右侧及下方分别作铅垂线与水平线，与 $a'$ 相距均为 $L$，它们的交点即为所求的影点 $a_V'$。这种求影点的方法称为度量法。

（2）求作空间点 $A$ 在一般位置平面上的落影（图 8-7）。首先分别过点 $A$ 的两面投影 $a$ 和 $a'$，引习用光线 45°线；以过 $a$ 的 45°线为辅助平面 $R$ 与 $Q$ 交线的水平投影 12；过 1、2 向上作投影连线，求得 $R$ 与 $Q$ 交线的正面投影 $1'2'$；直线 $1'2'$ 与过 $a'$ 点的 45°线相交于点 $a_Q'$，向下引投影连线，与 12 相交得到点 $a_Q$。$A_Q$（$a_Q$，$a_Q'$）为点 $A$ 的落影。

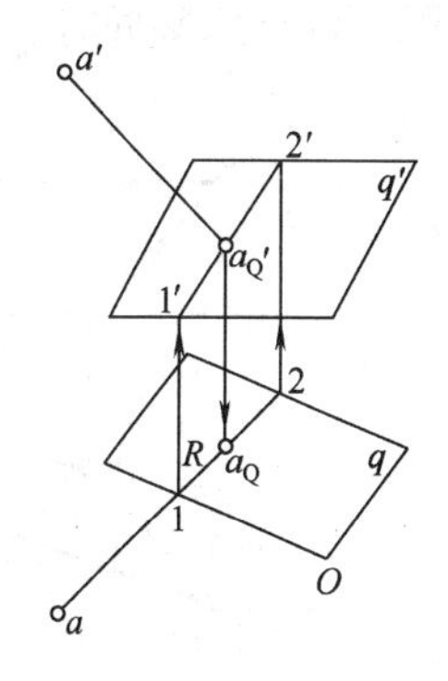


图 8-7　点在一般位置平面上的落影

**二、直线的落影**

1. 直线落影的一般规律

（1）直线在承影面上的落影，实际上是过该直线的光平面与承影面的交线。求作直线的落影，实质是求作面与面的交线。

求作直线线段在承影面上的落影，只要求出线段的两个端点的落影，连接它们的同面落影即可，如图 8-8 中的 $AB$。

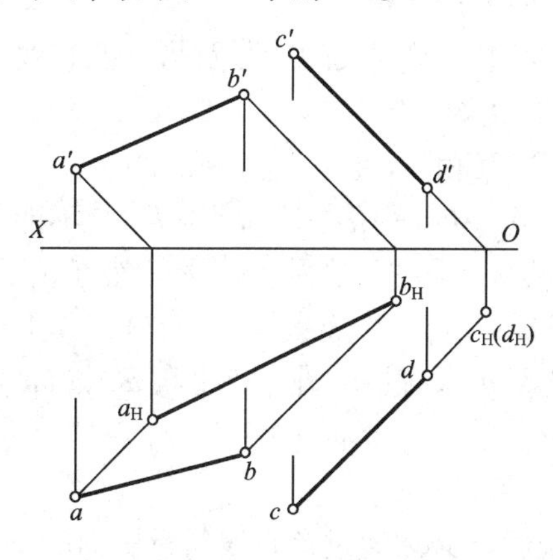


图 8-8　直线的落影

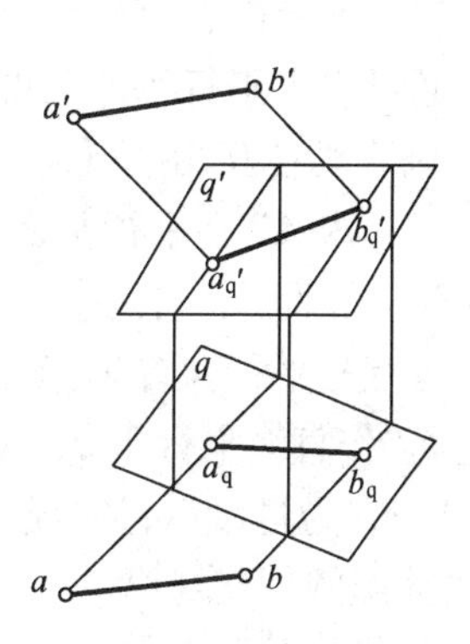


图 8-9　直线在一般位置平面上的落影

如果直线平行于光线方向，则其落影为一点。因为射在该直线上的各点的光线，为同一条光线，所以成为一点，如图 8-8 中的 $CD$。

（2）求作直线 $AB$ 在一般位置平面 $Q$ 上的落影（图 8-9）。首先分别求出 $A$、$B$ 两端点的落影 $A_Q$（$a_Q$，$a_Q'$）与 $B_Q'$（$b_Q$，$b_Q'$），连线 $a_Qb_Q$ 与 $a_Q'b_Q'$，即为所求直线落影的两个投影。

2. 直线落影的平行规律

（1）直线平行于承影面，则直线的落影与该直线的同名投影平行且等长。

如图 8-10 所示，$AB$ 的落影 $A_HB_H$ 平行且等长于 $AB$，$AB$ 平行且等长于 $a_Hb_H$，得出 $A_HB_H$ 平行且等长于 $a_Hb_H$，且 $a_Hb_H$ 等长于 $ab$。

如图 8-11 所示，点 $A$、$B$ 的落影 $a_H$ 与 $b_V'$不在同一承影面上，不能直接连接。当 $AB$ 不平行于承影面时，可用如下两种方法求得折影点 $x_0$（即落影的转折点）：

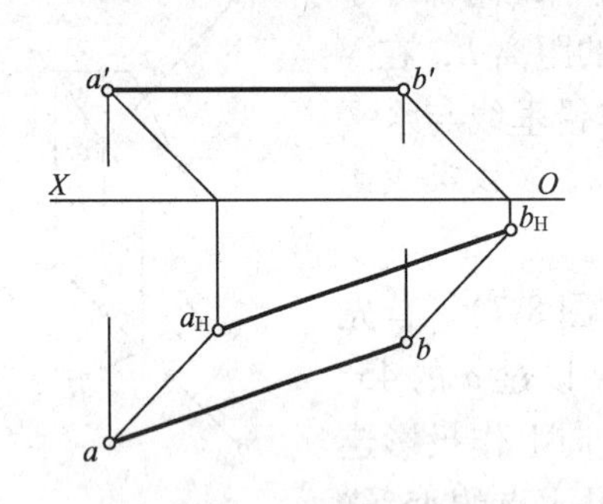


图 8-10　直线在平行平面的落影

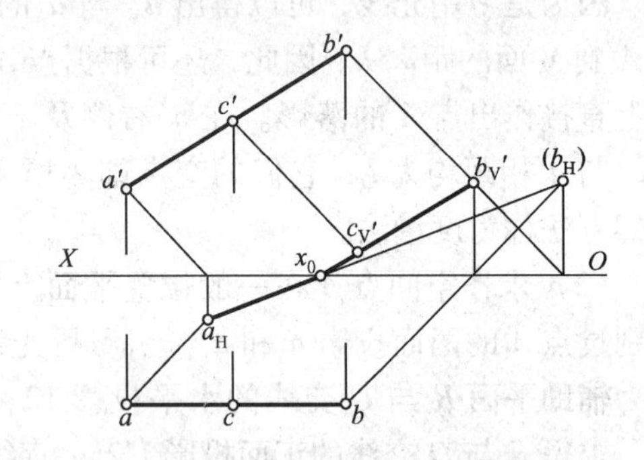


图 8-11　直线在 H、V 面的落影

1）作出点 $B$ 在 $H$ 面的虚影（$b_H$），连接 $a_H$ 与（$b_H$），交 $OX$ 轴于 $x_0$，$x_0$ 即为折影点。连接 $x_0$ 与 $b_V'$，$x_0b_V'$与 $a_Hx_0$ 为 $AB$ 落于 H、V 面的落影。

2）在 $A$、$B$ 之间任取一点 $C$，求点 $C$ 的落影。当落影在 V 面 $c_V'$时，将其与 $b_V'$连接并延长，交 $OX$ 轴于折影点 $x_0$；当点 $C$ 落影于 H 面 $C_H$ 时，则将其与 $a_H$ 连接得到折影点。

当 $AB$ 平行于 V 面时，可利用其落影平行于该面投影的规律，过 $b_V'$作 $a'b'$的平行线，交 $OX$ 轴于折影点 $X_0$，从而完成作图。

（2）两条直线互相平行，则它们在同一承影平面上仍互相平行。

如图 8-12，作图时，可应用上述规律，先求出其中一条直线的落影及另一条直线上一点的落影，通过引出平行线即可得到另一平行直线的落影。

（3）一条直线在互相平行的各个承影面上的落影互相平行。

如图 8-13，求 $AB$ 在平行平面 $P$、$Q$ 上的落影。$A$、$B$ 分别落影于 $a_P'$与 $b_Q'$，不能直接连接。过 $AB$ 的光平面，与两平行平面分别相交的两交线即 $AB$ 的两段落影必然互相平行，其同面投影也互相平行。首先作出 $B$ 点在 P 面的假影（$b_P'$），连接 $a_P'$（$b_P'$），其上的一段可见；过 $b_Q'$作直线平行于 $a_P'$（$b_P'$），得到过渡点 $d_Q'$；过 $d_Q'$作 45°线与 $a_P'$（$b_P'$）交于 $d_P'$，$d_P'$与 $d_Q'$为过渡点，完成作图。

3. 直线落影的相交规律

（1）直线与承影面相交，直线的落影（或延长后）必然通过该直线与承影面的交点。

作图时，只要求出另一点的落影，与交点自身连线即可。

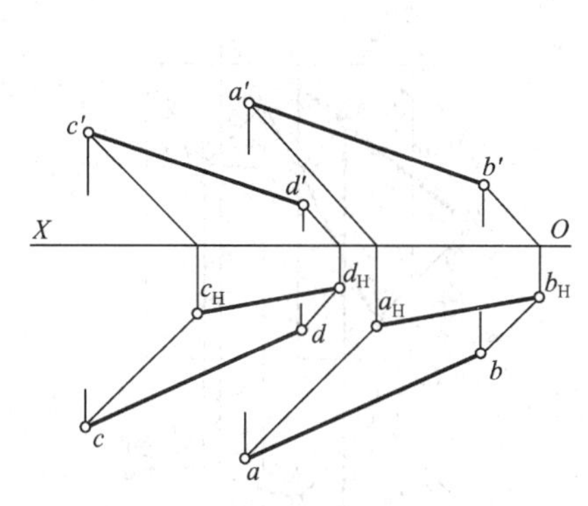

图 8-12　两平行直线的落影

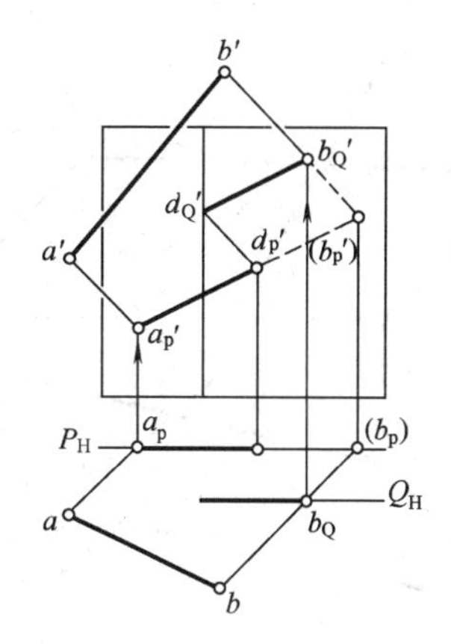

图 8-13　直线在平行两平面上的落影

如图 8-14，求作直线 $AB$ 在组合平面 $P$、$Q$、$R$ 上的落影。首先分别求出点 $A$、$B$ 的落影 $A_R$、$B_P$，$AB$ 与 $P$ 的交点为 $C$（即扩大平面 $P$，与 $AB$ 相交于点 $C$），连接 $b_P$ 与 $c$，与面 $P$、$Q$ 的交线相交于点 1；因为 $AB$ 与 $R$ 的交点为 $D$，连接 $a_R$ 与 $d$，与面 $R$、$Q$ 的交线相交于点 2；再连接 12，得到 $AB$ 在平面 $P$、$Q$、$R$ 上的三段落影 $b_P1$、12、$2a_R$。这种通过延长直线或扩大平面求得它们的交点，从而得出所求落影的方法，叫做延长直线扩大平面的交点法。

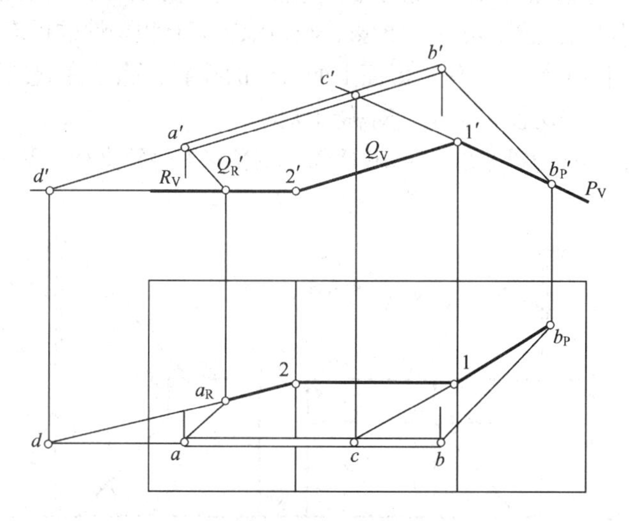

图 8-14　直线在组合平面的落影

（2）两相交直线在同一承影面上的落影必然相交，落影的交点即是两直线交点的落影，如图 8-15 所示。

（3）一条直线在两个相交的承影面上的两段落影必然相交，折影点必然位于两承影面的交线上。

如图 8-16，可利用 $K$ 点的返回光线求得折影点。由折影点 $K_1$ 引 45°线，返回到 $AB$ 线上得到点 $K$，则点 $K$ 的落影位于 $P$、$Q$ 两面的交线上；由 $k'$ 引 45°线，得到 $k_1'$，这种方法叫做返回光线法。也可利用延长直线扩大平面的交点法，作图方法如图 8-16 所示。

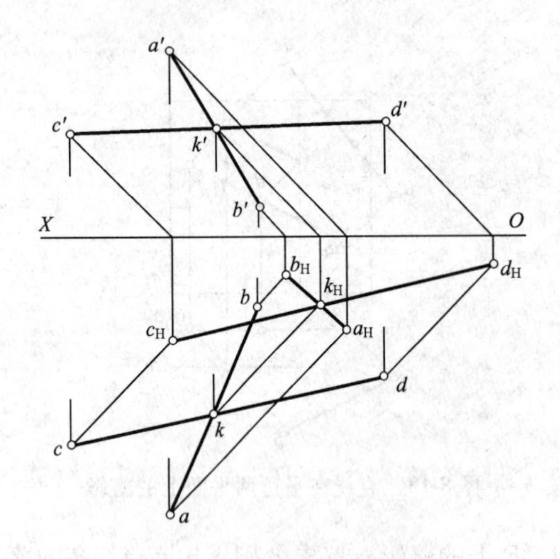


图 8-15 两相交直线的落影

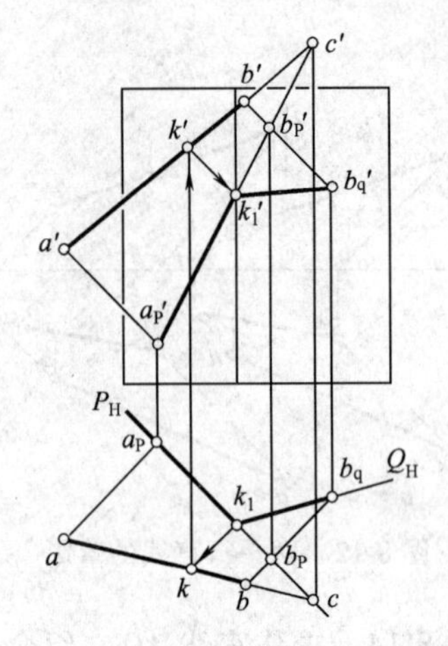


图 8-16 直线在两相交平面上的落影

4. 投影面垂直线的落影规律

（1）某投影面垂直线在任何承影面上的落影，在该投影面上的落影都是与光线投影方向一致的 45°直线。

（2）某投影面垂直线落影在另一投影面垂直面（平面或曲面）所组合成的（或单一的）承影面上时，该落影在第三投影面上的投影，与该承影面有积聚性的投影呈对称形状。

实际上，投影面垂直线在任何承影面上的落影的投影，除了在直线所垂直的那个投影面上是 45°直线外，其余两投影总是呈对称形状的。

如图 8-17 所示，*AB* 为铅垂线，它在 H 面上的落影是 45°直线，V 面投影与 W 面投影呈对称形状。

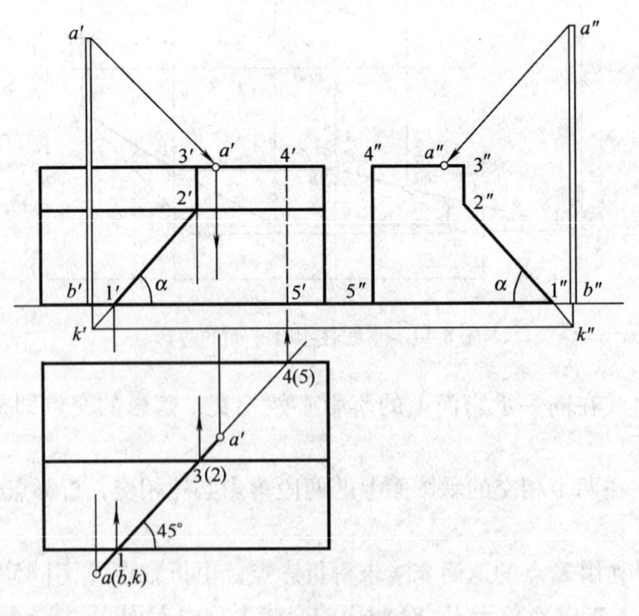


图 8-17 铅垂线在侧垂面上的落影

如图 8-18 所示，$AB$ 为侧垂线，在 W 面上的落影是 45°直线，$AB$ 落影的 V 面投影与 H 面投影呈对称形状。

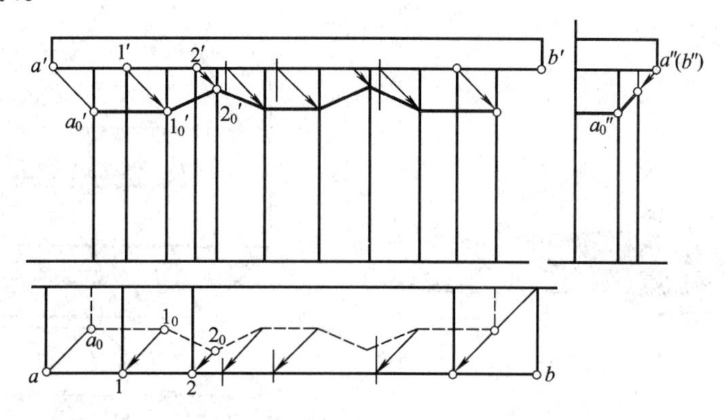

图 8-18　侧垂线在铅垂面上的落影

**三、平面的落影**

1. 平面多边形的落影

求作一个多边形的落影，可转化为求线的问题，即求作多边形各边线在投影面上的落影。

（1）如果多边形平行于承影面，并且只落影于该承影面，则其落影与该多边形的大小、形状完全相同，它们的同面投影也相同，如图 8-19 所示。

（2）如果多边形与光线的方向平行，它在任何承影面上的落影均呈直线，且平面多边形的两面均为阴面。

如图 8-20 所示，平面多边形只有迎光的边 $AB$、$AF$、$EF$ 被照亮，其他部分不受光，两侧表面均为阴面。

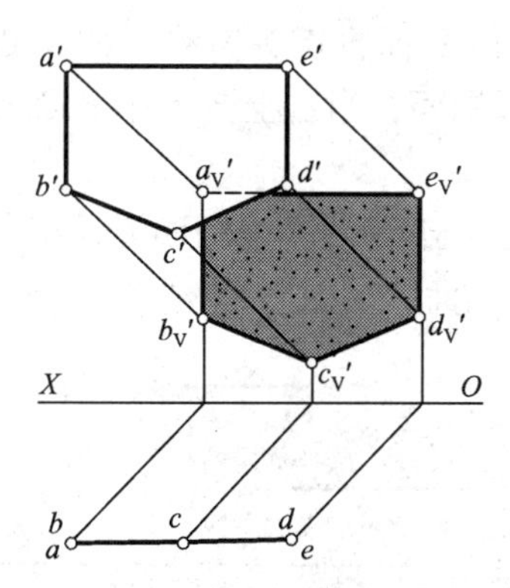

图 8-19　平行于投影面的多边形的落影

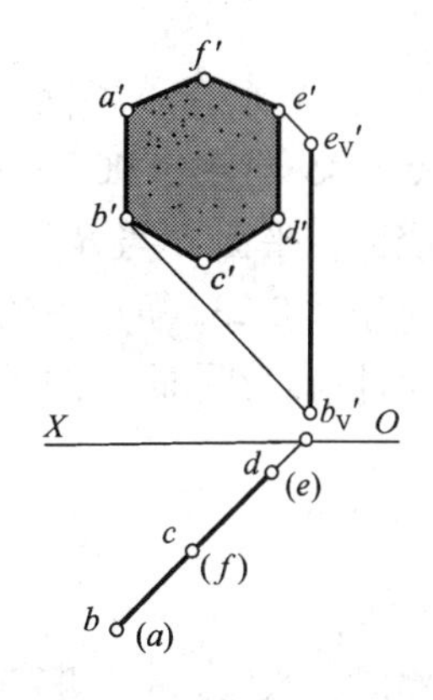

图 8-20　平行于光线的多边形的落影

（3）如果多边形落影于两个相交的承影面上，要注意影线的折影点，如图 8-21。

（4）如图 8-22 所示，三角形ⅠⅡⅢ不仅落影于投影面上，而且在一个矩形ⅤⅥⅦⅧ上有落影。

首先作出三角形和矩形在 V 面上的落影 $4_V'\ a_V'\ 2_V'\ b_V'\ 5_V'\ c_V'\ 3_V'\ d_V'\ 6_V'\ 7_V'$，它们的落影相交于 $a_V'$、$b_V'$、$c_V'$、$d_V'$四点，由这四点分别引返回光线到矩形的边线上，得到 $a_0'$、$b_0'$、$c_0'$、$d_0'$，再返回到三角形边线上，得到 $a'$、$b'$、$c'$、$d'$。

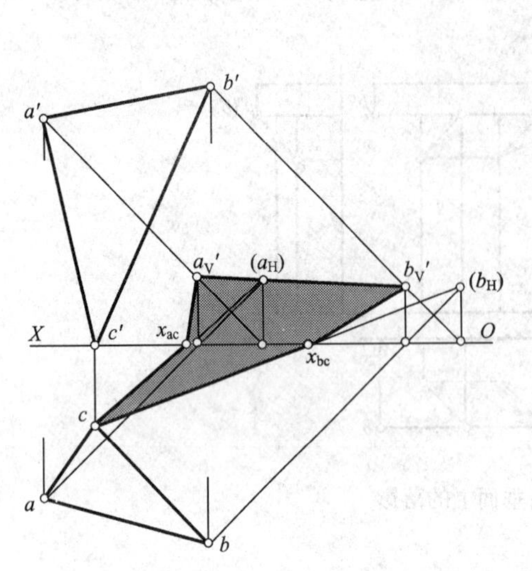


图 8-21　多边形在 H、V 面上的落影

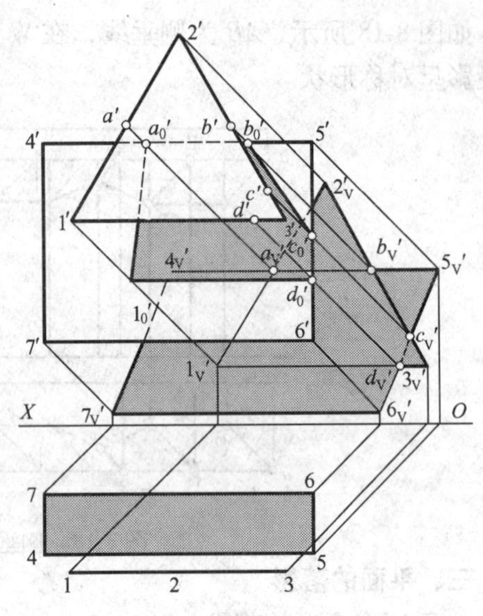


图 8-22　多边形在另一多边形上的落影

直线ⅠⅢ平行于矩形ⅣⅤⅥⅦ，所以直线在矩形上的落影平行于直线的投影 $1'3'$，过 $d_0'$作直线平行于 $1'3'$，该直线与过 $1'$的光线相交于点 $1_0'$，连接 $1_0'$与 $a_0'$，再连接 $b_0'c_0'$。得到三角形在矩形上的落影为多边形 $a_0'\ b_0'\ c_0'\ d_0'\ 1_0'$。

2. 平面多边形的阴面与阳面的判别

平面是不透明的，在光线的照射下，受光的面称为阳面，背光的面称为阴面。

（1）当平面多边形垂直于投影面时，可在有积聚性的投影面上，直接利用光线来进行判别。

如图 8-23（*a*）所示，平面 *P*、*Q*、*R* 为正垂面，其 V 面投影为直线。由 V 面可见，与 *OX* 夹角大于 45°且小于 90°的平面 *Q*，光线照于其下侧面，当自上向下作 H 面投影时，所见的面为阴面。平面 *P* 与 *R* 的 H 面投影为阳面。

同样，对于图 8-23（*b*）中的铅垂面，由 H 面可见，与 *OX* 夹角大于 45°且小于 90°的平面 *Q* 的 V 面投影为阴面。平面 *P* 与 *R* 的 V 面投影为阳面。

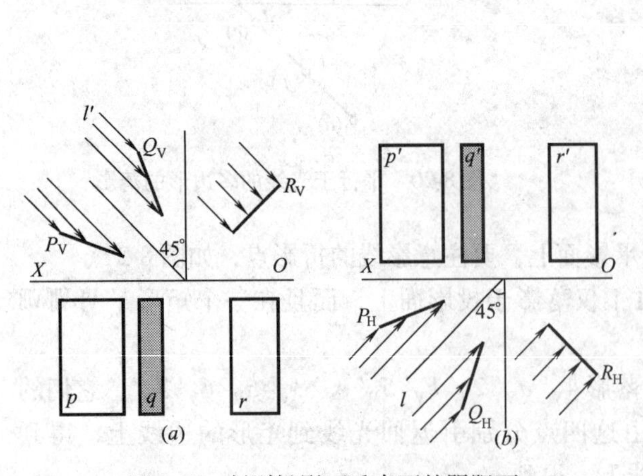


图 8-23　判别投影面垂直面的阴阳面

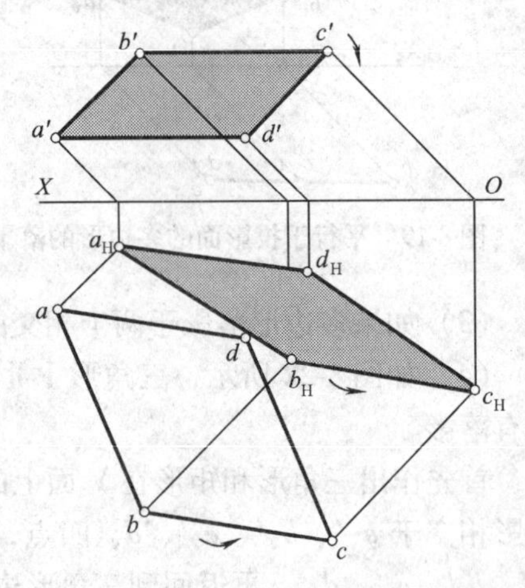


图 8-24　判别一般位置平面的阴阳面

（2）当平面处于一般位置时，可根据两个投影及平面落影顶点的旋转顺序来进行判别。

当平面处于一般位置时，初步判别：如果平面的两个投影各顶点的旋转顺序一致，则两投影同是阳面或同是阴面；反之，则为一阴面一阳面。进一步判别：先求出平面的落影，各顶点的旋转顺序与落影的旋转顺序一致的投影，为阳面，不一致的为阴面。

如图 8-24 所示，平面 *ABCD* 的落影为逆时针方向，平面的 H 面投影与之一致，同为逆时针方向。所以，其 H 面投影为阳面；V 面投影为顺时针，所以为阴面。

## 第三节　建筑形体的阴影

下面对建筑中常见部位的阴影特征加以分析。

### 一、窗洞与窗台的阴影

（1）如图 8-25 所示，为几种常见窗洞与窗台的阴影。在立面图中，窗洞的阴影，实际就是窗套在窗扇面的落影。窗套（无论是方形还是多边形）在窗扇面的落影与窗套的形状是相同的，只是向右、向下退缩了一定的距离 $m$，落影宽度 $m$ 即为窗扇面凹入墙面的深度。窗台的阴影与窗洞的阴影相似，它的落影宽度 $n$ 为窗台凸出墙面的深度，$m$ 和 $n$ 都可以从平面图中得出。因此，如果知道深度 $m$、$n$，也可以直接在立面图上作出阴影。

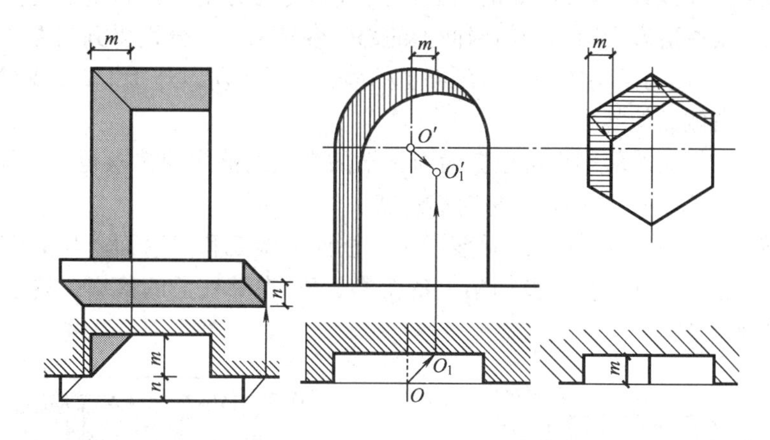


图 8-25　窗洞与窗台的阴影

（2）如图 8-26 所示，求作六边形窗套的阴影。作出点 $A$、$C$、$D$ 的落影，得出大部分阴影。根据上例的原理，已知 $m$、$n$，也可直接在立面图上量取距离得出。由于窗套内侧面是倾斜的，除了窗扇面外，窗套的右上侧面、右下侧面、底面都可以承影，并且在立面图上可见。阴线 $DE$ 的落影一段在窗扇面上，另一段则落在窗套的右上侧面，$E$ 点在右侧面上的落影与其自身重合。过 $d_0'$ 的水平线与右上侧面交于 $1_0'$，连接 $1_0'e'$。同理，$CB$ 的落影转折点在 $2_0'$，连接 $2_0'b'$，完成作图。

### 二、雨篷与门洞的阴影

（1）如图 8-27（*a*），为带雨篷的门洞的阴影作图。雨篷上 $BC$ 与 $CD$ 为阴线，点 $B$ 落影在墙面上 $b_0'$ 点，$b_0'$ 点可根据 $n$ 值得出，$B$ Ⅰ段、Ⅲ$C$ 段为落影在墙上的水平线，Ⅰ Ⅱ段由于落影在门扇面上，所以在 $n$ 基础上再向下移距离 $m$，门扇左侧的落影同样根据 $m$ 值求得。ⅡⅢ段落影在窗洞的右侧面上，立面图上不可见。

图 8-27（$b$），雨篷的宽度较大，点 $B$ 落影在门扇面上，$b_1'$点应根据 $m+n$ 值得出。

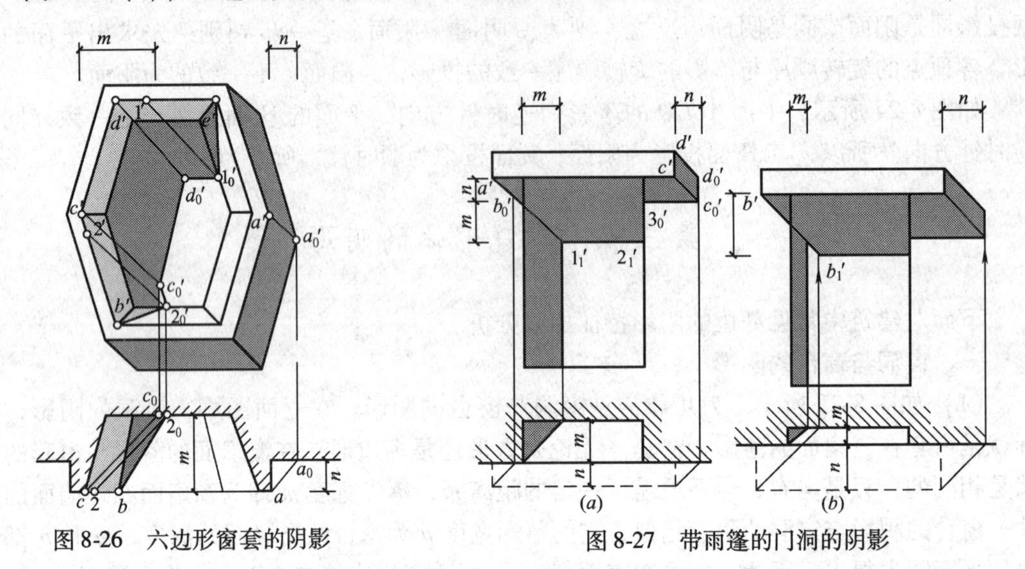

图 8-26　六边形窗套的阴影　　　　图 8-27　带雨篷的门洞的阴影

（2）如图 8-28 所示，求带雨篷的门洞的阴影。门洞的左、右侧面不与门扇垂直，其上的落影可见。雨篷落影于墙面和门扇面上的部分容易求得，分别得到与左、右侧面的交点 1′、2′、3′、4′，因为门洞的左、右侧面上的落影可见，所以连接 1′2′、3′4′，即得到雨篷在门洞的左、右侧面的落影。

雨篷在左、右侧面的落影也可根据前面已学的直线的落影规律求得。即侧垂线 $BC$ 落影的 V 面投影与承影面的 H 面投影呈对称形状。

（3）如图 8-29 所示，雨篷、门洞落影于壁柱面、墙面和门扇面。与前面的较大雨篷的落影求法基本相同。壁柱在墙及门扇上的落影、$BC$ 在壁柱上的落影，均根据它们之间的平面距离得到。

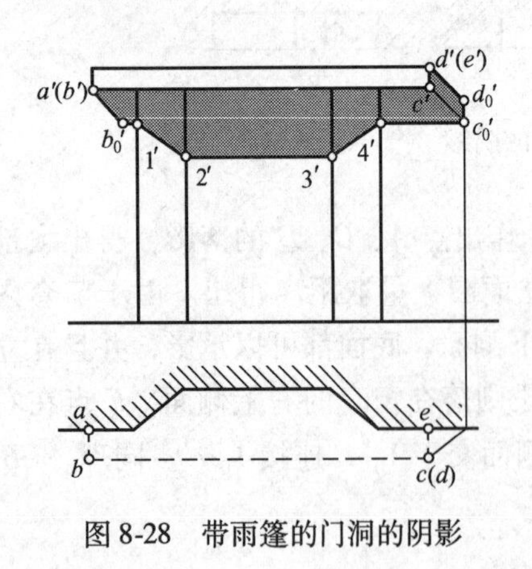

图 8-28　带雨篷的门洞的阴影

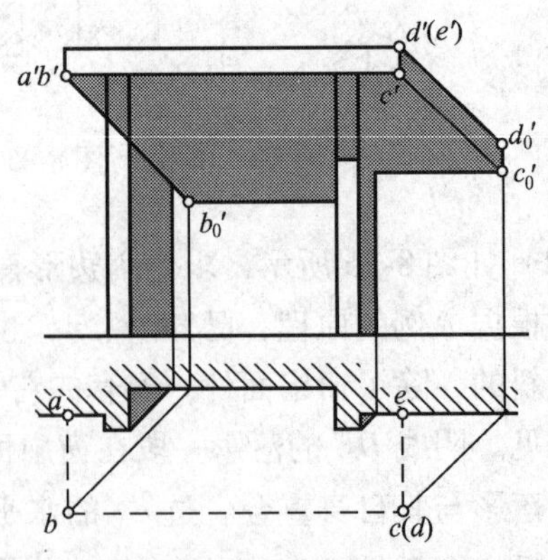

图 8-29　雨篷在带壁柱门洞上的阴影

（4）如图 8-30，求雨篷及斜板形壁柱的阴影。先根据侧面图得到 $BC$ 在壁柱面、墙面和门扇面的落影。求斜板形壁柱在墙根处的折影点 $K_0$ 是利用返回光线法求得的，即从侧面图上找出墙与地面的交点，返回45°光线，得到$K''$点再返回立面图，得出$k_0'$点。壁柱斜板的直线$FG$和$JH$在墙上和门扇上的落影是平行的，得出全部阴影。

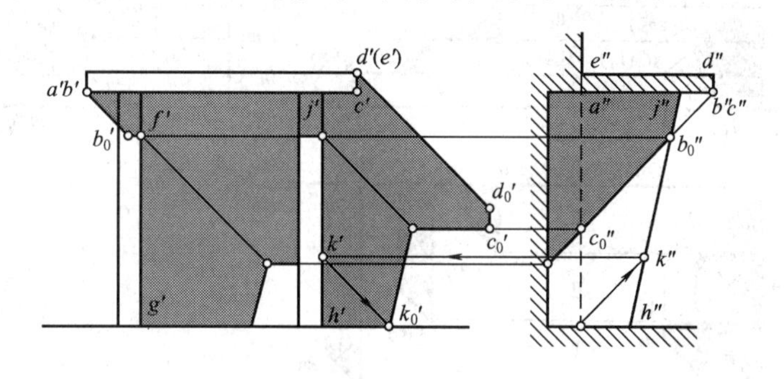


图8-30　雨篷及斜板形壁柱的阴影

### 三、阳台的阴影

（1）如图8-31所示，求矩形阳台的阴影。根据凸出尺寸$m$和$n$可得出阳台挑檐及阳台在墙面上的落影，阳台挑檐在阳台面的落影高度应等于挑檐挑出阳台面的距离$s$。

（2）如图8-32所示，求多边形阳台的阴影。求出多边形顶点在墙面上的落影，用直线依次连接；过$a$作返回光线，求得棱线上的落影$a_0'$，再求出$b$点的落影$b_0'$，连接$a_0'$、$b_0'$，并过这两点作挑檐的平行线，得到阳台挑檐在阳台面的落影。

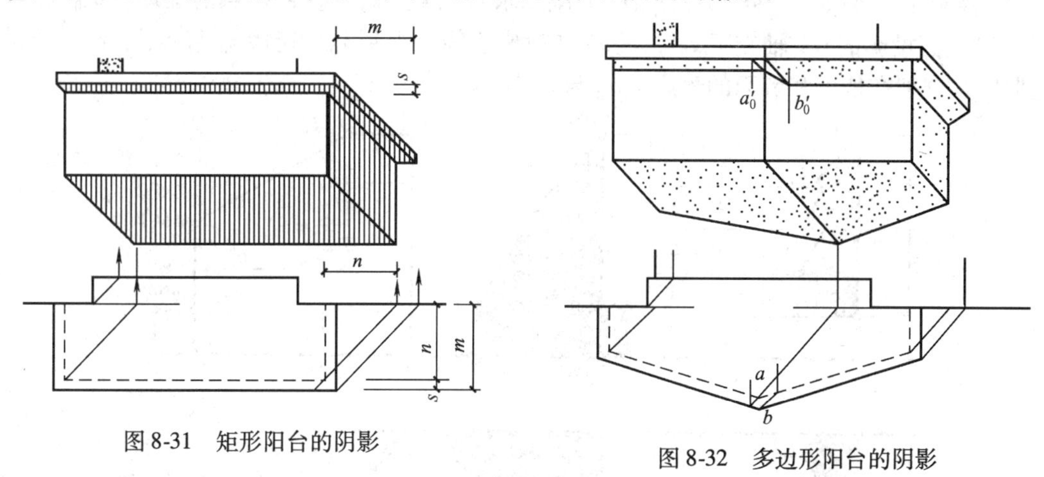


图8-31　矩形阳台的阴影

图8-32　多边形阳台的阴影

### 四、台阶的阴影

（1）如图8-33所示，求有矩形栏板的台阶的阴影。左侧栏板的阴线为$AB$和$AA_1$。$BA$为正垂线，在墙面和台阶踢面上的落影为45°直线，过$a'$作45°直线与第Ⅲ踏面（水平线）交于点$4_0'$，过$4_0'$作投影连线，与过$a$的45°线在第Ⅲ踏面内不相交，即$A_0$不落于第Ⅲ踏面上。同理，也不落于第Ⅱ踏面上，过$a'$的45°直线与第Ⅰ踏面（水平线）交于点$a_0'$，过该点作投影连线，与过$a$的45°线在第Ⅲ踏面内交于$a_0'$，由此，$A$点的落影在第Ⅰ踏面的$A_0$点。

也可利用台阶的踏面、踢面的W投影具有积聚性的特性求作。即过踏步棱线在W面上的积聚投影作45°反射光线，与$a''b''$交于1″、2″、3″、4″。在H面投影$ab$上对应位置求得1、

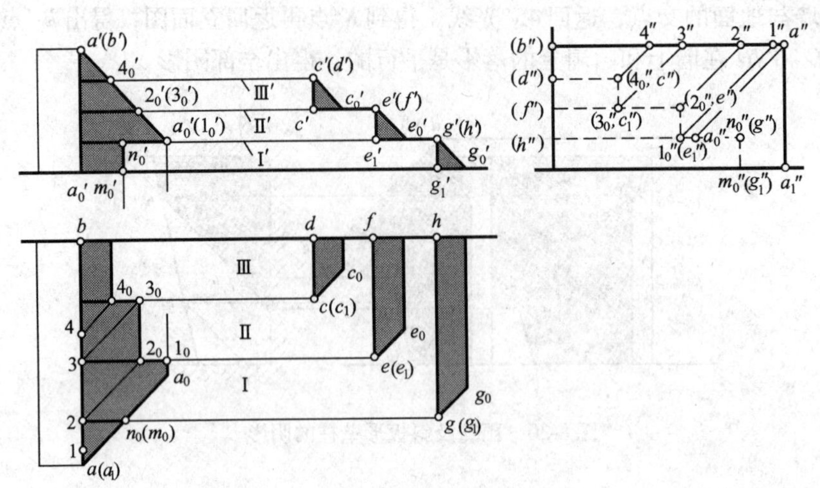


图 8-33　有矩形栏板的台阶的阴影

2、3、4，再过1、2、3、4作45°光线，与相应的棱线的H面投影交于$1_0$、$2_0$、$3_0$、$4_0$。

阴线$AA_1$为铅垂线，其H面投影为45°斜线，过$n_0$（$m_0$）作投影连线，立面图中得到$AA_1$在第一踢面上的落影$n_0'm_0'$。

（2）如图8-34所示，求台阶的阴影。首先求作右侧栏板的落影。阴线$A_1B_1$为倾斜直线，$B_1$落影于V面$b_{10}'$，$A_1$落影于H面$a_{10}$，求转折点$X_0$，连接$A_1$点的虚影（$a_{10}'$）与$b_{10}'$，与V面投影的$OX$轴交于$x_0'$，过$x_0'$作投影连线，得到$x_0$，连接$x_0$与$a_{10}'$、$x_0'$与$b_{10}'$得到$A_1B_1$分别在地面和墙面的落影$x_0a_{10}$与$x_0'b_{10}'$。

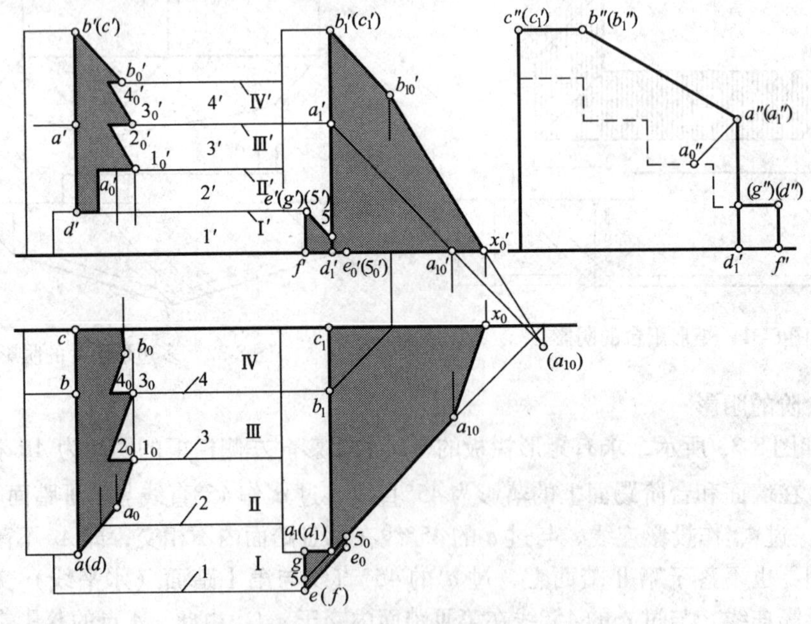


图 8-34　台阶的阴影

求左侧栏板的落影。通过W面投影得到$A$点的落影在第Ⅱ踏面的$A_0$点。因为阴线$AB$平行于$A_1B_1$，所以在平面图上过$a_0$作直线平行于$x_0a_{10}$，与踢面3（水平线）交于$1_0$。再

过 $1_0$ 作投影连线，在立面图中交踏面Ⅱ′于 $1_0'$。过 $1_0'$ 作直线平行于 $x_0'b_{10}'$，与踏面Ⅲ′交于 $2_0'$。再作投影连线，得到 $2_0$，依此类推，得到 $3_0$、$3_0'$、$4_0$、$4_0'$。过 $b'$ 作 45°线与踏面Ⅳ′交于 $b_0'$，引投影连线，与过 $4_0$ 的 $x_0a_{10}$ 的平行线交于点 $b_0$，过 $b_0$ 作直线平行于 $bc$，完成作图。

求第一级踏步的落影。点 $E$ 的落影为 $E_0$，过 $e_0$ 作 $e_05_0$ 平行于 $eg$。完成全部作图。

## 第四节　曲面及曲面体的阴影

### 一、圆面

1. 平行于某投影面的圆，其落影反映其实形。

可先求出圆心的落影，再按其半径画圆即可，如图 8-35 所示。

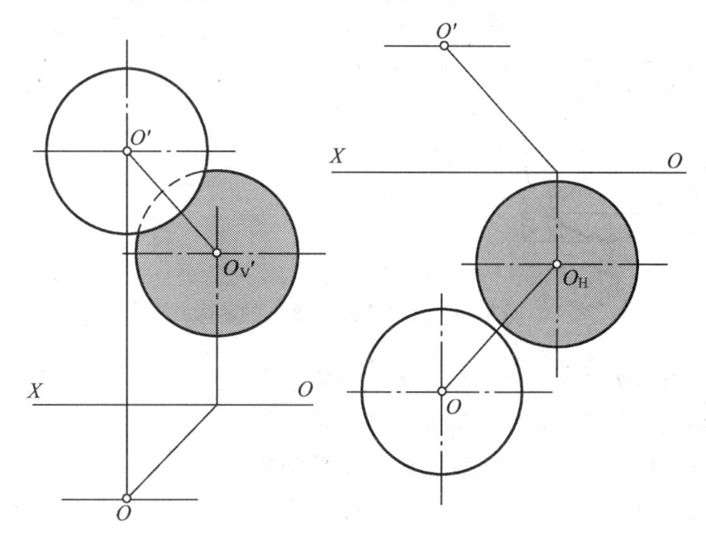


图 8-35　圆面的落影

2. 一般情况下，圆的落影是一个椭圆。

如图 8-36 所示，为求落影椭圆，可利用“八点法”作图，步骤如下：

作圆的外切正方形在 V 面上的落影——平行四边形 $a_V'b_V'c_V'd_V'$。根据直线的落影规律，$a_V'b_V'$ 和 $c_V'd_V'$ 都是 45°线，而 $b_V'c_V'$ 和 $a_V'd_V'$ 是水平线且等于直径长度，对角线 $b_V$、$d_V'$ 是铅垂线，两对角线的交点 $O_V'$ 就是圆心 $O$ 的落影。据此，在求出圆心后，可直接求出正方形的落影。

方法一，如图（$a$）上部所示，以正方形顶边为直径作半圆，过圆心引两个方向的 45°线，与半圆交于两点，将其垂直引到正方形的顶边上，过所得两点作相邻两边的平行线，与该正方形的对角线交于四点，再加上平行四边形上四边中点，依次平滑连接八点，得到圆的落影。

方法二，如图（$a$）下部所示，以 $3_V'b_V'$ 为斜边，作直角等腰三角形，再以 $3_V'$ 为圆心，腰长为半径作半圆，与底边交于两点，过所得两点作相邻边的平行线，与该正方形的对角线交于四点，加上四边中点，求得椭圆。

方法三，如图（$b$）所示，以 $O_V'$为圆心，以 $D/2$ 为半径作圆，交 $3_V'1_V'$于点 $e$、$f$，分别过 $e$、$f$ 点作水平线，交两条对角线于四点，加上四边中点，求得椭圆。

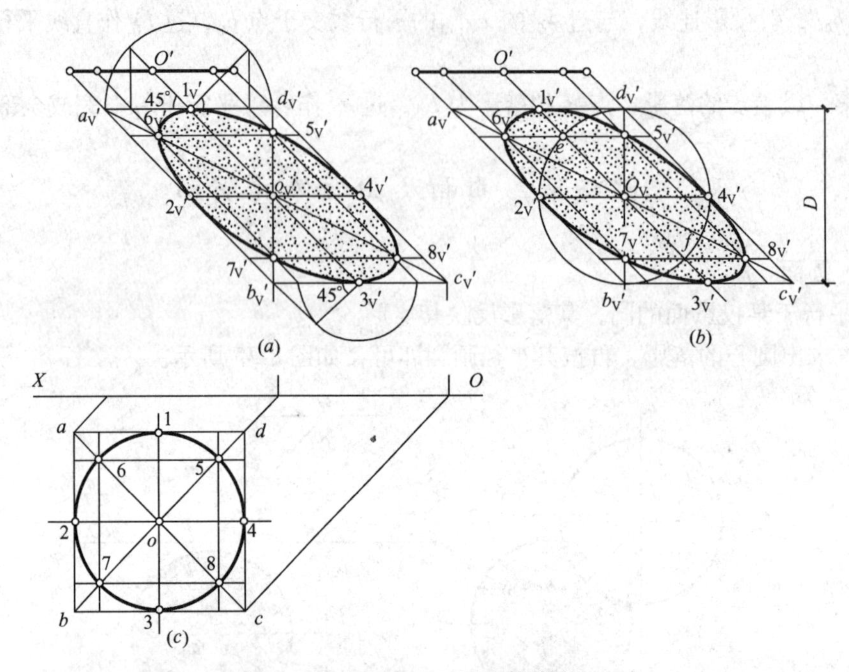


图 8-36　水平圆在 V 面上的落影

3. 如图 8-37 所示为一水平圆，落影于 H、V 面。

水平圆在 H 面的落影，为与其等大的圆，圆心在 H 面的落影 $O_H$ 不难求出。但所作影线圆与投影轴相交的以上部分变成了椭圆的一部分。此椭圆的中心是圆心 $O$ 在 V 面上的虚影（$O_V'$），由此可作出所需的椭圆弧。

由于水平圆的位置不同，可能圆心 $O$ 在 H 面上的落影会变为虚影，但其作图方法与上类同。

**二、圆柱**

如图 8-38 所示，柱面上的阴线是柱面与光平面相切的素线，将柱面分成大小相等的两部分。圆柱体的上底面为阳面，下底面为阴面。两条素线将上下底圆周分成两半，各有半圆成为柱体的阴线。因此，整个圆柱的阴线是由两条素线和两个半圆周组成的封闭线。

图 8-37　水平圆同时落影在 H 面和 V 面上

1. 求圆柱在 H 面上的阴影

如图 8-39 所示为处于铅垂位置的正圆柱。在 H 面，作两条 45°线，与圆周相切于圆柱的 H 面投影 $a$（$b$）、$c$（$d$）点，即两条素线的 H 面投影。圆柱上底面的 H 面投影仍为正圆周，下底面的投影与其自身重合，所以求出圆心的投影，再以该投影为圆心画圆，与 45°线相切，得到圆柱在 H 面上的落影。

求阴面。由 $a$、$c$ 两点可求得阴线的 V 面投影 $a'b'$ 及 $c'd'$。柱面右后方一半为阴面，在 V 面投影中，$a'b'$ 右侧一小条可见。

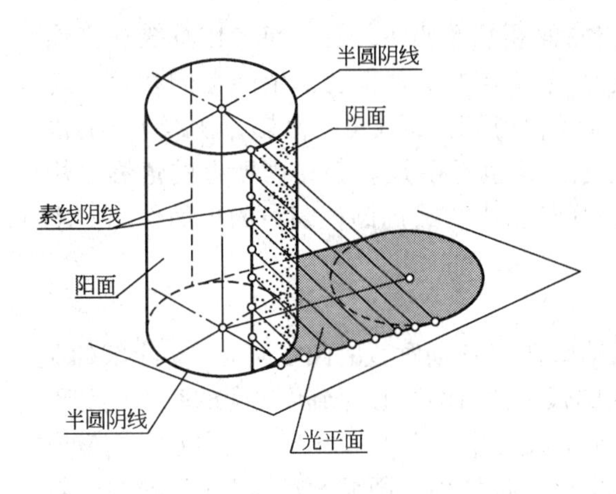


图 8-38　圆柱阴影的形成

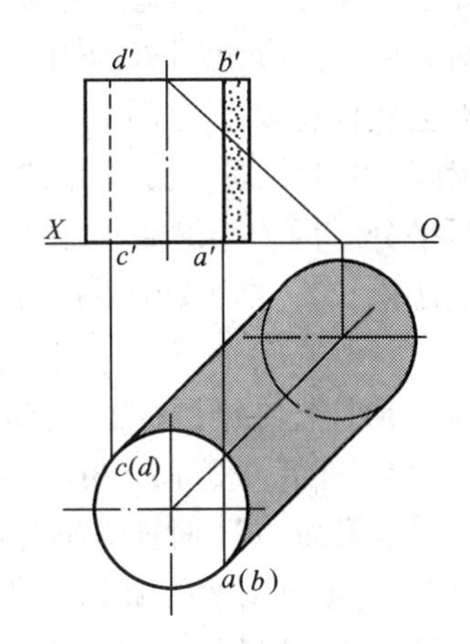


图 8-39　圆柱在 H 面上落影的画法

在 V 面投影中，可以直接求出阴线。单面作图法有两种，与前面圆的落影椭圆中边线上两点的求法相同。

2. 求圆柱在 H、V 面上的阴影

如图 8-40 所示为处于铅垂位置与 H 面有一定高度的正圆柱，同时在两个投影面上有落影。先求阴线的投影，圆柱下底面的 H 面投影仍为正圆周，所以求出圆心的投影，再以该点为圆心画圆，与两条素线的投影相切。上底面的投影为椭圆，同样与两条素线的投影相切，其作法参见水平圆的 V 面落影的求法，也可用光线迹点法求作，得到完整的落影。

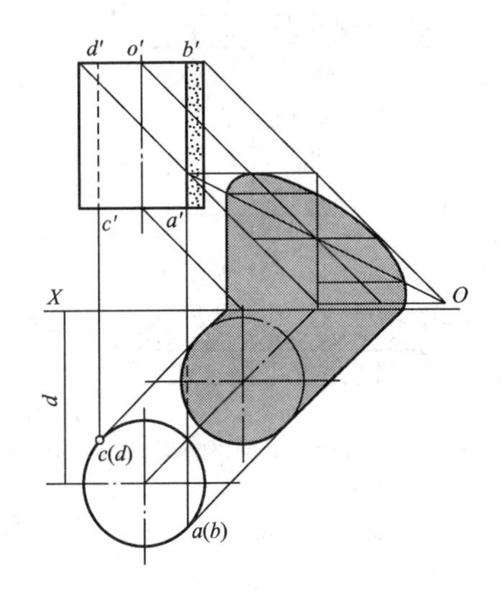


图 8-40　圆柱在 H、V 面上落影的画法

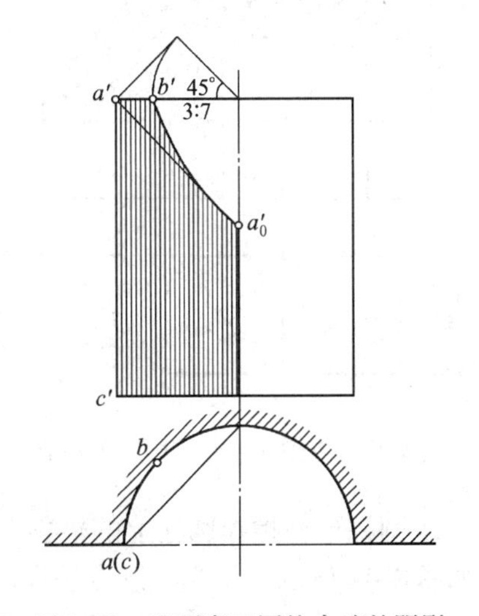


图 8-41　通顶半正圆柱内壁的阴影

由图可证，$o'b'=0.7R$，所以阴线分半径 $R$ 的比为 3∶7。可仅在 V 面投影中直接求作阴线。

3. 求通顶半正圆柱内壁的阴影

如图 8-41 所示，在平面图中作 45°光线与柱面相切于点 $b$，由 $b$ 向上作垂线在立面图的柱面上底面得 $b'$，空间点 $B$（$b$、$b'$）是光线与半圆柱面在上底半圆上的切点。左侧轮廓素线 $CA$ 是阴线，由 $A$ 点的落影 $a_0'$ 作垂线，得到阴线 $CA$ 的落影，阴线 $CA$ 的落影将圆弧平分。因为半圆是通顶的，所以，圆弧 $AB$ 也是阴线。它在内壁上的落影可用光线迹点法求出。立面图中的阴点 $b'$ 也可利用比例得出，或用圆柱阴线的单面作图法求得。

4. 求方形柱帽在半圆柱面上的落影

如图 8-42 所示，侧垂线 $BC$ 为阴线，一段落影在与 H 面垂直的圆柱面上。该影线的 V 面投影，与承影面的 H 面投影呈对称图形，为圆弧。圆弧的中心 $o'$ 到 $b'c'$ 间的距离，等于该阴线 $BC$ 到圆柱轴线间的距离。作图时，在 V 面投影中，自 $b'c'$ 向下，在中心线上量取距离 $m$，得点 $o'$。以 $o'$ 为圆心，圆柱的半径为半径，向 H 面上圆弧的对称方向画圆弧，就是 $BC$ 的落影。

$AB$ 的正面投影为 45°斜线，过柱帽左下沿的角点 $a'$ 作 45°线，与前述所作圆弧相交于 $a_0'$；过 $o'$ 向右上作 45°斜线，与前述所作圆弧相交得过渡点 $d_0'$；再过 $d_0'$ 向下作铅垂线，即得柱身的落影。

5. 求方形柱帽在内凹半圆柱面上的落影

如图 8-43 所示，自 $b'c'$ 向下，在中心线上量取 $m$，得点 $o'$。以 $o'$ 为中心，圆柱的半径为半径，向 H 面上圆弧的对称方向画圆弧，圆弧上的一段，就是 $BC$ 的落影。

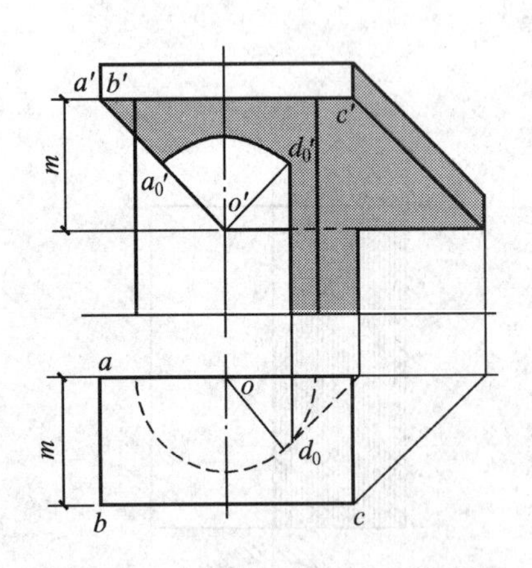

图 8-42　方帽在半圆柱面上的落影

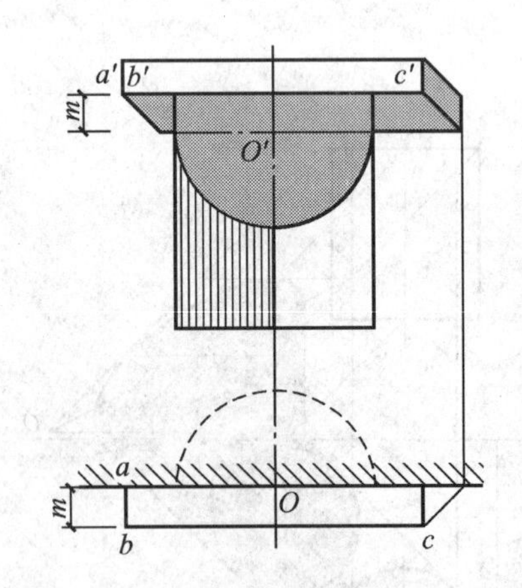

图 8-43　方帽在内凹半圆柱面上的落影

6. 求圆柱形柱帽在圆柱上的落影

如图 8-44 所示，用光线迹点法作图。

图中选择了 $A$、$B$、$C$、$D$ 四点，$B$ 点在过轴线的光平面 $P$ 上，过 $B$ 点作光线与柱身相交，得影点 $B_0$，立面图上，$b_0'$ 为影线上的最高点。$A$、$C$ 两点，对光平面 $P$ 对称，所以它们在立面图上的落影 $a_0'$ 与 $c_0'$ 位于同一水平线上，$a_0'$ 落影在柱身的轮廓素线上，$c_0'$

在柱身的轴线上，$D$ 点位于与柱身相切的光平面上，所以 $D$ 点的落影 $d_0'$应位于柱身的阴线上。

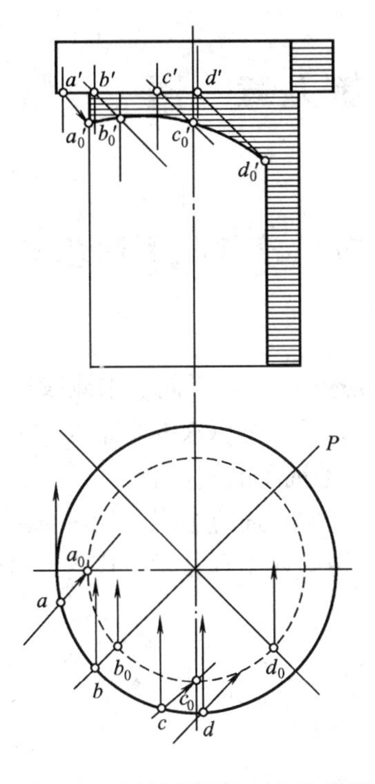


图 8-44　圆帽在圆柱面上的落影

# 第九章　透　视

## 第一节　透视投影的基本知识

### 一、透视图的概念

透视投影图简称透视图（或透视），它不同于轴测投影图的平行投影，它是由人眼引向物体的视线与画面的交点组合而成，是以人的眼睛为中心的中心投影，符合人的近大远小的视觉特点。图 9-1、图 9-2 为透视图的实例。

在规划、建筑设计及装饰设计中，通过透视图能够看到完成后的感觉和效果，可供人们推敲、评判、展示。同时，透视图在工程技术、广告设计、绘画中也有广泛的应用。

图 9-1　某室内一点透视图

### 二、透视图的特点

透视图与正投影图相比，具有如下特点，如图 9-1、图 9-2：

（1）建筑物上等高的墙、柱、窗洞，与画面的距离越近越高，越远越低，即近高远低；

图 9-2　某室内两点透视图

（2）建筑物上等宽的窗间墙、窗洞，与画面的距离越近越宽、越远越窄，即近宽远窄；

（3）体量相等的建筑物，与画面的距离越近越大，越远越小，即近大远小；

（4）建筑物上与画面相交的一组平行线，在透视图中有共同的交点。

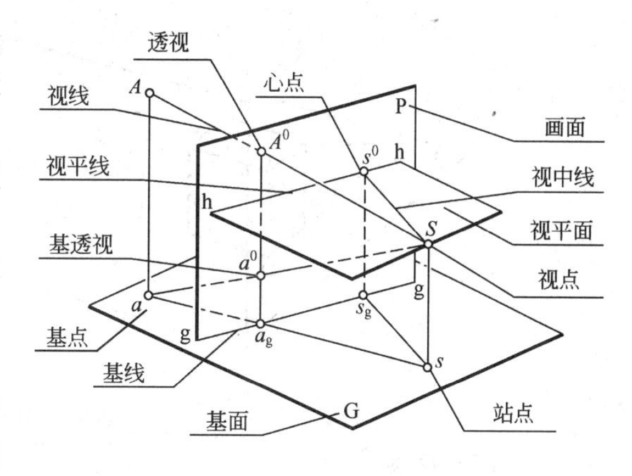


图 9-3　透视的基本术语

**三、透视图的基本术语**

在透视作图中，经常用到一些基本的术语。为了便于理解它们的含意，更好地掌握透视的作图方法，现作如下介绍（图 9-3）。

基面——放置建筑物的水平面，用字母 G 表示；

画面——透视图所在的平面，用字母 P 表示，一般以垂直于基面的铅垂面为画面，少数情况也可用倾斜平面作画面；

基线——基面与画面的交线，在画面上用字母 g-g 表示，在平面图中用 p-p 表示；

视点——相当于人眼所在的位置，即投影中心 $S$；

站点——视点 $S$ 在基面 G 上的正投影 $s$，相当于观看建筑物时，人站立的位置；

心点——视点 $S$ 在画面 P 上的正投影 $s^0$；

视线——视点 $S$ 与空间点 $A$ 的连线 $SA$；

视中线——垂直于画面并过视点 $S$ 的视线，即视点 $S$ 与心点 $s^0$ 的连线 $Ss^0$；

视平面——过视点 $S$ 的水平面；

视平线——视平面与画面的交线，用 h-h 表示，当画面为铅垂面时，心点 $s^0$ 位于视平线上（图中所示即为这种情况）；

视高——视点 $S$ 与基面 G 的距离，即人眼的高度，当画面为铅垂面时，视平线与基线的距离等于视高；

视距——视点与画面的距离，即中心视线 $Ss^0$ 的长度，当画面为铅垂面时，站点与基线的距离等于视距。

图中，点 $A$ 是空间任意点，视点 $S$ 与点 $A$ 的连线，即为通过 $A$ 点的视线；视线 $SA$ 与画面 P 的交点 $A^0$，就是空间点 $A$ 的透视；点 $a$ 是空间点 $A$ 在基面上的正投影 $a$，称为点 $A$ 的基点；基点的透视 $a^0$，称为点 $A$ 的基透视。

**四、透视图的分类及特点**

透视图根据形体的坐标轴与画面位置的不同，可分为如下三种：

1. 一点透视

如图 9-4 所示，形体的某一个面与画面平行，三个坐标轴 $X$、$Y$、$Z$ 中，只有一个轴与画面垂直，另两轴与画面平行。在这种透视图中，与三个轴平行的直线，只有一个轴向的透视线有灭点，所以称为一点透视。一点透视能显示主要面的正确比例关系。它适用于横向场面宽广，希望显示纵向深度的室内和建筑群。

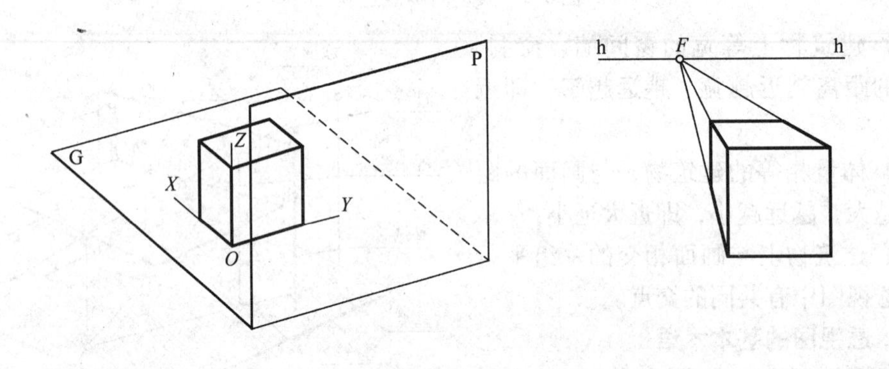


图 9-4　一点透视

2. 两点透视

如图 9-5 所示，形体的三个坐标轴 $X$、$Y$、$Z$ 中，任意两个轴（通常为 $X$、$Y$ 轴）与画面倾斜相交，第三轴（$Z$ 轴）与画面平行。这种透视图有两个轴向的透视线有灭点，所以称为两点透视。两点透视效果真实、自然。在表现室内、单体建筑及周围环境时，最为常用。

3. 三点透视

前面提到过，有画面倾斜于基面的情况，即形体的 $X$、$Y$、$Z$ 三轴，均与画面倾斜相交。在这种透视图中，三个轴向的透视线均有灭点，所以称为三点透视，如图 9-6 所示（它不太常用，本书对其作法省略不讲）。三点透视竖向高度感突出，它常用于绘制高层建筑。

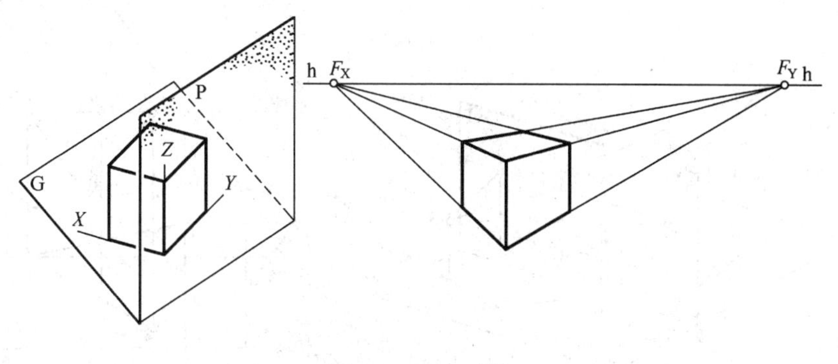


图 9-5　两点透视

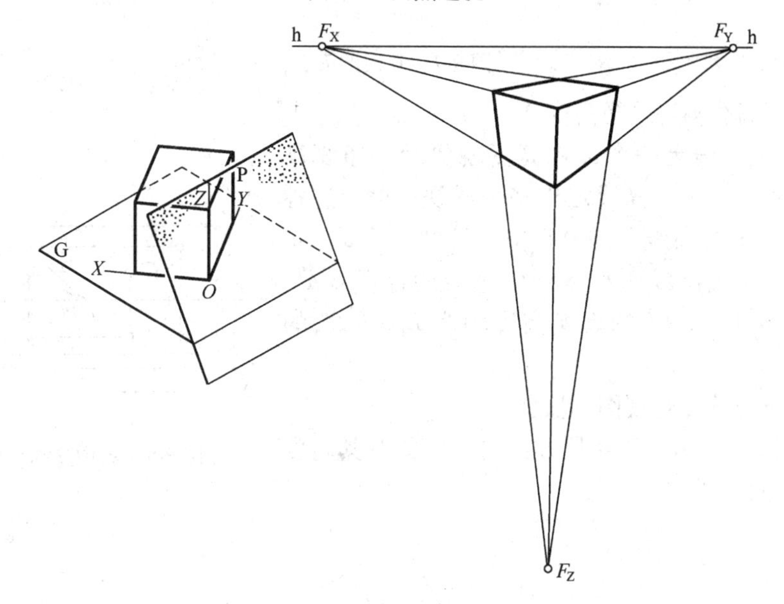


图 9-6　三点透视

## 第二节　透视图的基本作图方法

**一、两点透视**

1. 灭点法

（1）灭点的概念、基本原理

直线的灭点，是直线上无穷远点的透视。因为平行直线交于无限远点 $F$，所以通过一条直线上的无限远点 $F$ 的视线与直线平行。如图 9-7 所示，连接视点 $S$ 与直线上的 $A$、$B$ 等点，当连接无限远点 $F$ 时，$SF$ 与 $AB$ 平行。$SF$ 与画面的交点 $F$（此处不写作 $F^0$，只简写作 $F$），即为直线 $AB$ 的灭点。利用灭点来求作透视图的方法，称作灭点法。

形体的立面图一般置于画面左方或右方，室外地坪线与 g-g 重合，以便量取高度。也可以不画出立面图，只要知道相应部位的高度数值即可。

（2）用真高线确定透视高度

铅垂线位于画面上时，反映真实的高度，这种线称为真高线。在绘制建筑透视图时，

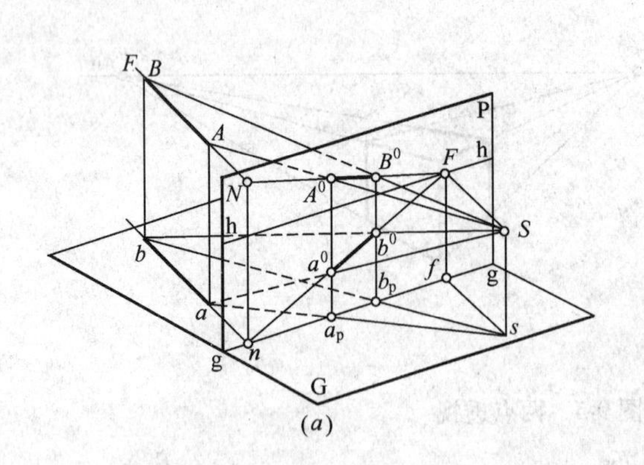

(a)

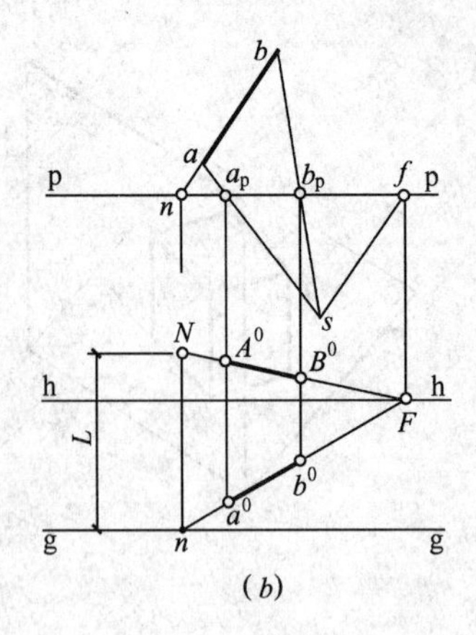

(b)

图 9-7 直线的灭点

常常要应用真高线确定透视高度。

为了避免每确定一个透视高度就要画一条真高线，可集中利用一条真高线定出多个透视高度，这种真高线称为集中真高线。图 9-8 中，已知 $a^0$、$b^0$、$c^0$ 等点，利用集中真高线 $T^0t^0$ 求作铅垂线的透视 $a^0A^0$、$b^0B^0$、$c^0C^0$。$a^0A^0$、$c^0C^0$ 的真实高度均为 $L_1$，$b^0B^0$ 的真实高度为 $L_2$。

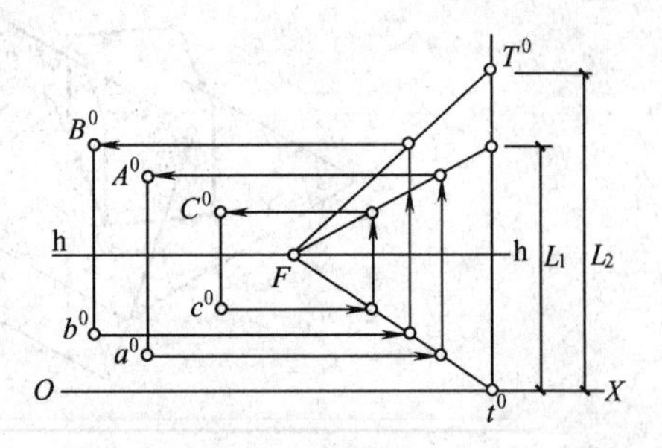

图 9-8 集中真高线的运用

（3）用灭点法作透视图的实例

1）如图 9-9 所示，已知长方体的平面图及其高度 $L$，求长方体的透视。

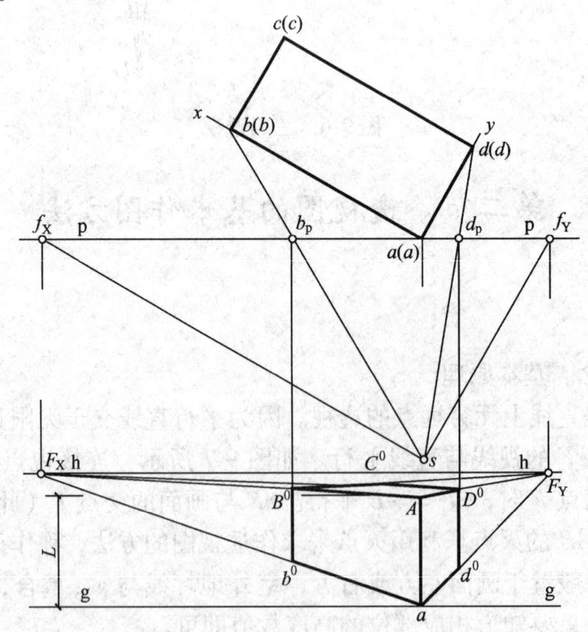

图 9-9 求长方体的透视

为了作图方便，常选择形体的棱线位于画面上，使其显示真高。图中将棱线 $Aa$ 置于画面上，也可以选择其他棱线。

过站点 $s$ 作 $sf_X//ab$，与 p-p 线交于 $f_X$，过站点 $s$ 作 $sf_Y//ad$，与 p-p 线交于 $f_Y$，过 $f_X$、$f_Y$ 作铅垂线，与 h-h 相交得 $F_X$、$F_Y$。

以 $a$ 为起点向上量取 $aA=L$，连接 $A$ 与 $F_X$、$F_Y$，$a$ 与 $F_X$、$F_Y$。连接 $sb$，与 p-p 交于 $b_P$，过 $b_P$ 向下作铅垂线，与 $AF_X$，$aF_Y$ 相交得到 $B^0$，$b^0$。同理求得 $D^0$，$d^0$。连接 $B^0$ 与 $F_Y$，$D^0$ 与 $F_X$，两线相交得 $C^0$，得到透视（透视图中不可见部分不必画出）。

2）如图 9-10 所示，求组合体的透视。

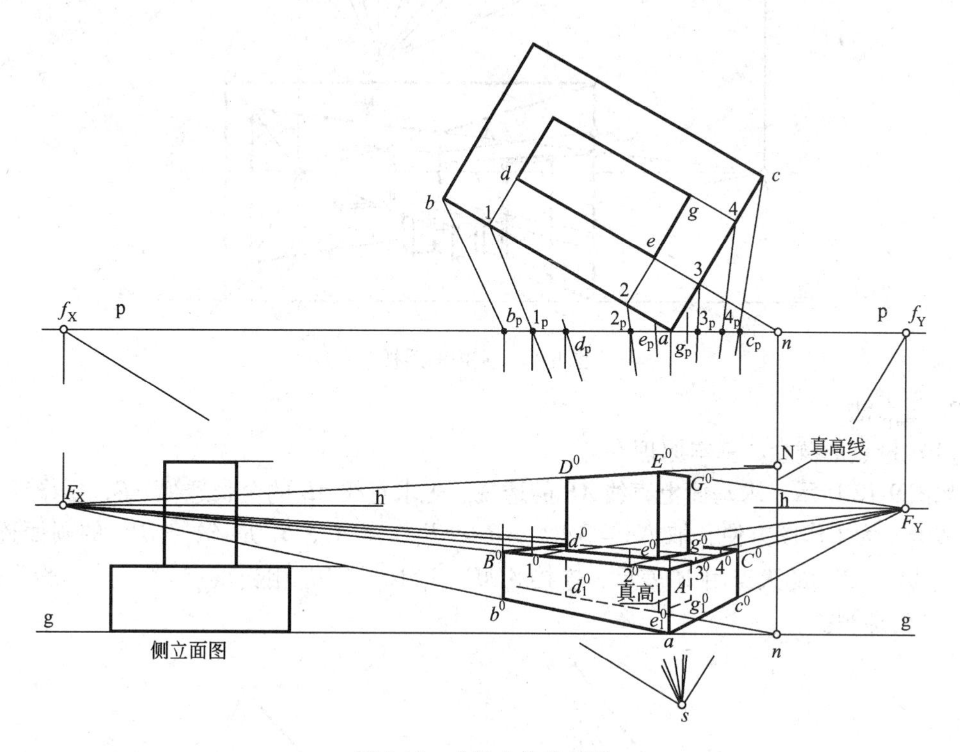


图 9-10　求组合体的透视

与前例相同，先求出 $F_X$，$F_Y$ 及下部长方体的透视。

求上部长方体的透视，可有多种方法。通过辅助点 1、2、3、4，先求出上部长方体在下部长方体顶面的位置 $d^0$，$e^0$，$g^0$；在平面上延长 $de$，得点 $N$ 的基面投影 $n$，过 $n$ 引铅垂线，在该线上量取总高，从而定出 $D^0$、$E^0$，连接 $E^0$ 与 $F_Y$，可得 $G^0$；由于视平线低于该顶面，所以该顶面只有两条可见线。

也可以不通过辅助点 1、2、3、4，直接连接 $s$ 与 $d$、$e$、$g$ 得到 $dP$、$eP$、$gP$，向下引铅垂线，与 $nf_X$ 交于 $d_1^0$、$e_1^0$，连接 $e_1^0$ 与 $F_Y$，可得 $g_1^0$。再在 $nN$ 上量取总高，得出透视。

3）如图 9-11 所示，求室内的透视。

先求出 $F_X$、$F_Y$，平面图中，各转折点与 $s$ 的连线与画面相交，向下引投影连线。因为左、右两边线为真高线，在其上量取门、窗、家具的高度，$X$ 向直线与灭点 $F_X$ 连接，$Y$ 向直线与灭点 $F_Y$ 连接，完成作图。

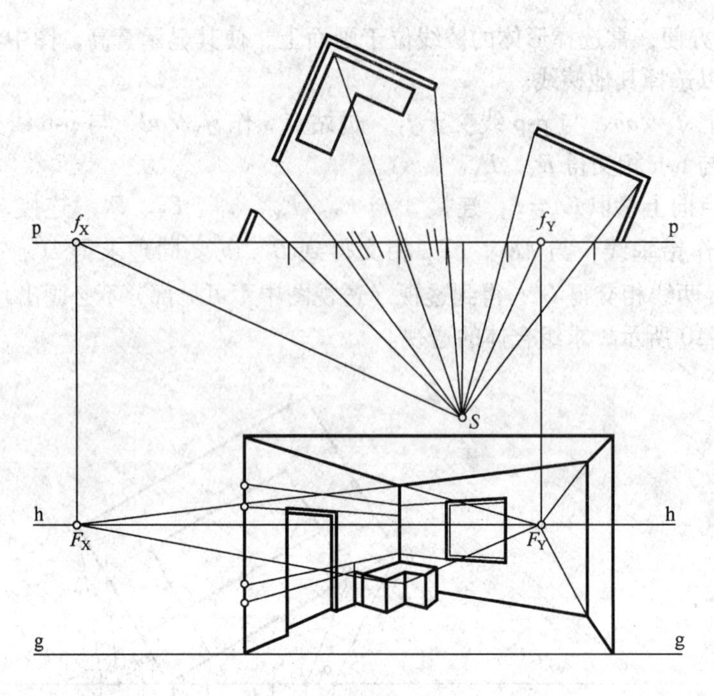


图 9-11　室内的透视

2. 量点法

（1）量点的概念、基本原理

如图 9-12 所示，求基面上直线 $AB$ 的透视。先求直线 $AB$ 的全长透视 $NF$，再作辅助线 $AA_1//BB_1$。为了作图方便，取 $NA=NA_1$、$NB=NB_1$，点 $A_1$、$B_1$ 是 $AA_1$、$BB_1$ 的画面迹点，辅助线 $AA_1$、$BB_1$ 的灭点用 $M$ 表示，连接 $A_1M$、$B_1M$，与 $NF$ 相交得点 $A^0$、$B^0$，$A^0B^0$ 即为直线 $AB$ 的透视。

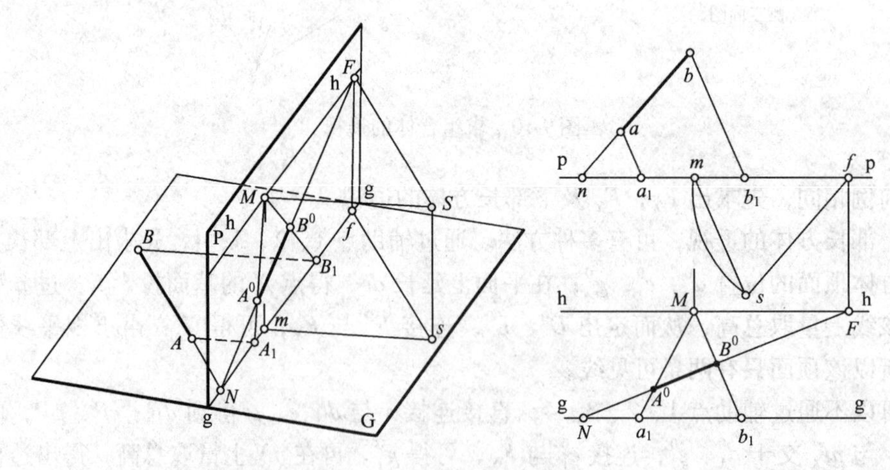


图 9-12　量点的概念与作法

由于 $A_1B_1=AB$，如果已知透视 $A^0B^0$ 和辅助线的灭点 $M$，即可在基线上测量出 $A^0B^0$ 的实长 $AB$，灭点 $M$ 是用来量取 $NF$ 方向上的线段的透视长度的，所以将辅助线的灭点 $M$

称为量点。利用量点直接根据平、立面图中的已给尺寸来求作透视图的方法，称作量点法。

（2）用量点法求水平线的透视

如图 9-13 所示，在平面图上先求直线 $AB$ 的灭点 $f$，因为 $fs=fm$，所以直接以 $f$ 为圆心，$sf$ 为半径作圆弧，与 p-p 线相交得 $m$；过 $m$ 引铅垂线，与视平线 h-h 相交，即得量点 $M$。

求出直线 $AB$ 的灭点 $F$ 和画面迹点 $N$，$NF$ 为 $AB$ 的全长透视；在 g-g 线上量出 $na_1=na$、$nb_1=nb$，得到 $a_1$、$b_1$ 点；连接 $M$ 与 $a_1$、$b_1$ 点，两直线 $Ma_1$、$Mb_1$ 与 $nF$ 相交于点 $a^0$、$b^0$。$AB$ 为与基面有距离 $L$ 的水平线，过 $n$ 向上量取 $L$，得 $N$ 点，过 $a^0$、$b^0$ 作投影连线，与 $NF$ 交于 $A^0$、$B^0$，$A^0B^0$ 即为线段 $AB$ 的透视。

量点法作图一般可以不用平面图和立面图，而直接根据建筑物的尺寸来作图。利用量点法作图，一般先作出建筑平面图的透视（称为透视平面图），再定出各部分的透视高度，从而完成建筑物本身的透视。

（3）量点法作透视图的实例

1）如图 9-14 所示，用量点法求立方体的透视。

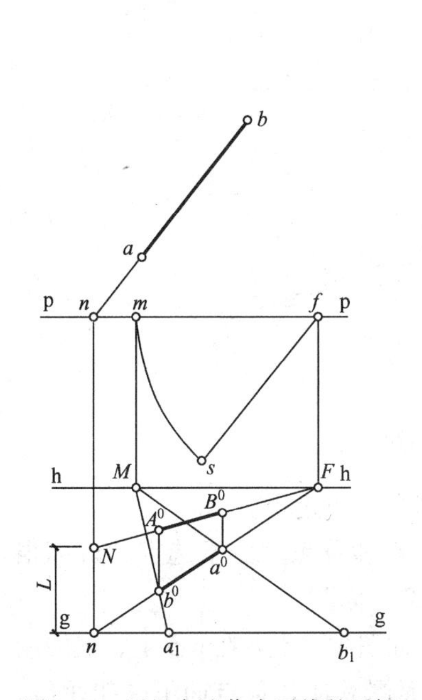

图 9-13　用量点法作水平线的透视

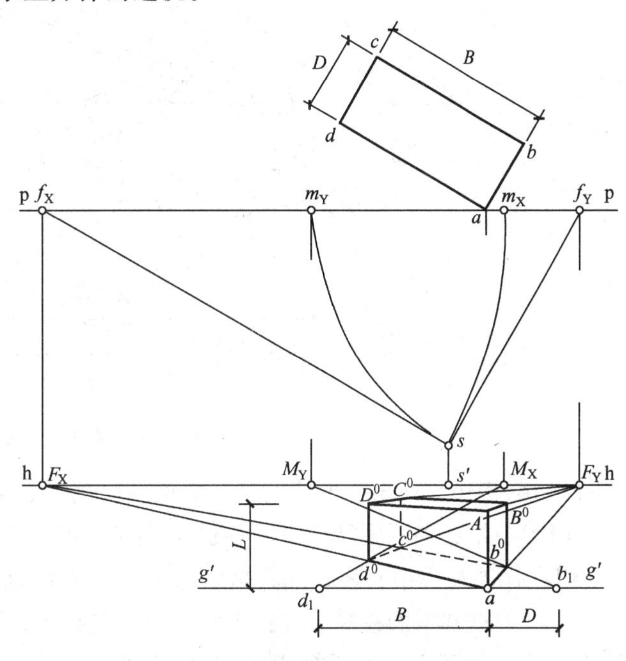

图 9-14　用量点法作立方体的透视

平面图中选定了站点 $s$、画面 p-p，并求出了两个灭点和量点。过 $m_X$、$m_Y$ 引铅垂线，与视平线 h-h 相交，即得量点 $M_X$、$M_Y$。同理，得到 $F_X$、$F_Y$。

求出直线 $AB$、$AD$ 在基面的画面迹点 $d_1$、$b_1$，在 g-g 线上量出 $ab_1=D$、$ad_1=B$，得到 $b_1$，$d_1$ 点，连接 $M$ 与 $b_1$、$d_1$ 点，与 $aF_Y$、$aF_X$ 相交于点 $b^0$、$d^0$，$b^0F_X$、$d^0F_Y$ 相交于 $c^0$。

$ABCD$ 为与基面有距离 $L$ 的水平面，过 $a$ 向上量取 $L$，得 $A$ 点，过 $b^0$、$d^0$ 作投影连线，与 $AF_Y$、$AF_X$ 交于 $B^0$、$D^0$，与 $B^0F_X$、$D^0F_Y$ 相交于 $C^0$，完成透视。

2）如图9-15（$c$）所示，选定的视高很小，基线g-g过分接近视平线h-h，则线条拥挤，交点的位置很难准确。这时，可以将基线升高或降低适当距离，如$g_1$-$g_1$或$g_2$-$g_2$。但不论如何降低或升高基线，各个透视平面图的相应顶点总是位于同一条铅垂线上的。

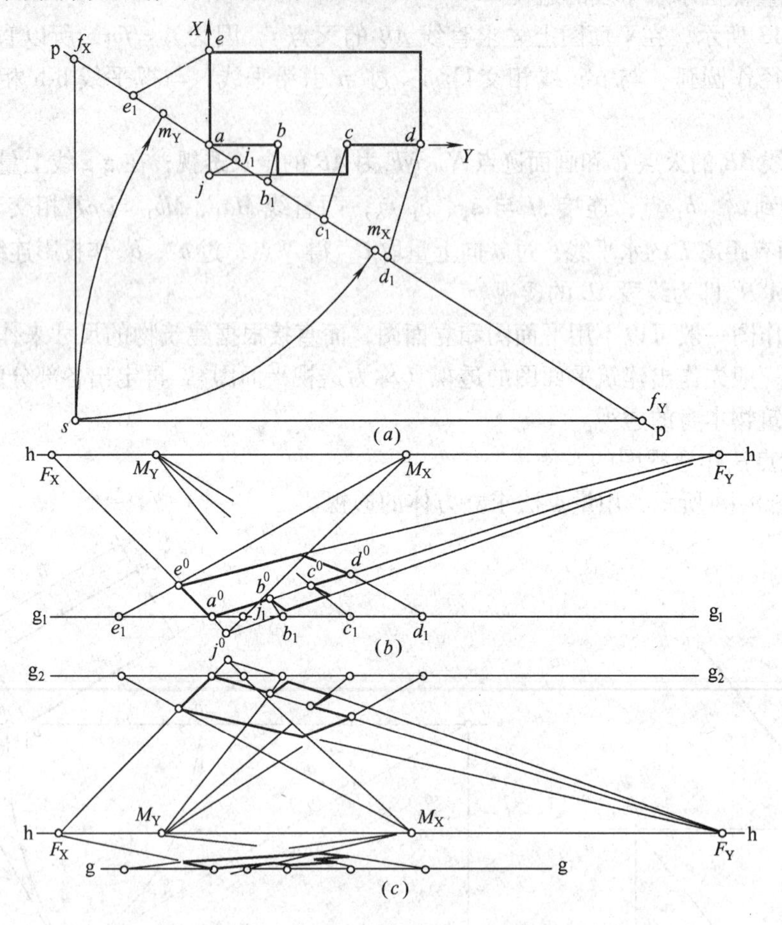

图9-15　降低或升高基线作透视平面图

3）如图9-16，给出一形体的平、立面图，用量点法求其两点透视。

平面图中站点和画面已选定，并已求出了两个主向灭点和量点。由于选定的视高很小，所以在作图过程中，将基线升高至$g_1$-$g_1$，先作出该透视平面图。

然后，根据选定的视高，在视平线下方画基线g-g。平面图中，点$b$在p-p上，表明墙角线$BB_1$位于画面上，其透视$B^0b_1^0$为真高线，由透视平面图其他各顶点向下作铅垂线，定出各条墙角线的透视位置，再与真高线、灭点相配合，作出墙体透视。

至于顶板的透视，可利用$t$、$r$两点得到。由$t_1$、$r_1$作铅垂线，得到另两条真高线，在其上量取$L_1$和$L_2$，向相应灭点连线，即可完成全部作图。

**二、一点透视**

1. 灭点法

对于一点透视，也可用灭点法求作，有关的原理前面已讲过。形体的主要面平行于画面，只有$Y$轴垂直于画面，$Y$向的灭点就是心点$s^0$。画面垂直线的透视通过心点$s^0$，画面

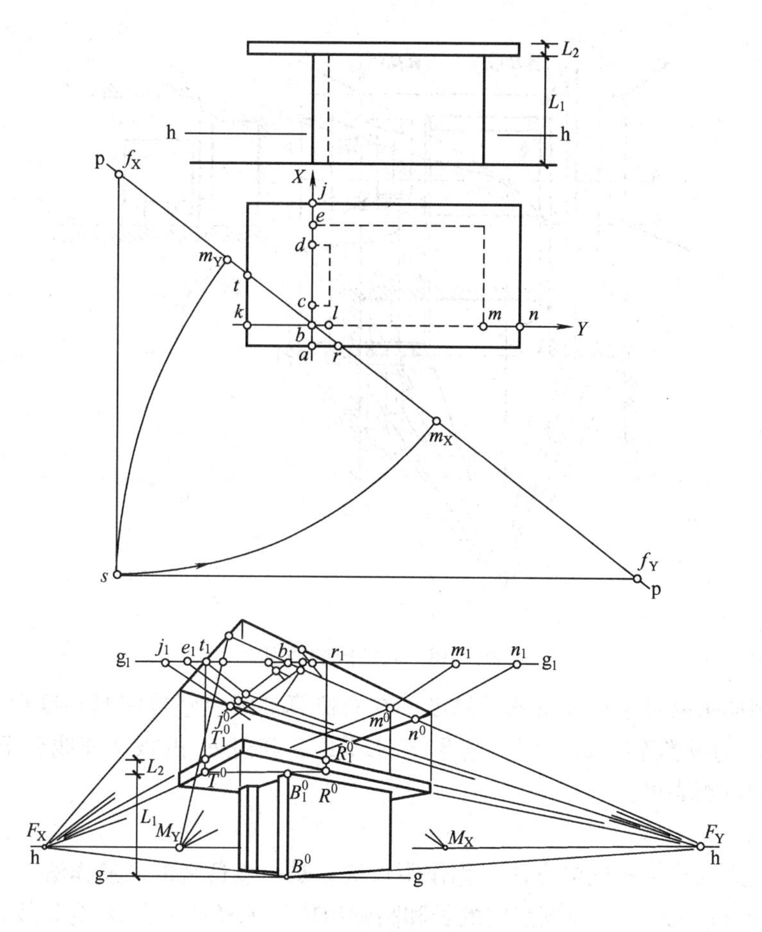


图 9-16　用量点法作形体的透视

平行线的透视反映实形，位于画面上的直线反映实长。

（1）如图 9-17 所示，求 T 形块体的透视。

可先将立面图画在基线 g-g 上，如图双点画线所示。在基面上连接 $sb$、$sc$，与 p-p 相交于 $b_p$、$c_p$；在画面上连接 $s^0$ 与 $a$、$s^0$ 与 $A$；过 $b_p$ 引铅垂线与 $s^0a$、$s^0A$ 相交得点 $b^0$、$B^0$；过 $b^0$、$B^0$ 作平行线与过 $c_p$ 的铅垂线交于 $c^0$、$C^0$；依次求作各点，得到 T 形块体的透视。

图中为了节省图幅，将基面与画面展开时重叠了一部分，站点 $s$ 位于心点 $s^0$ 之下。作图时要注意连接同名投影。但不论画面与基面的相对位置是否重叠，其透视效果是不变的。

（2）如图 9-18 所示，求室内的透视。

画面选在正墙面处，该面上的门、窗为实际尺寸，画面前的柱、家具等比实际尺寸要大；画面后的部分比实际尺寸要小。画面垂直线通过心点 $s^0$，画面平行线的透视反映实形。

各处的透视高度都是在如图所示的真高线

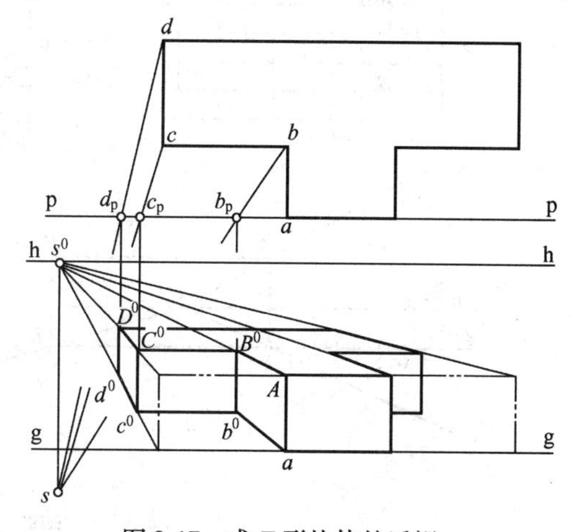


图 9-17　求 T 形块体的透视

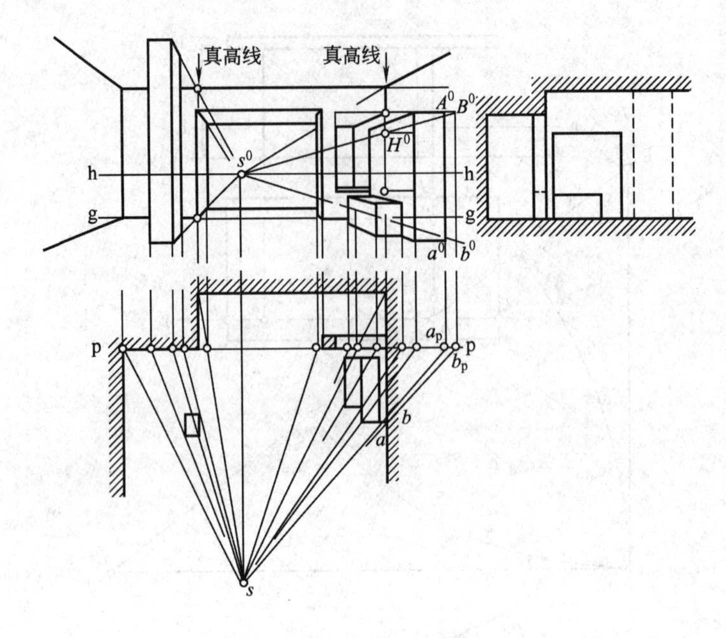


图 9-18　求室内的透视

上量取的。例如求家具交点 $A$ 的透视高度，在右侧真高线上量取家具高度得 $H^0$，连接 $H^0$ 与 $s^0$，与过 $b_p$ 的投影连线交于 $B^0$，过 $B^0$ 作水平线，与过 $a_p$ 的投影连线交于 $A^0$，$A^0$ 即为家具交点 $A$ 的透视高度。

2. 距点法

利用距点来求作透视图的方法，称作距点法，是一点透视的简易作法。

如图 9-19（$a$）所示，根据房间的长和高画出内框 $ABCE$，以 $EC$ 为基线，确定视平线 h-h、心点 $s^0$，在视平线上左侧或右侧选取距点 $D$，使 $D$ 点距 $AE$ 的距离大于房间进深，连接 $s^0$ 与 $A$、$B$、$C$、$E$ 点，在基线上以点 $E$ 为起点，量取深度方向各尺寸。

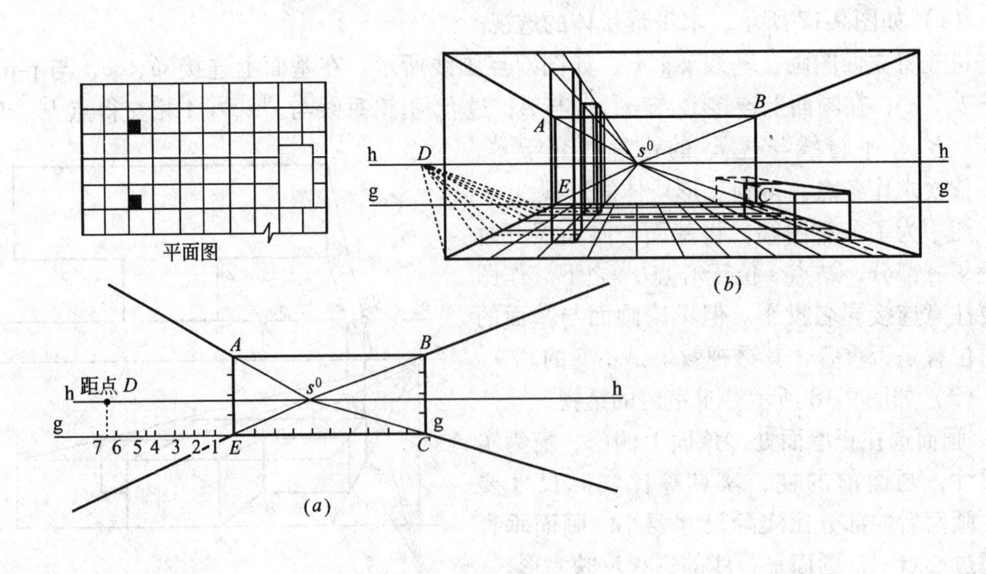


图 9-19　用距点法作室内一点透视

如图 9-19（$b$）所示，连接 $D$ 与各点，在 $s^0E$ 上交得连续的点，过这些点作水平线，将柱、家具等的立面画于 $ABCE$ 上，连接 $s^0$ 与基面各顶点，与水平线相交得到各顶点的基面透视，连接 $s^0$ 与顶面各点，与过基面各顶点向上所作垂直线相交，得到顶面各点的透视。由此，得到室内的透视。

**三、平角透视**

平角透视是介于两点透视和一点透视之间的一种画法。它有一点透视的感觉，但却是两个灭点的两点透视。两个灭点中有一个在图板内，另一个在图板以外很远。既成角，又近乎平行，因而我们称之为平角透视。平角透视的求法简便，在装饰效果图中应用广泛。

1. 平角透视的作图方法一

如图 9-20 所示，已知房间高度 3m、长度 7m、深度 6m。

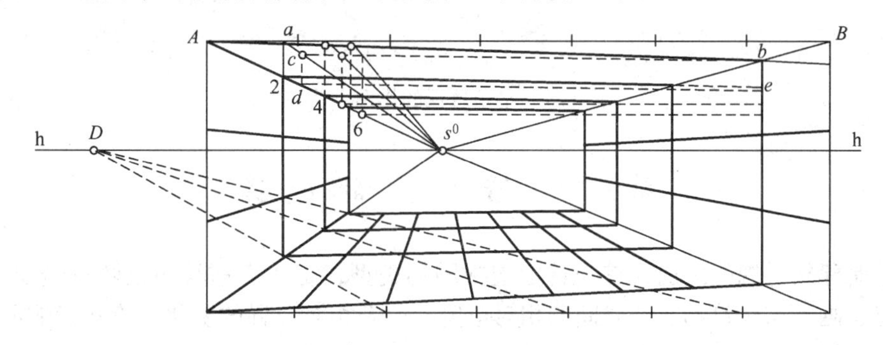


图 9-20　平角透视的作图方法一

按比例画出画面外框，确定出 h-h 和 $s^0$，连线 $s^0$ 与外框角点，利用距点求出深度 6m。根据画面需要由 $A$ 点向右引出一条斜线交 $s^0B$ 于 $b$ 点。在交点 $b$ 画出垂线，再连接地面的透视线，即作出画面外框的透视框。

延长过 2 的垂线与透视框交于点 $a$，连接 $as^0$，与过 $b$ 所作的水平线交于点 $c$，过 $c$ 点作垂线与 24 交于 $d$ 点，再过 $d$ 点作水平线得到 $e$，连接 $2e$，得到过 2 的透视线。以此类推，求出过 4、6 的透视线，即可作出画面的透视网格。有了透视网格，便可以作出透视图了。

2. 平角透视的作图方法二

如图 9-21 所示，画出画面外框 $A_1B_1CD$（长度 7m，高度 3m），定出 h-h，选定 $s^0$，过 $s^0$ 向下引铅垂线，定出视点 $s$。连接 $s^0$ 与外框角点 $A_1$、$B_1$、$C$、$D$，根据画面需要由 $D$ 点向右引出一条斜线交 $s^0A_1$ 于 $A$ 点。连接 $sA$、$sD$，与 $s^0C$、$s^0B_1$ 交于 $b$、$c$ 两点，引垂直线及透视线，画好透视框。

连接 $s^0$ 与图框左右两边上的各个分点 $E$、$F$、$G$、$H$，与 $sA$、$sD$ 在左右两个墙面上，各交得两个点（分出室内深度 3m），过这些交点画出两组铅垂线，用线连接地面和顶棚相对应的各点，再从图框上下两边的各个分点向心点 $s^0$ 连接透视线，即完成透视网格。

室内进深为 6m，所以我们继续从 $s$ 点向 $a$、$d$ 点连线，这两条斜线与 $s^0C$、$s^0B_1$ 相交于 $c'$，$b'$，通过这些点再画铅垂线，透视网格则又向远处扩展了一倍。

如果继续增加室内进深，可以再从 $s$ 点连线。这样，画面所需的透视网格便完成了。

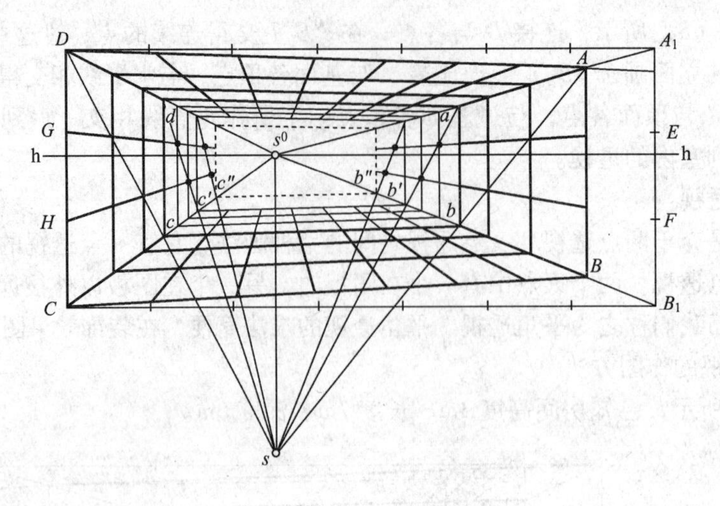


图 9-21　平角透视的作图方法二

## 第三节　透 视 图 的 选 择

在绘制建筑透视图之前，首先选定透视图的类型，是一点透视还是两点透视。然后，确定视点、画面与建筑物三者之间的相对位置。三者相对位置的变化，直接影响所表达的透视图的效果，准确地把握它，才能更好地表达到我们的设计意图。

**一、视点位置**（站点）**的选择**

绘制建筑透视图时，首先要在平面图上确定站点的位置。

当人眼位置固定时，所见外界景物的范围是一定的。人眼的视野可近似地看做一个圆锥体，称为视锥，该视锥的顶角为视角。据测定，此视锥的水平视角可达120°~148°，而垂直视角可达110°。但清晰可见的视角为60°。在绘制透视图时，视角通常被控制在60°以内，以28°~37°为最佳。

因为透视图的大小将受视距的影响，所以我们先找到画宽、视距和视角三者之间的关系。图9-22表示视锥与画面和建筑物的水平投影。可见，视角的大小由画宽和视距的比值而定。设$f=D/L$，为相对视距。那么，就可以用相对视距的数值来表示视角的大小，从而确定视点的位置。图9-23表明，一般在绘制外景透视时，选$f=1.5\sim2.0$；在绘制室内透视时，由于受室内面积限制不可能使视点退到1.5~2.0的范围，那么可选择$f<1.5$；在绘制规划透视图时，选择$f>2.0$。

如图9-24所示，站点$s_1$视距较小，视角稍大，两灭点相距过近，建筑物上水平轮廓线的透视，收敛过于急剧，墙面显得狭窄，图像的视觉感受不佳。站点移至$s_2$处，两灭点相距较远，水平轮廓线的透视，收敛平缓，墙面宽阔，图像开阔舒展。

形体与画面的位置、视角确定后，还要考虑站点的左右位置，它对透视效果的影响见图9-25。视中线和画面的交点$s_g$一般不超出画宽中部的1/3。在实际作图中，为了避免单调呆板，视中线的位置一般不选在视角的平分线处，尤其在一点透视中，如图9-26。

站点的选定，还应使透视图能充分体现建筑物的体形特点。图9-27（*a*）中，透视效果较好，图9-27（*b*）中，透视图表达建筑物的体形不完全。

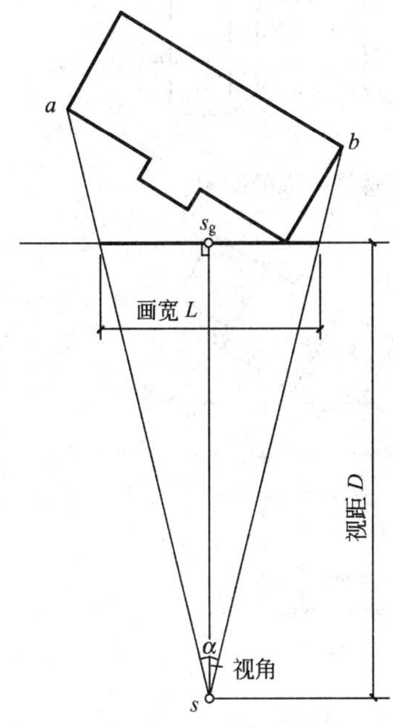


图 9-22　画面、视距和视角的关系

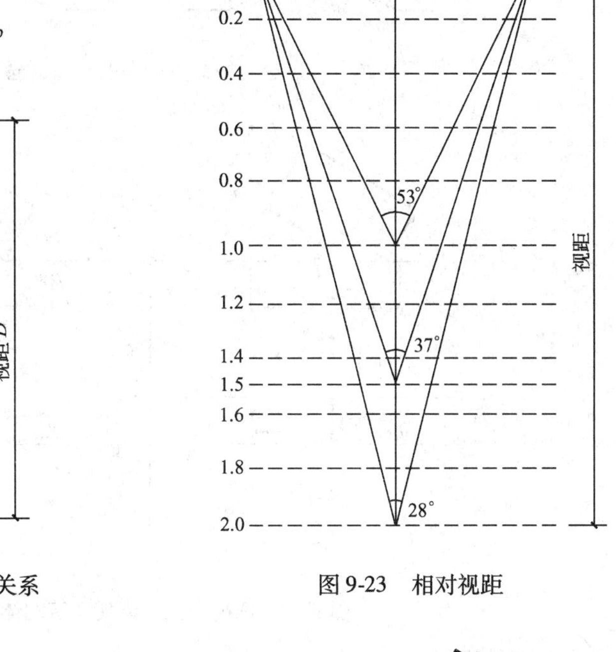


图 9-23　相对视距

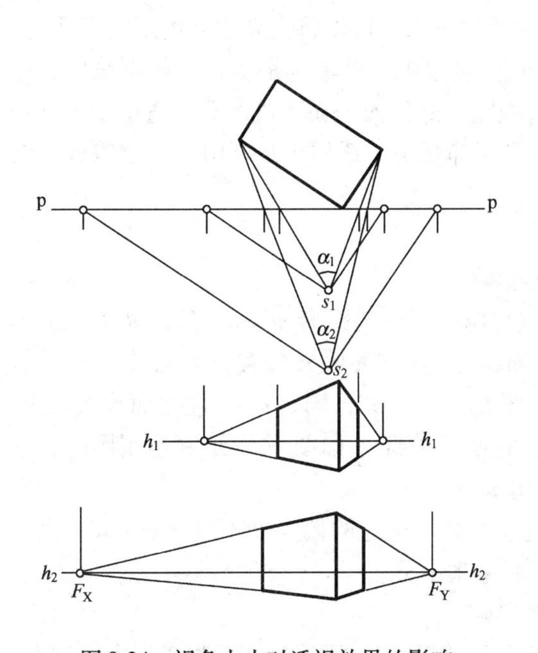


图 9-24　视角大小对透视效果的影响

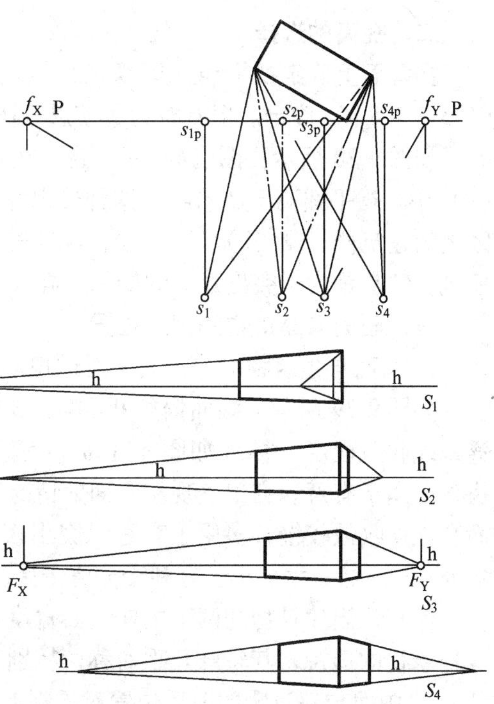


图 9-25　视点左右位置对透视效果的影响

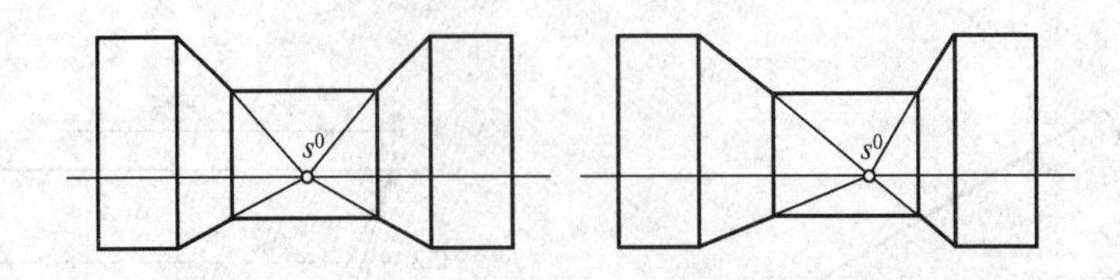


图 9-26　一点透视中站点的左右位置对透视效果的影响

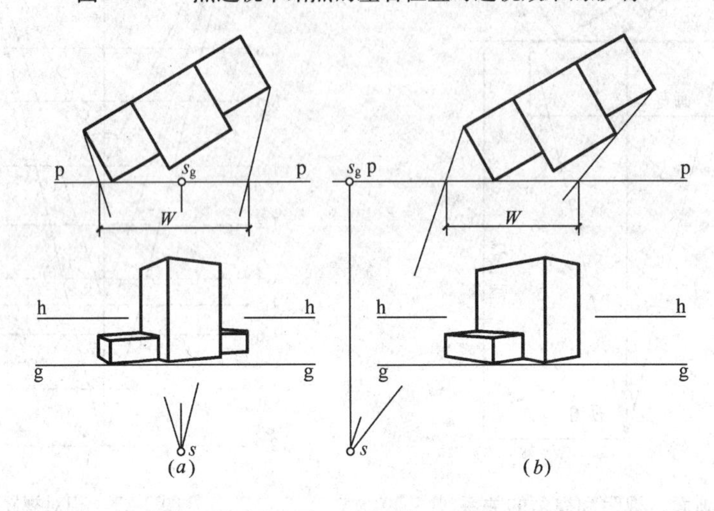


图 9-27　透视图充分体现建筑的体形特点

**二、视高的选择**

在画面上确定视平线（即视点）的高度，即视平线与基线的距离，一般按人的身高（1.5～1.8m）确定。但有时为了使透视图得到特殊效果，可以将视高适当提高或降低。

如图 9-28 所示：图（*b*）中，视平线在建筑高度正中，较单调呆板，一般不采用；图（*d*）中，视平线高于建筑物，这种透视称为鸟瞰图，好像人坐在飞机上看，适用于画某一区域的建筑群；图（*e*）、（*f*）中，这种透视图又叫仰视图，适用于画高山上的建筑或高层建筑，常常是为了突出建筑的雄伟、高大。

**三、画面与建筑物的相对位置**

1. 画面与建筑物的偏角大小对透视形象的影响

如图 9-29 所示，画面偏角 $\theta=45°$，则心点与两个灭点的距离 $m=n$，房屋两个立面的透视线收敛程度一样（如图 *a*）；$\theta<45°$，则 $m>n$，左立面收敛较慢，而右立面收敛较快，多用于有意识突出表现左立面的情况（如图 *b*）；$\theta>45°$，则 $m<n$，左立面收敛较快，而右立面收敛较慢，多用于有意识突出表现右立面的情况（如图 *c*）。绘制透视图时，一般 *m*、*n* 选择一大一小，有利于分清主次，突出重点。

注意，当建筑物的两个主向立面宽度相差不多时，选定的偏角 $\theta$ 不宜接近 45°，因为这样求得的透视，其轮廓几乎对称，特别呆板、主次不分。

2. 画面与建筑物的前后位置对透视形象的影响

当视点和建筑物的相对位置确定后，画面平行移动，透视图形象不改变，大小变化。如图 9-30 所示，画面 $p_1$ 在建筑物前，建筑物上的轮廓线，其透视长度均较正投影长度缩小，为缩小透视；而画面 $p_3$ 在建筑物后，建筑物上的轮廓线，其透视长度均较正投影长度放大，为放大透视；画面 $p_2$ 穿过建筑物，建筑物在画面前的部分放大，在画面后的部分缩小。通常使画面通过建筑物的某个角点，便于量取真高。

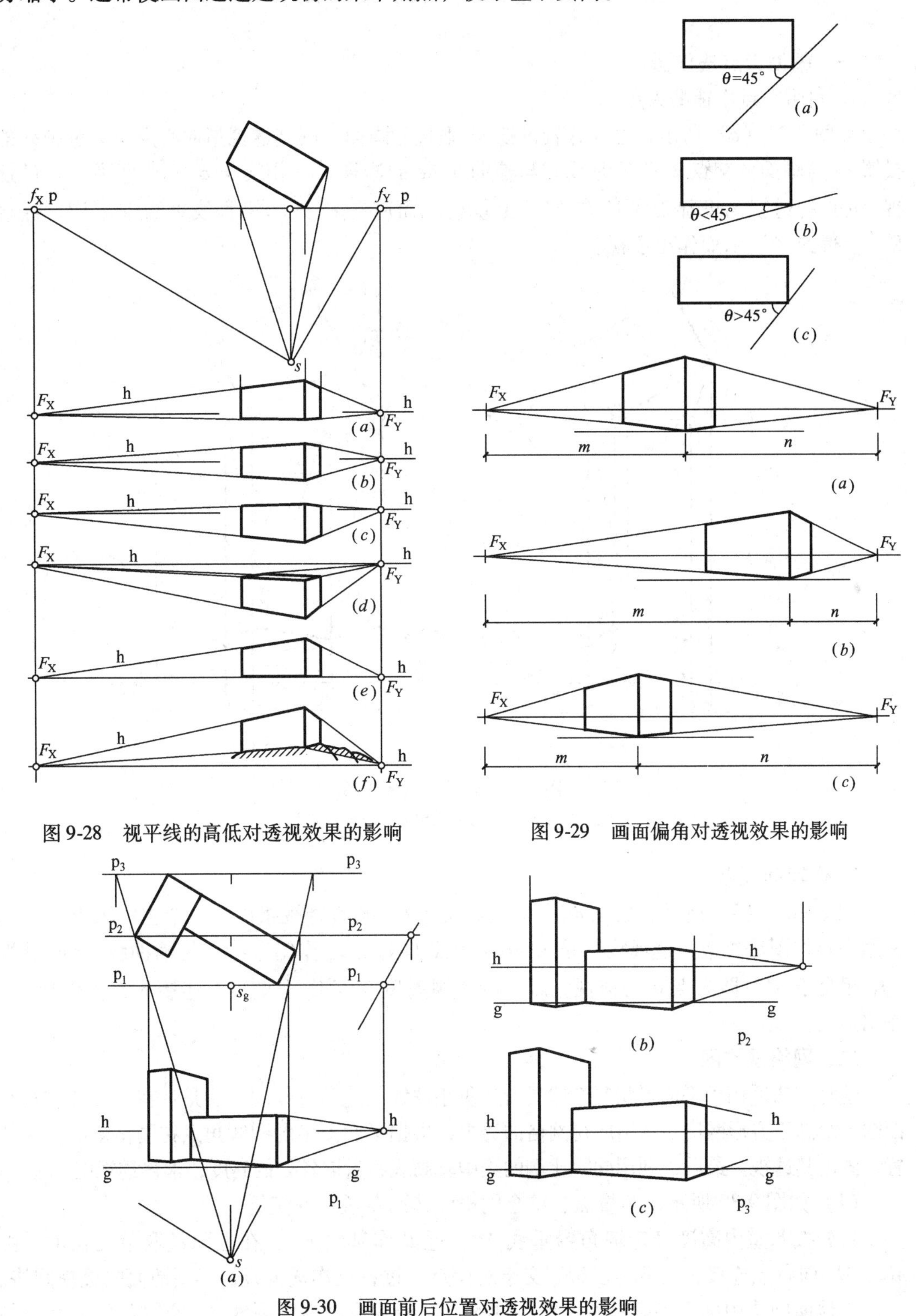


图 9-28　视平线的高低对透视效果的影响

图 9-29　画面偏角对透视效果的影响

图 9-30　画面前后位置对透视效果的影响

## 第四节 透视图的简便作图方法

### 一、辅助灭点法作图

1. 利用心点作辅助灭点

如图9-31（$a$）所示，过 $a$ 作辅助线 $ae$ 垂直于画面，则其透视指向心点 $s^0$。过视线的投影 $sa$ 与画面的交点 $a_g$ 作铅垂线，与辅助线 $ae$ 的透视 $s^0e^0$ 相交于 $a^0$，$a^0$ 即为点 $a$ 的透视。$a$ 点的透视高度显然不能在 $B^0b^0$ 上量得，而应在 $e^0$ 处的铅垂线上量取 $e^0E^0$，连接 $E^0s^0$，得到 $A^0$。从而作出透视。

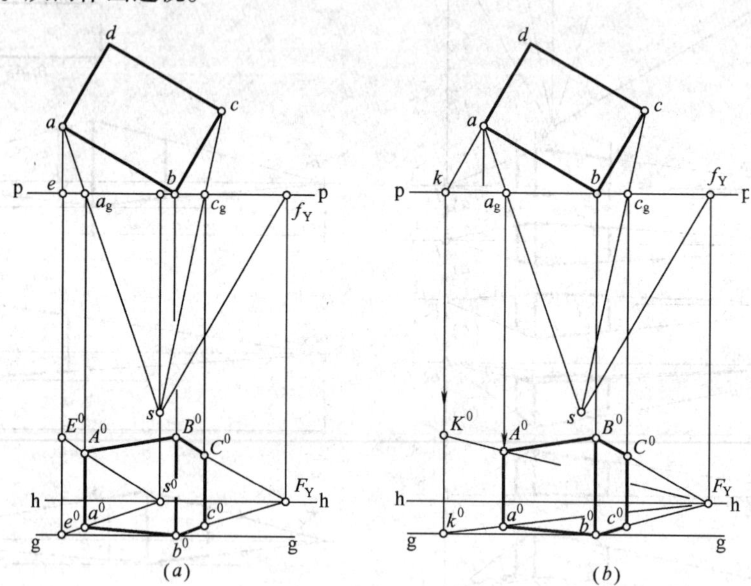


图9-31 辅助灭点法作图

（$a$）利用心点；（$b$）利用另一个主向灭点

2. 作辅助灭点

如图9-31（$b$）所示，延长 $ad$ 与画面相交于 $k$，则其透视指向另一个主向灭点 $f_Y$。与利用心点作图法类似，过视线的投影 $sa$ 与画面的交点 $a_g$ 作铅垂线，与辅助线 $ak$ 的透视 $k^0f_Y$ 相交于 $a^0$，即为点 $a$ 的透视。点 $a$ 的透视高度在 $K^0k^0$ 上量得，连接 $K^0f_Y$，得到 $A^0$，作出透视。

### 二、网格法作图

这种方法适用于平面形状复杂或具有较复杂曲线的建筑。作图步骤是：在平面图或总平面图上绘制正方形网格，画出所得网格的透视，根据平面图中的图线角点在网格中的相对位置，画出其透视。最后，利用同一比例的集中真高线，量取各处的高度，求得透视图。

（1）如图9-32所示，为量点法结合网格法作两点透视的实例。

首先按照室内高度确定墙角铅垂线 $AB$，过 $B$ 作基线 g-g，在上面量取单位长度。由 $M_Y$、$M_X$ 向各点连接，与 $BF_Y$、$BF_X$ 交于对应点，过各点作透视线，得到地面的透视网格。

在地面网格中确定各家具的位置，过各点作铅垂线，由真高线 $AB$ 确定各处高度，与

$F_X$、$F_Y$ 连透视线，画出家具。完成室内的两点透视。

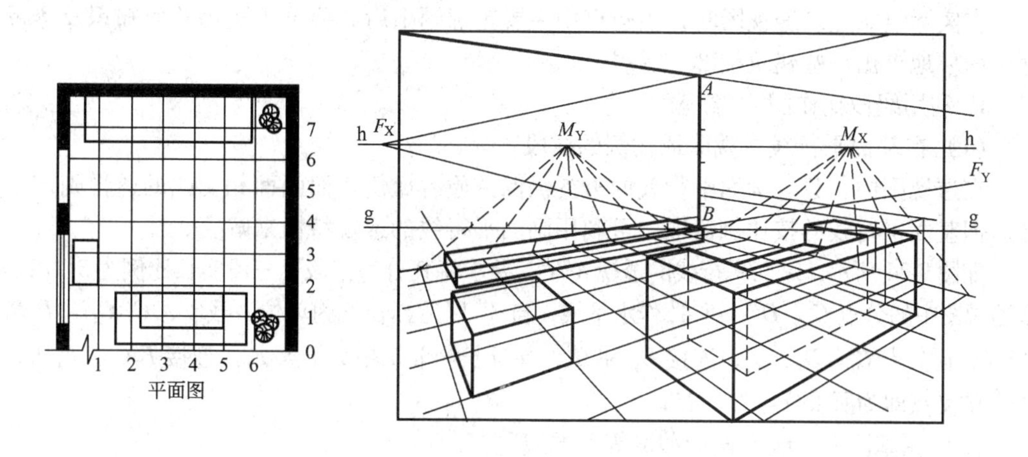


图 9-32　用网格法作两点透视

（2）如图 9-33 所示，房间长 3.5m，深 2.5m，高 2.5m。

首先在平面图上以 500mm 为单位绘制正方形网格，并编号；如图 9-33（*a*）所示，在画面上画出房间长 3.5m × 高 2.5m（右侧为窗台厚度）的矩形，在 1.7m 定出视平线 h-h，确定心点 $s^0$、距点 $D$（一般 $s^0D$ 约为画面宽）；连接 $s^0$ 与 0、1、2……6 点及画框各角点，连接 0 与 $D$，0$D$ 与 $s^0$1、$s^0$2、$s^0$3……$s^0$6 相交，过各交点作水平线，得到地面网格的透视。如图 9-33（*b*）所示，把平面图中家具各角点绘制到网格的相应位置，得到透视平面图。在左侧或右侧真高线上量取各处的高度，分别向 $s^0$ 点引透视线，得到家具、门窗等的透视。灯具可以在顶棚的网格上作出，也可从地面导到顶棚，完成作图。

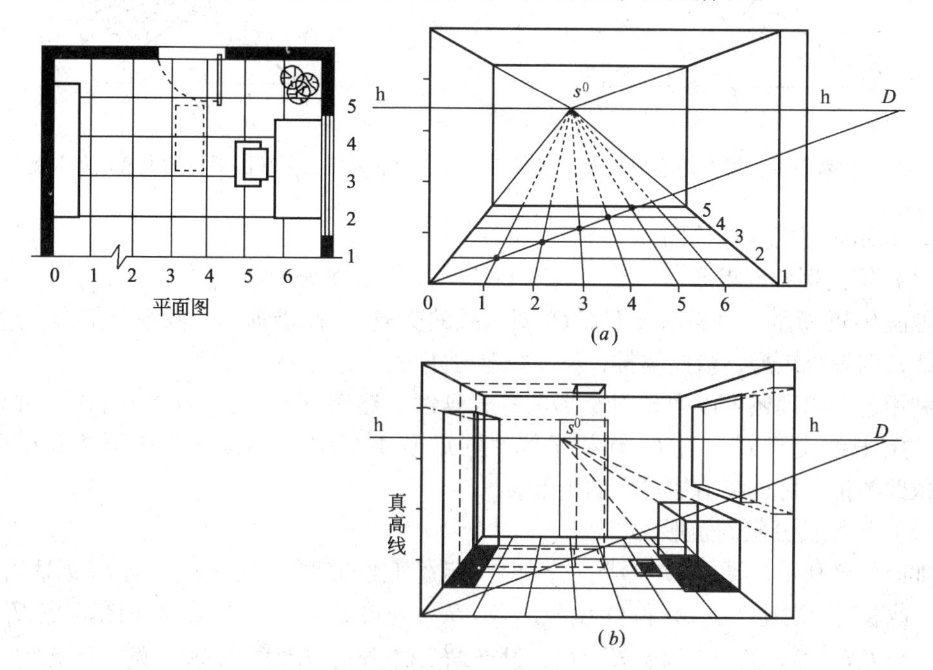


图 9-33　用网格法作室内一点透视

### 三、建筑细部的简便作图

在实际绘制建筑透视图时，当建筑物主要轮廓画出后，要善于运用几何知识及透视特性，简便地求出一些建筑细部的透视。

1. 利用线段比作图

（1）在基面平行线上截取成比例的线段

在透视图中，只有画面平行线的透视仍保持原有比例，而画面相交线的透视则产生变形。但基面平行线的按比例截取，可利用画面平行线的透视特性来解决。

如图9-34所示，基面平行线的透视$A^0B^0$，要求将其分为三段，三段实长比例为3:1:2，即求透视图中的分点$C^0$、$D^0$。过$A^0$作水平线，自$A^0$以适当长度为单位，截取$A^0C_1:C_1D_1:D_1B_1=3:1:2$，得分点$C_1$、$D_1$、$B_1$，连接$B_1$和$B^0$，并延长与h-h相交于点$F_1$。连接$F_1C_1$、$F_1D_1$，与$A^0B^0$的交点即为所求分点$C^0$、$D^0$。

（2）在基面平行线上连续截取等长的线段

如图9-35所示，在基面平行线的透视$A^0F$上，按$A^0B^0$的长度连续截取等长的线段透视。在h-h上确定一适当点$F_1$，连接$F_1B^0$，与过$A^0$点的水平线交于$B_1$，在水平线上连续截取$A^0B_1$的长度，得到分点$C_1$、$D_1$、$E_1$……；连接这些点与$F_1$，与$A^0F$相交于透视分点$C^0$、$D^0$、$E^0$……。如需继续截取，还可过点$D^0$作水平线，与$F_1E^0$交于$E_2$，再在水平线上连续截取$D^0E_2$的长度，得到分点$C_2$、$D_2$、$E_2$……；再与$F_1$相连，又得到几个透视分点$G^0$、$J^0$、$K^0$……。

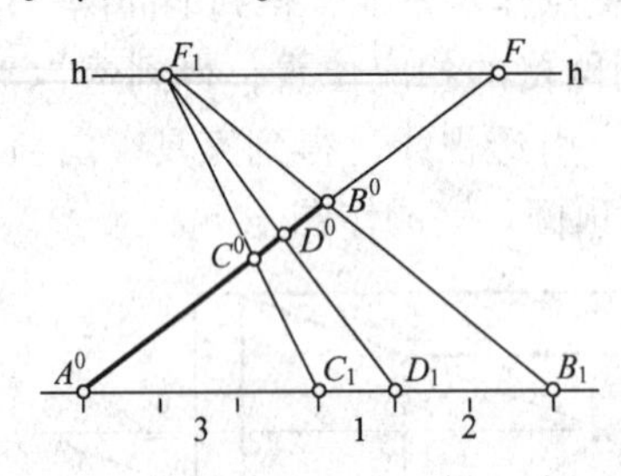

图9-34 在基面平行线上截取成比例的线段

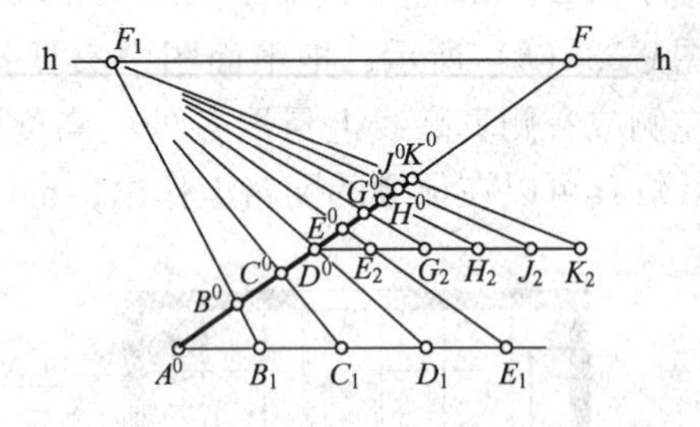

图9-35 在基面平行线上截取等长的线段

2. 利用矩形对角线作图

（1）等比例分割矩形

如图9-36所示，过矩形$A^0B^0C^0D^0$对角线的交点$C_1^0$作铅垂线，两等分矩形，过$D_1^0$作铅垂线，四等分矩形，依此类推，可双数等分矩形。

利用这一原理还可以实现对矩形的等大延续。连接$B^0C^0$的中点$O^0$与$A^0$，并延长与$D^0C^0$的延长线交于$E^0$，过$C_1^0$作铅垂线，则矩形$A^0D^0E^0F^0$的面积为矩形$A^0B^0C^0D^0$的2倍。依此类推，可连续追加等大的矩形。

（2）按比例分割的矩形

如图9-37所示，要求将矩形竖向分割成一定宽度比的矩形。在$B^0A^0$上自$B^0$以适当长度为单位，截取三段之比3:1:2，得分点$E_1$、$G_1$、$H_1$，连接$H_1$和$F$，与$C^0D^0$相交于点$H_1^0$。连接$H_1^0B^0$，与$E_1F$、$G_1F$的交点为点$E_1^0$、$G_1^0$，过点$E_1^0$、$G_1^0$分别作铅垂线，按比例三分矩形。

（3）作对称于已知矩形的图形

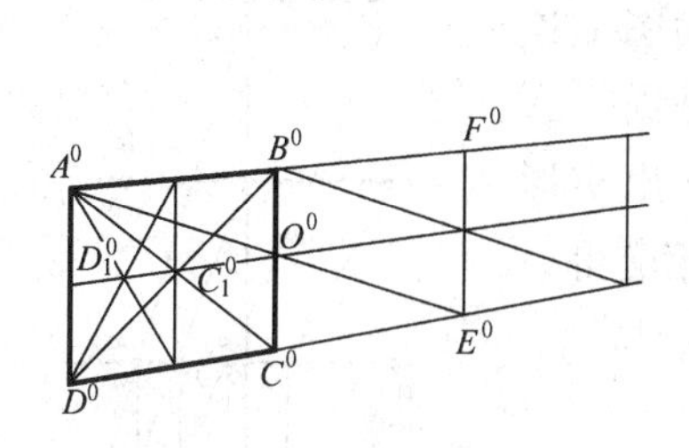


图 9-36　等比例分割矩形

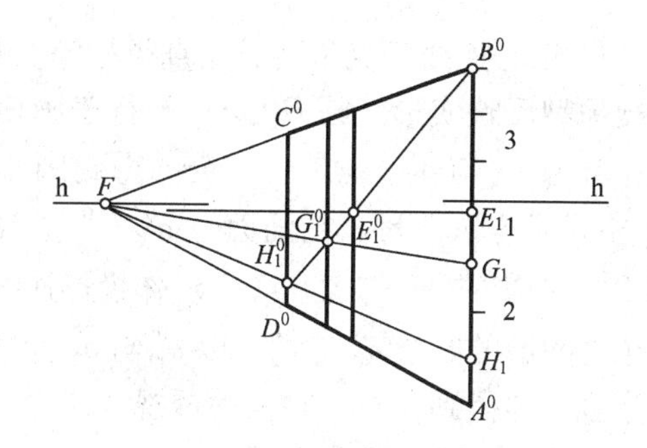


图 9-37　按比例分割矩形

如图 9-38 所示，作与 $A^0B^0C^0D^0$ 对称于 $C^0D^0E^0G^0$ 的矩形。连接矩形 $C^0D^0E^0G^0$ 的对角线交点 $K^0$ 与 $B^0$，并延长与 $A^0E^0$ 交于 $L^0$，过 $L^0$ 作铅垂线，与 $B^0G^0$ 交于 $M^0$，矩形 $E^0G^0M^0L^0$ 即为所求。

利用对角线可继续作出若干宽窄相间的矩形。作出矩形 $E^0G^0M^0L^0$ 之后，连接 $K^0F$ 得出矩形的水平中线，它与铅垂线 $E^0G^0$、$L^0M^0$ 相交于点 1、2，连接 $B^0$1、$C^0$2 并延长，与 $A^0L^0$ 交于点 $J^0$、$U^0$，由此两点作铅垂线 $J^0N^0$、$U^0T^0$，得到一宽一窄两矩形，以此类推，可连续作图。

（4）在已知矩形内作宽窄相间的矩形

如图 9-39 所示，在透视图中按已知比例进行分割。$A^0a^0$ 与视平线交于 $M$，连接 $b^0M$，把已知比例 $X_1:X_2:X_1$ 量到基线上，得到点 $c_1$、$d_1$,、$b_1$。过点 $b_1$ 作铅垂线，与 $b^0M$ 交于 $b_1^0$，过 $b_1^0$ 作水平线与过 $c_1$、$d_1$ 的铅垂线交于 $c_1^0$，$d_1^0$，连接 $Mc_1^0$、$Md_1^0$，并延长与 $a^0b^0$ 交于 $c^0$、$d^0$，作 $c^0$、$d^0$ 铅垂线，与 $A^0B^0$ 交于 $C^0$、$D^0$，$C^0c^0$、$D^0d^0$ 即为所求之分割线。

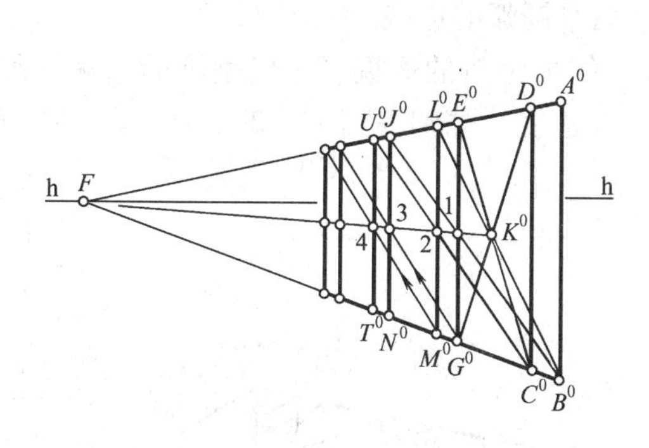


图 9-38　作对称矩形及宽窄相间的连续矩形

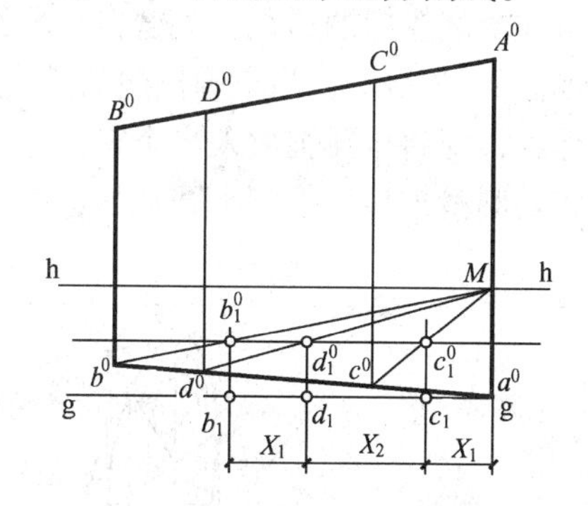


图 9-39　在已知矩形内作宽窄相间的矩形

## 第五节　曲面与曲面体的透视图画法

### 一、圆的透视

1. 平行于画面圆的透视

圆平行于画面时，其透视仍为圆。

如图 9-40 所示，求出圆心的透视和半径的透视长度即可求得透视圆。图中的圆 $O$、

$O_1$、$O_2$ 圆心连线垂直于画面，直径相等。圆 $O$ 位于画面上，透视原型反映实形。圆 $O_1$、$O_2$ 平行于画面，在平面图上连接 $s$ 与 $o_1$、$s$ 与 $o_2$、$s$ 与 $b$、$s$ 与 $c$ 得到圆心透视的基面投影 $o_{1p}$与 $o_{2p}$及点 $b_p$、$c_p$。在画面上 $o^0$、$s^0$ 位置已知，作出实形圆 $O^0$。连接 $s^0$ 与 $o^0$，过 $o_{1p}$、$o_{2p}$作投影连线与 $s^0o^0$ 相交得另两个透视圆的圆心 $o_1^0$ 与 $o_2^0$，以 $o_1^0$ 与 $o_2^0$ 为圆心，$o_{1p}b_p$ 与 $o_2c_p$ 为半径，即得到圆 $O_1$ 与 $O_2$ 的透视。

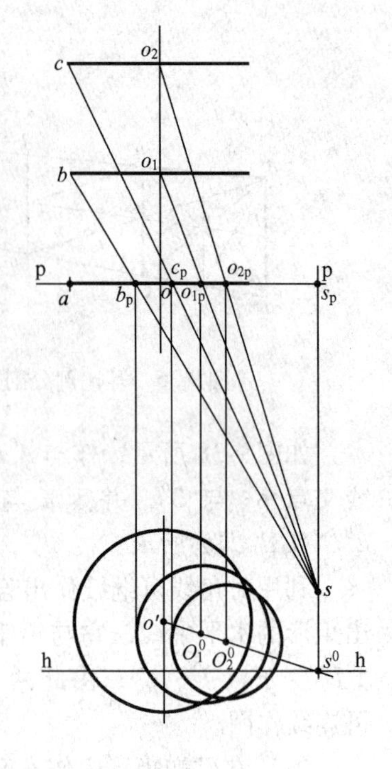

图 9-40　平行于画面圆的透视

2. 不平行于画面圆的透视

圆不平行于画面时，其透视一般为椭圆。

为了求出透视椭圆，通常利用圆的外切正方形的四边中点以及该正方形对角线与圆的四个交点，求出此八点的透视，光滑连接，即求得圆的透视椭圆。

如图 9-41 所示，为水平圆与铅垂圆的透视图作法。先在 g-g 线上作出辅助半圆，求得点 $A^0$、$9^0$、$1^0$、$10^0$、$B^0$。作出外切正方形的透视 $A^0B^0C^0D^0$（为方便作图，使正方形的一对对边 $A^0B^0$ 和 $C^0D^0$ 平行于画面），对角线 $A^0C^0$ 与 $B^0D^0$ 的交点，即为圆心的透视 $O^0$。过 $O^0$ 作 $A^0B^0$ 的平行线与 $B^0C^0$、$A^0D^0$ 分别交于点 $2^0$、$4^0$，过 $O^0$ 作透视线与外切正方形相交得另两个透视点 $1^0$ 与 $3^0$，即得到圆与正方形四个切点的透视。通过 $9^0$、$10^0$ 分别向灭点引直线，与对角线相交，得$5^0$、$6^0$、$7^0$、$8^0$ 四点。以光滑曲线连接得到的八点，即求得透视椭圆。

## 二、半圆拱门的透视

求作半圆拱门的透视，关键在于求作圆拱前后半圆弧的透视。

如图 9-42 所示，为半圆拱门的透视图作法。作半圆弧的透视可用铅垂圆的透视作图方法作出，即将半弧圆放入半个正方形中，作出其透视，分别得到 $1^0$、$2^0$、$3^0$、$4^0$、$5^0$ 五点，将其圆滑连接，得到半圆弧的透视。

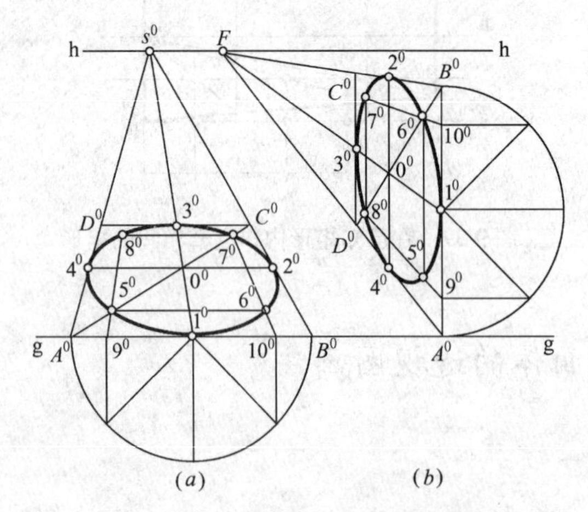

(a)　(b)

图 9-41　水平圆与铅垂圆的透视

(a) 水平圆；(b) 铅垂圆

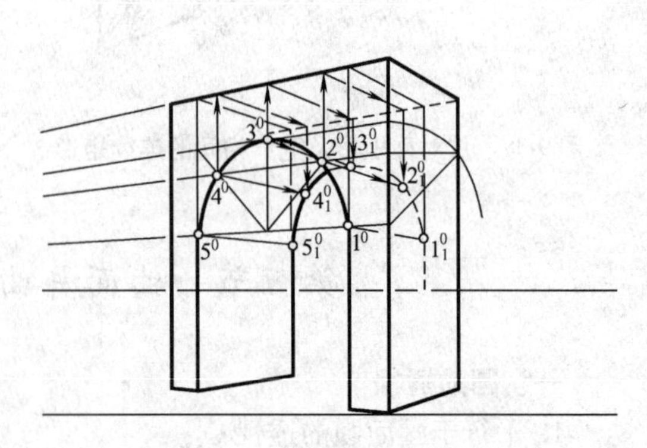

图 9-42　半圆拱门的透视

后半圆弧的透视，可用同样方法求出。如图所示利用拱门内部的半圆柱面也可得出。过前半圆弧上已知五点引拱柱面的素线，利用素线在拱门顶面上的基透视所确定的长度，求得相应五点，平滑连接即成。

## 第六节　透　视　阴　影

### 一、透视阴影的概述

绘制透视阴影是指在已画好的透视图中，按选定的光线直接作阴影的透视，而不是根据正投影中的阴影来画。在透视图中加绘阴影，可以使透视图更具真实感，增强艺术效果。

在透视阴影作图时，正投影图中的落影规律，有些仍可利用；有些在利用时，需结合透视的变形及消失规律；有些则完全不能利用。在下面的分析中，可进一步体会。

### 二、透视阴影的作法

绘制透视阴影，一般采用平行光线。光线的透视具有平行直线的透视特性。平行光线根据它与画面的相对位置的不同又分为两种情况：一种是平行于画面的平行光线，称之为画面平行光线；另一种是与画面相交的平行光线，称之为画面相交光线。

1. 画面平行光线下的透视阴影

画面平行光线，同平行于画面的直线一样，在画面上没有灭点，仍互相平行。如图9-43所示（注：在透视阴影图中，为简便起见，$A$ 点的透视用“$A$”而不是用“$A^0$”表示，$A$ 点的透视阴影用“$A^0$”表示），这种光线的透视仍旧互相平行；并且光线 H 面投影的透视平行于视平线，光线本身的透视与其 H 面投影的透视之间的夹角 $\alpha$ 等于光线本身与地面的倾角 $\alpha$。光线的来向可以是左上方，可以是右上方，$\alpha$ 角取多大，可根据建筑物的特点和画面的表达需要考虑。在实际应用中，常取 $\alpha=45°$。

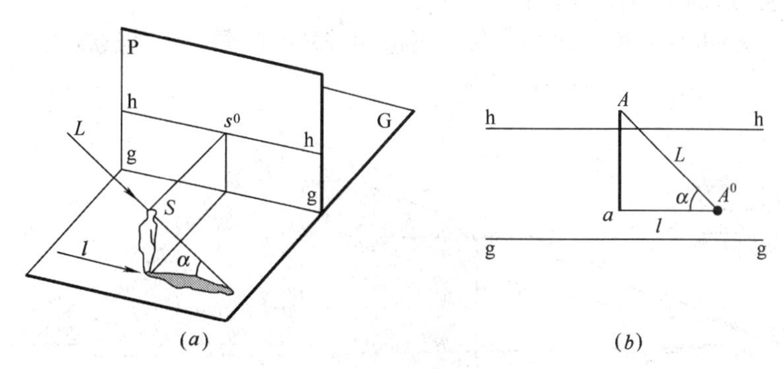


图 9-43　光线平行于画面

（$a$）立体图；（$b$）透视阴影的作图法

**【例 9-1】** 如图 9-44 所示，求立方体的透视阴影。

铅垂线 $Aa$、$Cc$ 在地面的落影为水平线，过 $A$、$C$ 点作光线得到 $A^0$、$C^0$，因为 $A^0B^0$ 的灭点为 $F_Y$，$B^0C^0$ 的灭点为 $F_X$。所以，过 $A^0$ 向 $F_Y$ 作直线，与过点 $B$ 的光线交于 $B^0$，连接 $B^0C^0$，过 $C^0$ 作水平线，其上一段可见。

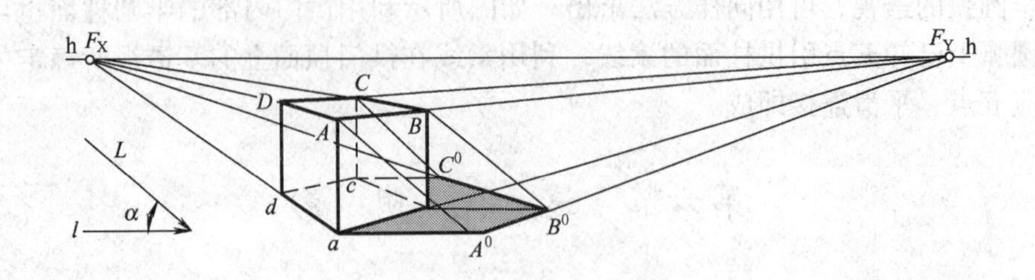


图 9-44 立方体的透视阴影

**【例 9-2】** 如图 9-45 所示，求立杆 $AB$ 在地面和坡屋面上的落影及全部透视阴影。

立杆 $AB$ 在地面的落影是一段水平线 $B1$，1 是折影点，之后，落影折到铅垂面Ⅰ上，其落影为铅垂线，自点 2 转折到坡屋面Ⅱ上，此落影是包含 $AB$ 的光平面与坡面Ⅱ的交线，通过基透视 14 求出此交线 23，自 $A$ 点按给定方向作光线与 23 交于点 $A^0$，$2A^0$ 是 $AB$ 在坡面Ⅱ上的落影。交线 23 在空间平行于画面，它没有灭点，不能与Ⅱ面的灭线 $F_XF_1$ 相交，所以 23// 灭线 $F_XF_1$。

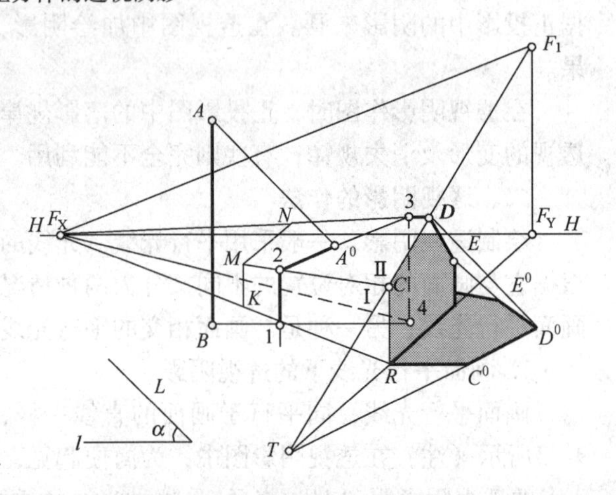


图 9-45 铅垂线在屋面上的透视阴影

屋面在地面的落影。首先求出 $C$、$D$、$E$ 三点的落影 $C^0$、$D^0$、$E^0$，延长 $C^0D^0$ 必通过阴线 $CD$ 与地面的交点 $T$，过 $E^0$ 作透视线消失于 $F_X$，即得到屋面在地面的落影。

**【例 9-3】** 如图 9-46 所示，是一带有雨篷和壁柱的门洞，求其透视阴影。

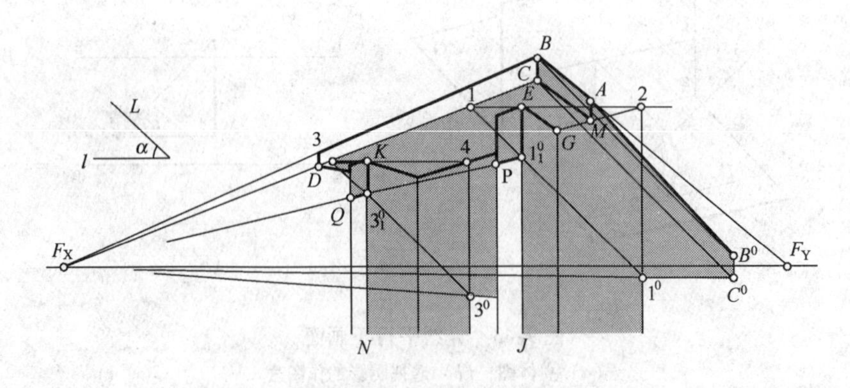


图 9-46 门洞的透视阴影

过壁柱棱线端点 $E$、$K$ 分别作水平线与雨篷阴线 $CD$ 交于点 1、3，自点 1 按给定方向作光线与 $EJ$ 交于点 $1_1^0$，过 $1_1^0$ 向 $F_X$ 作直线，与另一棱线 $KN$ 交于 $3_1^0$，线段 $1_1^0P$、$3_1^0Q$ 即为阴线 $CD$ 在壁柱正面上的落影。

过 $E$、$K$ 的水平线与墙面相交于点 2、4，过点 2、4 作铅垂线，为壁柱阴线 $EJ$、$KN$ 在墙面和门洞的落影。该影线与光线 $11_1^0$、$33_1^0$ 相交于点 $1^0$、$3^0$，点 $1_1^0$ 和 $1^0$、$3_1^0$ 和 $3^0$ 是两对过渡点。过 $3^0$ 向 $F_X$ 作直线，即为雨篷阴线 $CD$ 在门洞的落影。求雨篷在墙面的落影，过点 $C$ 作光线与过 $1^0$ 向 $F_X$ 所作直线交于点 $C^0$，过 $C^0$ 作铅垂线，与过点 $B$ 的光线交于 $B^0$，再连接 $B^0A$，完成所有作图。

2. 画面相交光线下的阴影

画面相交光线，同相交于画面的直线一样，在画面有它的灭点。如图 9-47、图 9-48 所示，这种光线的透视汇交于光线的灭点 $F_L$，其基透视则汇交于视平线上的基灭点 $F_l$，$F_L$ 与 $F_l$ 的连线垂直于视平线。

光线与画面相交，投射方向有两种不同情况：

光线从观者身后射向画面，如图 9-47 所示，光线的灭点 $F_L$ 在视平线的下方。这种光线方向在室外透视阴影作图中，普遍采用。

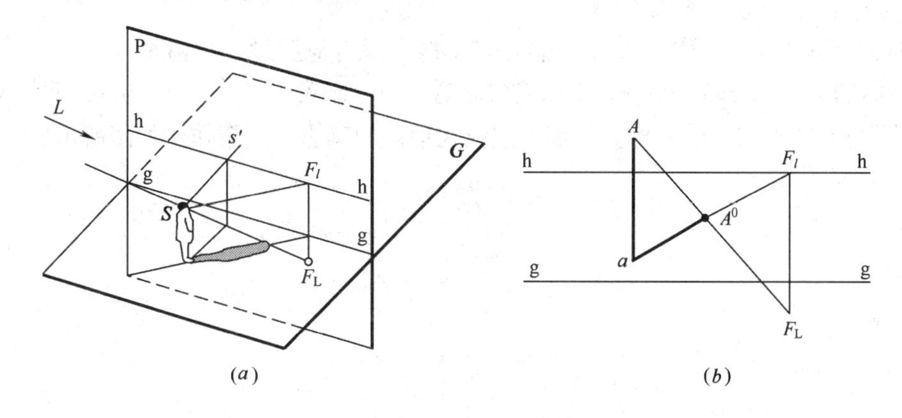


图 9-47　射向画面的光线

（$a$）立体图，灭点 $F_L$ 在视平线的下方；（$b$）透视阴影的作图法

光线从画面后向观者迎面射来，如图 9-48 所示，光线的灭点 $F_L$ 在视平线的上方。

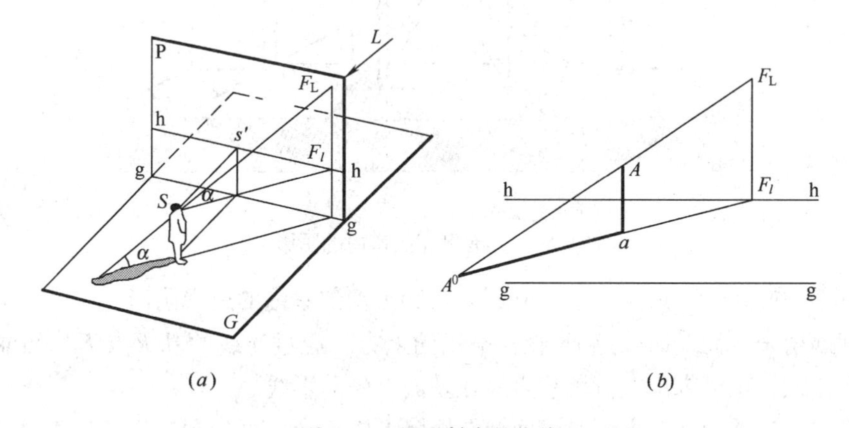


图 9-48　迎面射来的光线

（$a$）立体图，灭点 $F_L$ 在视平线上方；（$b$）透视阴影的作图法

【例 9-4】 如图 9-49 所示，光线射向画面，求立方体的阴影。

先求出点 $A$、$B$、$C$ 的落影，自点 $A$、$B$、$C$ 向 $F_L$ 作光线的透视，分别与光线的基透视 $F_lE$、$F_lF$、$F_lG$ 相交于 $A^0$、$B^0$、$C^0$，连接 $A^0B^0$、$B^0C^0$，得到立方体的阴影。可知，$A^0B^0$ 的灭点为 $F_Y$，$B^0C^0$ 的灭点为 $F_X$。

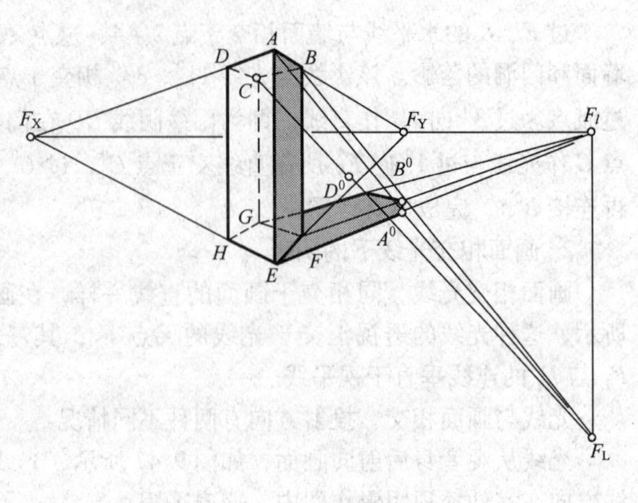


图 9-49 立方体的阴影

【例 9-5】 如图 9-50 所示，是一个侧窗采光的室内，光线迎面射来，求它的透视阴影。

光线迎面射来，光线的灭点 $F_L$ 在视平线的上方。图中光线的灭点 $F_L$，$F_l$ 选定在过 $s^0$ 的铅垂线上，其余作法与光线从观者身后射来时相同。

在门洞的上边缘任取一点 $A$，求出它的基透视 $a$，连接 $F_l$ 与 $a$、$F_L$ 与 $A$，两线交于地面上的 $A^0$，过 $A^0$ 作水平线，即为门洞上边线在地面的落影，其余作法如图所示。

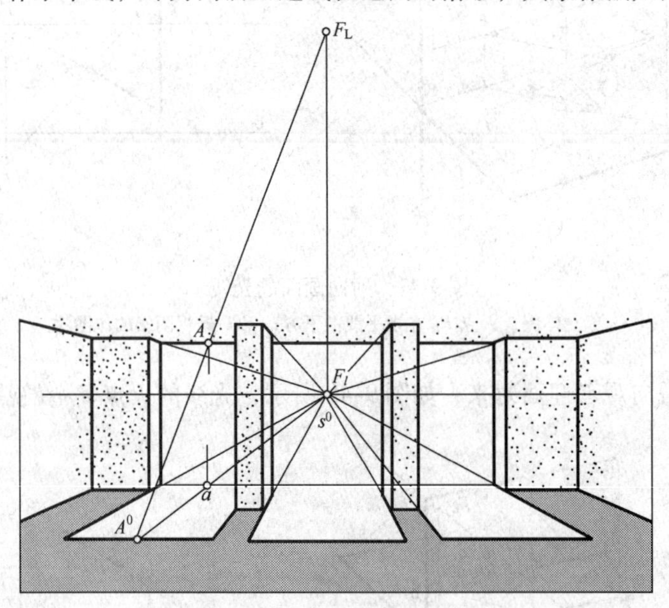


图 9-50 开有侧窗的室内的阴影

【例 9-6】 如图 9-51 所示，求一开有侧窗和天窗的室内的透视阴影。

光线迎面射来，光线的灭点 $F_L$ 在视平线的上方。通过光线的基灭点 $F_l$，可求出立柱在地面的落影线，也可求出左侧墙垂直线在基面上的落影线。

求檐口线及屋顶板上的方洞在地面及右侧墙上的落影。可先画出它们的基透视，然后解决，但比较麻烦。

因为，通过 $AB$、$DE$ 等基线平行线作光平面，该光平面一定是平行于基线的，其灭线也必然平行于视平线，并通过光线灭点 $F_L$；而侧墙面的灭线是通过心点 $s^0$ 的铅垂线。这样两条灭线的交点 $V$，就是 $AB$ 等平行线在侧墙上落影的灭点。

将直线 $MN$、$AB$ 延长，和右侧墙脚交于点 $T$，连接 $VT$ 并延长，与墙脚线相交于点 $R$，过 $R$ 作水平线 $RP$，则 $TR$、$RP$ 是 $MN$ 和 $AB$ 在侧墙及地面上的落影线。自 $F_L$ 向 $B$、$N$ 点引光线，与 $TR$、$RP$ 交于 $B^0$、$N^0$，得到 $B$、$N$ 的落影。

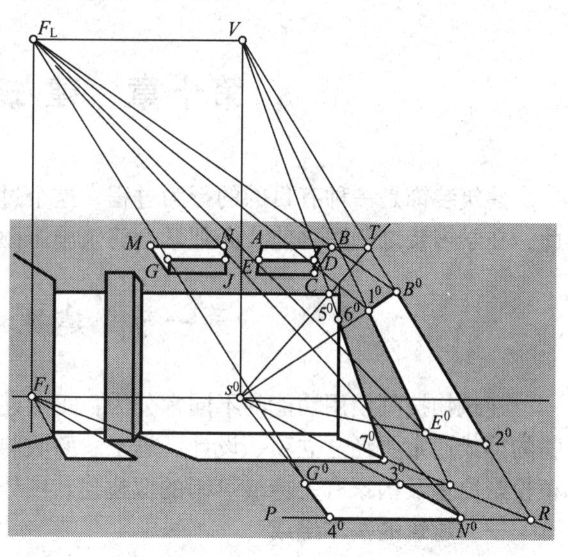

图 9-51 开有侧窗和天窗的室内的阴影

同理，可求得 $GJ$、$ED$ 在侧墙及地面上的落影线，并作出点 $G$ 和 $E$ 的落影 $G^0$ 和 $E^0$。

从 $s^0$ 分别向 $B^0$、$E^0$、$N^0$、$G^0$ 引直线，就画出了方洞的落影 $B^0 1^0 E^0 2^0$ 和 $N^0 3^0 G^0 4^0$。

由 $1^0$ 引光线，返回到 $BC$ 上得点 1，三角形 $1CD$ 是一块落影。

求作檐口线的落影，先延长右侧墙的上边线，与檐口线交于点 $5^0$，自 $V$ 向 $5^0$ 引直线并延长，与侧墙垂直线交于点 $6^0$，与侧墙脚交于点 $7^0$，由 $7^0$ 作水平线与各落影线相交，得到檐口线的落影。

# 第十章 建筑施工图

建筑装饰是一种有目的的行为过程，这个过程必须借助建筑实体作为载体而存在。因此，在学习装饰制图之前，必须学会建筑施工图的识读与绘制。

## 第一节 建筑施工图概述

建筑物按其使用功能的不同常分为：工业建筑、农业建筑以及民用建筑三大类。建筑物的形成通常要经过立项、设计、施工、验收与交付使用几个阶段。其中，由设计人员按正投影原理及国家有关标准绘制的拟建建筑图样，用以指导施工，称为施工图。

### 一、建筑的基本组成

建筑的发展是一个漫长的过程，在人类的不同发展阶段其组成具有不同的内涵。我们讲的建筑组成主要指它们的构件组成。一幢建筑主要由以下几部分组成：基础（包含地下室）、主体承重结构（墙、梁、板、柱、屋架等）、门窗、屋面（包括保温、隔热、防水层）、楼面和地面、楼梯（包括电梯、自动扶梯）等六部分组成，如图10-1所示。

除此以外，还包括人们为了生活、生产的需要而进行的各种装饰，安装的给水、排水、电气、电信、采暖、空调、防灾预警等各种系统。

### 二、建筑工程施工图的分类

建筑工程施工图按专业分工不同，可分为：

（1）建筑施工图：简称建施，包括总平面图、平面图、立面图、剖面图和详图。

（2）结构施工图：简称结施，包括结构设计说明、结构平面布置图和结构构件详图。

（3）设备施工图：包括给水、排水施工图，采暖通风施工图和电气施工图。

土建一次装修图包含在建筑施工图内，二次装修的装饰施工图需根据房屋的使用特点和业主的要求由装饰公司在建筑工程图的基础上进行装饰设计，并编制相应的装饰施工图。

施工图一般以子项为编排单位，顺序如下：建筑施工图、结构施工图、给水排水施工图、采暖和通风、空调施工图、电气设备施工图等。本章我们只讲述建筑施工图。

### 三、施工图中常用的符号

1. 定位轴线

在施工图中，通常用定位轴线表示房屋承重构件（如梁、板、柱、基础、屋架等）的位置。根据《房屋建筑制图统一标准》GB/T 50001—2001 规定：定位轴线应用细点画线绘制，伸入墙内10～15mm，并进行编号，编号注写在定位轴线端部的圆内。圆应用细实线绘制，直径为8～10mm，圆内注明编号。在建筑平面图中，横向定位轴线用阿拉伯数字从左向右连续编写，纵向定位轴线用大写拉丁字母从下向上连续编写，其中I、O、Z三个字母不得用来标注定位轴线，以免与数字1、0、2混淆，定位轴线的编写方法如图10-2所

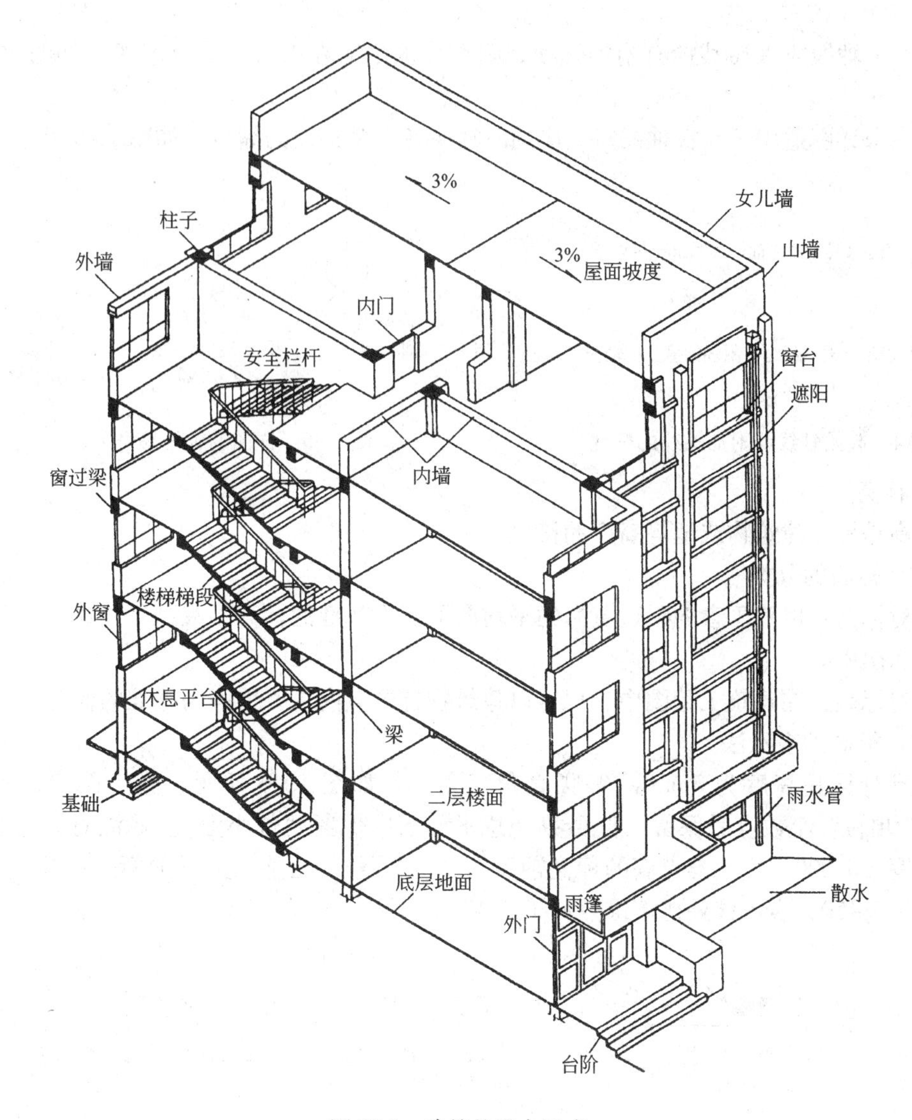


图 10-1　建筑的基本组成

示。在施工图中，两道承重墙中如有隔墙，隔墙的定位轴线应为附加轴线，附加轴线的编号方法采用分数的形式，如图 10-3 所示，分母表示前一根定位轴线的编号，分子表示附加轴线的编号。

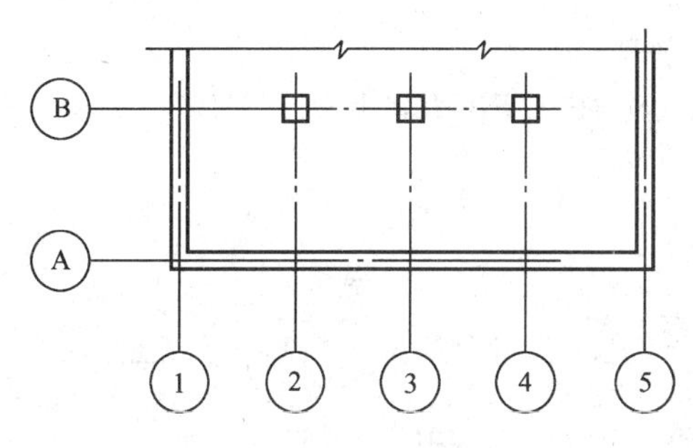


图 10-2　定位轴线的编号与顺序

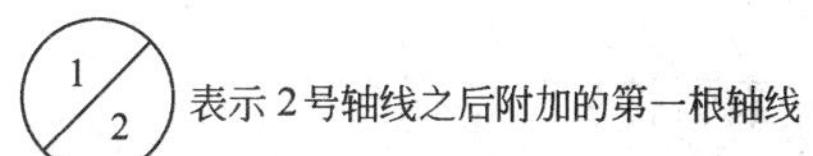


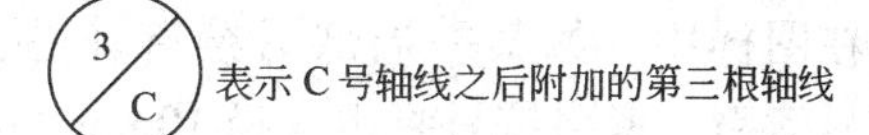


图 10-3　附加轴线的标注

如在 1 轴线或 A 轴线前有附加轴线，则在分母中应在 1 或 A 前加注 0，如图 10-4 所示。

如一个详图适用于几根轴线时，应同时注明各有关轴线的编号，如图 10-5 所示。

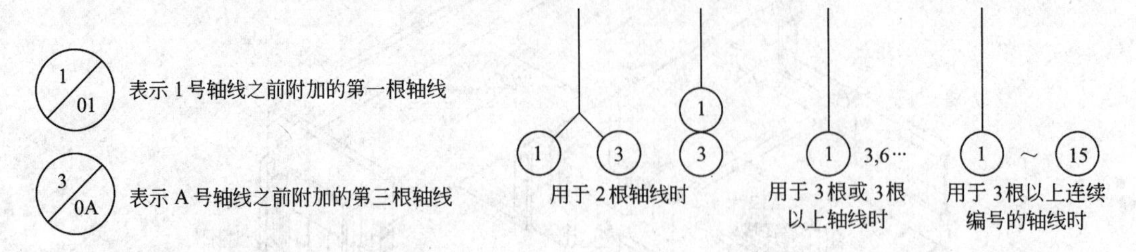


图 10-4　起始轴线前附加轴线的标注　　图 10-5　详图的轴线编号

2. 标高

标高是标注建筑物或地势高度的符号。

（1）标高的分类

绝对标高：以我国青岛附近黄海的平均海平面为基准的标高。在施工图中，一般标注在总平面图中。

相对标高：在建筑工程图中，规定以建筑物首层室内主要地面为基准的标高。

（2）标高的表示法

标高符号是高度为 3mm 的等腰直角三角形，如图 10-6 所示，施工图中，标高以“米”为单位，小数点后保留三位小数（总平面图中保留两位小数）。标注时，基准点的标高注写 ±0.000，比基准点高的标高前不写“＋”号，比基准点低的标高前应加“－”号，如 -0.450，表示该处比基准点低了 0.45m。

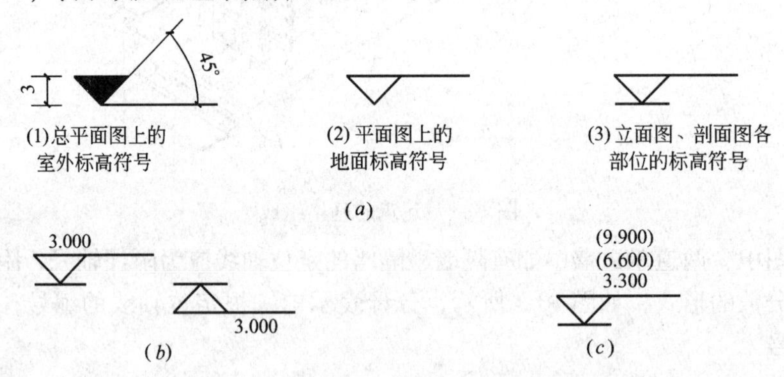


图 10-6　标高符号

（*a*）标高符号形式；（*b*）标高的指向；（*c*）同一位置注写多个标高

3. 索引符号与详图符号

（1）索引符号

在图样中，如某一局部另绘有详图，应以索引符号索引，索引符号是用直径 10mm 的细实线绘制的圆圈，如图 10-7 所示，符号中，分母表示详图所在图纸的编号，分子表示详图编号。图 10-7

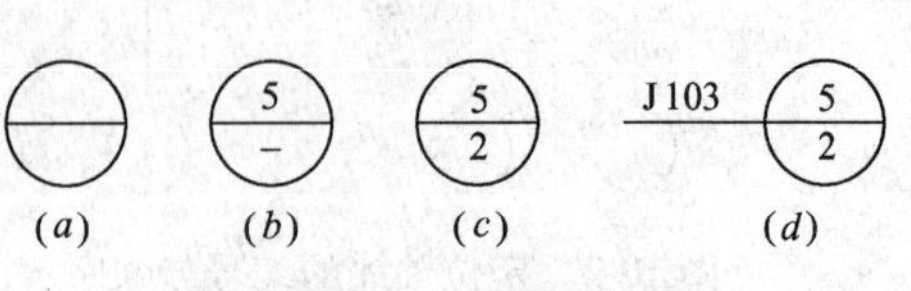


图 10-7　索引符号

中（*b*）图表示5号详图在本张图纸，（*c*）图表示5号详图在第二张施工图上，（*d*）图表示该部位的详图在代号为J 103的标准图集上第二页的第五个图。

索引符号如用于索引剖视详图，应在被剖切的部位绘制剖切位置线，并以引出线引出索引符号，引出线所在的一侧应为投射方向，如图10-8所示。

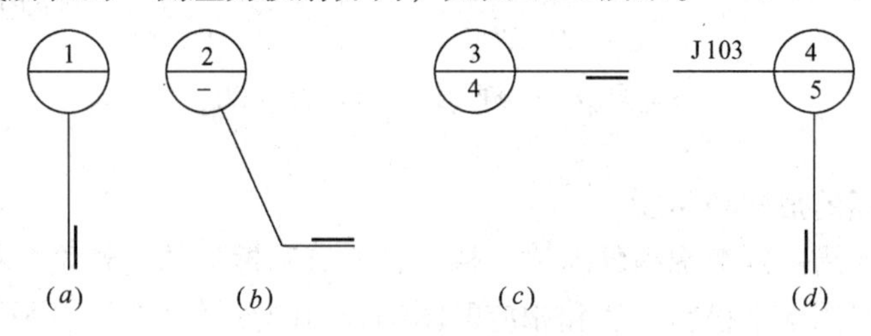


图10-8　用于索引剖面详图的索引符号

（2）详图符号

详图的位置和编号应以详图符号表示，详图符号用直径为14mm的粗实线圆圈表示，如图10-9所示。

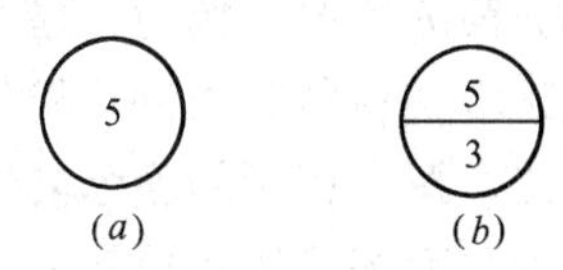


图10-9　详图符号

（*a*）与被索引图样同在一张图纸内的详图符号；

（*b*）与被索引图样不在同一张图纸内的详图符号

4. 引出线

引出线应以细实线绘制，采用水平方向的直线，或与水平方向成30°、45°、60°、90°的直线，或经上述角度再折为水平线。文字说明应注写在水平线的上方，也可注写在水平线的端部。索引详图的引出线应与水平直径线相连接，如图10-10所示。

同时引出几个相同部分的引出线，宜互相平行，也可画成集中于一点的放射线，如图10-11所示。

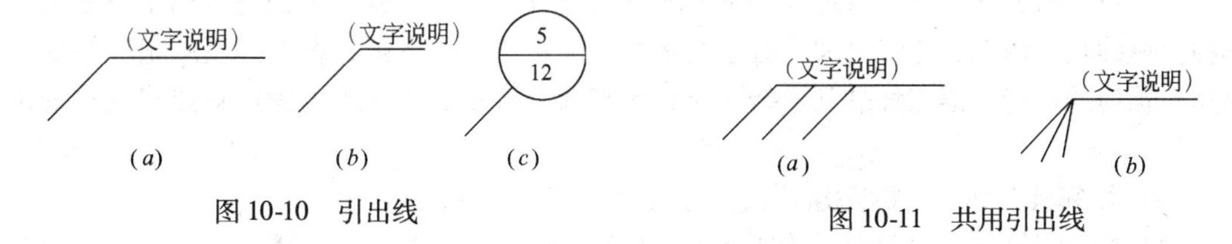


图10-10　引出线

图10-11　共用引出线

多层构造或多层管道共用引出线，应通过被引出的各层。文字说明应注写在引出线的上方，或注写在水平线的端部，说明的顺序由上至下，并应与被说明的层次相互一致，如层次为横向排序，则由上至下的说明顺序应与从左至右的层次相互一致，如图10-12所示。

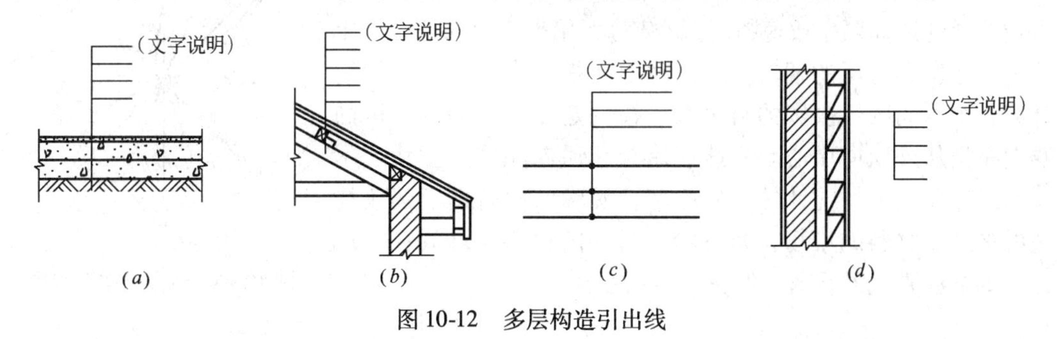


图10-12　多层构造引出线

5. 指北针

如图 10-13 所示，指北针的圆的直径为 24mm，细实线绘制，指针头部应注写“北”或“N”，当图样较大时，指北针可放大，放大后的指北针，尾部宽度为圆的直径的 1/8。

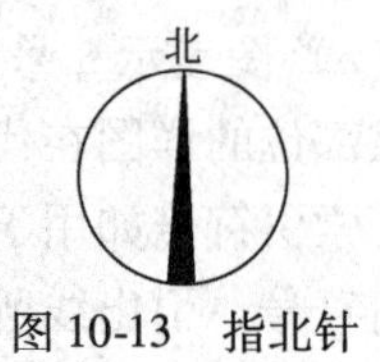


图 10-13 指北针

# 第二节 建筑总平面图

## 一、总平面图的形成和用途

将新建工程四周一定范围内的新建、拟建、原有和拆除的建筑物、构筑物连同其周围的地形、地物状况用水平投影方法和相应的图例画出的图样，即为总平面图。主要是表示新建房屋的位置、朝向、与原有建筑物的关系以及周围道路、绿化和给水、排水、供电条件等方面的情况。作为新建房屋施工定位、土方施工、设备管网平面布置，安排在施工时进入现场的材料和构件、配件堆放场地，构件预制的场地以及运输道路的依据。

## 二、总平面图的图示方法与图示内容

总平面图是用正投影的原理绘制的，图形主要是以图例的形式表示，总平面图的图例采用《总图制图标准》GB/T 50103—2001 规定的图例，表 10-1 为部分常用的总平面图图例符号，画图时应严格执行该图例符号，如图中采用的图例不是标准中的图例，应在总平面图下面说明。图线的宽度 $b$，应根据图样的复杂程度和比例，按《房屋建筑制图统一标准》GB/T 50001—2001 中图线的有关规定执行。总平面图的坐标、标高、距离以米为单位，并应至少取至小数点后两位。

总平面图中一般表示如下内容：

（1）新建建筑所处的地形。如地形变化较大，应画出相应的等高线。

（2）新建建筑的位置，总平面图中应详细地绘出其定位方式，新建建筑的定位方式有三种：一种是利用新建建筑物和原有建筑物之间的距离定位。第二种是利用施工坐标确定新建建筑物的位置。第三种是利用新建建筑物与周围道路之间的距离确定新建建筑物的位置。

（3）相邻有关建筑、拆除建筑的位置或范围。

（4）附近的地形、地物等，如道路、河流、水沟、池塘、土坡等。应注明道路的起点、变坡、转折点、终点以及道路中心线的标高、坡向的箭头。

（5）指北针或风向频率玫瑰图。在总平面图中通常画有带指北针的风向频率玫瑰图（风玫瑰），用来表示该地区常年的风向频率和房屋的朝向。风玫瑰图是根据当地多年平均统计的各个方向吹风次数的百分数，按一定比例绘制的，风的吹向是指从外吹向中心。实线表示全年风向频率，虚线表示按 6、7、8 三个月统计的风向频率。明确风向有助于建筑构造的选用及材料的堆场，如有粉尘污染的材料应堆放在下风位，如熬沥青或淋石灰，如图 10-14 所示。

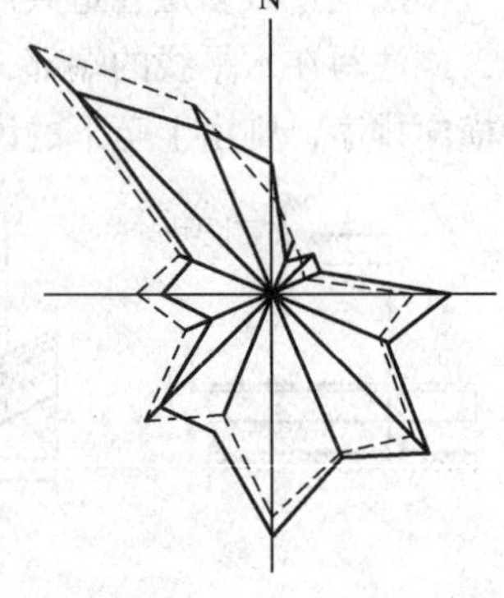


图 10-14 风向频率玫瑰图

**总平面图图例（GB/T 50103—2001）** **表 10-1**

| 序号 | 名　称 | 图　例 | 说　明 |
|---|---|---|---|
| 1 | 新建建筑物 | 12 ▲ | 1. 需要时可用▲表示出入口，可在图形右上角用点数或数字表示层数<br>2. 建筑物外形（一般以 ±0.000 高度处的外墙定位轴线或外墙面线为准）用粗实线表示。需要时地面以上建筑用中粗实线表示，地面以下建筑用细虚线表示 |
| 2 | 原有建筑物 |  | 用细实线表示 |
| 3 | 计划扩建的预留地或建筑物 |  | 用中粗虚线表示 |
| 4 | 拆除的建筑物 |  | 用细实线表示 |
| 5 | 建筑物下面的通道 |  |  |
| 6 | 围墙及大门 |  | 上图表示实体性质的围墙，下图为通透性质的围墙，若仅表示围墙时不画大门 |
| 7 | 挡土墙 |  | 被挡的土在突出的一侧 |
| 8 | 坐标 | X105.00<br>Y425.00<br>A105.00<br>B425.00 | 上图表示测量坐标<br>下图表示施工坐标 |
| 9 | 方格网交叉点标高 | −0.50 \| 77.85<br>78.35 | 78.35 为原地面标高<br>77.85 为设计标高<br>−0.50 为施工标高<br>−表示挖方（+表示填方） |
| 10 | 填方区、挖方区、未整平区及零点线 | + −<br>+ − | +表示填方区<br>−表示挖方区<br>中间为未整平区<br>单点长画线为零点线 |
| 11 | 填挖边坡 |  | 1. 边坡较长时，可在一端或两端局部表示<br>2. 下边线为虚线时表示填方 |
| 12 | 护坡 |  |  |
| 13 | 室内标高 | 151.00(±0.000) |  |
| 14 | 室外标高 | ▼143.00 | 室外标高也可采用等高线表示 |
| 15 | 新建道路 | 101.00<br>R9<br>0.6<br>150.00 | R9 表示道路转弯半径 9m<br>150.00 为路面中心控制点标高<br>0.6 表示 0.6% 的纵向坡度<br>101.00 表示变坡点间的距离 |
| 16 | 原有道路 |  |  |
| 17 | 计划扩建道路 |  |  |
| 18 | 拆除的道路 |  |  |

续表

| 序号 | 名　称 | 图　例 | 说　明 |
|---|---|---|---|
| 19 | 桥梁 | | 1. 上图为公路桥，下图为铁路桥<br>2. 用于旱桥时应注明 |
| 20 | 落叶针叶树 | | |
| 21 | 常绿阔叶灌木 | | |
| 22 | 草坪 | | |

（6）绿化规划和管道布置。

因总平面图所反映的范围较大，常用的比例为：

1∶500、1∶1000、1∶2000、1∶5000 等。

**三、建筑总平面图识读**

下面以某单位住宅楼总平面图为例说明总平面图的识读方法。如图 10-15 所示。

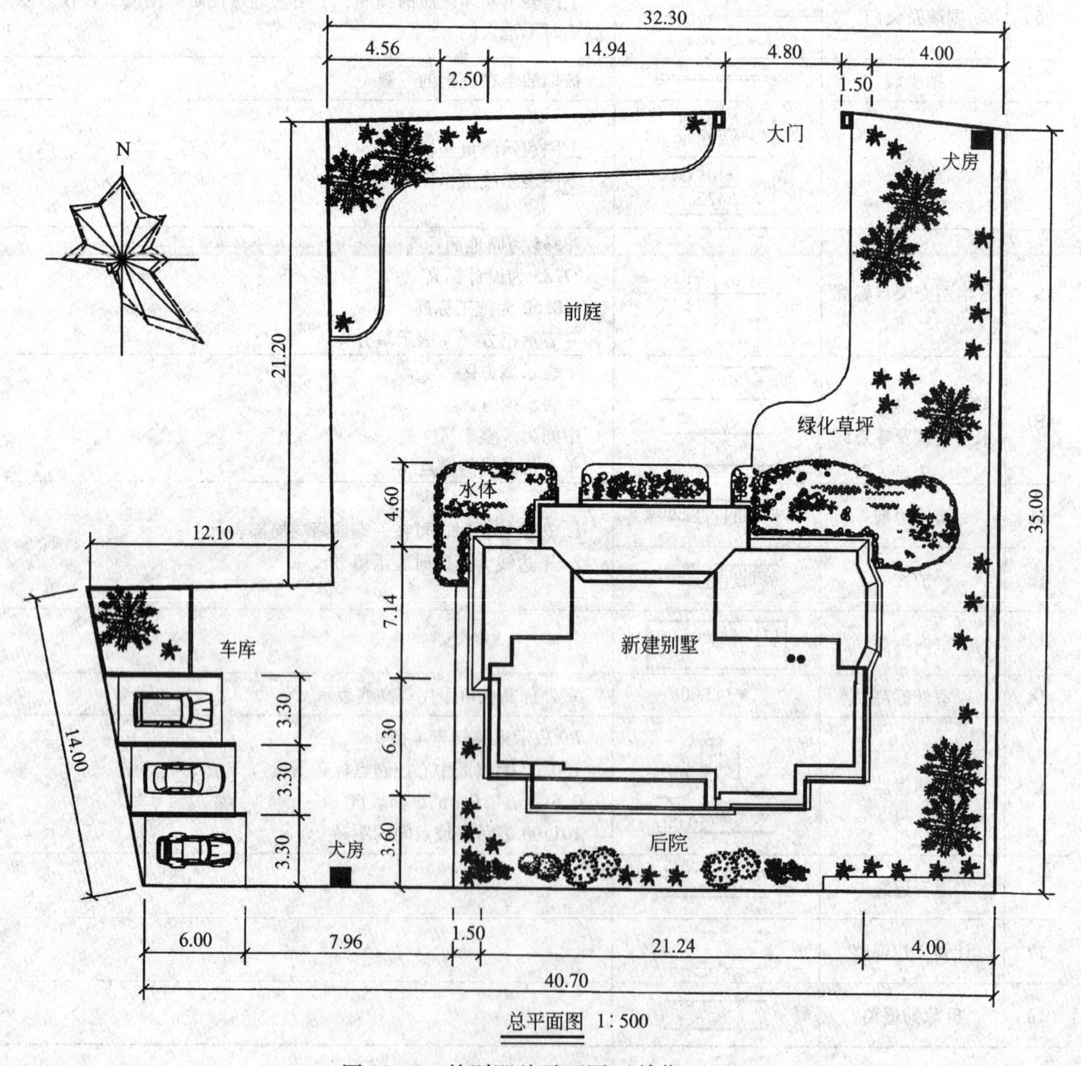


图 10-15　某别墅总平面图（单位：m）

（1）了解图名、比例。该施工图为总平面图，比例1∶500。

（2）了解工程性质、用地范围、地形地貌和周围环境情况。

从图中可知，该别墅位于一小院内，前面有一庭院，西面是车库。

（3）了解建筑的朝向和风向。

本图左上方，是带指北针的风玫瑰图，表示该地区全年以东南风为主导风向。从图中可知，新建建筑的方向是坐南朝北。

（4）了解新建建筑的准确位置。

图10-15中新建建筑采用与周围院墙的距离确定其位置，新建别墅距南面墙体3.60m，东面距离东墙4.00m，周围是绿化。

（5）了解新建房屋四周的道路、绿化。

（6）了解建筑物周围的给水、排水、供暖和供电的位置，管线布置走向。

## 第三节 建筑平面图

建筑平面图反映房屋的形状、大小及房间的布置，墙、柱的位置，门窗类型和位置等，因此建筑平面图是施工放线、砌墙、安装门窗、预留孔洞、室内装修及编制预算、施工备料等工作的重要依据。

### 一、建筑平面图的形成

用一个假想的水平剖切平面沿略高于门窗洞口位置剖切房屋后，向下投影，所得到的水平投影图，即为建筑平面图，简称平面图。一般房屋有几层，就应有几个平面图。沿房屋底层门窗洞口剖切所得到的平面图称为底层平面图，沿二层门窗洞口剖切所得到的平面图称为二层平面图。用同样的方法可得到三层、四层……等平面图，若中间各层完全相同，可画一个标准层平面图。最高一层的平面图称为顶层平面图。一般房屋有底层平面、标准层平面、顶层平面图即可，在平面图下方应注明相应的图名及采用比例。如平面图对称时，也可将两层平面合绘在一个图上，左边绘出一层的一半，右边绘出另一层的一半，中间用细点划线分开，点划线的上下方画出对称符号，并在图的下方，左右两边分别注明图名。

### 二、建筑平面图的图示方法

因平面图是剖面图，因此应按剖面图的图示方法绘制，即被剖切平面剖切到的墙、柱等轮廓用粗实线表示，未被剖切到的部分如室外台阶、散水、楼梯以及尺寸线等用细实线表示，门的开启线用中粗实线表示。

建筑平面图常用的比例是1∶50、1∶100或1∶200，其中1∶100使用得最多。在建筑施工图中，比例小于1∶50的平面图、剖面图，可不画出抹灰层，但宜画出楼地面、屋面的面层线；比例大于1∶50的平面图、剖面图应画出楼地面、屋面的面层线，并宜画出材料图例；比例等于1∶50的平面图、剖面图宜画出楼地面、屋面的面层线，抹灰层的面层线应根据需要而定；比例为1∶100～1∶200的平面图、剖面图可画简化的材料图例（如砌体墙涂红、钢筋混凝土涂黑等），但宜画出楼地面、屋面的面层线。

### 三、建筑平面图的内容

一般包括如下内容：

（1）表示房屋的平面形状、房间的布置、名称编号及相互关系，表示定位轴线、墙和柱的尺寸、门窗的位置及编号、入口处的台阶、栏板、走廊、楼梯、电梯、室外的散水、雨水管、阳台、雨篷等。

（2）标高及尺寸标注。标高要以米（m）为单位注出室外地面、各层地面、楼面的标高以及有高度变化部位的标高。除房屋总长、定位轴线以及门窗位置的三道尺寸外，室外的散水、台阶、栏板等详尽尺寸都要标注齐全。图形内部要标注出不同类型各房间的净长、净宽尺寸。内墙上门、窗洞口的定形、定位尺寸及细部详尽尺寸。

（3）标注出各详图的索引符号。在一层平面图上标注剖面图的剖切符号及编号。表明采用的标准构件配件的编号及文字说明等。

（4）综合反映其他工种如水、暖、电、煤气等对土建工程的要求：各工种要求的水池、地沟、配电箱、消火栓、预埋件、墙或楼板上的预留洞等在平面图中需标明其位置和尺寸。

（5）屋顶平面图表示屋顶的形状、挑檐、屋面坡度、分水线、排水方向、落水口及突出屋面的电梯间、水箱间、烟囱、通风道、检查孔、屋顶变形缝、索引符号、文字说明等。

建筑平面图也是用各种图例符号表示，国标中规定了常用的图例符号如表10-2所示。

**建筑构造及配件图例**（GB/T 50104—2001） **表10-2**

| 序号 | 名　称 | 图　例 | 说　明 |
|---|---|---|---|
| 1 | 楼梯 | 上<br>下<br>上<br>下 | 1. 上图为底层楼梯平面，中间为中间层楼梯平面，下图为顶层楼梯平面<br>2. 楼梯及栏杆扶手的形式和梯段踏步应按实际情况绘制 |
| 2 | 坡道 | 下<br>下<br>下 | 上图为长坡道，下图为门口坡道 |
| 3 | 平面高差 | ×× | 适用于高差小于100mm的两个地面或楼面相接处 |
| 4 | 检查孔 |  | 左图为可见检查孔<br>右图为不可见检查孔 |

续表

| 序号 | 名　称 | 图　例 | 说　明 |
|---|---|---|---|
| 5 | 孔洞 | | 阴影部分可以涂色代替 |
| 6 | 坑槽 | | |
| 7 | 墙预留洞 | 宽×高或$\phi$<br>底(顶或中心)标高 | 1. 以洞中心或洞边定位<br>2. 宜以涂色区别墙体和留洞位置 |
| 8 | 墙预留槽 | 宽×高×深或$\phi$<br>底(顶或中心)标高 | |
| 9 | 烟道 | | 1. 阴影部分可以涂色代替<br>2. 烟道与墙体同一材料，其相接处墙身线应断开 |
| 10 | 通风道 | | |
| 11 | 空门洞 | $h$= | $h$ 为门洞高度 |
| 12 | 单扇门（包括平开或单面弹簧） | | 1. 门的名称代号用 M<br>2. 图例中剖面图左为外、右为内、平面图下为外、上为内<br>3. 立面图上开启方向线交角的一侧为安装合页的一侧，实线为外开，虚线为内开<br>4. 平面图上门线应 90°或 45°开启，开启弧线应绘出<br>5. 立面图上的开启线在一般设计图中可不表示，在详图及室内设计图中应表示<br>6. 立面形式应按实际情况绘出 |
| 13 | 双扇门（包括平开或单面弹簧） | | |
| 14 | 对开折叠门 | | |
| 15 | 墙外单扇推拉门 | | |

续表

| 序号 | 名　称 | 图　例 | 说　明 |
| --- | --- | --- | --- |
| 16 | 墙外双扇推拉门 | 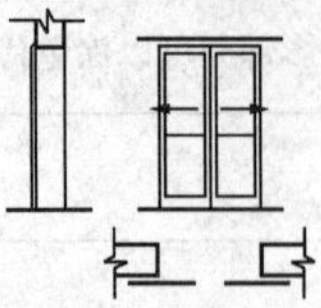  | 1. 门的名称代号用M<br>2. 图例中剖面图左为外、右为内，平面图下为外、上为内<br>3. 立面图上开启方向线交角的一侧为安装合页的一侧，实线为外开，虚线为内开<br>4. 平面图上门线应90°或45°开启，开启弧线应绘出<br>5. 立面图上的开启线在一般设计图中可不表示，在详图及室内设计图中应表示<br>6. 立面形式应按实际情况绘出 |
| 17 | 单扇双面弹簧门 | 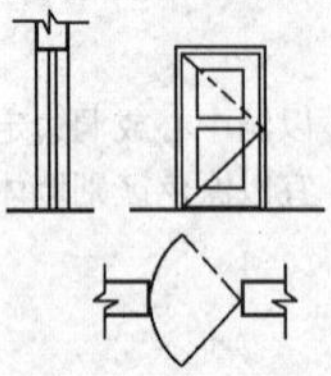  |  |
| 18 | 双扇双面弹簧门 | 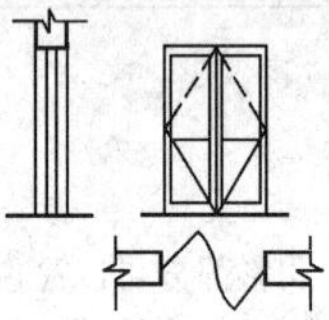  |  |
| 19 | 单层固定窗 | 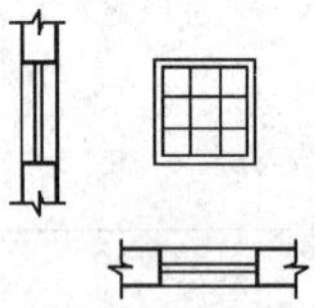  | 1. 窗的名称代号用C表示<br>2. 立面图中的斜线表示窗的开启方向，实线为外开，虚线为内开。开启方向线交角的一侧为安装合页的一侧，一般设计图中可不表示<br>3. 图例中剖面图左为外、右为内，平面图下为外、上为内<br>4. 平面图和剖面图上的虚线仅说明开关方式，在设计图中不需表示<br>5. 窗的立面形式应按实际情况绘出<br>6. 小比例绘图时平、剖面的窗线可用单粗实线表示 |
| 20 | 单层外开平开窗 | 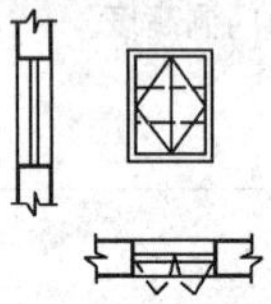  |  |
| 21 | 双层内外开平开窗 | 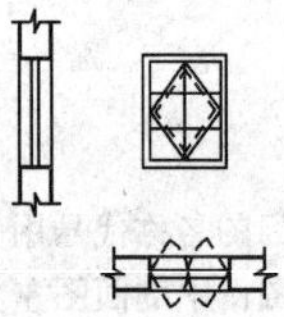  |  |
| 22 | 推拉窗 | 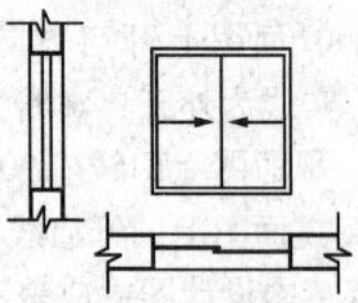  |  |
| 23 | 单层外开上悬窗 | 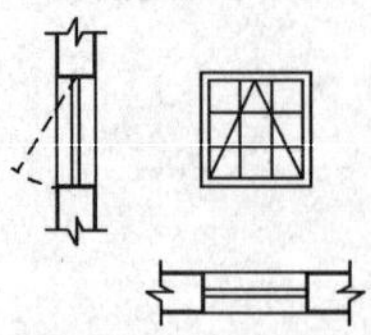  |  |

续表

| 序号 | 名　　称 | 图　　例 | 说　　明 |
|---|---|---|---|
| 24 | 单层中悬窗 | | 1. 窗的名称代号用C表示<br>2. 立面图中的斜线表示窗的开启方向，实线为外开，虚线为内开；开启方向线交角的一侧为安装合页的一侧，一般设计图中可不表示<br>3. 图例中剖面图左为外、右为内，平面图下为外、上为内<br>4. 平面图和剖面图上的虚线仅说明开关方式，在设计图中不需表示<br>5. 窗的立面形式应按实际情况绘出<br>6. 小比例绘图时平、剖面的窗线可用单粗实线表示 |
| 25 | 高窗 | h= | |

### 四、建筑平面图的识读

以图10-16所示的别墅一层平面图为例，说明平面图的内容与读图方法。

（1）读图名，识形状，看朝向：先从图名了解该平面是属于哪一层平面，图的比例是多少。本例建筑共三层平面图即一层平面、二层平面、屋顶平面，比例是1∶100。平面形状为长方形。平面的下方为房屋的南向。一般取上北下南，称为坐北朝南，当朝向不是坐北朝南时，应画出指北针。本图为第一层平面。

（2）读名称，懂布局、组合：从墙（或柱）的位置、房间的名称，了解各房间的用途、数量及其相互间的组合情况。

本例别墅的平面组合为两户，每户两层。在第一层每户均有客厅、客房、餐厅、厨房、楼梯间、卫生间等房间，右边的户型比左边的略大，并且多了工人房。

（3）根据轴线，定位置，识开间、进深：根据定位轴线的编号及其间距，了解各承重构件的位置和房间的大小。本例从左到右共有10根轴线，从下到上也有10根轴线。

（4）读尺寸，定面积，看高度，算指标：了解平面图所注的各种尺寸，并通过这些尺寸了解房屋的占地面积、建筑面积、房间的净面积、居住面积、平面利用系数$K$。

在平面图上所标注的尺寸以mm为单位，但标高以m为单位。平面图上注有外部和内部尺寸。从各道尺寸的标注，可了解各房间的开间尺寸（与建筑物长度方向垂直的相邻两轴线之间的距离，称为开间或称两横向轴线间距）、进深尺寸（建筑物宽度方向上相邻纵向两轴线之间的距离，或同一房间内两纵向轴线间距称为进深）、外墙与门窗及室内设备的大小和位置。

1）外部尺寸：为了便于读图和施工，一般在图形的下方及左侧注写三道尺寸：

第一道尺寸，表示外轮廓的总尺寸，即指从一端外墙边到另一端外墙边的总长和总宽尺寸。本例总长为21540mm，总宽为15240mm，通过这道尺寸我们可以计算出本栋房屋的占地面积。

第二道尺寸，表示轴线间的距离，称为轴线尺寸，用以说明房间的开间及进深尺寸。如本例右边户型中客厅尺寸为9300mm×6900mm，客房尺寸为3300mm×5100mm。

第三道尺寸，表示各细部的位置及大小，如门窗洞宽和位置、墙柱的大小和位置，窗间墙宽等。标注这道尺寸时，应与轴线联系起来，如左边户型客厅的窗C2，宽度为1800mm，窗边距轴线尺寸为900mm。

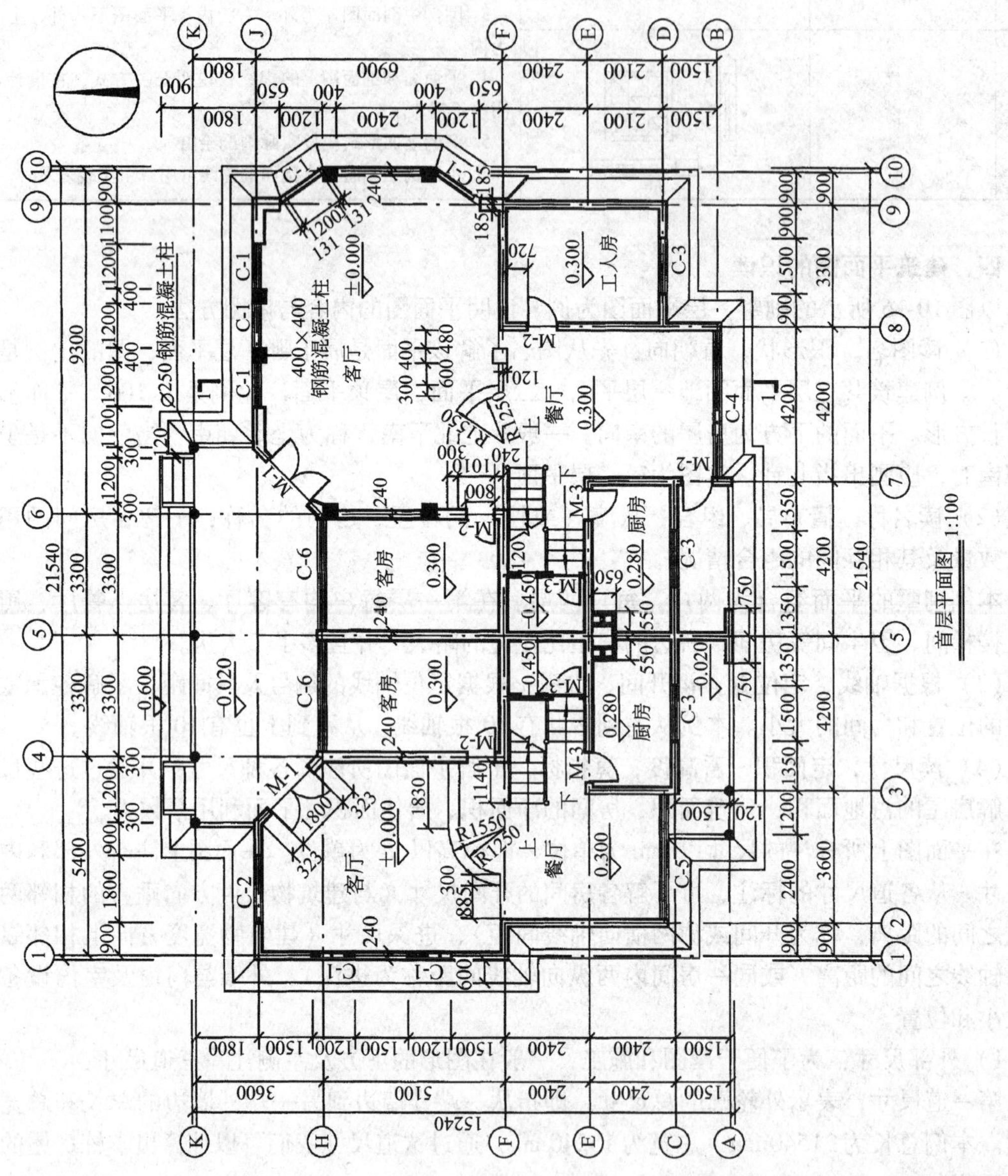


图 10-16　某别墅一层平面图

在底层平面图中，台阶（或坡道）、花池及散水等细部的尺寸，可单独标注。

三道尺寸线之间应留有适当距离（一般为8～10mm，但第三道尺寸线应离图形最外轮廓线10mm以上，以便注写数字和剖切位置线。如果房屋的前后、左右都不对称则平面图上四边都需注上尺寸，但这时右边和上边可只注第二道轴线尺寸和第三道细部尺寸。

2）内部尺寸：为了说明房间的净空大小和室内的门窗洞、孔洞、墙厚和固定设备（例如厕所、盥洗室、工作台、搁板等）的大小与位置以及室内楼地面的高度，在平面图上应清楚地注写出有关的内部尺寸和楼地面标高。楼地面标高是表明各房间的楼地面对标高零点（注写为±0.000）的相对高度。在首层平面图中，客厅标高为±0.000，客房、餐厅地面标高为0.300，表示客房、餐厅比客厅地面高300mm，由两步台阶相连接，厨房地面标高0.280，表示厨房地面比餐厅地面低20mm，以防厨房地面积水流入餐厅。卫生间地面标高－0.450，表示卫生间比餐厅低750mm，由楼梯连接。

（5）看图例，识细部，认门窗代号：了解房屋其他细部的平面形状、大小和位置，如楼梯、阳台、栏杆和厨厕的布置以及搁板、壁柜、碗柜等空间利用情况。厨房中画有矩形及其对角线虚线的图例表示搁板。从图中的门窗图例及其编号，可了解到门窗的类型、数量及其位置。门的代号是M，窗的代号是C，在代号后面写上编号，如M1、M2……和C1、C2……等。同一编号表示同一类型的门窗，从所写的编号可知门窗共有多少种（可参见门窗表）。

（6）根据索引符号，可知总图与详图关系：了解有关部位上节点详图的索引符号。

以上读法对于建筑各层都如此读图。本底层平面图除表示该层的内部情况外，还画出了室外的台阶、花池、散水、明沟等的形状和位置。此外，在底层平面图上要画出剖面图的剖切位置线、剖视方向线和编号，以便与剖面图对照查阅。对于屋面平面图一般内容有：女儿墙、檐沟、屋面坡度、分水线与落水口、变形缝、楼梯间、水箱间、天窗、上人孔、消防梯及其他构筑物、索引符号等。

其他平面图详见附图（一）。

## 第四节　建筑立面图

### 一、建筑立面图的形成

在与房屋立面平行的投影面上所作的正投影图，称为建筑立面图，简称立面图。一般民用房屋以坐北朝南布置，以达到良好的朝向和日照。这时南立面主要反映外貌特征，作为主要立面，故又称正立面，相应的则有东、西立面，又称侧立面，北立面又称背立面。“国标”规定也可以按轴线编号来命名，如①～⑩立面（正立面）、⑩～①立面（背立面）、Ⓐ～Ⓕ立面、Ⓕ～Ⓐ立面（侧立面）。在设计阶段，立面图用来研究艺术处理，因为一幢房屋是否美观，很大程度上决定于主要立面的艺术处理，艺术处理主要指体形比例、装饰材料的选用，色彩运用等处理。在施工图中立面图主要反映房屋的高度、外貌和外墙装修构造。

### 二、建筑立面图的图示方法

按投影原理，立面图上应将立面上所有看得见的细部都表示出来。但由于立面图的比例与平面图的比例相同，常用1:100的小比例，像门窗扇、檐口构造、阳台栏杆和墙面复杂的装修等细部，往往难以详细表示出来，只用图例表示。它们的构造和做法，都另有详图或文字说明。因此，习惯上往往对这些细部只分别画出一两个作为代表，其他都可简化，只需画出它们的轮廓线。

为了使立面图层次分明，有一定的立体效果，室外地坪线用加粗实线，建筑的外轮廓或有较大转折处用粗实线，墙面突出的壁柱、阳台、雨篷和门窗洞口线用中粗实线，门窗细部分格、墙面装修分格用细实线表示。

**三、建筑立面图的内容**

（1）表示房屋外形上可见部分的全部内容。室外地坪线、房屋的勒脚、台阶、栏板、花池、门、窗、雨篷、阳台、墙面分格线、挑檐、女儿墙、雨水斗、雨水管、屋顶上可见的烟囱、水箱间、通风道及室外楼梯等全部内容及其位置。

（2）标高。建筑立面图上一般不标注高度方向的尺寸，而是标注外墙上各部位的相对标高。标高要注写出室外地面、入口处地面、勒脚、各层的窗台、门窗顶、阳台、檐口、女儿墙等标高。标高符号应大小一致、排列整齐、数字清晰。一般标注在立面图左侧，必要时左右两侧均可标注，个别的标注在图内。

（3）立面图上某些细部或墙上的预留洞需注出定形、定位尺寸。

（4）标注出局部详图的索引，或个别外墙详图的索引及文字说明。

（5）在建筑立面图上，外墙表面分格线应表示清楚，应用图例或文字说明外墙面的建筑材料，装修做法等。

**四、建筑立面图的识读**

（1）从图名或轴线的编号了解该图的名称。如图10-17所示，由图名可知该立面图为①~⑩立画图，为南向立面图，在该建筑中也可称为背立面图，比例与平面图一样为1:100，以便对照阅读。

（2）从立面图上可知道房屋的层数、长度和高度，门窗数量和位置、大小。以及房屋的外貌形式是否满足美观、大方等艺术要求。此外立面图上还画出了勒脚、门窗、雨篷、阳台、室外台阶、墙、柱、檐口、屋顶（女儿墙）、雨水管、墙面分格线和其他装饰构件等，因此通过读立面图，可了解该房屋这些细部的形式和位置。如图10-17所示，该房屋共两层，总长同平面图，即21540mm，总高10.000m（9.400m+0.600m），一层窗台标高为1.200m，二层窗台标高为3.900m和4.500m两种。该屋顶形式为四坡屋顶。

（3）立面图上通常只标注标高尺寸。所注尺寸为外墙各主要部位的标高，如室外地坪、出入口地坪、窗台、门窗顶、阳台、雨篷、檐口、屋顶等到完成面的标高。通过读立面图上这些标高尺寸，可知此房屋最低（室外地坪）处比室内低600mm，最高处为9.400m。一般标高注在图形外，并做到符号排列整齐、大小一致。若房屋立面左右对称时，一般注在左侧。不对称时，左右两侧均应标注。必要时为了更清楚起见，可标注在图内。

（4）立面图上标出了各部分构造、装饰节点详图的索引符号。从文字说明了解到此房屋外墙面装修采用仿石漆。当外墙壁面进行粉刷装饰时，应以窗洞的高度线分格。使之有伸缩的余地。

其他立面图见附图（一）。

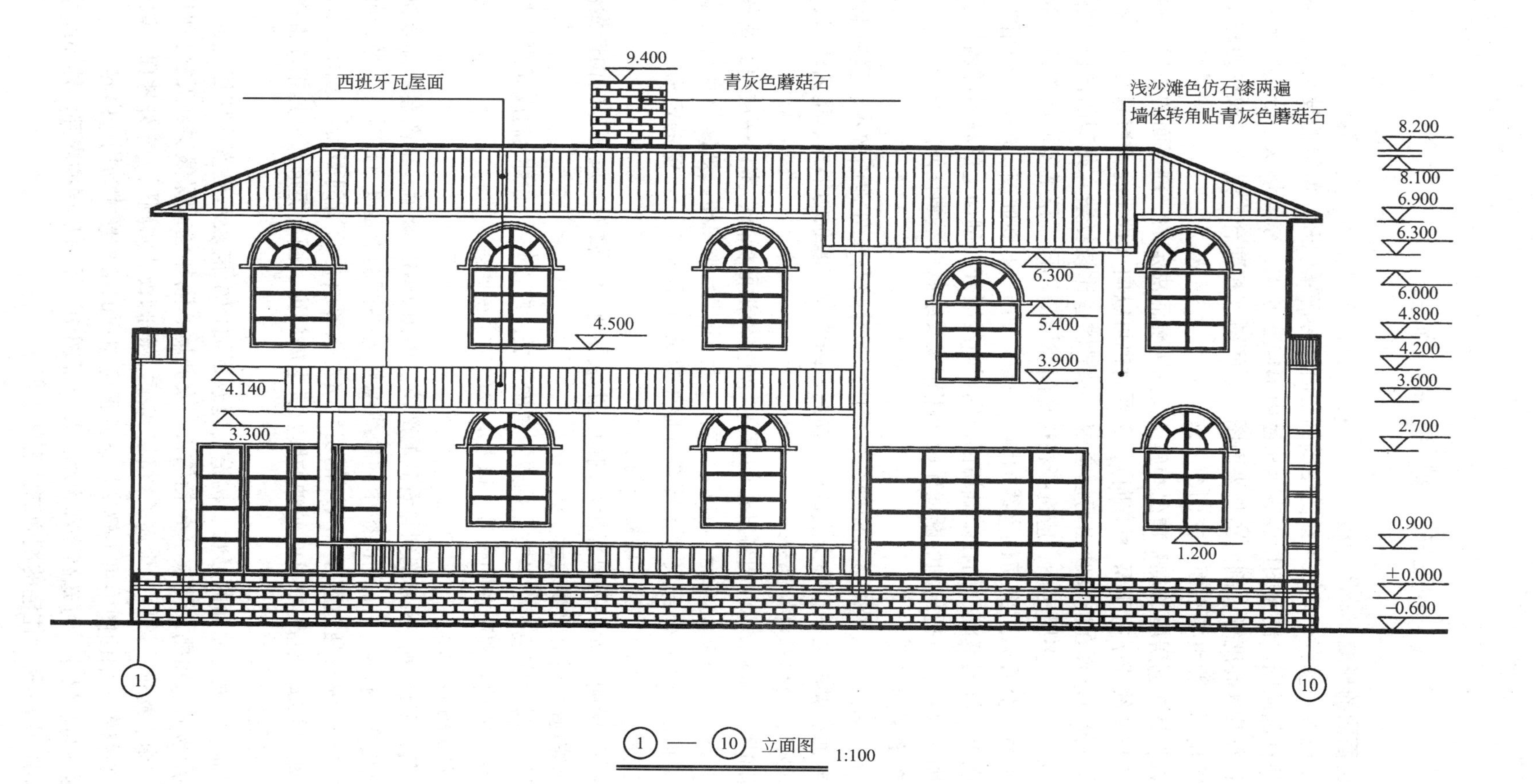


图 10-17　某别墅建筑立面图

## 第五节 建筑剖面图

### 一、建筑剖面图的形成

假想用一个或多个垂直于外墙轴线的铅垂剖切面，将房屋剖开，所得的投影图，称为建筑剖面图，简称剖面图。剖面图用以表示房屋内部构造方式、屋面形状、分层情况和各部位的联系、材料及其高度等。剖面图与平面图、立面图互相配合，是不可缺少的重要图样之一。采用的比例一般也与平面、立面图一致。

剖面图的数量是根据房屋的复杂情况和施工实际需要而决定的。剖切面的位置一般为横向（即垂直于屋脊线或平行于 W 面方向），必要时也可纵向（即平行于屋脊线或平行于 V 面方向），其位置应选择在能反映出房屋全貌、内部构造比较复杂、典型的部位，并应通过门窗洞的位置。若为多层房屋，应选择在楼梯间或层高不同、层数不同的部位。剖面图的图名应与平面图上所标注剖切位置线的编号一致，如 1—1 剖面图、A—A 剖面图等。习惯上在剖面图上不画出基础，而在基础墙部位用折断线断开。剖面上的材料图例与图中线型应与平面图一致，也可把剖到的断面轮廓线用粗实线绘制而不画任何图例。

### 二、建筑剖面图的内容

（1）剖面图一般表示房屋高度方向的结构形式。如墙身与室外地面散水、室内地面、防潮层、各层楼面、梁的关系；墙身上的门、窗洞口的位置，屋顶的形式、室内的门、窗洞口、楼梯、踢脚、墙裙等可见部分。

（2）标高和尺寸标注。标注出各部位的标高。如室外地面标高、室内一层地面及各层楼面标高、楼梯平台、各层的窗台、窗顶、屋面、屋面以上的阁楼、烟囱及水箱间等标高。标注高度方向的尺寸：外部尺寸主要是外墙上在高度方向上门、窗的定形、定位尺寸，内部尺寸主要是室内门、窗、墙裙等高度尺寸。

（3）多层构造说明。如果需要直接在剖面图上表示地面、楼面、屋面等的构造做法，一般可以用多层构造共用引出线表示。

（4）索引符号与文字说明。各节点构造的具体作法，应以较大比例绘制成详图，并用索引符号表明详图的编号和所在图纸号，以及必要的文字说明。

### 三、建筑剖面图的识读

（1）据图名，定位置，区分剖到与看到的部位。如图 10-18 所示，由图名可知本例为住宅的 1—1 剖面图，根据 1—1 剖面图中的轴线编号与平面图上的 1—1 剖切符号，可知 1—1 剖面是一个剖切平面通过客厅、餐厅剖切后向左投影所得的横剖面图。比例与平面、立面图一致。即 1:100。剖到 A、D、F 轴的墙及其上的门窗，图上矩形部分是钢筋混凝土梁（包括圈梁、门窗过梁）。

（2）读地面、楼面、屋面的形状、构造：建筑剖面图中需表示出室内底层地面、地坑、地沟、各层楼面、顶棚、屋顶（包括檐口、女儿墙、隔热层或保温层、天窗、烟囱、水池等）、门、窗、楼梯、阳台、雨篷、留洞、墙裙、踢脚板、防潮层、室外地面、散水、排水沟及其他装修等，剖面图中可了解房屋从地面到屋顶的结构形式和构造内容。

（3）根据标高、尺寸，可知高度和大小，从剖面图中可了解房屋的内部、外部尺寸和标高尺寸。如图 10-18 所示住宅的剖面图注有如下尺寸：

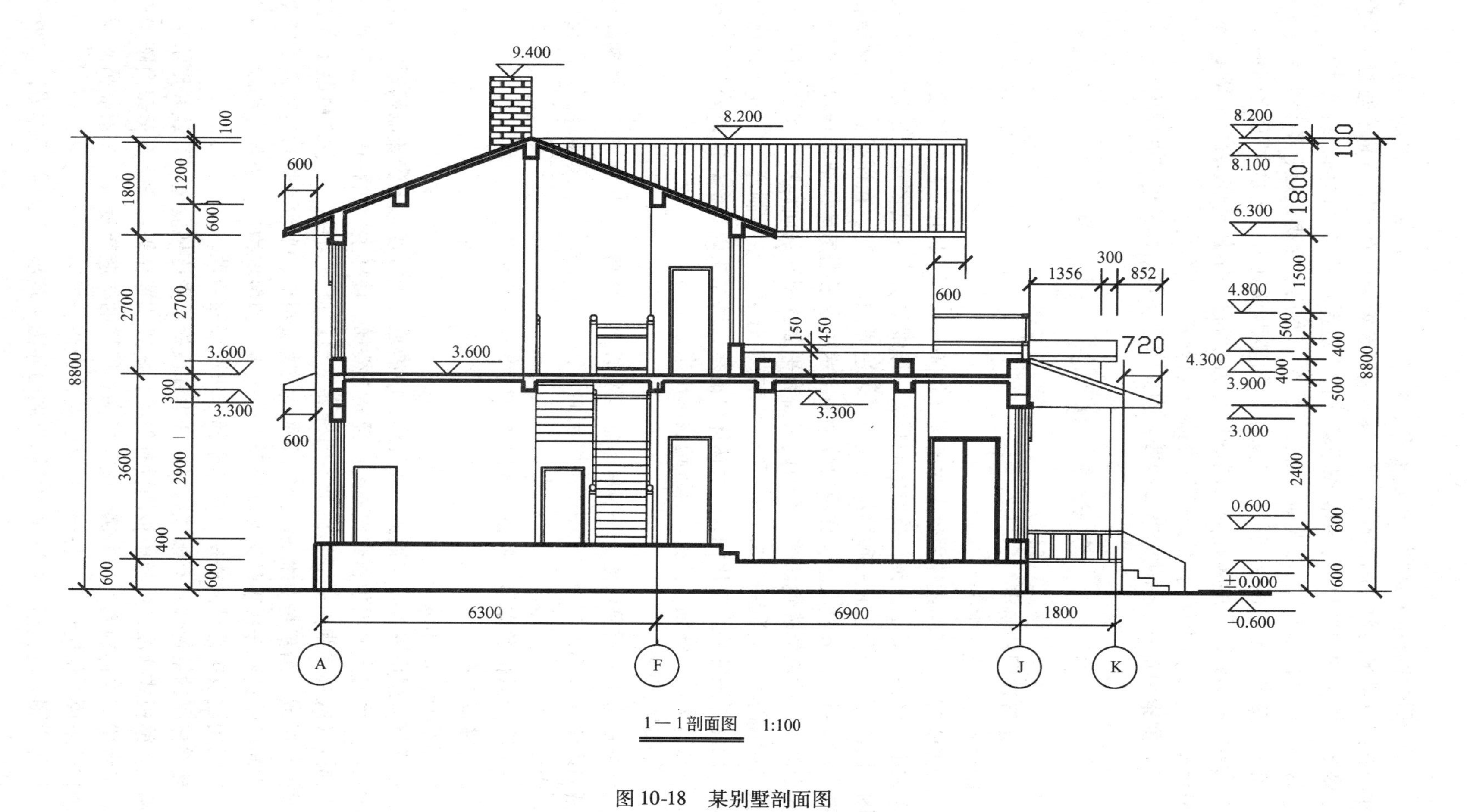

图 10-18　某别墅剖面图

1）外部尺寸有室外地坪、外墙窗台、窗顶、阳台栏杆扶手、梁底、檐口等处的标高尺寸和它们以毫米为单位的线性尺寸；另一边还有窗台、女儿墙顶面等处的标高尺寸和它们以毫米为单位的线性尺寸。剖面图下方应注上进深尺寸（即纵向轴线尺寸）。

2）内部尺寸注出了底层地面、各楼层阳台、厨房、楼梯过道、楼梯平台的标高尺寸。还注出了以毫米为单位的层高尺寸（从某层的楼面到其上一层的楼面之间的尺寸称为层高，某层的楼面到该层的顶棚面之间的尺寸为净高），本住宅底层高为3600mm。二层为4500mm，图示了内墙面的门窗洞高、搁板等位置和大小尺寸。

（4）据索引符号、图例读节点构造：剖面图中表示出楼、地面各层构造。

## 第六节 建 筑 详 图

### 一、建筑详图的特点

1. 详图的概念与特点

对房屋的细部或构配件用较大的比例（1:30、1:20、1:10、1:5、1:2、1:1），将其形状、大小、材料和做法，按正投影图的画法，详细地画出来的图样，称为建筑详图，简称详图。因此详图实质上是一种局部放大图，表达详细、清楚。在详图上可知建筑物的合理构造，适宜材料，齐全尺寸。详图的数量和图示内容根据房屋构造复杂程度而定。有时只需一个剖面详图就能表达清楚，有时同时需有平面详图和剖面详图（如楼梯间、厨房、厕所），有时需加立面详图（如门窗、阳台）。有时还要在已绘制详图中再补充比例更大的详图。因此详图的特点是比例大、表达详尽清楚、尺寸注记齐全，使该处的局部构造、材料、做法、大小等详细、完整、合理地表示出来。

2. 详图的内容

详图是施工的重要依据，一幢房屋施工图通常需绘制如下几种详图：楼梯间详图、外墙剖面详图（又称为墙身大样图或主墙剖面详图）、阳台详图、厨厕详图、门窗详图、壁柜详图等。

本节我们以楼梯详图为例讲解建筑施工图中详图的阅读。

### 二、楼梯详图

1. 楼梯详图的组成

楼梯是多层房屋上下交通的主要设施，应满足行走方便、人流疏散畅通、有足够的坚固耐久性。目前多采用预制或现浇钢筋混凝土楼梯。楼梯主要由梯段、平台和栏杆扶手组成。梯段（或称梯跑）是联系两个不同标高平台的倾斜构件，一般是由踏步和梯梁（或梯段板）组成：踏步是由水平的踏板和垂直的踢板组成；平台是供行走时调节疲劳和转换梯段方向用的；栏杆扶手是设在梯段及平台边缘上的保护构件，以保证楼梯交通安全。用在一般民用建筑中常设的楼梯有单跑楼梯和双跑楼梯两种。

楼梯梯段的结构形式有板式梯段，即由梯段板承受该梯段全部荷载并传给平台梁再传到墙上。梁板式梯段，即梯段板侧设有斜梁，斜梁搁置在平台梁上，荷载由踏步板经梯梁传到平台梁，再传到墙上。本例为板式楼梯。楼梯的构造较复杂，一般需另画详图，以表示楼梯的组成、结构形式、各部位尺寸、装饰做法。

楼梯详图一般包括楼梯间平面详图、剖面详图、踏步、栏杆扶手详图，这些详图应尽

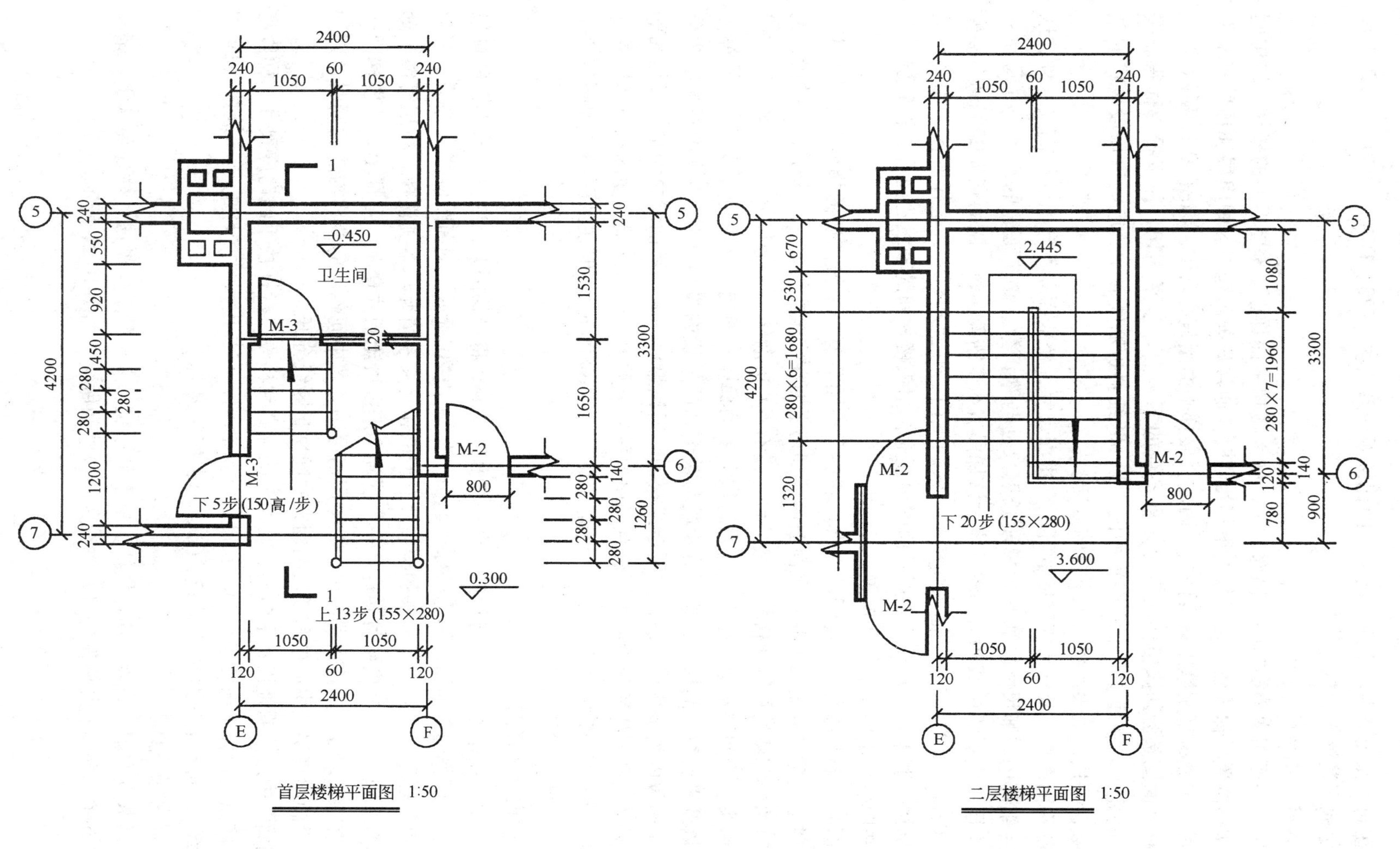


图 10-19　某别墅楼梯平面图

可能画在同一张图纸内。平面、剖面详图比例要一致（如1∶20、1∶30、1∶50），以便更详细、清楚地表达该部分构造情况。

2. 楼梯平面详图

将房屋平面图中楼梯间部分局部放大，称为楼梯平面详图。3层以上的楼梯，当中间各层的楼梯位置、梯段数、踏步数大小都相同时，通常只画出底层、中间层和顶层三个平面图即可。本教材某别墅因只有两层，因此，楼梯平面图只有两个，如图10-19所示。

楼梯平面图是沿两跑楼梯之间的休息平台的下表面作水平剖切，往下投影而得。按“国标”规定，均在底层、中间层平面图中以60°细斜折断线表示，应画出该段楼梯的全部踏步数，并用箭头表示楼梯上下行的方向。

楼梯平面图中，除注出楼梯间的开间和进深尺寸，楼地面和平台面的标高尺寸外，还需注出各细部的详细尺寸。通常把梯段长度尺寸与踏面数、踏步面宽的尺寸合并写在一起。如二层平面图的6×280=1680，表示该梯段有6个踏面，每一踏面宽为280mm，楼梯长为1680mm。通常，3个平面图画在同一张图纸内，并互相对齐，这样既便于阅读，又可省略标注一些重复的尺寸。各层平面图中还应标出该楼梯间的轴线。而且，在底层平面图还应注明楼梯剖面图的剖切位置。

读图时，要掌握各层平面图的特点。底层平面图只有一个被剖切的梯段及扶手栏杆，并注有“上”字的长箭头。顶层平面图由于剖切平面在安全栏杆之上，未剖到楼梯段，在图中画有两段完整的梯段和楼梯休息平台，没有60°折断线，在梯口处有一个注有“下”字的长箭头。中间层平面图画出被剖切的往上走的梯段（画有“下”字的箭头）、楼梯休息平台以及平台往下的梯段。这部分梯段与被剖切的梯段的投影重合，以60°折断线为分界。由于梯段的踏步最后一级走到平台或楼面，所以最后一级的踢面就成为平台或楼面的侧面，故平面图上梯段踏面的投影数总是比梯段的级数少一。如二层平面的第一梯段共有7级踏步，而在平面图中只画出6个踏面（280×6=1680mm），但在剖面图中则画有7个踢面（7×160=2080mm）。

3. 楼梯剖面详图

假想用一铅垂面，通过各层的一个梯段和门窗洞，将楼梯剖开，向另一未剖到的梯段方向投影，所作的剖面图，即为楼梯剖面图，如图10-20所示。剖面图应能完整地、清晰地表示出各梯段、平台、栏杆等的构造及它们的相互关系情况。本例楼梯，每层有两个梯段，称为双跑楼梯。从图中可知这是一个现浇钢筋混凝土板式楼梯。习惯上，若楼梯间的屋面没有特殊之处，一般可不画出。在多层房屋中，若中间各层的楼梯构造相同时，则剖面图可只画出底层、中间层和顶层剖面，中间用折断线分开。

剖面图中应注明地面、平台面、楼面等的标高和梯段、栏杆扶手的高度尺寸。梯段高度尺寸注法与楼梯平面图中对梯段长度的注法相同，在高度尺寸中注的是梯级数（即13级、7级），而不是踏面数（即12、6），两者相差为1。

4. 楼梯节点详图

楼梯节点详图主要表示楼梯栏杆、扶手的形状、大小和具体做法，栏杆与扶手、踏步的连接方式，楼梯的装修做法以及防滑条的位置和做法，如图10-21所示。

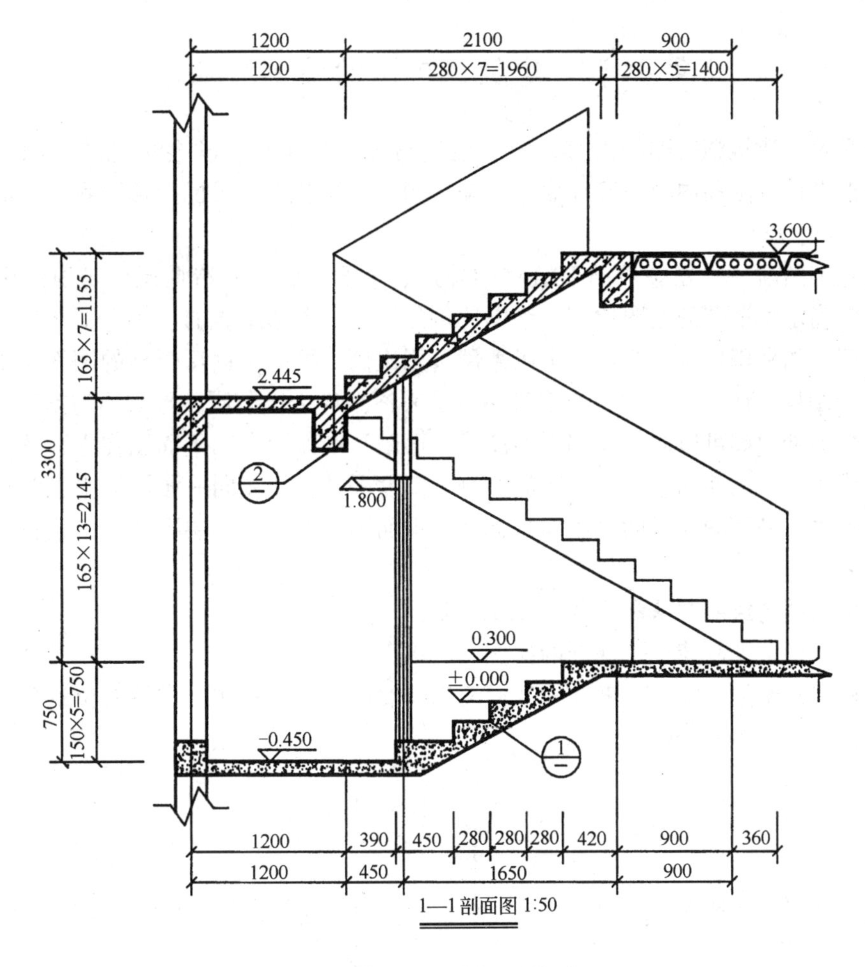


图 10-20　楼梯剖面图（单位：mm）

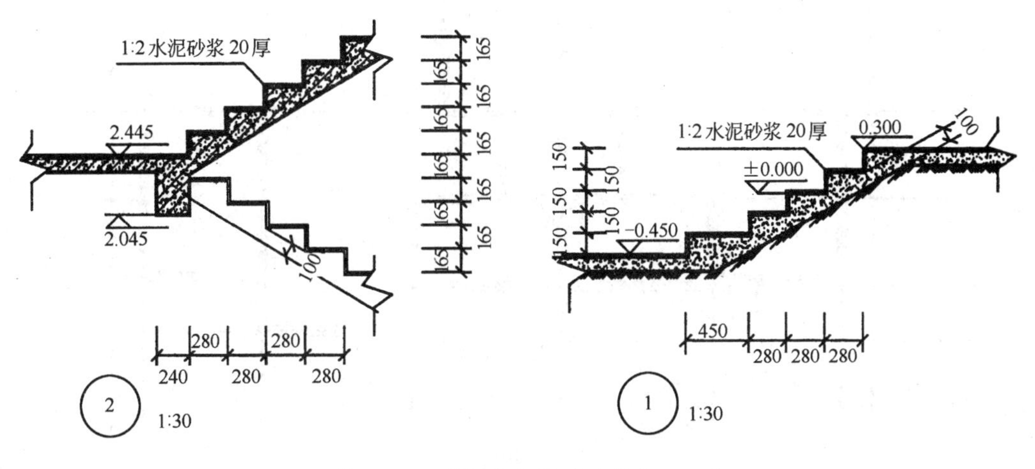


图 10-21　楼梯节点详图（单位：mm）

## 第七节　建筑施工图的绘制方法

前面学习了建筑施工图的内容、图示原理与方法，还必须学会建筑施工图的绘制方法，以便把设计意图和内容正确地表达出来。同时，绘制施工图也能帮助我们提高读图能力。

绘制施工图前，首先应根据建筑物的外形、平面布置、构造情况确定所绘图样的数量。其次应确定每个图的绘图比例，绘图比例的确定应根据图样的大小、复杂程度优先选用常用比例。如常用比例不合适，可以采用可用比例。再次，进行合理的图面布置，图面布置（包括图样、图名、尺寸、文字说明以及表格）应主次分明，排列均匀紧凑，表达清晰。在一张图纸中如可以同时绘制平面图、立面图与剖面图，则平面图在立面图下面，并且首尾轴线对齐，剖面图放在立面图的右侧，高度平齐。如在同一张图纸中同时绘制几个平面图，则底层平面图在下面，中间是标准层平面图，上面是顶层平面图，且首尾轴线对齐。

**一、平面图的绘制方法和步骤**（图 10-22）

第一步：确定绘制建筑平面图的比例和图幅。

首先根据建筑的长度、宽度和复杂程度以及要进行尺寸标注所占用的位置和必要的文字说明的位置确定图纸的幅面。

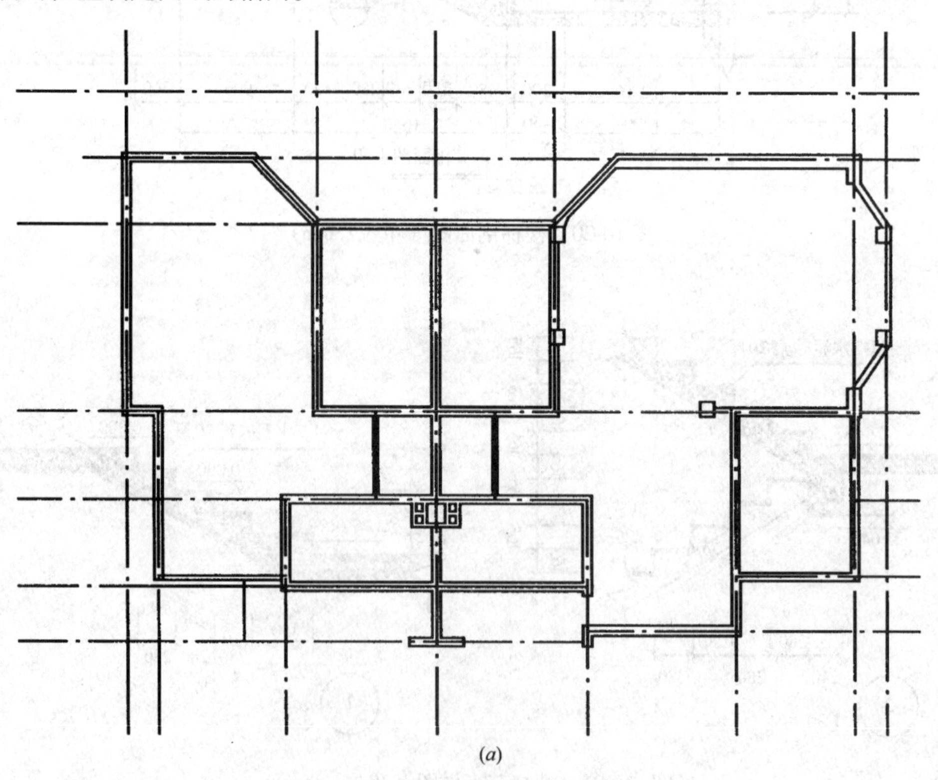

(*a*)

图 10-22　平面图的绘制方法和步骤（一）

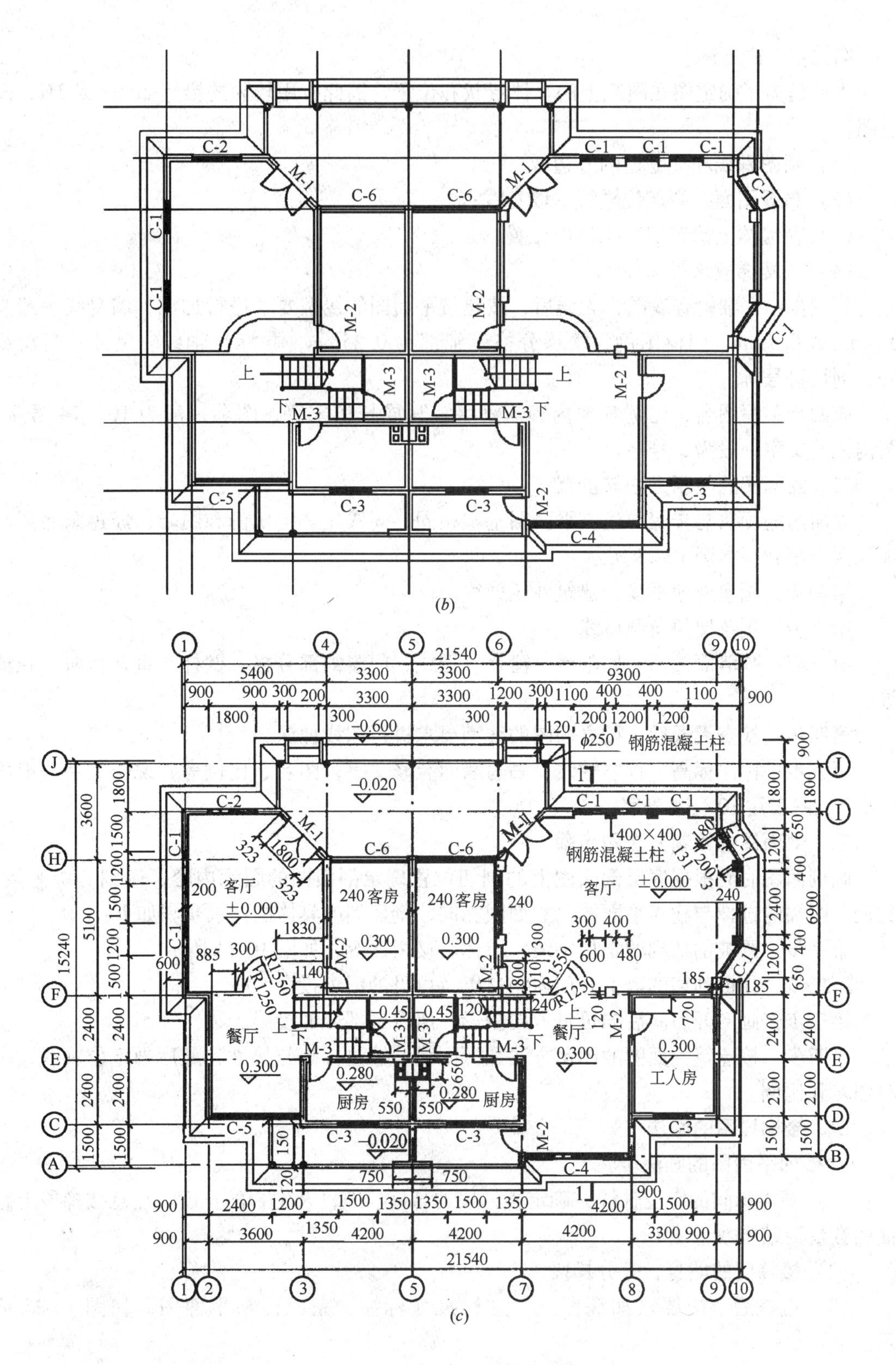

图 10-22　平面图的绘制方法和步骤（二）

第二步：画底图。

主要是为了确定图在图纸上的具体形状和位置，因此应用较硬的铅笔如2H或3H，画底图。

（1）画图框线和标题栏的外边线；

（2）布置图面，画定位轴线、墙身线；

（3）在墙体上确定门窗洞口的位置；

（4）画楼梯散水等细部。

第三步：仔细检查底图，无误后，按建筑平面图的线型要求进行加深，墙身线一般为0.5mm或0.7mm，门窗图例、楼梯分格等细部为0.25mm，并标注轴线、尺寸、门窗编号、剖切符号等。

第四步：写图名、比例其他内容。汉字宜写成长仿宋字，图名一般为10~14号字，图内说明文字一般为5号字。

**二、立面图的绘制方法与步骤**

立面图的画法与步骤与建筑平面图基本相同，同样先选定比例和图幅，经过画底图和加深两个步骤，如图10-23所示。

第一步：画室外地平线，建筑外轮廓线。

第二步：画各层门窗洞口线。

第三步：画墙面细部，如阳台、窗台、楣线、门窗细部分格、壁柱、室外台阶、花池等。

第四步：检查无误后，按立面图的线型要求进行图线加深。

第五步：标注标高、首尾轴线，书写墙面装修文字，图名、比例等，说明文字一般用5号字，图名用10~14号字。

**三、剖面图的绘制方法和步骤**

画剖面图时应根据底层剖面图上的剖切位置确定剖面图的图示内容，做到心中有数。比例、图幅的选择与建筑平面图、立面图相同，剖面图的具体画法、步骤如下：

第一步：画被剖切到的定位轴线、墙体、楼板面等，如图10-24所示。

第二步：在被剖切的墙上开门窗洞口以及可见的门窗投影。

第三步：画剖开房间后向可见方向投影，所看到部分的投影。

第四步：按建筑剖面图的图示方法加深图线、标注标高与尺寸，最后画定位轴线、书写图名和比例。

**四、楼梯详图的画法**

1. 楼梯平面图的画法步骤

（1）画楼梯间的定位轴线，确定楼梯段的长度、宽度及平台的宽度。注意楼梯段上踏面的数量为踏步数量减1。

（2）楼梯间的墙身，等分梯段。

（3）检查后，按要求加深图线，进行尺寸标注，完成楼梯平面图，如图10-25所示。

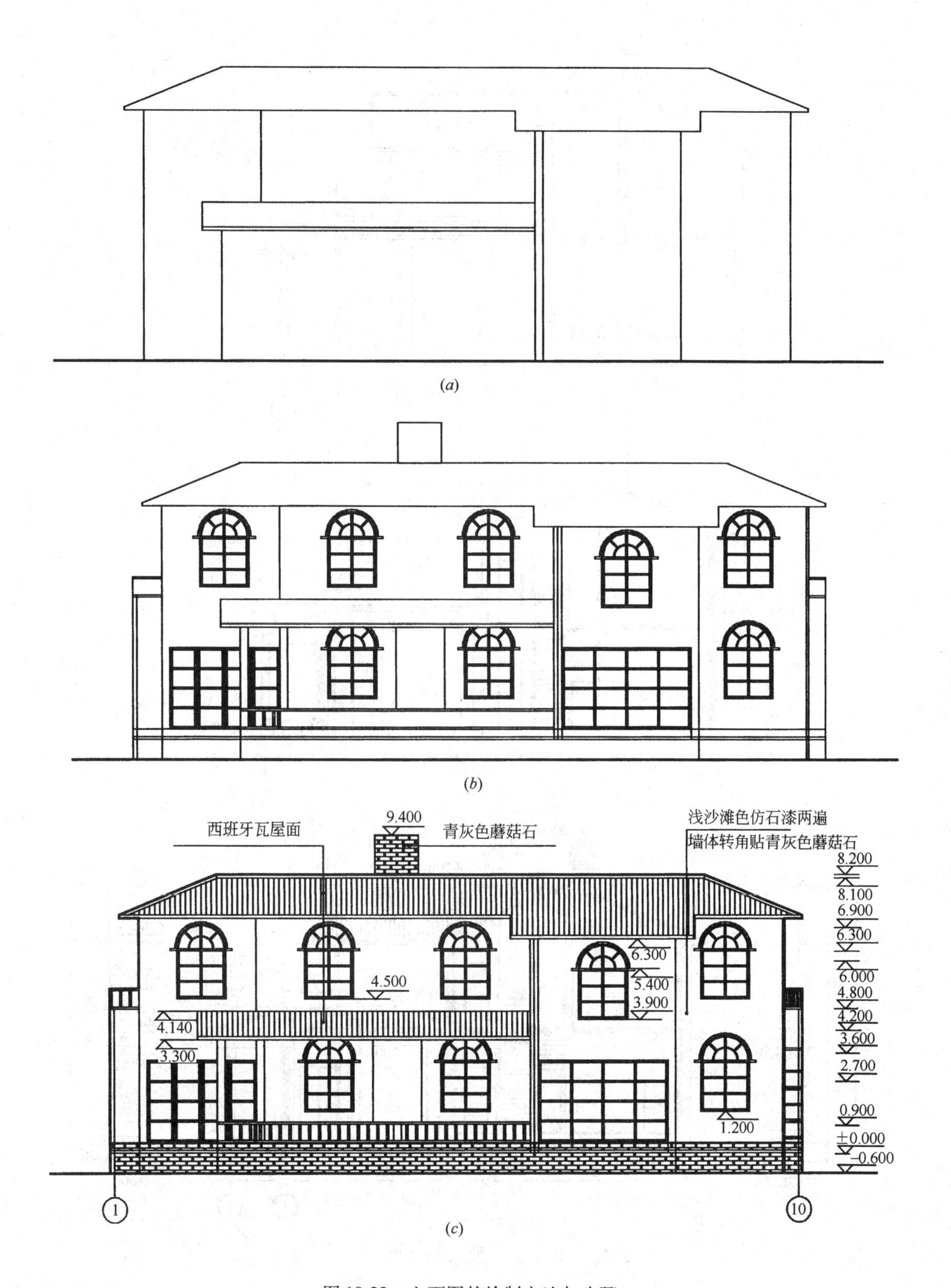


图 10-23 立面图的绘制方法与步骤

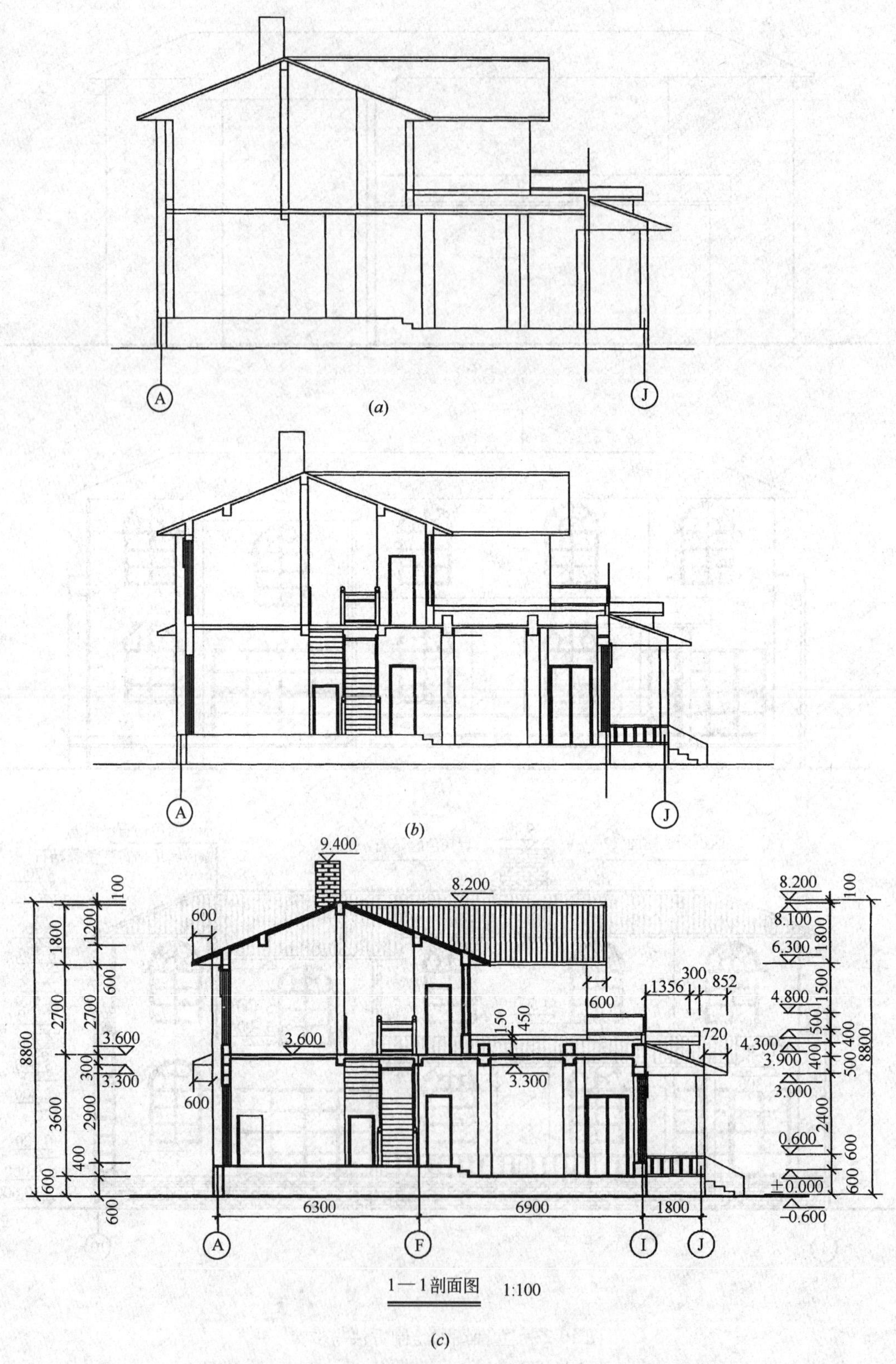


1—1剖面图 1:100

(c)

图 10-24 剖面图的绘制方法和步骤

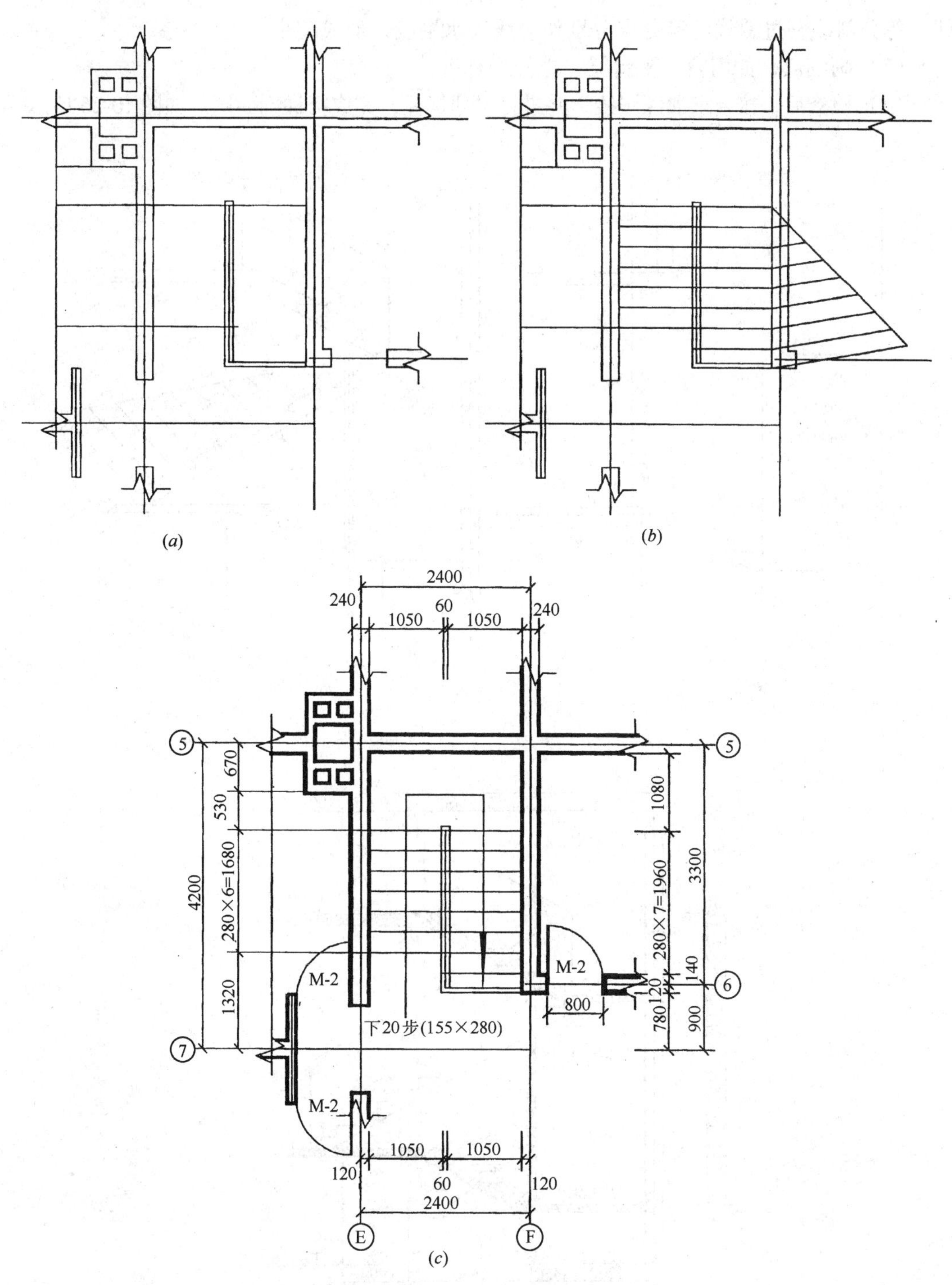


图 10-25　楼梯平面图的画法与步骤（单位：mm）

2. 楼梯剖面图的画法与步骤

（1）画定位轴线，定楼梯段、平台的位置。

（2）等分楼梯段，等分时将第一个踏步画出，连接第一个踏步与相邻平台端部成斜线，等分斜线，过斜线的等分点分别作竖线和水平线，形成踏步。

（3）画细部，如门窗、平台梁、楼梯栏杆等。

（4）检查后，按要求加深图线，并进行尺寸标注，完成楼梯剖面图。如图 10-26 所示。

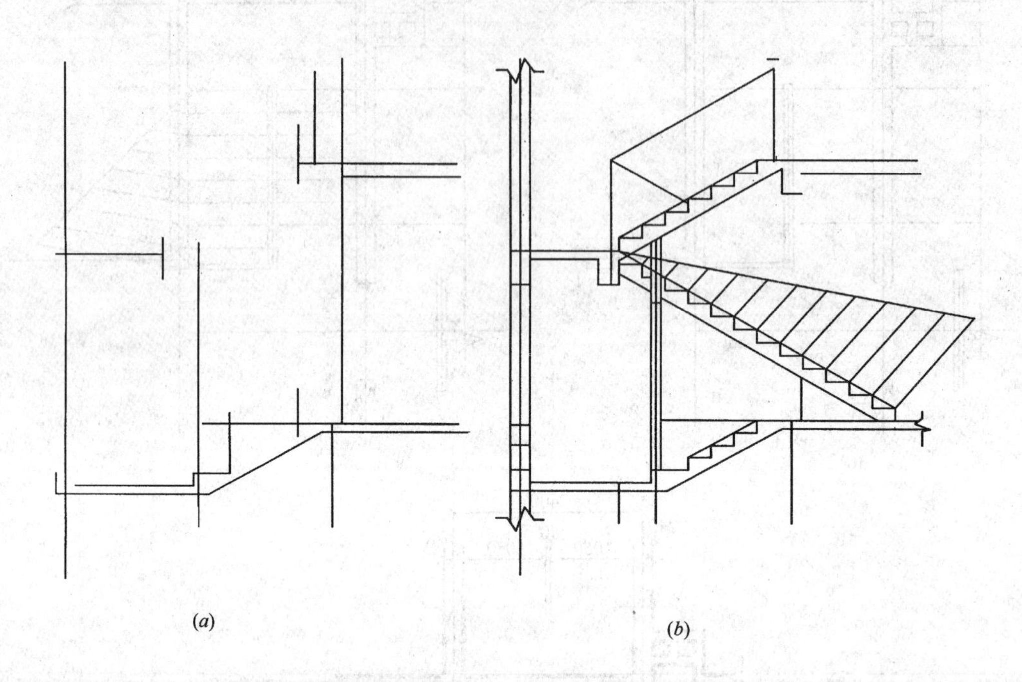

(a) (b)

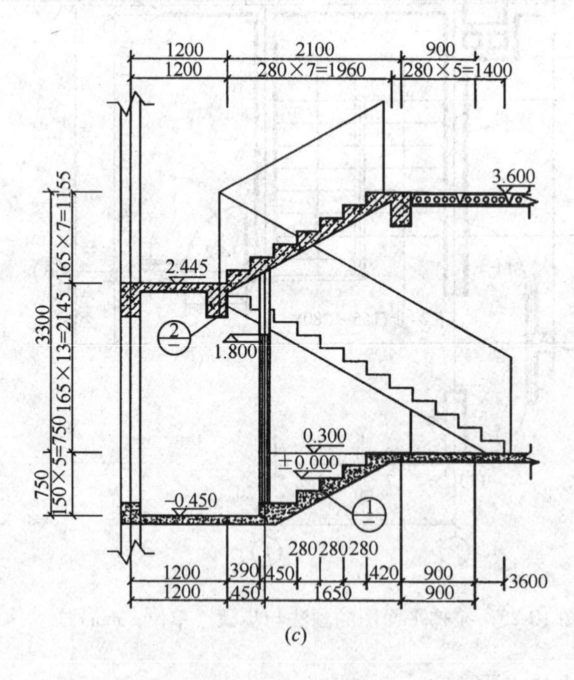


(c)

图 10-26 楼梯剖面图的画法与步骤

# 第十一章　结构施工图

## 第一节　概　　述

### 一、结构施工图的作用

建筑施工图表达了建筑的形状、大小、功能、装修及其各部位的构造做法，而建筑的基础、柱、梁、板等结构构件的布置及其连接情况还没有表示。结构施工图是根据建筑的要求，经过结构选型和构件布置以及力学计算，决定建筑各承重构件的材料、形状、大小和内部构造等，把这些构件的位置、形状、大小和连接方式绘制成图样，指导施工，这种图样称为结构施工图。结构施工图是施工定位，放线，基槽开挖，支模板，绑扎钢筋，设置预埋件，浇注混凝土，安装梁、板、柱及编制预算和施工进度计划的重要依据。

### 二、结构施工图的组成

结构施工图一般包括以下内容：

1. 结构设计说明

说明新建建筑的结构类型、耐久年限、设防烈度、地基状况、材料强度等级、选用的标准图集、新结构与新工艺及特殊部位的施工顺序、方法及质量验收标准。

2. 结构平面布置图

结构平面布置图包括基础平面图、楼层结构平面图和屋顶结构平面布置图。

3. 结构构件详图

结构构件详图包括梁、板、柱构件详图、基础详图、屋架详图、楼梯详图和其他详图。

### 三、常用结构构件代号

在结构施工图中，结构构件的位置要用其代号表示，这些代号用汉语拼音的第一个大写字母表示。《建筑结构制图标准》GB/T 50105—2001 规定结构构件的代号如表 11-1 所示。

**常用构件代号**　　　　**表 11-1**

| 序号 | 名　称 | 代号 | 序号 | 名　称 | 代号 | 序号 | 名　称 | 代号 |
|---|---|---|---|---|---|---|---|---|
| 1 | 板 | B | 7 | 楼梯板 | TB | 13 | 梁 | L |
| 2 | 屋面板 | WB | 8 | 盖板或沟盖板 | GB | 14 | 屋面梁 | WL |
| 3 | 空心板 | KB | 9 | 挡雨板或檐口板 | YB | 15 | 吊车梁 | DL |
| 4 | 槽形板 | CB | 10 | 吊车安全走道板 | DB | 16 | 单轨吊车梁 | DDL |
| 5 | 折板 | ZB | 11 | 墙板 | QB | 17 | 轨道连接 | DGL |
| 6 | 密肋板 | MB | 12 | 天沟板 | TGB | 18 | 车挡 | CD |

续表

| 序号 | 名　称 | 代号 | 序号 | 名　称 | 代号 | 序号 | 名　称 | 代号 |
|---|---|---|---|---|---|---|---|---|
| 19 | 圈梁 | QL | 31 | 框架 | KJ | 43 | 垂直支撑 | CC |
| 20 | 过梁 | GL | 32 | 刚架 | GJ | 44 | 水平支撑 | SC |
| 21 | 连系梁 | LL | 33 | 支架 | ZJ | 45 | 梯 | T |
| 22 | 基础梁 | JL | 34 | 柱 | Z | 46 | 雨篷 | YP |
| 23 | 楼梯梁 | TL | 35 | 框架柱 | KZ | 47 | 阳台 | YT |
| 24 | 框架梁 | KL | 36 | 构造柱 | GZ | 48 | 梁垫 | LD |
| 25 | 框支梁 | KZL | 37 | 承台 | CT | 49 | 预埋件 | M- |
| 26 | 屋面框架梁 | WKL | 38 | 设备基础 | SJ | 50 | 天窗端壁 | TD |
| 27 | 檩条 | LT | 39 | 桩 | ZH | 51 | 钢筋网 | W |
| 28 | 屋架 | WJ | 40 | 挡土墙 | DQ | 52 | 钢筋骨架 | G |
| 29 | 托架 | TJ | 41 | 地沟 | DG | 53 | 基础 | J |
| 30 | 天窗架 | CJ | 42 | 柱间支撑 | ZC | 54 | 暗柱 | AZ |

注：1. 预制钢筋混凝土构件、现浇钢筋混凝土构件、钢构件和木构件，一般可直接采用本附录中的构件代号。在绘图中，当需要区别上述构件的材料种类时，可在构件代号前加注材料代号，并在图纸中加以说明。

2. 预应力钢筋混凝土构件的代号，应在构件代号前加注“Y-”，如 Y-DL 表示预应力钢筋混凝土吊车梁。

## 四、钢筋混凝土知识简介

1. 混凝土

混凝土是用水泥、砂子、石子和水四种材料按一定的配合比搅拌在一起，在模板中浇捣成型，并在适当的温度、湿度条件下，经过一定时间的硬化而成的建筑材料，因其性能和石头相似，也称为人造石。混凝土具有以下特点：体积大、自重大、导热系数大；耐久性长、耐水、耐火、耐腐蚀；抗压强度大但抗拉强度低；造价低廉，可塑性好等。因为可塑性好，可制成不同形状的建筑构件，是目前建筑材料中使用最广泛的材料。由于混凝土的抗拉强度低，当用其作为受弯构件时（见图 11-1 中梁受力示意图），在受拉区会出现裂缝，导致梁断裂，不能使用。因此，混凝土不能作为受拉构件使用，我们可在混凝土构件的受拉区配置钢筋，使钢筋承担拉力，混凝土承担压力，各尽其责，形成钢筋混凝土。根据混凝土的抗压强度，混凝土的强度等级有 C7.5、C10、C15、C20、C25、C30、C35、C40、C45、C50、C55、C60 十二个。

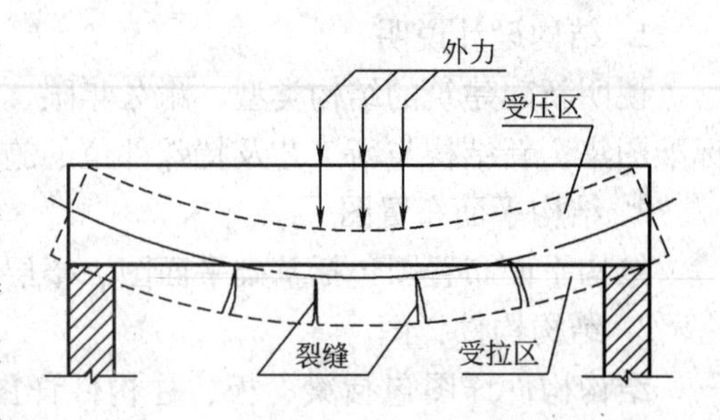

图 11-1　混凝土梁受力示意图

2. 钢筋

（1）钢筋的作用与分类

1）钢筋的作用　钢筋在混凝土构件中的位置不同，其作用也各不相同：

受力筋：在梁、板、柱中主要承担拉、压的钢筋。

架立筋：在梁中与箍筋一起固定受力筋的位置。

箍筋：在梁、柱中固定受力筋的位置。

分布筋：在板中固定受力筋的位置。

其他钢筋：因构造或施工需要而设置在钢筋混凝土中的钢筋，如锚固钢筋、腰筋、构造筋、吊钩等。如图 11-2 所示。

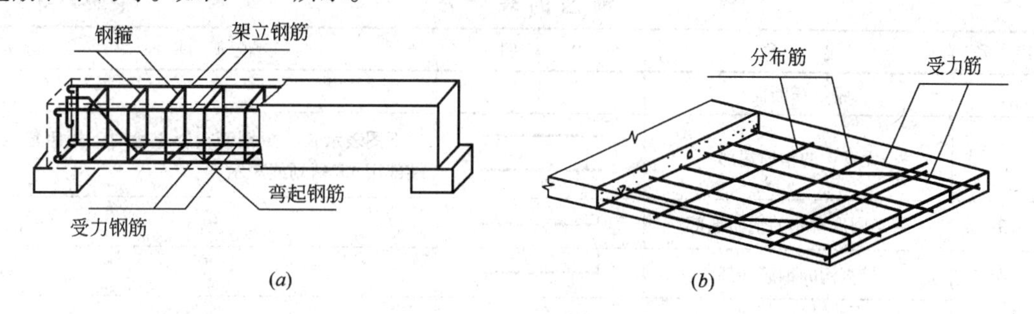


图 11-2　梁、板内钢筋的作用

（a）梁内配筋；（b）板内配筋

2）钢筋的分类与代号

钢筋的分类与代号见表 11-2。

**钢筋分类及代号表**　　**表 11-2**

| 钢筋种类 | 代号 | 钢筋种类 | 代号 |
|---|---|---|---|
| Ⅰ级钢（Q235 光圆钢筋） | $\phi$ | 冷拉Ⅰ级钢筋 | $\phi^{L}$ |
| Ⅱ级钢（20MnSi 月牙纹钢筋） | $\underline{\phi}$ | 冷拉Ⅱ级钢筋 | $\underline{\phi}^{L}$ |
| Ⅲ级钢（25MnSi 月牙纹钢筋） | $\underline{\phi}$ | 冷拉Ⅲ级钢筋 | $\underline{\phi}^{L}$ |
| Ⅳ级钢（圆或螺纹钢筋） | $\overline{\underline{\phi}}$ | 冷拉Ⅳ级钢筋 | $\overline{\underline{\phi}}^{L}$ |
|  |  | 冷拔低碳钢丝 | $\phi^{b}$ |

（2）钢筋的弯钩及保护层

1）钢筋的弯钩　为了增加钢筋与混凝土的粘结力，绑扎骨架中的钢筋，尤其是一级受力筋，通常在两端做成弯钩，见图 11-3。

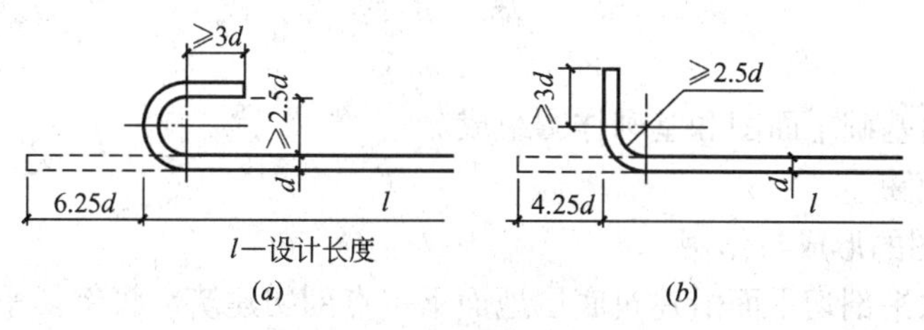


图 11-3　钢筋的弯钩

（a）半圆形弯钩；（b）直角形弯钩

2）钢筋的保护层　为了防止钢筋在空气中锈蚀，并使钢筋有足够的握裹力和满足防火需要，钢筋外边缘和混凝土构件外表面应有一定的厚度，这个厚度的混凝土层叫做保护层。保护层的厚度与钢筋的作用与位置有关，一般在梁、柱构件中，保护层的厚度为 25mm，在板中，保护层的厚度为 15mm，在基础中保护层的厚度不小于 35mm。

（3）钢筋在施工图中的图示方法和标注方法

在结构施工图中，为了突出钢筋的位置、形状和数量，钢筋一般用粗实线绘制，具体表示如表11-3所示。

**钢筋的表示法** **表11-3**

| 序号 | 名称 | 图例 | 说明 |
|---|---|---|---|
| 1 | 钢筋横断面 | ● | |
| 2 | 无弯钩的钢筋端部 | | 下图表示长、短钢筋投影重叠时，短钢筋的端部用45°斜划线表示 |
| 3 | 带半圆形弯钩的钢筋端部 | | |
| 4 | 带直钩的钢筋端部 | | |
| 5 | 带丝扣的钢筋端部 | | |
| 6 | 无弯钩的钢筋搭接 | | |
| 7 | 带半圆弯钩的钢筋搭接 | | |
| 8 | 带直钩的钢筋搭接 | | |
| 9 | 花篮螺钉钢筋接头 | | |
| 10 | 机械连接的钢筋接头 | | 用文字说明机械连接的方式（或冷挤压或锥螺纹等） |

钢筋的标注方法：

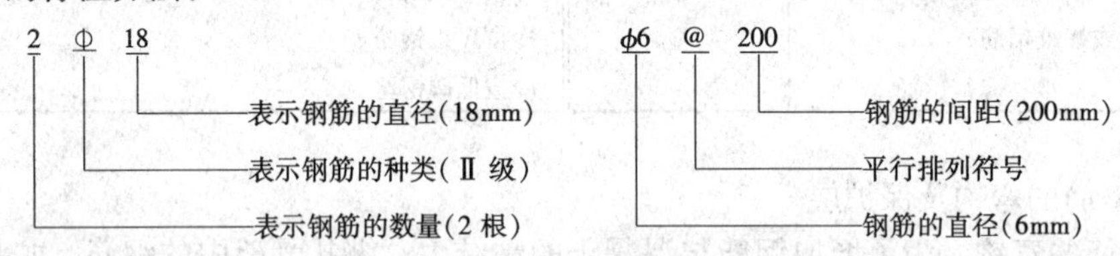


## 第二节 基础结构图

基础结构图由基础平面图和基础详图组成。

### 一、基础平面图

1. 基础平面图的形成与作用

假想用一个水平剖切平面沿建筑底层地面下一点剖切建筑，将剖切平面上面的部分去掉，并移去回填土，所作的水平投影图，称为基础平面图。

基础平面图主要表示基础的平面位置、形式及其种类，是基础施工时定位、放线、开挖基坑及基础施工的依据。

基础平面图的比例应与建筑平面图的比例相同。画图时，如基础为条形基础或独立基础，被剖切平面剖切到的基础墙或柱用粗实线表示，基础底部的投影用细实线表示。如基础为筏板基础，则用细实线表示墙梁等的位置，用粗实线表示钢筋的形状与位置。

2. 阅读基础平面图的主要内容

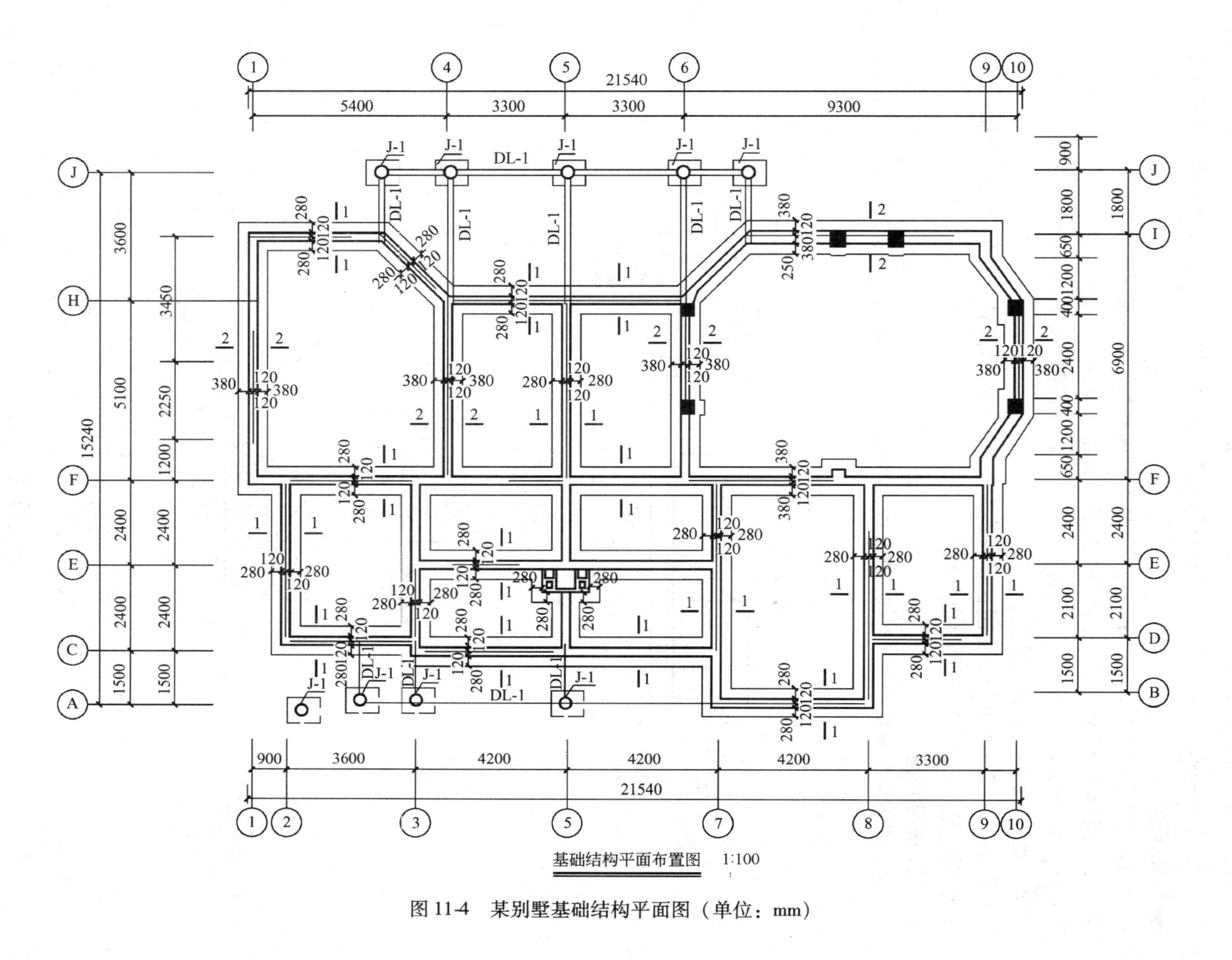


图 11-4 某别墅基础结构平面图（单位：mm）

（1）了解图名、比例。

（2）与建筑平面图对照，了解基础平面图的定位轴线。

（3）了解基础的平面布置，结构构件的种类、位置、代号。如为筏板基础，还应了解基础的配筋情况。

（4）了解剖切编号，通过剖切编号了解基础的种类，各类基础的平面尺寸。

（5）阅读基础设计说明，了解基础的施工要求、用料。

（6）联合阅读基础平面图与设备施工图，了解设备管线穿越基础的准确位置，洞口的形状、大小以及洞口上方的过梁要求。

图 11-4 是某别墅基础平面图，该基础为条形基础，阅读时应按照上面的步骤，认真了解基础的形状、位置、种类及其详细尺寸。

**二、基础详图**

基础详图是基础断面图，剖切位置在基础平面图上，具体表示基础的形状、大小、材

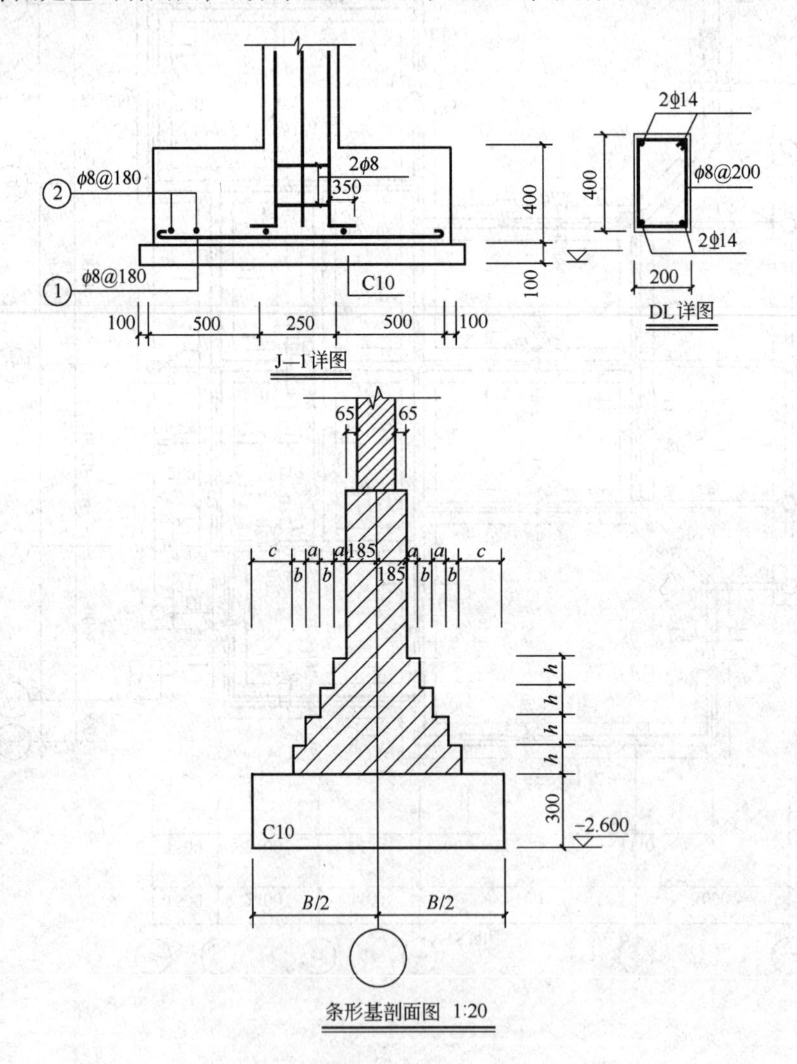


图 11-5　某别墅基础详图（单位：mm）

料和构造做法，是基础施工的重要依据。

阅读基础详图时主要了解的内容有：

（1）了解图名与比例，因基础的种类往往比较多，读图时，将基础详图的图名与基础平面图的剖切符号、定位轴线对照，了解该基础在建筑中的位置。

（2）了解基础的形状、大小与材料。

（3）了解基础各部位的标高，计算基础的埋置深度。

（4）了解基础的配筋情况。

（5）了解垫层的厚度尺寸与材料。

（6）了解基础梁的配筋情况。

（7）了解管线穿越洞口的详细做法。

图 11-5 是某别墅基础详图，认真阅读该基础详图，详细了解基础的材料、做法等。

图 11-6 是独立基础详图，读图时，与条形基础详图比较一下，看在表达上有什么不同。

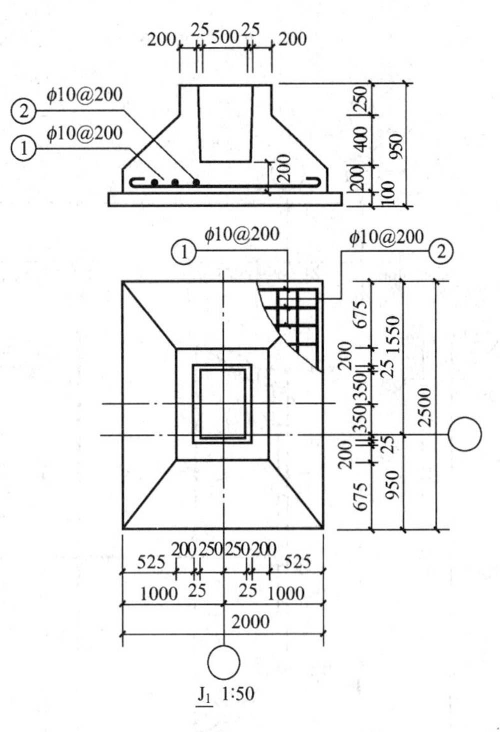


图 11-6　独立基础详图（单位：mm）

## 第三节　结构平面图

结构平面图中的基础平面图在基础图中已作了介绍，这里只涉及楼层结构平面图与屋顶结构平面图，而楼层结构平面图与屋顶结构平面图的表达方法又完全相同，这里以楼层结构平面图为例说明结构平面图的阅读方法。

### 一、楼层结构平面图的形成与作用

用一个假想的水平剖切平面从各层楼板层中间剖切楼板层得到的水平剖面图，称为楼层结构平面图。主要表示各楼层结构构件（如墙、梁、板、柱等）的平面位置，是建筑结构施工时构件布置、安装的重要依据。

### 二、楼层结构平面图的图示方法

在楼层结构平面图中外轮廓线用中粗实线表示，被楼板遮挡的墙、柱、梁等，用细虚线表示，其他用细实线表示。图中的结构构件应用结构代号表示。楼层结构平面图的比例应与建筑平面图的比例相同。

### 三、阅读楼层结构平面图应了解的内容

（1）了解图名与比例。

（2）与建筑平面图对照，了解楼层结构平面图的定位轴线。

（3）通过结构构件代号了解该楼层中结构构件的位置与类型。

（4）了解现浇板的配筋情况及板的厚度。

（5）了解各部位的标高情况，并与建筑标高对照，了解装修层的厚度。

（6）如有预制板，了解预制板的规格、数量、等级和布置情况。

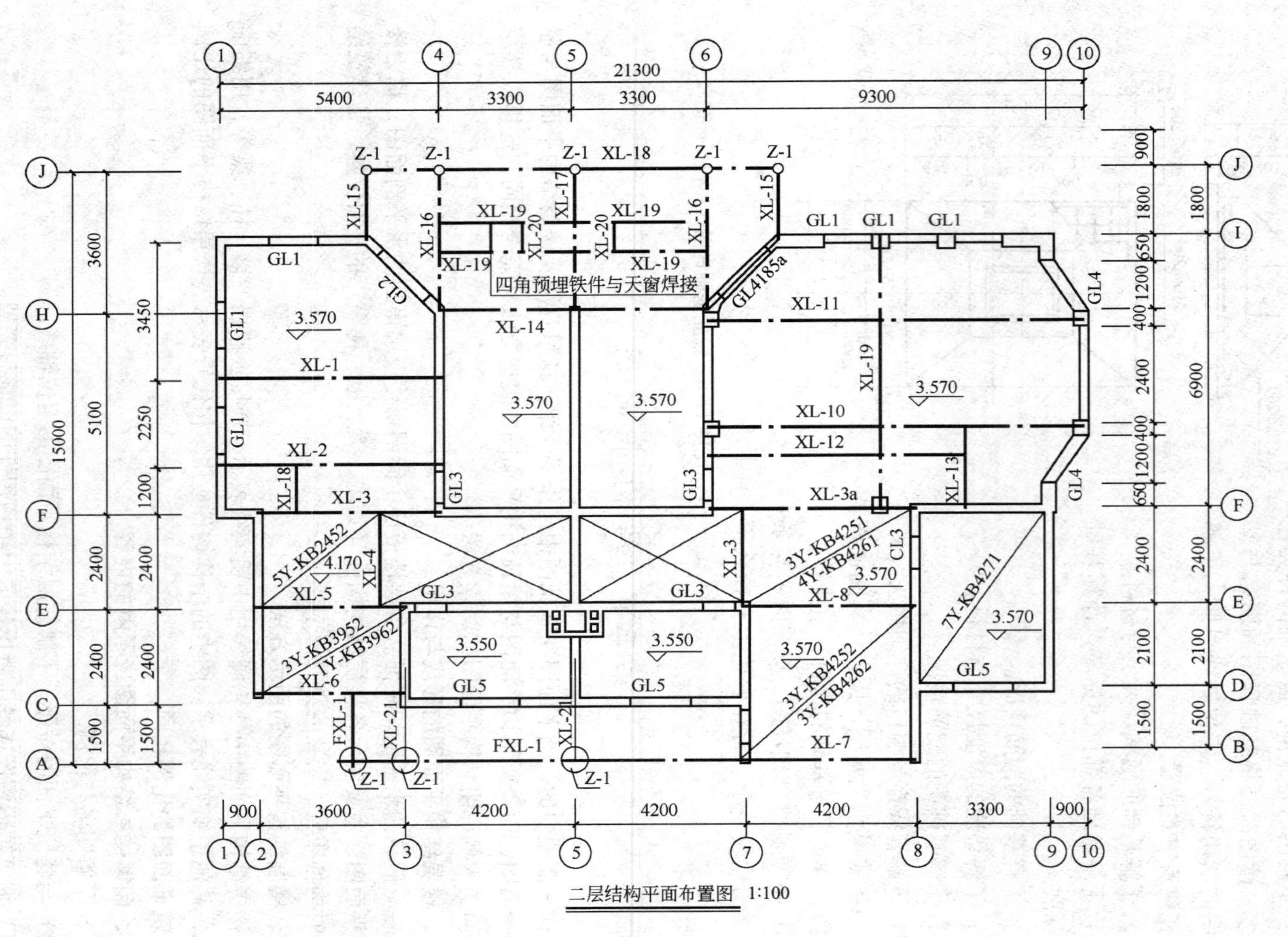


二层结构平面布置图 1:100

图 11-7　某别墅二层结构平面布置图（单位：mm）

图 11-7 为某别墅二层结构平面布置图，表示出各结构钢筋的平面位置，图中有些房间配置预制板，预制板的表示方法也是用代号表示，如图中 3Y-KB3962：

3：表示构件的数量；

Y：表示预应力；

KB：表示空心楼板；

39：表示板的长度 3900mm；

6：表示板的宽度 600mm；

2：表示板的荷载等级为 2 级。

## 第四节 构 件 详 图

目前，建筑材料大部分是钢筋混凝土，因此，这里只介绍钢筋混凝土构件图的表达方法与阅读方法。

**一、钢筋混凝土构件详图的内容与特点**

钢筋混凝土构件详图一般包括模板图、配筋图和钢筋表三部分内容。

1. 模板图

主要表示构件的外表形状、大小、预埋件的位置等，是支模板的依据。一般在构件较复杂或有预埋件时才画模板图。模板图用细实线绘制。

2. 配筋图

配筋图包括立面图、断面图两部分，具体表达构件在混凝土构件中的形状、位置与数量。在立面图和断面图中，把混凝土构件看成透明体，构件的外轮廓线用细实线表示，而钢筋用粗实线表示。配筋图是钢筋下料、绑扎的主要依据。图 11-8 是梁、柱的配筋图，图 11-9 是现浇板的配筋图。

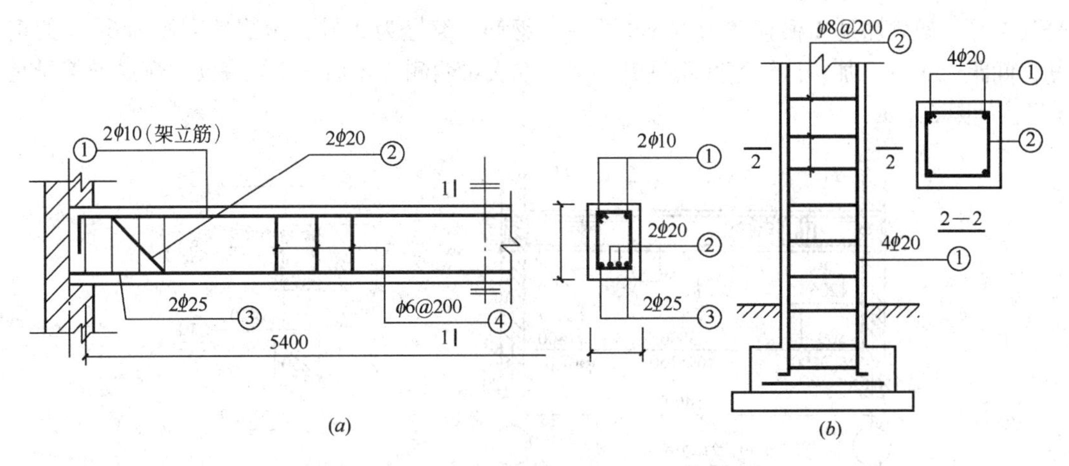


图 11-8 梁、柱配筋详图

（a）梁配筋图；（b）柱配筋图

3. 钢筋表

为了便于钢筋下料、制作和方便预算，通常在每张图纸中都有钢筋表。钢筋表的内容包括：钢筋名称，钢筋简图，钢筋规格、长度、数量和重量等。钢筋表对于识读钢筋混凝

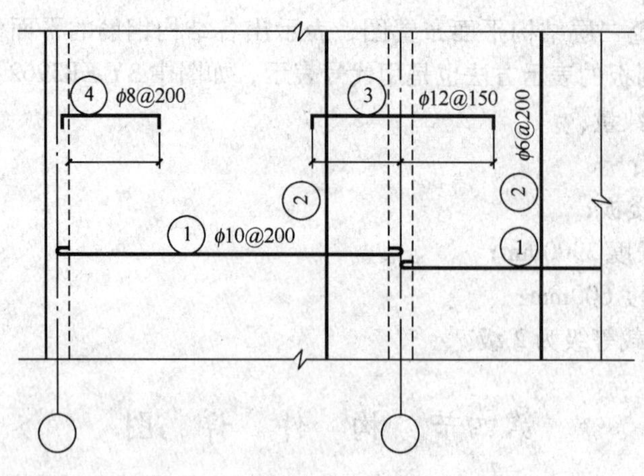


图 11-9　板配筋详图（单位：mm）

土配筋图很有帮助，注意两者的联合识读。

## 二、钢筋混凝土梁配筋图

阅读钢筋混凝土梁配筋图时应注意以下几个方面：

（1）阅读图名与比例，首先应看该梁的代号是什么，然后查阅结构平面图，了解该梁的具体位置及其作用。

（2）阅读配筋图中的立面图，了解在该梁中上下排配筋的情况，箍筋的配置，箍筋有没有加密区，如有加密区，了解加密区的位置及长度。

（3）阅读断面图，阅读断面图时应与立面图配合识读，了解各类钢筋的规格、位置、形状、数量等。并从立面图和断面图中了解梁的长度、截面宽度和高度。

图 11-10 是某别墅二层 XL-2 的配筋图，从图中立面图和断面图中可知，该梁长度为（5400 + 240）mm，截面尺寸为 250mm × 500mm。受力筋为 3 根直径为 20mm 的Ⅱ级钢筋，编号为 1 号。架立筋是 2 根直径为 16mm 的一级钢筋，编号为 2 号。箍筋是直径为 6mm 的钢筋，间距 150mm，加密区钢筋间距是 100mm，在次梁两侧，各加固 3 根箍筋，箍筋的编号是 3 号，间距 50mm。

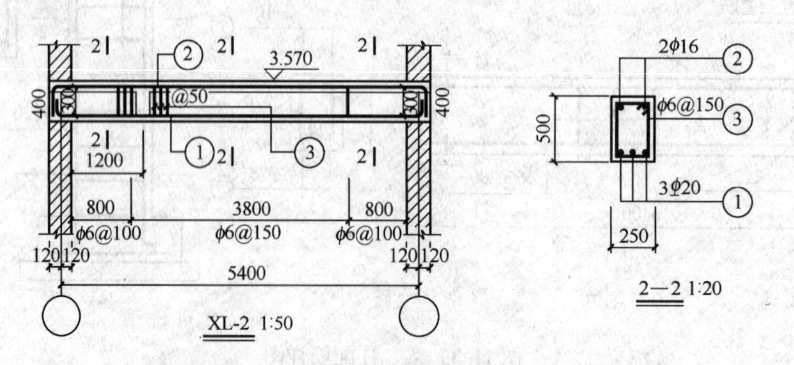


图 11-10　某别墅现浇 XL-2 配筋图（单位：mm）

## 三、阅读钢筋表

钢筋表是对结构配筋中钢筋用料的统计，在阅读配筋图时，也可以帮助我们了解钢筋的配置情况，如钢筋简图表示出每类钢筋的形状与各部位的长度，同时表示出不同钢筋的根数，这些内容都可以提高我们的识图速度和识图的准确性。表 11-4 是 XL-2 的钢筋表，表示出各类钢筋的形状、规格、根数、长度及重量。如 1 号钢筋规格是直径为 20mm 的二级钢筋，长度 6190mm，根数为 3 根等。

**XL-2 钢筋表** **表 11-4**

| 编号 | 钢筋简图 | 规格 | 长度（mm） | 根数 | 重量 |
|---|---|---|---|---|---|
| ① | 300 5590 300 | Φ 20 | 6190 | 3 | |
| ② | 400 5590 400 | $\phi$16 | 6390 | 2 | |
| ③ | 200 450 150 | $\phi$6 | 1450 | 47 | |

# 第十二章　建筑装饰施工图

时代的发展不断拓展了建筑的使用功能，建筑的修建也发生了诸多变化。在我国现阶段，大多数普通建筑，是由一批专业人员为某个出资而有权付诸实施的业主而设计的。建筑修建完工后，建筑的实际拥有者和最终使用者与开发者并不是同一对象。这就使建筑的二次设计成为必然。像这种根据房屋的使用特点和业主的要求由专业室内设计人员或装饰公司在建筑工程图或房屋现场勘测图的基础上进行的二次设计，称为装饰设计。由此而绘制的相应施工图称为装饰施工图。

## 第一节　装饰施工图概述

### 一、装饰构造简介

建筑装饰施工图用来表明建筑室内外装饰的形式和构造，其中必然会涉及到一些专业上的问题，我们要看懂建筑装饰施工图，必须要熟悉建筑装饰构造上的基本知识，否则将会成为读图的障碍。下面即以一般图纸常常涉及到的构造项目，简要介绍其概念，详细的构造知识则需要在其他专业课程中去补充。

1. 室外装饰（图 12-1）

图 12-1　室外装饰图

外墙是室内外空间的界面，一般常用面砖、琉璃、涂料、石碴等材料饰面，有的还用玻璃、铝合金或石材幕墙板做成幕墙，使建筑物明快、挺拔具有现代感。

幕墙是指悬挂在建筑结构框架表面的非承重墙，它的自重及受到的风荷载是通过连接件传给建筑结构的。玻璃幕墙和铝合金幕墙主要是由玻璃或铝合金幕墙板与固定它们的金属型材骨架系统两大部分组成。

门头是建筑物的主要出入口部分，它包括雨篷、外门、门廓、台阶、花台或花池等。

门面单指商业用房，它除了包括主出入口的有关内容以外，还包括招牌和橱窗。

室外装饰一般还有阳台、窗楣（窗洞口的外面装饰）、遮阳板、栏杆、围墙、大门和其他建筑装饰小品等项目。

2. 室内装饰（图 12-2）

图 12-2 室内装饰图

顶棚也称天花板，是室内空间的顶界面。顶棚装饰是室内装饰的重要组成部分，它的设计常常要从审美要求、物理功能、建筑照明、设备安装、管线敷设、检修维护、防火安全等多方面综合考虑。

楼地面是室内空间的底界面，通常是指在普通水泥或混凝土地面和其他基层表面上所做的饰面层。由于家具等直接放在楼地面上，因此要求地面应能承受重力和冲击力，由于人经常走动，因而要求具有一定的弹性、防滑、隔声等能力，并便于清洁。

内墙（柱）面是室内空间的侧界面，经常处于人们的视觉范围内，是人们在室内接触最多的部位，因而其装饰常常也要从艺术性、使用功能、接触感、防火及管线敷设等方面综合考虑。

建筑内部在隔声或遮挡视线上有一定要求的封闭型非承重墙，到顶的称为隔墙，不到顶的室内非承重墙，称为隔断。隔断一般制作都较精致，多做成镂空花格或折叠式，有固定也有活动的，它主要起界定室内小空间的作用。

内墙装饰形式非常丰富。一般习惯将 1.5m 高度以上的，用饰面板（砖）饰面的墙面装饰形式称为护壁，在 1.5m 高度以下的又称为墙裙，在墙体上凹进去一块的装修形式称为壁龛，墙面下部起保护墙脚面层作用的装饰构件称为踢脚。

室内门窗的型式很多。按材料分有铝合金门窗、木门窗、塑钢门窗、钢门窗等。按开启方式分，门有平开、推拉、弹簧、转门、折叠等，窗有固定、平开、推拉、转窗等。另外还有厚玻璃装饰门等。门窗的装饰构件有：贴脸板（用来遮挡靠里皮安装的门、窗产生的缝隙）、窗台板（在窗下槛内侧安装，起保护窗台和装饰窗台面的作用）、筒子板（在门窗洞口两侧墙面和过梁底面用木板、金属、石材等材料包钉镶贴）等，筒子板通常又称门、窗套。此外窗还有窗帘盒或窗帘幔杆，用来安装窗帘轨道，遮挡窗帘上部，增加装饰效果。

室内装饰还有楼梯踏步、楼梯栏杆（板）、壁橱和服务台（吧台）等等。装饰构造名目繁多，不胜枚举，在此不一一赘述。

以上这些装饰构造的共同作用是：一方面保护主体结构，使主体结构在室内外各种环境因素作用下具有一定的耐久性；另一方面是为了满足人们的使用要求和精神要求，进一步实现建筑的使用和审美功能。

**二、装饰施工图的特点**

装饰施工图与建筑施工图一样，均是按国家有关现行建筑制图标准，采用相同的材料图例，按照正投影原理绘制而成的。室内设计与建筑设计相比，前者更注重探讨人与室内的关系，后者更注重于建筑与自然环境的关系。虽然建筑装饰施工图与建筑施工图在绘图原理和图示标识形式上有许多方面基本一致，但由于专业分工不同，图示内容不同，还是存在一定的差异。因而装饰施工图与建筑施工图相比，具有自身的特点。

（1）装饰施工图是设计师与客户的共同结晶。装饰设计直接面临的是最终用户或房间的直接使用者，他们的要求、理想都明白地表达给设计者，有些客户还直接参与设计的每一阶段，装饰施工图必须得到他们的认可与认同。

（2）装饰施工图具有易识别性。装饰施工图交流的对象不仅仅是专业人员，还包括各种客户群，为了让他们一目了然，增加沟通能力，在设计中采用的图例大都具有形象性。比如，在家具装饰图中，人们很容易分辨出床、沙发、茶几、电视、空调、桌椅，人们大都能从直观感觉中分辨出地面材质：木地面、地毯、地砖、大理石等。

（3）装饰施工图涉及的范围广，图示标准不统一。装饰施工图不仅涉及建筑，还包括家具、机械、电气设备；不仅包括材料，还包括成品和半成品。建筑的、机械的、设备的规范都在执行与遵守，这就为统一的规程造成了一定的难度，另外目前国内的室内设计师成长和来源渠道不同，更造就了规范标准的不统一。目前，学院教育遵循的建筑制图有关规范和标准，正在被大众接受和普及。

（4）装饰施工图涉及的做法多，选材广，必要时应提供材料样板。装饰的目的最终由界面的表观特征来表现：包括材料的色彩、纹理、图案、软硬、刚柔、质地等属性。比如，内墙抹灰根据装饰效果就有光滑、拉毛、扫毛、仿面砖、仿石材、刻痕、压印等多种效果，加上色彩和纹理的不同，最终的结果千变万化，必须提供材料样板方可操作。再例如，大理石产地不同、色泽不同、名称很难把握，再加上其表面根据装饰需要可凿毛、烧毛、压光、镜面等加工，无样板也很难对比，对于常说的乳胶漆就更难把握了。

（5）装饰施工图详图多，目前国家装饰标准图集较少，而装饰节点又较多，因此，设计人员应将每一节点的形状、大小、连接和材料要求详细地表达出来。

**三、装饰施工图的组成**

装饰施工图是在建筑各工种施工图的基础上修改、完善而成的。建筑装饰工程图由效果图、建筑装饰施工图和室内设备施工图组成。

从某种意义上讲，效果图也应该是施工图。在施工制作中，它是形象、材质、色彩、光影与氛围等艺术处理的重要依据，是建筑装饰工程所特有的、必备的施工图样。它所表现出来的诱人观看的整体效果，不单是为了招、投标时引起甲方的好感，更是施工生产者所刻意追求最终应该达到的目标。

建筑装饰施工图也分基本图和详图两部分。基本图包括装饰平面图、装饰立面图、装饰剖面图，详图包括装饰构配件详图和装饰节点详图。

建筑装饰施工图也要对图纸进行归纳与编排。将图纸中未能详细标明或图样不易标明的内容写成施工总说明，将门、窗和图纸目录归纳成表格，并将这些内容放在首页。

建筑装饰图的编排顺序原则是：表现性图纸在前，技术性图纸在后；装饰施工图在前，配套设备施工图在后；基本图在前，详图在后；先施工的在前，后施工的在后。

一般一套装饰施工图包括的内容如下：

（1）效果图；

（2）设计说明、图纸目录；

（3）主材表；

（4）预算估价书；

（5）平面布置图；

（6）地面材料标识图；

（7）综合顶棚图；

（8）顶棚造型及尺寸定位图；

（9）顶棚照明及电气设备定位图；

（10）所有房间立面图及各立面剖视图；

（11）节点详图；

（12）固定家具详图；

（13）移动家具选型图、陈设选择图。

**四、装饰施工图的常用图例**

装饰施工图的图例主要由以下几个原则编制而成：

（1）国家制图标准中已有的图例能直接引用的则最好直接引用。如装饰施工图中与建筑施工图相同部分的绝大多数图例都是直接引用建筑制图标准图例。

（2）国家标准中有但不完善的则变形补充，并加图例符号说明。例如灯具图例。

（3）国家标准中没有的图例，则采用能写实的尽可能写实绘制图例，不能写实的则写意绘制，以加强图例的易识别性。如表 12-1 的装饰平面图例。

部分装饰常用图例 表 12-1

| 图 例 | 名 称 | 图 例 | 名 称 |
|---|---|---|---|
| | 双人床 | | 灯具 |
| | 单人床及床头柜 | | 燃气灶 |
| | 沙发 | | 坐便器 |
| | 坐椅 | | 小便器 |
| | 办公桌 | | 妇女卫生盆 |
| | 会议桌 | | 蹲式大便器 |
| | 餐桌 | | 洗衣机 |
| | 茶几、花儿 | | 电冰箱 |
| | 钢琴 | | 洗面盆 |
| | 计算机 | | 洗涤盆 |
| | 电视 | | 浴缸 |
| | 衣柜 | | 花草 |
| | 椅子立面 | | 小汽车 |

## 第二节 装饰平面图

装饰平面图包括装饰平面布置图、地面材料标识图、综合顶棚图、顶棚造型及尺寸定位图、顶棚照明及电气设备定位图。

上述图纸，都是建筑装饰施工放样、制作安装、预算备料以及绘制有关设备施工图的重要依据。

平面布置图和综合顶棚图的内容繁杂，加上它们控制了水平向纵横两轴的尺寸数据，其他视图又多由它引出，因而是我们识读建筑装饰施工图的重点和基础（装饰项目较简单时，往往装饰平面布置图、地面材料标识图合并画为平面布置图，把综合顶棚图、顶棚造型及尺寸定位图、顶棚照明及电气设备定位图合并画在综合顶棚图上）。

### 一、平面布置图

1. 平面布置图的形成和图示方法

装饰平面布置图是假想用一个水平的剖切平面，在略高于窗台的位置，将经过内外装修后的房屋整个剖开，移去上面部分向下所作的水平投影图。它的作用主要是用来表明建筑室内外各种装饰布置的平面形状、位置、大小和所用材料；表明这些布置与建造主体结构之间，以及各种布置之间的相互关系等。

2. 平面布置图的图示内容

（1）建筑平面基本结构和尺寸

装饰平面布置图图示表达建筑平面图的有关内容。包括建筑平面图上由剖切引起的墙柱断面和门窗洞口，定位轴线及其编号，建筑平面结构的各部尺寸，室外台阶、雨篷、花台、阳台及室内楼梯和其他细部布置等内容。这些图形、定位轴线和尺寸，标明了建筑内部各空间的平面形状、大小、位置和组合关系，标明了墙、柱和门窗洞口的位置、大小和数量，标明了上述各种建筑构配件和设施的平面形状、大小和位置，是建筑装饰平面布置设计定位、定形的依据。上述内容，在无特殊要求情况下，均应照原建筑平面图套用，具体表示方法与建筑平面图相同。剖切到的构件用粗线，看到的构件用细线。

当然，装饰平面布置图应突出装饰结构与布置，对建筑平面图上的内容不是丝毫不漏的完全照搬。为了使图面不过于繁杂，一般与装饰平面图示关系不大，或完全没有关系的内容均应予以省略，如指北针、建筑详图的索引标志、建筑剖面图的剖切符号，以及某些大型建筑物的外包尺寸等。

（2）装饰结构的平面形式和位置

装饰平面布置图需要标明楼地面、门窗和门窗套、护壁板或墙裙、隔断、装饰柱等装饰结构的平面形式和位置。

其中地面（包括楼面、台阶面、楼梯平台面等）装饰的平面形式要求绘制准确、具体，按比例用细实线画出该形式的材料规格、铺式和构造分格线等，并标明其材料品种和工艺要求。如果地面各处的装饰做法相同，可不必满堂都画，一般选图示相对疏空处部分画出，构成独立的地面图案则要求表达完整。

门窗的平面形式主要用图例表示，其装饰应按比例和投影关系绘制。平面布置图上应标明门窗是里装、外装还是中装等，并应注上它们各自的设计编号。

平面布置图上垂直构件的装饰形式，可用中实线画出它们的水平断面外轮廓，如门窗套、包柱、壁饰、隔断等。墙柱的一般饰面则用细实线表示。

（3）室内外配套装饰设置的平面形状和位置

装饰平面布置图还要标明室内家具、陈设、绿化、配套产品和室外水池、装饰小品等配套设置体的平面形状、数量和位置。这些布置当然不能将实物原形画在平面布置图上，只能借助一些简单、明确的图例来表示。其中，室内布置要件的外轮廓线用中粗线表示，装饰美化线用细线表示。

（4）装饰结构与配套布置的尺寸标注

为了明确装饰结构和配套布置在建筑空间内的具体位置和大小，以及与建筑结构的相互关系，平面布置图上的另一主要内容就是尺寸标注。

平面布置图的尺寸标注分外部尺寸和内部尺寸。外部尺寸一般是套用建筑平面图的轴间尺寸和门窗洞、洞间墙尺寸，而装饰结构和配套布置的尺寸主要在图纸内部标注。内部尺寸一般比较零碎，直接标注在所示内容附近，但是标注时尽可能标注在统一的方向，并尽可能连续标注。若遇重复相同的内容，其尺寸可代表性地标注。

为了区别平面布置图上不同平面的上下关系，必要时应该注出标高。为简化计算、方便施工起见，装饰平面布置图一般取各层室内主要地面为标高零点。

（5）装饰视图符号

为了表示室内立面图在装饰平面布置图中的位置，应在平面布置图上用内视符号注明视点位置、方向及立面编号。内视符号中的圆圈用细实线绘制，根据图面比例圆圈直径可选择 8 ~ 12mm。立面编号宜用拉丁字母或阿拉伯数字，如图 12-3 所示。

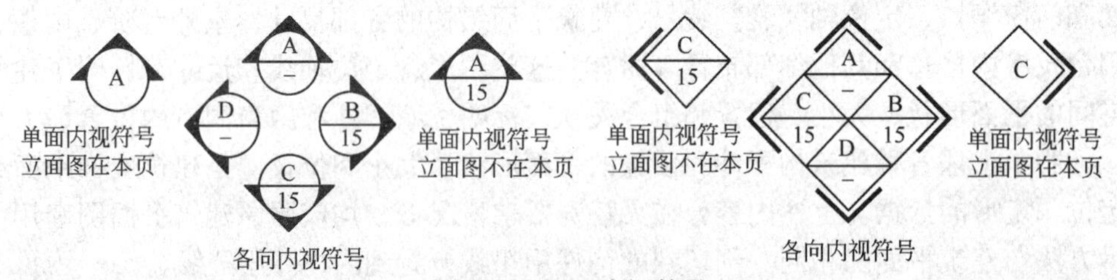


图 12-3　立面内视符号

为了表示装饰平面布置图与室内其他图的对应关系，装饰平面布置图还应标注各种视图符号，如剖切符号、索引符号、投影符号等。这些符号标识方法均与建筑平面图相同。

为了使图面的表达更为详尽周到，必要的文字说明是不可缺少的，如房间的名称、饰面材料的规格品种和颜色、工艺做法与要求、某些装饰构件与配套布置的名称等。

为了给图以总的提示，平面布置图还应有图名，随图名后还有图的比例等。

3. 平面布置图识读

下面以图 12-4 某别墅装饰平面布置图为例说明平面布置图的识读方法。

（1）看装饰平面布置图要先看图名、比例、标题栏，认定该图是什么平面图，再看建筑平面基本结构及其尺寸，把各房间名称、面积以及门窗、走廊、楼梯等的主要位置和尺寸了解清楚，最后看建筑平面结构内的装饰结构和装饰设置的平面布置等内容。本图为前一章的某别墅一层平面布置图，从图中可以了解到两户的地面装饰做法基本相同，图样比例为 1:100。

（2）通过对各房间和其他空间主要功能的了解，明确为满足功能要求所设置的设备与

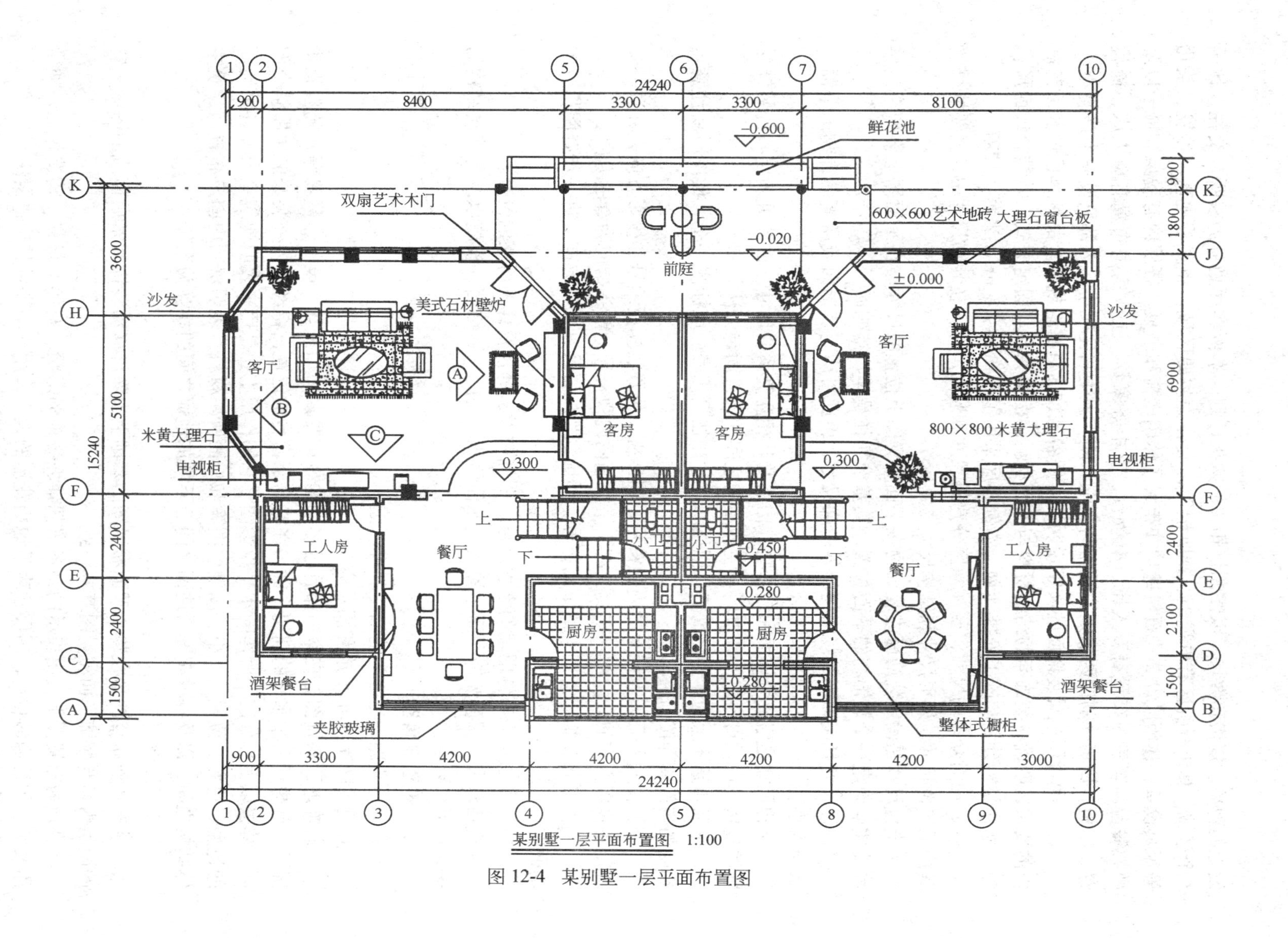


图 12-4 某别墅一层平面布置图

设施的种类、规格和数量，以便制订相关的购买计划。本例客厅划分为视听、交往、休闲3个区域，其中视听区有电视柜、视听柜等，交往为主要区域，布置着地毯、沙发、茶几等家具设备，休闲区设美式石材壁炉并布置了休闲座椅和书桌。餐厅内有餐桌和椅子以及酒架餐台。客房内布置有双人床、梳妆台、衣柜等家具。工人房内布置有单人床、梳妆台、衣柜，厨房分割成两部分，操作间和洗涤间。卫生间比较小，内部只设一个蹲便器。

（3）通过图中对装饰面的文字说明，了解各装饰面对材料规格、品种、色彩和工艺制作的要求，明确各装饰面的结构材料与饰面材料的衔接关系与固定方式，并结合饰面形状与尺寸作材料计划和施工安排计划。本例客厅采用了800mm×800mm米黄大理石。

（4）面对众多的尺寸，要注意区分建筑尺寸和装饰尺寸。在装饰尺寸中，又要能分清其中的定位尺寸、外形尺寸和结构尺寸。

定位尺寸是确定装饰面或装饰物在平面布置图上位置的尺寸。在平面图上需两个定位尺寸才能确定一个装饰物的平面位置，其基准往往是建筑结构面。

外形尺寸是装饰面或装饰物的外轮廓尺寸，由此可确定装饰面或所需装饰物的平面形状与大小。

结构尺寸是组成装饰面和装饰物各构件及其相互关系的尺寸。由此可确定各种装饰材料的规格，以及材料之间和材料与主体结构之间的连接固定方法。

平面布置图上为了避免重复，同样的尺寸往往只代表性地标注一个，读图时要注意将相同的构件或部位归类。

（5）通过平面布置图上的内视符号，明确视点位置、立面编号和投影方向，并进一步查出各投影方向的立面图。本例共有3个立面图内视符号，箭头指向为看的方向。

（6）通过平面布置图上的剖切符号，明确剖切位置及其剖视方向，进一步查阅相应的剖面图。

（7）通过平面布置图上的索引符号，明确被索引部位及详图所在的位置。

概括起来，阅读装饰平面布置图应抓住面积、功能、装饰面、设施以及与建筑结构的关系这五个要点。

**二、地面布置图**

地面布置图，也称为地面材料标识图。

1. 地面布置图的形成和图示方法

装饰地面布置图是在室内布置可移动的装饰要素（如家具、设备、盆栽等）的理想状况下，假想用一个水平的剖切平面，在略高于窗台的位置，将经过内外装修的房屋整个剖开，移去以上部分向下所作的水平投影图。它的作用主要是用来表明建筑室内外各种地面的造型、色彩、位置、大小、高度、图案和地面所用材料，表明房间内固定布置与建筑主体结构之间，以及各种布置与地面之间、不同的地面之间的相互关系等。

2. 地面布置图的图示内容

装饰地面布置图是在装饰平面布置图的基础上去除可移动装饰元素后而成的图纸，它的图示内容与装饰平面布置图基本一致。

在地面布置图上突出表示的是各房间地面装饰的形状、花形、材料、构造做法，通常用文字表示地面的材料，用尺寸表示地面花形的大小，用详图表示其构造做法。

3. 地面布置图识读

以图12-5某别墅地面布置图为例说明地面布置图的识读方法。

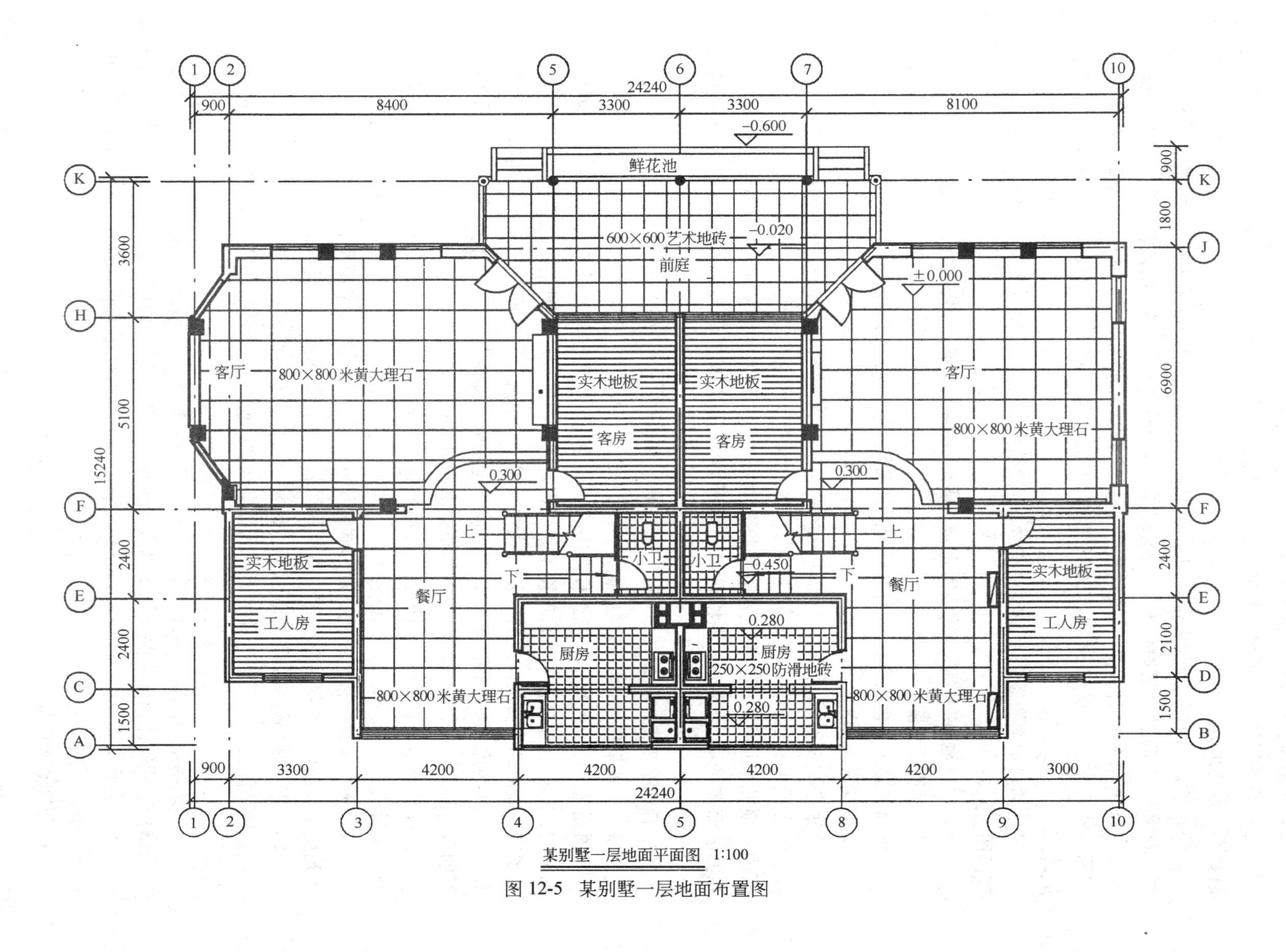


某别墅一层地面平面图 1:100

图 12-5 某别墅一层地面布置图

（1）看图名、比例。本例为某别墅一层地面布置图。

（2）看外部尺寸，了解与装饰平面布置图的房间是否相同，弄清图示中是否有错、漏以及不一致的地方。

（3）看房间内部地面装修。看大面材料，看工艺做法，看质地、图案、花纹、色彩、标高，看造型及起始位置，确定定位放线的可能性，实际操作的可能性，并提出施工方案和调整设计方案。从图中可以看到客厅和餐厅采用800mm×800mm米黄大理石，客房和工人房都采用实木地板。卫生间与厨房采用250mm×250mm的防滑地砖。

（4）通过地面布置图上的剖切符号，明确剖切位置及其剖视方向，进一步查阅相应的剖面图。

（5）通过地面布置图上的索引符号，明确被索引部位及详图所在的位置。

**三、顶棚平面图**

顶棚平面图包含综合顶棚图、顶棚造型及尺寸定位图、顶棚照明及电气设备定位图。

1. 顶棚平面图的形成

顶棚平面图有两种形成方法：一是假想房屋水平剖开后，移去下面部分向上作直接正投影而成；二是采用镜像投影法，将地面视为镜面，对镜中顶棚的形象作正投影而成。顶棚平面图一般都采用镜像投影法绘制。顶棚平面图的作用主要是用来表明顶棚装饰的平面形式、尺寸和材料，以及灯具和其他各种室内顶部设施的位置和大小等。

2. 顶棚平面图示内容

（1）表明墙柱和门窗洞口位置。

顶棚平面图一般都采用镜像投影法绘制。用镜像投影法绘制的顶棚平面图，其图形上的前后、左右位置与装饰平面布置图完全相同，纵横轴线的排列也与之相同。但是，在图示了墙柱断面和门窗洞口以后，仍要标注轴间尺寸、总尺寸。洞口尺寸和洞间墙尺寸可不必标出，这些尺寸可对照平面布置图阅读。定位轴线和编号也不必每轴都标，只在平面图形的四角部分标出，能确定它与平面布置图的对应位置即可。

顶棚平面图一般不图示门扇及其开启方向线，只图示门窗过梁底面。为区别门洞与窗洞，窗扇用一条细虚线表示。

（2）表明顶棚装饰造型的平面形式和尺寸，并通过附加文字说明其所用材料、色彩及工艺要求。顶棚的跌级变化应结合造型平面分区用标高的形式来表示。

（3）表明顶部灯具的种类、式样、规格、数量及布置形式和安装位置。

顶棚平面图上的小型灯具按比例用一个细实线圆表示，大型灯具可按比例画出它的正投影外形轮廓，力求简明概括，并附加文字说明。

（4）表明空调风口、顶部消防与音响设备等设施的布置形式与安装位置。

（5）表明墙体顶部有关装饰配件（如窗帘盒、窗帘等）的形式和位置。

（6）表明顶棚剖面构造详图的剖切位置及剖面构造详图的所在位置。作为基本图的装饰剖面图，其剖切符号不在顶棚图上标注。

3. 顶棚布置图识读

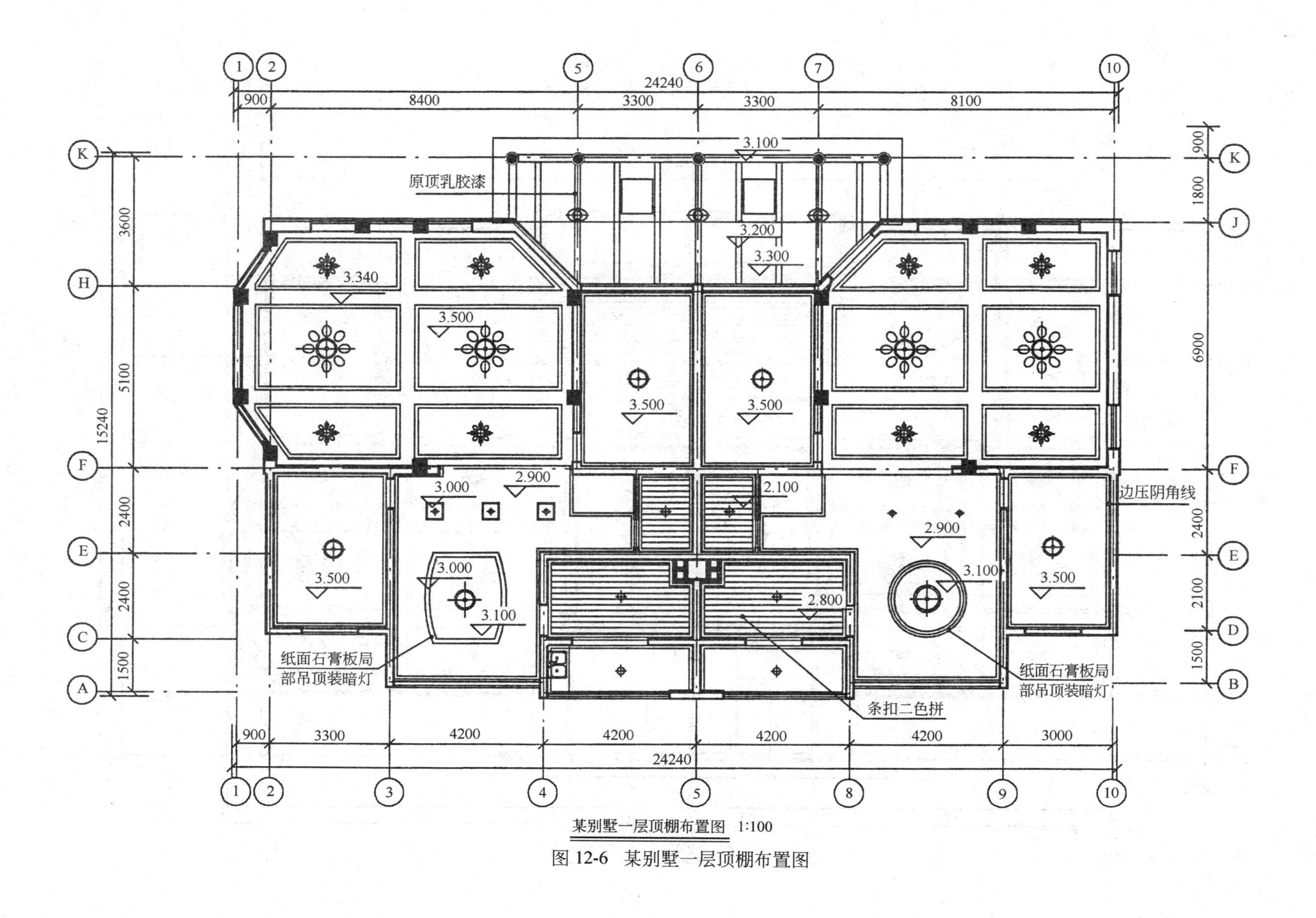


图 12-6 某别墅一层顶棚布置图

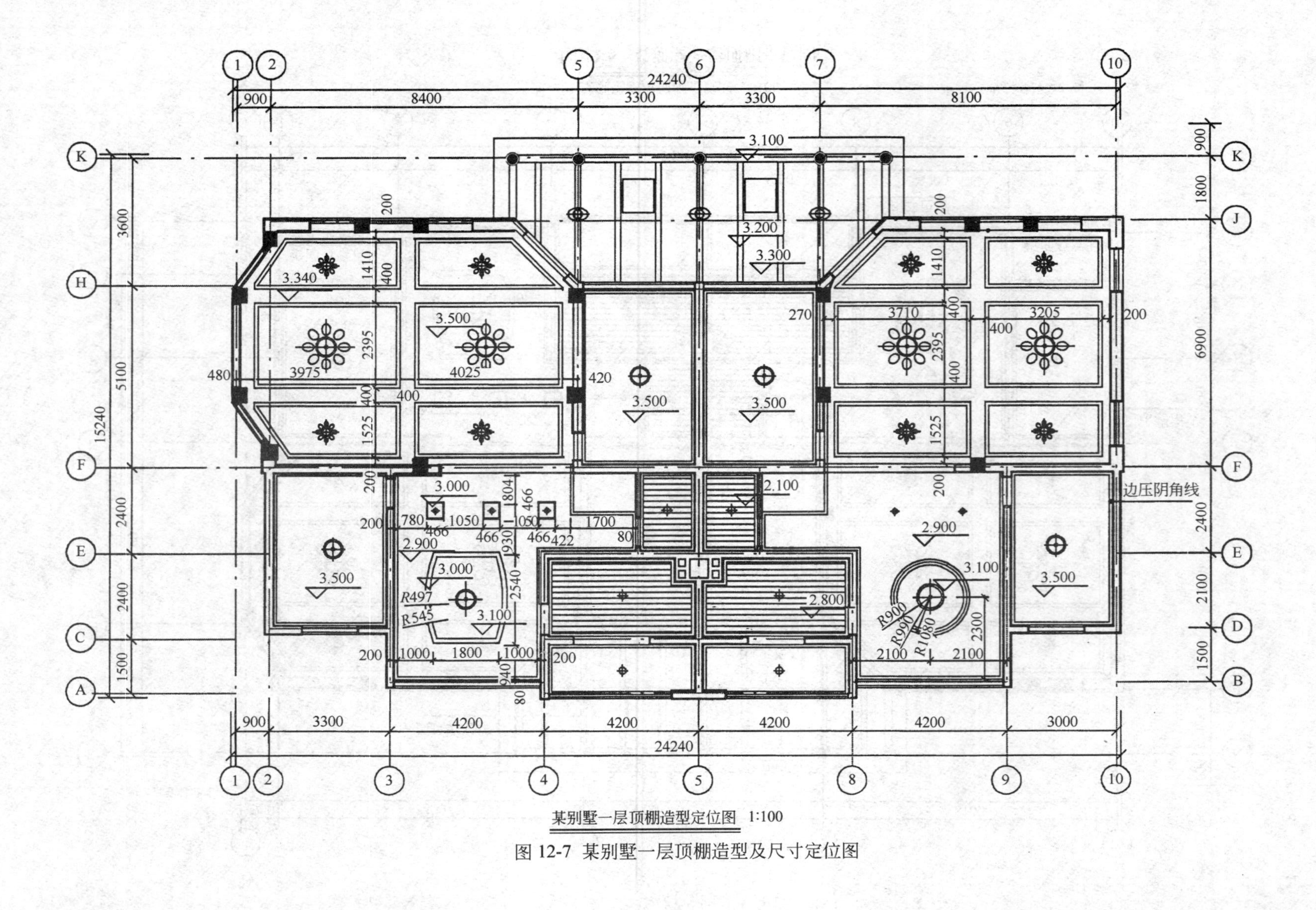


图 12-7 某别墅一层顶棚造型及尺寸定位图

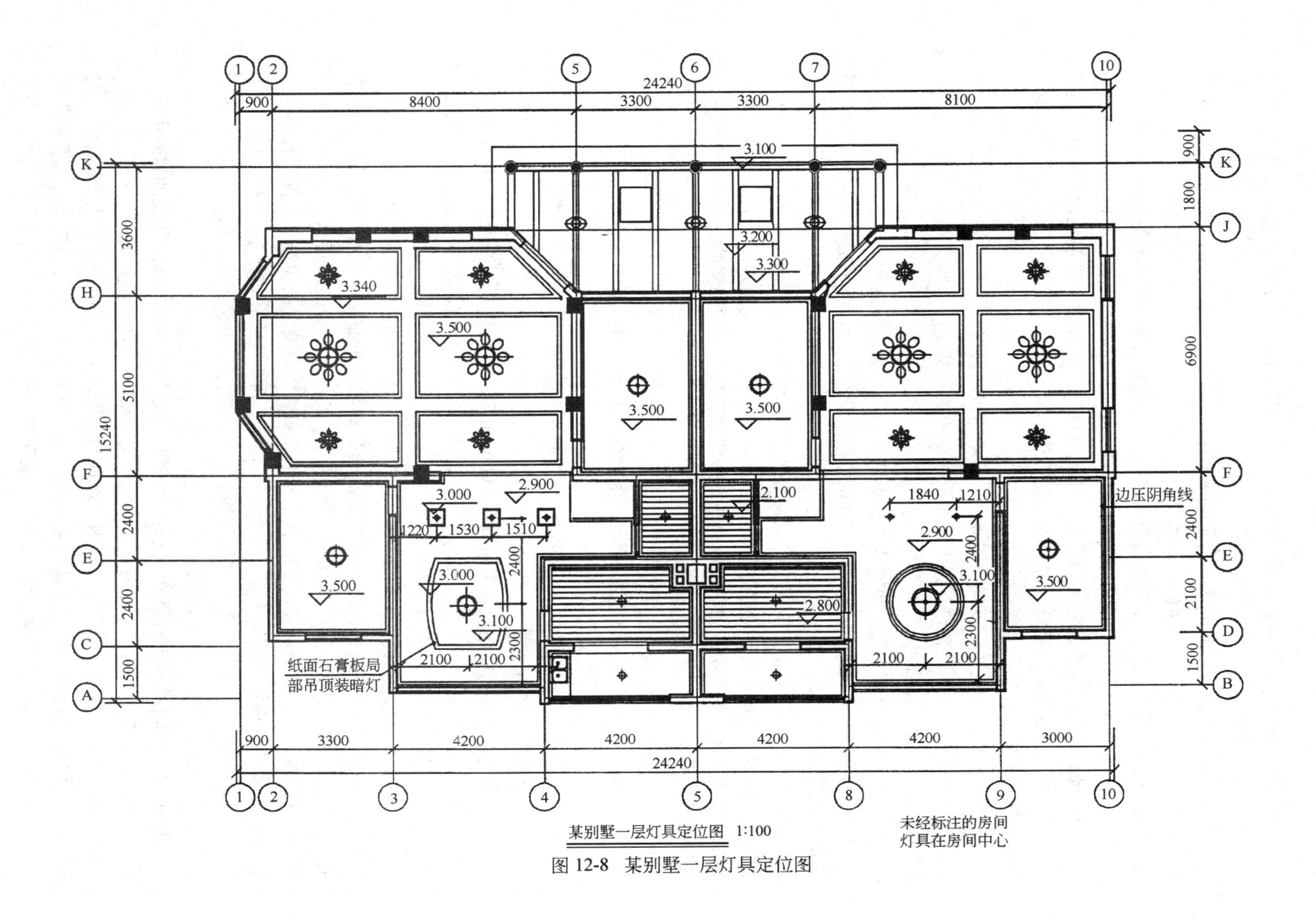


图 12-8 某别墅一层灯具定位图

（1）首先应弄清楚顶棚平面图与平面布置图各部分的对应关系，核对顶棚平面图与平面布置图在基本结构和尺寸上是否相符。

对于某些有跌级变化的顶棚，要分清它的标高尺寸和线型尺寸，并结合造型平面分区，在平面上建立起三维空间的尺度概念。

（2）通过顶棚平面图，了解顶部灯具和设备设施的规格、品种与数量。

（3）通过顶棚平面图上的文字标注，了解顶棚所用材料的规格、品种及其施工要求。

（4）通过顶棚平面图上的索引符号，找出详图对照着阅读，弄清楚顶棚的详细构造。

当顶棚过于复杂时，应分成综合顶棚图、顶棚造型及尺寸定位图、顶棚照明及电气设备定位图等多种图纸进行绘制。

综合顶棚图：重点在于表现顶棚造型、设备布置的区域或大小，表明它们与建筑结构的关系，以及顶棚所用的材料。使人们对顶棚的布置有整体的理解。室内尺度一般只注写相对标高。如图 12-6 所示。

顶棚造型及尺寸定位图：重点表明顶棚装饰造型的平面形式和尺寸，并通过附加文字说明其所用材料、色彩及工艺要求。顶棚的跌级变化应结合造型平面分区用标高的形式来表示。如图 12-7 所示。

顶棚照明及电气设备定位图：主要表明顶部灯具的种类、式样、规格、数量及布置形式和安装位置。顶棚平面图上的小型灯具按比例用一个细实线圆表示，大型灯具可按比例画出它的正投影外形轮廓，力求简明概括。表明空调风口、顶部消防与音响设备等设施的布置形式与安装位置，如图 12-8 所示。

## 第三节　装饰立面图

装饰立面图包括室外装饰立面图和室内装饰立面图。

### 一、装饰立面图的形成

室外装饰立面图是将建筑物经装饰后的外观形象，向铅直投影面所作的正投影图。它主要表明屋顶、檐头、外墙面、门头与门面等部位的装饰造型、装饰尺寸和饰面处理，以及室外水池、雕塑等建筑装饰小品布置等内容。

室内装饰立面图的形成比较复杂，且又形式不一。目前常采用的形成方法有以下几种：

一是假想将室内空间垂直剖开，移去剖切平面前面的部分，对余下部分作正投影而成。这种立面图实质上是带有立面图示的剖面图。它所示图像的进深感较强，并能同时反映顶棚的跌级变化。但剖切位置不明确（在平面布置图上没有剖切符号，仅用投影符号表明视向），其剖面图示安排似乎有点随意，较难与平面布置图和顶棚平面图对应。

二是假想将室内各墙面沿面与面相交处拆开，移去暂时不予图示的墙面，将剩下的墙面及其装饰布置，向铅直投影面作投影而成。

这种立面图则不出现剖面图像，只出现相邻墙面及其上装饰构件与该墙面的表面交线。

三是设想将室内各墙面沿某轴阴角拆开，依次展开，直至都平放于同一铅直投影面，形成立面展开图。这种立面图能将室内各墙面的装饰效果连贯地展示在人们眼前，以便人们研究各墙面之间的统一与反差及相互衔接关系，对室内装饰设计与施工有着重要作用。

室内装饰立面图主要表明建筑内部某一装饰空间的立面形式、尺寸及室内配套布置等内容。目前，教学上比较通用的格式是第一种和第三种的结合：正对立面投影按轴线阴角拆开，如遇到轴线两边延伸到室外，则扩展墙体，变成剖面投影法。这种方法，各界面之间联系紧密，又不易漏项，因而应用较多。

**二、装饰立面图的图示内容**

室内立面图应包括投影方向可见的室内轮廓线和装修构造、门窗、构配件、墙面做法、固定家具、灯具、装饰物件等（室内立面图的顶棚轮廓线，可根据具体情况只表达吊顶或同时表达吊顶及结构顶棚）。具体分述如下：

（1）图名、比例和立面图两端的定位轴线及其编号。

（2）在装饰立面图上使用相对标高，即以室内地面为标高零点，并以此为基准来标明装饰立面图上有关部位的标高。

（3）表明室内外立面装饰的造型和式样，并用文字说明其饰面材料的品名、规格、色彩和工艺要求。

（4）表明室内外立面装饰造型的构造关系与尺寸。

（5）表明各种装饰面的衔接收口形式。

表明室内外立面上各种装饰品（如壁画、壁挂、金属字等）的式样、位置和大小尺寸，并标明成品或制作方式。

（6）表明门窗、花格、装饰隔断等设施的高度尺寸和安装尺寸。

（7）表明室内外景园小品或其他艺术造型体的立面形状和高低错落位置尺寸。

（8）表明室内外立面上的所用设备及其位置尺寸和规格尺寸。

（9）表明详图所示部位及详图所在位置。标明墙身剖面图的剖切符号。

作为室内装饰立面图，还要表明家具和室内配套产品的安放位置和尺寸。表明顶棚的跌级变化和相关尺寸。

建筑装饰立面图的线型选择和建筑立面图基本相同。惟有细部描绘应注意力求概括，不得喧宾夺主，所有为增加效果的细节描绘均应以细淡线表示。

**三、装饰立面图识读**

（1）明确建筑装饰立面图上与该工程有关的各部位尺寸和标高。

（2）通过图中不同线型的含义，搞清楚立面上各种装饰造型的凹凸起伏变化和转折关系。弄清楚每个立面上有几种不同的装饰面，以及这些装饰面所选用的材料与施工工艺要求。

（3）看房间内部墙面装修。依次逐个地看，并列表统计。看大面材料，看工艺做法，看质地、图案、花纹、色彩、标高，看造型及起始位置，确定定位放线的可能性、实际操作的可能性，并提出施工方案和调整设计方案。

（4）立面上各装饰面之间的衔接收口较多，这些内容在立面图上表明比较概括，多在节点详图中详细表明。要注意找出这些详图，明确它们的收口方式、工艺和所用材料。

（5）明确装饰结构之间以及装饰结构与建筑结构之间的连接固定方式，以便提前准备预埋件和紧固件。

（6）要注意设施的安装位置，电源开关、插座的安装位置和安装方式，以便在施工中留位。

阅读室内装饰立面图时，要结合平面布置图、顶棚平面图和该室内其他立面图对照阅读，明确该室内的整体做法与要求。阅读室内装饰立面图时，要结合平面布置图和该部位的装饰剖面图综合阅读，全面弄清楚它的构造关系。

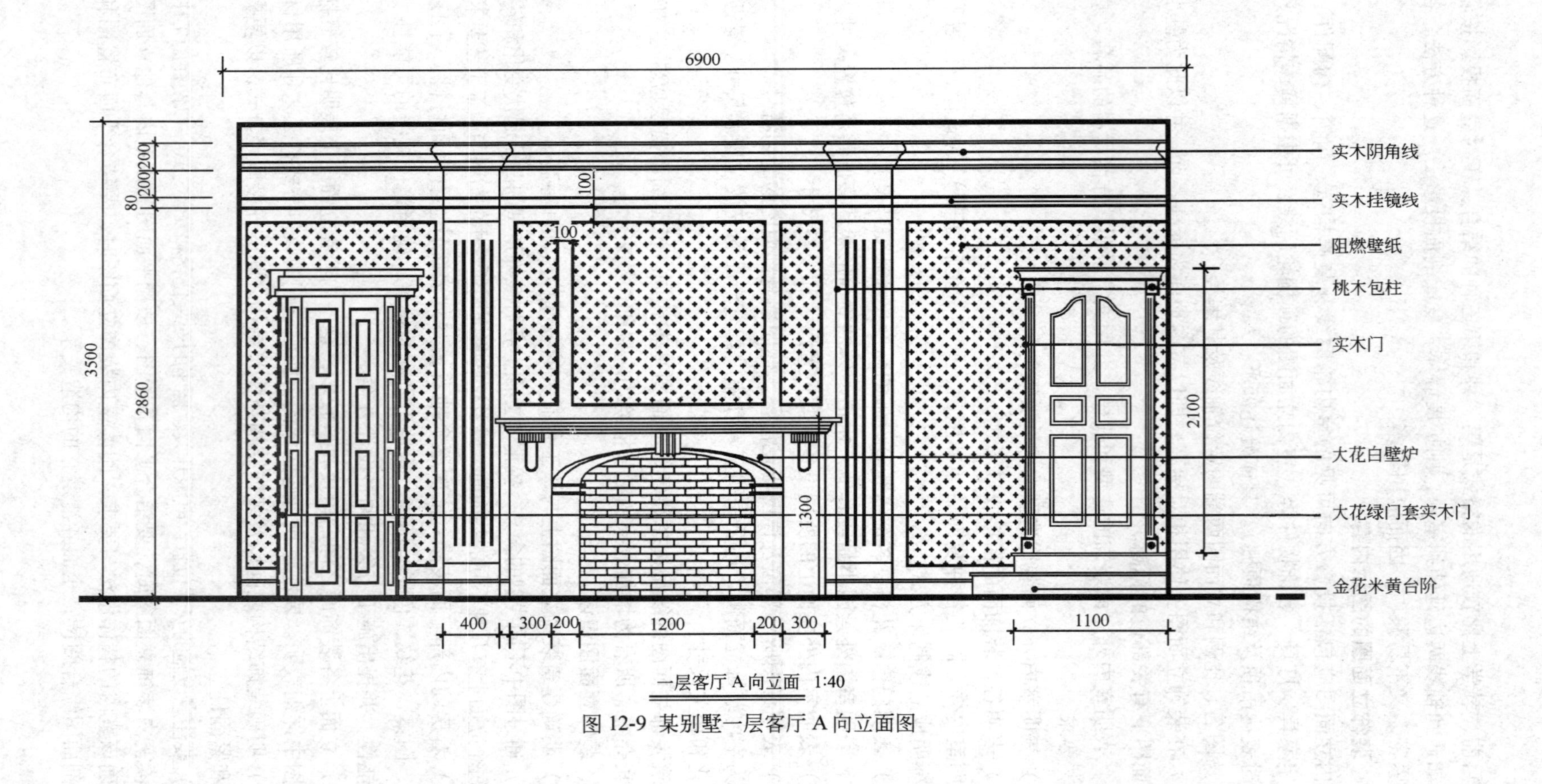


图 12-9 某别墅一层客厅 A 向立面图

图 12-9 为某家装客厅 A 立面图。读图时应先在平面图中找到它表示的是哪个立面，本例是客厅内与客房相邻的墙的立图面。这里能了解到该墙面上壁炉的位置与高度，壁炉两侧壁柱的装饰形式，客厅门与客房门的装饰形状，以及实木挂镜线、阴角线的位置、形状、材料。墙面采用阻燃壁纸，客厅台阶采用金花米黄色的地砖。

其他立面图见附图（二）。

## 第四节　装　饰　详　图

### 一、装饰详图的形成与特点

装饰详图也称大样图。它是把在装饰平面图、地面标识图、顶棚图、装饰立面图中无法表示清楚的部分，按比例放大，按有关正投影作图原理而绘制的图样。装饰详图与基本图之间有从属关系，因此设计绘制时应保持构造做法的一致性。装饰详图具有以下一些特点：

（1）装饰详图的绘制比例较大，材料的表示必须符合国家有关制图标准。

（2）装饰详图必须交代清楚构造层次及做法，因而尺寸标注必须准确，语言描述必须恰当，并尽可能采用通用的语汇，文字较多。

（3）装饰细部做法很难统一，导致装饰详图多，绘图工作量大，因而，尽可能选用标准图集，对习惯做法可以只做说明。

（4）装饰详图可以在详图中再套详图，因此应注意详图索引的隶属关系。

### 二、装饰详图的分类

（1）按照装饰详图的隶属关系，装饰详图可分为功能房间大样图、房间配件大样图、节点详图等多个层次。

功能房间大样图：是把整体设计中某一重要或有代表性的房间单独提取出来放大做设计图样，图示内容详尽。包含该房间的平面综合布置图，顶棚综合图以及该房间的各立面图、效果图（如宾馆设计中的标准客房详图或者办公建筑中的总裁、局长办公室详图、家装中的客厅及主卧详图等均为此例）。

装饰构配件详图：建筑装饰所属的构配件项目很多。它包括各种室内配套设置体，如酒吧台、酒吧柜、服务台、售货柜和各种家具等；还包括结构上的一些装饰构件，如装饰门、门窗套、装饰隔断、花格、楼梯栏板（杆）等。这些配置体和构件受图幅和比例的限制，在基本图中无法表达精确，都要根据设计意图另行作出比例较大的图样，来详细表明它们的式样、用料、尺寸和做法，这些图样即为装饰构配件详图。装饰构配件详图的主要内容有：详图符号、图名、比例；构配件的形状、详细构造、层次、详细尺寸和材料图例；构配件各部分所用材料的品名、规格、色彩以及施工做法和要求；部分尚需放大比例详示的索引符号和节点详图。也可附带轴测图或透视图表达。

装饰节点详图：是将两个或多个装饰面的交汇点或构造的连接部位，按垂直和水平方向剖开，并以较大比例绘出的详图。它是装饰工程中最基本和最具体的施工图。它有时供构配件详图引用，有时又直接供基本图所引用，因而不能理解为节点详图仅是构配件详图的子系详图，在装饰工程图中，它与构配件详图具有同等重要作用。节点详图的比例常采用1:1、1:2、1:5、1:10，其中比例为1:1 的详图又称为足尺图。节点详图虽表示的范围小，但牵涉面大，特别是有些在该工程中带有普遍意义的节点图，虽表明的是一个连接点或交汇点，却代表各个相同部位的构造做法。因此，在绘制与表达节点详图时，要做到切切实实、分毫不差，从而保证施工操作中的准确性。

（2）按照详图的部位分，有以下几种：

1）地面构造装饰详图。

不同地面（坪）图示方法不尽相同。一般若地面（坪）做有花饰或图案时应绘出地面（坪）花饰平面图。对地面（坪）的构造则应用断面图表明，地面具体做法多用分层注释方法表明，如图 12-10 所示某地面详图。

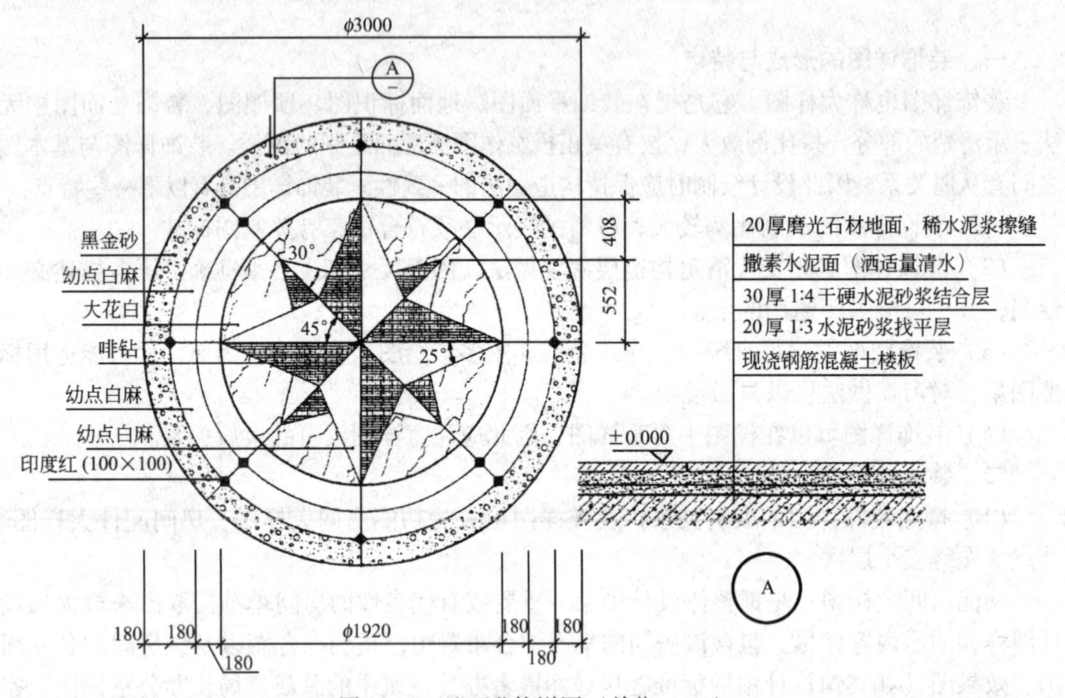


图 12-10　地面花饰详图（单位：mm）

2）墙面构造装饰详图。

一般进行软包装或硬包装的墙面绘制装修详图，构造装饰详图通常包括墙体装修立面图和墙体断面图，如图 12-11 所示的某墙面节点图。

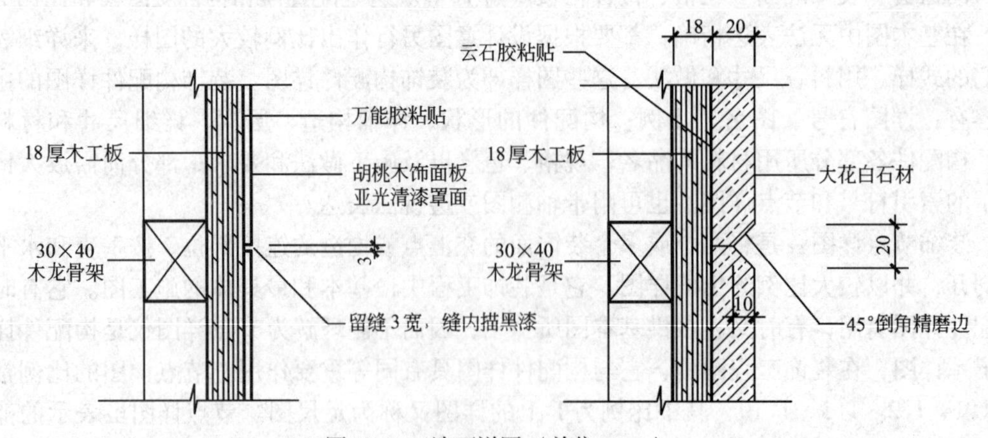


图 12-11　墙面详图（单位：mm）

3）隔断装饰详图。

隔断是室内设计时分割空间的有效手段，隔断的形式、风格及材料与做法种类繁多。隔断通常可以用整体效果的立面图、结构材料与做法的剖面图和节点立体图来表示。

4）吊顶装修详图。

室内吊顶也是装饰设计主要的内容，其形式也很多。一般吊顶装修详图应包括吊顶平面搁栅布置图和吊顶固定方式节点图等，如图 12-12 卫生间吊顶详图。

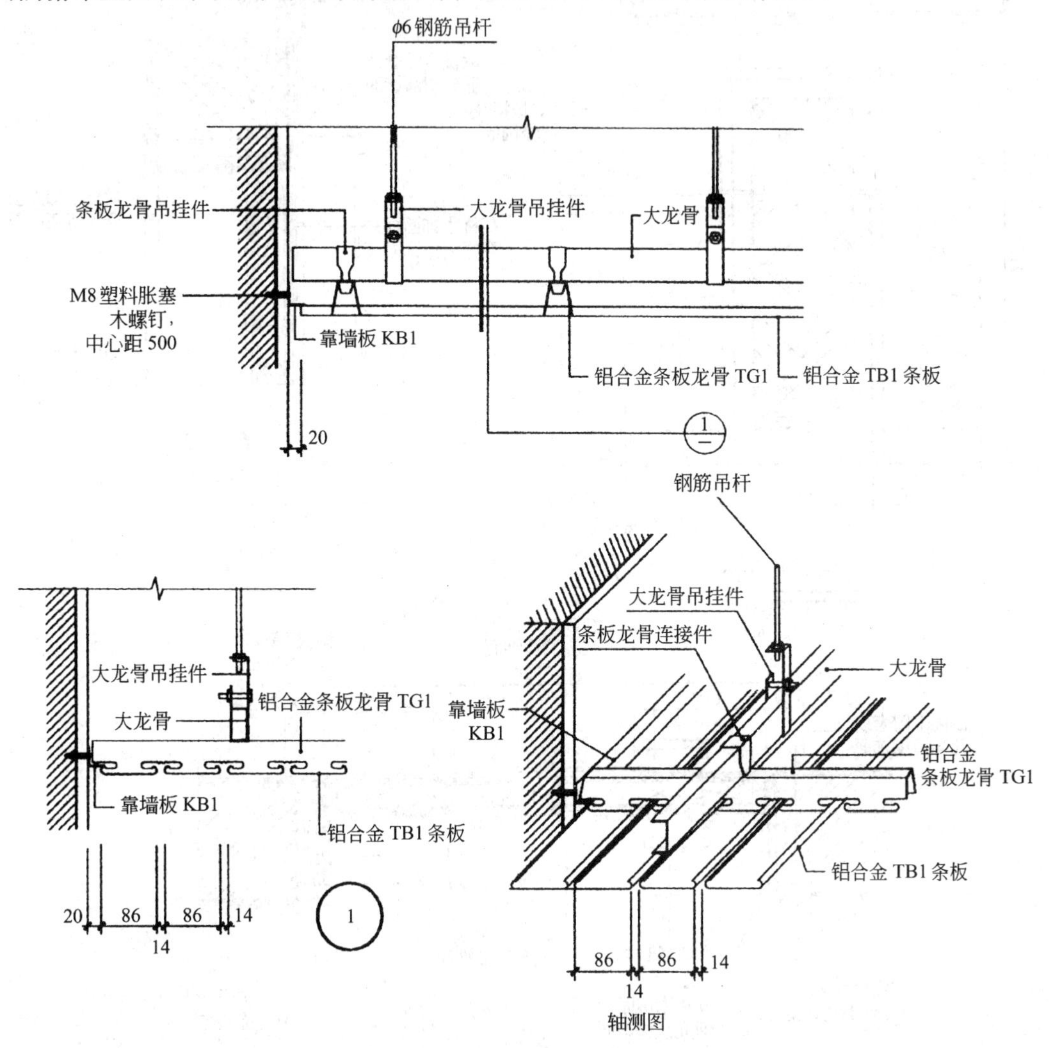


图 12-12　别墅卫生间吊顶详图（单位：mm）

5）门、窗装饰构造详图。

在装饰设计中门、窗一般要进行重新装修或改建。因此门、窗构造详图是必不可少的图示内容。其表现方法包括：表示门、窗整体的立面图和表示具体材料、结构的节点断面图，如图 12-13 门的装饰详图。

6）其他详图。

在装饰工程设计中有许多建筑配件需要装饰处理，因此如门、窗及扶手、栏板、栏杆等，这些部位如做重点装饰时，在平、立面上是很难表达清楚的，因此，将需要进一步表达的部位另画大样图。这就是建筑配件装饰大样图。

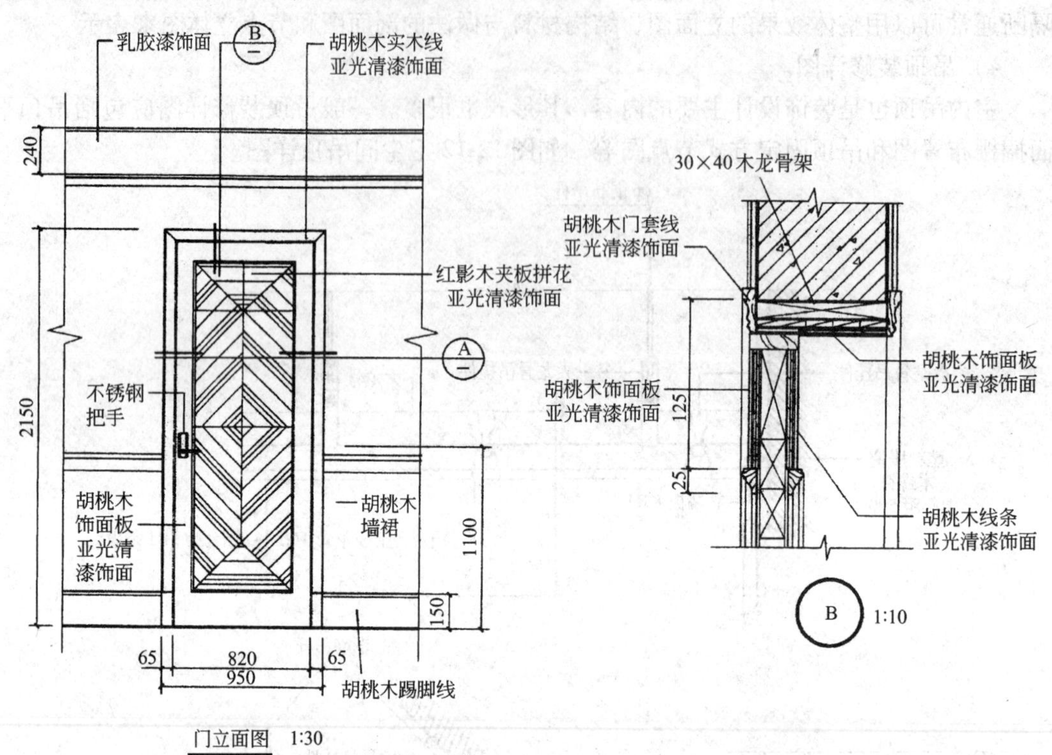


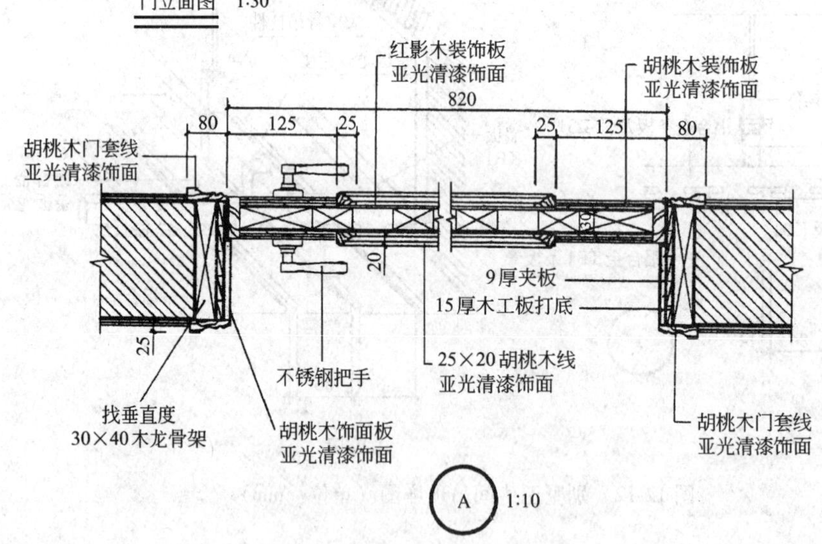


图 12-13 装饰门及门套详图（单位：mm）

在装饰工程部件大样图中，除了对建筑配件进行装饰外，还有一些装饰部件，如墙面、顶棚的装饰浮雕、通风口的通风箅子、栏杆的图案构件及彩画装饰等，设计人员常用 1∶1 的比例画出它的实际尺寸图样，并在图中画出局部断面形式，以利于施工。这种图主要用于高级装修中要求具有一定风格的装饰工程中。目前，装饰材料市场上，已有多种大量的木制的、金属的、石膏的、玻璃钢的装饰部件，只要选用得当，就可以直接用在装饰工程设计中，在常规的装饰工程中就不必再画出这样的大样图了。

**三、装饰详图的识读**

装饰详图总是由基本图索引而来的，因此，看详图时首先应看出处，看它由哪个部位索引而来，具体表达哪个部位的某种关系。

其次，看该详图的系统组成。该详图是一个房间的详图、一个家具的详图或者是一个剖断详图，有时仅仅是一个节点详图。了解和分清它的从属关系。

第三，看图名和比例，了解详图的具体概况，以作到基本的构造法则准确，以及可能的做法对比。

第四，看构造详图的构造做法、构造层次、构造说明及构造尺度。读图时先看层次，再看说明、尺寸及做法。

下面我们以一些实例来说明装饰详图的读法。

1. 装饰门详图

门详图通常由立面图、节点剖面详图及技术说明等组成。一般门、窗多是标准构件，有标准图供套用，不必另画详图。由于有一定要求的装饰门不是定型设计，故需要另画详图。以图 12-14 装饰门详图为例了解详图的表达方法和识读方法。

（1）看门立面图

门立面图规定画它的外立面，并用细斜线画出门扇的开启方向线。两斜线的交点表示装门铰链的一侧，斜线为实线表示向外开，斜线为虚线表示向内开。由于门的开启方式一般在平面布置图上已表明，故不须重复画出。

门立面图上的尺寸一般应注出洞口尺寸和门框外沿尺寸。本例图门框上槛包在门套之内，因而只注出洞口尺寸、门套尺寸和门立面总尺寸。

（2）看节点剖面详图

门详图都画有不同部位的局部剖面节点详图，以表示门框和门扇的断面形状、尺寸、材料及其相互间的构造关系，还表示门框和四周（如过梁、墙身等）的构造关系。通常将竖向剖切的剖面图竖直地连在一起，画在立面图的左侧或右侧，横向剖切的剖面图横向连在一起，画在立面图的下面，用比立面图大的比例画，中间用折断线断开，省略相同部分，并分别注写详图编号，以便与立面图对照。

本例图竖向和横向都有两个剖面详图。其中门上槛 55mm×125mm、斜面压条 15mm×35mm、边框 52mm×120mm，都是表示它们的矩形断面外围尺寸。门芯是 5mm 厚磨砂玻璃，门洞口两侧墙面和过梁底面用木龙骨和中纤板、胶合板等材料包钉。A 剖面详图右上角的索引符号表明，还有比该详图比例更大的剖面图表达门套装饰的详细做法。

（3）看门套详图

门套详图通过多层构造引出线，表明了门套的材料组成、分层做法、饰面处理及施工要求。门套的收口方式是：阳角用线脚 9 包边，侧沿用线脚 10 压边，中纤板的断面用 3mm 厚水曲柳胶合板镶平。

（4）看线脚大样与技术说明

线脚大样比例为 1:1，是足尺图。说明中明确了上下冒头和边梃的用料和饰面处理。

2. 楼梯栏板详图

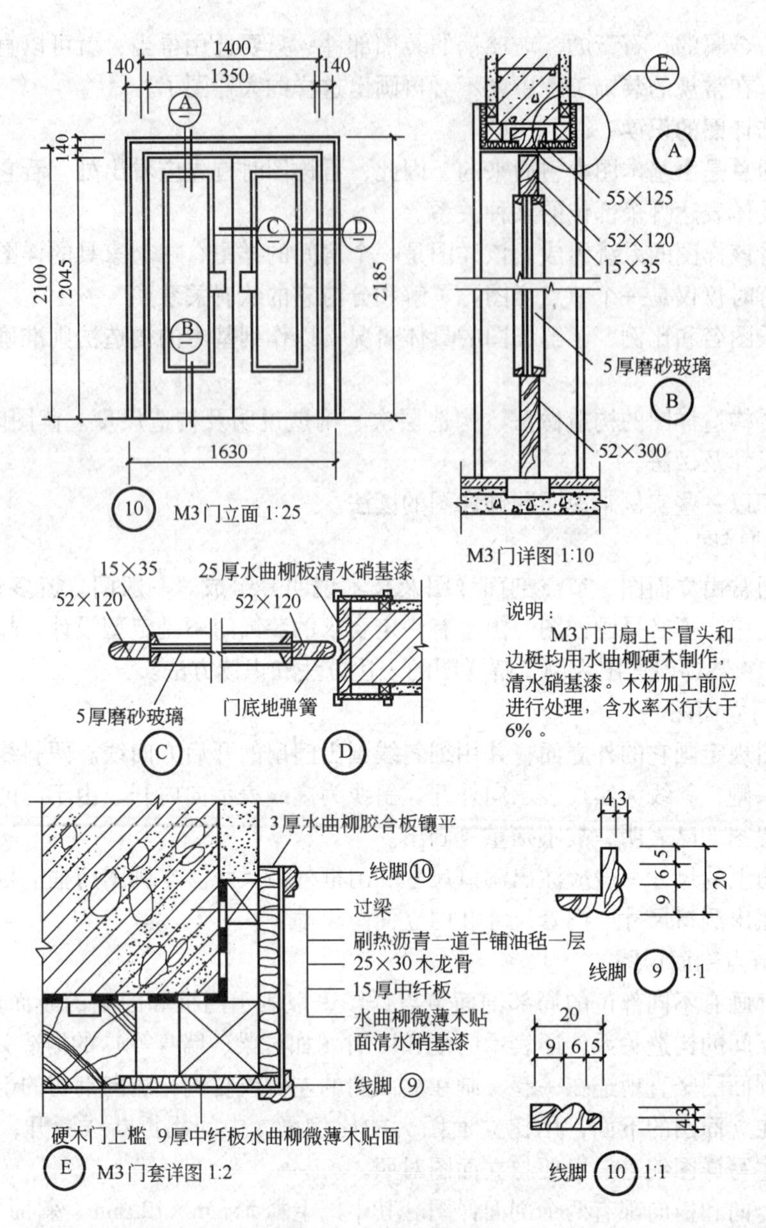


图 12-14　装饰门详图

现代装饰工程中的楼梯栏板（杆）的材料比较高档，工艺制作精美，节点构造讲究，因而其详图也比较复杂。如图 12-15 所示。

楼梯栏板（杆）详图，通常包括楼梯局部剖面图、顶层栏板（杆）立面图、扶手大样图、踏步和其他部位节点图。它主要表明栏板、杆的形式、尺寸、材料；栏板（杆）与扶手、踏步、顶层尽端墙柱的连接构造；踏步的饰面形式和防滑条的安装方式；扶手和其他构件的断面形状和尺寸等内容。识读如下：

（1）先看楼梯局部剖面图。

从图中可知，该楼梯栏板是由木扶手、不锈钢圆管和钢化玻璃所组成。栏板高 1.00m，每隔两踏步有两根不锈钢圆管，间隔尺寸如图所示。钢化玻璃与不锈钢圆管的连

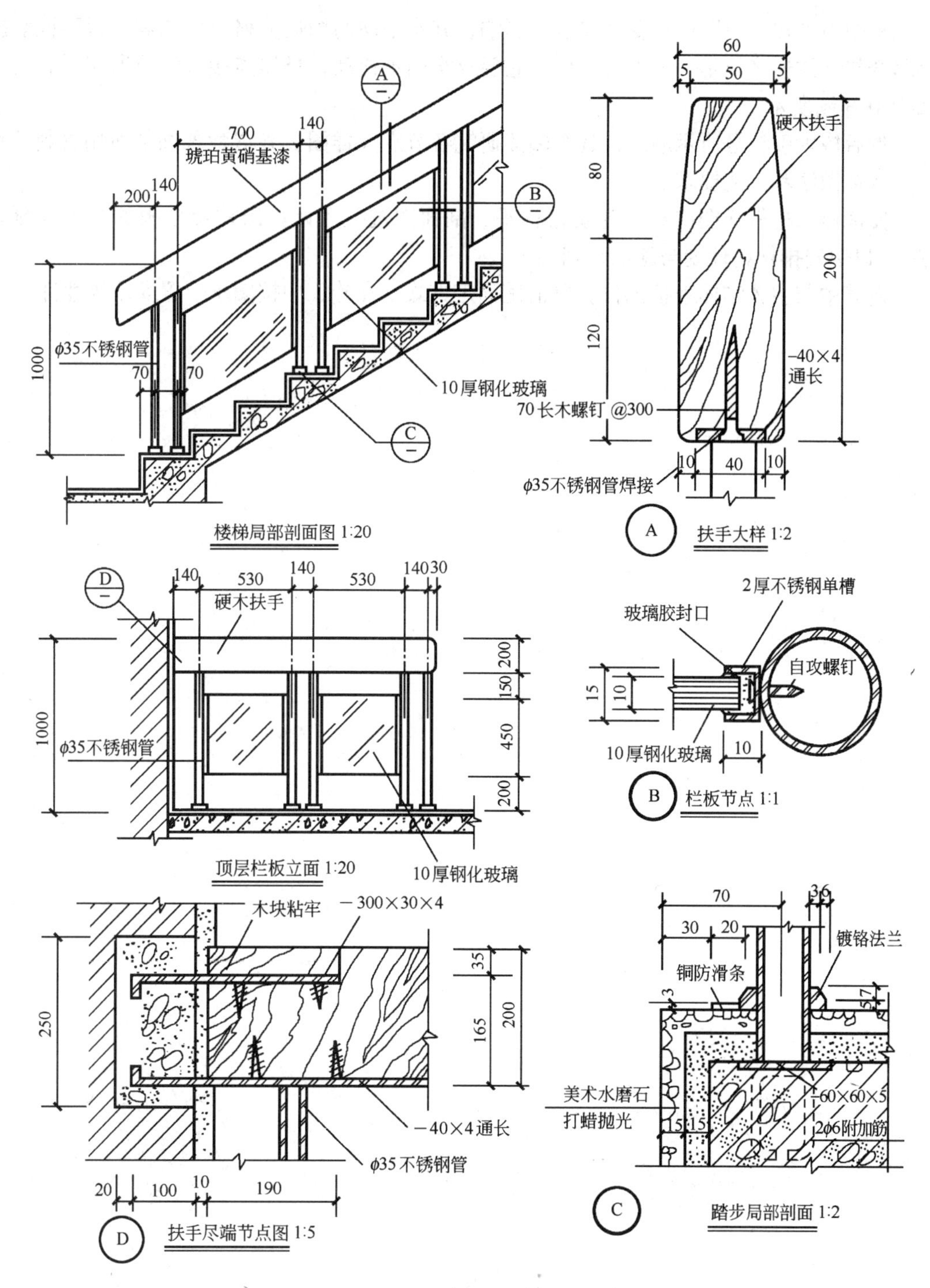


图 12-15　楼梯栏板详图

接构造见图 12-14B 详图，圆管与踏步的连接见图 12-15C 详图。扶手用琥珀黄硝基漆饰面，其断面形状与材质见图 12-15A 详图。

（2）看顶层栏板立面图。

从图中可知，顶层栏板受梯口宽度影响，其水平向的构造分格尺寸与斜梯段不同。扶手尽端与墙体连接处是一个重要部位，它要求牢固不松动，具体连接方法及所用材料见图12-15D详图所示。

然后按索引符号所示顺序，逐个阅读研究各节点大样图。弄清楚各细部所用材料、尺寸、构造做法和工艺要求。

阅读楼梯栏板详图应结合建筑楼梯平、剖面图进行。计算出楼梯栏板的全长（延长米），以便安排材料计划与施工计划。

对其中与主体结构连接部位，看清楚固定方式，在施工中按图示位置安放预埋件。

# 第十三章　建筑室内设备施工图

建筑内部设备是建筑的一个有机组成部分，包括室内给水、排水，室内采暖，室内电器。这些设备系统的形式、位置直接影响建筑内部的装饰效果。因此，作为建筑装饰人员应了解这些设备的基本知识，能够阅读简单的室内设备施工图，这将非常有助于我们的工作。

**一、建筑设备施工图的特点：**

（1）水、暖、电都是由各种空间管线组成的，这些管线在施工图中都是由“国家标准”规定的图线表示的，在阅读图纸时，首先应熟悉这些图线所表示的内容。

（2）水、暖、电管道系统中的水、电都沿一个固定的方向流动，识读时，应按这些水、电的流动方向进行。如：

室内给水系统：引入管—水表井—干管—立管—支管—用水设备；

室内排水系统：用水设备—排水横管—立管—排出管；

室内电气系统：进户线—配电箱—干线—支线—用电设备。

（3）水、暖、电管道或线路在房屋中的空间布置是纵横交错的，用正投影图很难将它们的位置、相互连接、空间关系表达清楚，因此，在施工图中，这些系统图采用轴测投影图表示。

（4）水、暖、电施工图中不表示管线的长度，管线的长度需在施工中直接量取，在备料时用比例尺近似量取。

（5）水、暖、电的平面图是附在建筑平面图中的，但这时的平面图是陪衬图样，应用细实线绘制，不画房屋的细部内容。

**二、设备施工图的组成**

设备施工图一般由四部分组成：

（1）设计说明；

（2）平面布置图；

（3）系统图；

（4）详图。

## 第一节　建筑给排水施工图的内容和识读

**一、建筑给水排水施工图概述**

1. 建筑内部给水排水系统的组成

建筑内部给水系统一般由下列部分组成：

（1）引入管。它是指建筑小区给水管网与建筑内部各管网之间的联络网段，也称进户管。

（2）水表节点。它是指引入管上装置的水表及其前后设置阀门、泄水装置的总称。阀门用于关闭网管，以便修理和拆换水表；泄水装置作为检修时放空管网、检测水表精度之用。

(3) 管道系统。它是指建筑内部给水水平干管或垂直干管、立管、支管等组成系统。

(4) 给水附件。它是指管路上的截止阀、闸阀、止回阀及各式配水龙头等。

(5) 用水设备。它是指卫生器具、消防设备和生产用水设备等。

(6) 升压和储水设备。当建筑小区给水管网压力不足或建筑物内部对安全供水、水压稳定有要求时，需设置各种附属设备，如水箱、水泵气压装置、水池等增压和储水设备。

2. 内部排水系统的组成

(1) 卫生器具或生产设备受水器。

(2) 排水系统。它由器具排水管（连接卫生器具和横支管之间的一段短管，除坐式大便器外，其间包括存水弯)、有一定坡度的横支管、立管、埋设在室内地下的总横干管和排出到室外的排出管等组成。

(3) 通气系统。当建筑物层数不多，卫生器具不多时，在排水立管上端延伸出屋顶的一端管道（自最高层立管检查口算起)，称通气帽。当建筑物层数较多时，卫生器具较多时，在排水管系统中应设辅助通气管专用通气管。

(4) 清通设备。一般是指作为疏通排水管道之用的检查口、清扫口、检查井以及带有清通门的90°弯头或三通接头设备。

(5) 抽升设备。某些建筑的地下室、半地下室、人防工程、地下通道等地下建筑物中污水不能自流排至室外，必须设置水泵和集水池等局部抽水设备，将污水抽送到室外水管网去。

(6) 污水局部处理构造物。室内污（废）水不符合排放要求时，必须进行局部处理。如沉淀池用于除去固体物质，除油池用以回收油脂，中和池用于中和酸碱性，消毒池用于消毒灭菌等。

## 二、给排水施工图常用的图例

**给排水施工图常用的图例** **表 13-1**

| 名称 | 图例 | 名称 | 图例 |
|---|---|---|---|
| 管道 | | 存水弯 | |
| 交叉道 | | 检查口 | |
| 三通连接 | | 清扫口 | |
| 坡向 | | 通气帽 | |
| 圆形地漏 | | 污水池 | |
| 自动冲洗水箱 | | 蹲式大便器 | |

| 名　称 | 图　例 | 名　称 | 图　例 |
|---|---|---|---|
| 放水龙头 | | 座式大便器 | |
| 室外消火栓 | | 淋浴喷头 | |
| 室内消火栓 | | 矩形化粪池 | HC |
| 水盆水池 | | 圆形化粪池 | HC |
| 洗脸盆 | | 阀门井、检查井 | |
| 浴　缸 | | 水表井 | |

**三、室内给排水平面图的识读**

室内给排水平面图是给排水施工图的重要图样，主要表明给排水管网、用水设备、卫生器具的平面位置。一般分层表示，管道布置与设备布置相同的楼层绘制一个平面图，称为标准层平面图，但底层平面图要表示引入管和排出管的位置，必须单独绘制。在管道平面图中，不论管道在楼层上面还是在楼层下面，给水管道用粗实线表示，排水管道用粗虚线表示。

图 13-1 为室内给排水管道平面图。

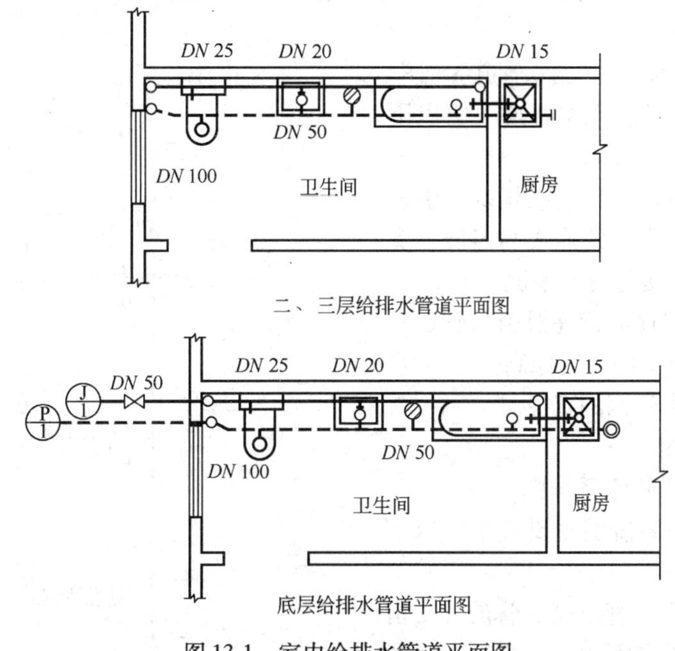


图 13-1　室内给排水管道平面图

一般从底层开始，逐层阅读给水排水平面图，从平面图可以看出下述内容。

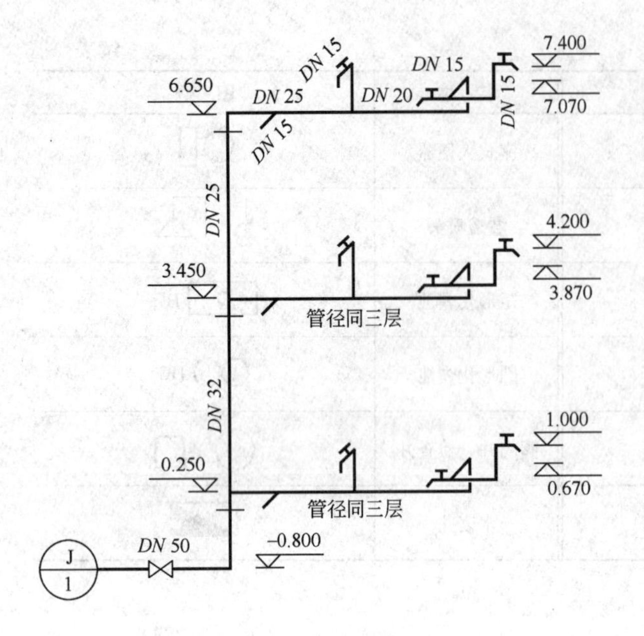


图 13-2　室内给水管道系统图

（1）看给水进户管和污（废）水排出管的平面位置。

（2）看给水排水干管、立管、支管的平面位置尺寸、走向和管径尺寸以及立管编号。

建筑内部给水排水管道的布置一般是：下行上给方式的水平配水干管敷设在底层或地下室天花板下，上行下给方式的水平配水干管敷设在顶层天花板下或吊顶之内，在高层建筑内也可设在技术夹层内；给水排水立管通常沿墙、柱敷设；在高层建筑中，给水排水管敷设在管井内；排水横管应于地下埋设，或在楼板下吊设等。

（3）看卫生器具和用水设备的平面位置、定位尺寸、型号规格及数量。

（4）看升压设备（水泵、水箱等）的平面位置、定位尺寸、型号规格及数量等。

**四、看给排水系统图**

室内给排水系统图主要表示室内给排水管网和设备的空间联系以及管网设备与房屋建筑的相对位置、尺寸等情况的立体图样，系统图是用正面斜等测图绘制的，比例与平面图相同，与平面图对照阅读，能了解室内整个给排水的管网情况。

1. 给水系统图

如图 13-2 所示为某室内给水管道系统图。

识读给水管道系统图主要应了解以下内容：

（1）了解管网的空间连接情况，引入管、干管、立管和支管的连接与走向，支管与用水设备的连接与分布情况。

（2）了解楼层地面标高及引入管、水平干管直至配水龙头的安装标高。

（3）了解整个管网的直径。

2. 排水系统图

图 13-3 为室内排水系统图。

识读排水管道系统图主要应了解以下内容：

（1）了解排水立管上横支管的分支情况，排水立管与横支管的汇合情况，有几根排出管，走向如何。

（2）了解横支管上连接哪些卫生器

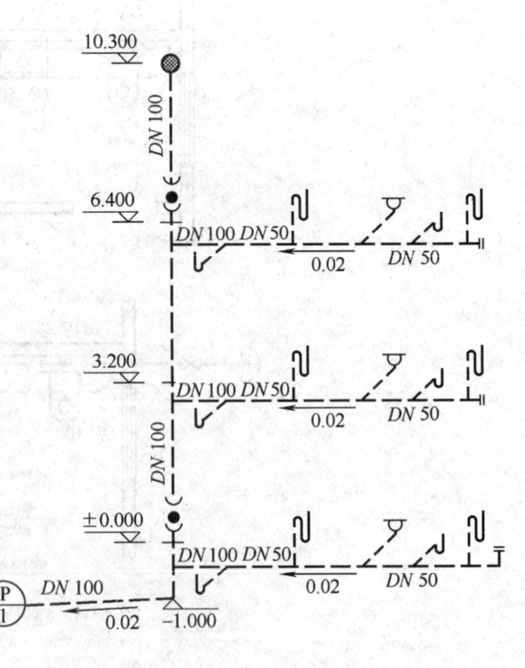


图 13-3　室内排水系统图

具，以及管道上检查口、清扫口的位置和分布情况。

（3）了解管径尺寸、管道各部位安装标高及横管的安装坡度和尺寸。

3. 安装详图

建筑给水排水工程详图常用的有：水表、管道节点、卫生设备、排水设备、室内消火栓等。看图时可了解具体构造尺寸、材料名称和数量，详图可供安装时直接使用。图 13-4 是座式便器的安装详图。

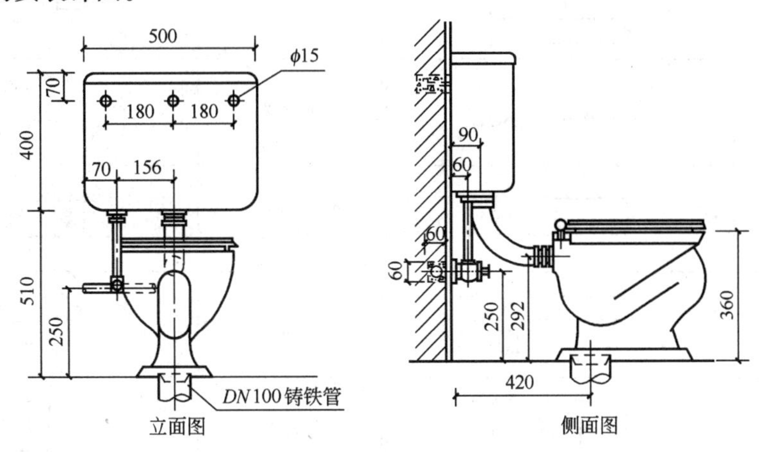


图 13-4　座式便器安装详图

## 第二节　建筑采暖施工图的内容和识读

### 一、概述

在冬季气温较低的寒冷地区，为使室内保持一定的温度，以适应人的工作和生活的需要，需要供暖。在城镇多采用集中供暖方式，因为集中供暖经济、卫生，并且效果也较好。

采暖系统的工作原理是：由锅炉提供的热源（热水、蒸汽）通过供热管送至建筑物内，在建筑物内，管道上安装散热器，由散热器将热量散发到室内，提高室内温度，再由回水管将水送回到水泵，水泵将水打回锅炉，形成循环系统，从而形成供热系统。

建筑内部的供暖系统主要由引入管、主立管、水平干管、立管、散热器、回水管、集气罐等组成。

采暖系统的形式有：双管上行下回式、单管上行下回式、单管下行上回式、单管水平式等。

### 二、采暖空调施工图图例（表 13-2）

**常用空调采暖施工图图例**　　**表 13-2**

| 名　称 | 图　例 | 名　称 | 图　例 |
|---|---|---|---|
| 管　道 |  | 温度计 |  |

续表

| 名 称 | 图 例 | 名 称 | 图 例 |
| --- | --- | --- | --- |
| 截止阀 |  | 止回阀 |  |
| 回风口 |  | 散热器 |  |
| 保温管 |  | 集气罐 |  |
| 风管检查孔 |  | 对开式多叶调节阀 |  |
| 弯 头 |  | 空气过滤器 |  |
| 矩形三通 |  | 加湿器 |  |
| 防火阀 |  | 风机盘管 |  |
| 风 管 |  | 窗式空调器 |  |
| 送风口 |  | 风 机 |  |
| 方形疏通器 |  | 压缩机 |  |
| 风管止回阀 |  | 压力表 |  |

## 三、采暖平面图

室内采暖平面图是在建筑平面图的基础上，绘出一栋房屋的整个供暖系统管路及设备的平面布置情况，是采暖施工图的重要图样，一般也分为底层平面图、标准层平面图和顶层平面图。下面以图 13-5 某宿舍楼采暖平面图为例说明各层供暖平面图的内容：

（1）供热管和回水管的出入口，了解供热管与回水管的位置、走向。

（2）查看立管的位置及编号，通过立管的编号了解整个采暖系统立管的数量、立管的安装情况。

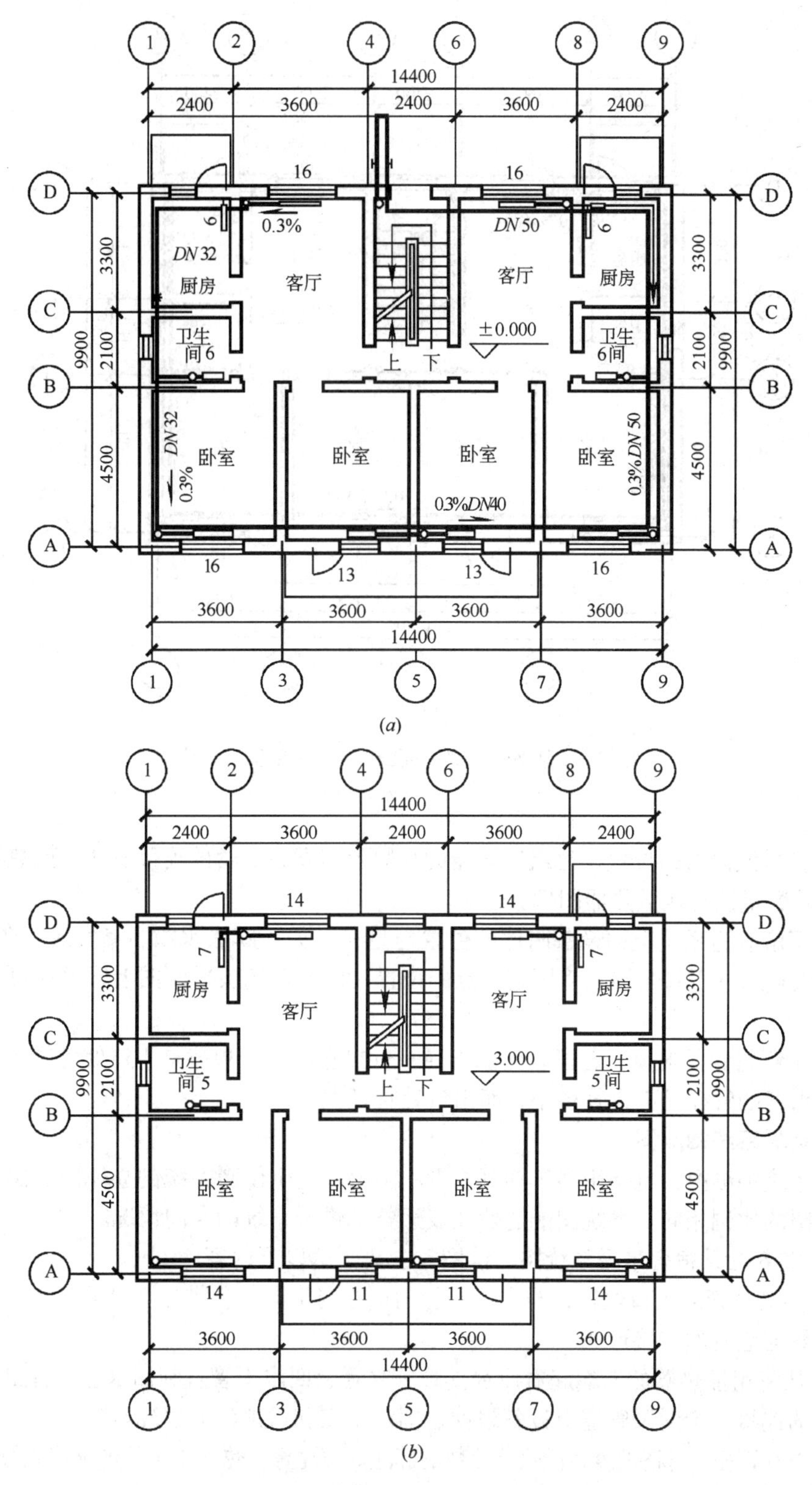


图 13-5 某宿舍采暖平面图（一）（单位：mm）
（a）一层采暖平面图；（b）二层采暖平面图

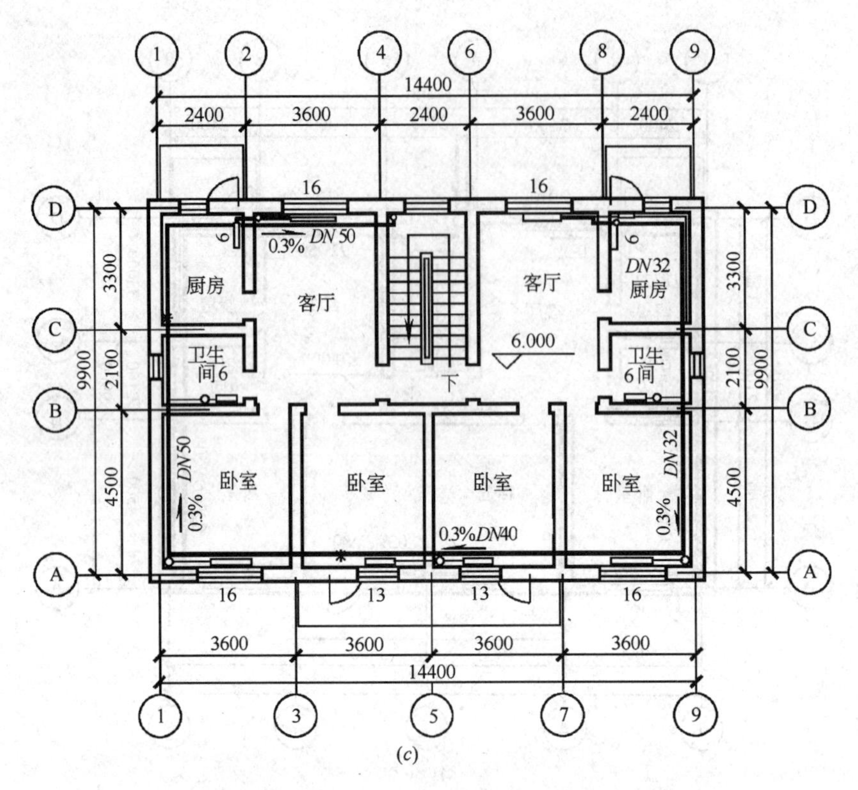


图 13-5　某宿舍采暖平面图（二）（单位：mm）

（c）三层采暖平面图

（3）查看散热器的位置，每组散热器的片数及与立、支管的连接。通常散热器置于窗洞下方，其数量注写在散热器图例旁边。

（4）了解管道系统上的设备附件的位置与型号。如：膨胀水箱、集气罐、疏水器等。还要了解供热水平干管与回水管固定支点的位置，以及在底层平面图上管道通过地沟的位置与尺寸。

（5）了解管路的坡度，各段管路的管径。供热管的管径规律是入口处管径大，末端管径小。回水管的管径是起点管径小，而出口处管径大。

**四、采暖系统轴测图**

采暖系统轴测图，也是用斜等轴测投影法画出的整个供暖系统的立体图。图形比例与供暖平面图的比例相同。系统图能清楚地表达整个供暖系统的空间情况。

如图 13-6 为某宿舍采暖系统图，读图时主要了解以下内容：

（1）供热总管的入口位置，与水平干管的连接与走向，各供热立管的分布情况，散热器通过支管与立管的连接形式。

（2）从每组散热器的末端起看回水支管、立管、回水干管直到回水总干管出口的整个回水系统的连接、走向及管道上设备附件、固定支点和过地沟的情况。

（3）查看管径、管道坡度、散热器片数的标注。要注意供热水平干管的坡度是顺着热水流动方向，管道越走越高。回水干管的坡度则正好相反，顺着水流方向，管道越来越低。

（4）查看楼地面的标高、管道的安装标高，从而掌握管道安装时在房间的位置。

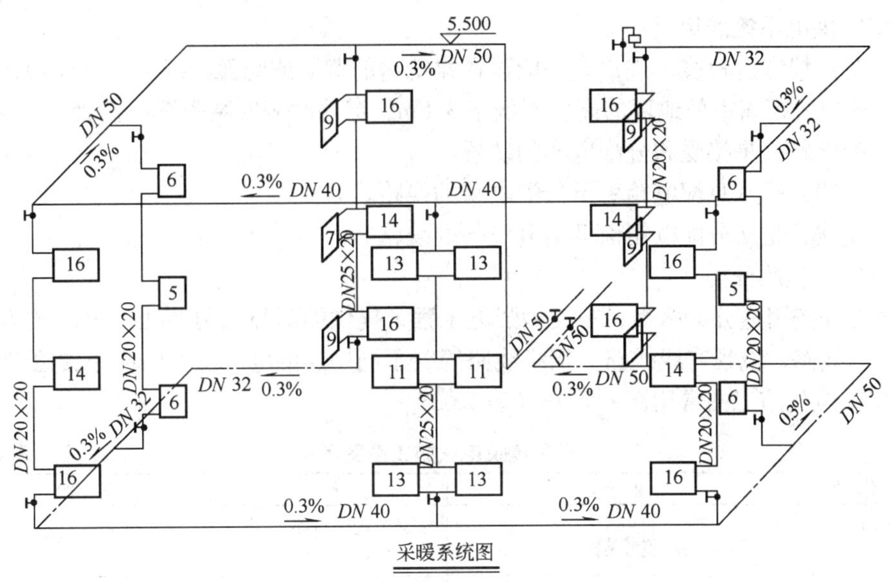


图 13-6　某宿舍采暖系统图

## 五、详图

由于供暖平面图和系统轴测图所用的比例较小，管路及设备均用图例画出，它们本身的构造及安装情况都不能表达清楚。因此须采用较大的比例画出它们的构造及安装详图。详图比例常用1∶5、1∶10、1∶20。图13-7为散热器安装详图。

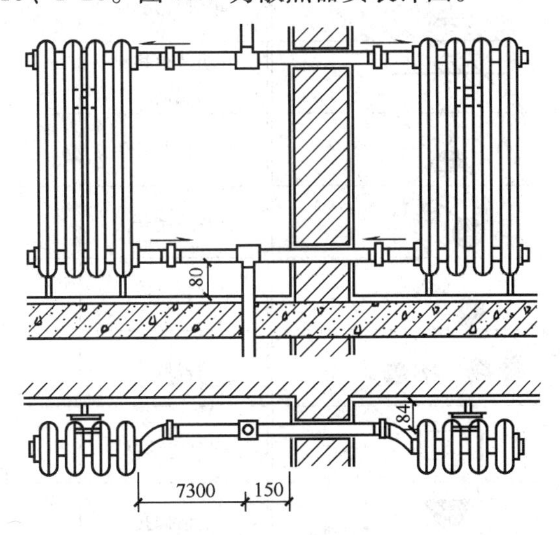


图 13-7　散热器安装详图（单位：mm）

# 第三节　建筑电气施工图的内容和识读

## 一、建筑电气施工图概述

1. 建筑电气工程的概念

在目前的建筑中，用电设备的种类和数量越来越多，而这些设备的位置、规格、形状、数量又很大程度上影响着建筑装饰的效果，因此在装饰施工图中，电气施工图占据着很重要的位置。

2. 室内供电系统的组成

（1）接户线和进户线，进户线一般设在建筑物的背面或侧面，线路尽可能短，且应便于维修，进户线距离室外地坪的高度不低于3.5m，穿墙时应安装瓷管或铁管。

（2）配电箱，是接受和分配电能的装置。

（3）干线，是从总配电箱引至分配电箱的线路。

（4）支线，是从分配电箱引至用电设备的线路。

3. 电气工程的分类

电气工程按用途分为两类，一类为强电工程，提供能源与动力照明，另一类为弱电工程，如电话线路、电视有线线路、网络线路等。不同用途的电气工程图应单独绘制。

4. 建筑电气施工图常用图例符号（表13-3）

**常用建筑电气施工图图例** **表13-3**

| 名称 | 图例 | 名称 | 图例 |
|---|---|---|---|
| 电力配电箱（板） | | 交流配电线路（四根导线） | |
| 照明配电箱（板） | | 壁灯 | |
| 母线和干线 | | 吸顶灯 | |
| 接地装置（有接地极） | | 灯具一般符号 | |
| 接地（重复接地） | | 单管日光灯 | |
| 交流配电线路（三根导线） | | 明装单相两线插座 | |
| 暗装单项两线插座 | | 双联控制开关 | |
| 暗装声光双控开关 | S | 三联控制开关 | |
| 暗装单极开关（单线二线） | | 门铃 | |
| 管线引线符号 | | 门铃按钮 | |
| 镜前灯 | | 电视天线盒 | T |
| 插座 | | 电话插孔 | H |
| 漏电开关 | LD | 融断器 | |

## 二、电气平面图

电气平面图是电气施工的主要图纸，主要表明电源进户线的位置、规格、穿线管径，配电箱的位置、编号，配电线路的位置、敷设方式，配电线的规格、根数、穿管管径，各种电器的位置——灯具的位置、种类、数量、安装方式、高度以及开关、插销的位置，各支路的编号和要求等。图13-8为某建筑电气平面图。

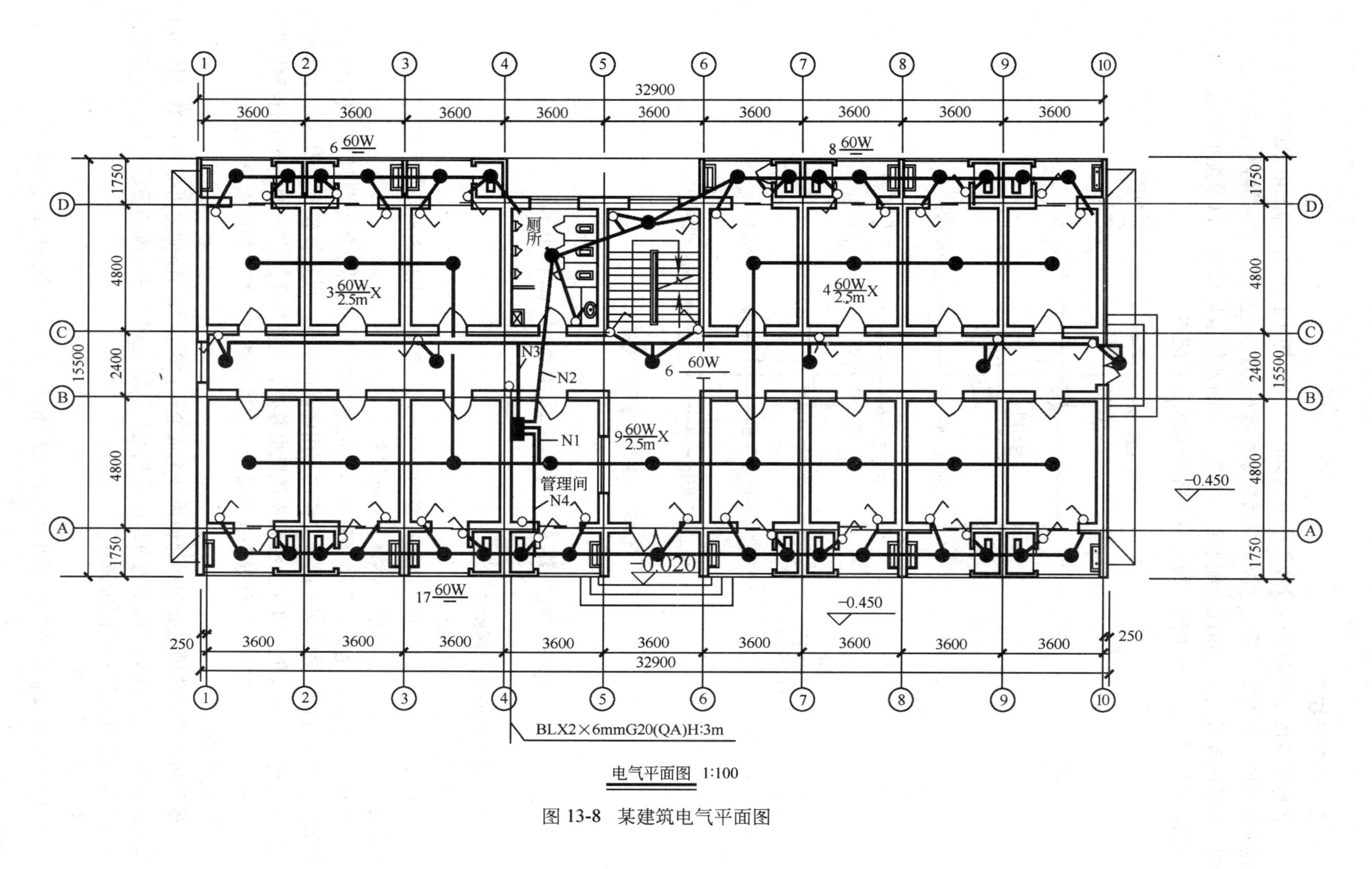


图 13-8 某建筑电气平面图

### 三、电气系统图

供电系统图是根据用电量和配电方式画的，它是表明建筑物内部配电系统的组成与连接的示意图。从图中可看出电源进户线的型号敷设方式、全楼用电的总容量，进户线、干线、支线的连接与分支情况，配电箱、开关、熔断器的型号与规格以及配电导线的型号、截面、采用管径及敷设方式。图 13-9 为某建筑电气系统图。

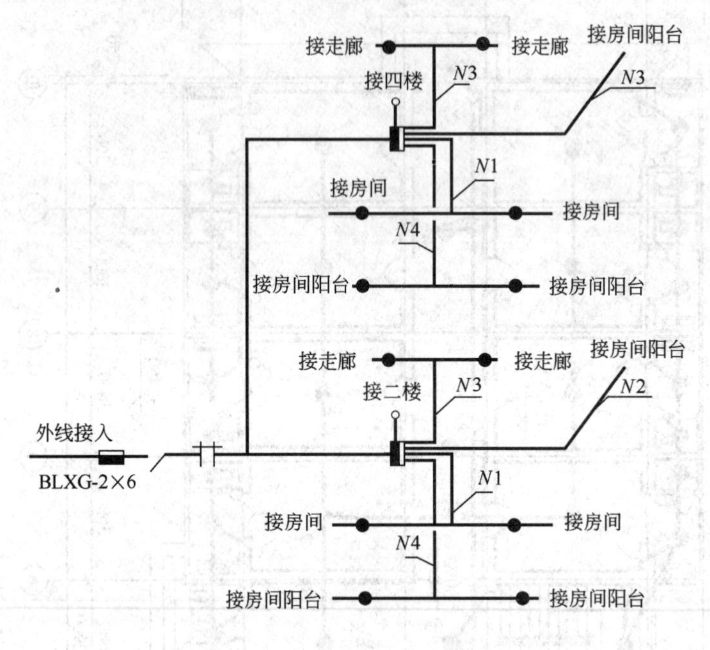


图 13-9　某建筑电气系统图

## 第四节　建筑通风施工图的内容和识读

### 一、通风空调施工图概述

1. 通风空调施工图概述

通风是把空气作为介质，使之在室内空气环境中流通，用来消除环境中危害气体的一种措施。主要指送风、排尘、排毒方面的工程。

空调是在前者的基础上发展起来的，是使室内维持一定要求的空气环境，包括恒温、恒湿和空气洁净的一种措施。由于空调也要用流动的空气—风来作媒介，因此往往把通风和空调统称为一种功能。事实上空调比通风更复杂，它要把送入室内的空气进行净化加热(或冷却)、干燥、加湿等各种处理，使湿度、温度和清洁度都达到要求的规定。

2. 通风系统

通风按其作用范围可分为局部通风和全面通风两种。按工作动力可分为自然通风和机械通风两种。自然通风又可分为有组织自然通风、管道式自然通风和渗透通风。机械通风又分为局部机械通风和全面机械通风。

3. 空调系统分类

按空气处理设备的集中程度可分为集中式系统、半集中式系统和局部系统。

按处理房间冷、热负荷所用的介质，可分为全空气式系统、全水式系统和空气—水系统及制冷剂系统。

4. 通风空调施工图的特点

通风空调施工图的表达方式，主要是以表达通风空调的系统和设备布置为主，因此在绘制通风空调工程的平、立、剖面图时，房屋的轮廓除地面以外均用细线画出，通风空调的设备、管道等则采用较粗的线型，另外还需要采用正面斜轴测图绘制系统图和原理图。

## 二、空调平面图

平面图有各层系统平面图、空调机房平面图等。

（1）系统平面图主要表明通风空调设备和系统管道的平面布置。其内容一般有：各类设备及管道的位置和尺寸；设备、管道定位线与建筑定位线的关系；系统编号；另外还要注明送、回风口的空气流动风向，注明通用图、标准图索引号，注明各设备、部件的名称、型号、规格。

（2）空调机房平面图一般应反映下列内容：表明按标准图或产品样本要求所采用的“空调机组”类别、型号、台数，并注出这些设备的定位尺寸和长度尺寸。

图 13-10 为某建筑空调系统平面图。

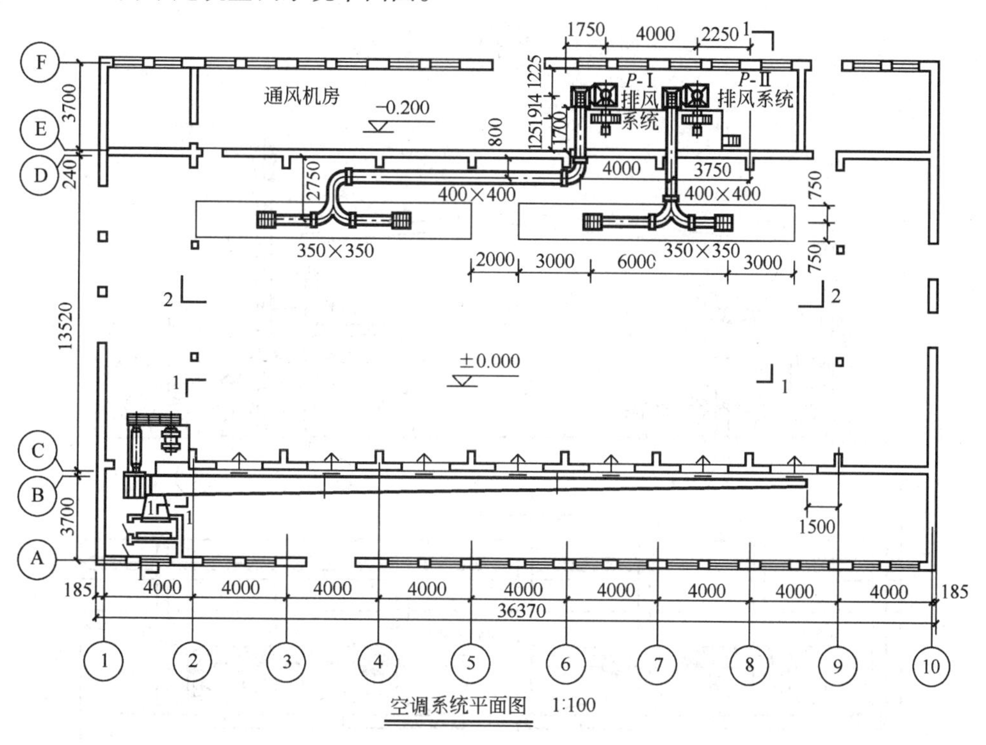


图 13-10 某建筑空调系统平面图

## 三、空调系统图和剖面图

管道系统主要表明管道在空间的曲折、交叉和走向以及部件的相对位置，其基本要素应与平面图和剖面图相对应，在管道系统图中应能确认管径、标高、末端设备和系统编号。

图 13-11 为某空调系统轴测图。图 13-12 为通风系统剖面图。

**四、读图方法和步骤**

1. 空调平面图

(1) 查明系统的编号与数量。为清楚起见，通风空调系统一般均用汉语拼音字头加阿拉伯数字进行编号。通过系统编号，可知该图中表示有几个系统（有时在平面图中，系统编号未注全，而在剖面图、系统图上标注了）。

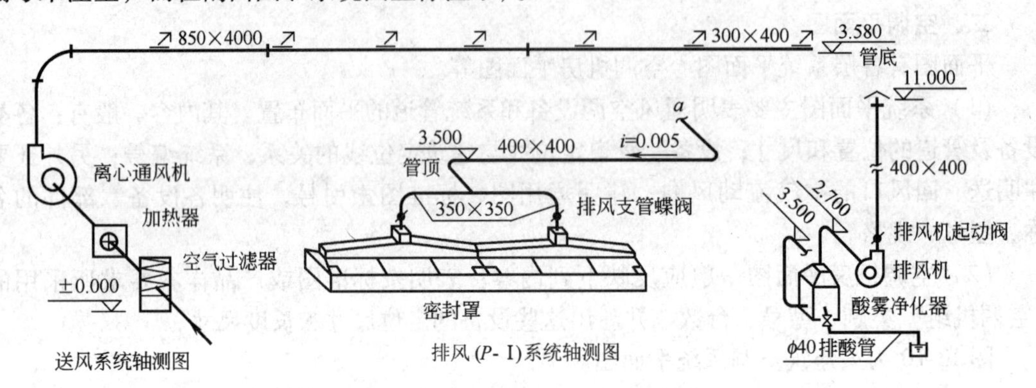


图 13-11 某建筑空调系统图

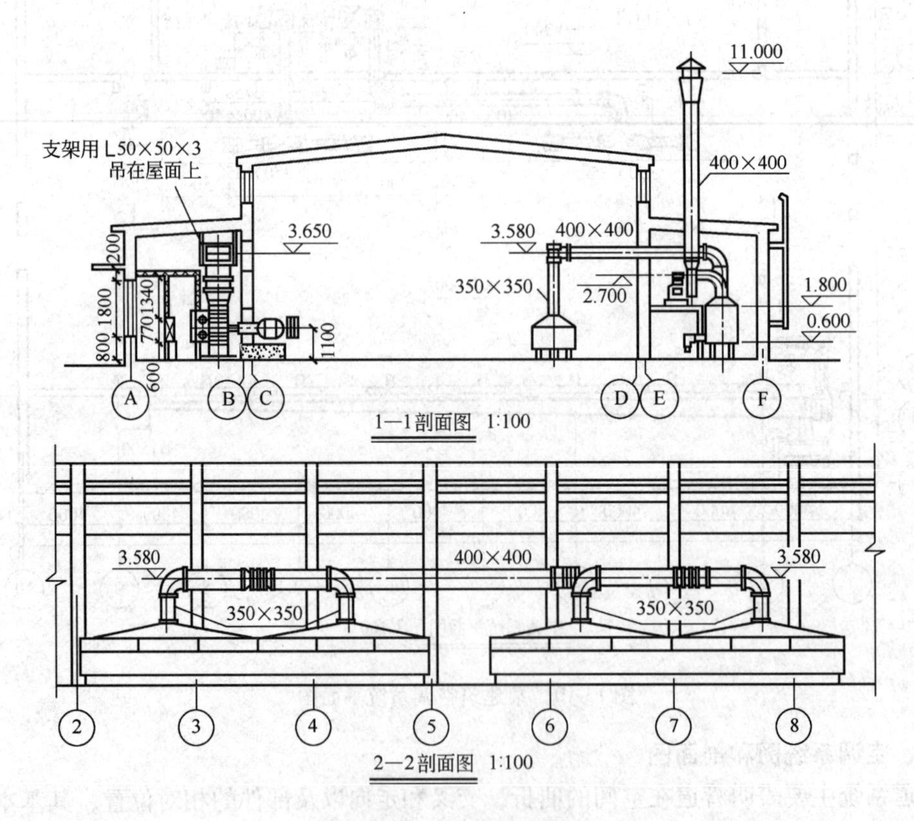


图 13-12 通风系统剖面图

(2) 查明末端装置的种类、型号规格与平面布置位置。末端装置包括风机盘管机组,诱导器，变风量装置及各类送、回（排）风口，局部通风系统的各类风罩等。如图中反映有吸气罩、吸尘罩，则说明该通风系统分别为局部排风系统、局部排尘系统；如图中反映有旋转吹风口，则说明该通风系统为局部送风系统；若图中反映有房间风机盘管空调器，则说明该房间空调系统为以水承担空调房间热湿负荷的无新风（或有新风）的风机盘管系统；如图中反映风管进入空调房间后仅有送风口（如散流器），则说明该空调系统为全空气集中式系统。

风口形式有多种，通风系统中，常用圆形风管插板式送风口、旋转式风口、单面或双面送吸风口、矩形空气分布器、塑料插板式侧面送风口等。空调系统中常用百叶送风口（单、双、三层等）、圆形或方形直片散流器、直片形送吸式散流器、流线型散流器、送风孔板及网式回风口等。送风口的形式和布置是根据房间高度、长度、面积大小及房间气流组织方式确定。读图时应认真领会查清。

（3）查明水系统水管、风系统风管等的平面布置以及与建筑物墙面的距离。水管一般沿墙、柱敷没，风管一般沿顶棚内敷设。一般为明装，有美观要求时为暗装。敷设位置与方式，必须弄清。

（4）查明风管的材料、形状及规格尺寸。风管材料有多种，应结合图纸说明及主要设备材料表，弄清该系统所选用的风管材料。一般情况下，风管材料选用普通钢板或镀锌钢板，有美观要求的风管可选用铝及铝合金板，输送腐蚀性介质（如硝酸类）的风管可选用不锈钢板或硬聚氯乙烯塑料板（如在蓄电池、储酸室的排风系统中，常用此种风管），输送潮湿气体的风管、有放火要求的风管以及在纺织印染行业排除有腐蚀气体的风管，常采用玻璃钢材料。

（5）查明空调器、通风机、消声器等设备的平面布置及型号规格。

（6）查明冷水或空气—水的半集中空调系统中膨胀水箱、集气罐的位置、型号及其配管平面布置尺寸。

2. 看系统图

（1）查明水系统水平水管、风系统水平风管、设备、部件在垂直风向的布置尺寸与标高、管道的坡度与坡向，以及该建筑房屋地面和楼面标高，设备、管道距该层楼地面的尺寸。

（2）查明设备的型号规格及其与水管、风管之间在高度风向上的连接情况。

（3）查明水管、风管及末端装置的种类、型号规格与平面布置位置。

# 附图（一）建筑施工图（一）

## 别墅建筑施工图

设计说明：

1. 本工程为私家别墅。A、B两种户型，位置详见总平面图。
2. 本工程建筑面积423m²。A型为大套235m²。B型为小套，面积188m²（阳台、屋顶花园未计）。
3. 本工程为一般砖混结构，墙下条形基础，柱下独立基础，240砖墙，预应力空心楼板。厨、卫现浇板，屋顶花园、坡屋顶为现浇板，现浇板式楼梯，层层圈梁。6度设防，按规范设置构造柱。
4. 各部分构造如下：

（1）屋面

A. 坡屋面　　西班牙瓦屋面

20厚1:0.2:2水泥石灰砂浆粘结

二布六油PVC防水层

20厚1:2水泥砂浆找平层

结构层　板底混合砂浆抹平、面层同墙面

B. 屋顶花园（种植屋面）

300厚锯木屑种植层

80厚粗炉渣滤水层

40厚C20细石混凝土防水层

内配Ø4@200双向钢筋

PVC二布六油隔汽兼防水层

结构层　板底混合砂浆抹平、面层同墙面

C. 层顶花园（上人屋面）

C20预制板500×500基层上铺艺术地砖

120×240×300砖墩M2.5混合砂浆砌筑@500

40厚C20细石混凝土防水层

内配Ø4@200双向钢筋

PVC二布六油隔汽兼防水层

结构层　板底混合砂浆抹平、面层同墙面

（2）楼面：1:2水泥砂浆25厚

面层二装自理

（3）地面：1:2水泥砂浆25厚

C10混凝土垫层，80厚

素土夯实

面层二装自理

（4）楼梯：现浇钢筋混凝土板式楼梯

扶手、栏杆二装自理

板底抹灰同楼板底，其余详见楼梯详图

（5）厨、卫设施由建设者确定

（6）内墙面：基层：水泥混合砂浆，乳胶漆石膏灰刮腻二遍

面层：二装自理

（7）外墙面：水泥混合砂浆基层

浅沙滩色仿石漆二遍（墙体转角贴青灰色蘑菇石）

（8）门：由二装确定

（9）窗：塑钢窗　90 系列　白玻 5 厚

5. 室外工程：

（1）散水：详见标准图集

（2）勒脚：1∶2.5 水泥砂浆 25 厚

面贴青灰色蘑菇石

6. 图中未尽事宜由建设单位、设计单位、施工单位协商解决。

**建施图纸目录**

| 图号 | 图纸内容 |
|---|---|
| 建施 1 | 设计说明、建施图纸目录、门窗统计表 |
| 建施 2 | 总平面图 |
| 建施 3 | 一层平面图 |
| 建施 4 | 二层平面图 |
| 建施 5 | 屋顶平面图 |
| 建施 6 | 正立面图、背立面图 |
| 建施 7 | 侧立面图 |
| 建施 8 | 剖面图 |
| 建施 9 | 楼梯平面图 |
| 建施 10 | 楼梯详图 |
| 建施 11 | 屋顶花园详图 |
| 建施 12 | 坡屋顶详图 |
| 建施 13 | 厨、卫详图　栏杆大样图 |
| 建施 14 | 门、窗洞口图 |

**门窗统计表**

| 代号 | 门窗名称 | 洞口尺寸 | | 数量（樘） | | | 备注 |
|---|---|---|---|---|---|---|---|
| | | 宽度 mm | 高度 mm | 底层 | 二层 | 合计 | |
| M-1 | 入户门 | 1600 | 2400 | 2 | 0 | 2 | |
| M-2 | 标准门 | 800 | 2100 | 4 | 5 | 9 | |
| M-3 | 厨、卫门 | 800 | 2100 | 4 | 2 | 6 | |
| M-4 | 全玻门 | 1260 | 2100 | 0 | 2 | 2 | |
| C-1 | 推拉窗 | 1200 | 2600 | 5 | 0 | 5 | |
| C-2 | 推拉窗 | 2400 | 2600 | 1 | 0 | 1 | |
| C-3 | 推拉窗 | 1500 | 2250 | 3 | 7 | 10 | |
| C-4 | 推拉落地窗 | 3960 | 2400 | 1 | 0 | 1 | |
| C-5 | 落地门带窗 | 3360 | 2400 | 1 | 0 | 1 | |
| C-6 | 推拉窗 | 3060 | 1500 | 2 | 0 | 2 | |
| C-8 | 落地窗 | 960 | 2100 | 0 | 2 | 2 | |
| C-9 | 落地窗 | 5760 | 2100 | 0 | 1 | 1 | |
| C-10 | 落地窗 | 1860 | 2100 | 0 | 1 | 1 | |

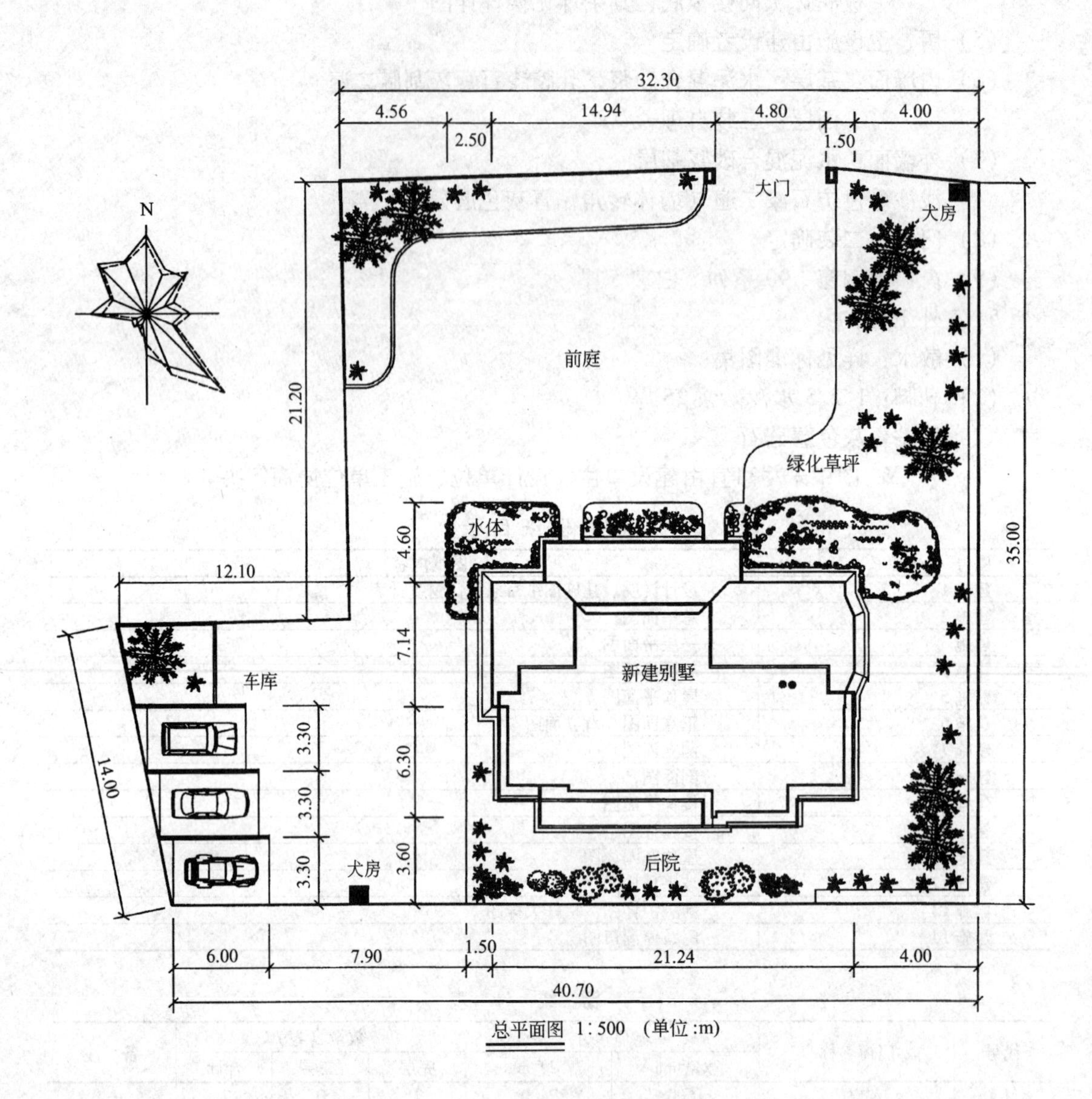


总平面图 1∶500 (单位:m)

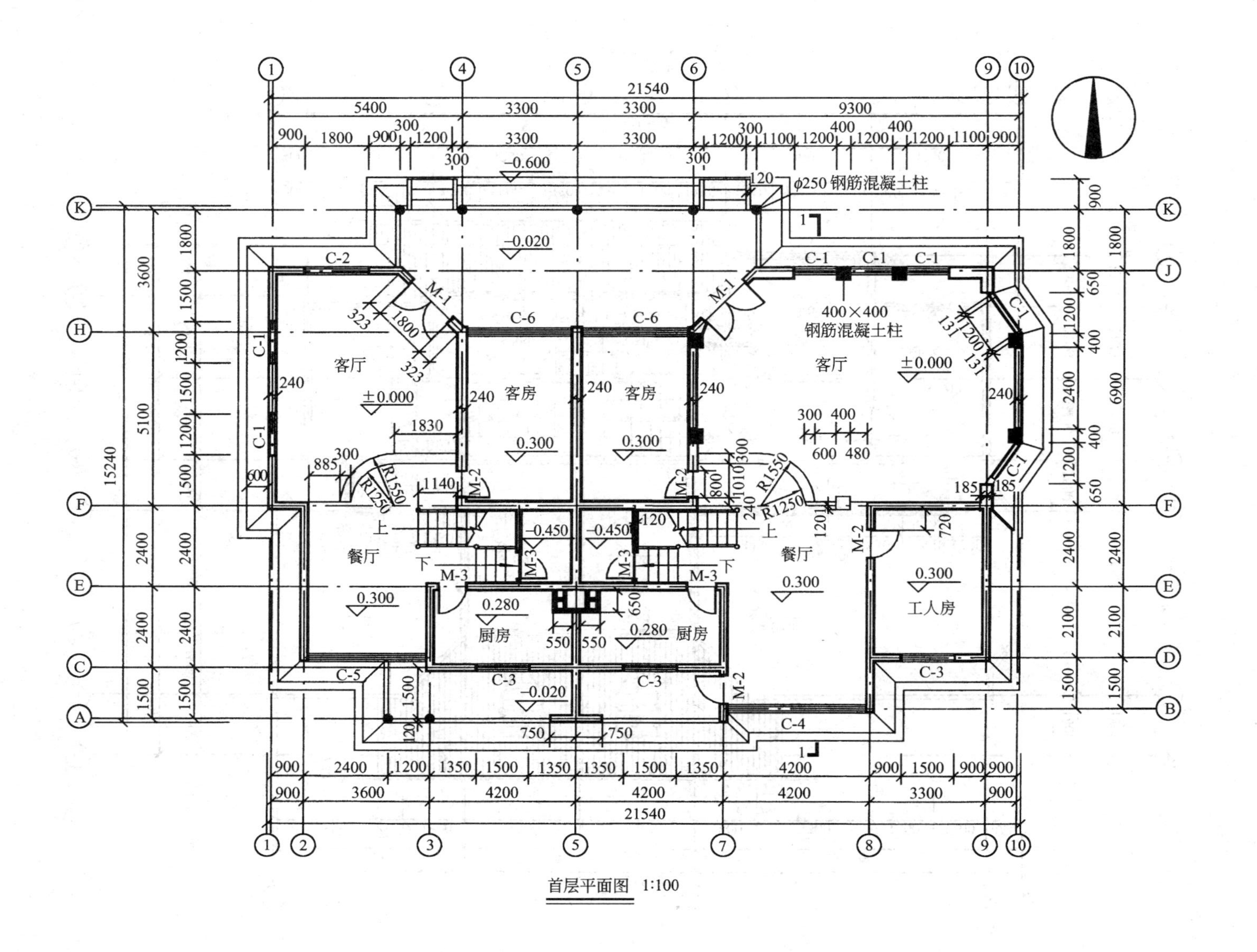


首层平面图 1:100

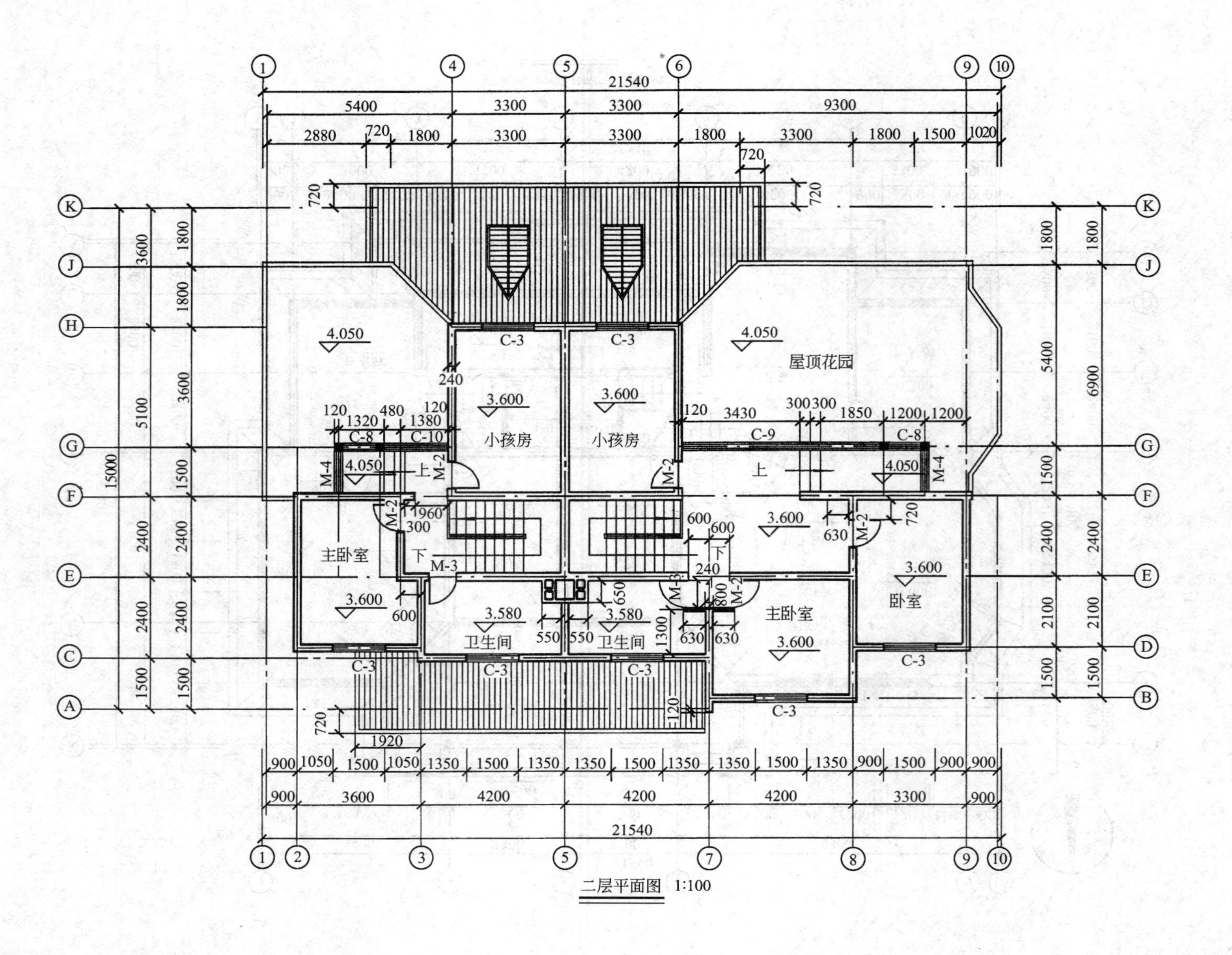


二层平面图 1:100

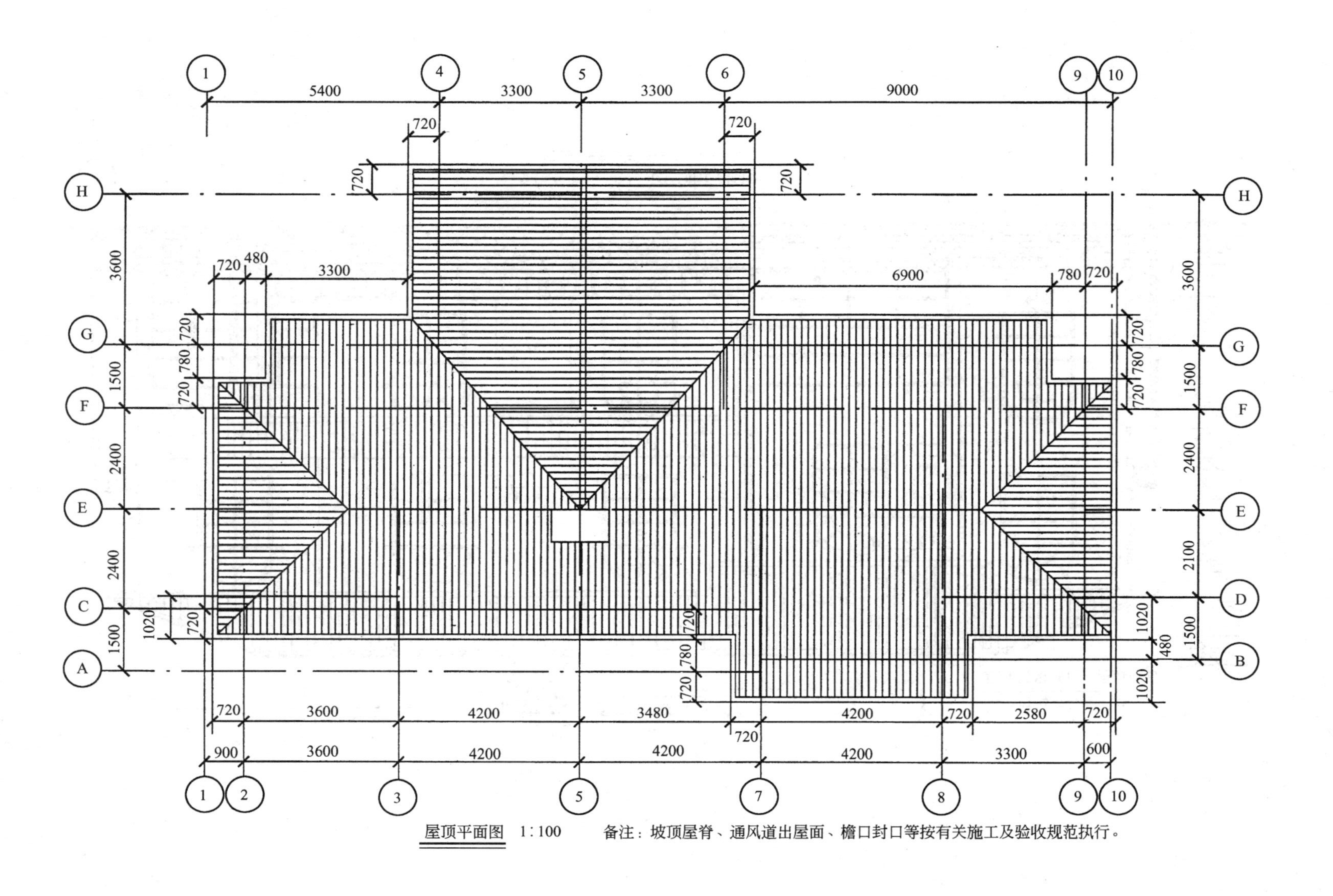


屋顶平面图 1:100

备注：坡顶屋脊、通风道出屋面、檐口封口等按有关施工及验收规范执行。

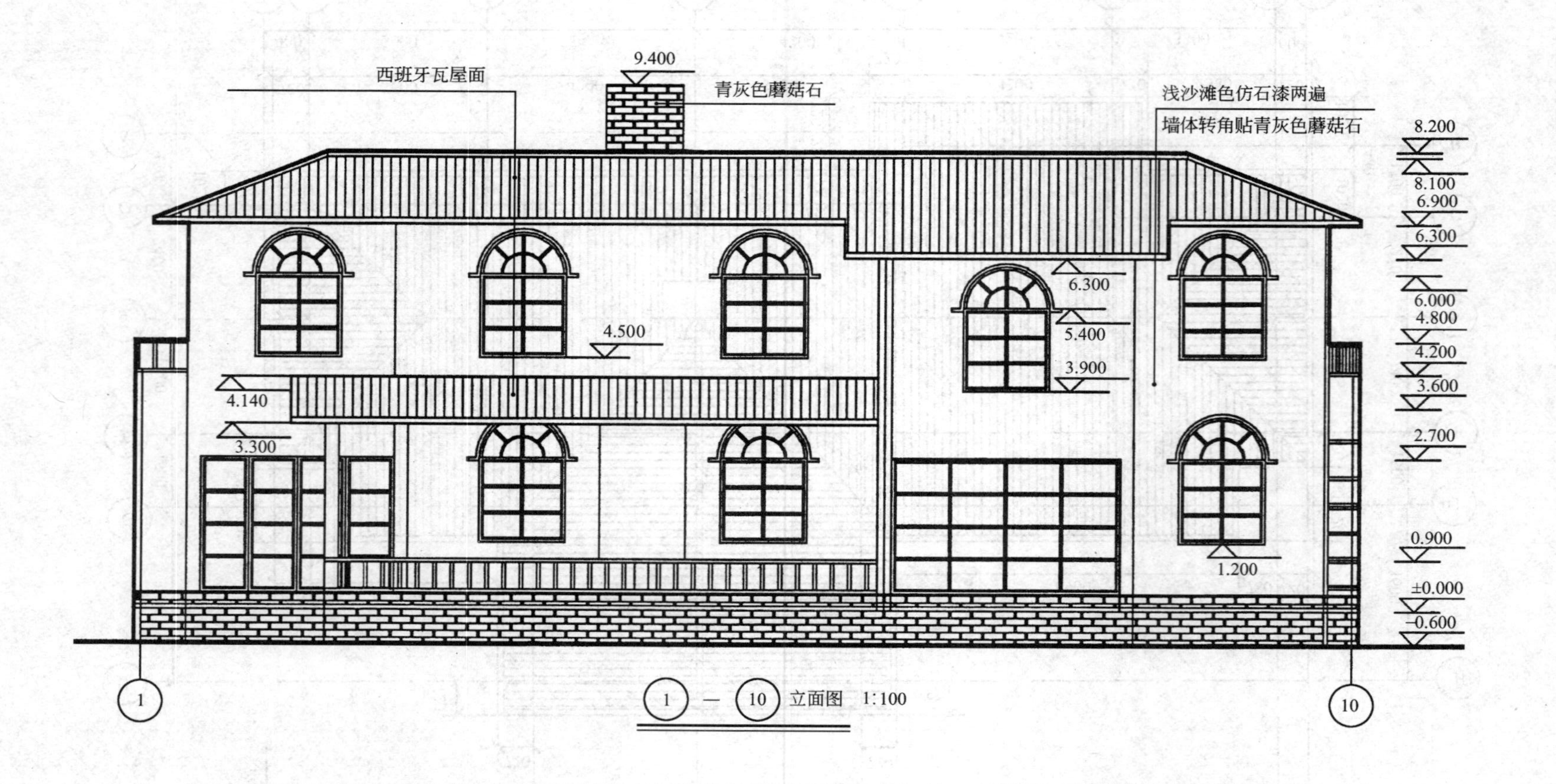

西班牙瓦屋面
9.400
青灰色蘑菇石
浅沙滩色仿石漆两遍
墙体转角贴青灰色蘑菇石
8.200
8.100
6.900
6.300
6.000
4.800
4.200
3.600
2.700
0.900
±0.000
-0.600
6.300
5.400
3.900
4.500
4.140
3.300
1.200
1
10


①—⑩立面图 1:100

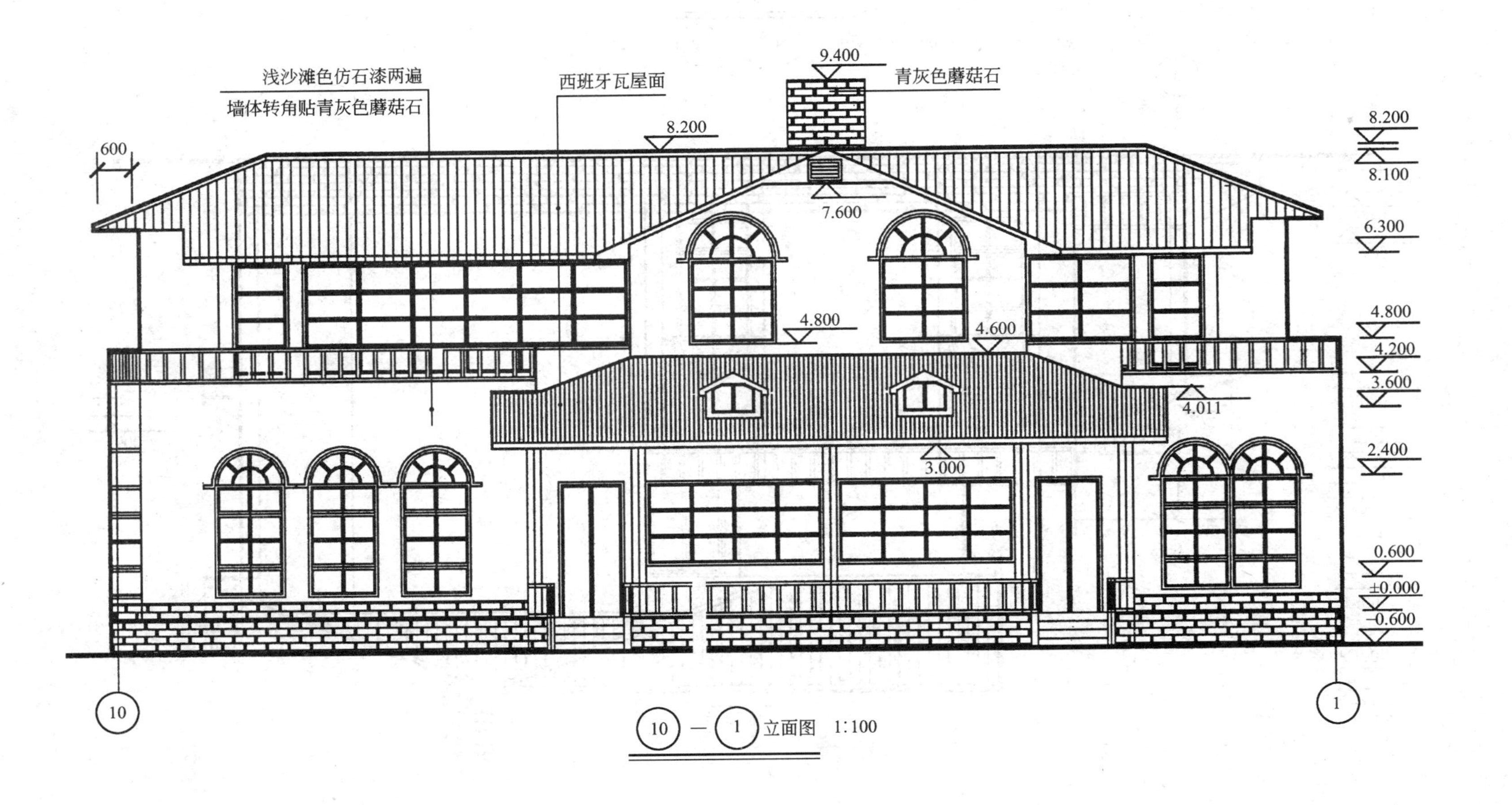

浅沙滩色仿石漆两遍
墙体转角贴青灰色蘑菇石
西班牙瓦屋面
9.400
青灰色蘑菇石
600
8.200
7.600
4.800
4.600
4.011
3.000
8.200
8.100
6.300
4.800
4.200
3.600
2.400
0.600
±0.000
-0.600
10
1


10—1 立面图 1:100

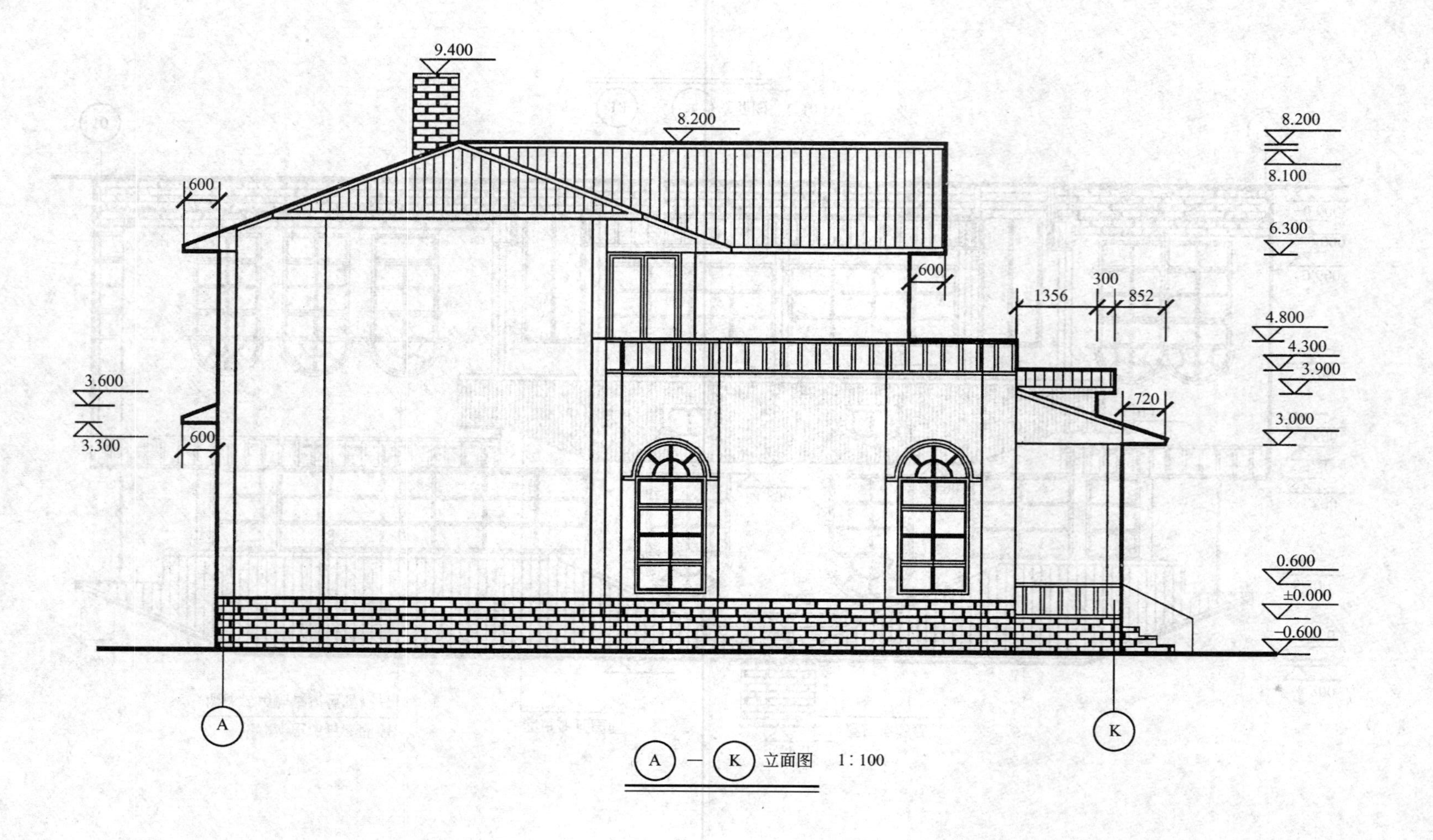
9.400
8.200
8.200
8.100
6.300
600
600
600
1356
300
852
4.800
4.300
3.900
3.600
3.300
720
3.000
0.600
±0.000
-0.600
A
K

Ⓐ—Ⓚ 立面图 1∶100

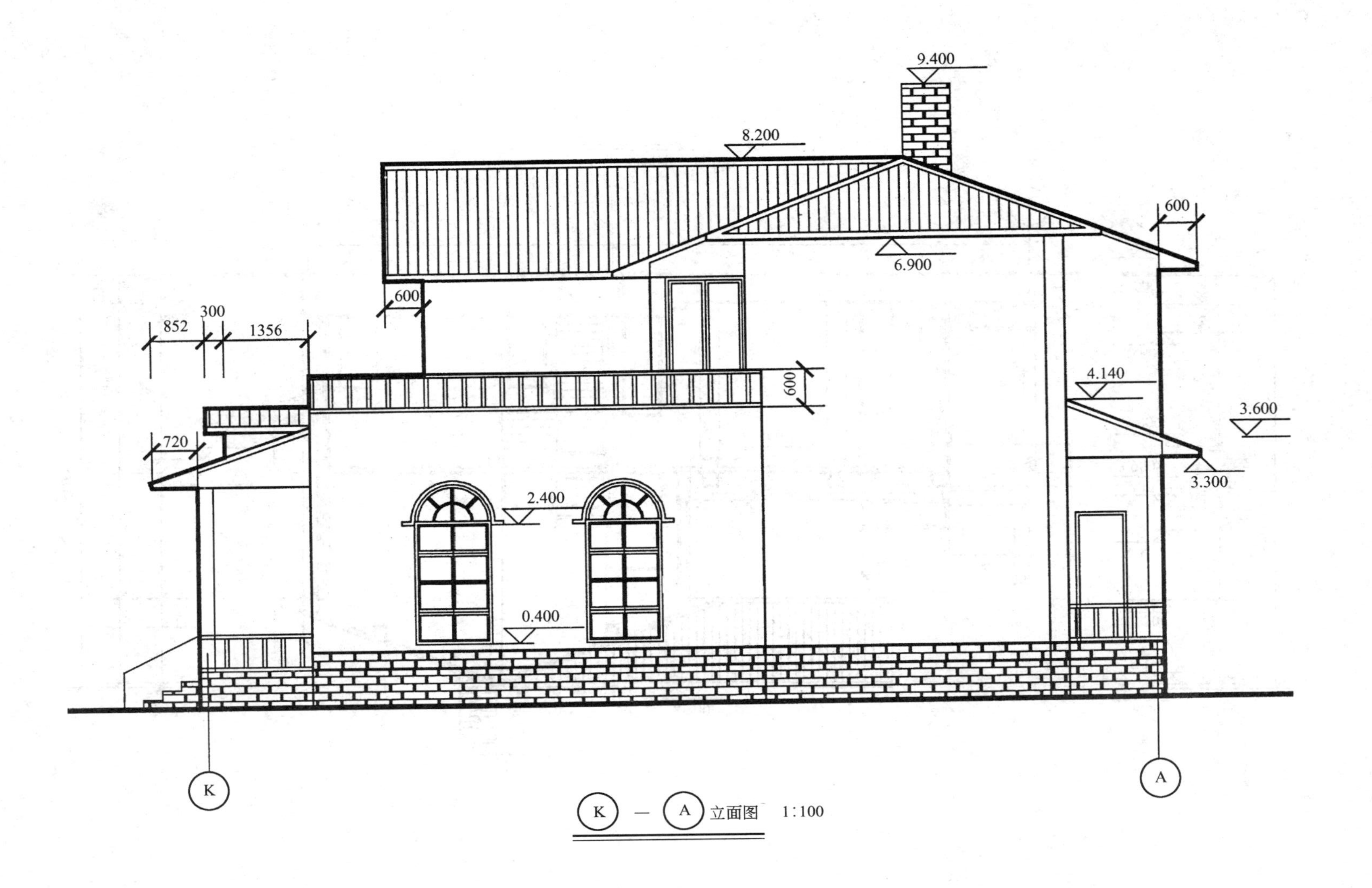
9.400
8.200
6.900
600
852
300
1356
600
600
720
4.140
3.600
3.300
2.400
0.400
K
A

K — A 立面图 1:100

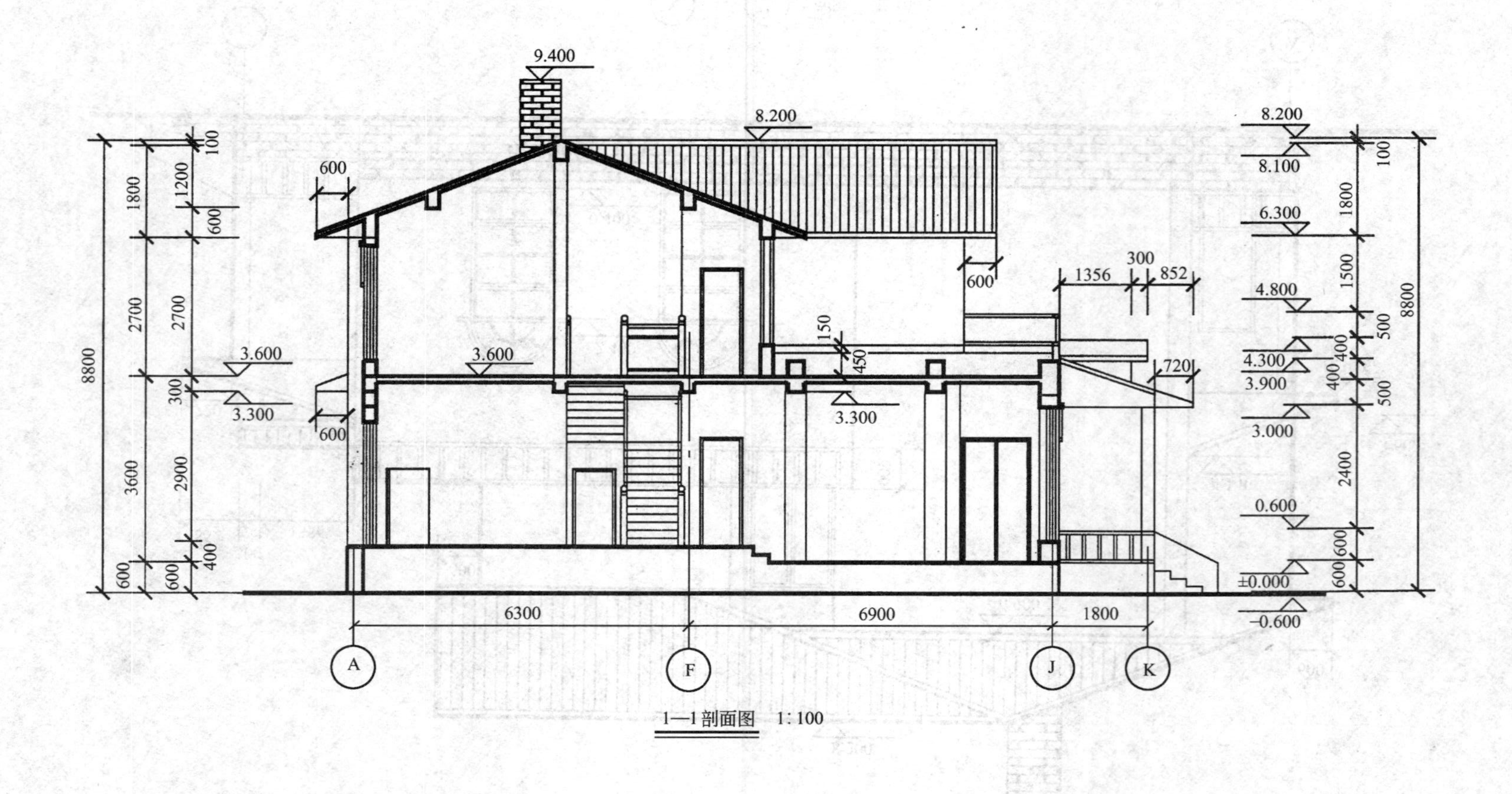
9.400
8.200
600
8800
1800
100
1200
600
2700
2700
3.600
3.600
300
3.300
600
3600
2900
400
600
600
600
150
450
3.300
1356
300
852
720
8.200
8.100
6.300
4.800
4.300
3.900
3.000
0.600
±0.000
-0.600
100
1800
1500
500
400
400
500
2400
600
600
8800
6300
6900
1800
A
F
J
K

1—1剖面图 1:100

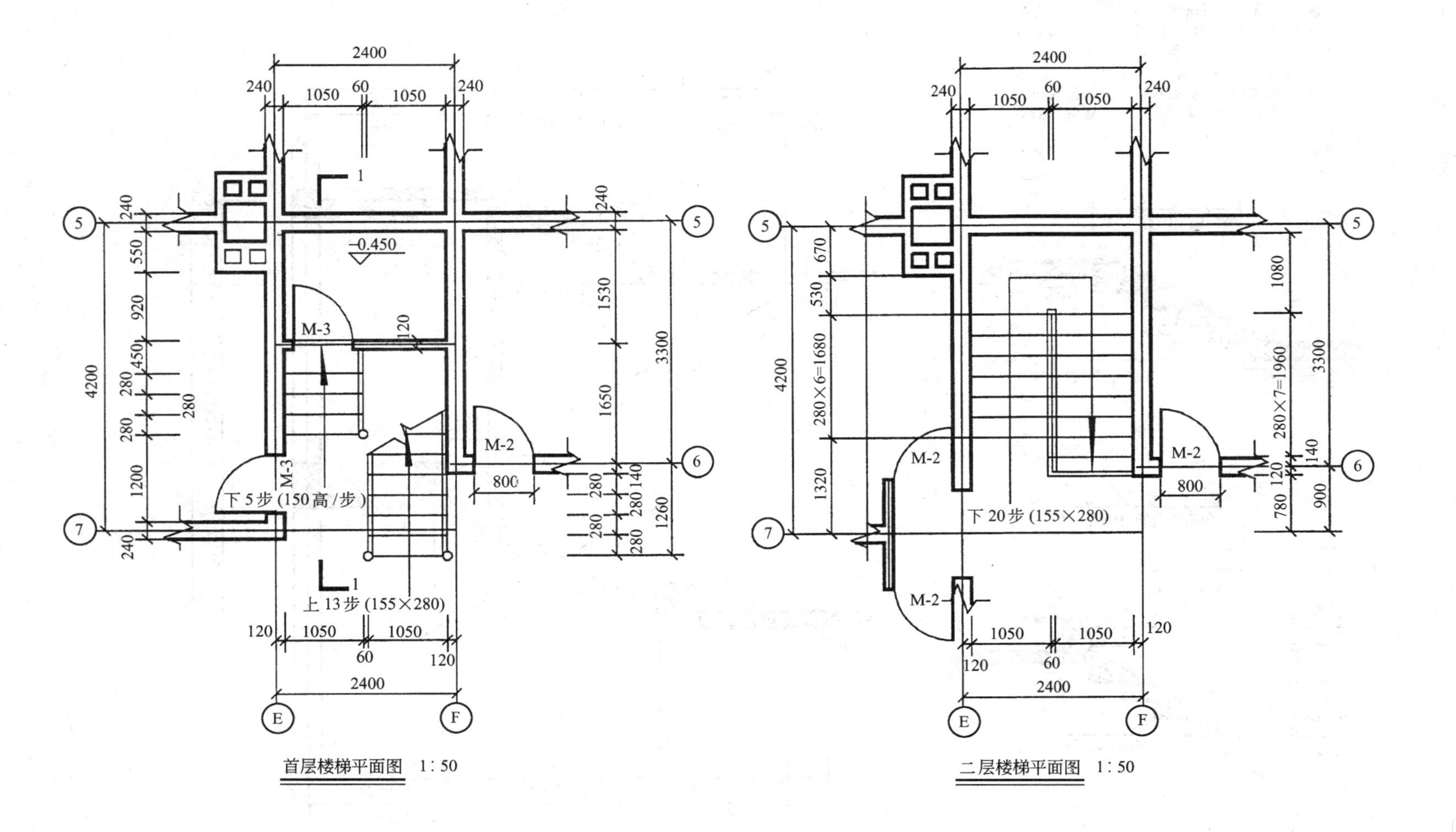


首层楼梯平面图 1:50

二层楼梯平面图 1:50

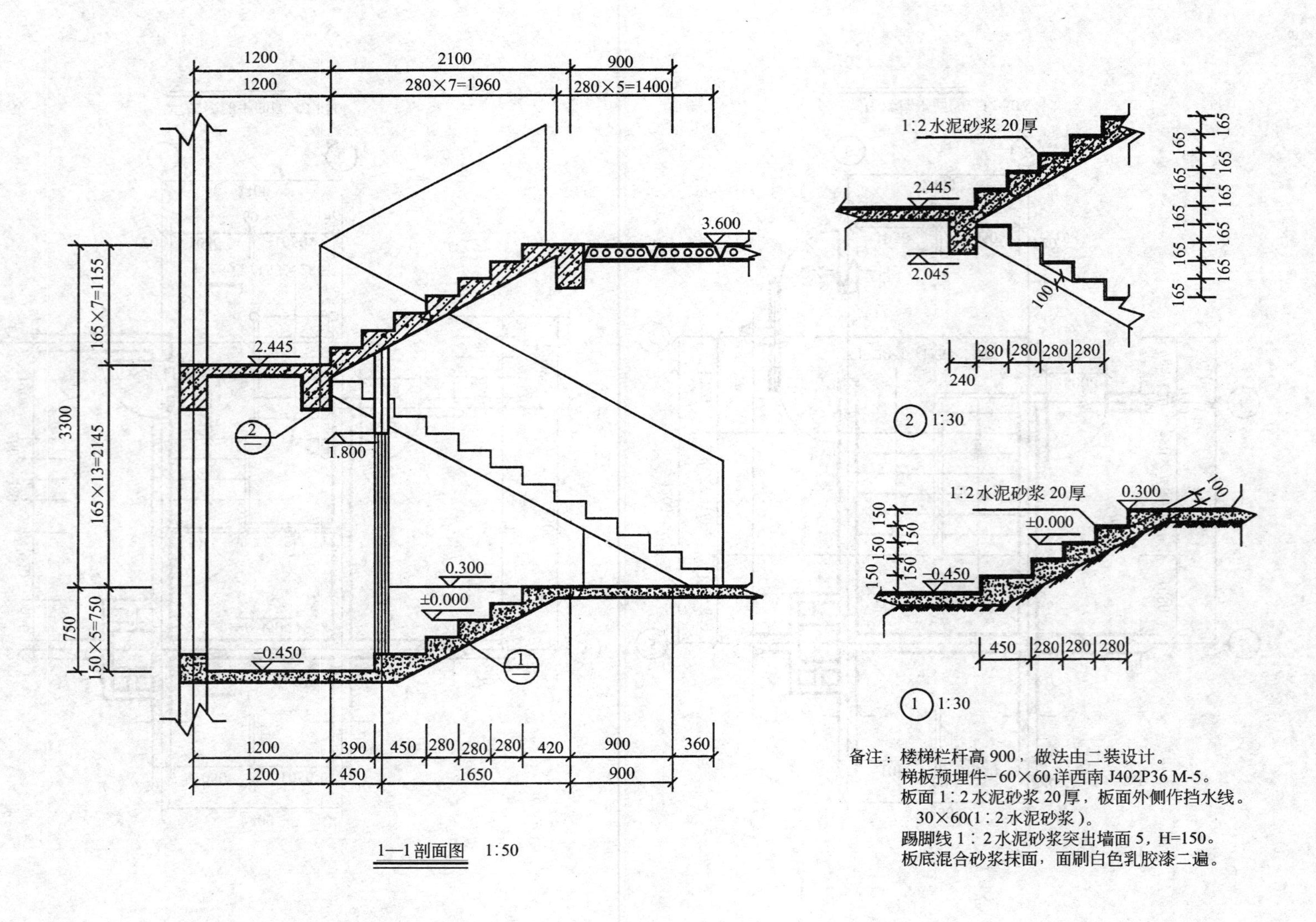


1—1剖面图　1:50

② 1:30

① 1:30

备注：楼梯栏杆高 900，做法由二装设计。
梯板预埋件−60×60 详西南 J402P36 M-5。
板面 1∶2 水泥砂浆 20厚，板面外侧作挡水线。
30×60(1∶2 水泥砂浆)。
踢脚线 1∶2 水泥砂浆突出墙面 5，H=150。
板底混合砂浆抹面，面刷白色乳胶漆二遍。

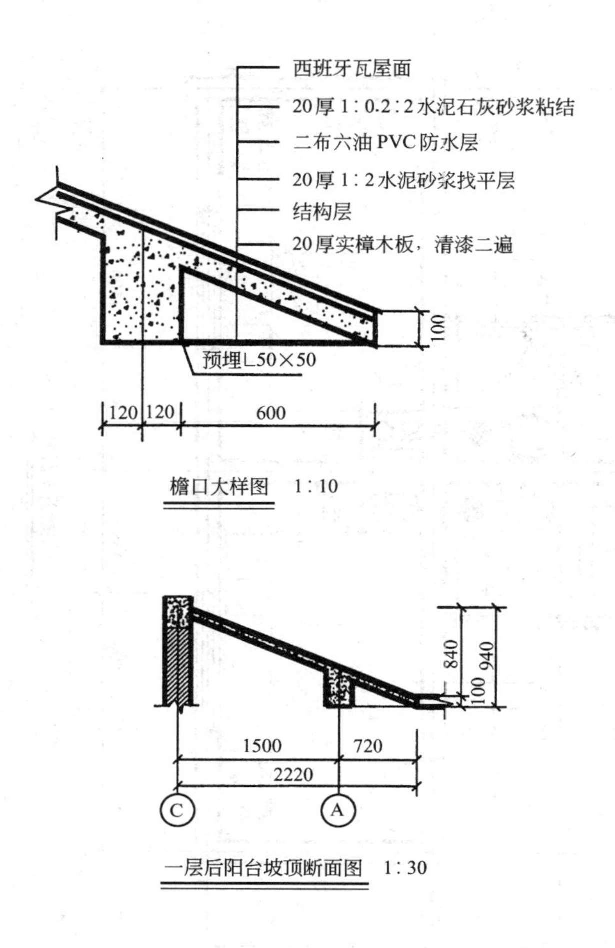


檐口大样图　1∶10

一层后阳台坡顶断面图　1∶30

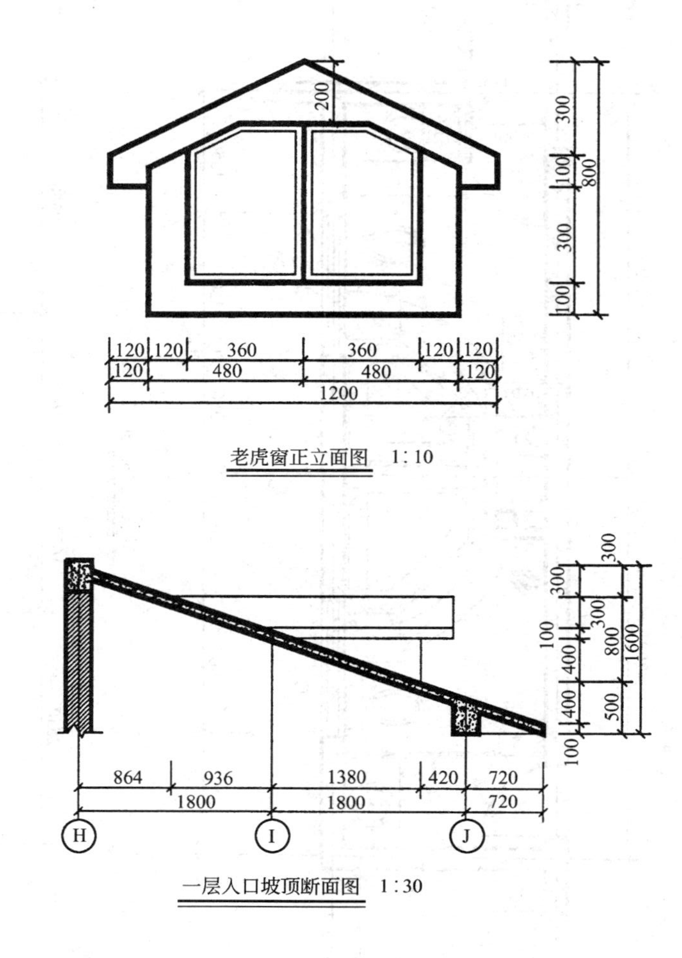


老虎窗正立面图　1∶10

一层入口坡顶断面图　1∶30

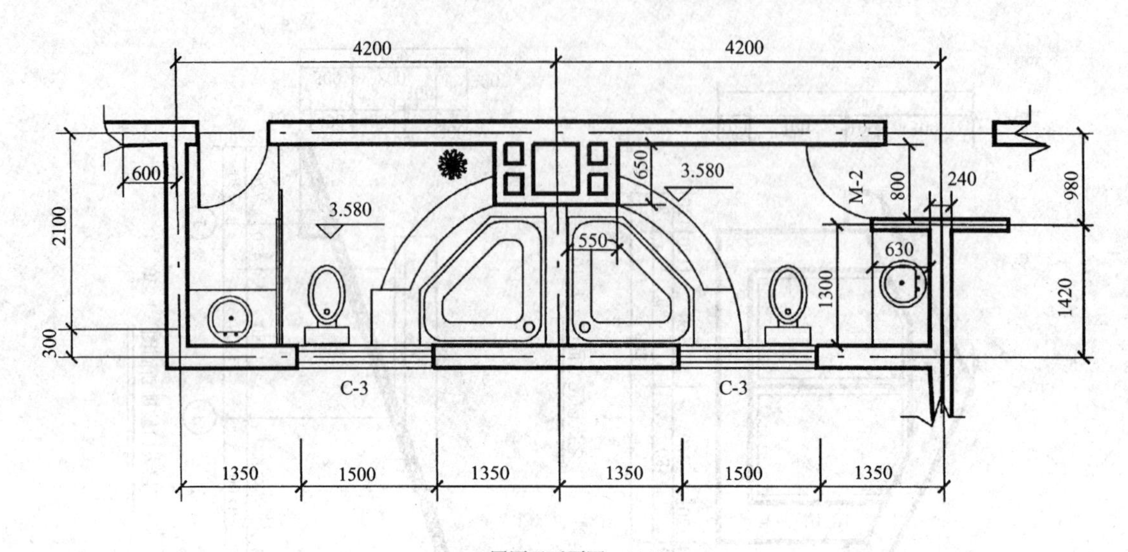

二层厨卫平面图 1∶50

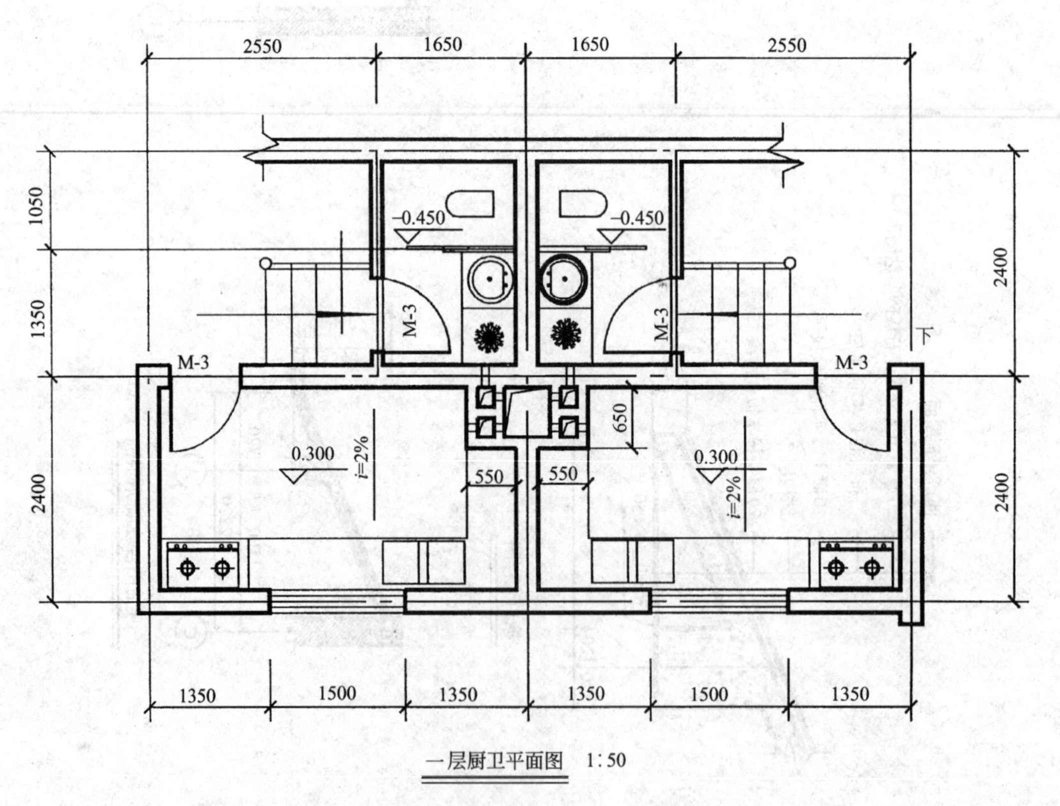


一层厨卫平面图 1∶50

# 附图（二）建筑施工图（二）

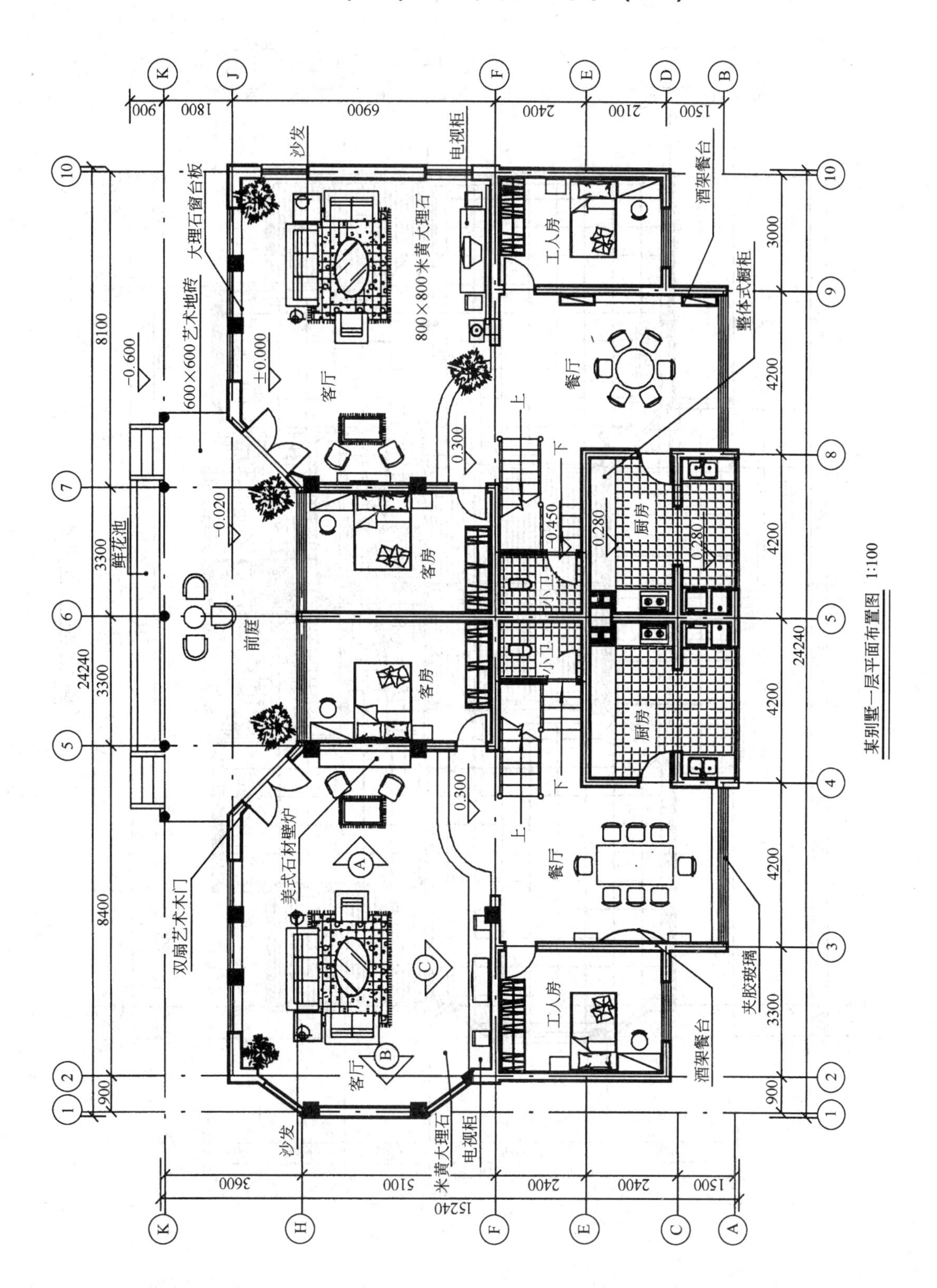

某别墅一层平面布置图 1:100
客厅
餐厅
厨房
客房
小卫
工人房
前庭
鲜花池
沙发
电视柜
酒架餐台
整体式橱柜
夹胶玻璃
双扇艺术木门
美式石材壁炉
大理石窗台板
600×600艺术地砖
800×800米黄大理石
米黄大理石
±0.000
−0.600
−0.020
−0.450
0.300
0.280
上
下
24240
15240
8100
8400
3300
4200
3000
900
6900
5100
3600
2400
2100
1800
1500

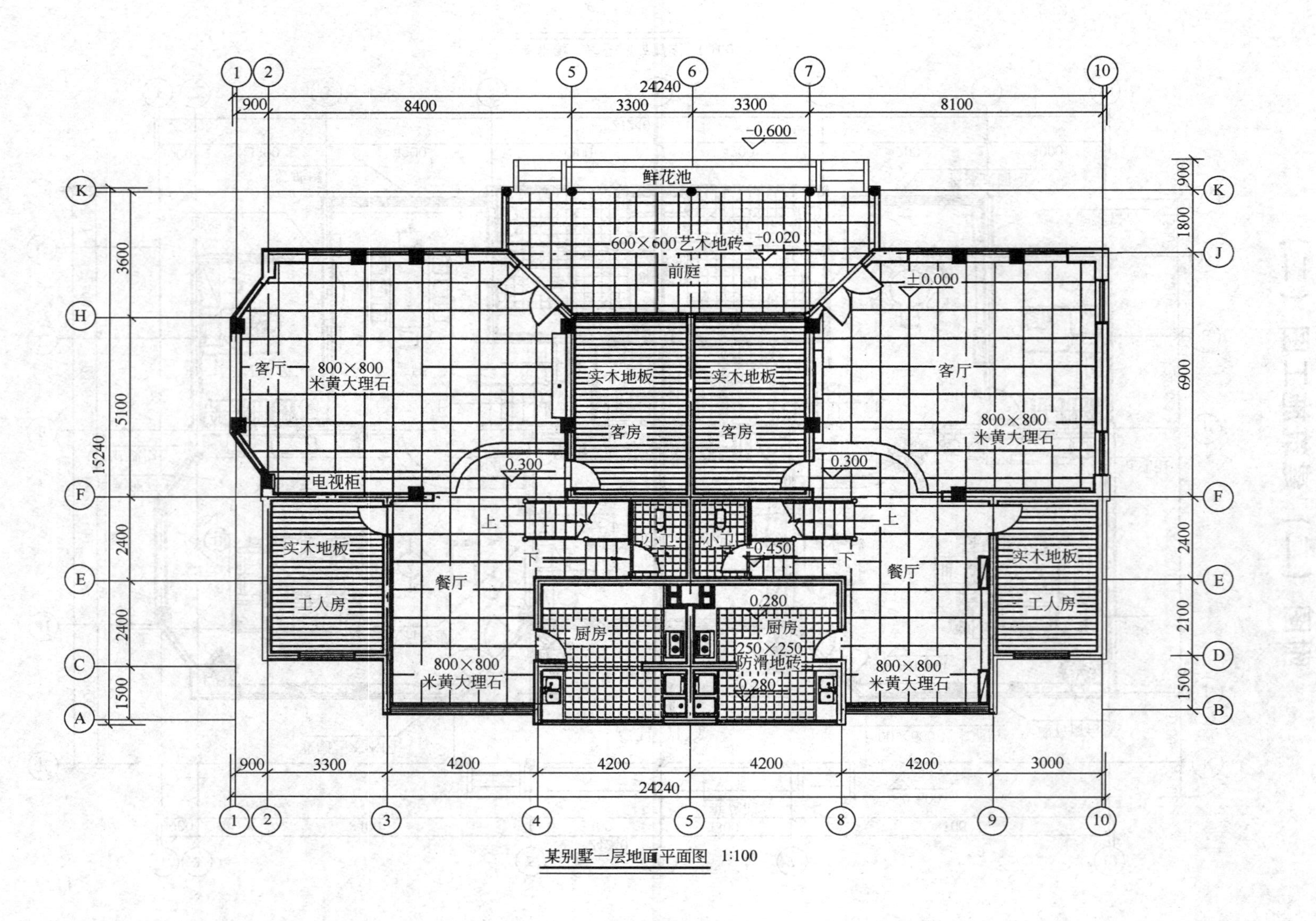


某别墅一层地面平面图 1:100

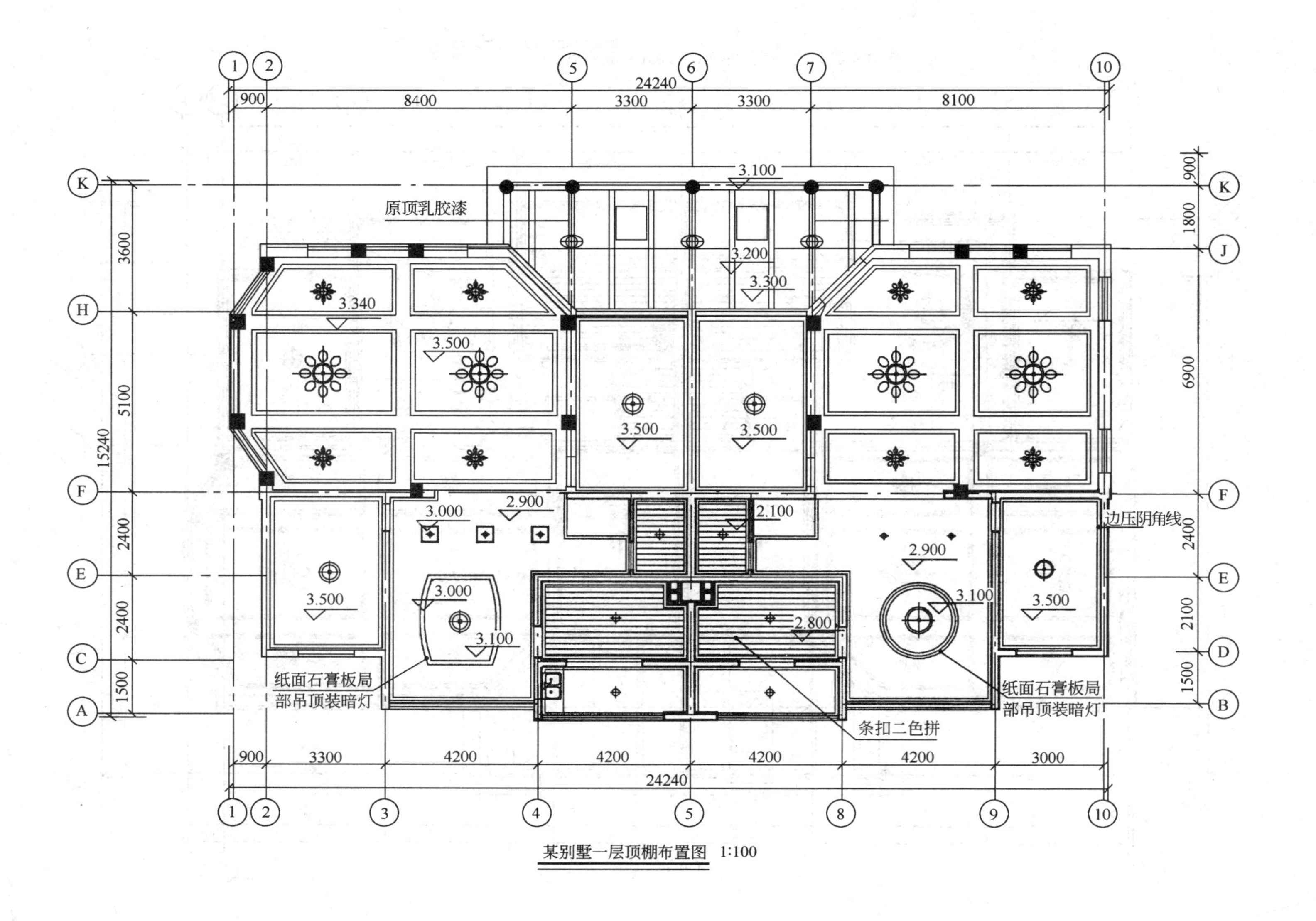


某别墅一层顶棚布置图 1:100

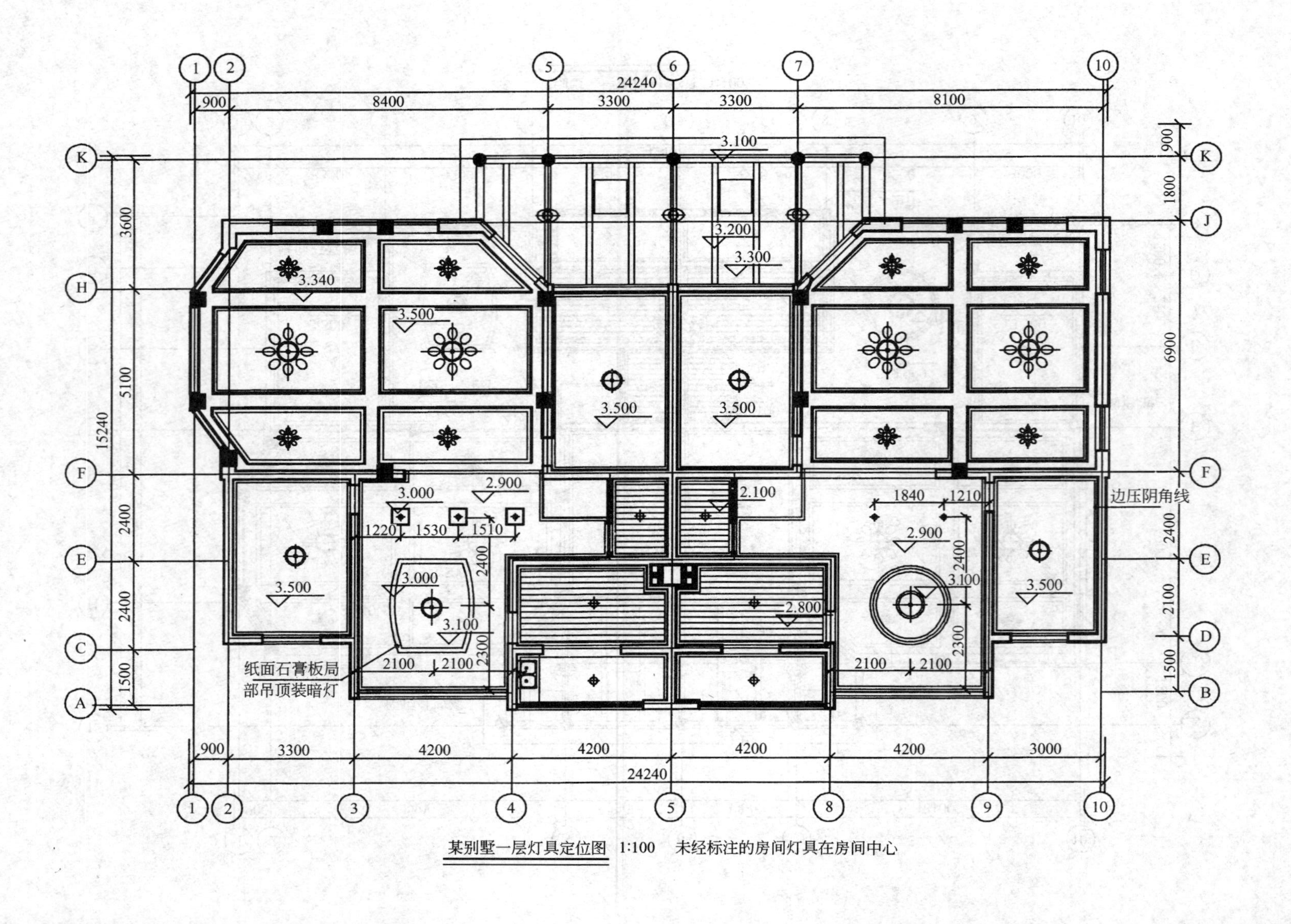


某别墅一层灯具定位图 1:100 未经标注的房间灯具在房间中心

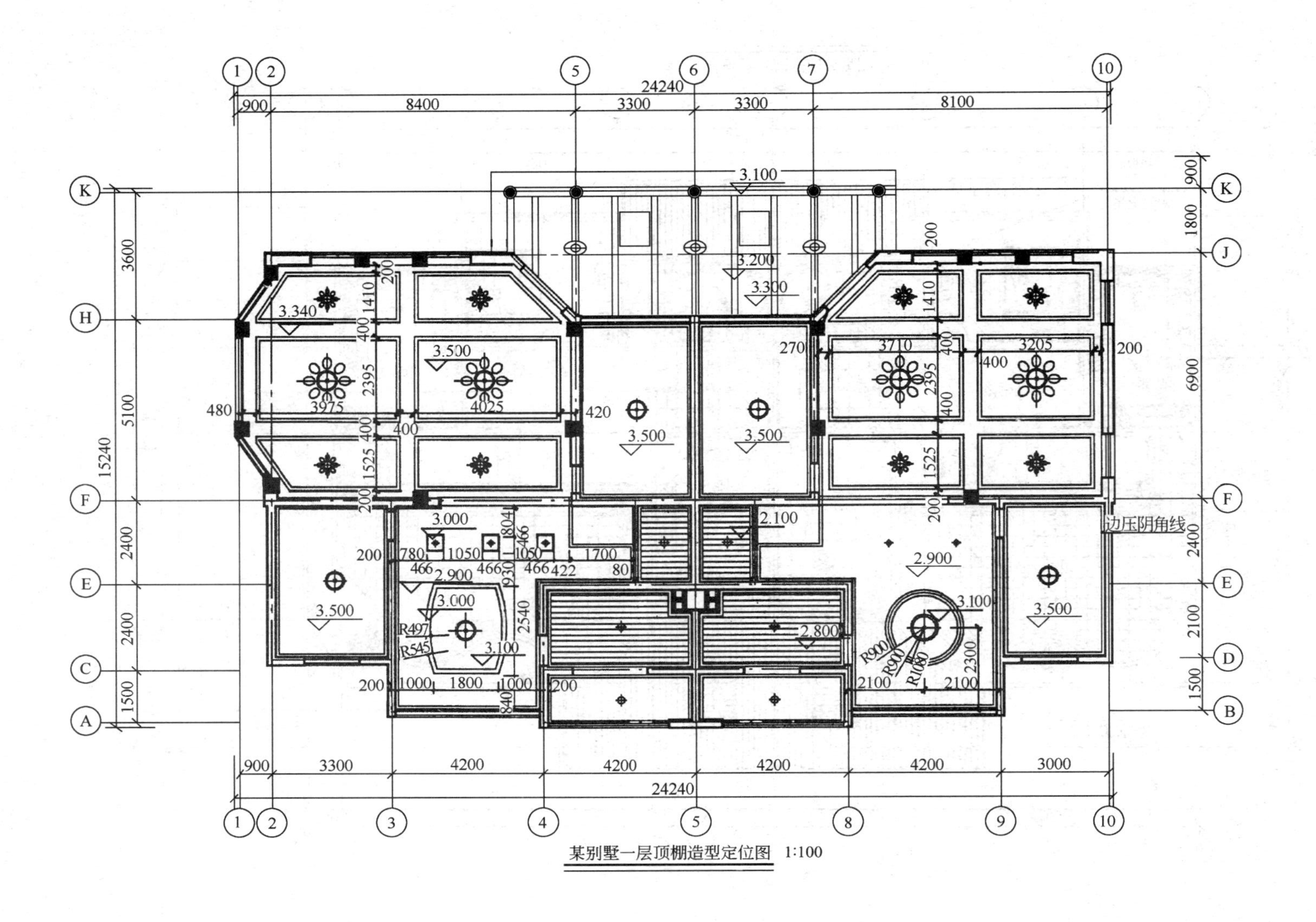


某别墅一层顶棚造型定位图 1:100

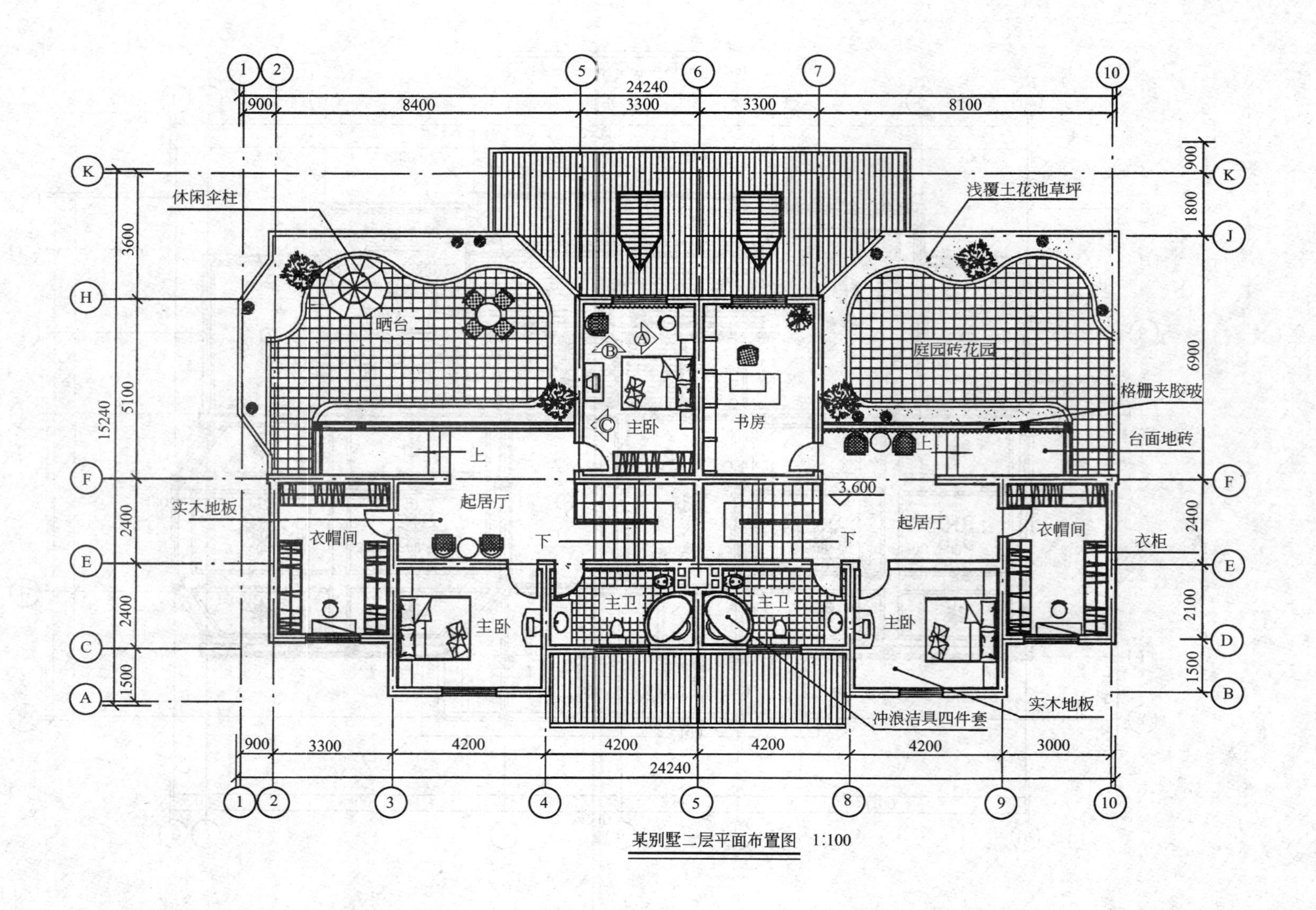


某别墅二层平面布置图　1:100

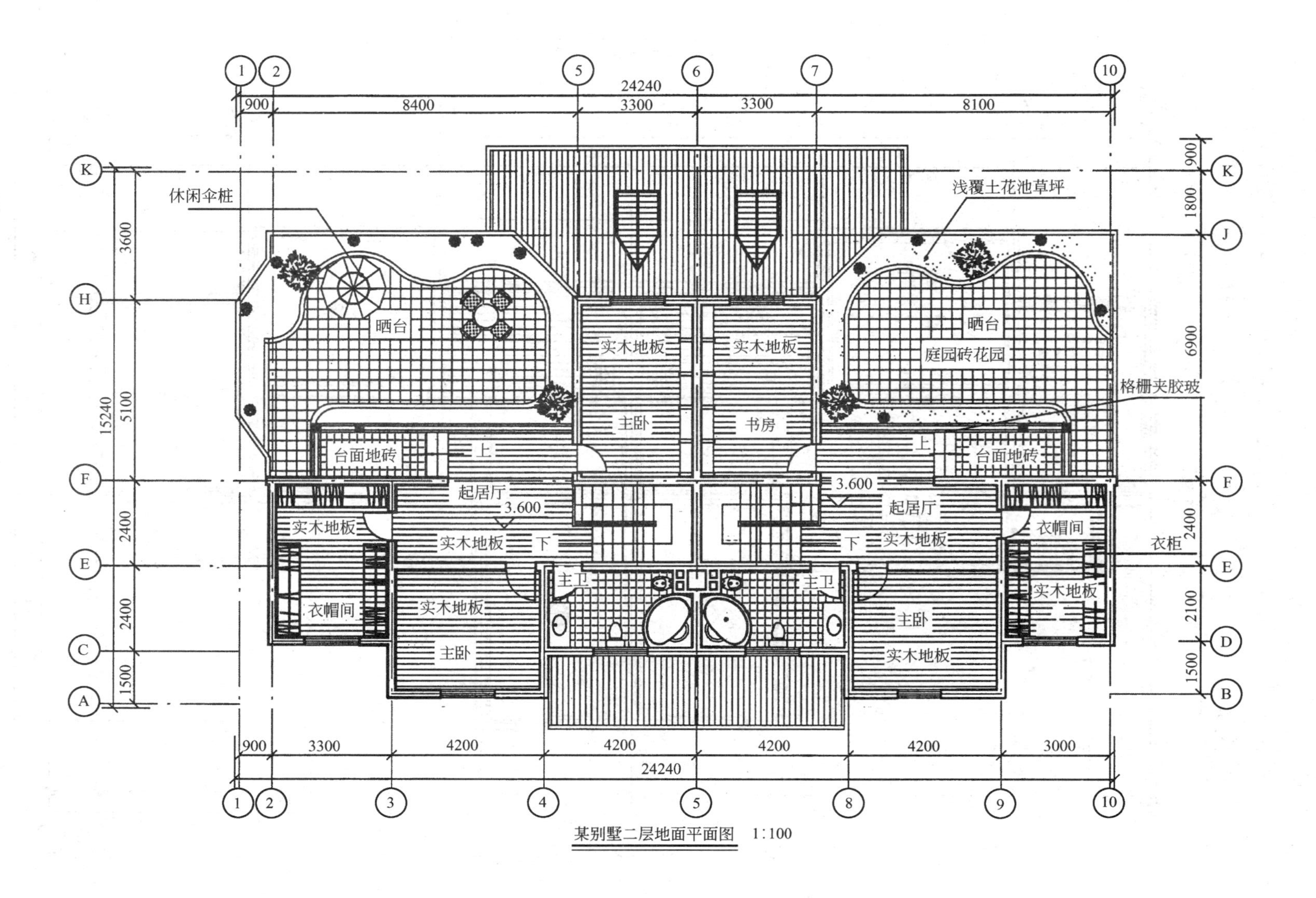


某别墅二层地面平面图 1:100

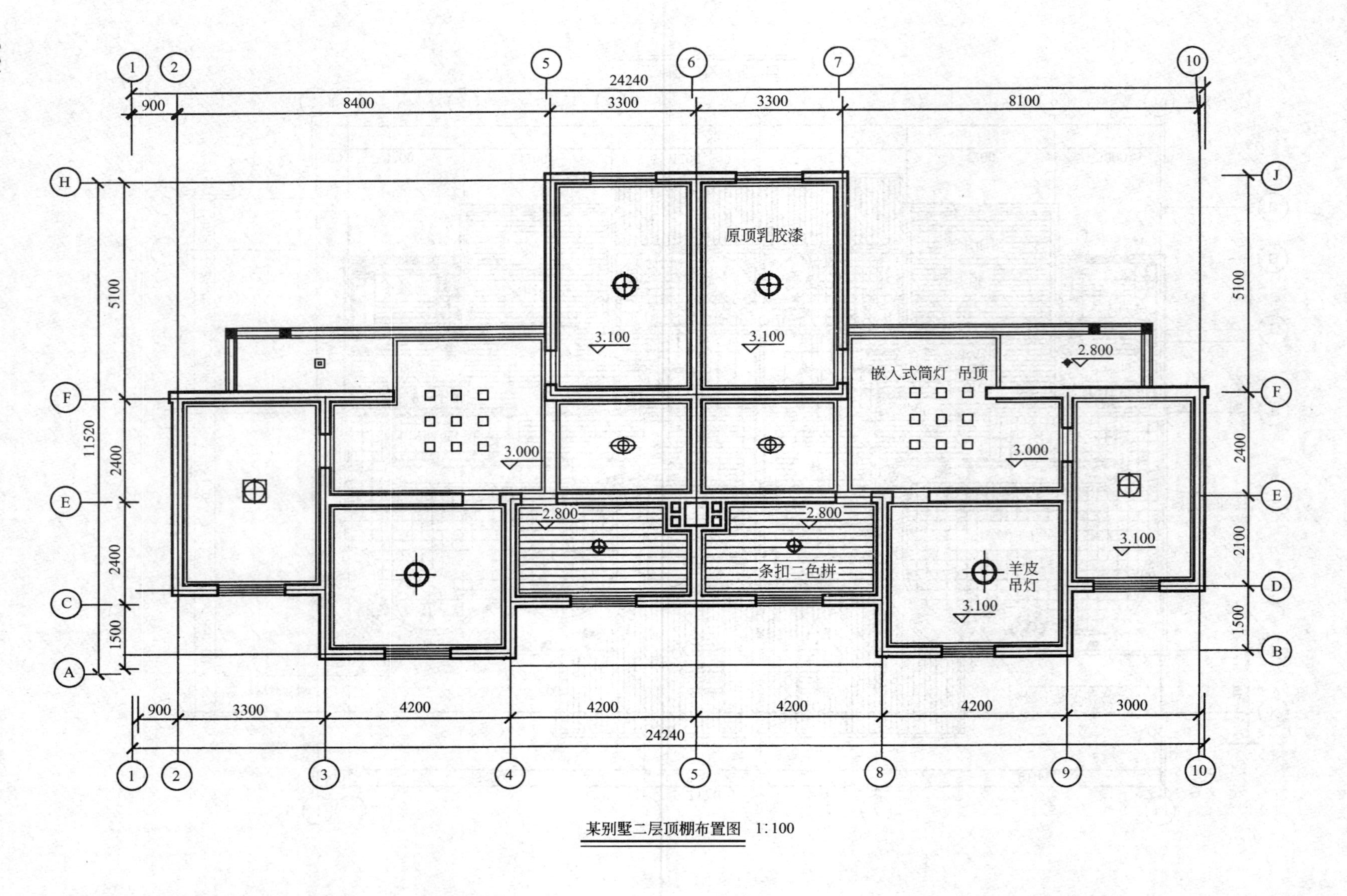


某别墅二层顶棚布置图 1:100

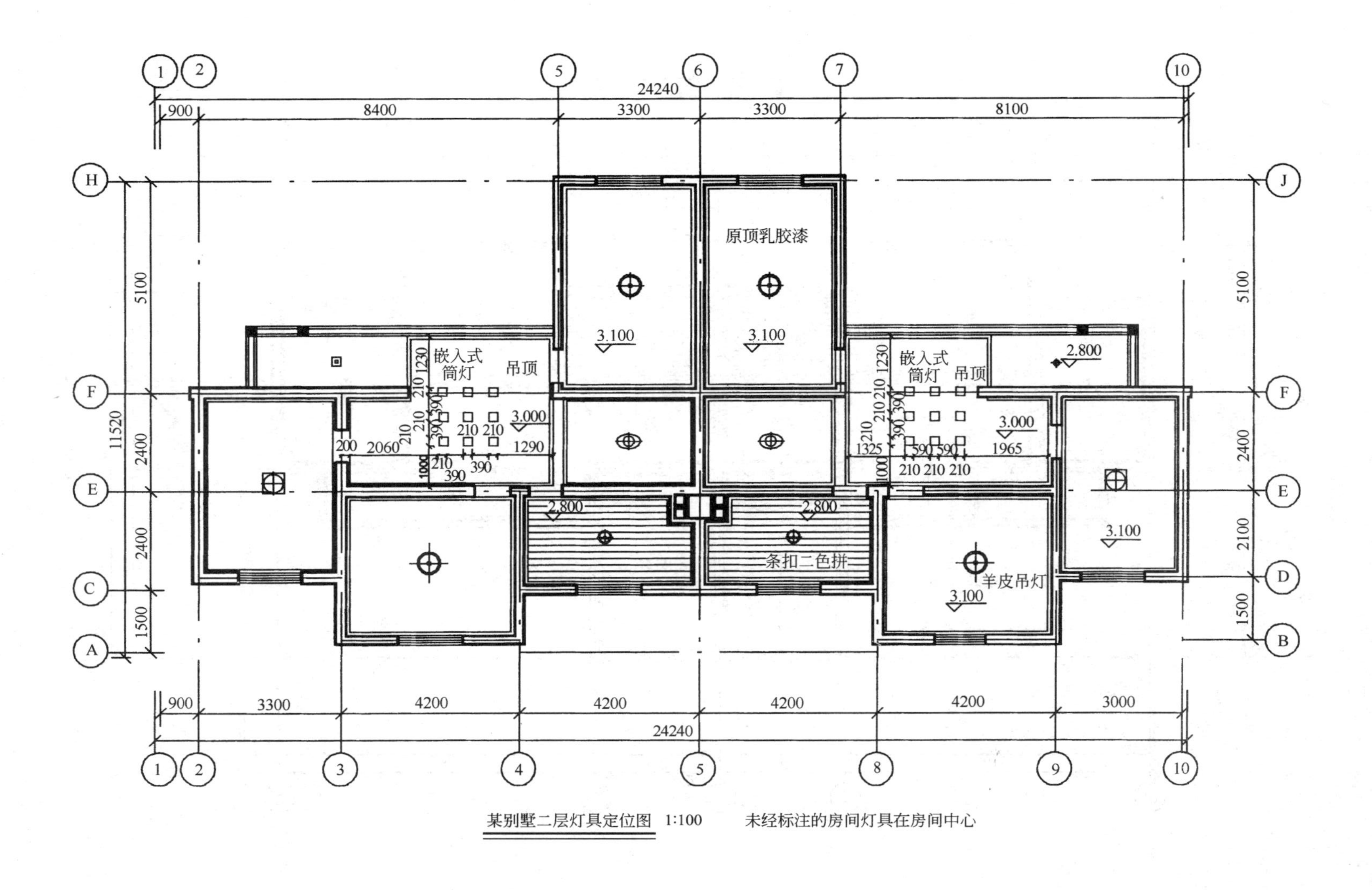


某别墅二层灯具定位图 1:100 未经标注的房间灯具在房间中心

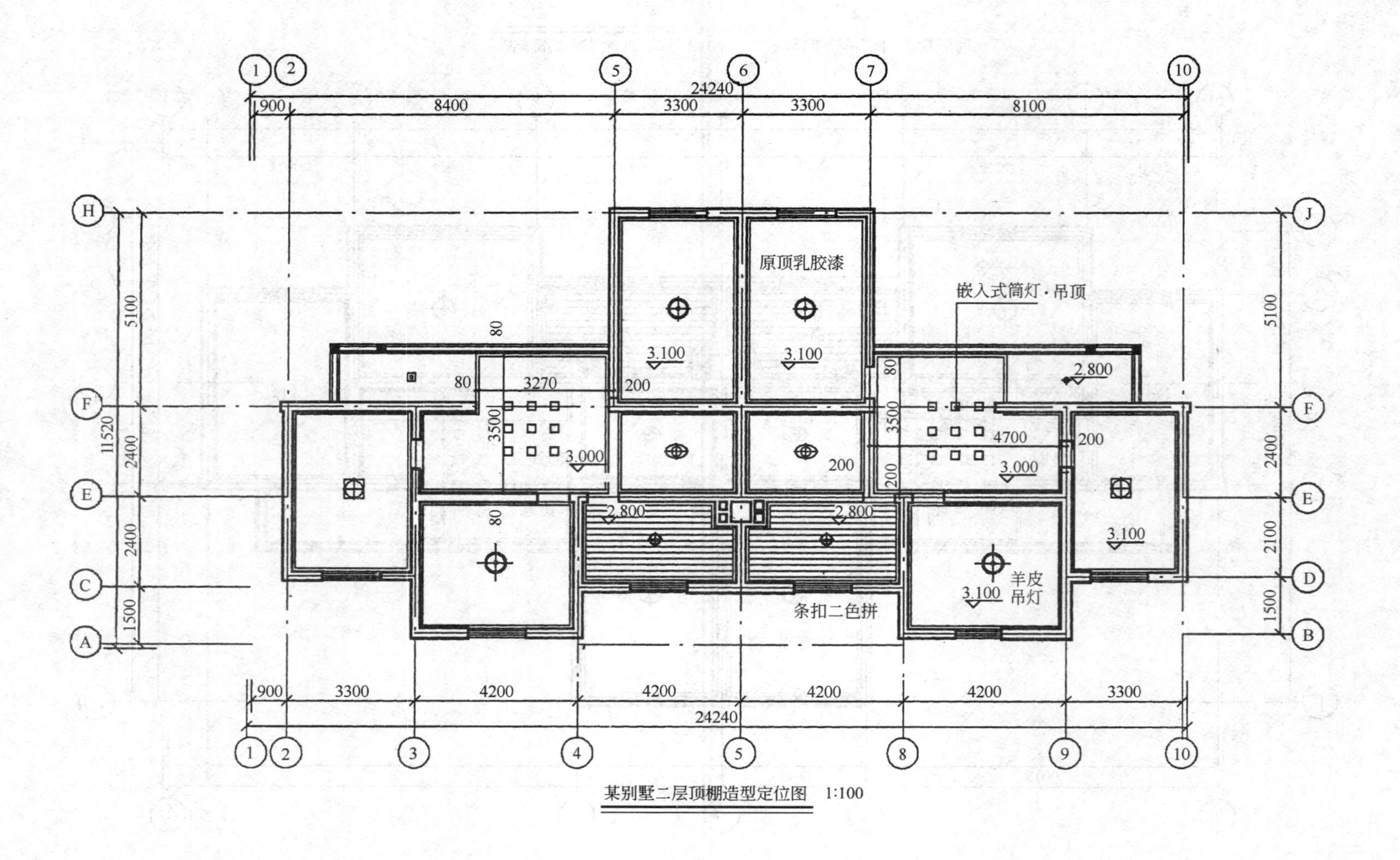


某别墅二层顶棚造型定位图 1:100

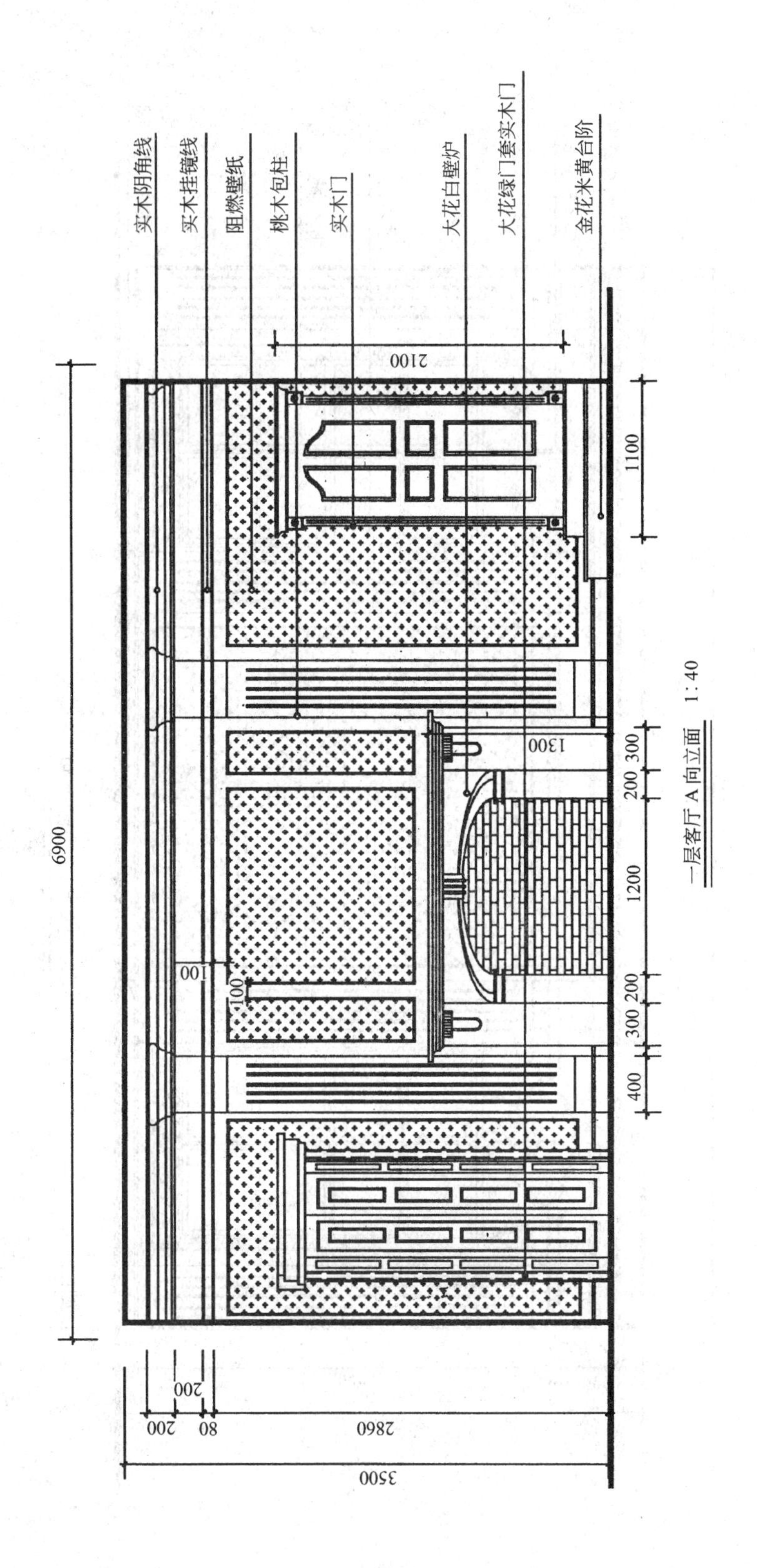


一层客厅 A 向立面　1:40

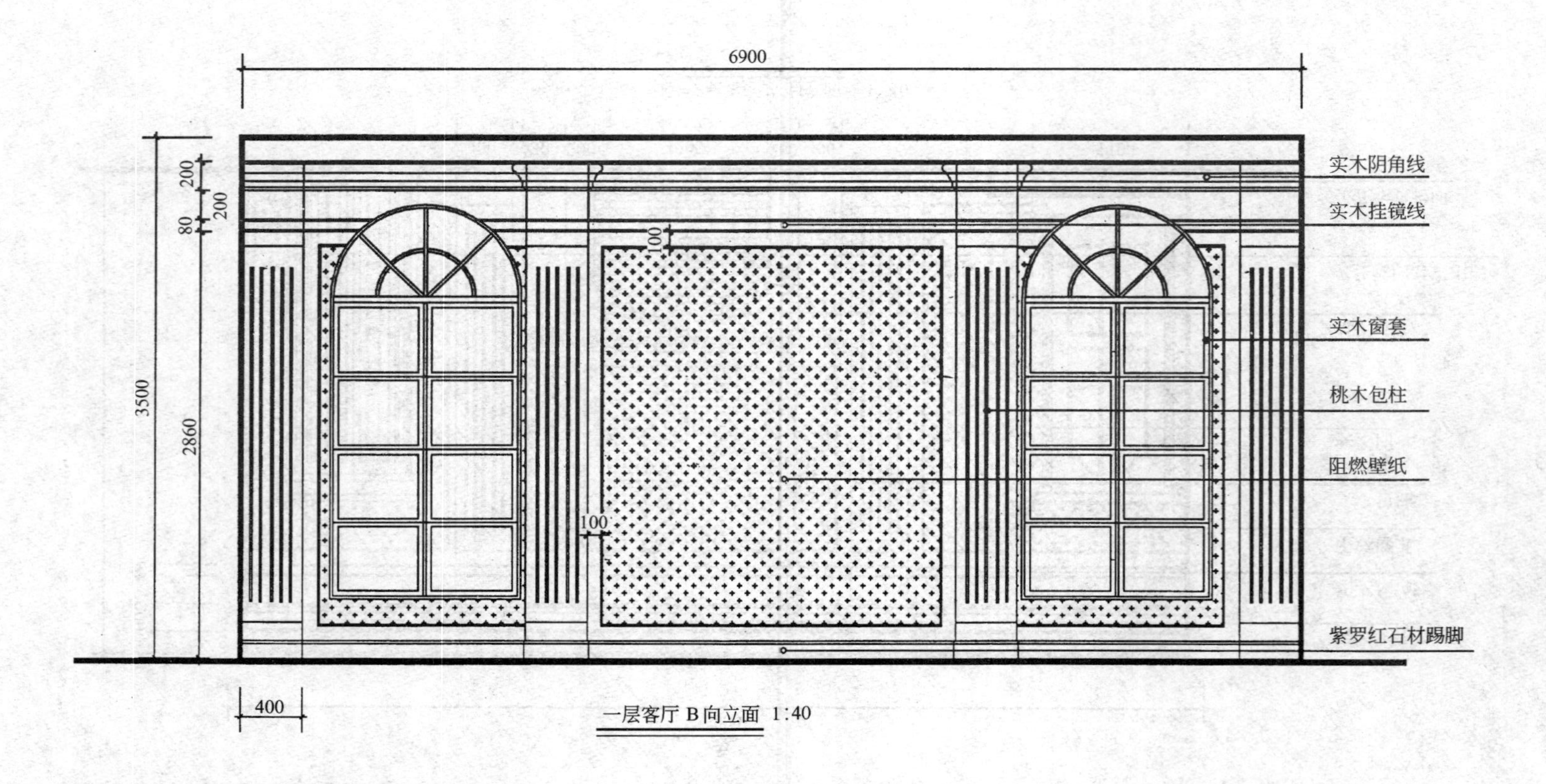


一层客厅 B 向立面 1:40

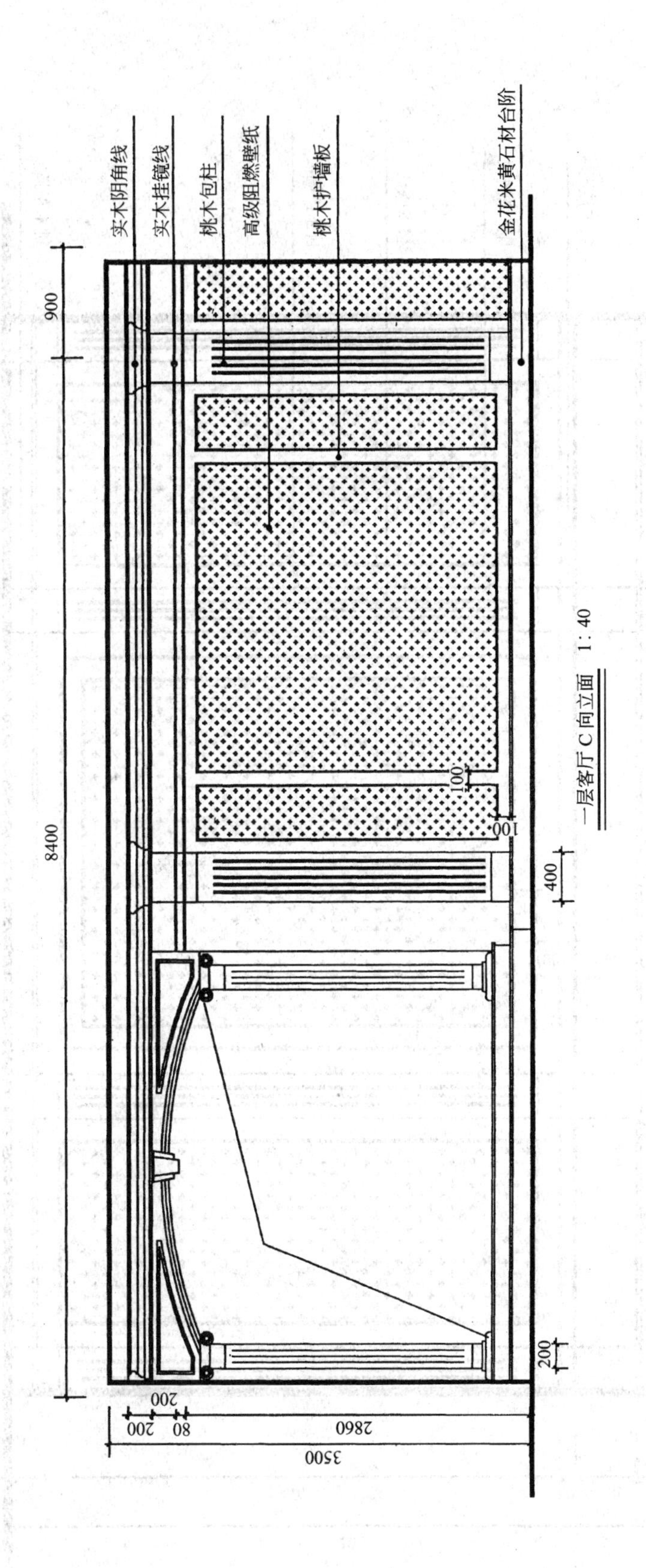


一层客厅C向立面 1:40

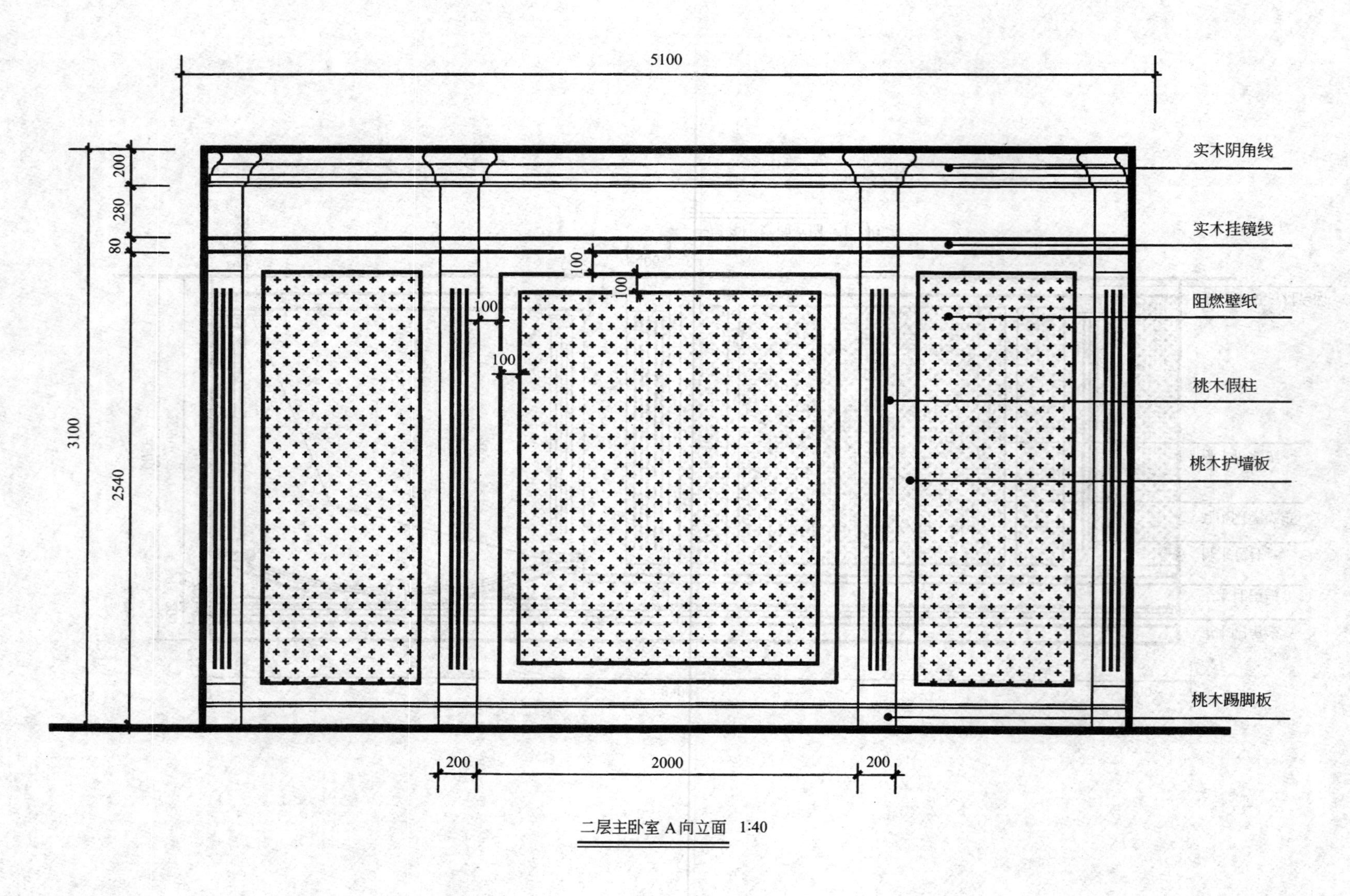


二层主卧室 A向立面 1:40

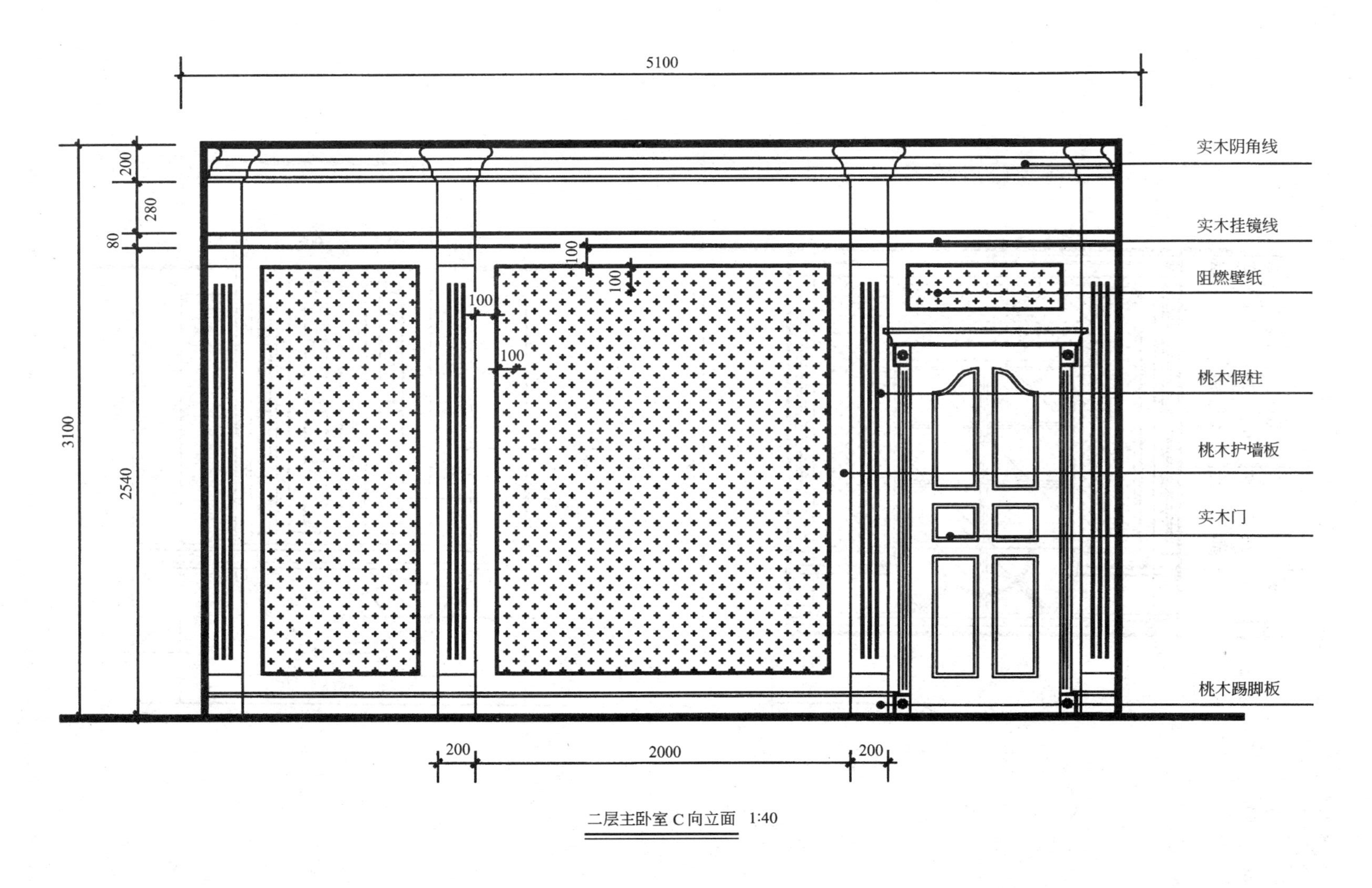


二层主卧室C向立面 1:40

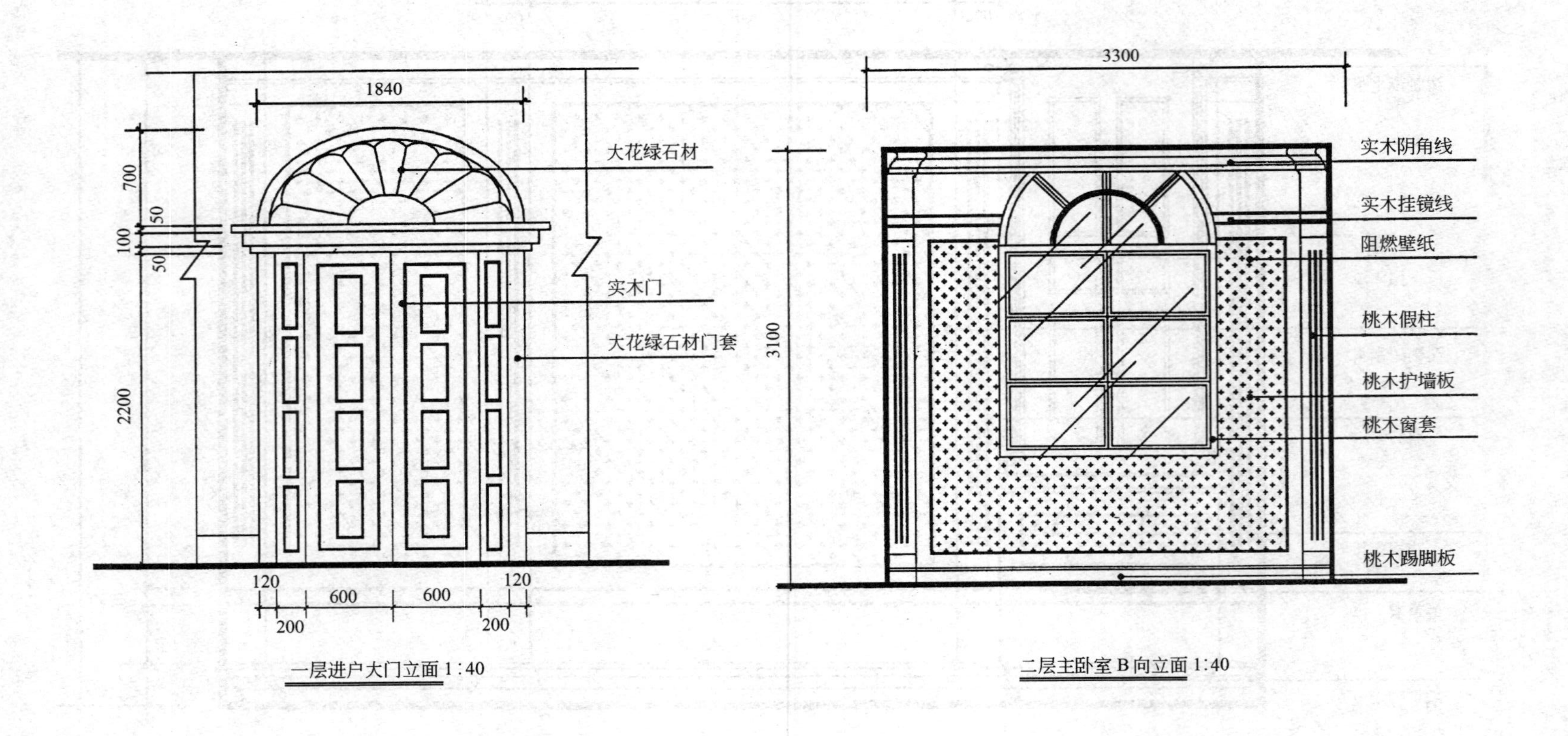


一层进户大门立面 1∶40

二层主卧室 B 向立面 1∶40

# 参　考　文　献

1. 乐荷卿，陈美华主编．建筑透视阴影．第3版．湖南：湖南大学出版社，2002
2. 许松照．画法几何与阴影透视．北京：中国建筑工业出版社，1979
3. 谢培青主编．建筑阴影与透视．黑龙江：黑龙江科学技术出版社，1985
4. 冯安娜，李沙主编．室内设计参考教程．天津：天津大学出版社，1998
5. 高远主编．建筑装饰制图与识图．北京：机械工业出版社，2003
6. 高远主编．建筑装饰制图与识图习题集．北京：机械工业出版社，2003
7. 何斌，陈锦昌，陈炽坤主编．建筑制图．北京：高等教育出版社，2001
8. 何斌，陈锦昌，陈炽坤主编．建筑制图习题集．北京：高等教育出版社，2001
9. 熊培基主编．建筑装饰识图与放样．北京：中国建筑工业出版社，2000
10. 唐人卫主编．画法几何与土木工程制图．南京：东南大学出版社，1999
11. 唐人卫主编．画法几何与土木工程制图习题集．南京：东南大学出版社，1999
12. 梁玉成主编．建筑识图．北京：中国环境科学出版社，1995
13. 王强，张小平主编．建筑工程制图与识图．北京：机械工业出版社，2003
14. 王强，张小平主编．建筑工程制图与识图习题集．北京：机械工业出版社，2003
15. 高远主编．建筑识图与房屋构造．北京：中国建筑工业出版社，2001
16. 乐荷卿主编．土木建筑制图．武汉：武汉工业大学出版社，1995
17. 龚小兰，钟健，章兵全．建筑工程施工图读解．北京：化学工业出版社，2003
18. 倪福兴．建筑识图与房屋构造．北京：中国建筑工业出版社，1997
19. 乐嘉龙．学看建筑装饰施工图．北京：中国电力出版社，2002

普通高等教育“十一五”国家级规划教材
全国高职高专教育土建类专业教学指导委员会规划推荐教材

# 建筑装饰制图习题集

（建筑装饰工程技术专业适用）

本教材编审委员会组织编写

张小平　张志明　主编

中国建筑工业出版社

本习题集的内容是与《建筑装饰制图》教材配套使用的，内容包括制图的基本知识、正投影的原理、轴测投影的原理、剖面图与断面图、阴影与透视的基本知识、建筑施工图、装饰施工图等几部分。各部分内容力求由简单到难逐步过渡，适合于高职高专教育建筑装饰工程技术专业师生使用。

# 前　言

本习题集的内容是与张小平主编的《建筑装饰制图》教材配套使用的，内容包括制图的基本知识、正投影的原理、轴测投影的原理、剖面图与断面图、阴影与透视的基本知识、建筑施工图、装饰施工图等几部分。各部分内容力求由简单到难逐步过渡，在几个重点部分题量增加，如组合体投影图的绘制与识读部分、尺寸标注部分、建筑工程图中最常用的表达方法——剖面图与断面图部分、装饰表现图中的阴影与透视部分。这样能够逐步提高学生的空间想像能力和图示能力，从而掌握建筑装饰制图的基本技能。在专业施工图部分，选用了两套完整的建筑施工图和装饰施工图，以便学生能够更进一步掌握建筑施工图和装饰施工图的表达方法、表达内容以及识读方法。

本习题集由山西建筑职业技术学院的张小平、张志明老师主编，哈尔滨建筑职业技术学院的蔡慧芳老师主审。书中阴影与透视部分由沈阳建筑职业技术学院的赵龙珠老师编写，其余部分由山西建筑职业技术学院张小平、张志明老师编写。

本习题集在编写时，由于时间仓促，水平有限，不足之处在所难免，敬请使用。

建筑工程专业设计制图审核比例日期说明东西南北平

立剖钢筋混凝土框架承重结构基础楼梯屋面门窗阳台

雨篷勒脚梁板柱水泥砂石砖木灰浆玻璃马赛克防潮层

字体练习（一）

班级　学号　姓名　日期

城市道路给排水暖电气照明设备油毡隔热挂瓦吊顶天棚檐口变形伸缩缝百叶

亮子安全栏杆消防材料绝缘层温度砌墙宿舍预留孔洞现浇标准上下左右长宽

前后尺寸大小形状天地装配件空调车间管网布置架空支撑牛腿铁栅铰链喷涂

字体练习（二）

班级　　学号　　姓名　　日期

窄体字（笔画宽度为字高的 1/14）

$h$

ABCDEFGHIJKLMNOP

QRSTUVWXYZ

$\frac{10}{14}h$

abcdefghijklmnopqr

stuvwxyz

1234567890IVXϕ

*ABCabc123IVϕ*

75°

字体练习（三）

班级 学号 姓名 日期

一般字体（笔画宽度为字高的 1/10）

$h$ ABCDEFGHIJKLMNOPQRSTUVWXYZ

$\frac{7}{10}h$ abcdefghijklmnopqrstuvwxyz

1234567890IVXΦ

*ABCabcd1234IV* 75°

字体练习（四）　　　班级　　学号　　姓名　　日期

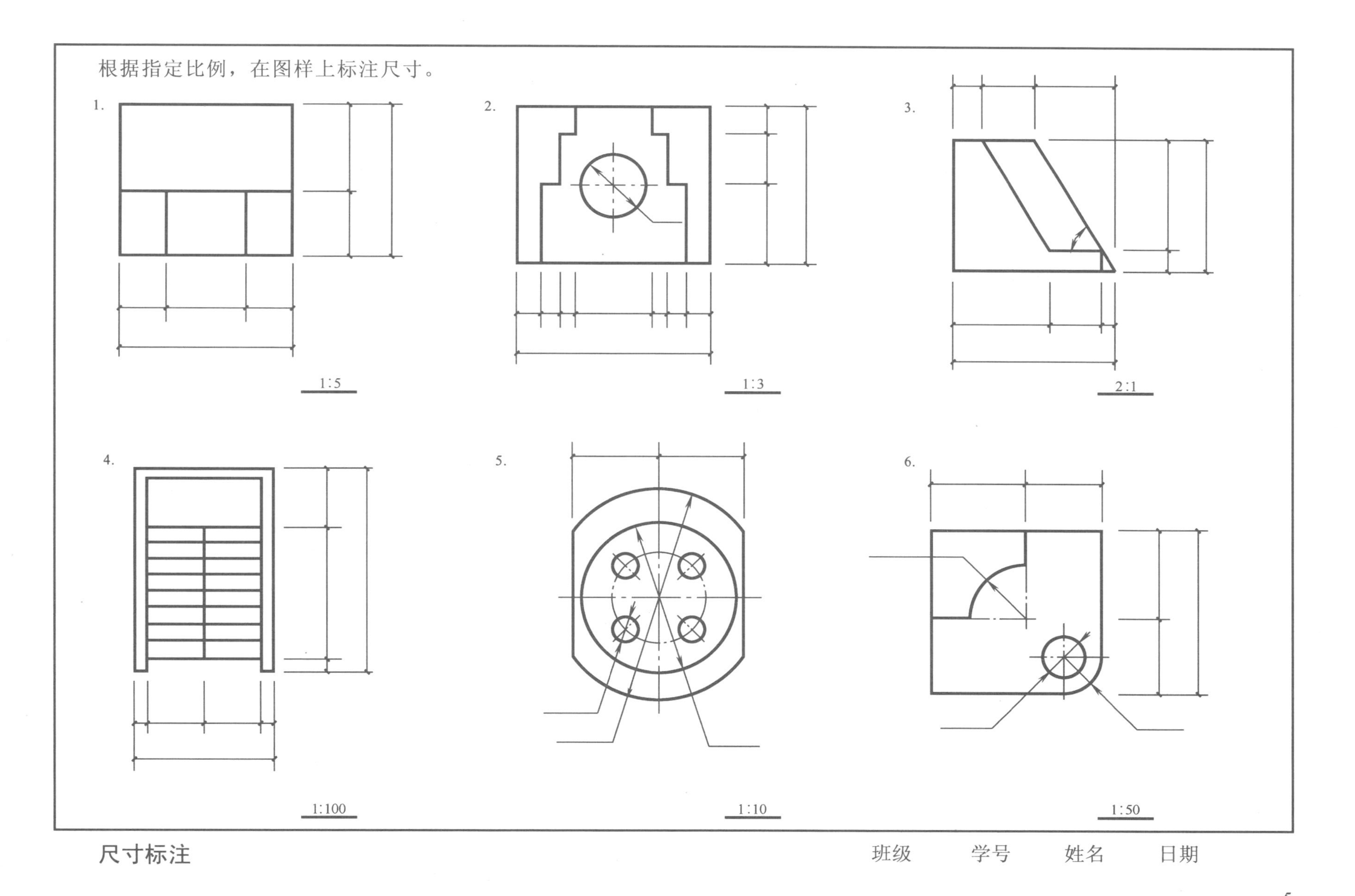
根据指定比例，在图样上标注尺寸。
1.
1:5
2.
1:3
3.
2:1
4.
1:100
5.
1:10
6.
1:50
尺寸标注
班级
学号
姓名
日期

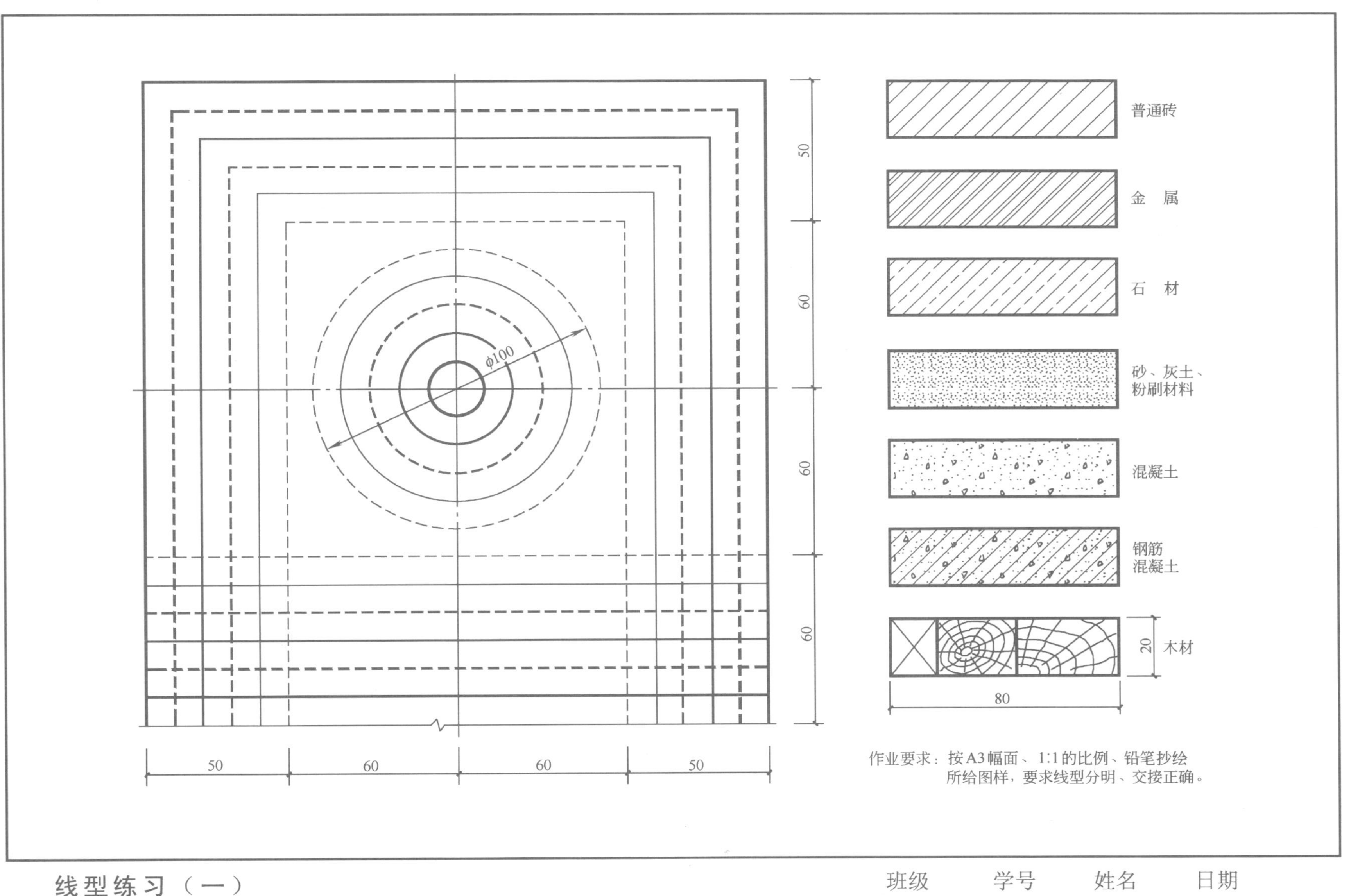


作业要求：按A3幅面、1:1的比例、铅笔抄绘所给图样，要求线型分明、交接正确。

线型练习（一）

班级　　学号　　姓名　　日期

抄绘图样（按所注比例）。

作业要求：

（1）按所注比例，用 A3 幅面绘图纸抄绘图样后，再用硫酸纸描绘。

（2）要求线型分明，注写认真。

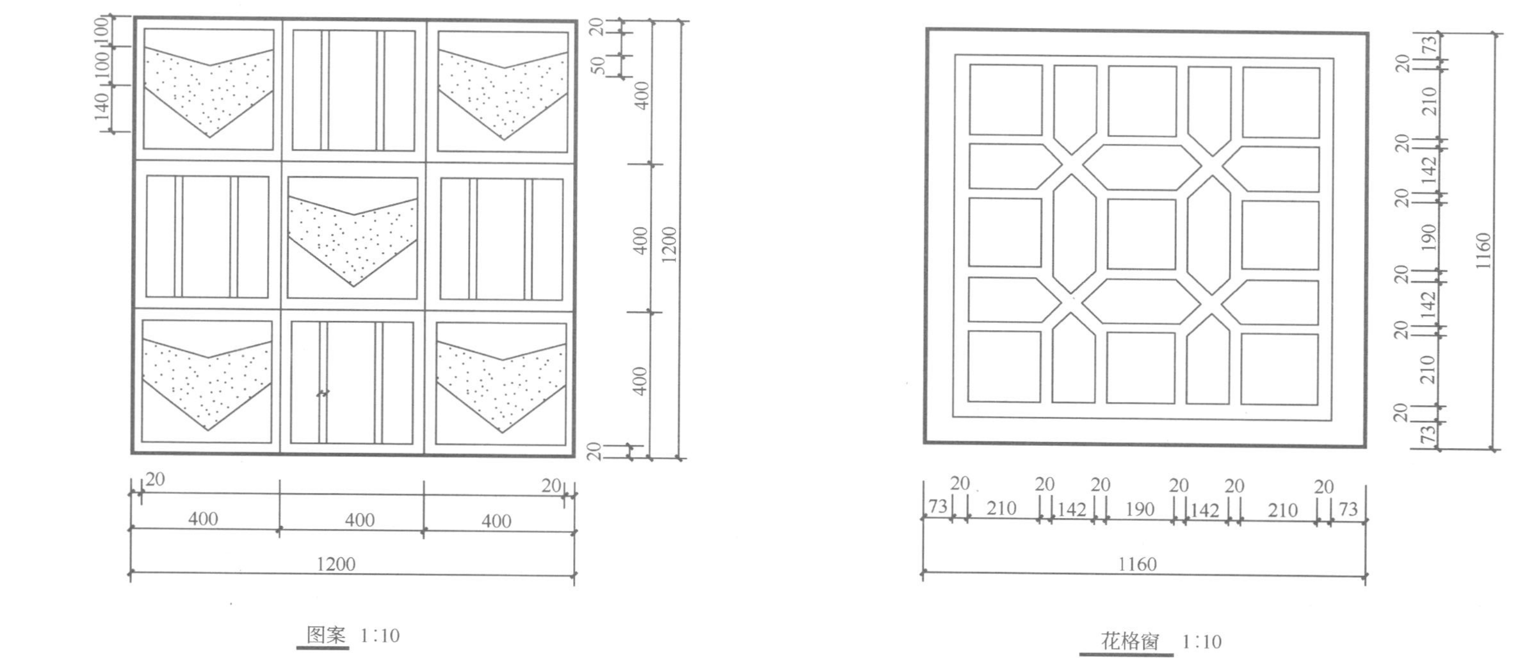


图案 1:10

花格窗 1:10

线型练习（二）

班级　　学号　　姓名　　日期

在横放的A3幅面的图纸上，用铅笔或墨线笔把下图放大一倍画出。线宽 $d$=0.7~1.0mm。

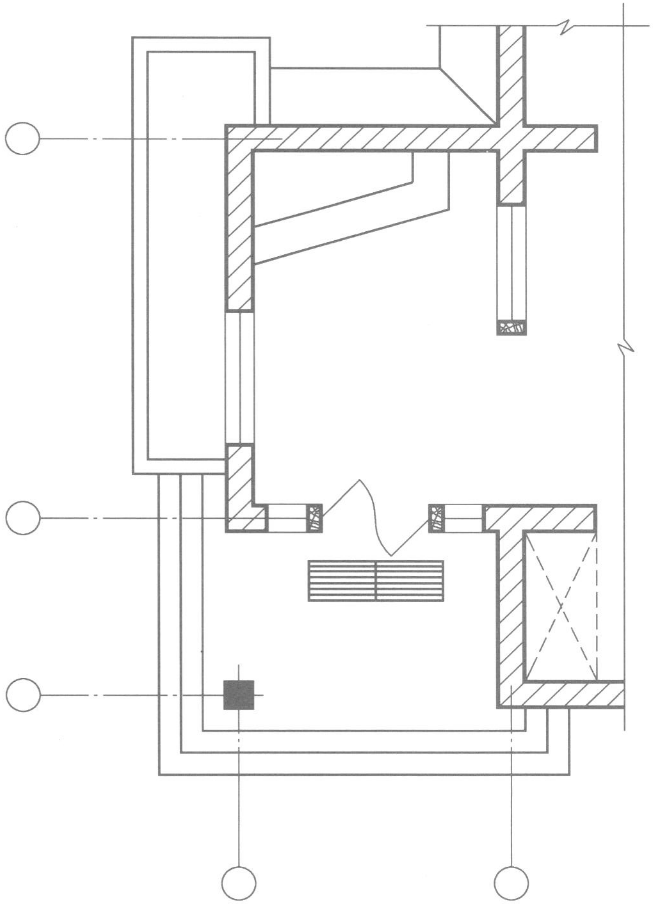

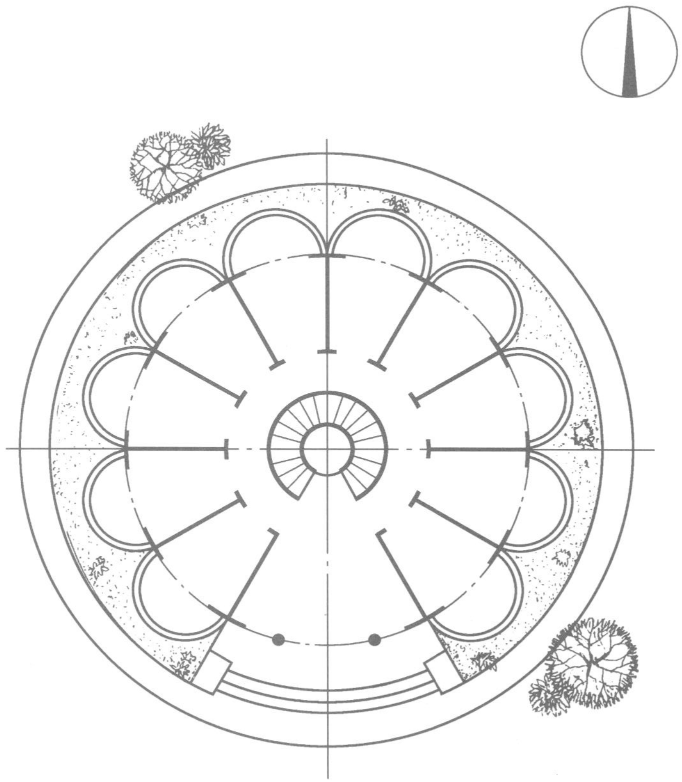

线型练习（三）

班级　　学号　　姓名　　日期

1. 用已知半径作圆弧连接互相垂直的两直线。

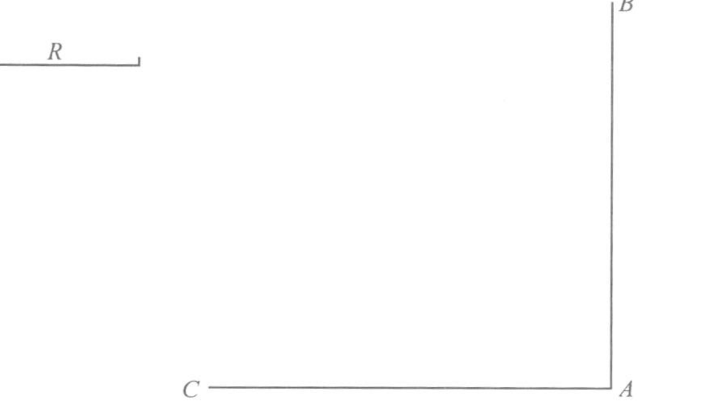

2. 用已知半径作圆弧连接两斜交的直线。

R

B

C

A

3. 用已知半径作圆弧与两已知圆弧外连接。

R

$O_2$

$O_1$

4. 用已知半径作圆弧与两已知圆弧内连接。

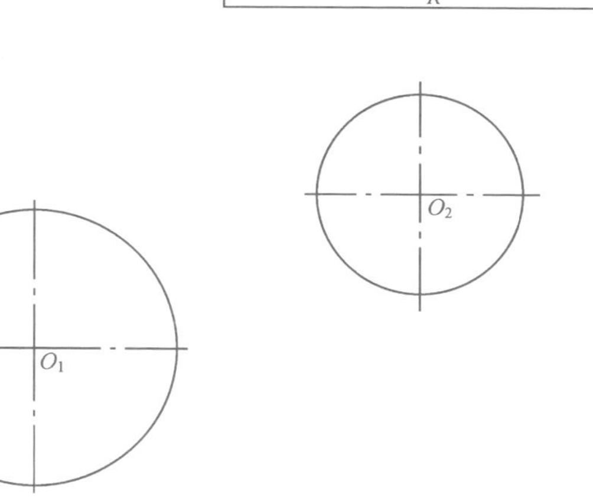


R

圆弧连接　　班级　　学号　　姓名　　日期

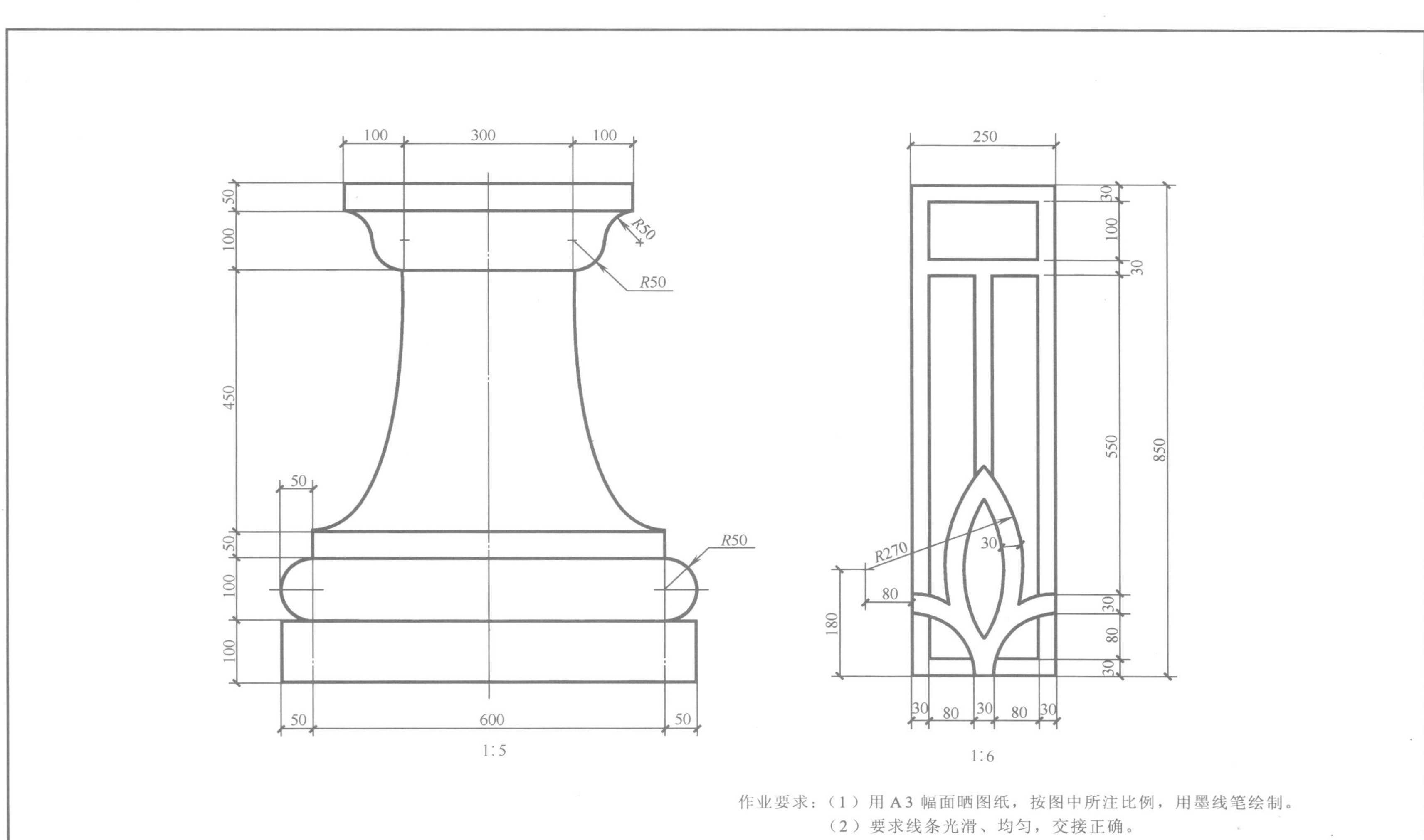


作业要求：（1）用 A3 幅面晒图纸，按图中所注比例，用墨线笔绘制。

（2）要求线条光滑、均匀，交接正确。

# 线型练习（四）

班级　　学号　　姓名　　日期

1.

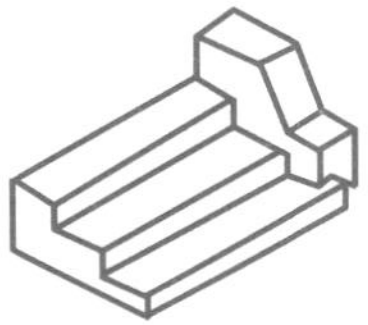

2.

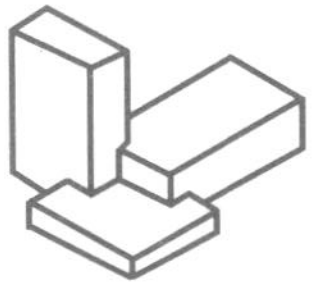

3.

4.

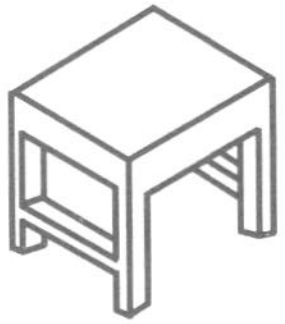

徒手作图

班级　　学号　　姓名　　日期

根据立体图，找出对应的三面投影图，并将对应的立体图号码填在投影图下的圆圈内。

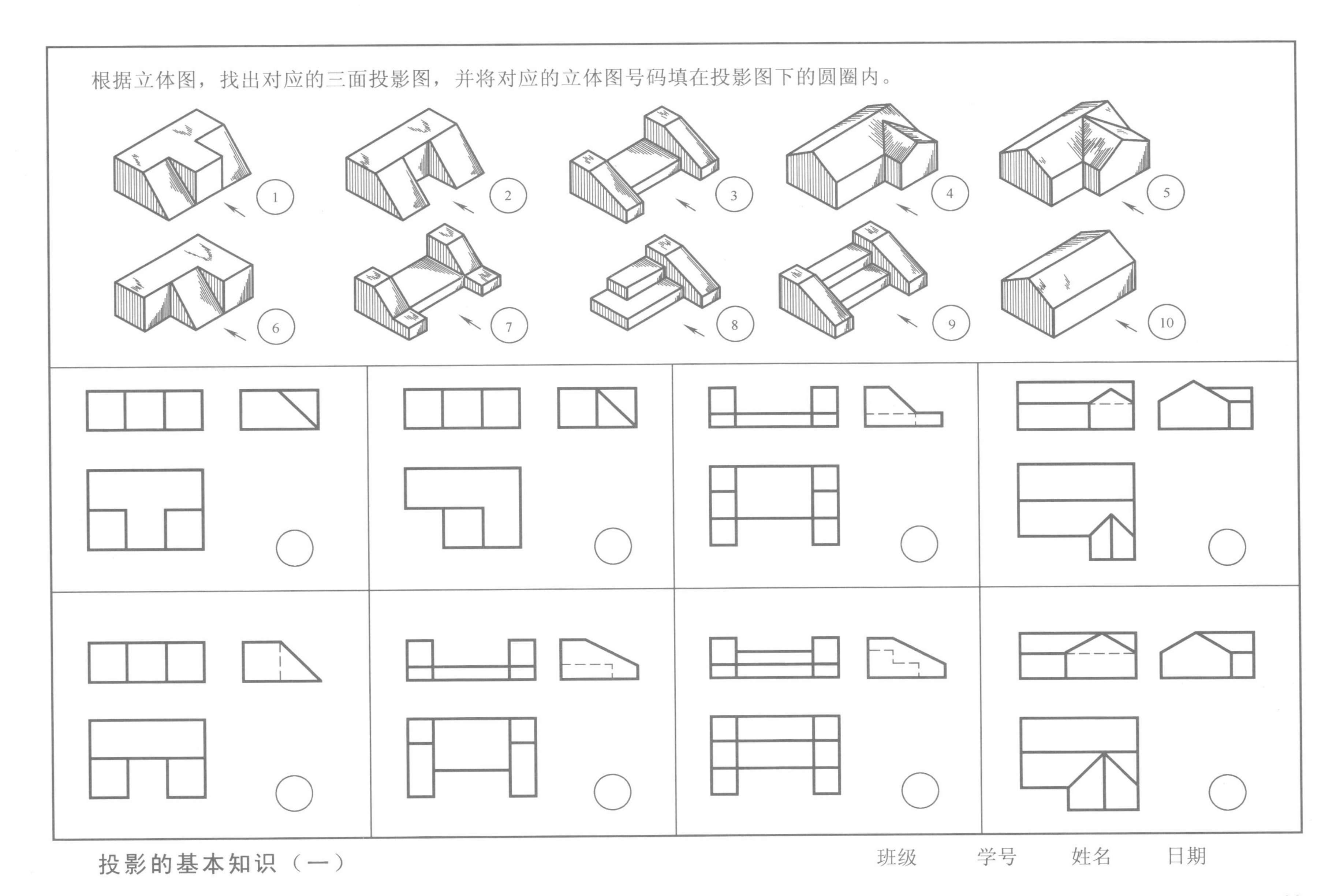


投影的基本知识（一）

班级　学号　姓名　日期

根据立体图，找出对应的三面投影图，并将对应的立体图号码填在投影图下的圆圈内。

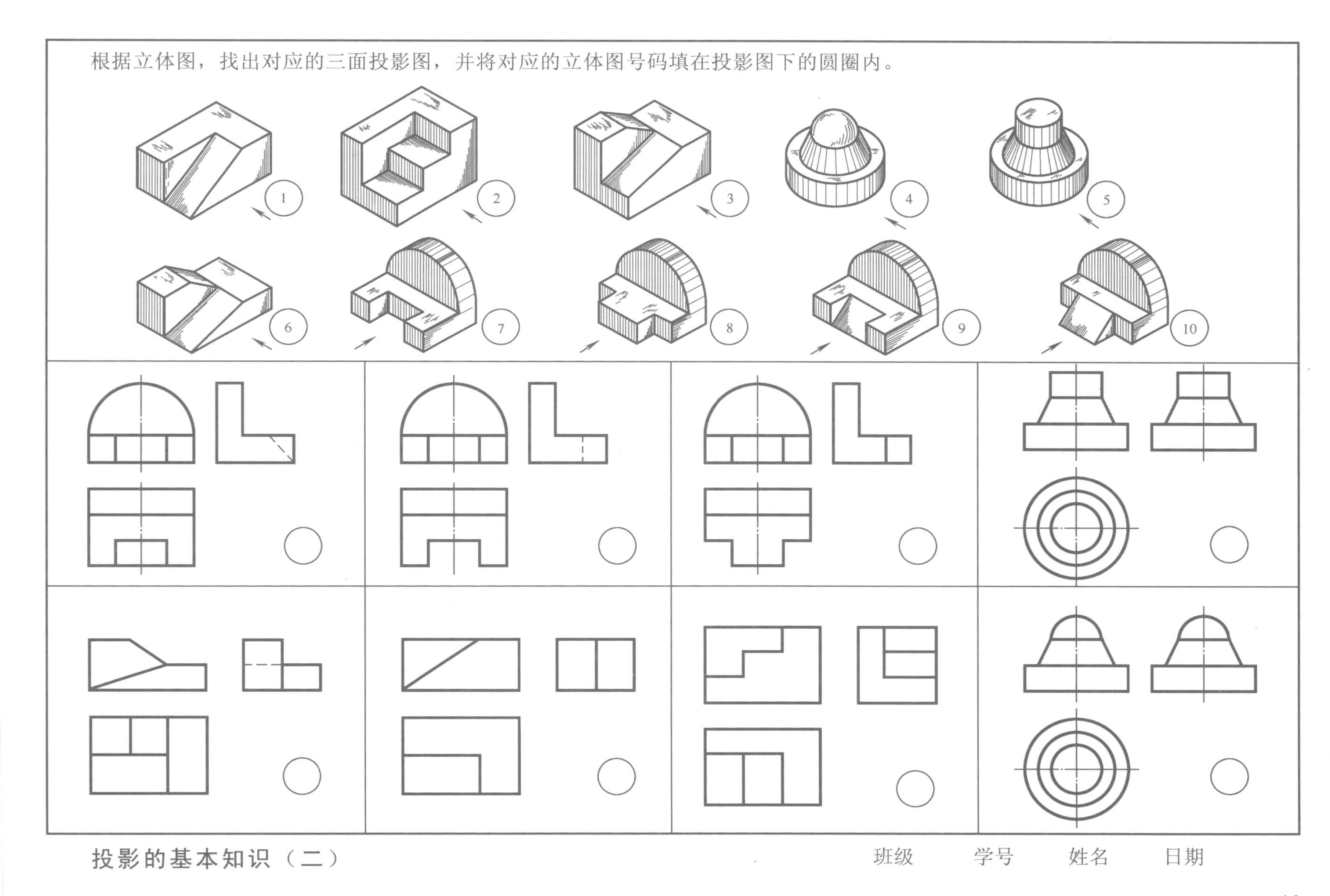


投影的基本知识（二）

班级　　学号　　姓名　　日期

1. 画三棱柱的投影图。

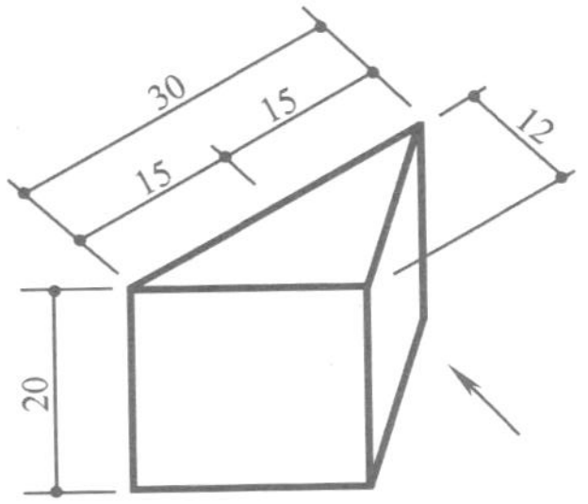

2. 画四棱柱的投影图。

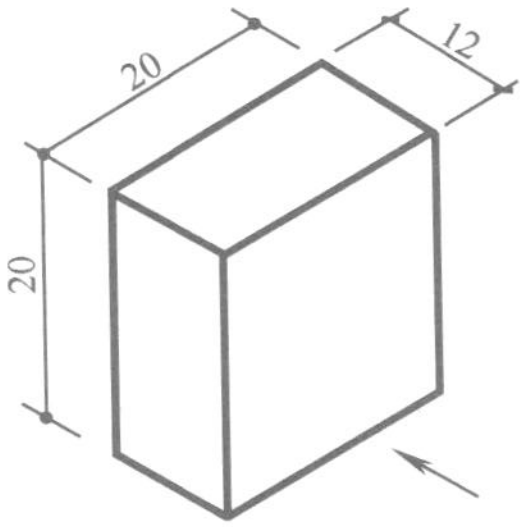

3. 画正六棱柱的投影图。

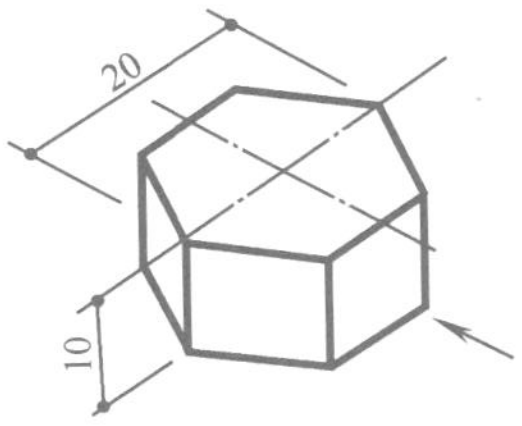

4. 画正四棱锥的投影图。

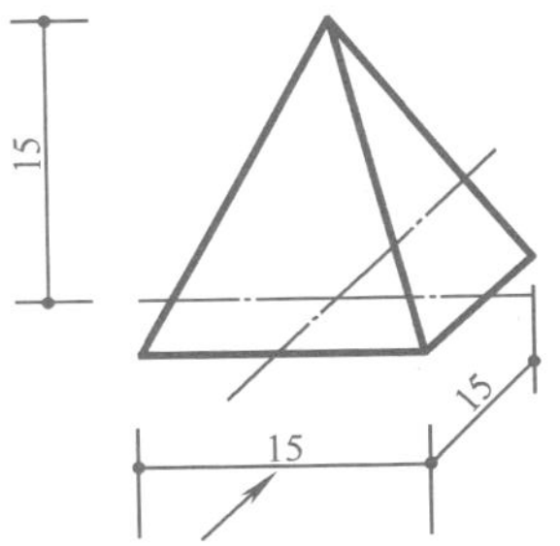

5. 画⊥形体的投影图。

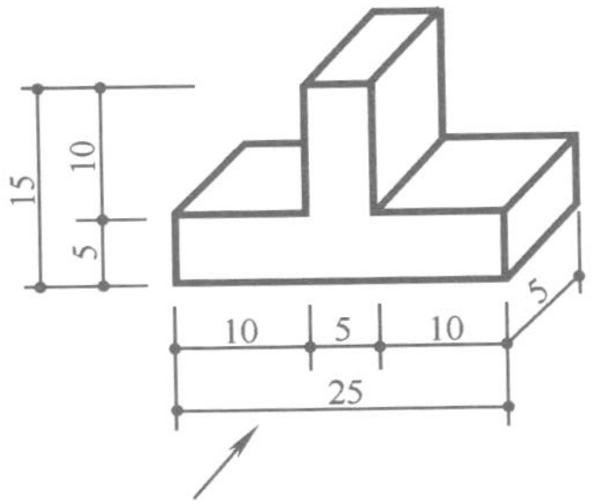

6. 画该立体的投影图。

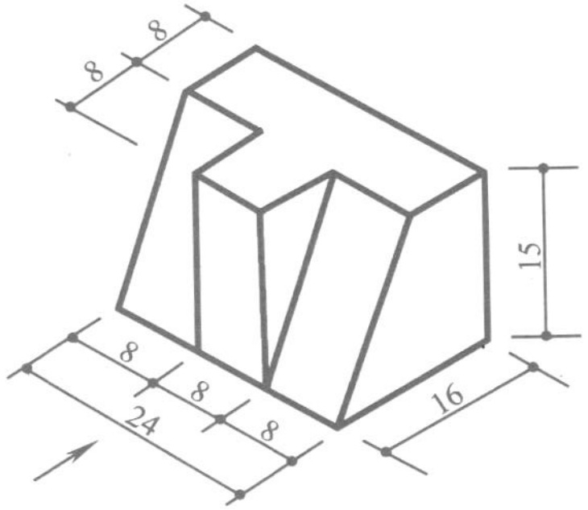

投影的基本知识（三）

班级　　学号　　姓名　　日期

根据立体图，补画所缺的投影图。

1.

2.

3.

4.

5.

6.

投影的基本知识（四）

班级　　学号　　姓名　　日期

根据立体图，作形体的三面投影图。

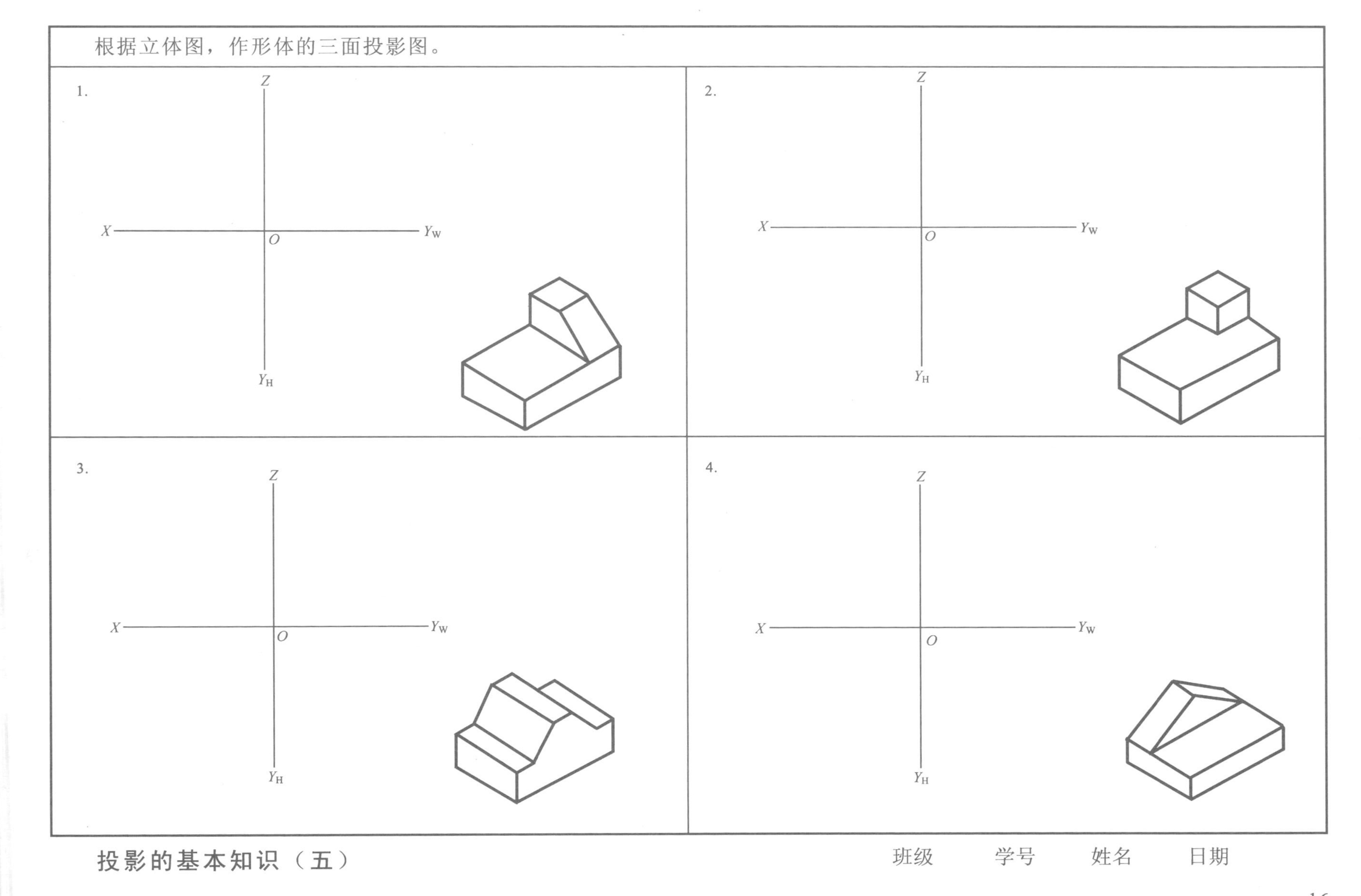


投影的基本知识（五）

班级　学号　姓名　日期

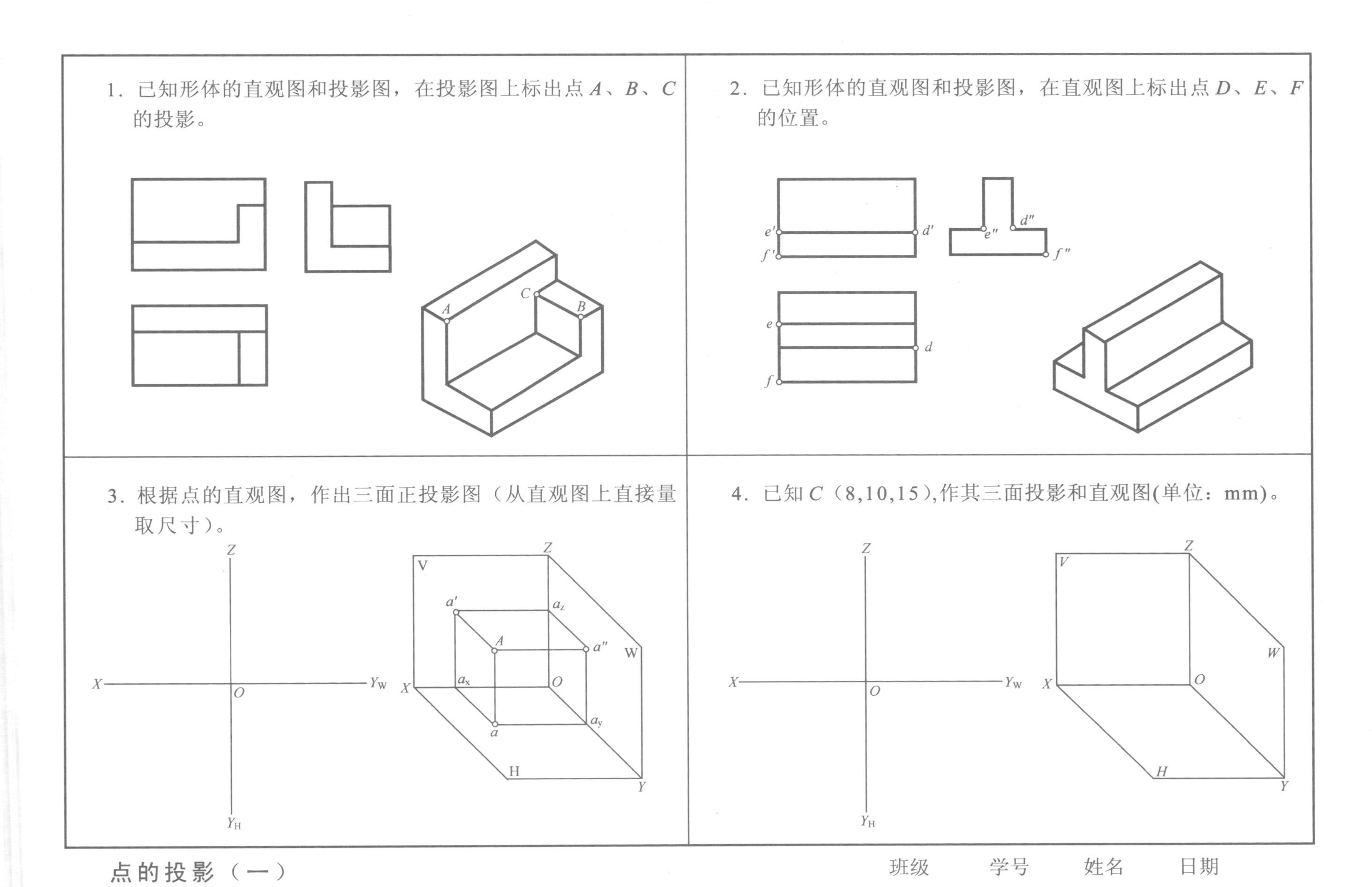


点的投影（一）

班级　　学号　　姓名　　日期

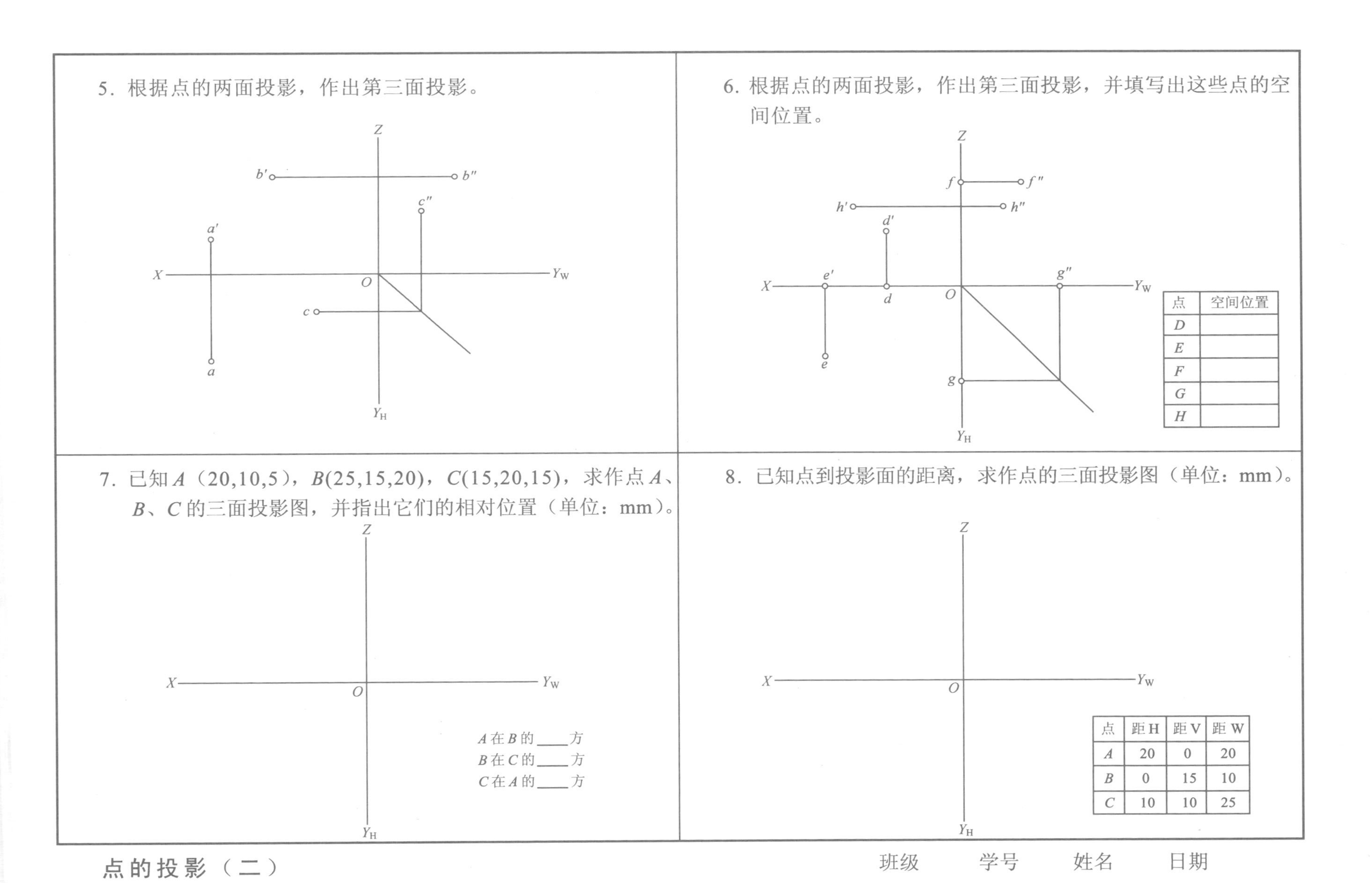

5. 根据点的两面投影，作出第三面投影。



6. 根据点的两面投影，作出第三面投影，并填写出这些点的空间位置。



| 点 | 空间位置 |
|---|---|
| D | |
| E | |
| F | |
| G | |
| H | |

7. 已知 $A$（20,10,5），$B$(25,15,20)，$C$(15,20,15)，求作点 $A$、$B$、$C$ 的三面投影图，并指出它们的相对位置（单位：mm）。



$A$ 在 $B$ 的____方
$B$ 在 $C$ 的____方
$C$ 在 $A$ 的____方

8. 已知点到投影面的距离，求作点的三面投影图（单位：mm）。



| 点 | 距 H | 距 V | 距 W |
|---|---|---|---|
| A | 20 | 0 | 20 |
| B | 0 | 15 | 10 |
| C | 10 | 10 | 25 |

点的投影（二）

班级　　学号　　姓名　　日期

9. 已知点$A$(10,10,30)，点$B$(0,15,20)，点$C$在$A$的左方15，下方10,前方10，求作点$A$、$B$、$C$的三面投影（单位：mm）。

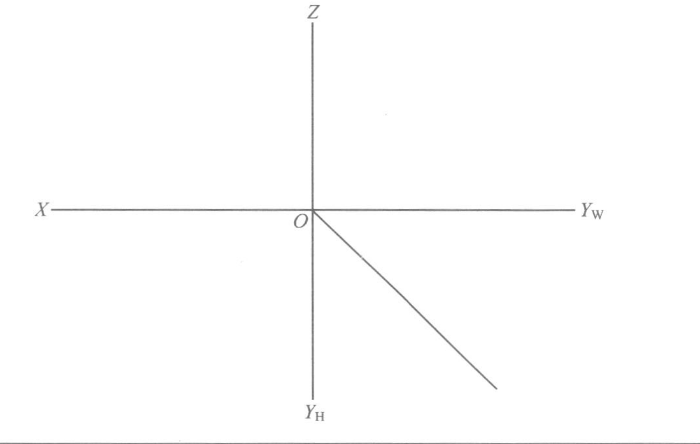


10. 已知点$A$的投影，求作点$B$、$C$、$D$的投影，使$B$点在$A$的正右方5mm，$C$点在$A$的正前方15mm，$D$点在$A$的正下方10mm。

11. 已知点$E$(30,0,20)，$F$(0,0,20)，点$G$在点$E$的正前方25，求作点$E$、$F$、$G$的三面投影，并判别可见性（单位：mm）。

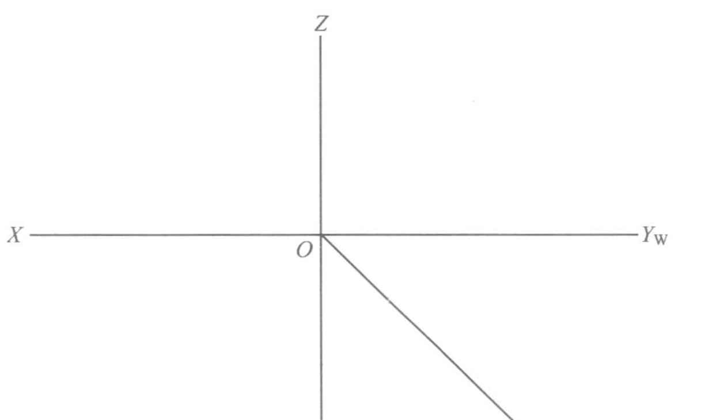


12. 求作点$A$、$B$、$C$、$S$的第三面投影，并把同面投影用直线连接起来。

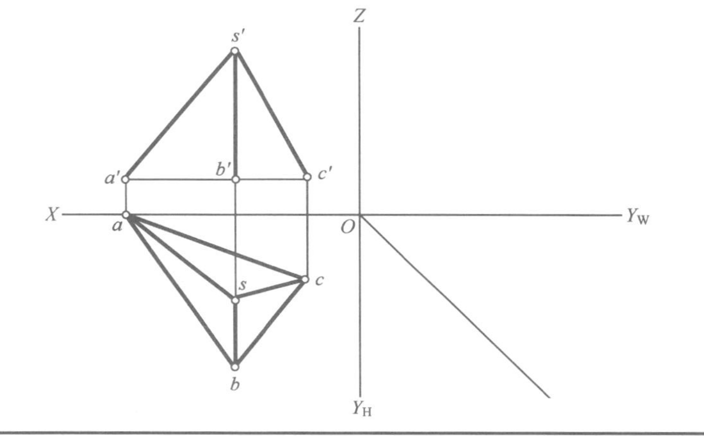


点的投影（三）

班级　　学号　　姓名　　日期

1. 根据形体的直观图和投影图上直线的投影，判别直线 *AB*、*BC*、*CD*、*EF* 对投影面的相对位置。

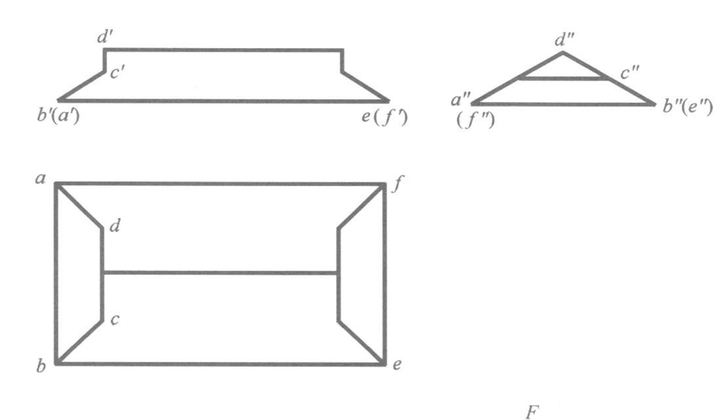


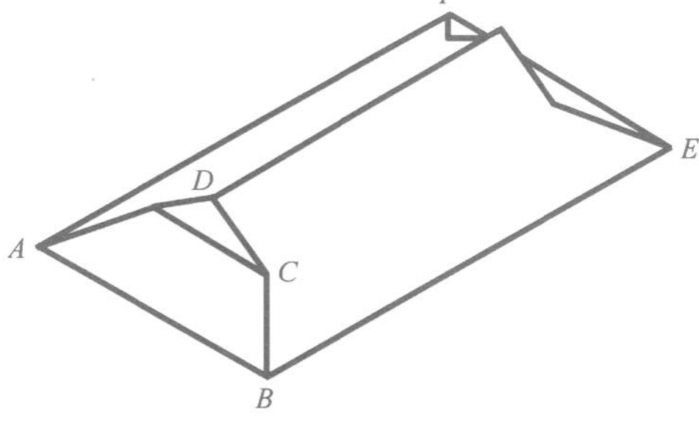


*AB* 是______线

*BC* 是______线

*CD* 是______线

*EF* 是______线

2. 根据形体的直观图，在投影图上标出直线 *AB*、*BC*、*CD*、*EF* 的投影，并判断它们与投影面的相对位置。

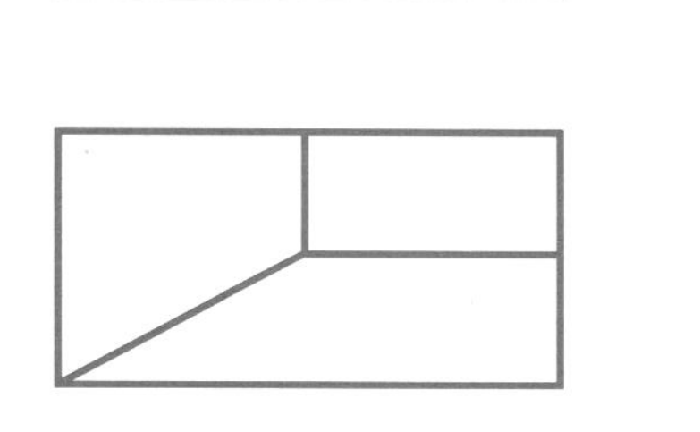

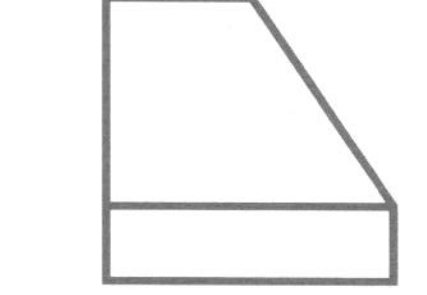

*AB* 是______线

*BC* 是______线

*CD* 是______线

*EF* 是______线

直线的投影（一） 班级 学号 姓名 日期

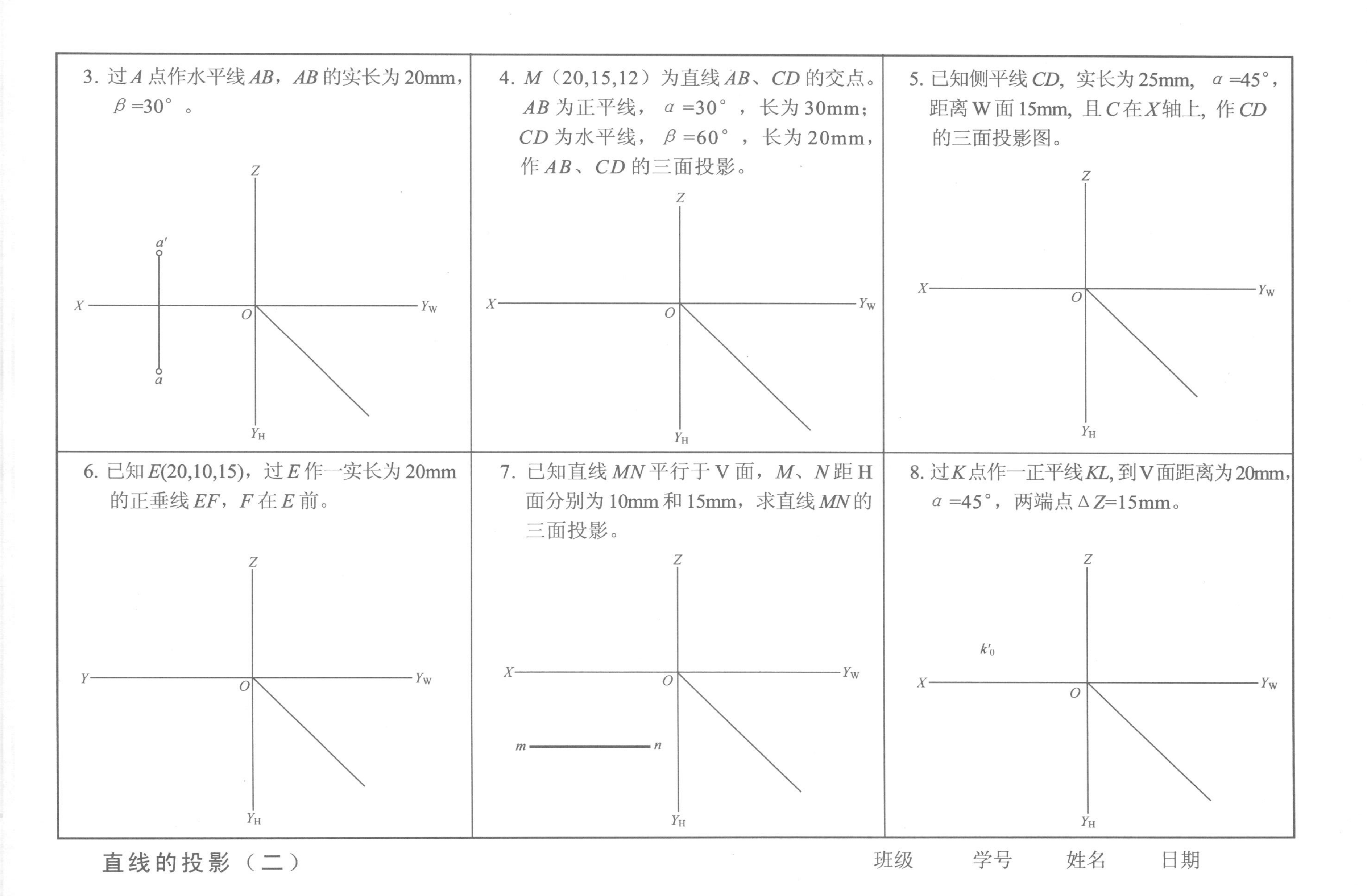

3. 过 $A$ 点作水平线 $AB$，$AB$ 的实长为 20mm，$\beta=30°$。

4. $M$（20,15,12）为直线 $AB$、$CD$ 的交点。$AB$ 为正平线，$\alpha=30°$，长为 30mm；$CD$ 为水平线，$\beta=60°$，长为 20mm，作 $AB$、$CD$ 的三面投影。

5. 已知侧平线 $CD$，实长为 25mm，$\alpha=45°$，距离 W 面 15mm，且 $C$ 在 $X$ 轴上，作 $CD$ 的三面投影图。

6. 已知 $E$(20,10,15)，过 $E$ 作一实长为 20mm 的正垂线 $EF$，$F$ 在 $E$ 前。

7. 已知直线 $MN$ 平行于 V 面，$M$、$N$ 距 H 面分别为 10mm 和 15mm，求直线 $MN$ 的三面投影。

8. 过 $K$ 点作一正平线 $KL$，到 V 面距离为 20mm，$\alpha=45°$，两端点 $\Delta Z$=15mm。





班级　　学号　　姓名　　日期

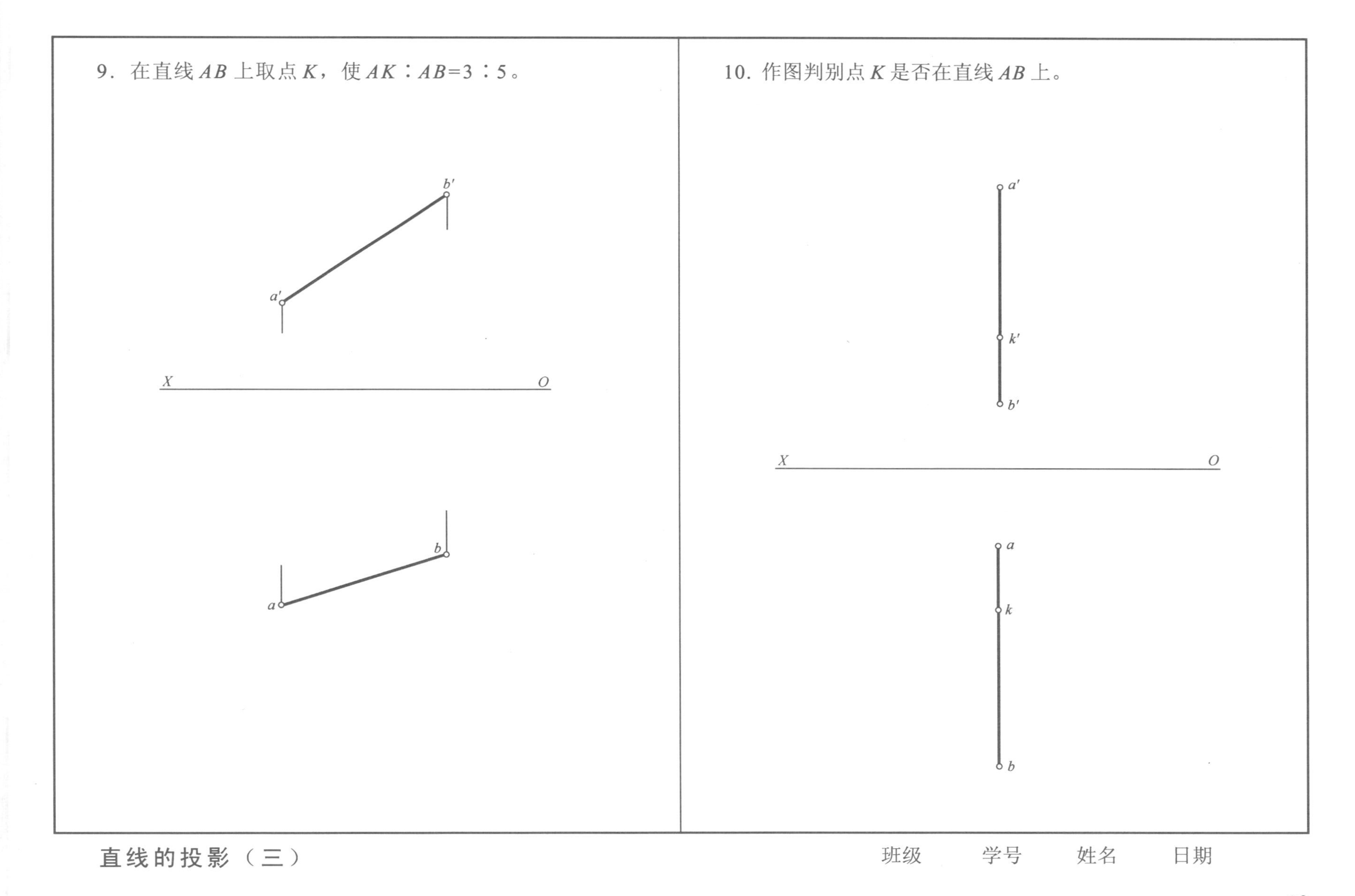


直线的投影（三）

班级　　学号　　姓名　　日期

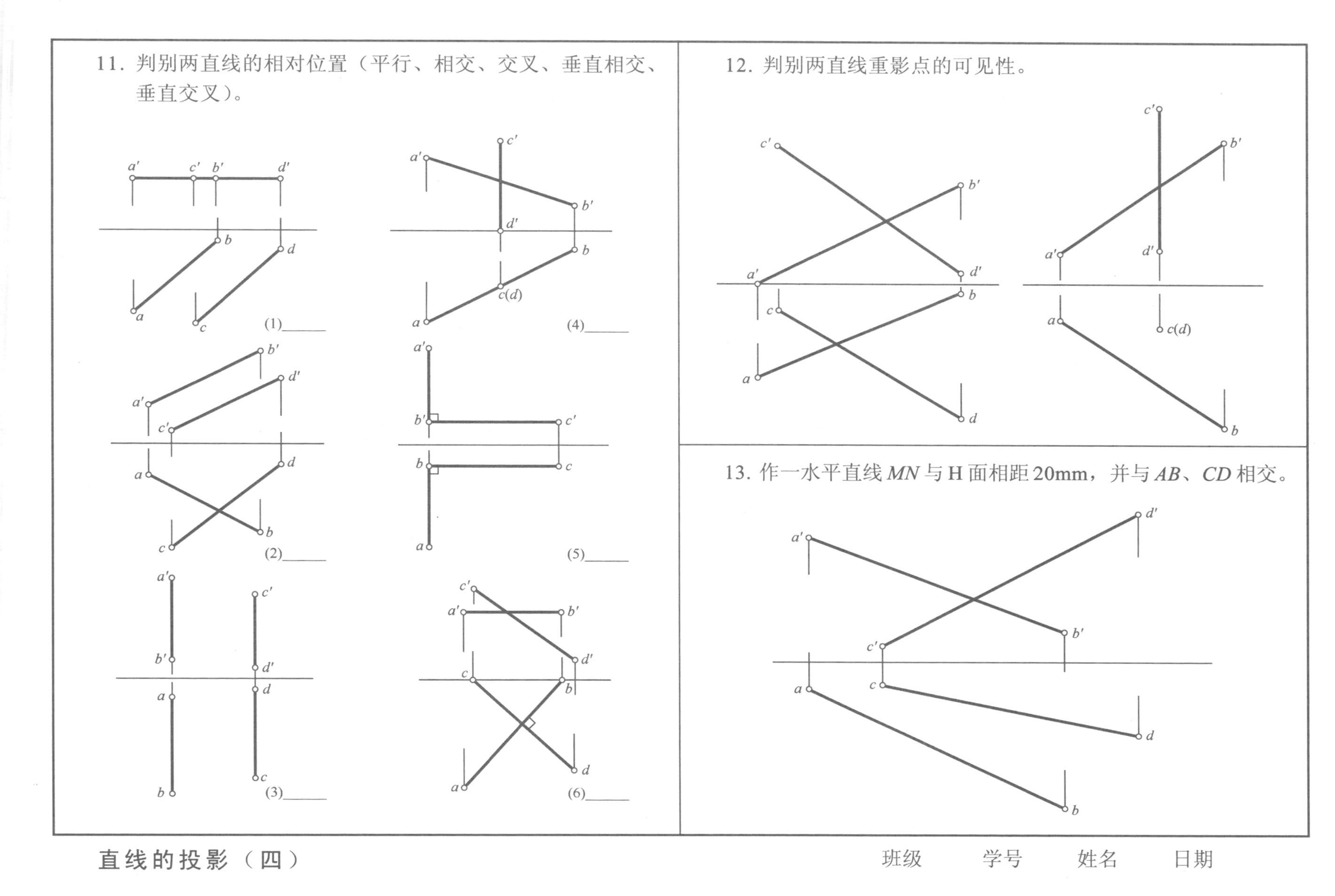
11. 判别两直线的相对位置（平行、相交、交叉、垂直相交、垂直交叉）。
(1)______
(2)______
(3)______
(4)______
(5)______
(6)______
12. 判别两直线重影点的可见性。
13. 作一水平直线 MN 与 H 面相距 20mm，并与 AB、CD 相交。
直线的投影（四）
班级　学号　姓名　日期

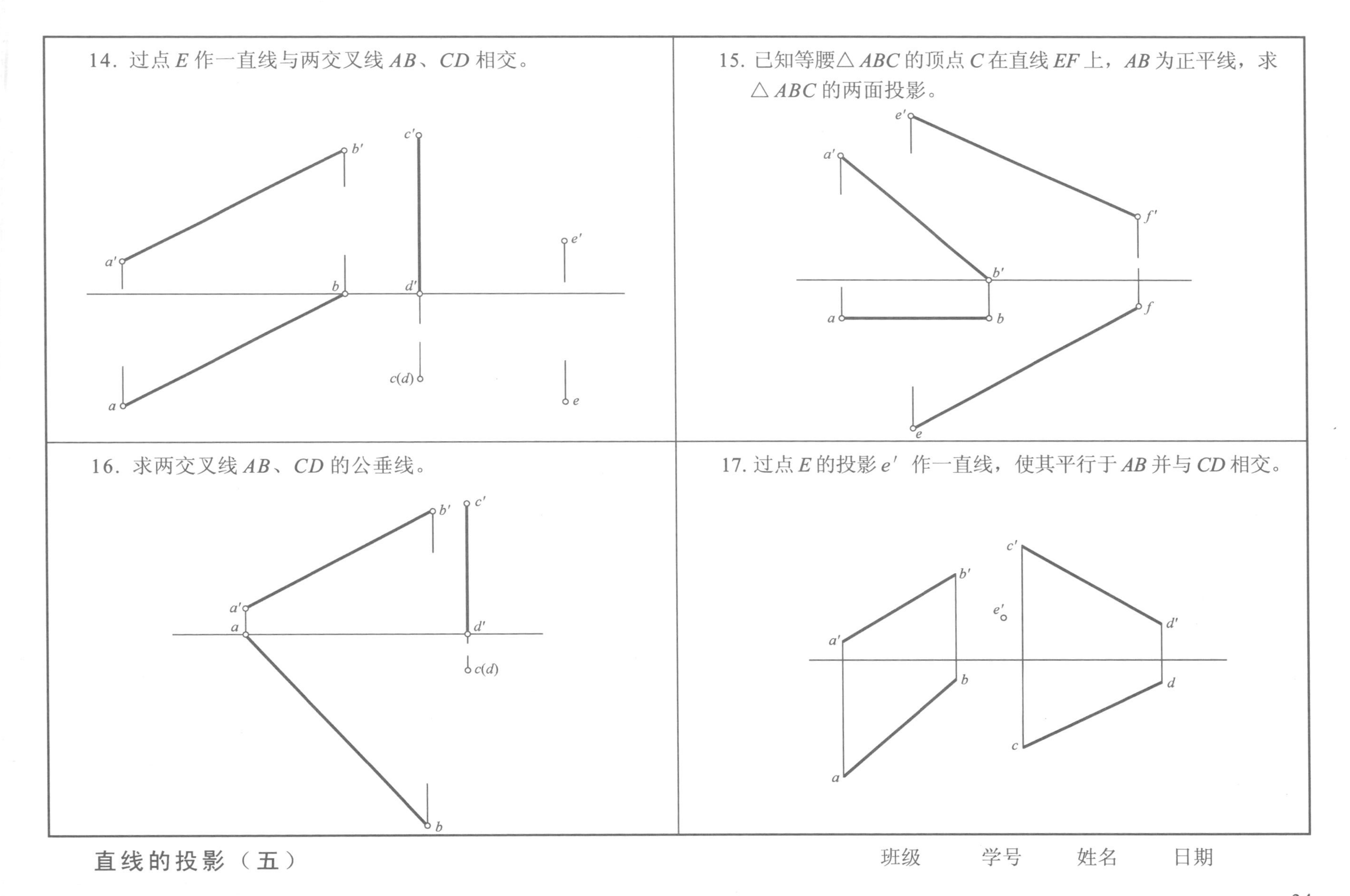


直线的投影（五）

班级　　学号　　姓名　　日期

1. 根据直观图，在投影图中相应位置注上平面 $P$、$Q$、$R$、$S$ 的投影，并判别它们对投影面的相对位置。

2. 根据投影图中的标注，在直观图中相应位置注上平面 $P$、$Q$、$R$、$S$ 符号，并判别它们对投影面的相对位置。

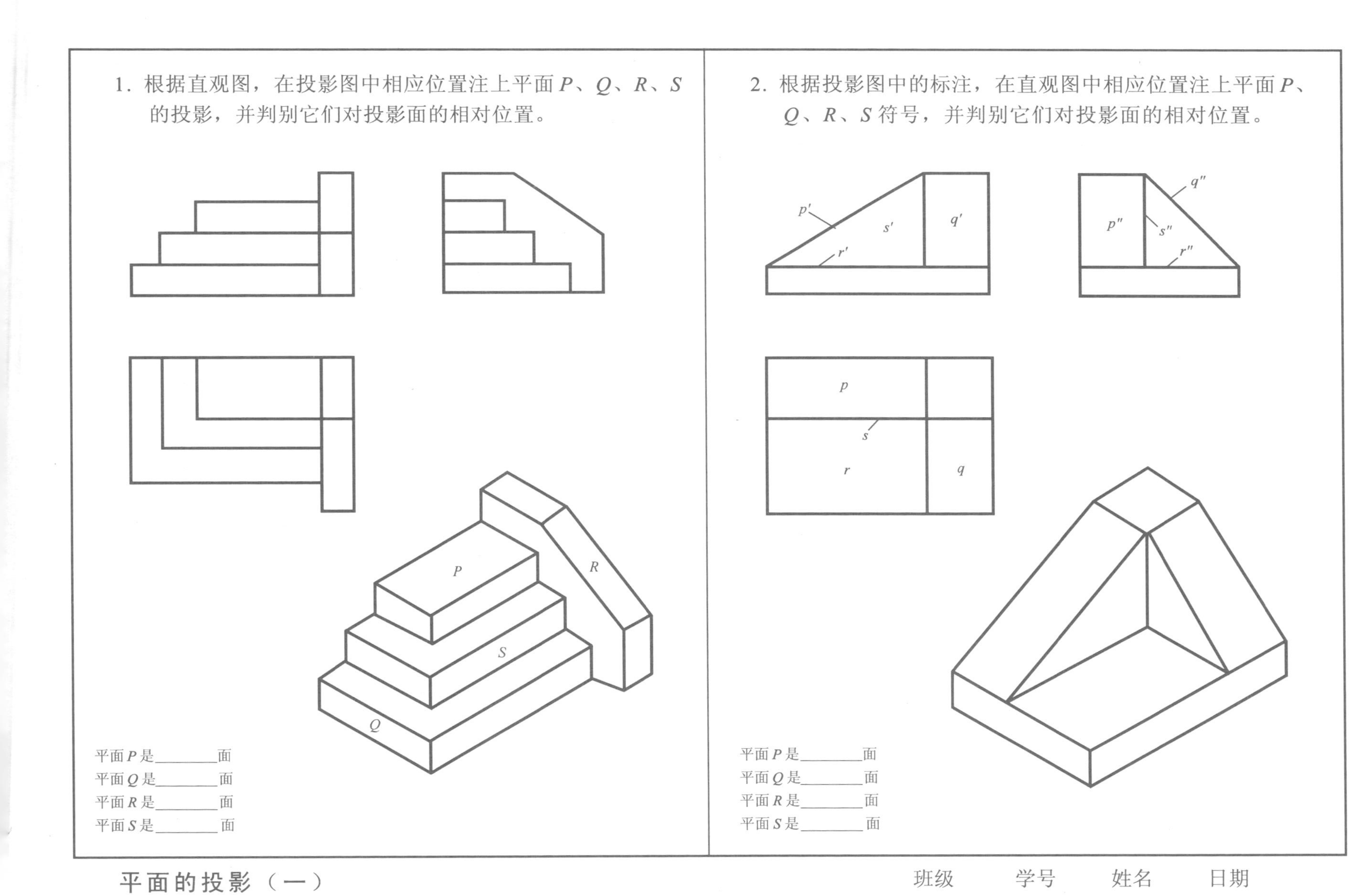


平面 $P$ 是________面
平面 $Q$ 是________面
平面 $R$ 是________面
平面 $S$ 是________面

平面 $P$ 是________面
平面 $Q$ 是________面
平面 $R$ 是________面
平面 $S$ 是________面

平面的投影（一）

班级　　学号　　姓名　　日期

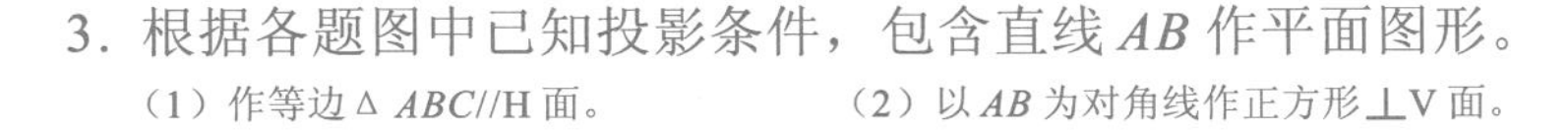

3. 根据各题图中已知投影条件，包含直线 $AB$ 作平面图形。

（1）作等边△$ABC$//H 面。　　（2）以 $AB$ 为对角线作正方形⊥V 面。

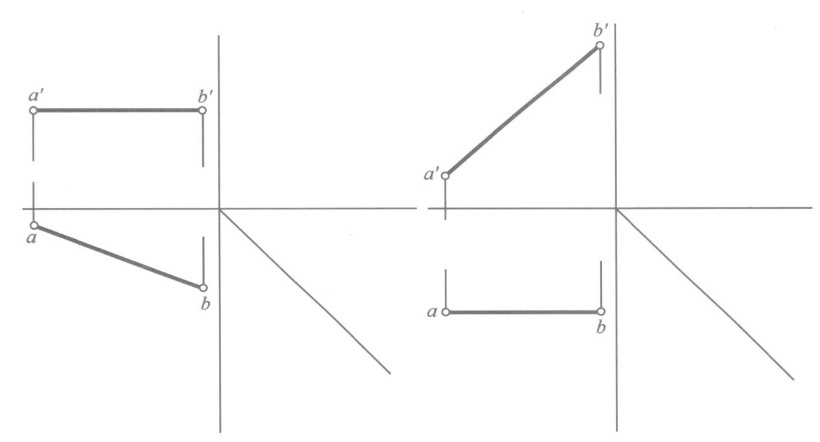


4. 根据各题图中已知投影条件，包含直线 $AB$ 作迹线平面。

（1）作铅垂面。　　（2）作正垂面，$\alpha$ =45°。　　（3）作水平面。

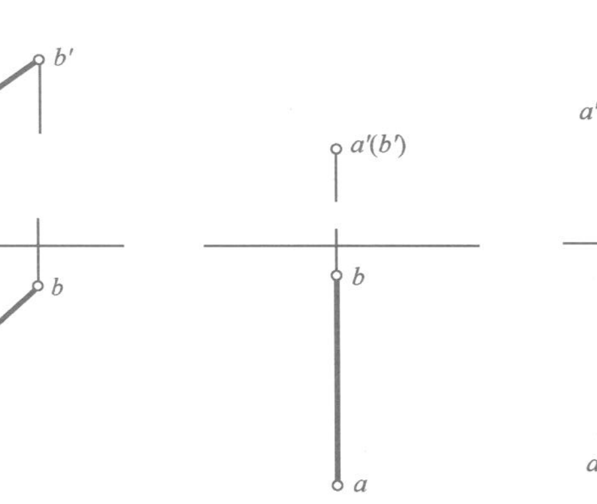


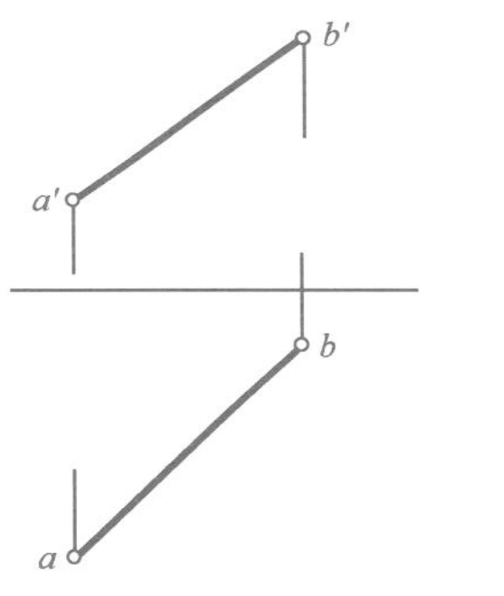

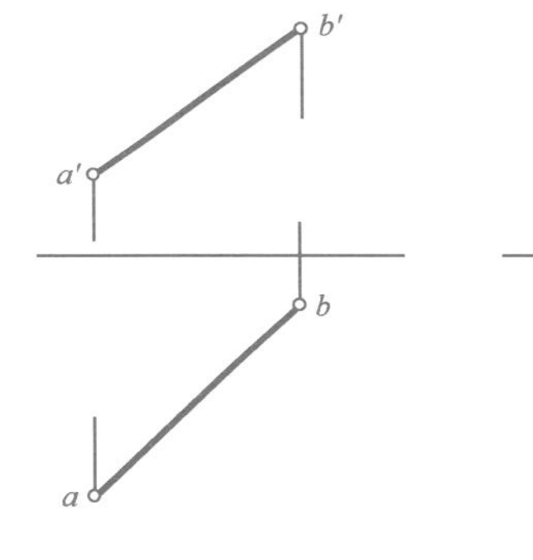


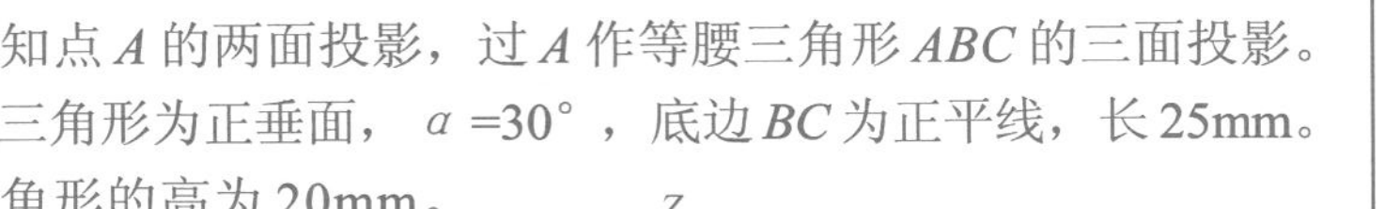

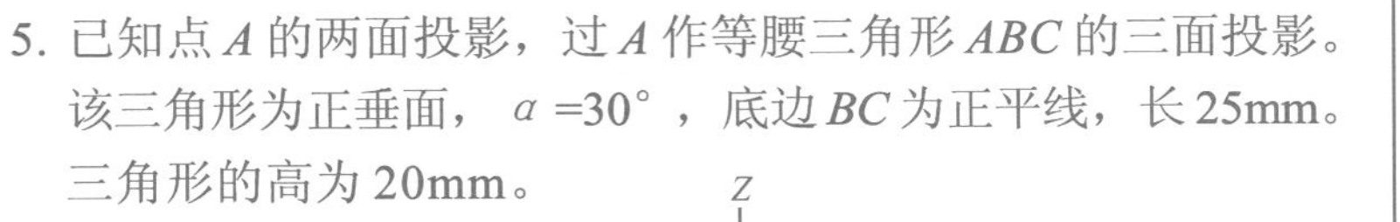

5. 已知点 $A$ 的两面投影，过 $A$ 作等腰三角形 $ABC$ 的三面投影。该三角形为正垂面，$\alpha$ =30°，底边 $BC$ 为正平线，长 25mm。三角形的高为 20mm。

6. 已知点 $A$ 的两面投影，过 $A$ 作一正方形 $ABCD$ 的三面投影。该正方形为铅垂面 $\beta$ =45°，对角线 $AC$ 为水平线，长 20mm。



班级　　学号　　姓名　　日期

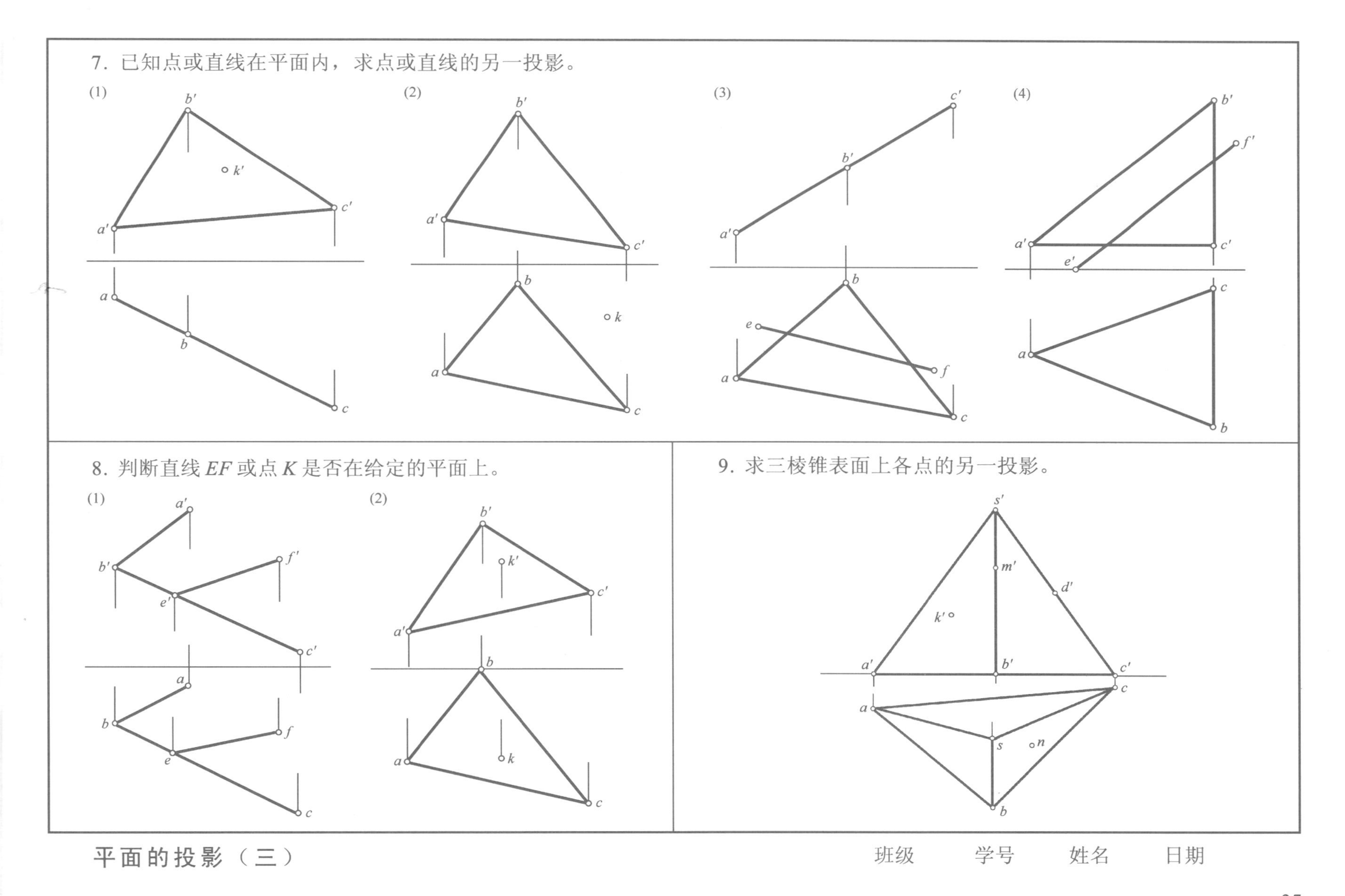


平面的投影（三）

班级　　学号　　姓名　　日期

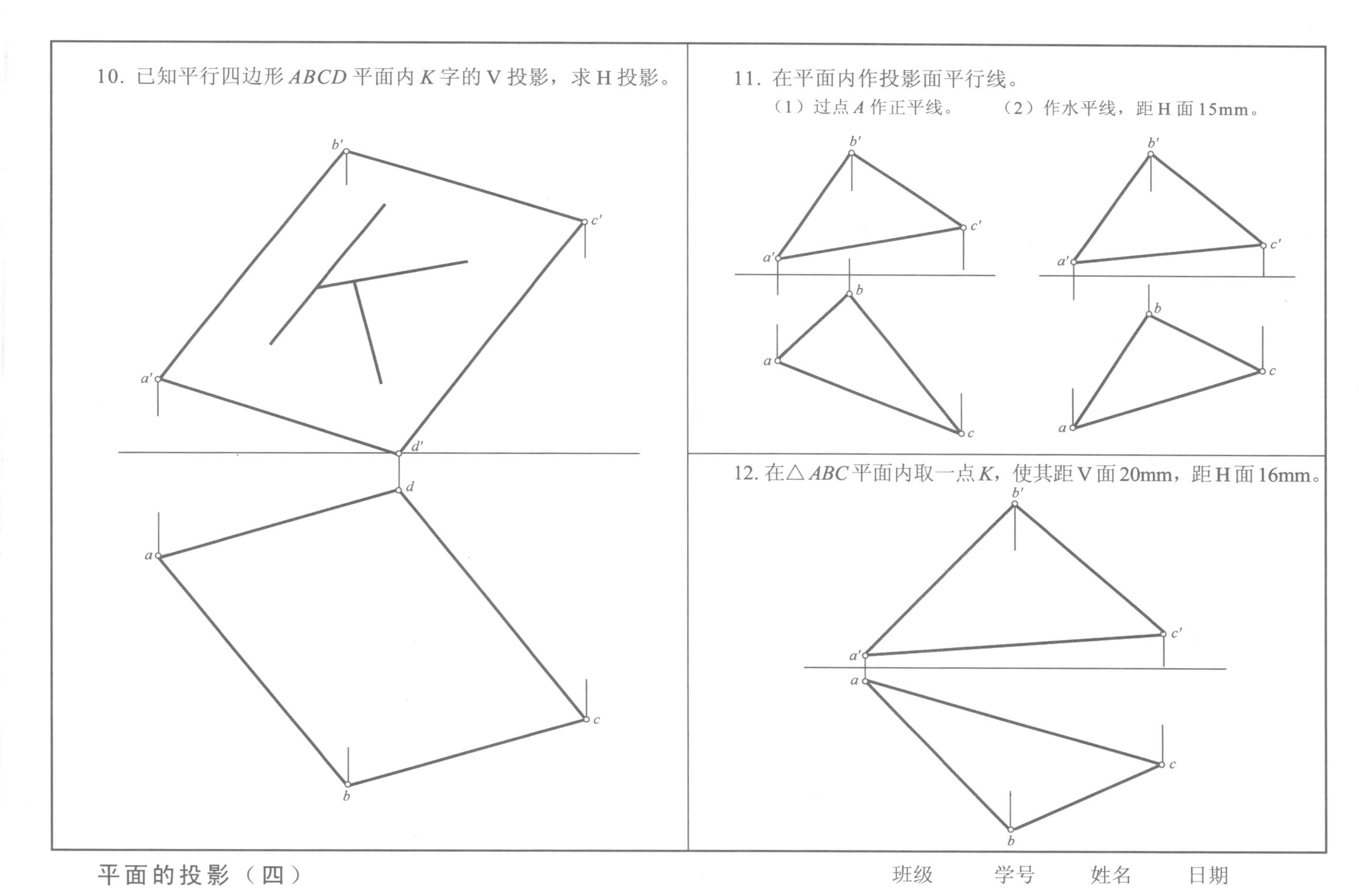
10. 已知平行四边形 *ABCD* 平面内 *K* 字的 V 投影，求 H 投影。


11. 在平面内作投影面平行线。

（1）过点 *A* 作正平线。　　（2）作水平线，距 H 面 15mm。


12. 在△*ABC* 平面内取一点 *K*，使其距 V 面 20mm，距 H 面 16mm。


平面的投影（四）

班级　　学号　　姓名　　日期

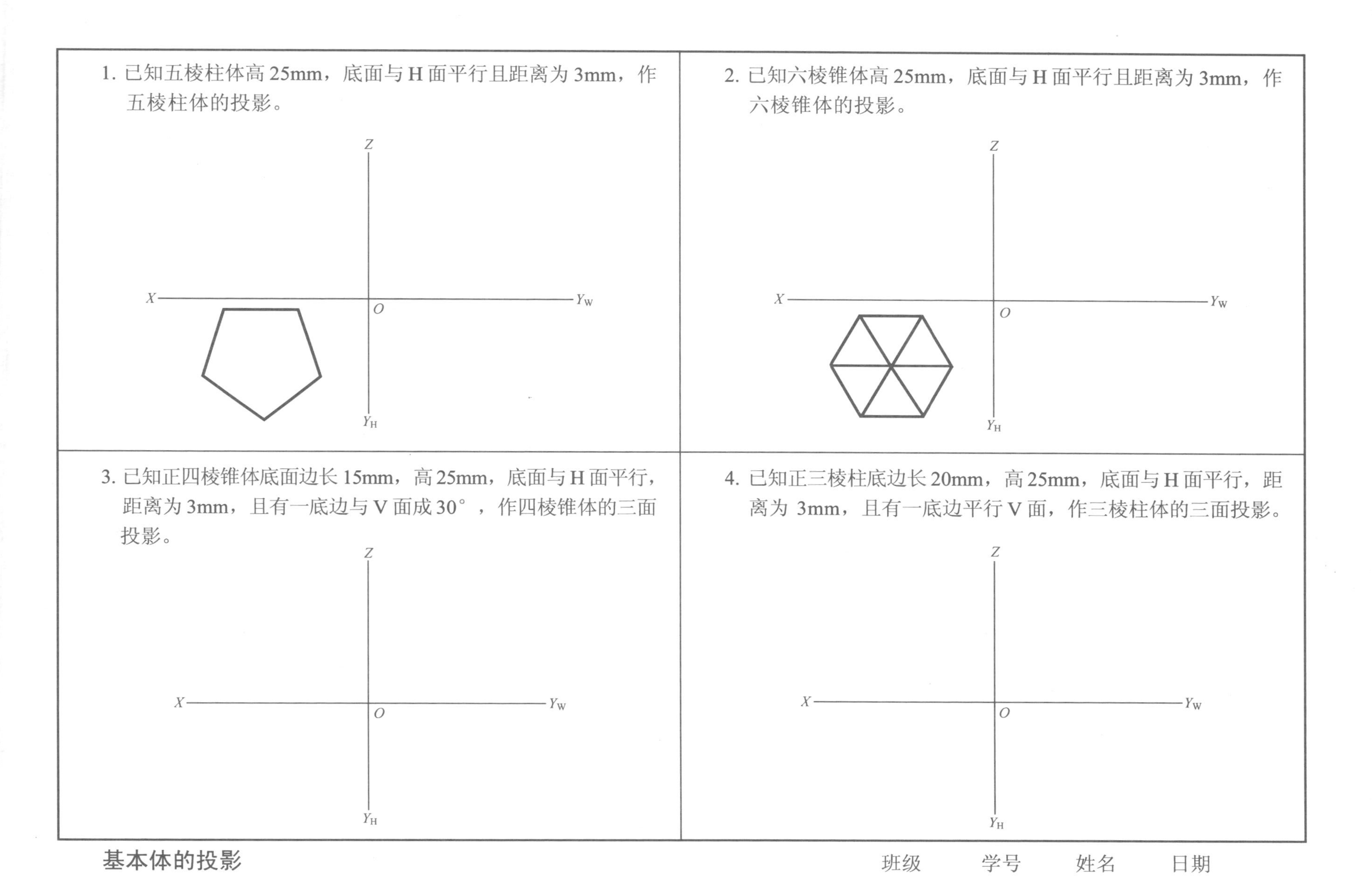


基本体的投影

班级　　学号　　姓名　　日期

5. 根据平面体表面上点和直线的一个投影，求作其他两个投影。

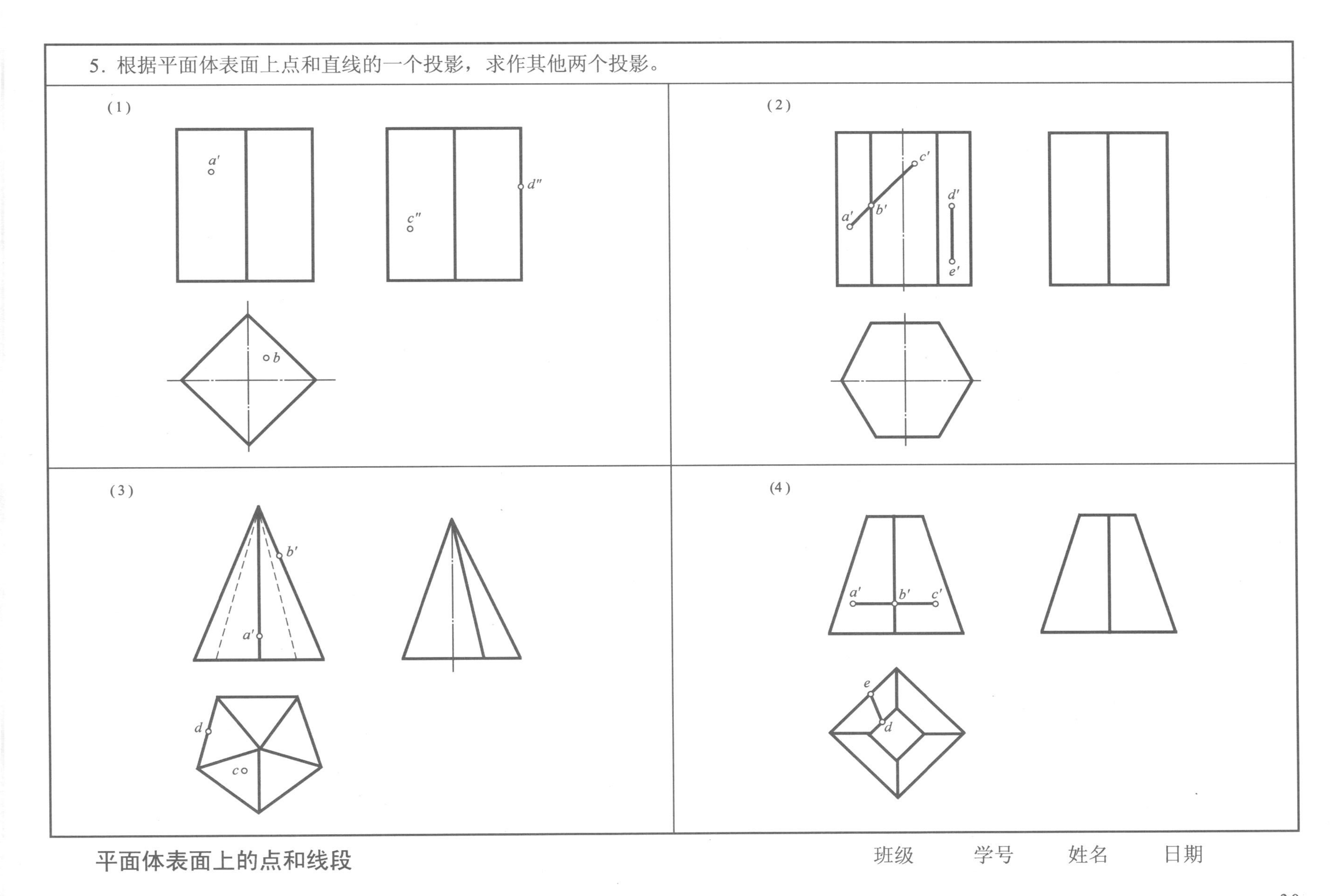


平面体表面上的点和线段

班级　　学号　　姓名　　日期

1. 已知圆平面垂直于V面，$\alpha=30°$，直径为30mm，又知圆心$C$的位置，完成圆的三面投影。

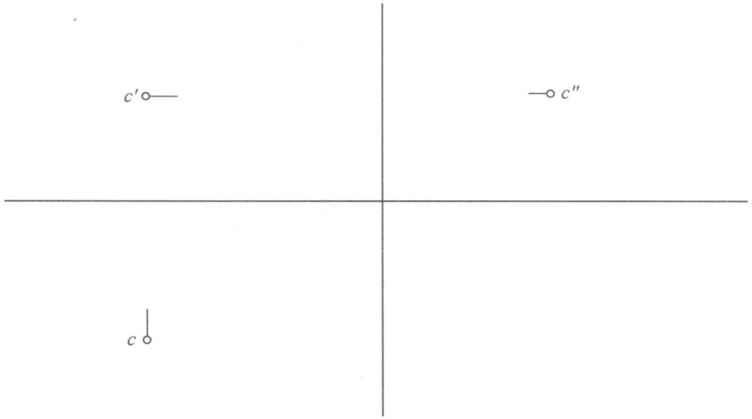

$c'$　$c''$

$c$

2. 已知导圆柱的水平投影和导程$S$，右旋，完成圆柱螺旋线的投影。

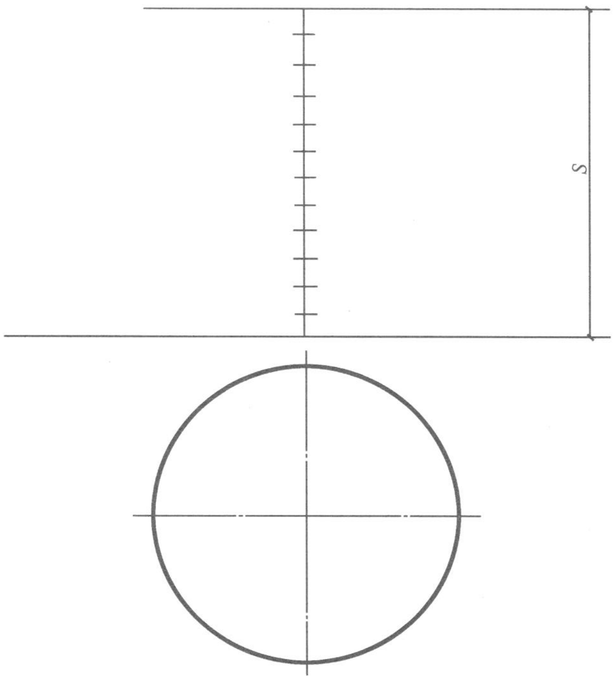

$S$



班级　学号　姓名　日期

3. 已知圆柱面上点 $A$、$B$、$C$ 的一个投影，求作其余两投影。

5. 已知圆锥面的 H、V 面投影，补画 W 面投影，并作出圆锥表面上点 $M$、$N$、$K$ 所缺投影。

4. 已知圆柱面上线段 $AB$、$CD$ 的一个投影，求作其余两投影。

6. 已知圆锥面上线段 $AB$、$CD$ 的一个投影，求作其余两投影。

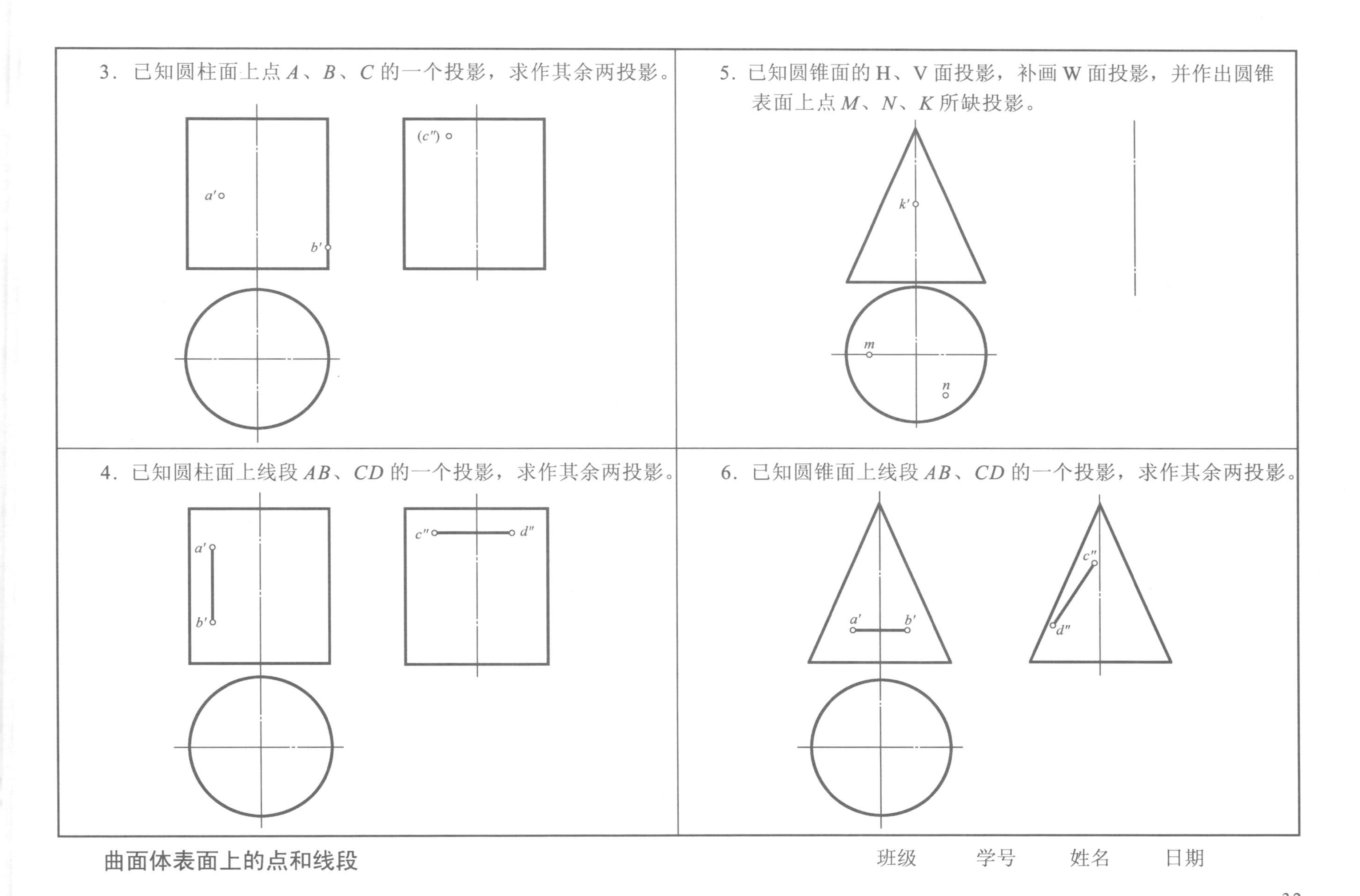




班级　学号　姓名　日期

7. 已知球面上各点 $A$、$B$、$C$、$E$、$F$、$G$、$M$ 及曲线 $DH$ 的一个投影，求其他两投影。

8. 已知环面上各点 $A$、$B$、$D$、$F$、$H$ 的一个投影，求另一投影。

9. 已知圆柱螺旋楼梯的内外直径 $D_1$、$D_2$，层高 $H$，踏步高为 $H/12$，试绘制该楼梯的投影。

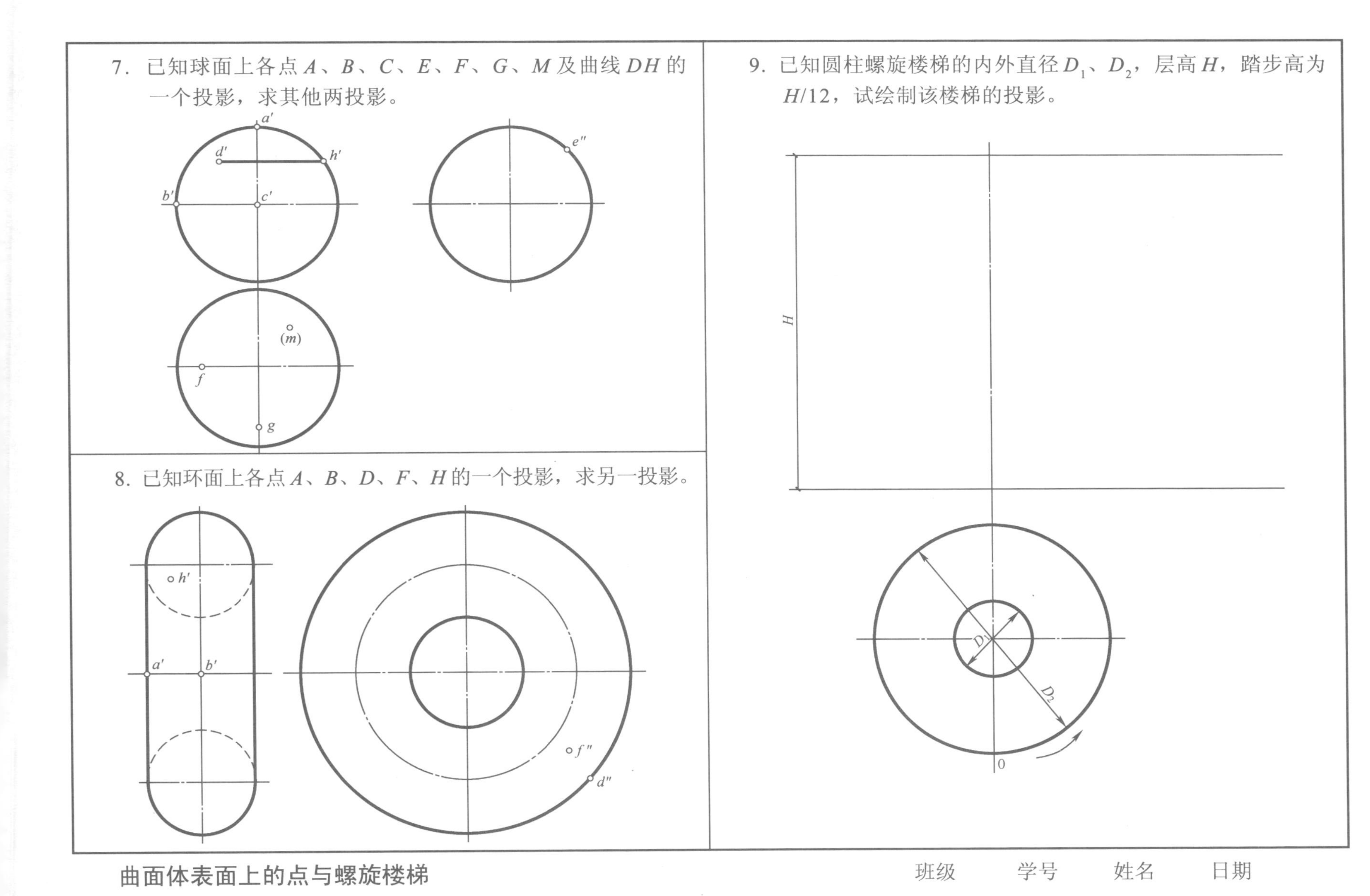


曲面体表面上的点与螺旋楼梯

班级　学号　姓名　日期

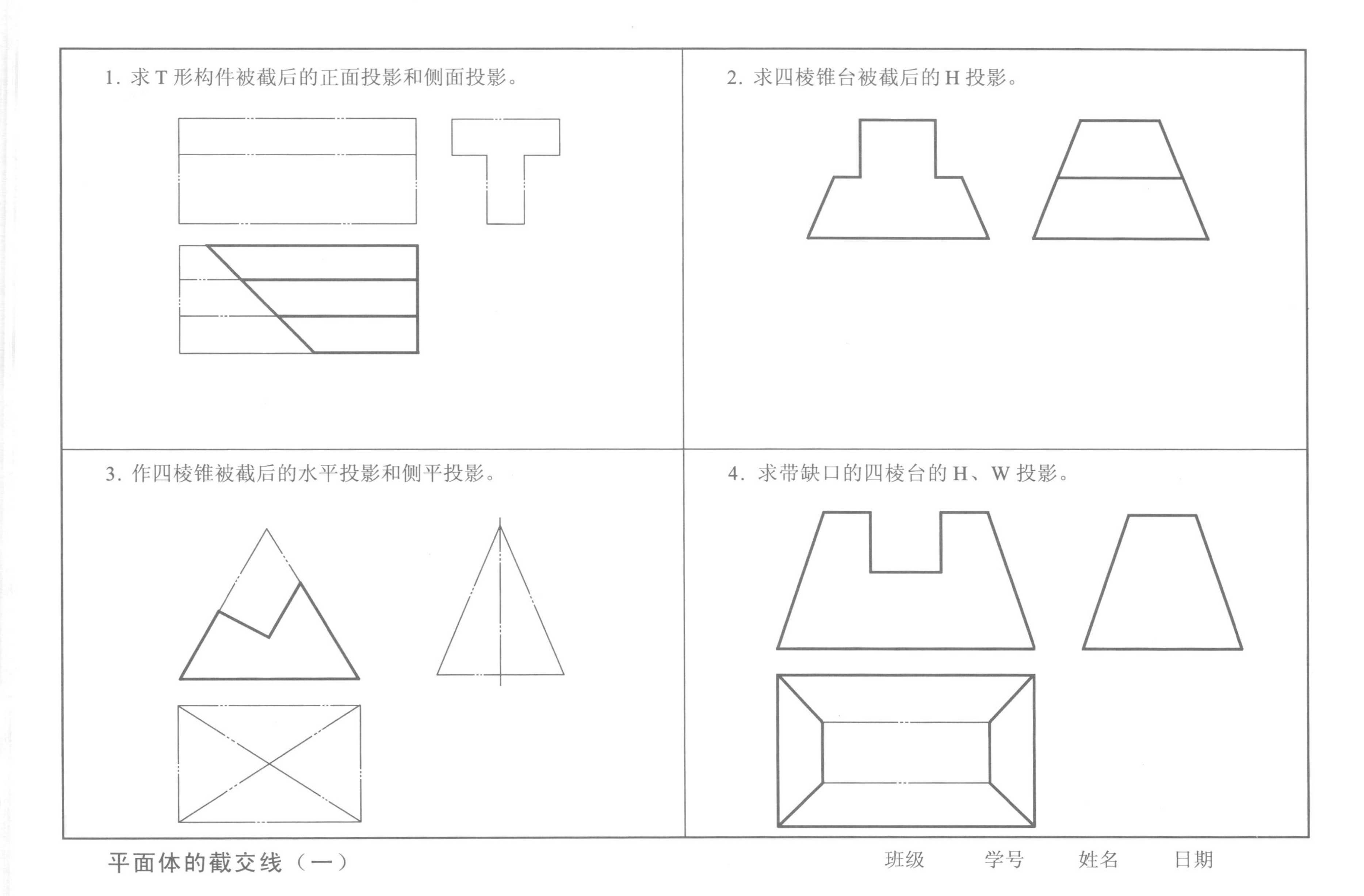

1. 求 T 形构件被截后的正面投影和侧面投影。

2. 求四棱锥台被截后的 H 投影。

3. 作四棱锥被截后的水平投影和侧平投影。

4. 求带缺口的四棱台的 H、W 投影。

## 平面体的截交线（一）

班级　　学号　　姓名　　日期

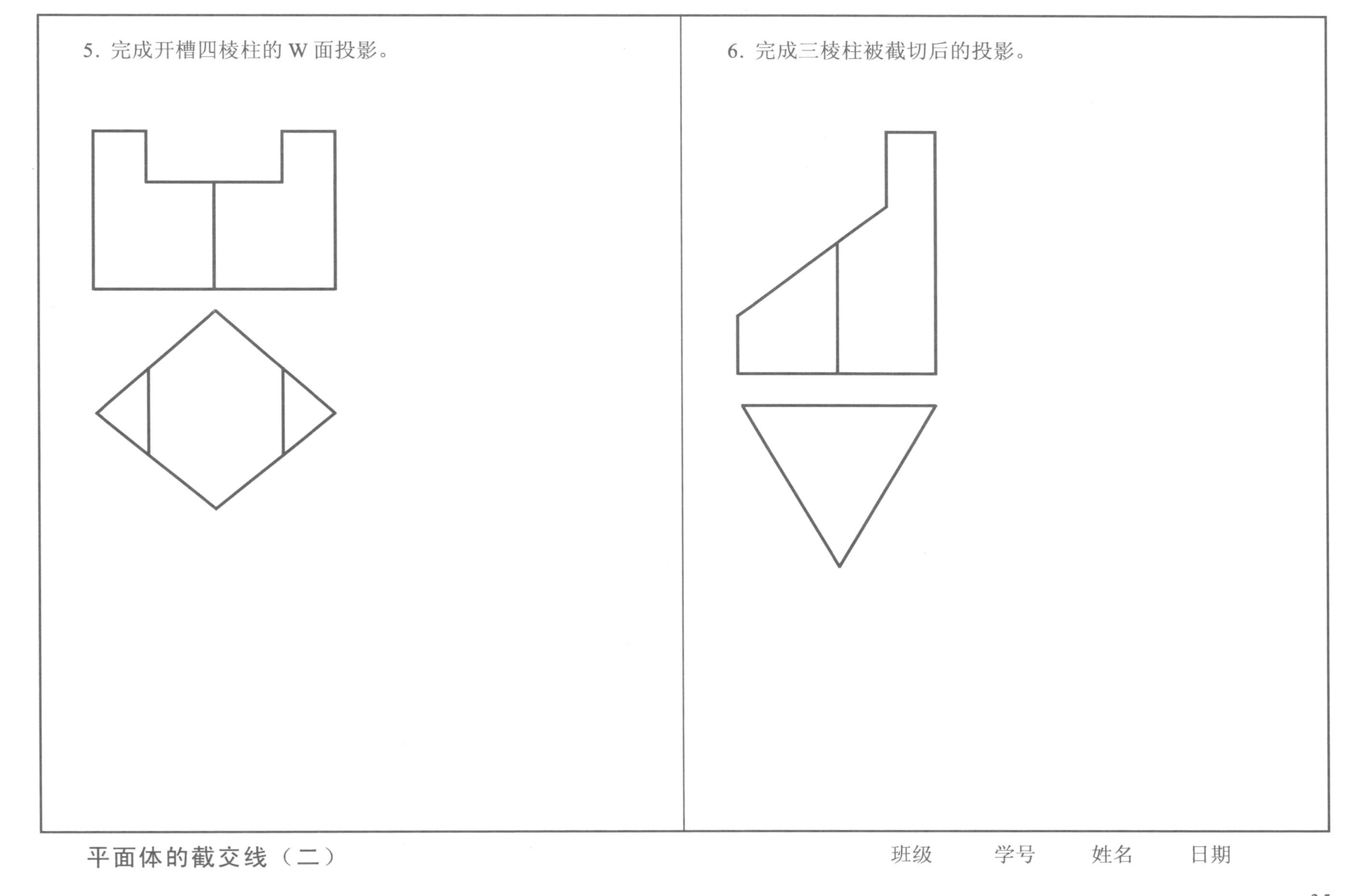

5. 完成开槽四棱柱的 W 面投影。

6. 完成三棱柱被截切后的投影。



班级　　学号　　姓名　　日期

7. 完成穿孔四棱柱的 H、W 面投影。

8. 求带缺口的三棱柱的 H、W 面投影。

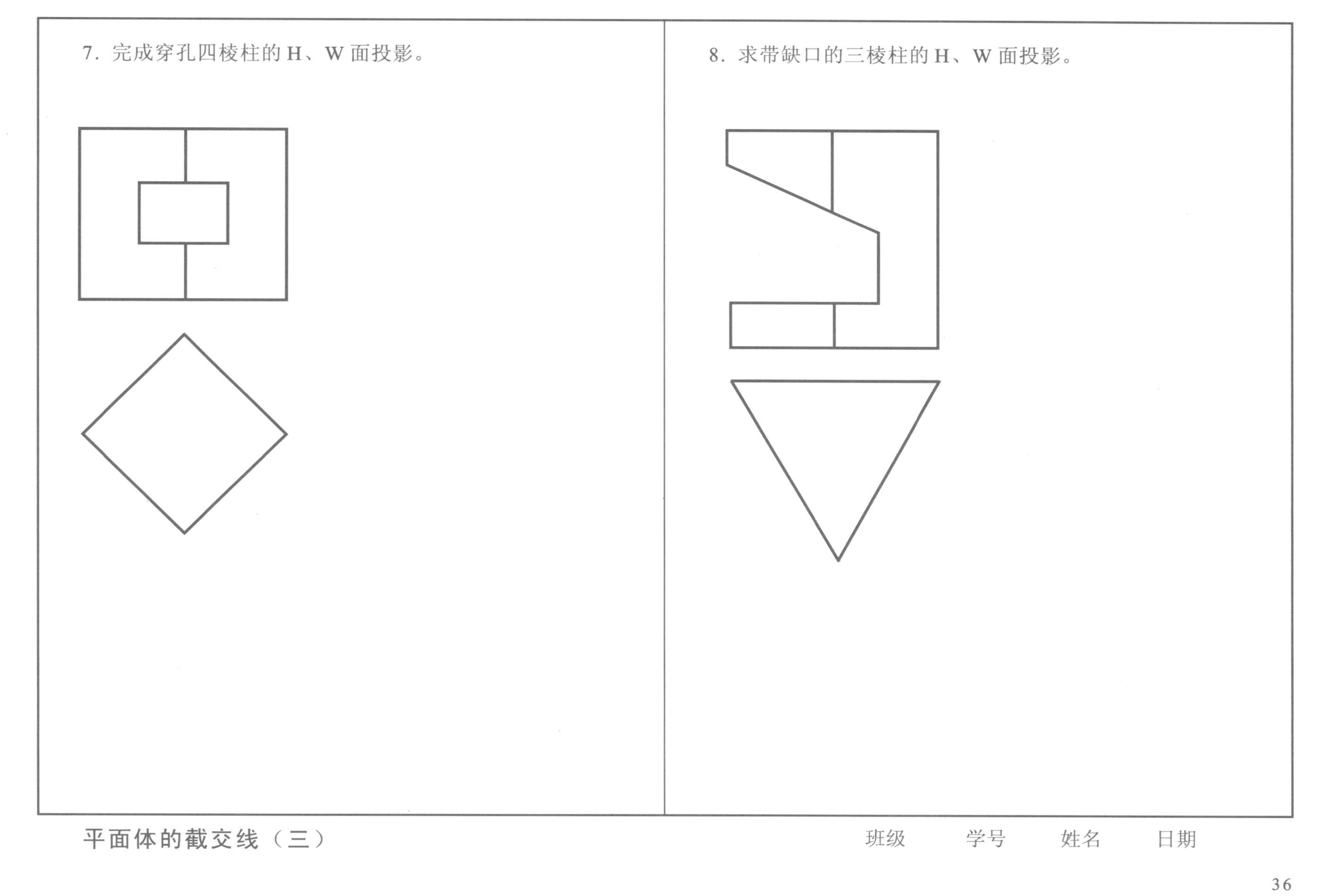

平面体的截交线（三）

班级　　学号　　姓名　　日期

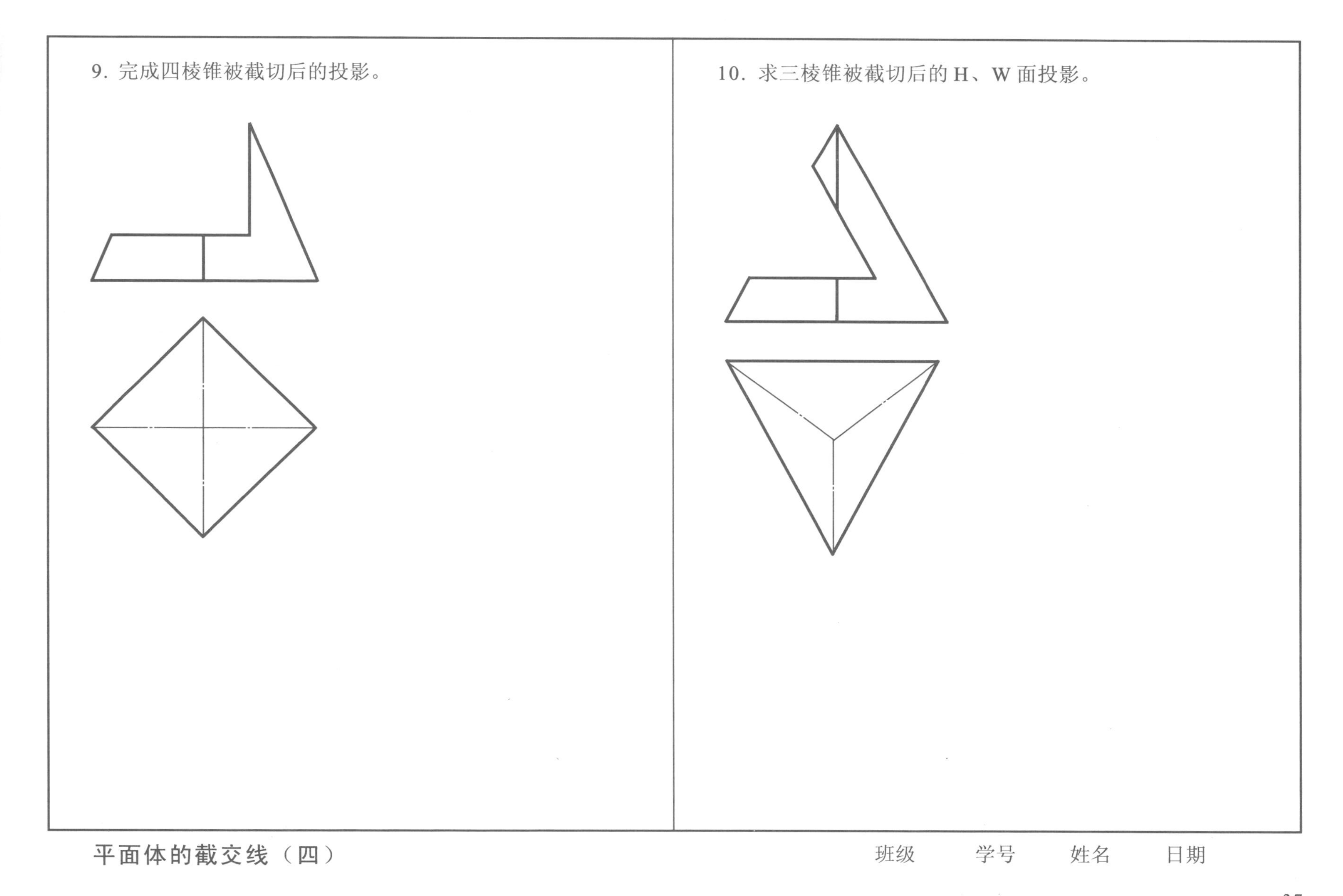

9. 完成四棱锥被截切后的投影。

10. 求三棱锥被截切后的H、W面投影。

平面体的截交线（四）

班级　　学号　　姓名　　日期

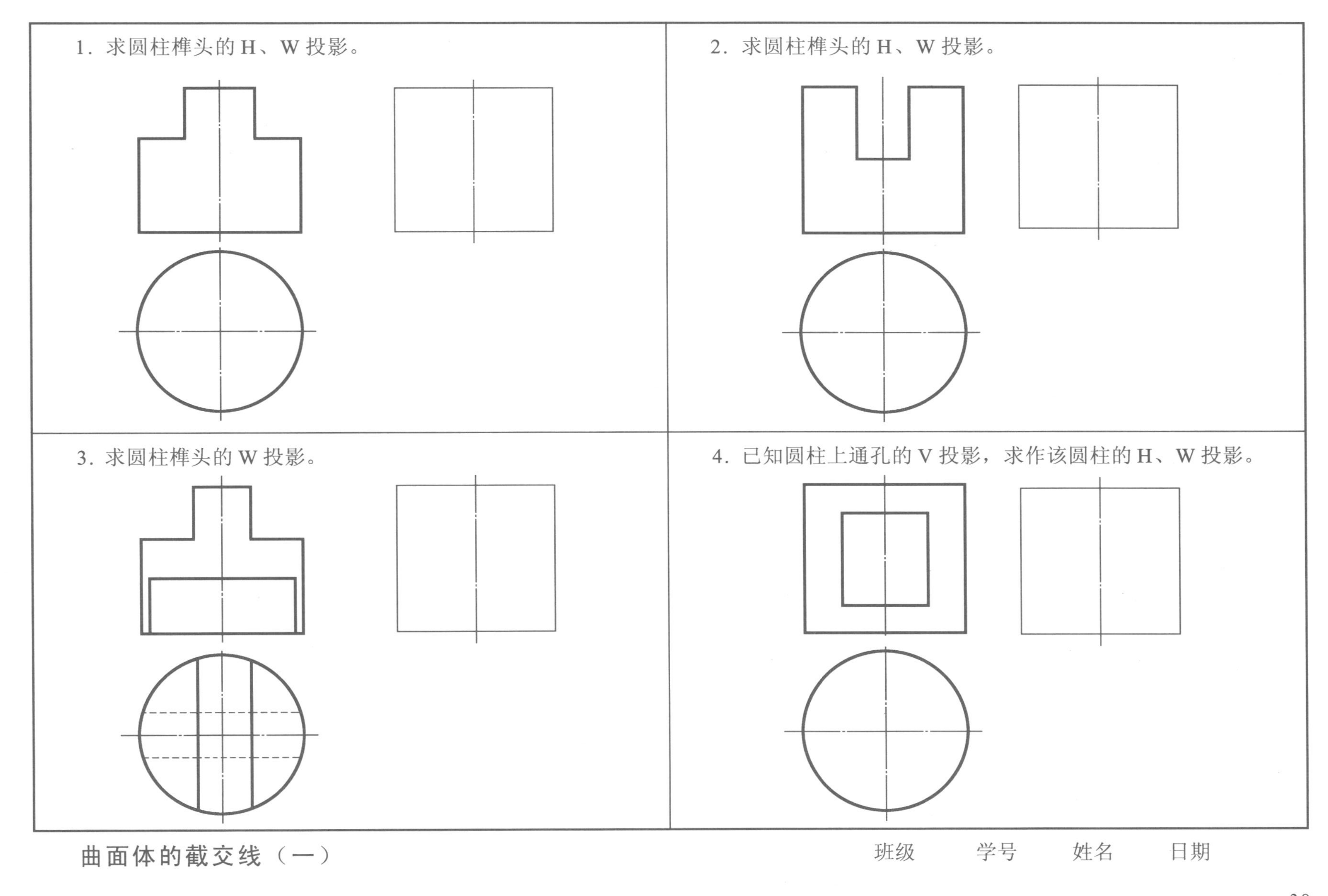


曲面体的截交线（一）

班级　　学号　　姓名　　日期

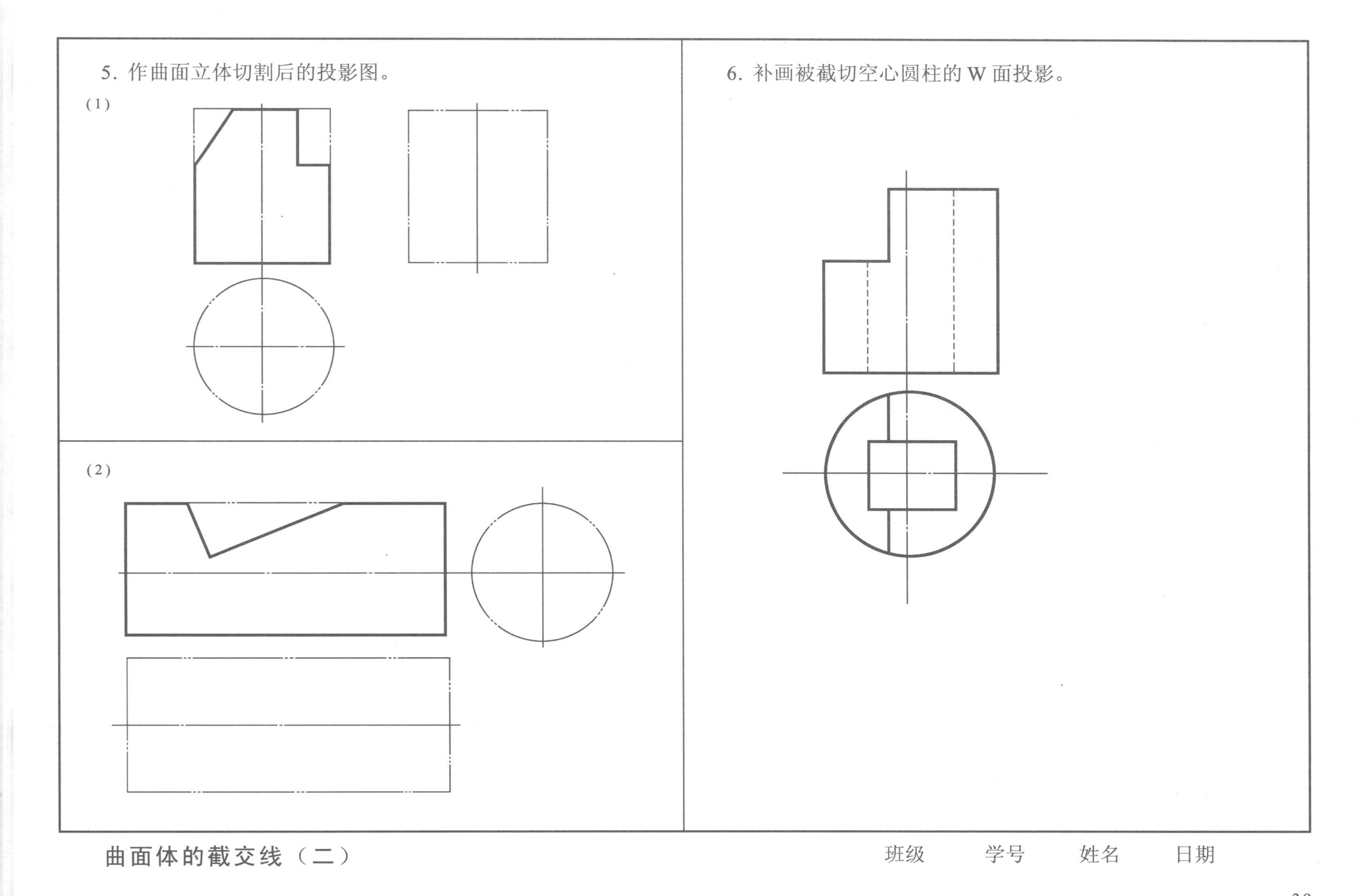


曲面体的截交线（二）

班级　　学号　　姓名　　日期

7. 求圆锥被截切后的 H、W 投影。

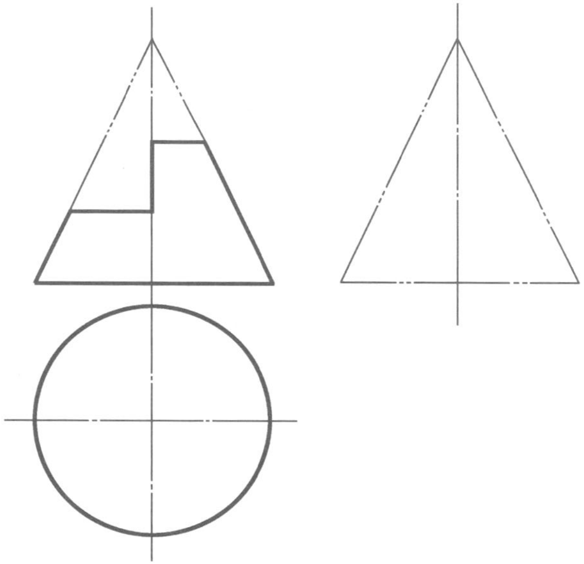

8. 求出圆锥切割体的 H、W 面投影。

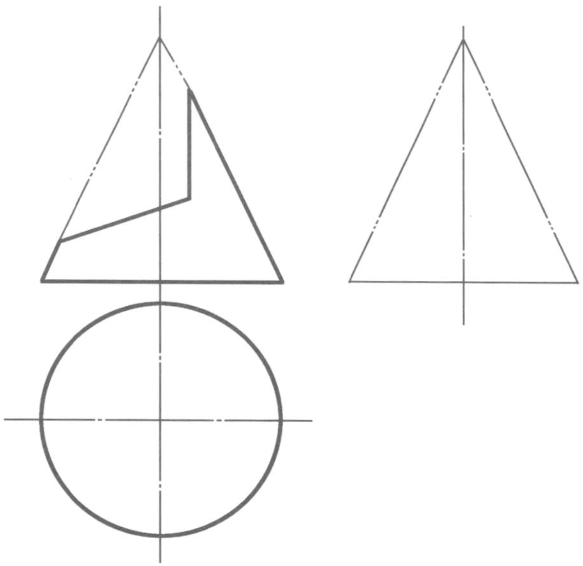

曲面体的截交线（三）

班级　　学号　　姓名　　日期

9. 求出圆锥切割体的 H、V 面投影。

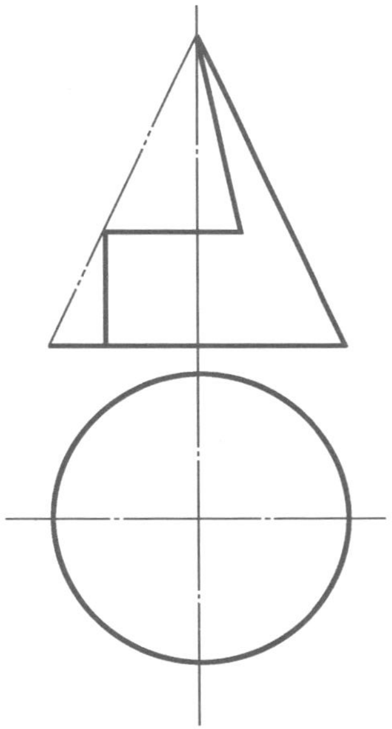

10. 完成被截切半圆球的三面投影。

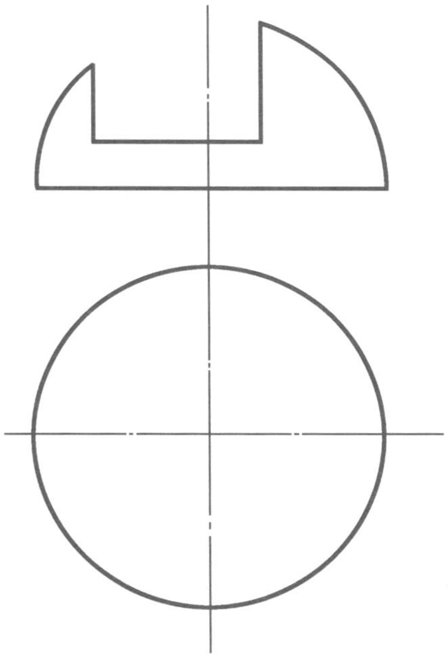

曲面体的截交线（四）

班级　　学号　　姓名　　日期

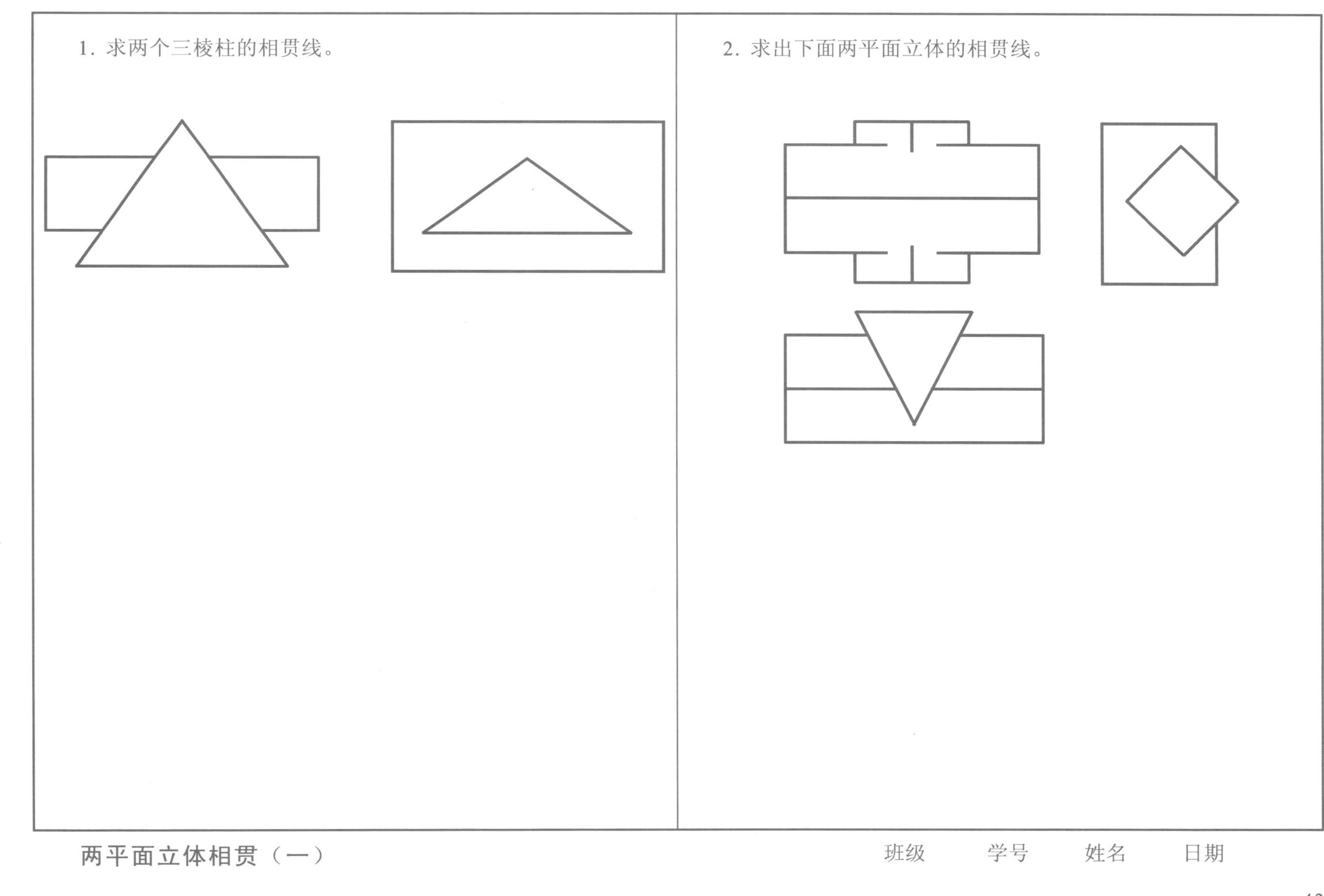


两平面立体相贯（一）

班级　　学号　　姓名　　日期

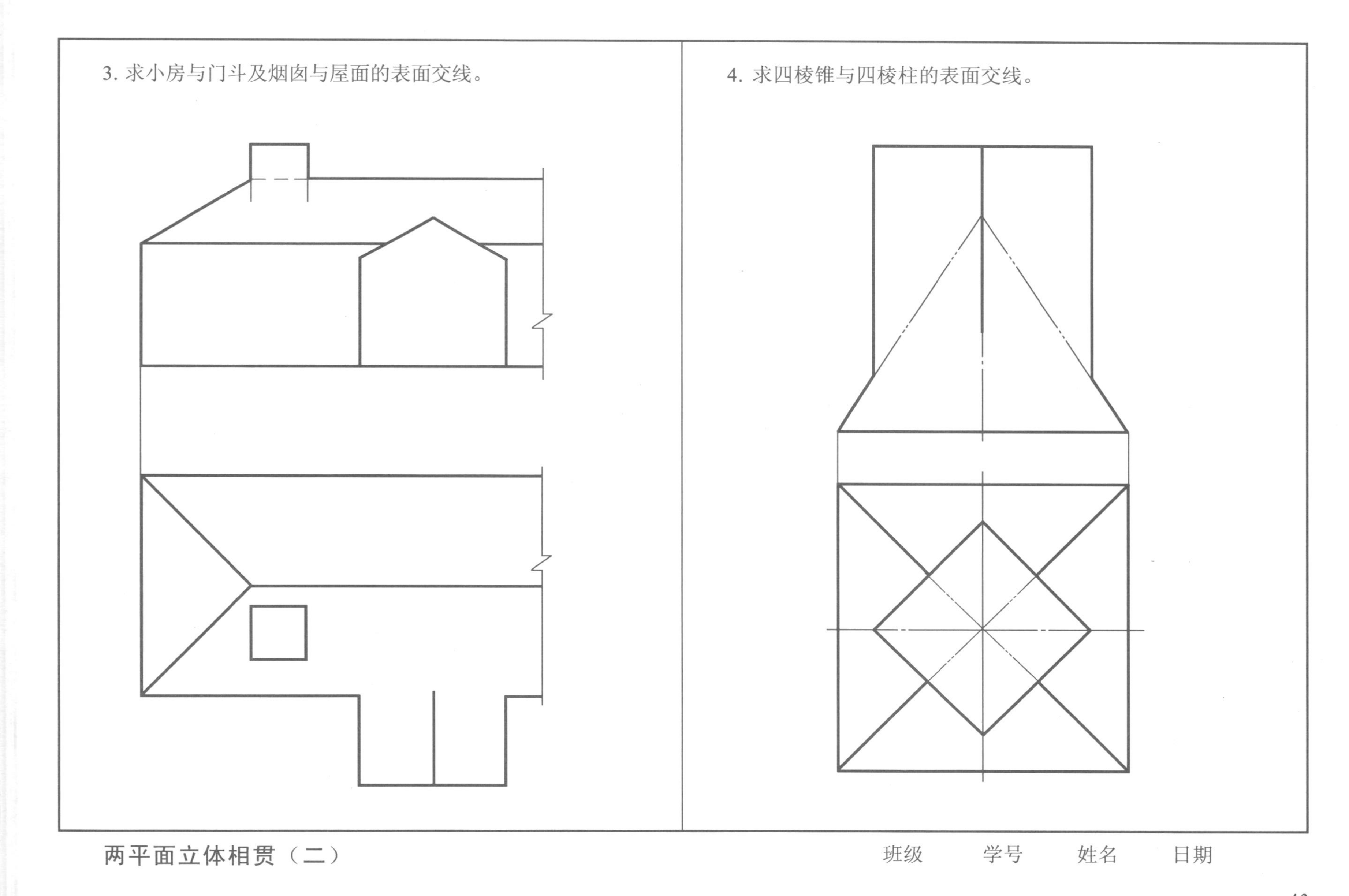


两平面立体相贯（二）

班级　　学号　　姓名　　日期

5. 求四棱锥与三棱柱的表面交线。

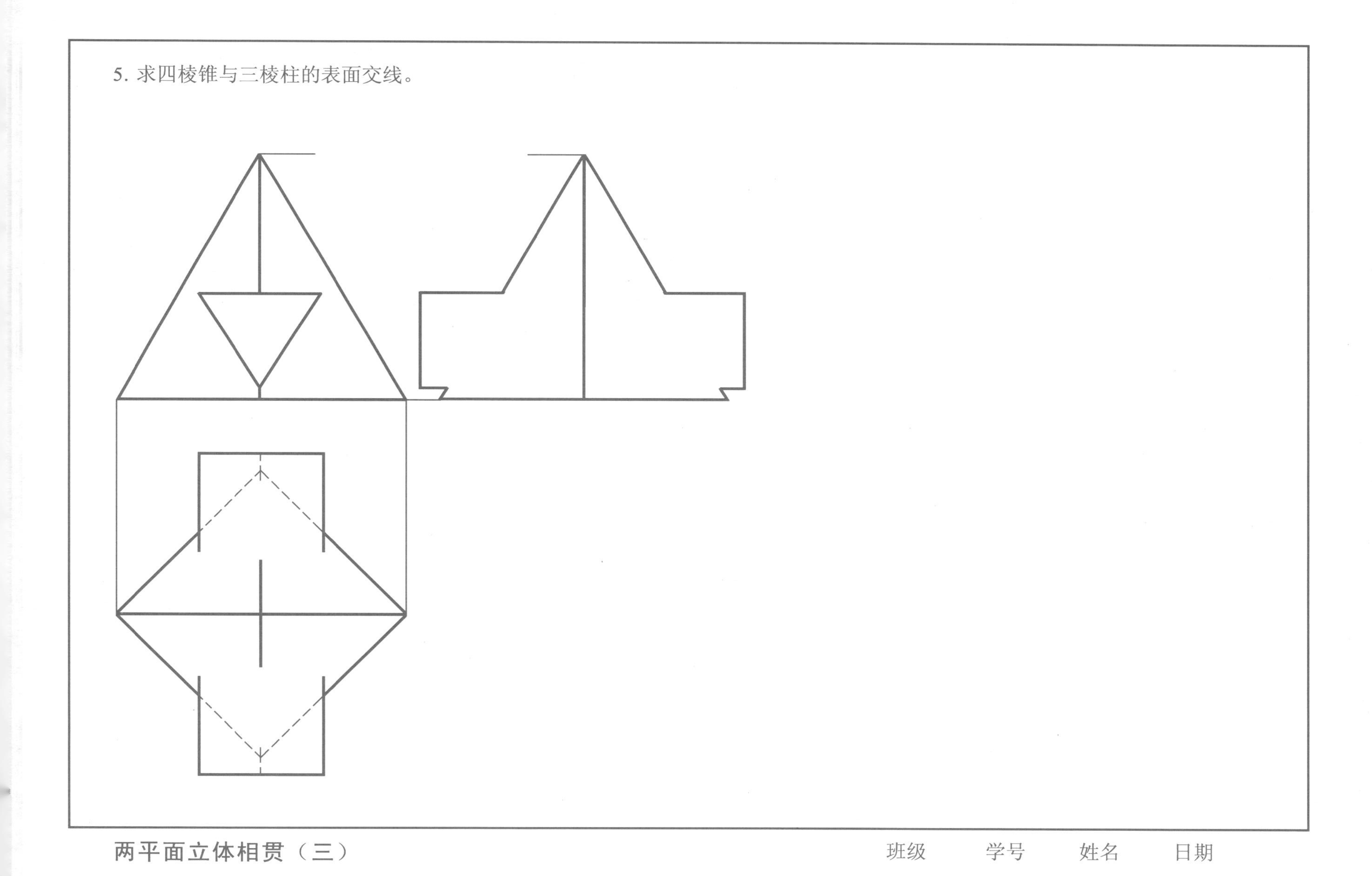

两平面立体相贯（三）

班级　　学号　　姓名　　日期

求平面体与曲面体的相贯线。

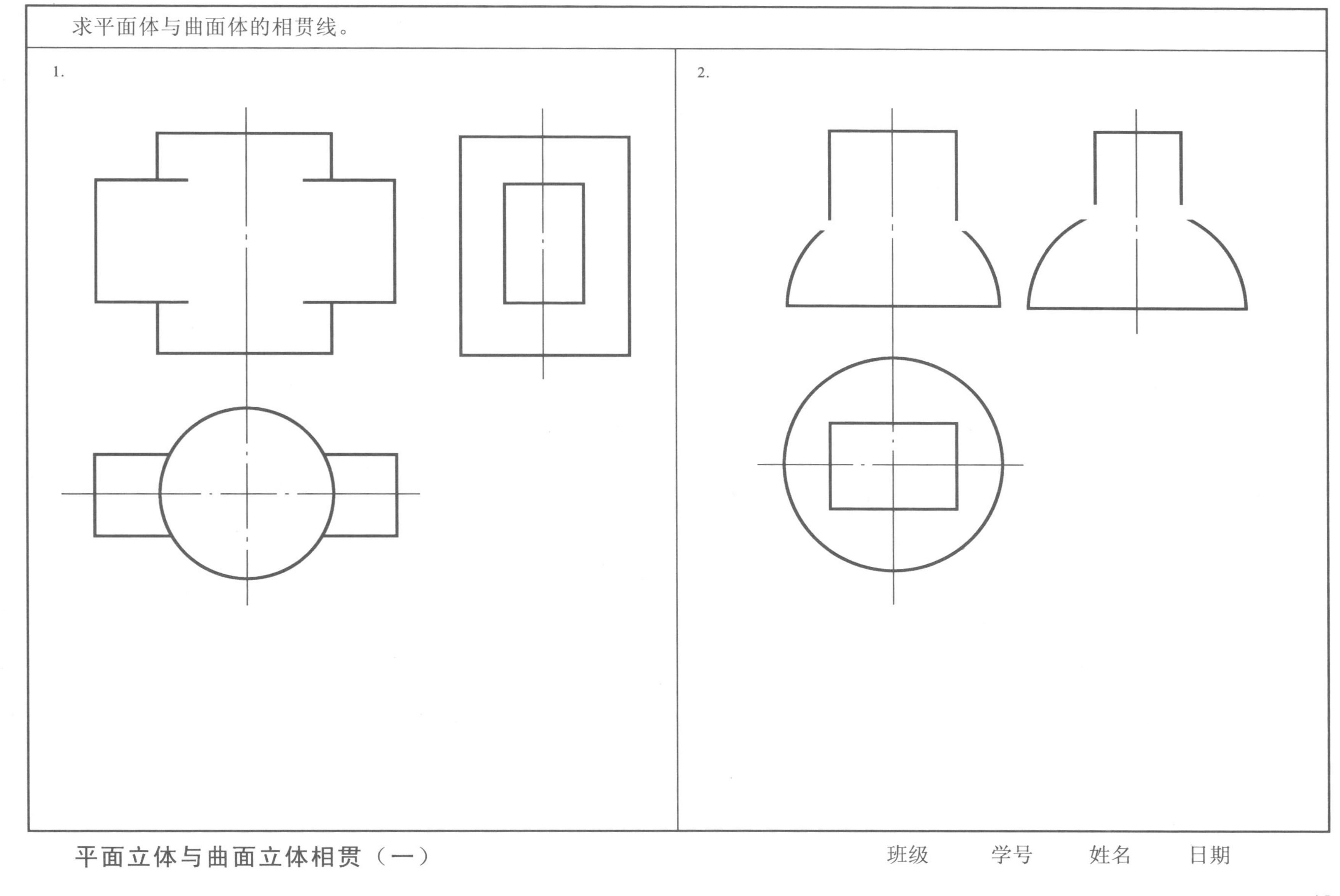


平面立体与曲面立体相贯（一）

班级　　学号　　姓名　　日期

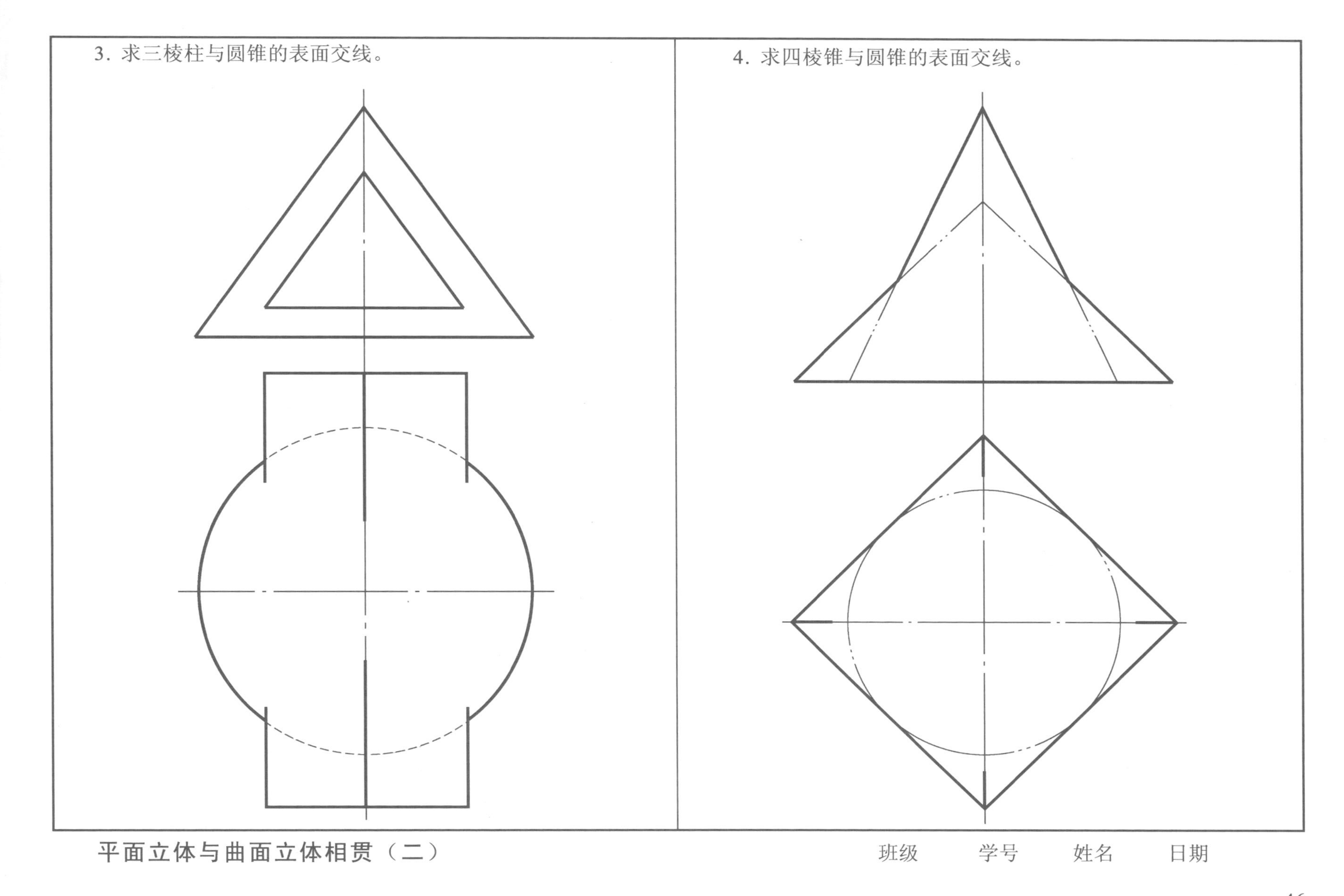


平面立体与曲面立体相贯（二）

班级　　学号　　姓名　　日期

求两曲面体的相贯线。

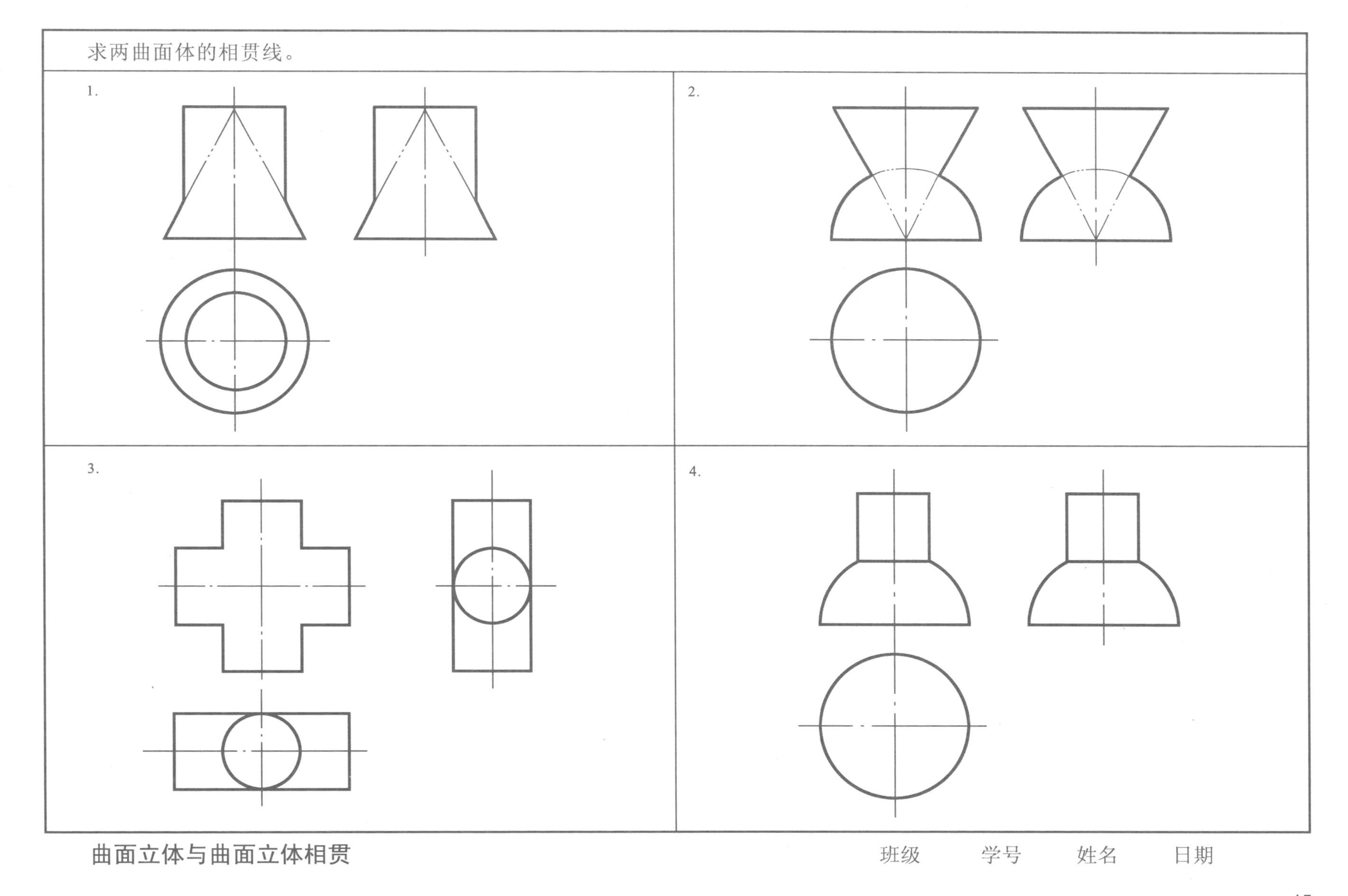


曲面立体与曲面立体相贯

班级　学号　姓名　日期

根据立体图作形体的三面投影图（尺寸由立体图中量取）。

1.

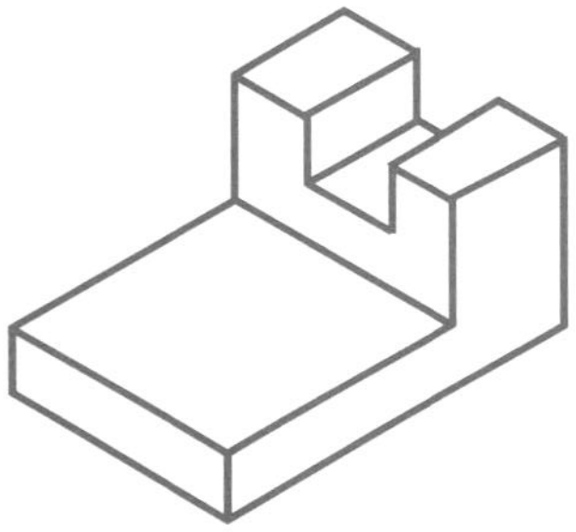

2.

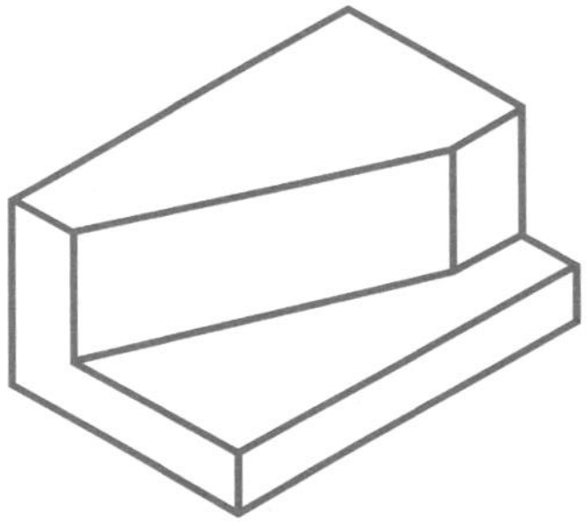

3.

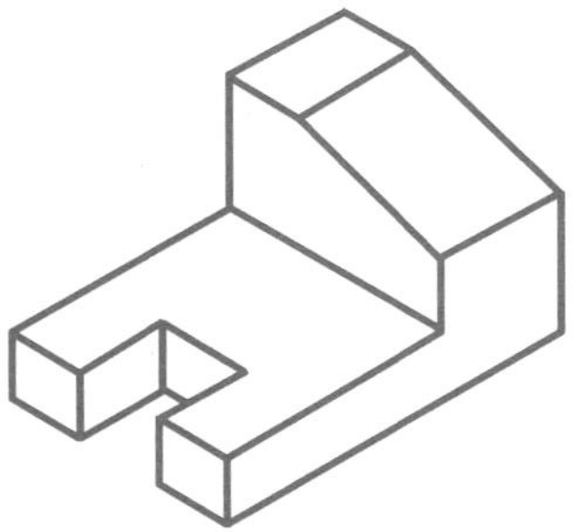

4.

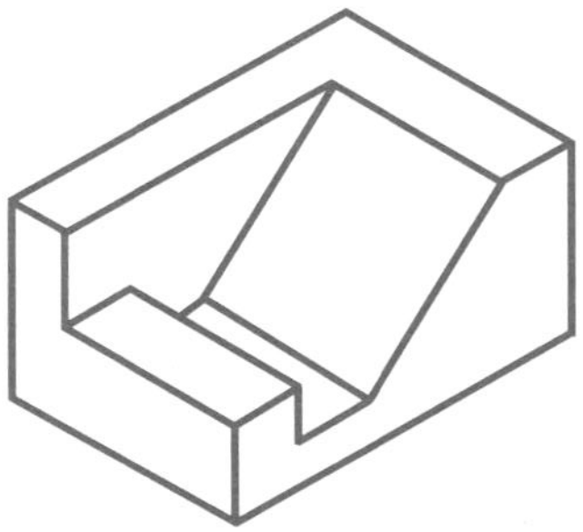

## 建筑形体的投影图（一）

班级　　学号　　姓名　　日期

根据立体图作形体的三面投影图（尺寸由立体图中量出）。

5.

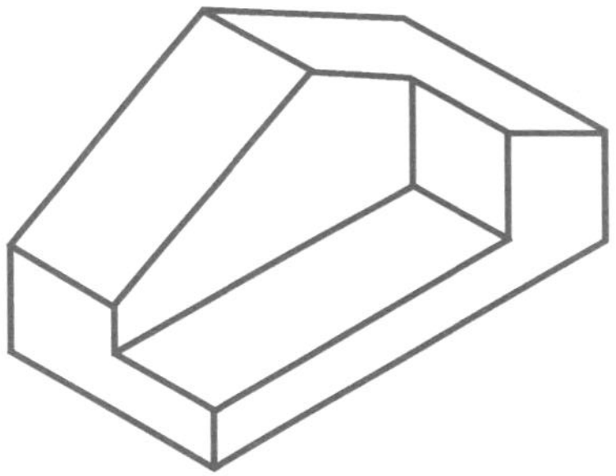

6.

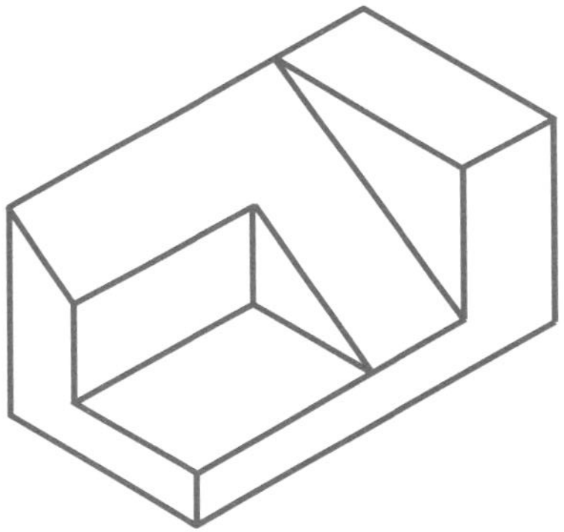

建筑形体的投影图（二）

班级　　学号　　姓名　　日期

根据立体图作形体的三面投影图（尺寸由立体图中量出）。

7.

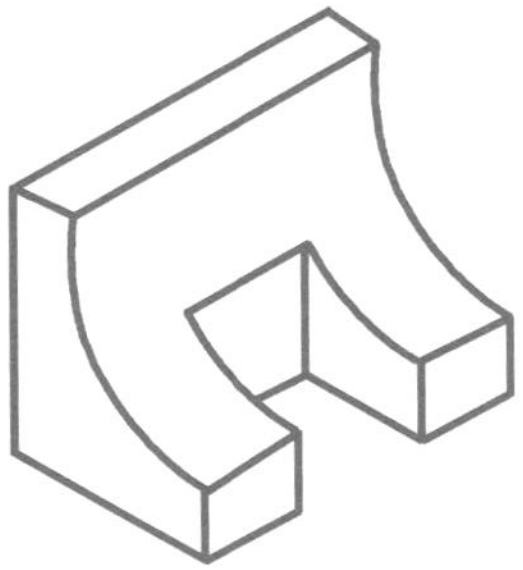

8.

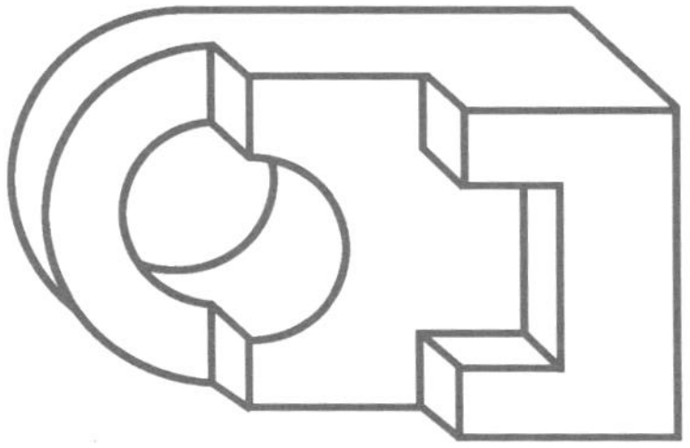

建筑形体的投影图（三）

班级　　学号　　姓名　　日期

根据物体的轴测图，补画其第三投影。

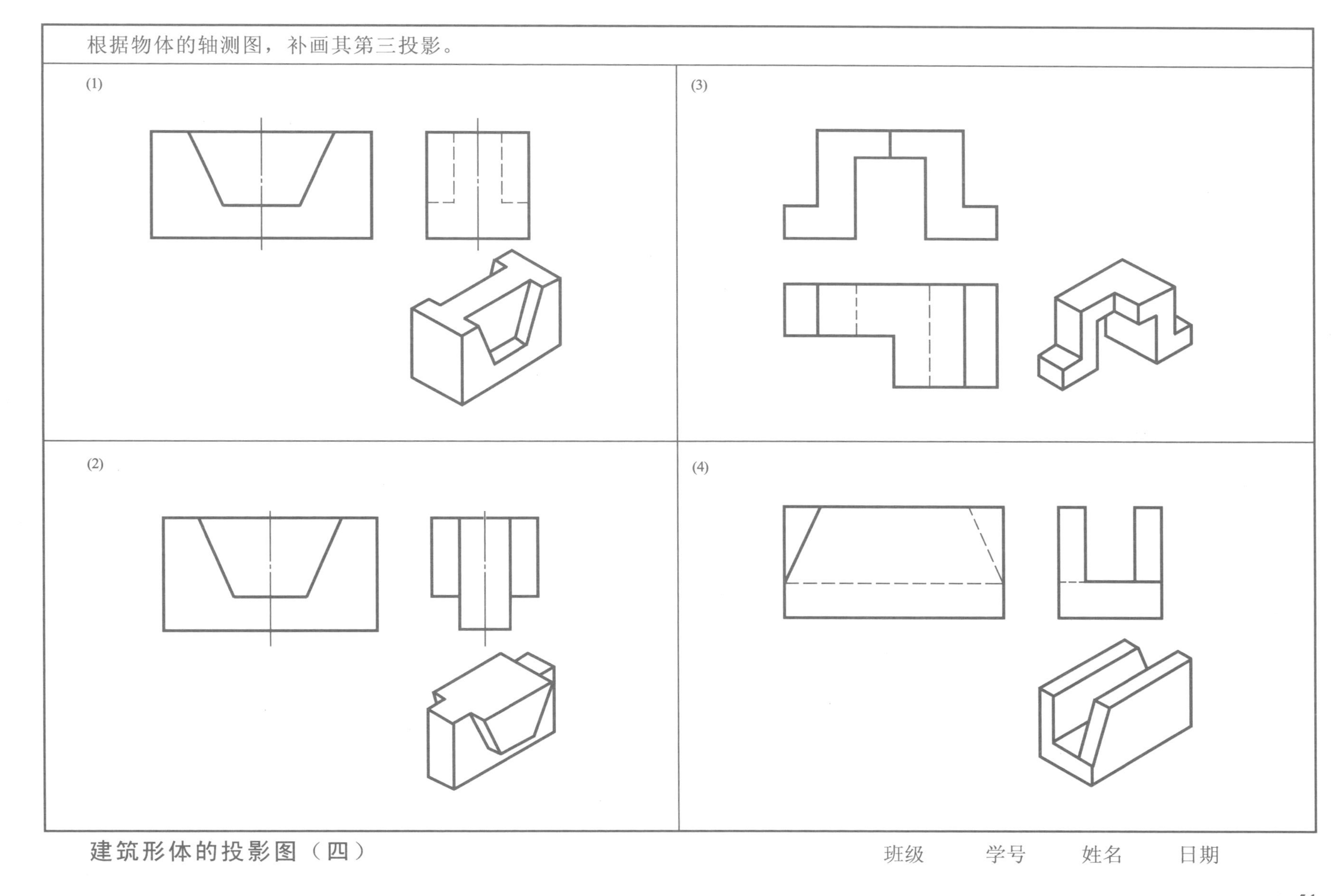


建筑形体的投影图（四）

班级　　学号　　姓名　　日期

根据直观图，作形体的三面投影图，并标注尺寸，比例 1:1，单位：mm。

(1)

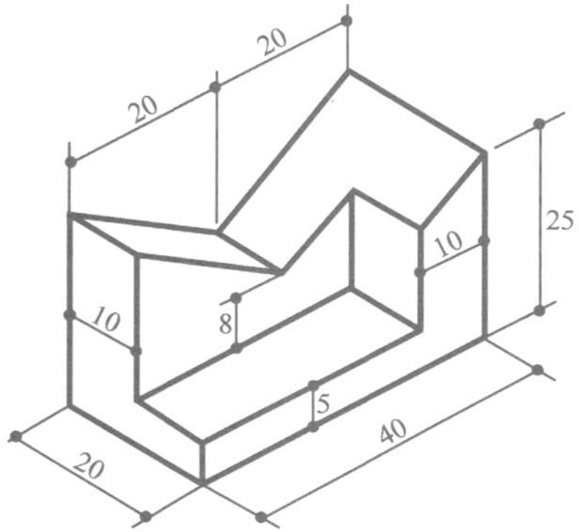

(2)

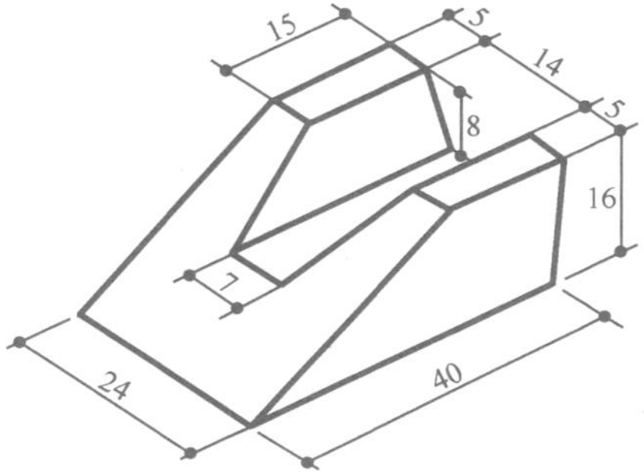

建筑形体的投影图（五）

班级　学号　姓名　日期

根据直观图作组合体的三面投影图，并标注尺寸，比例1:2，单位：mm。

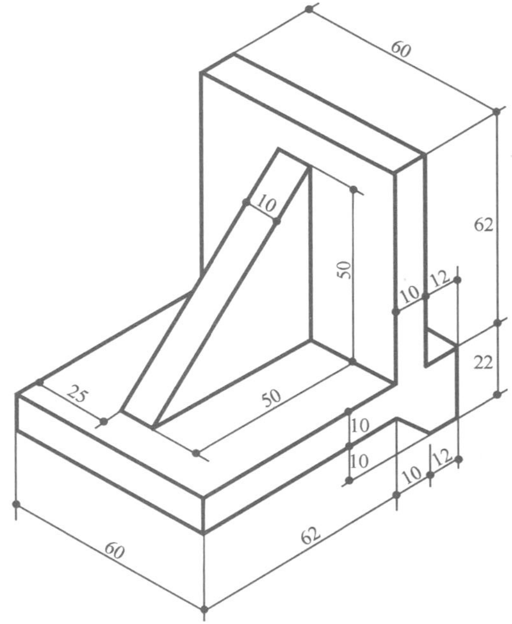

60
62
10
50
10
12
22
25
50
10
10
10
12
60
62

建筑形体的投影图（六）

班级　　学号　　姓名　　日期

根据直观图，作出建筑构件的三面投影图，比例 1:2，单位：mm。

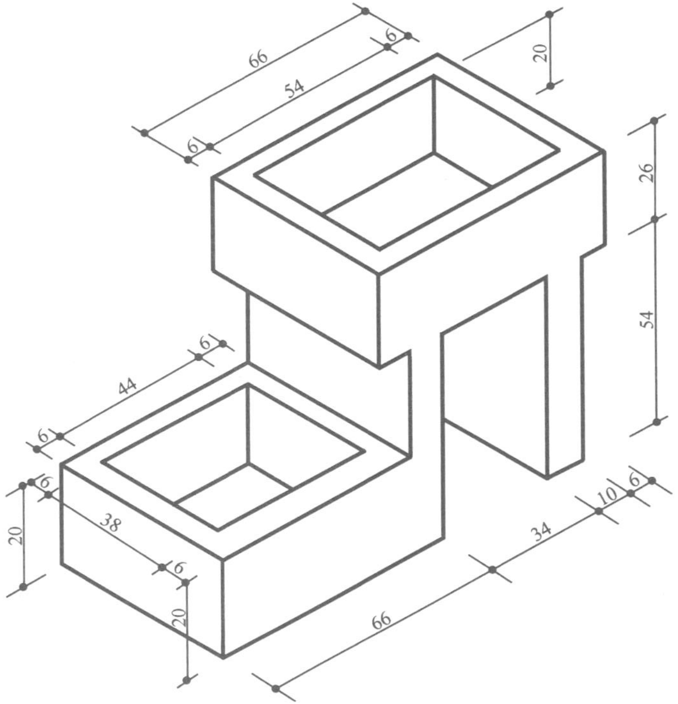

66
54
6
6
20
26
54
44
6
6
6
38
20
6
20
66
34
10
6

# 建筑形体的投影图（七）

班级　　学号　　姓名　　日期

根据直观图，作建筑形体的三面投影图，并标注尺寸，比例1:5，单位：mm。

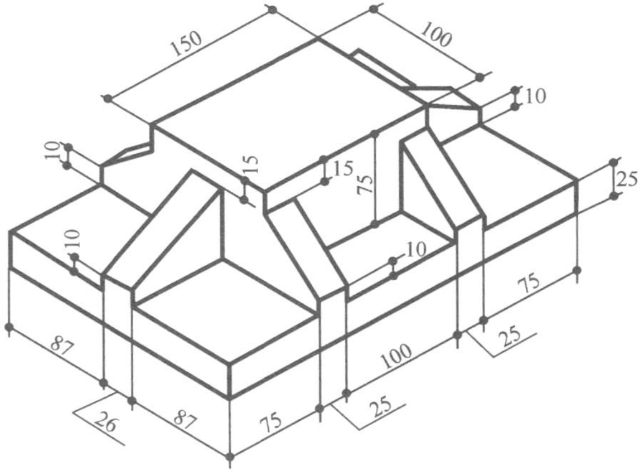

建筑形体的投影图（八）

班级 学号 姓名 日期

根据直观图，作建筑形体的三面投影图，并标注尺寸。比例 1:1，单位 mm。

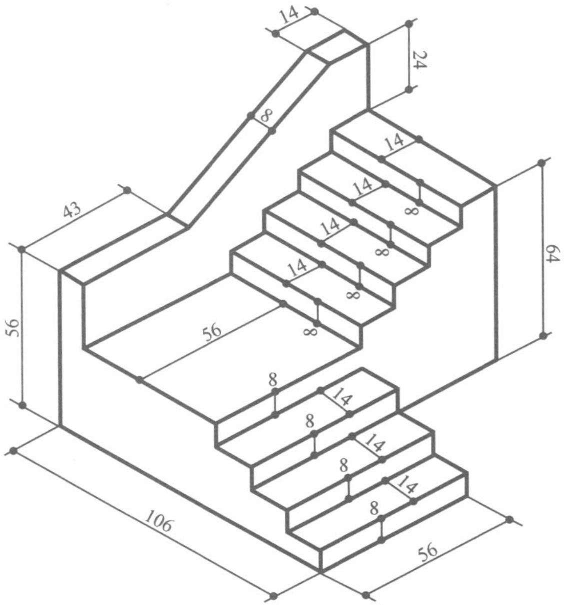

# 建筑形体的投影图（九）

班级　　学号　　姓名　　日期

根据直观图，作组合体的三面投影图，并标注尺寸。比例 1:1，单位：mm。

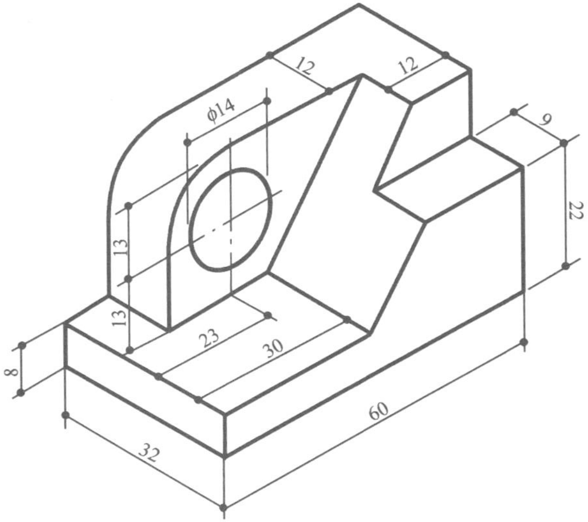

建筑形体的投影图（十）

班级　　学号　　姓名　　日期

作业说明：

（1）作业名称：建筑形体的画法。

（2）作业内容：根据轴测图画其三面投影图并标尺寸。

（3）作业要求：比例 1:1，A2 图幅，铅笔绘制。做到图线粗细均匀，线型分明，投影及尺寸内容正确，字体注写工整，图画匀称、整洁，单位：mm。

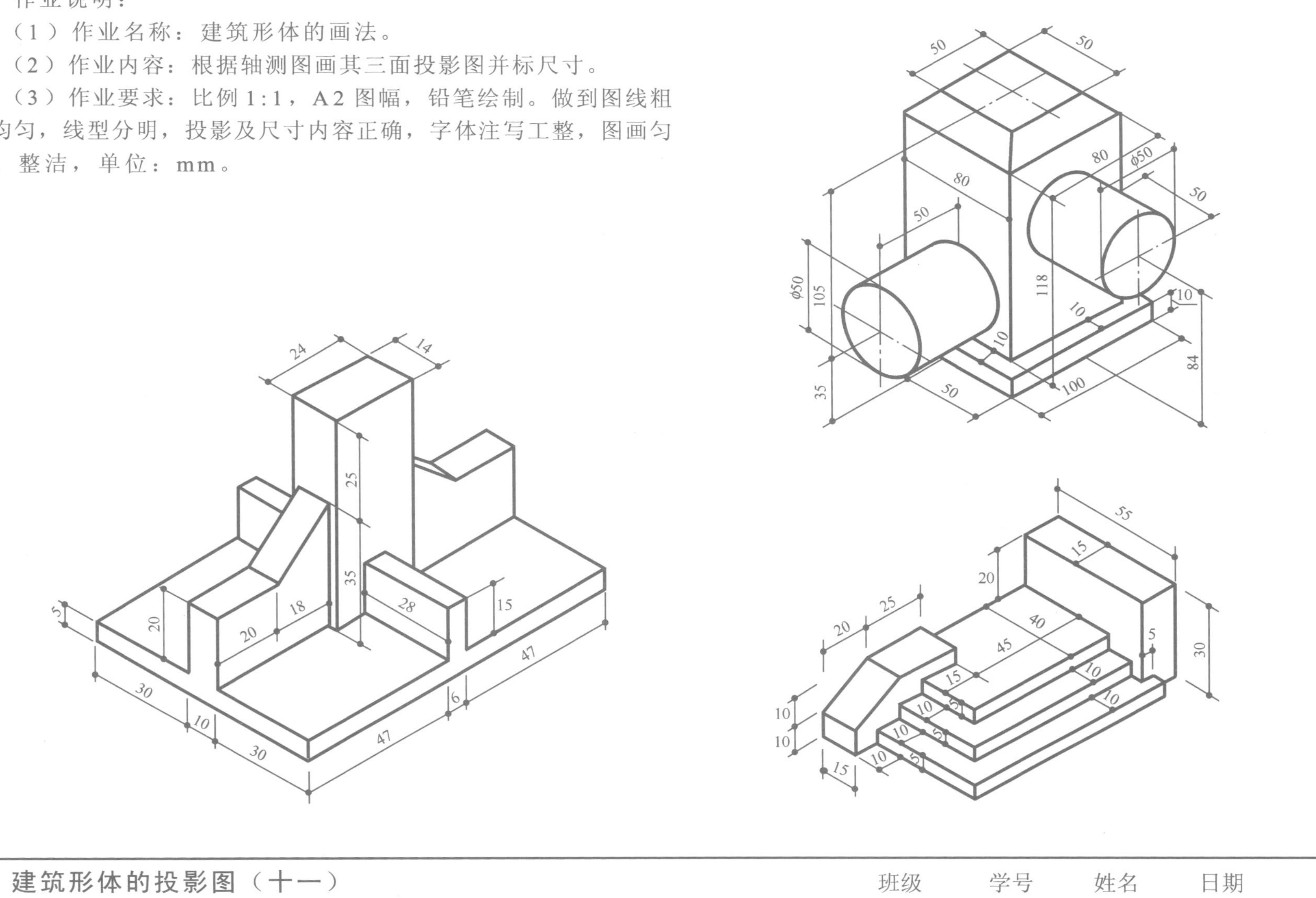


建筑形体的投影图（十一）

班级　　学号　　姓名　　日期

## 徒手画草图

按尺寸用 1:1 比例在方格纸上徒手画出组合体的三视图草图，并标注尺寸，单位：mm。

1.

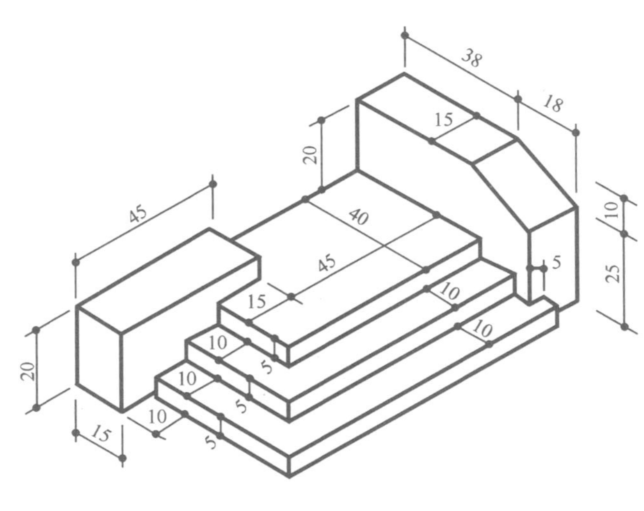


2.

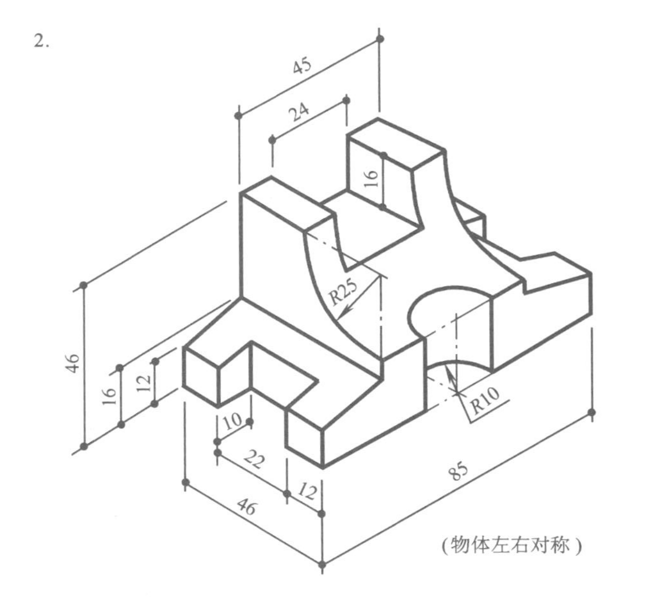


（物体左右对称）

建筑形体的投影图（十二）（徒手）　　班级　　学号　　姓名　　日期

根据立体图补全投影图中所缺图线。

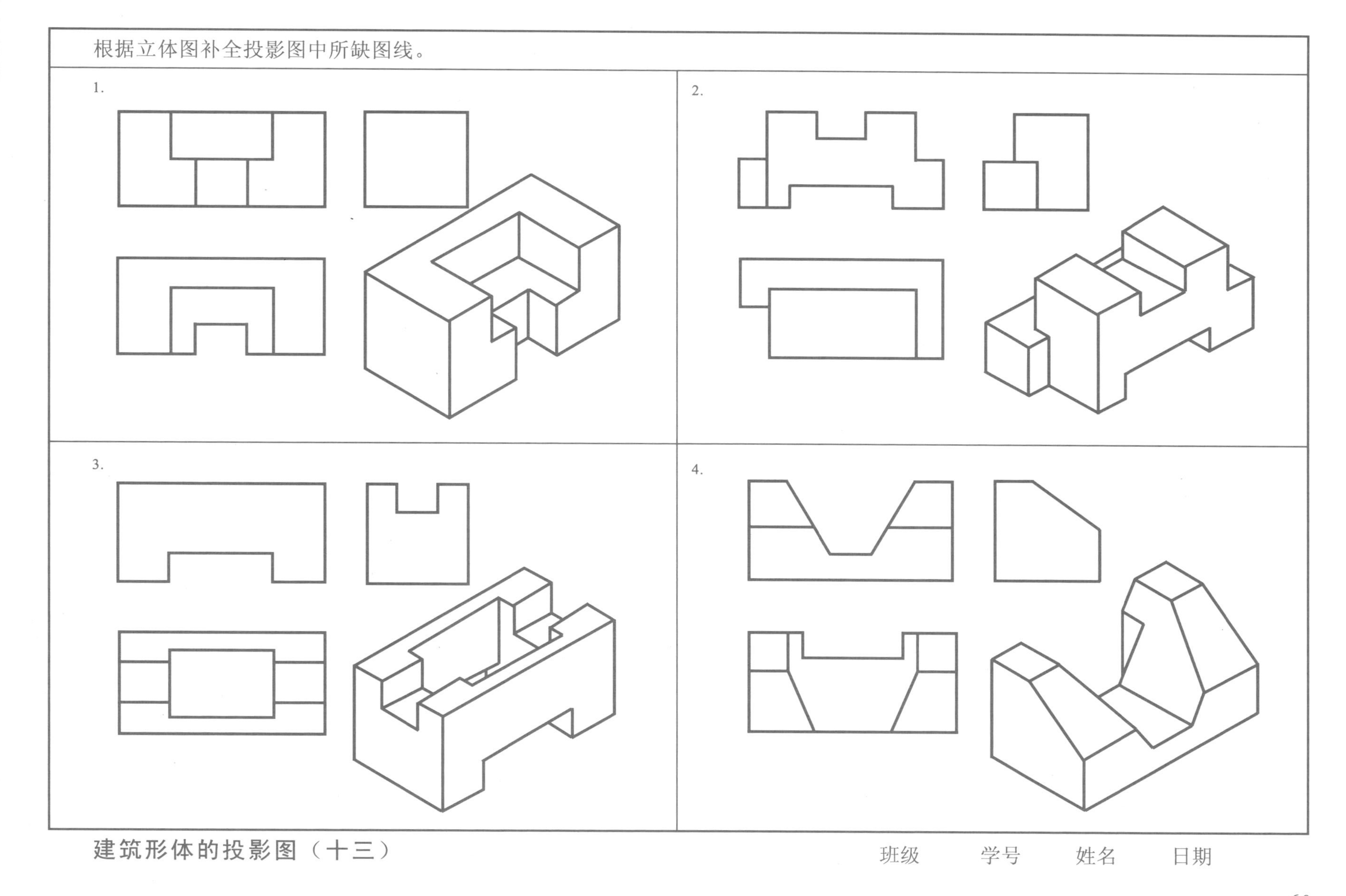


## 建筑形体的投影图（十三）

班级 学号 姓名 日期

补画形体的第三面投影图。

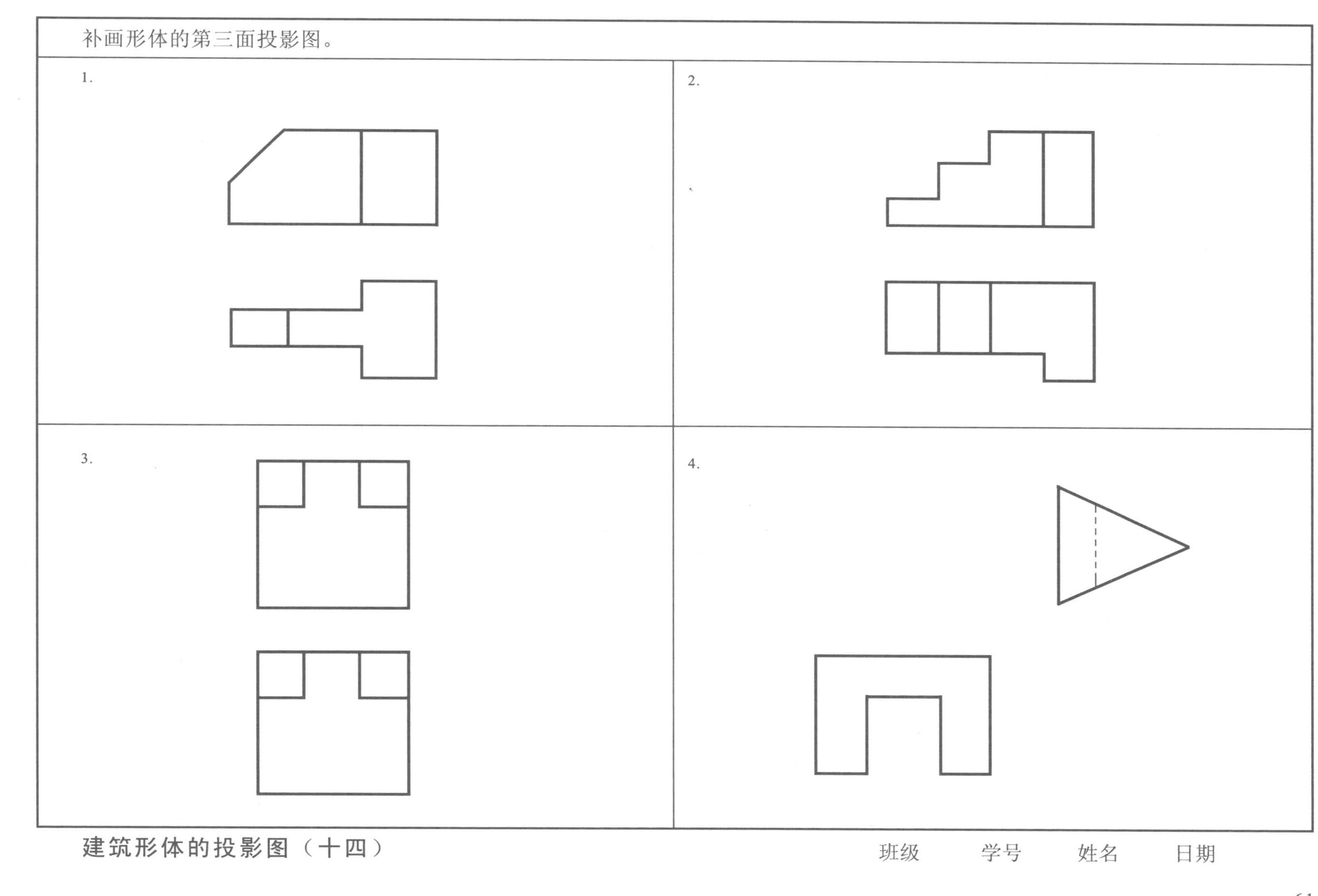


建筑形体的投影图（十四）

班级　学号　姓名　日期

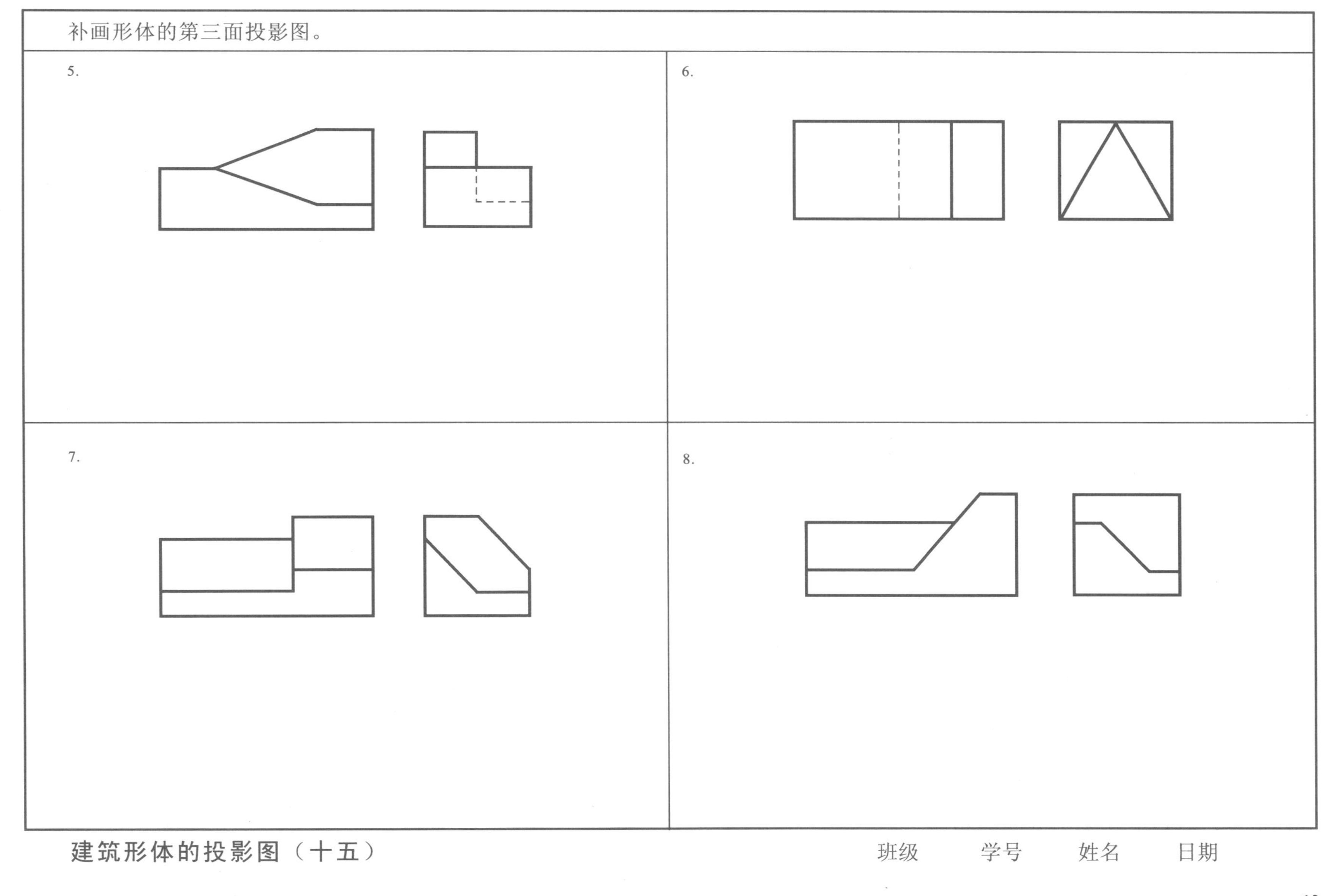


建筑形体的投影图（十五）

班级　　学号　　姓名　　日期

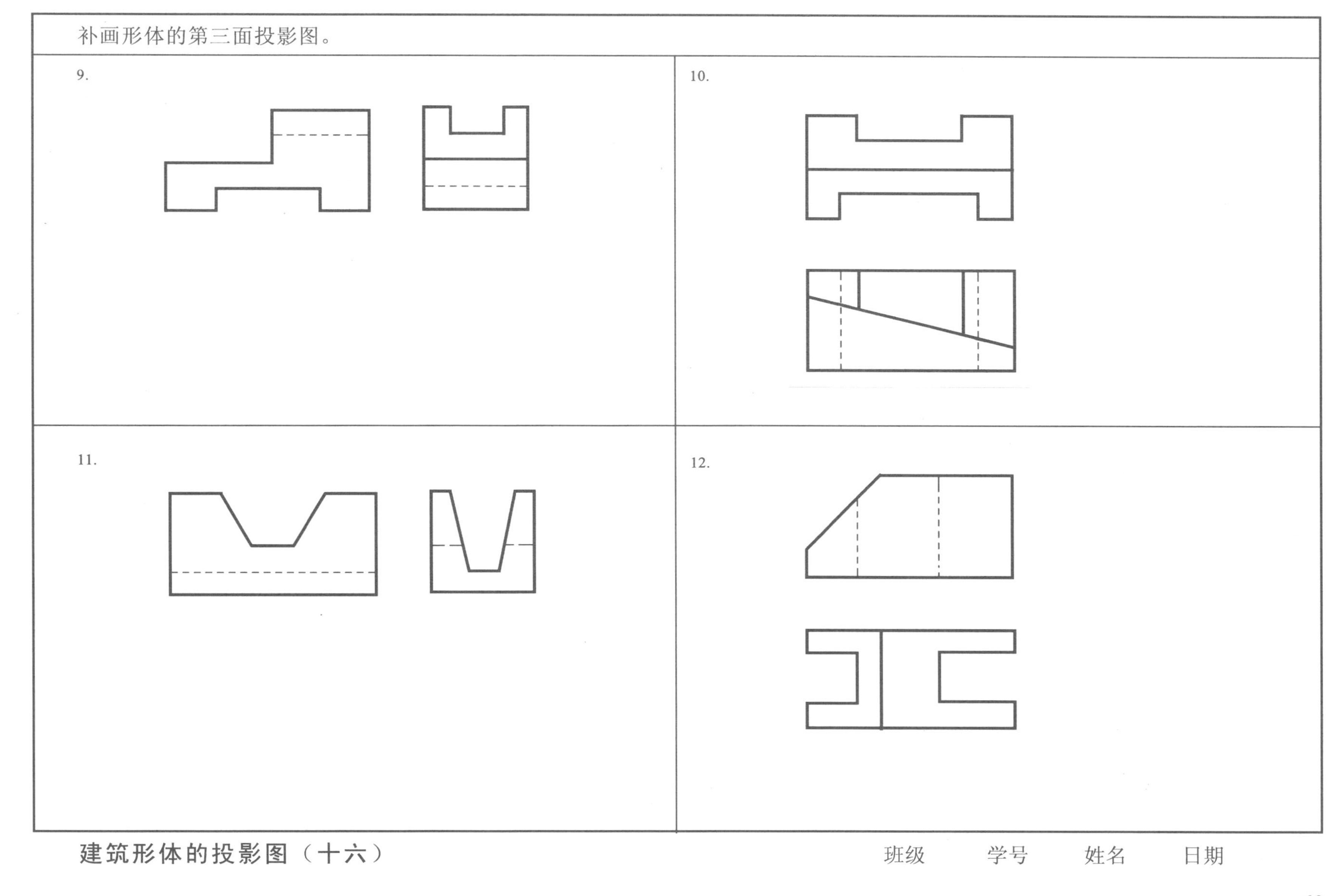


建筑形体的投影图（十六）

班级　学号　姓名　日期

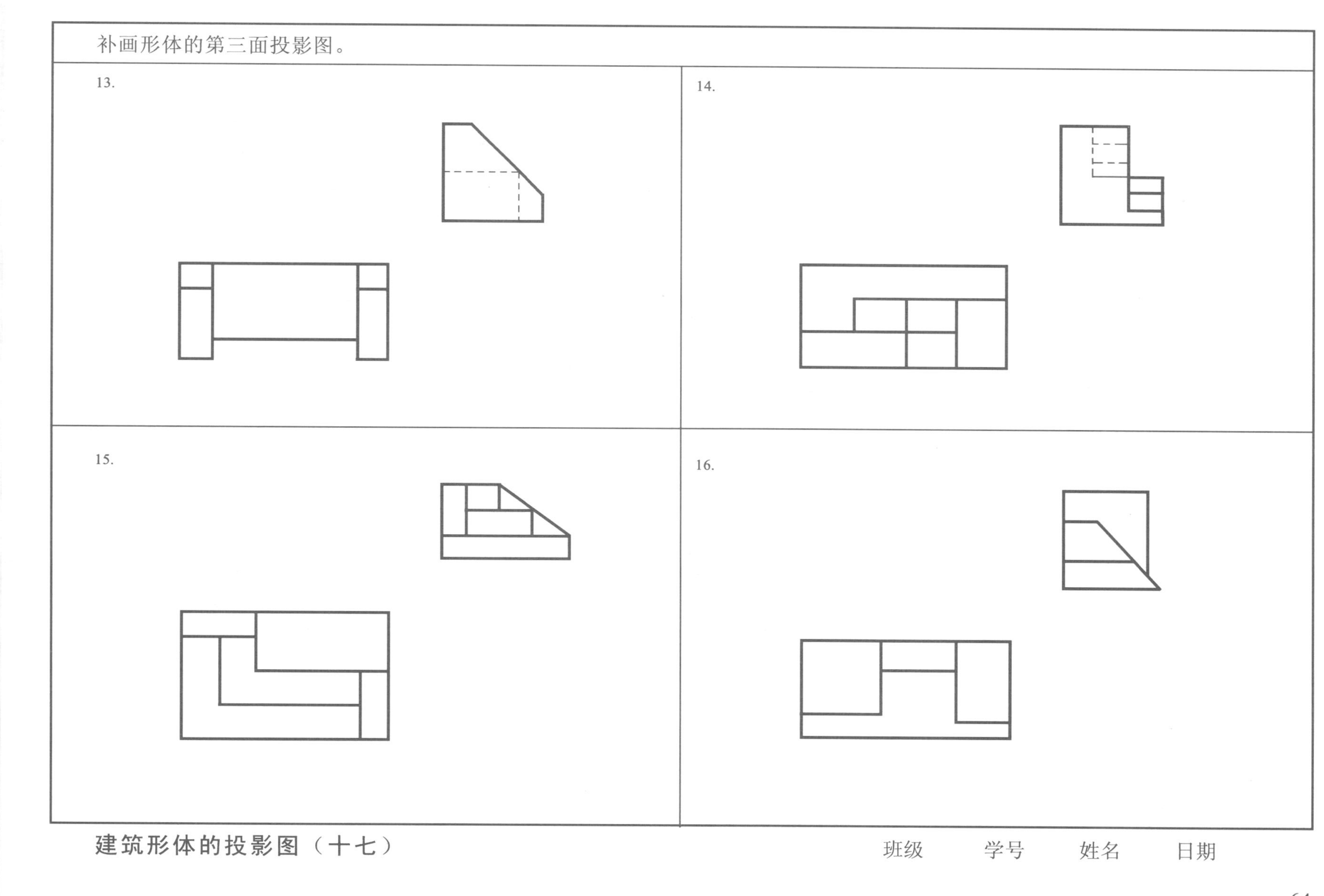


建筑形体的投影图（十七）

班级 学号 姓名 日期

补全投影图中所缺图线。

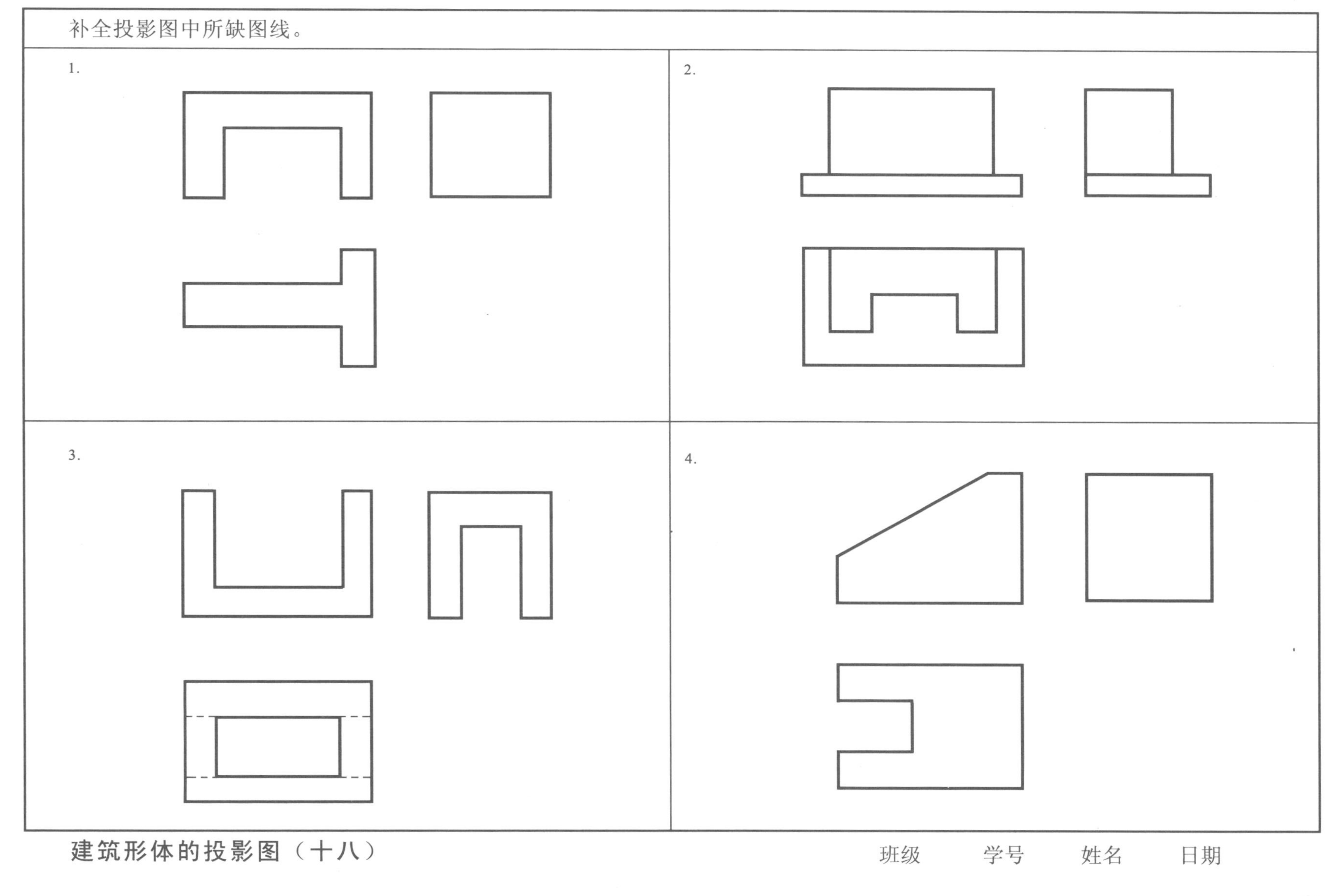


建筑形体的投影图（十八）

班级　　学号　　姓名　　日期

补全投影图中所缺图线。

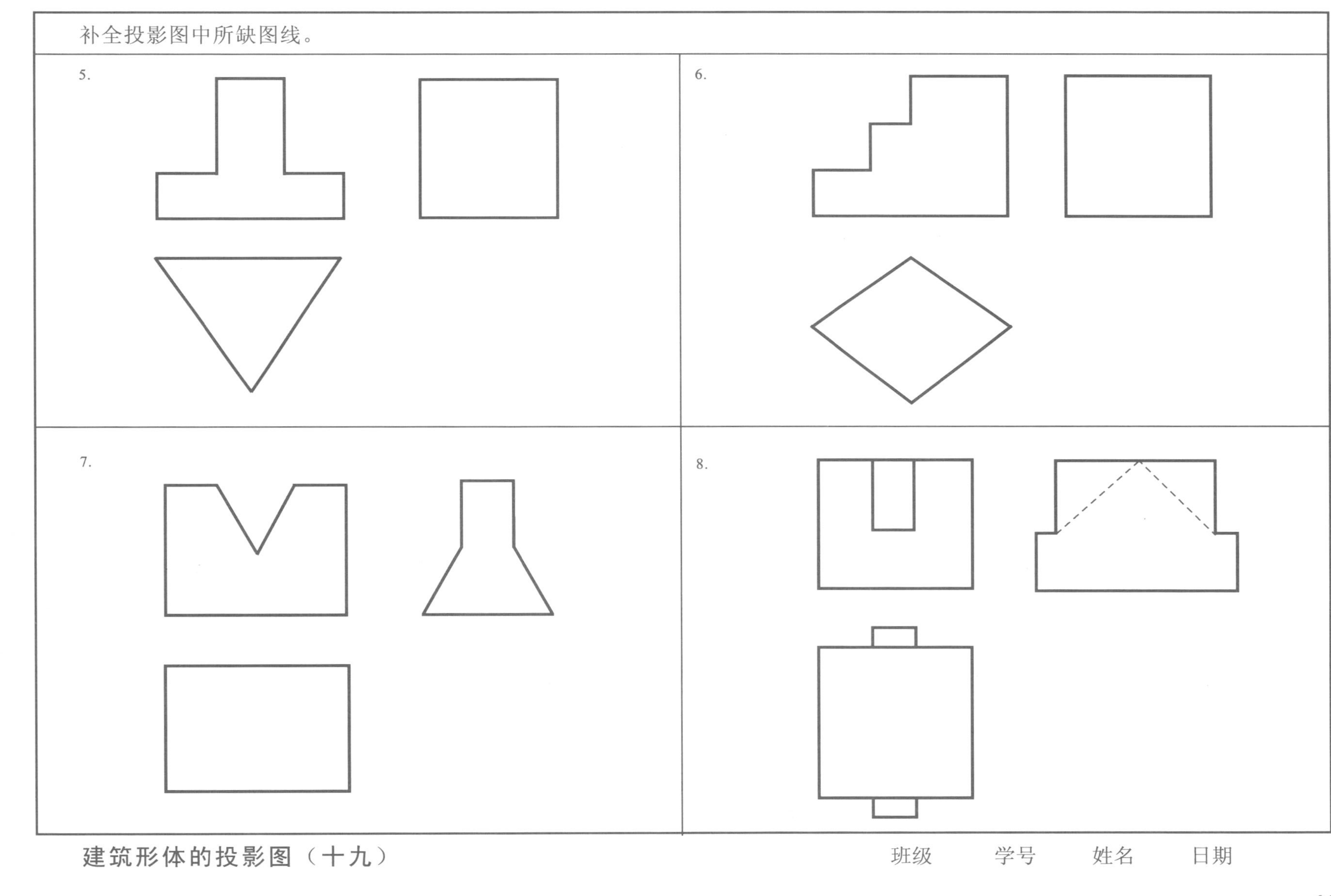


建筑形体的投影图（十九）

班级　学号　姓名　日期

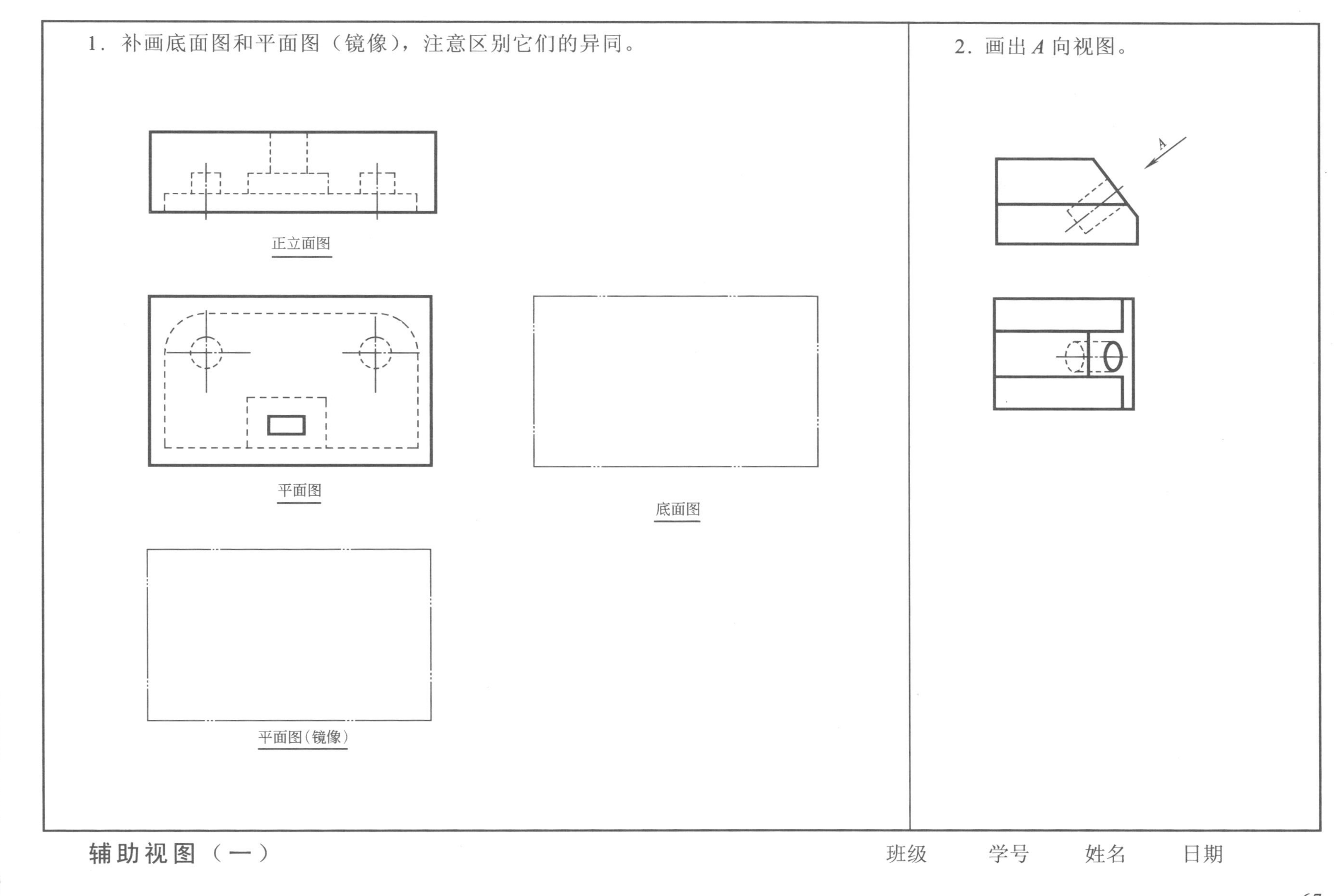


辅助视图（一）

班级　　学号　　姓名　　日期

3. 补画左侧立面图、右侧立面图、底面图和背立面图。

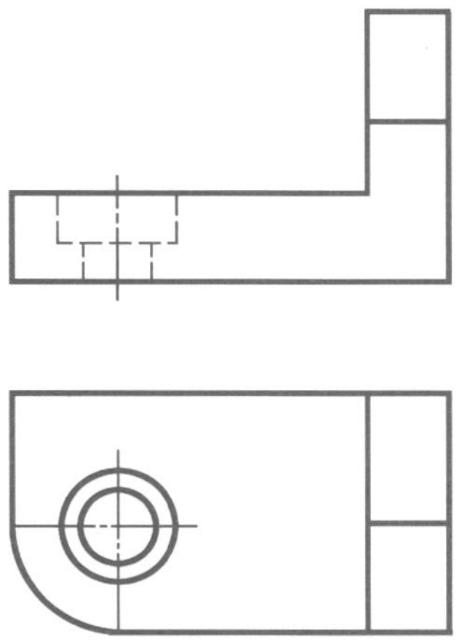

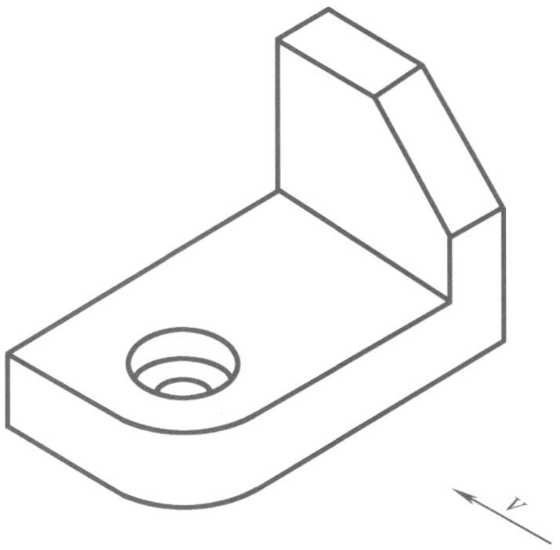

V



班级　　学号　　姓名　　日期

1. 在指定位置上作 1—1、2—2 剖面图。

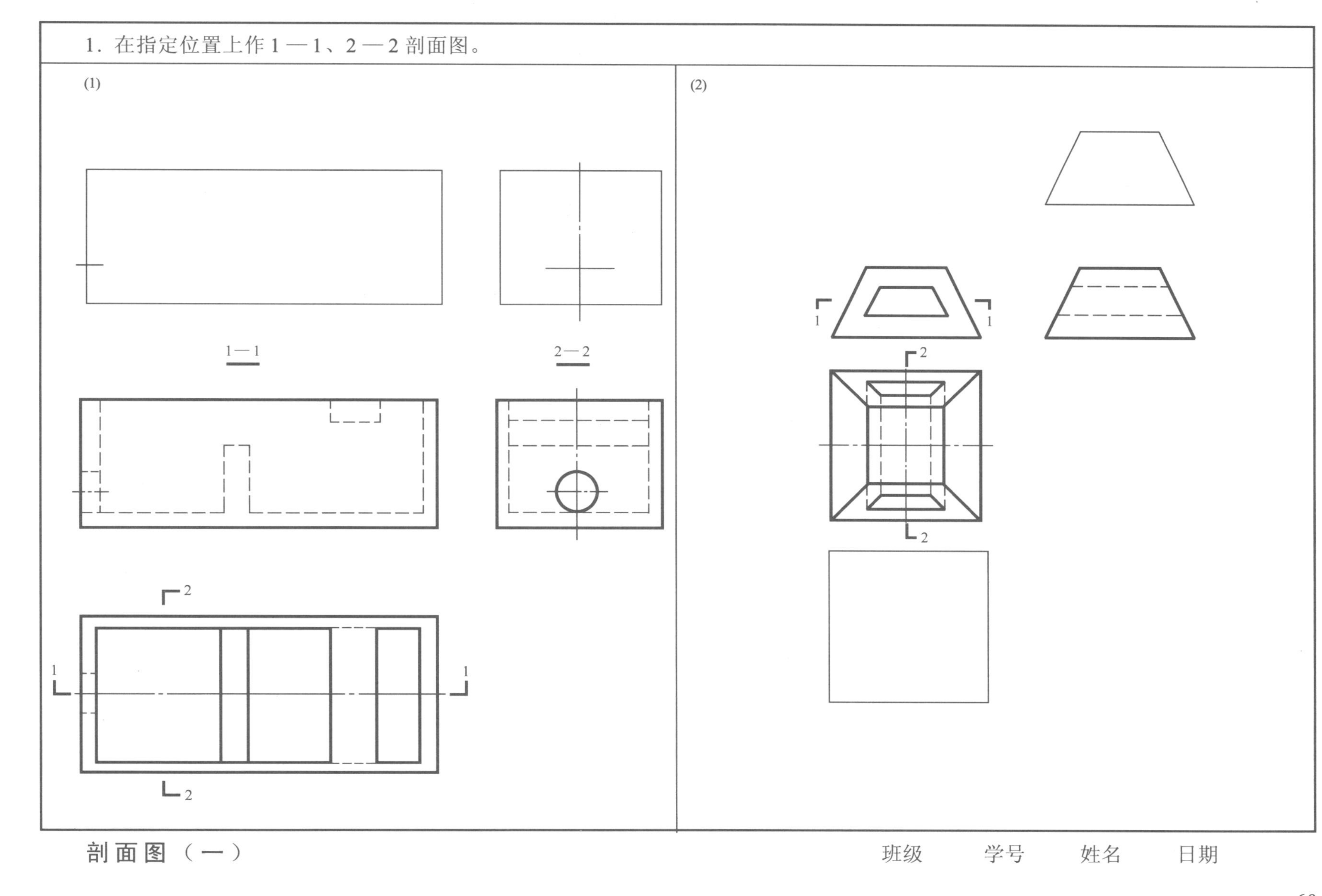


剖面图（一）

班级　学号　姓名　日期

2. 作组合体的 1—1、2—2 剖面图（材料为砖砌体）。

3. 根据花格窗的正面投影和 4—4 剖面图作出 3—3 剖面图。

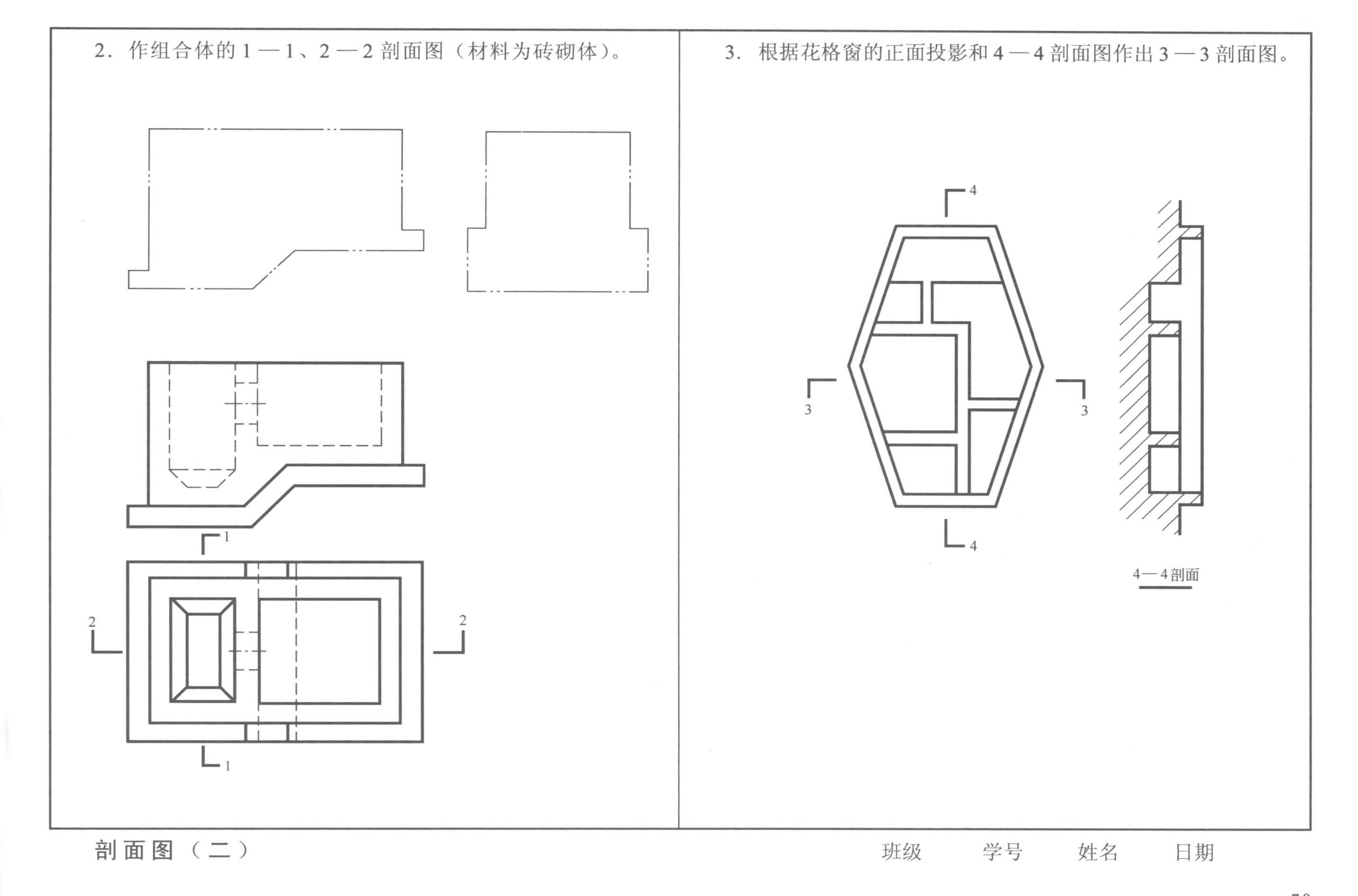


剖面图（二）

班级 学号 姓名 日期

4. 在指定位置上作形体的1—1、2—2剖面图。

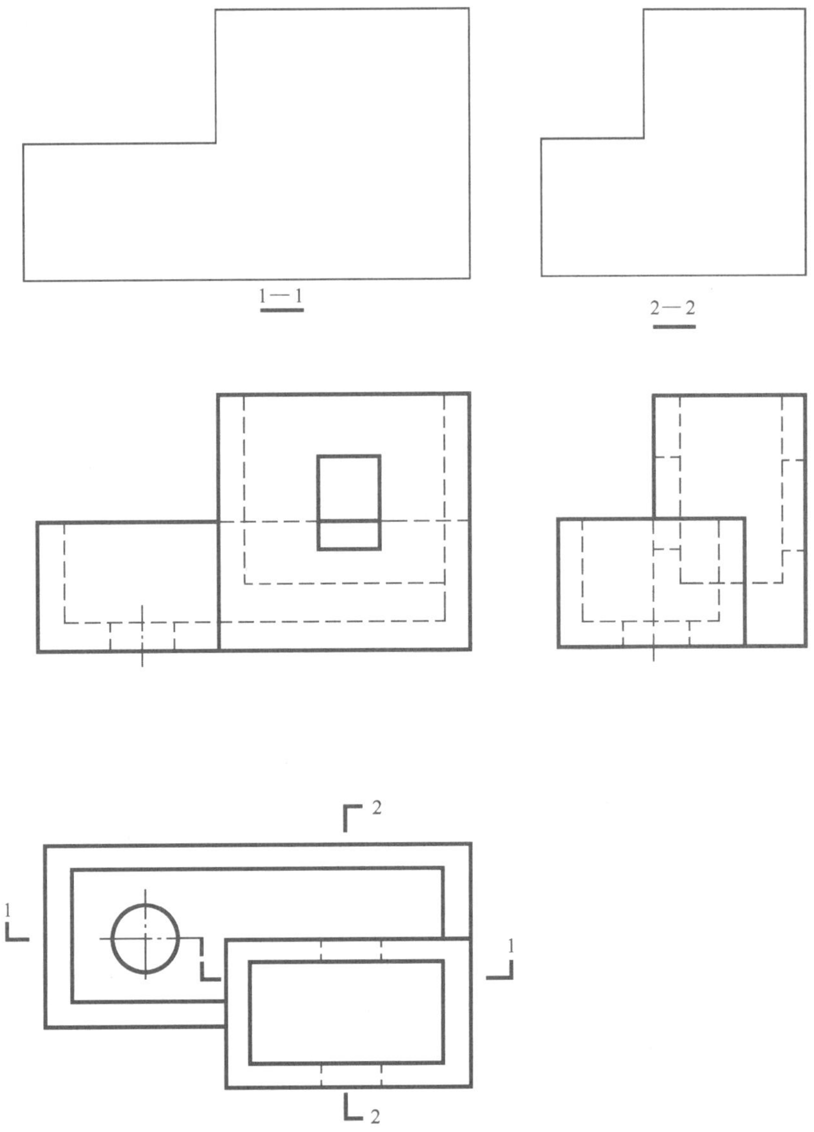

1—1

2—2

2

1

1

2

班级 学号 姓名 日期

5. 画出装饰形体的 1 — 1、2 — 2、3 — 3 剖面图。

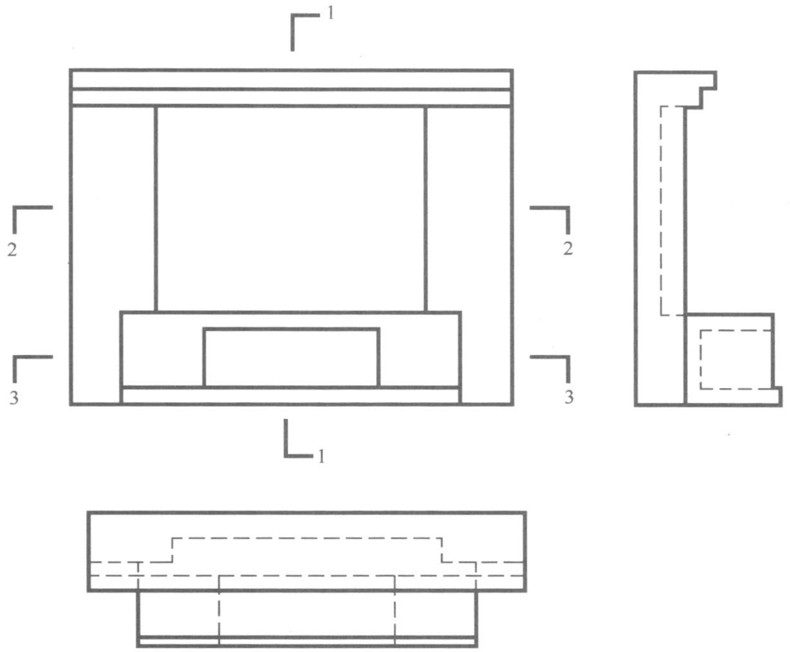

1 1 2 2 3 3

6. 补绘建筑形体的1—1剖面图。

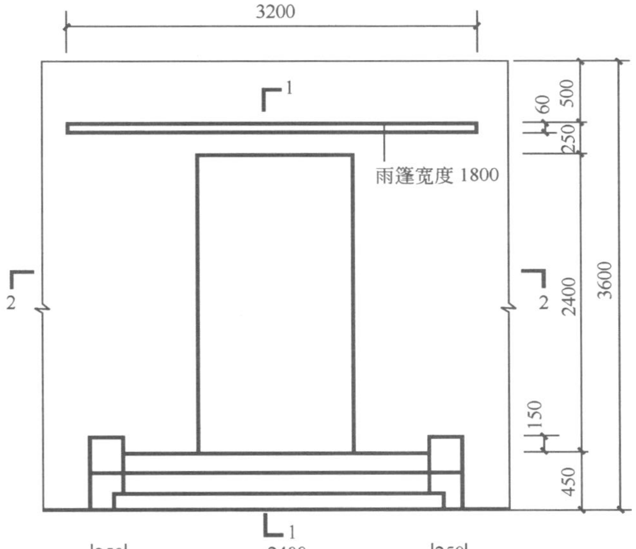

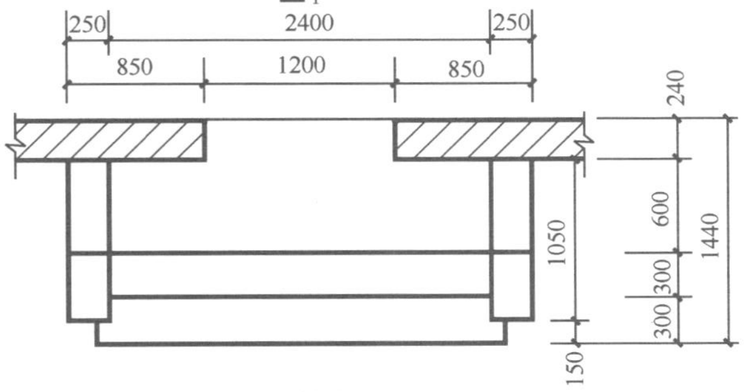

剖面图（五）

班级 学号 姓名 日期

1. 按指定的位置作断面图。

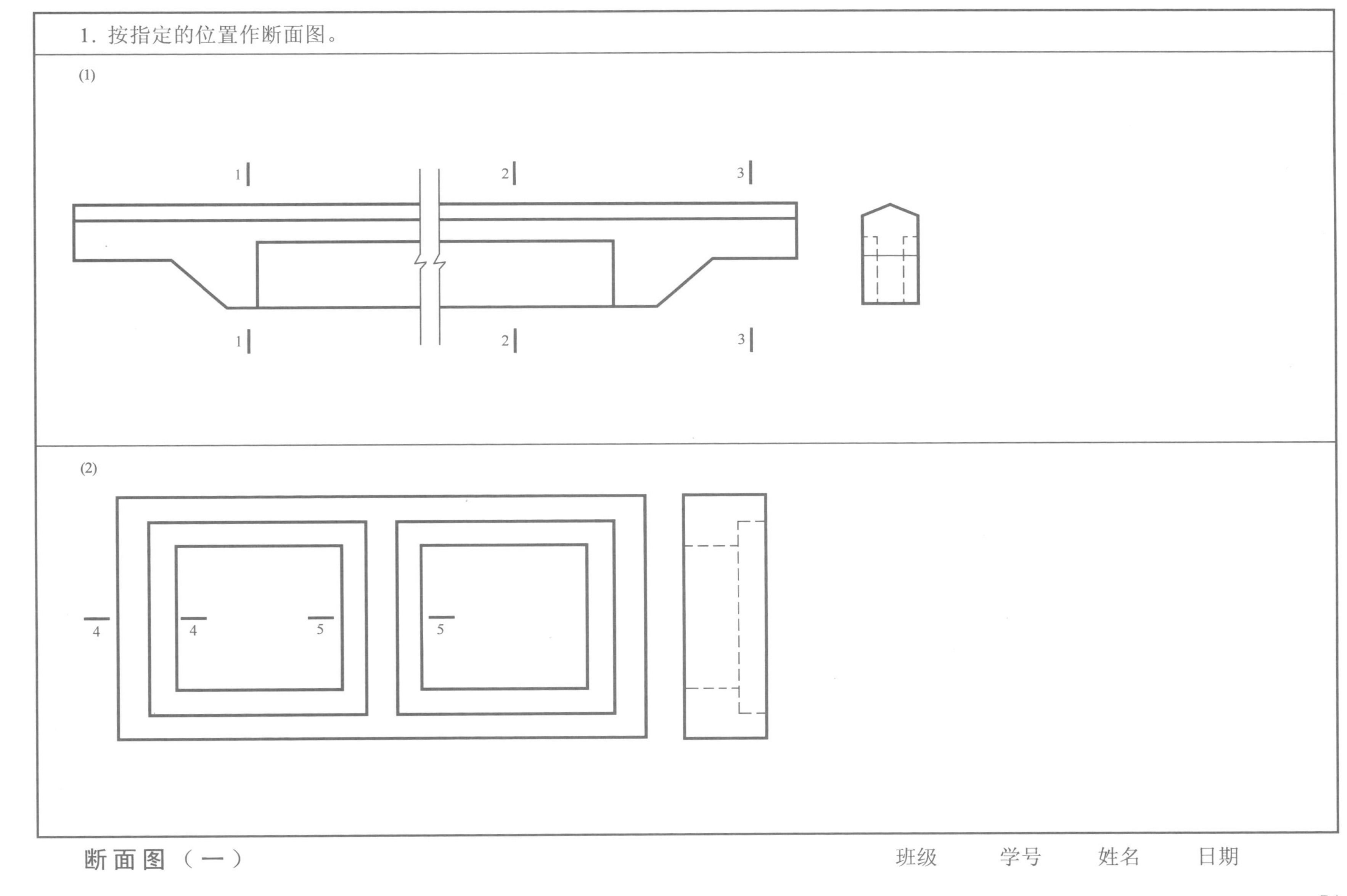


断面图（一）

班级 学号 姓名 日期

2. 作出指定剖切位置的断面图。

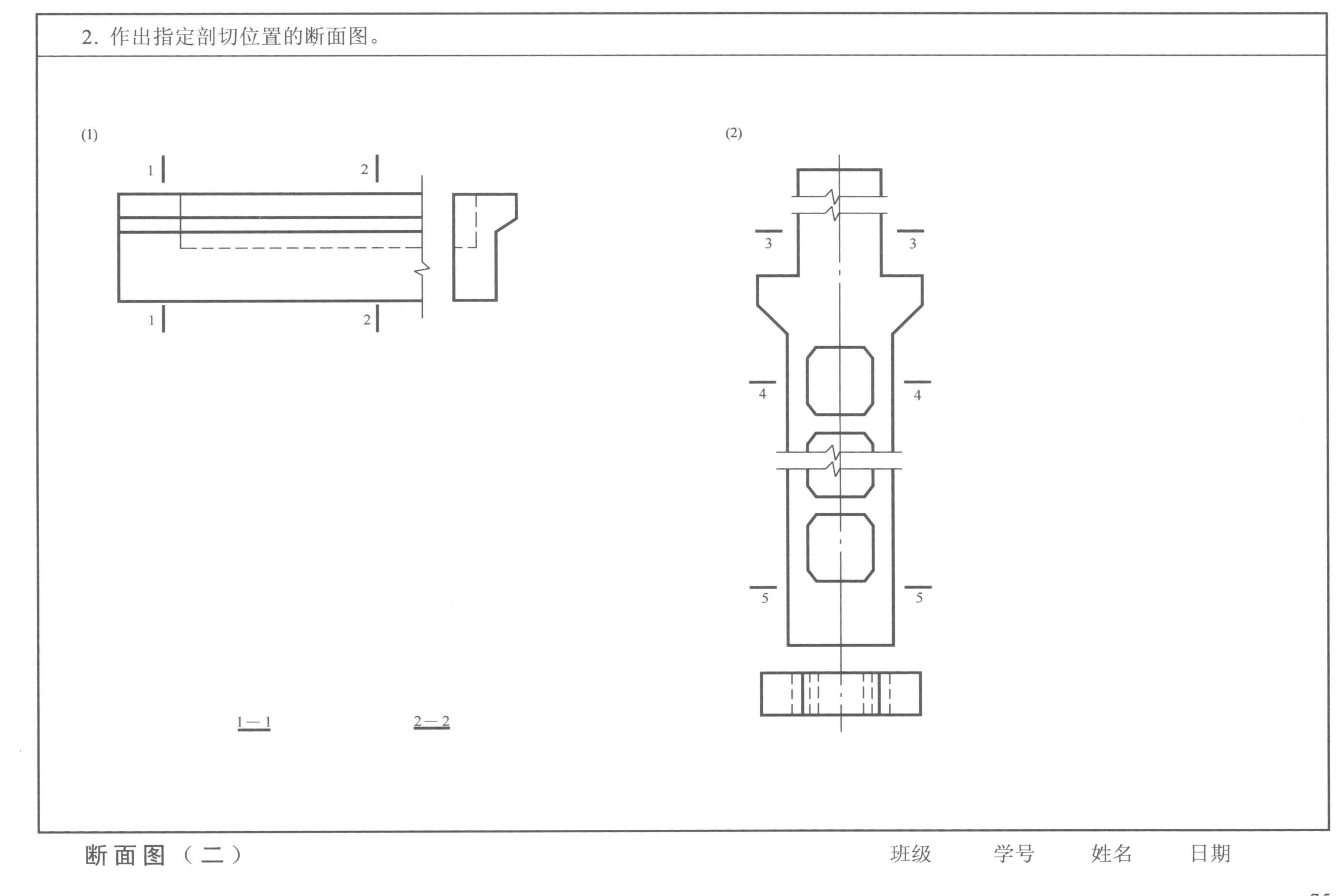


断面图（二）

班级　学号　姓名　日期

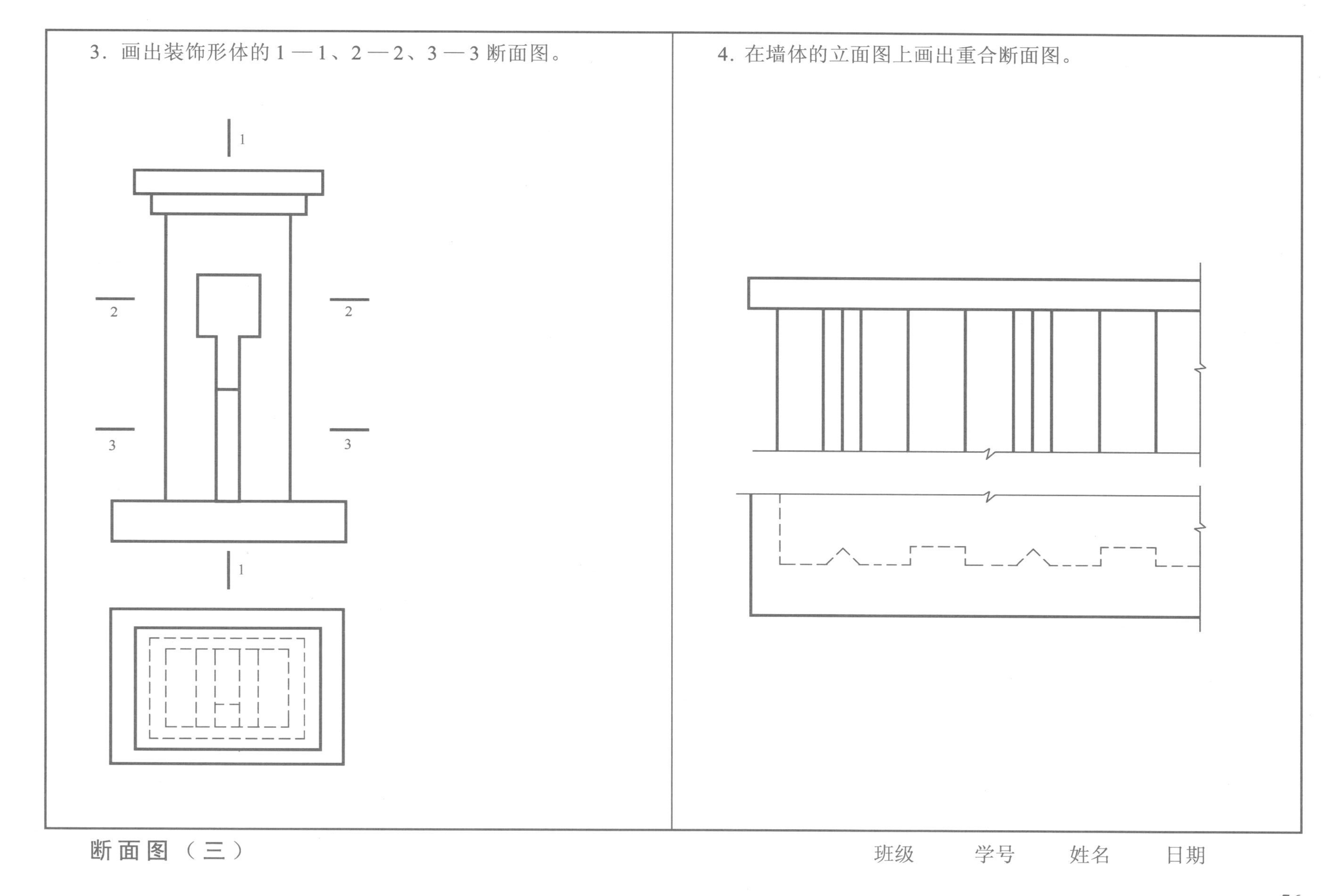


断面图（三）

班级　　学号　　姓名　　日期

1. 作出下列构件的正等测图。

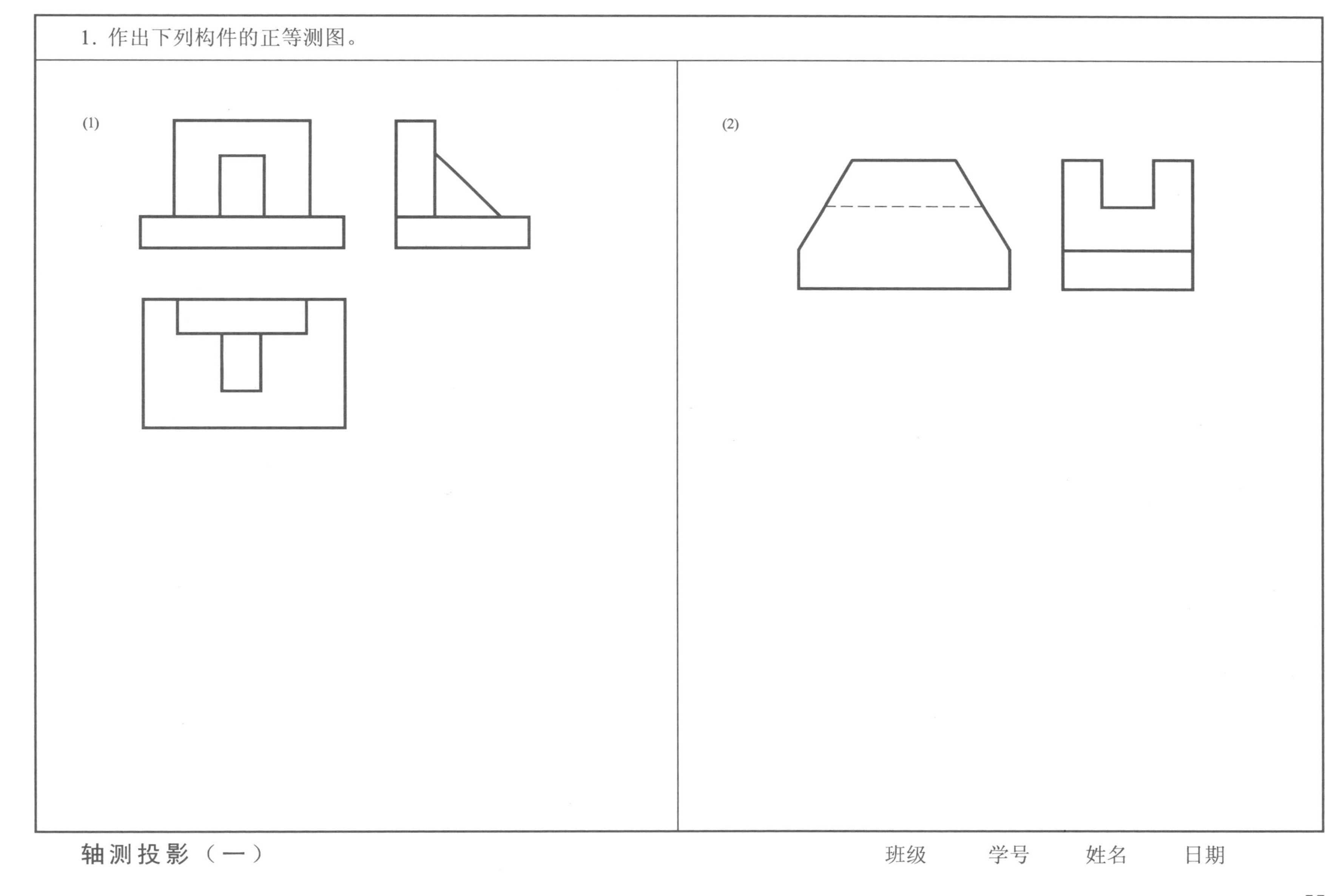


轴测投影（一）

班级　　学号　　姓名　　日期

2. 作正等测图。

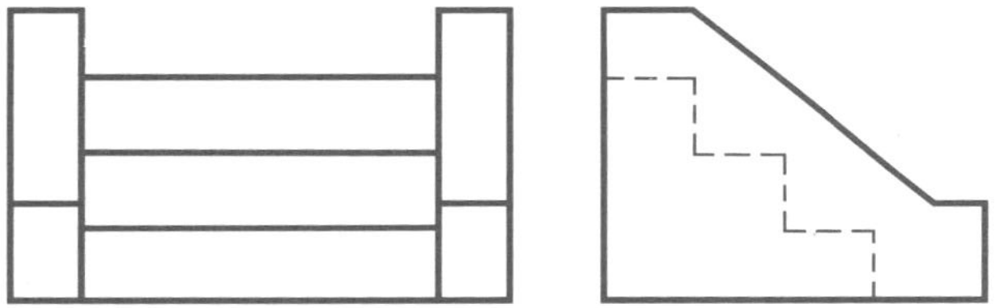

3. 作正等测图。

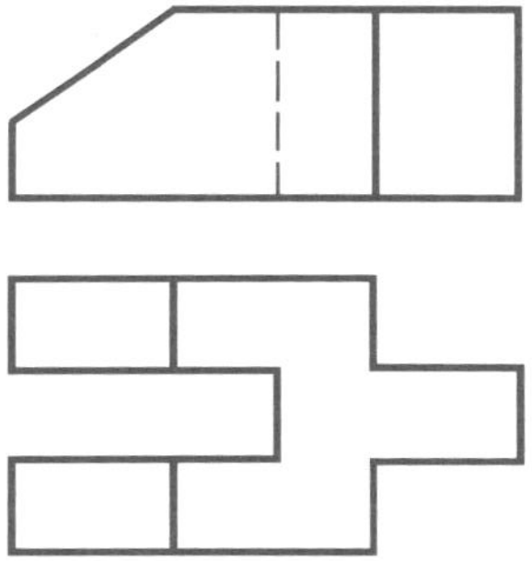

4. 作正等测图。

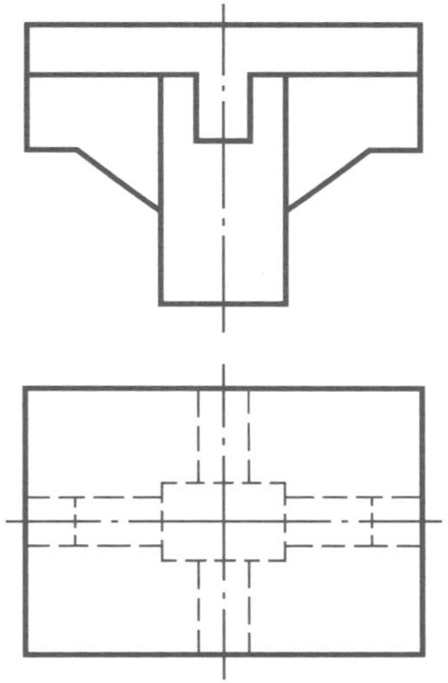

班级　　学号　　姓名　　日期

5. 作正面斜轴测图。

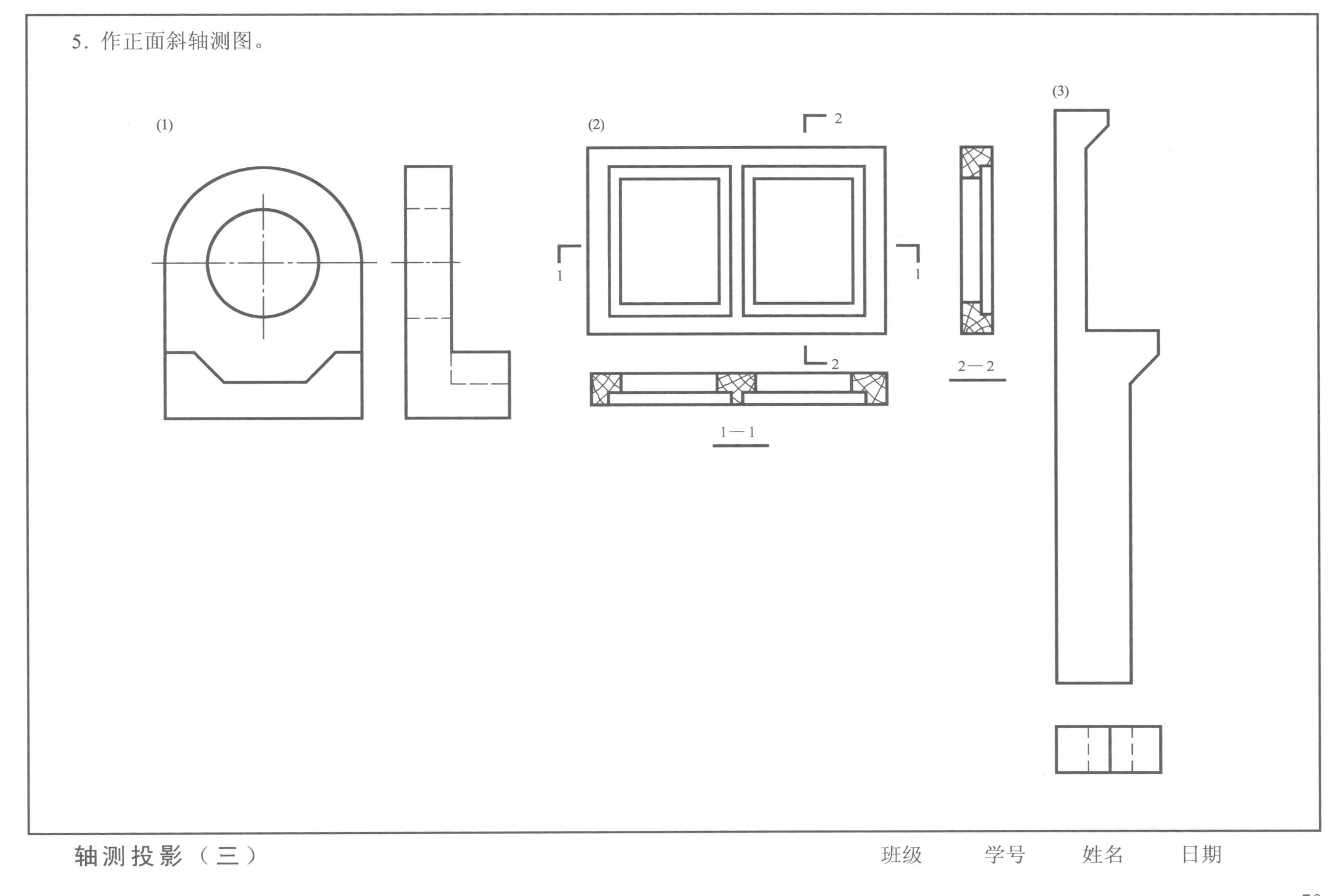


轴测投影（三）　　班级　　学号　　姓名　　日期

6. 按截切圆柱的投影图，作出它的正等测图。

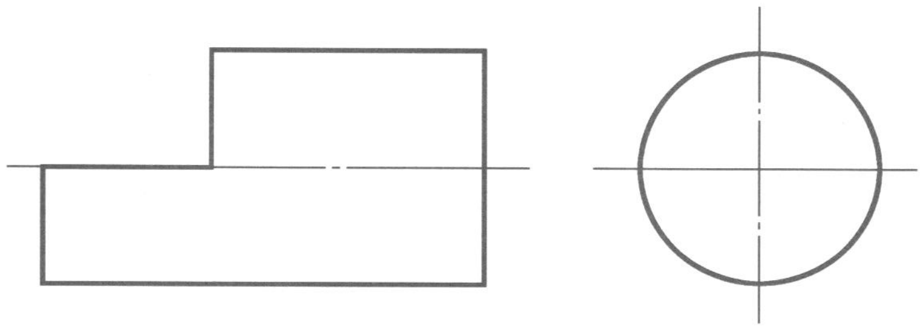

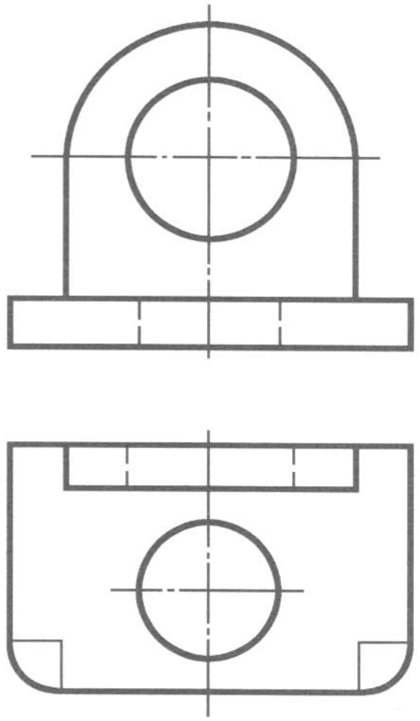

班级　　学号　　姓名　　日期

作剖切 1/4 后的正等测图。

1

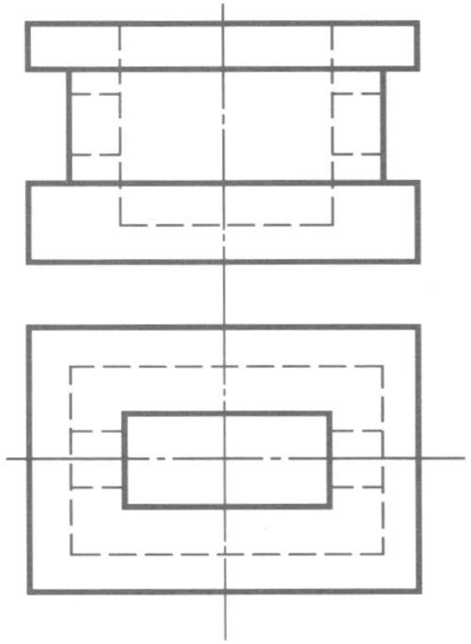

2

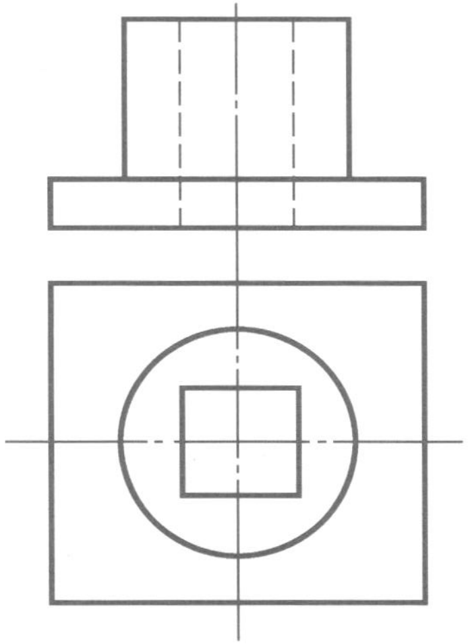

班级　　学号　　姓名　　日期

1. 求直线的落影。

(1)

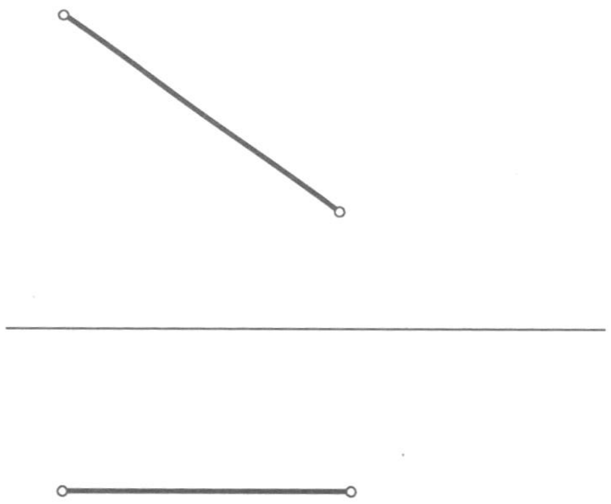

(2)

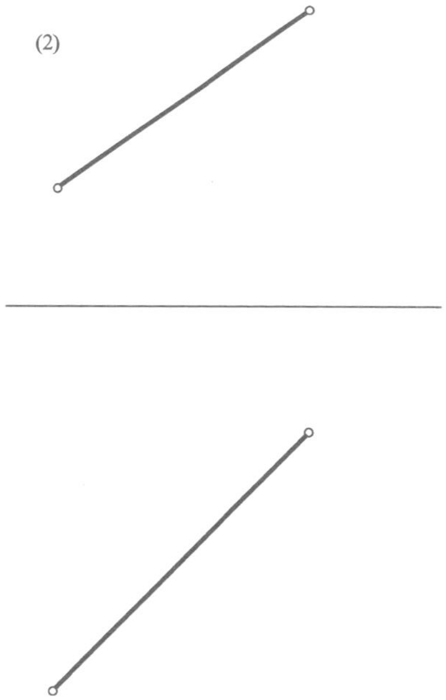

(3)

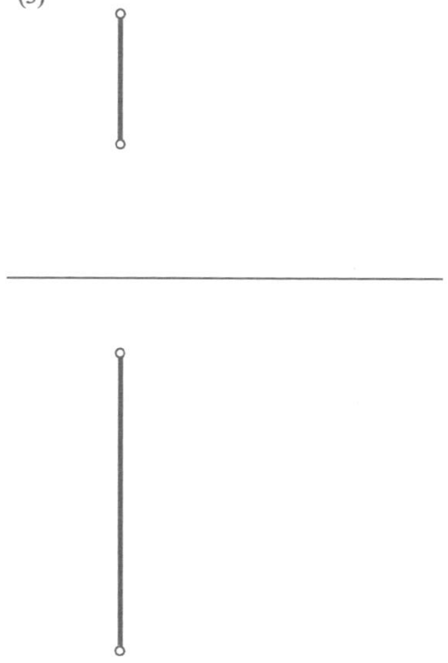

阴影（一）

班级　　学号　　姓名　　日期

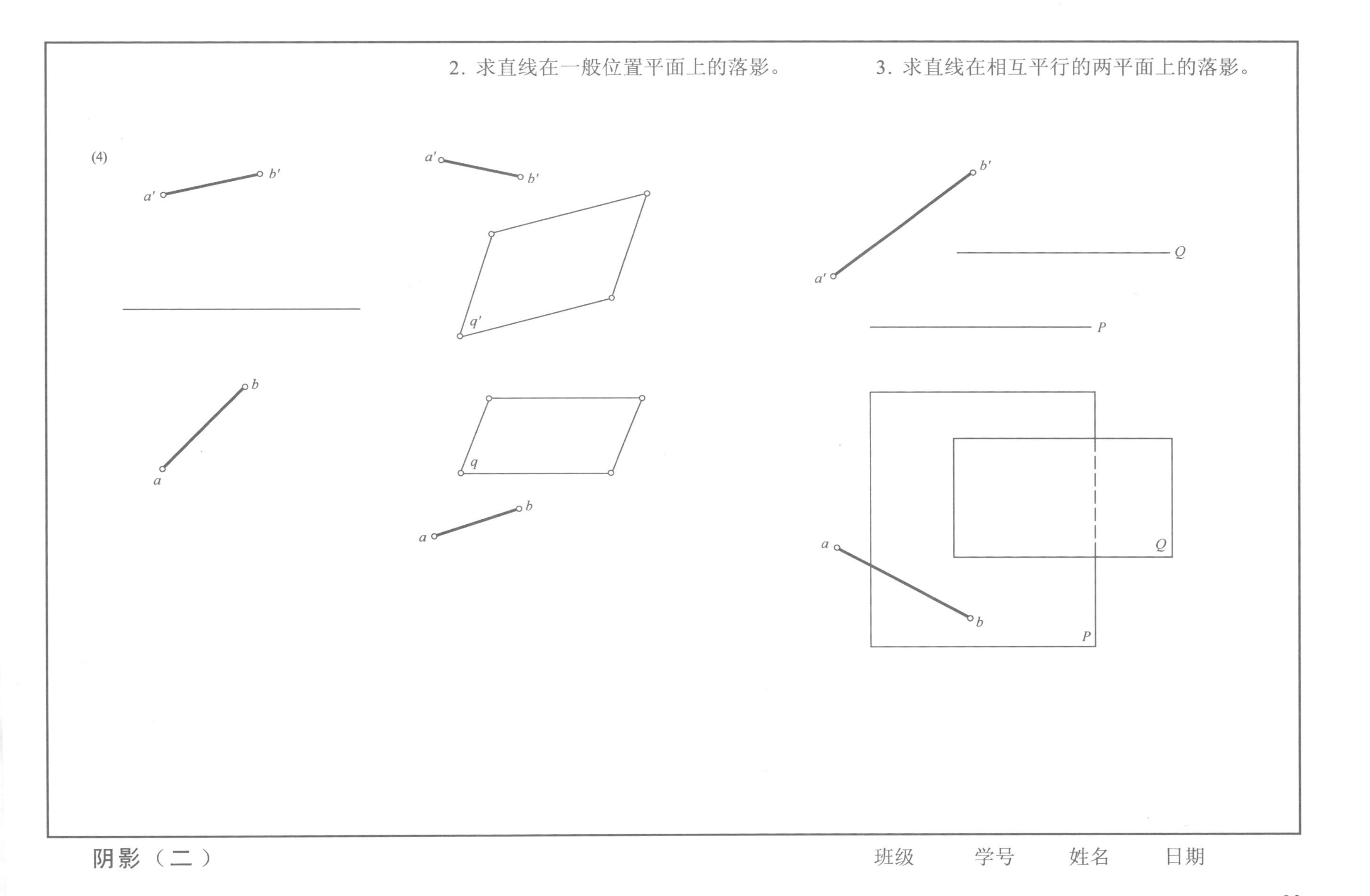
2. 求直线在一般位置平面上的落影。
3. 求直线在相互平行的两平面上的落影。
(4)
a'
b'
a
b
q'
q
Q
P

4. 求四边形在正墙面上的落影。

5. 求铅垂线的落影。

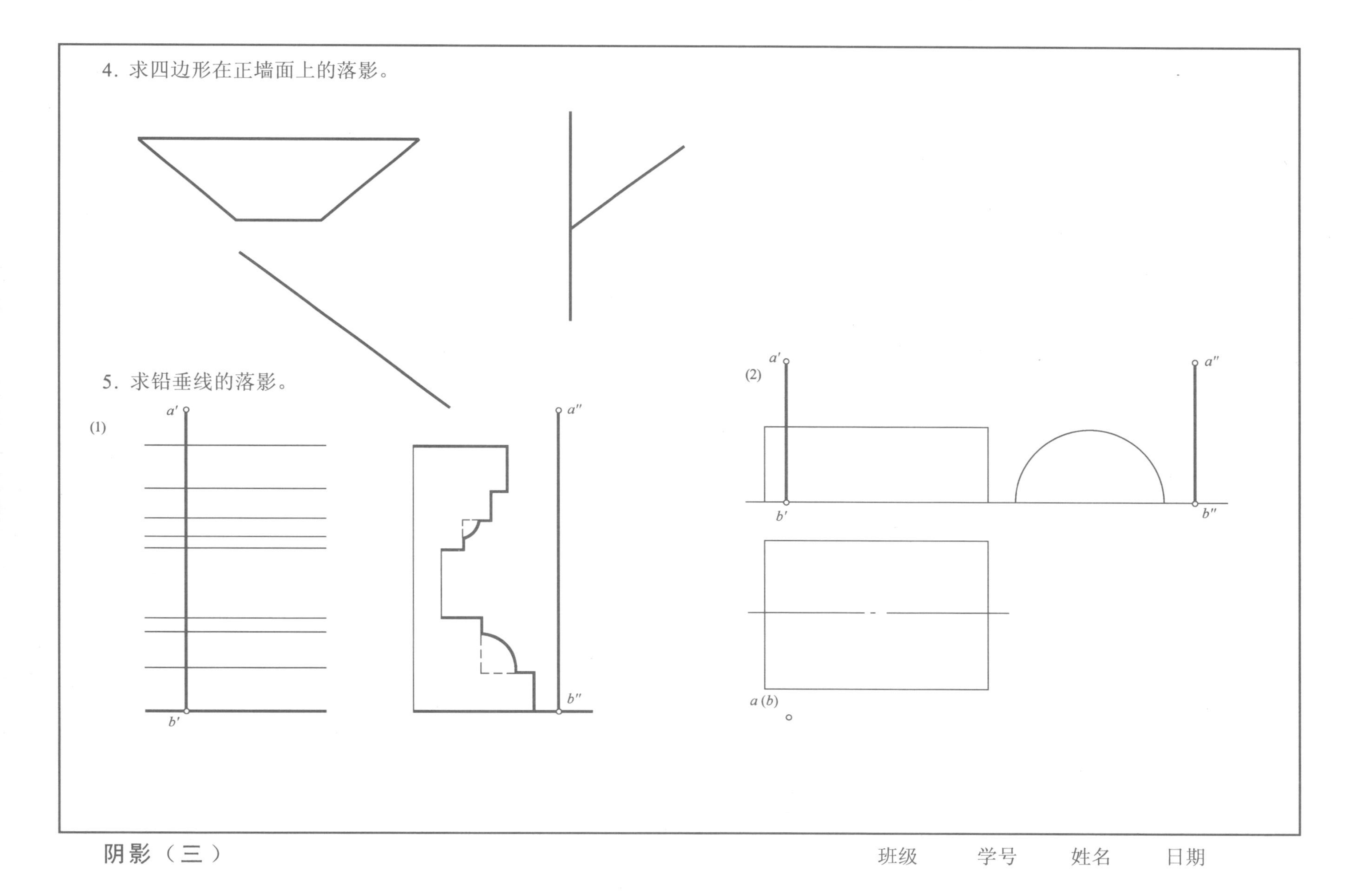




班级　　学号　　姓名　　日期

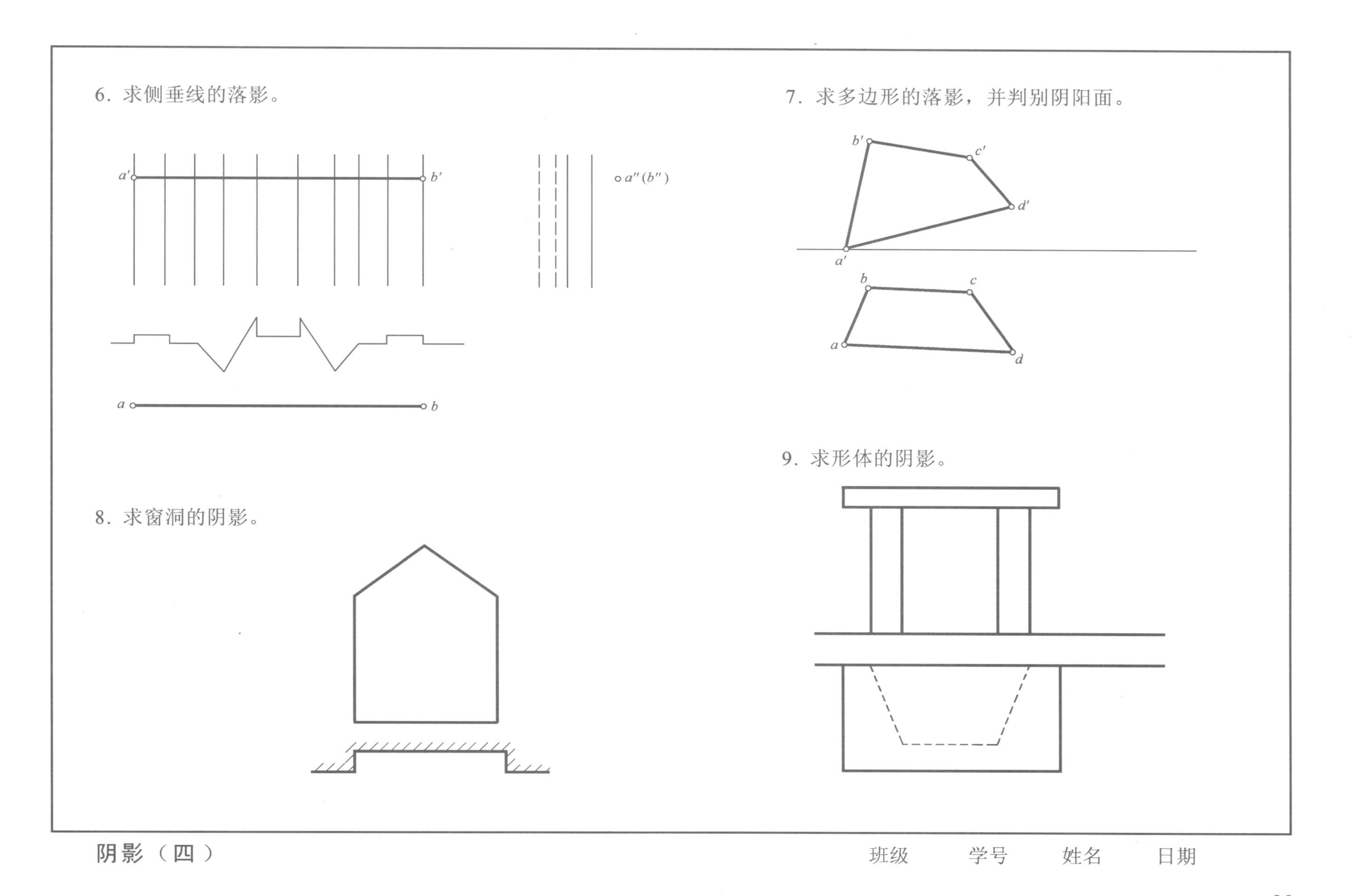


阴影（四）

班级　　学号　　姓名　　日期

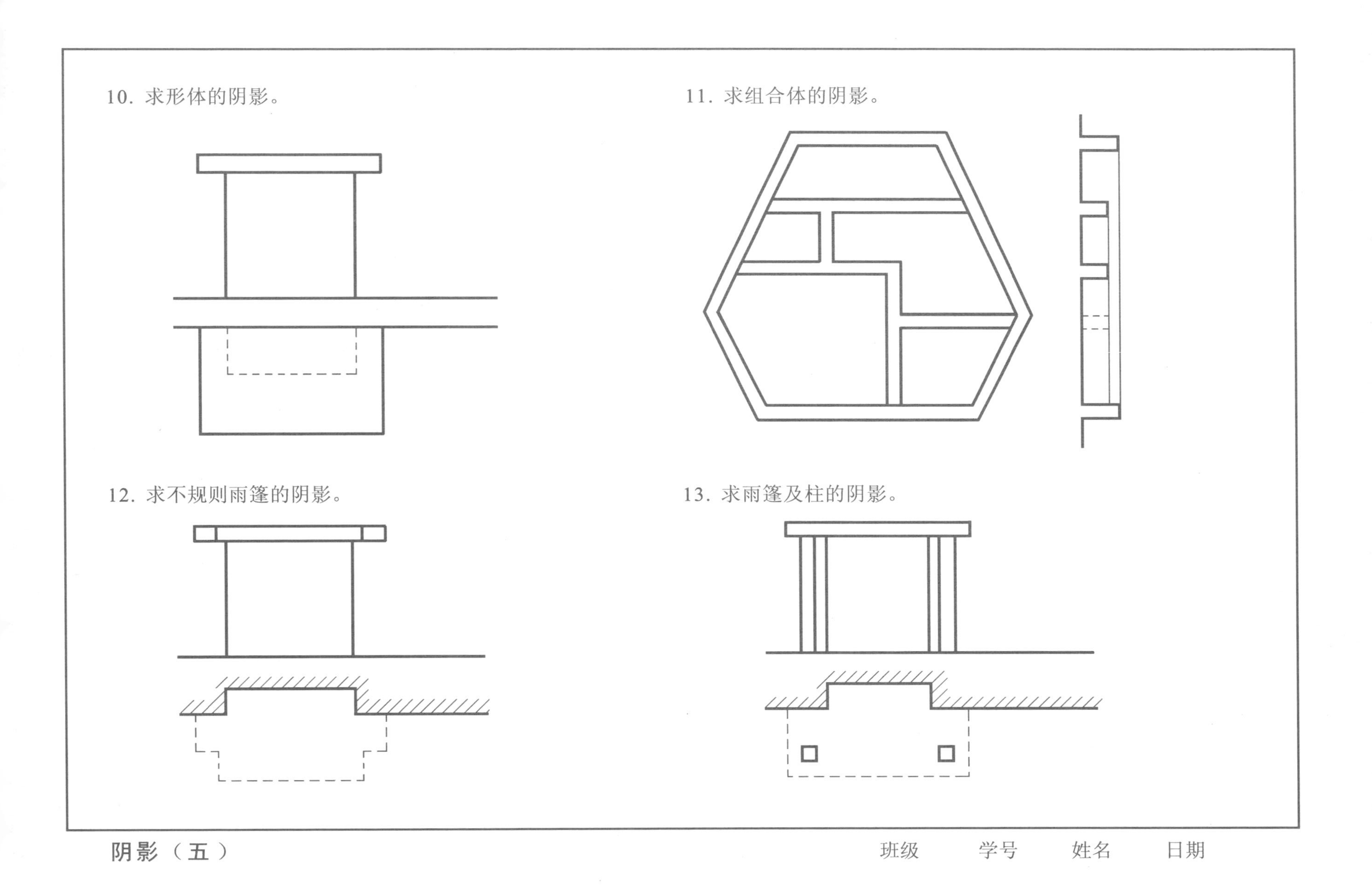


阴影（五）

班级　学号　姓名　日期

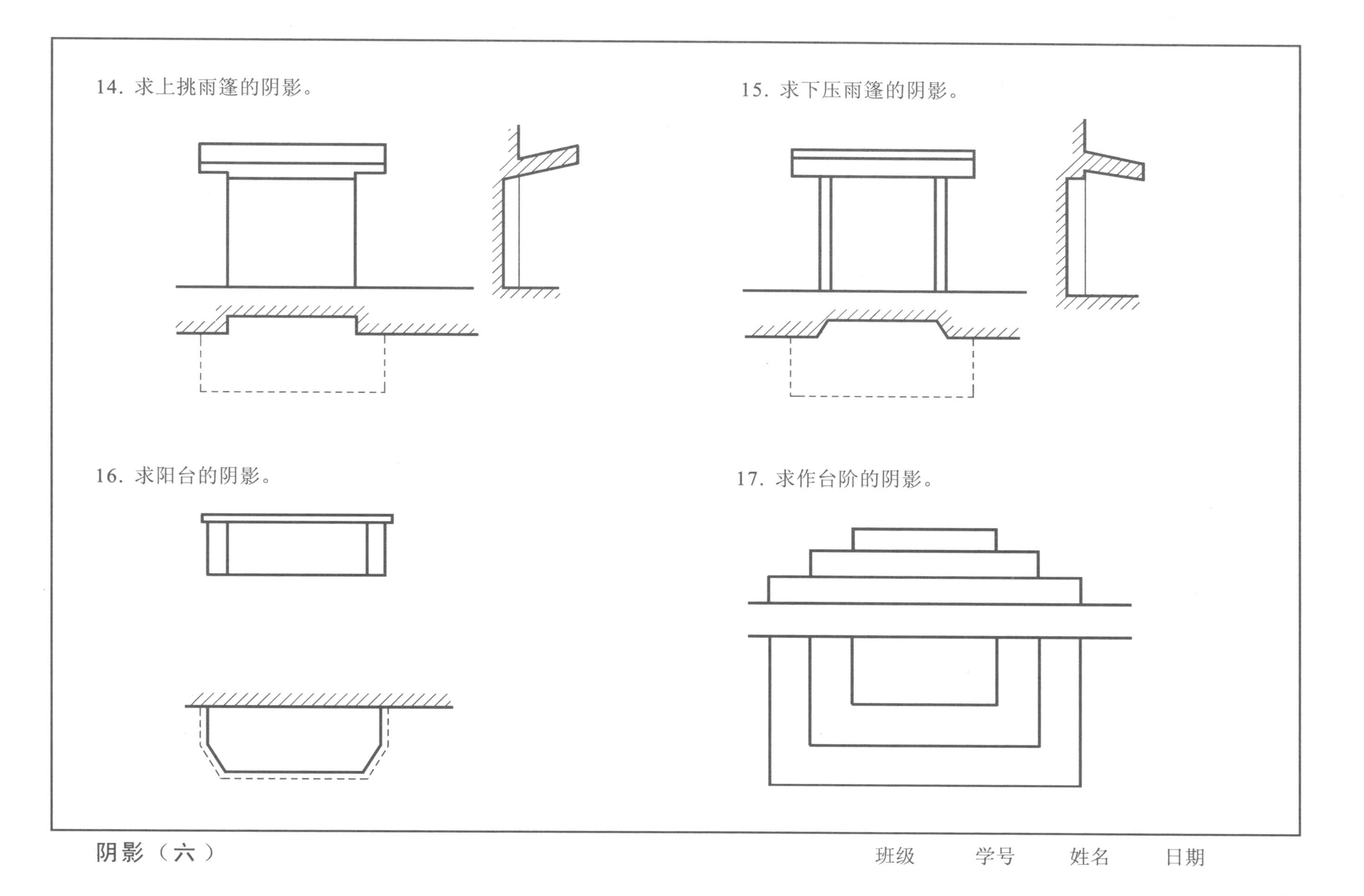


阴影（六）

班级　学号　姓名　日期

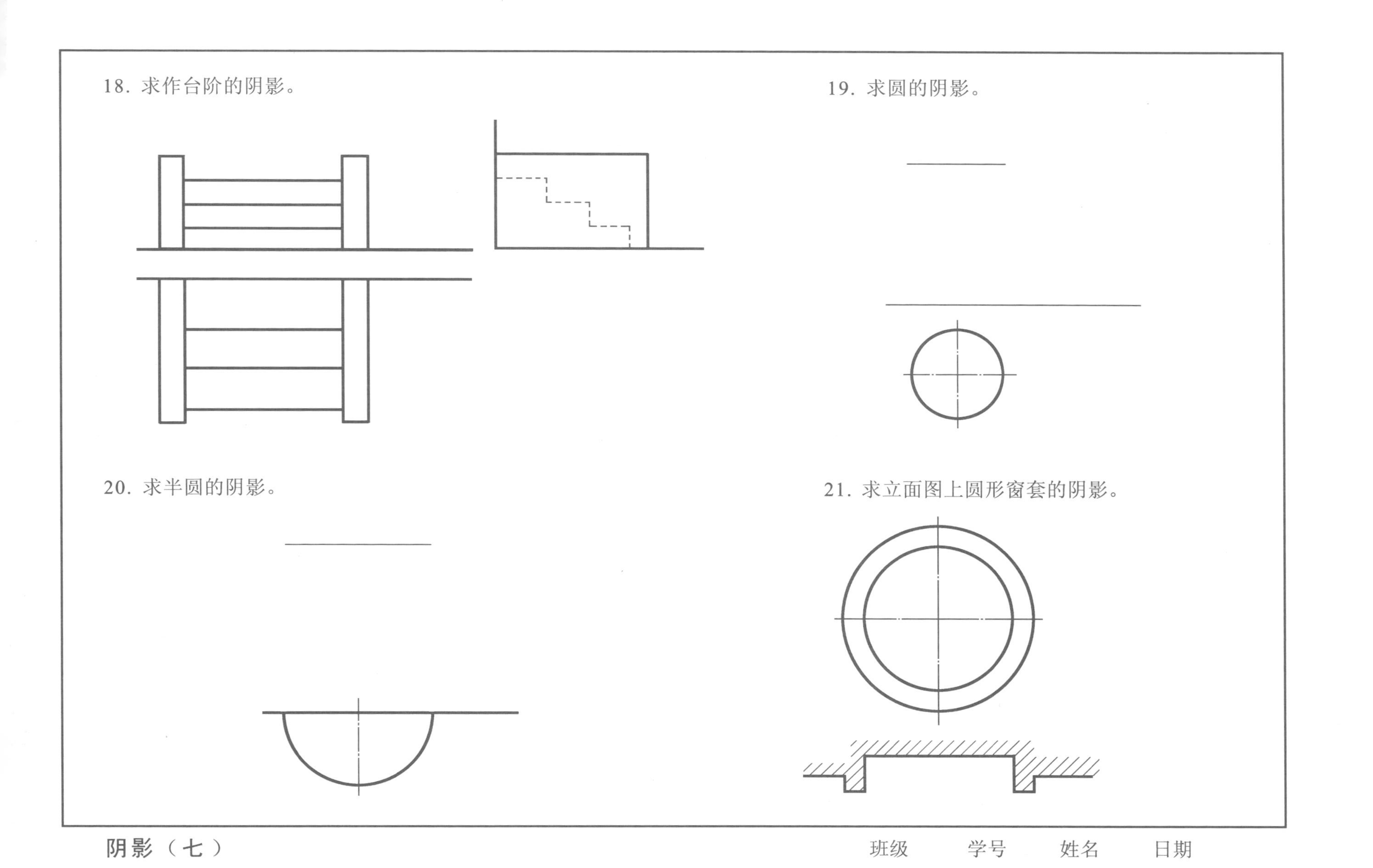


阴影（七）

班级　　学号　　姓名　　日期

22. 求圆柱的阴影。

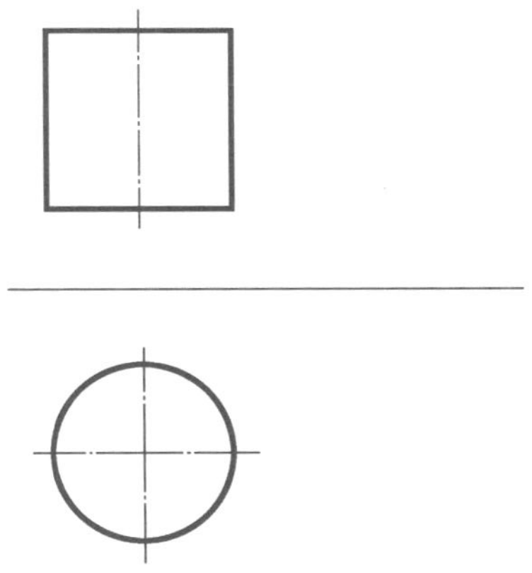

23. 求外凸半圆柱的阴影。

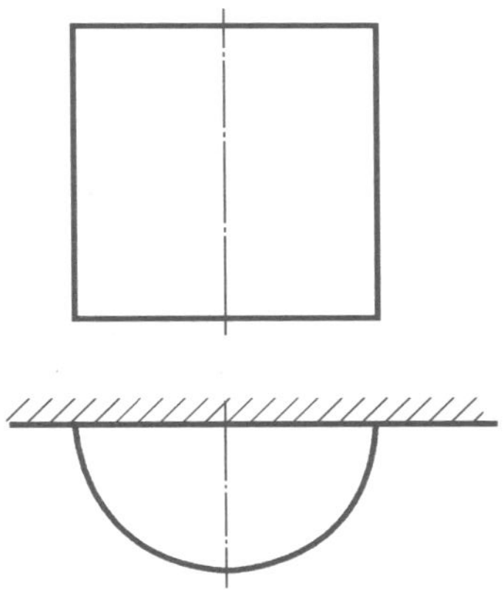

24. 求内凹半圆柱的阴影。

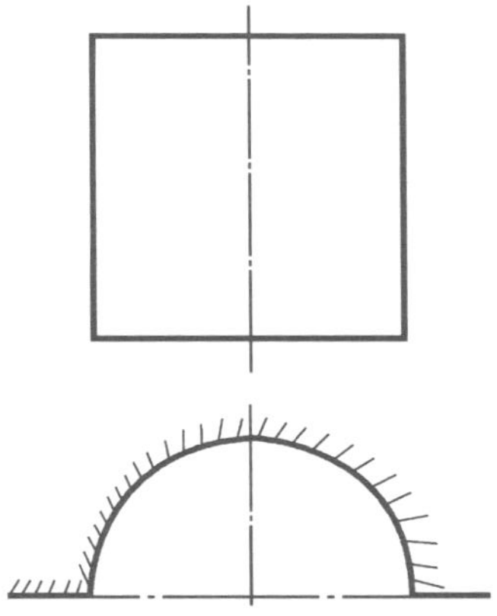

班级　　学号　　姓名　　日期

25. 求平面图形的落影。

26. 求组合形体的阴影。

(1)



班级　　学号　　姓名　　日期

(2)

(3)

阴影（十）

班级　　学号　　姓名　　日期

1. 求高于基面 50mm 的水平直线 AB 的透视。

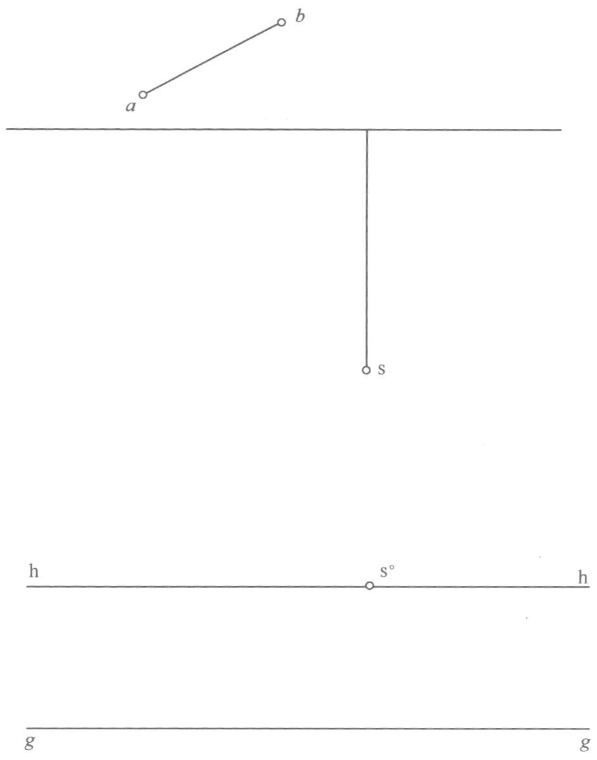

b
a
s
h  s°  h
g  g

2. 分别在两个不同高度的基面上求平面的透视。

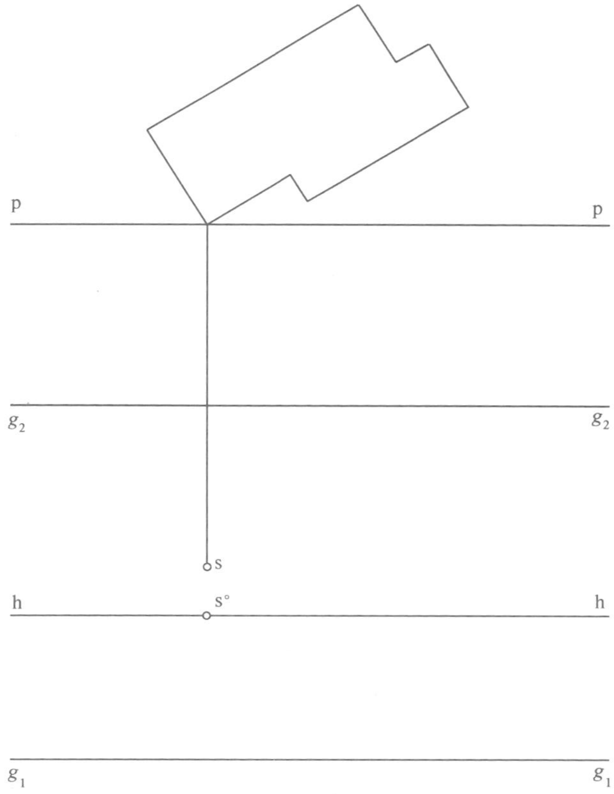

p  p
$g_2$  $g_2$
s
h  s°  h
$g_1$  $g_1$

透视（一）

班级　学号　姓名　日期

3. 用灭点法作台阶的两点透视。

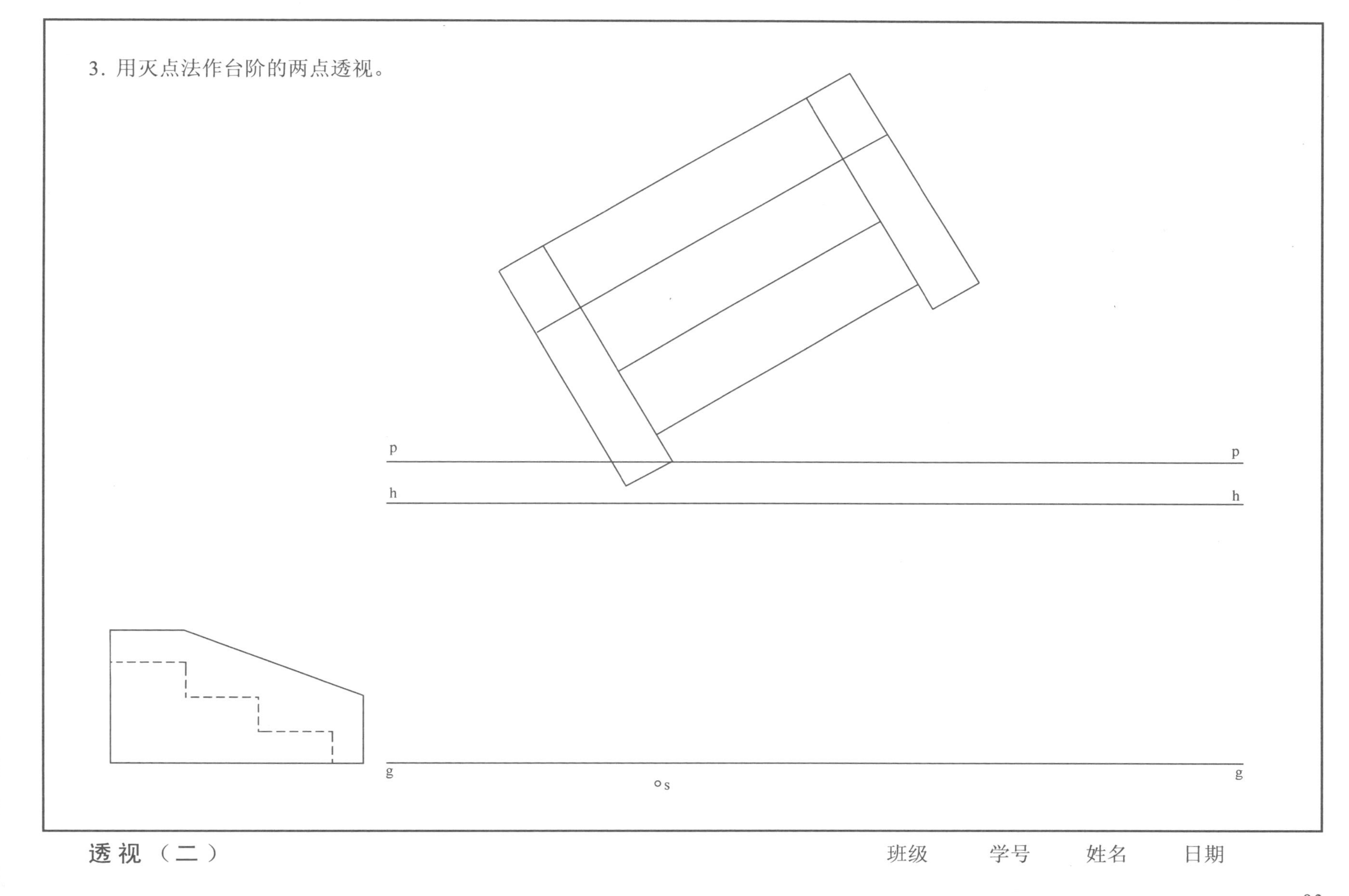


透视（二）　　　　班级　　学号　　姓名　　日期

4. 用灭点法作两点透视。

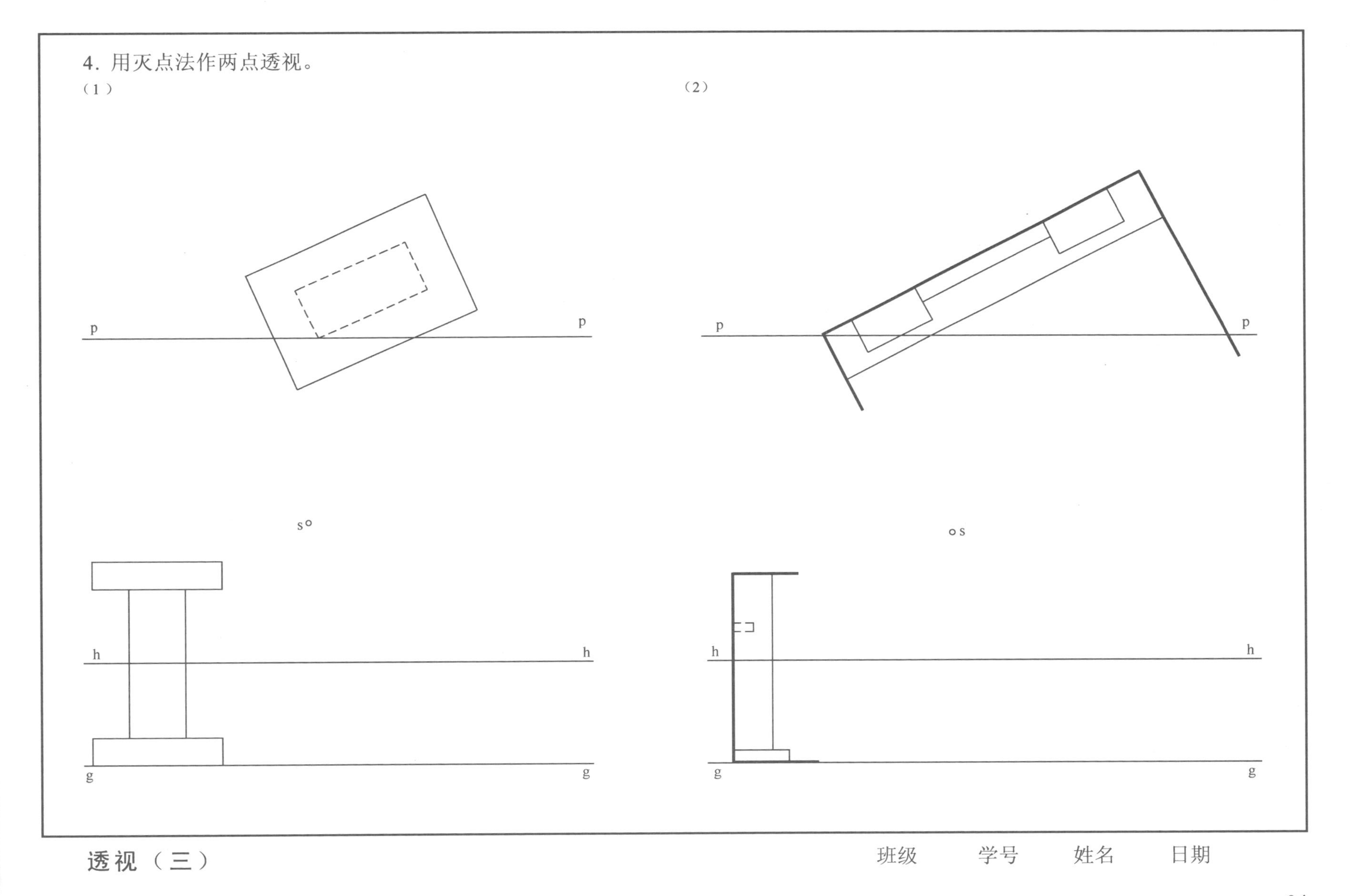


透视（三）

班级　　学号　　姓名　　日期

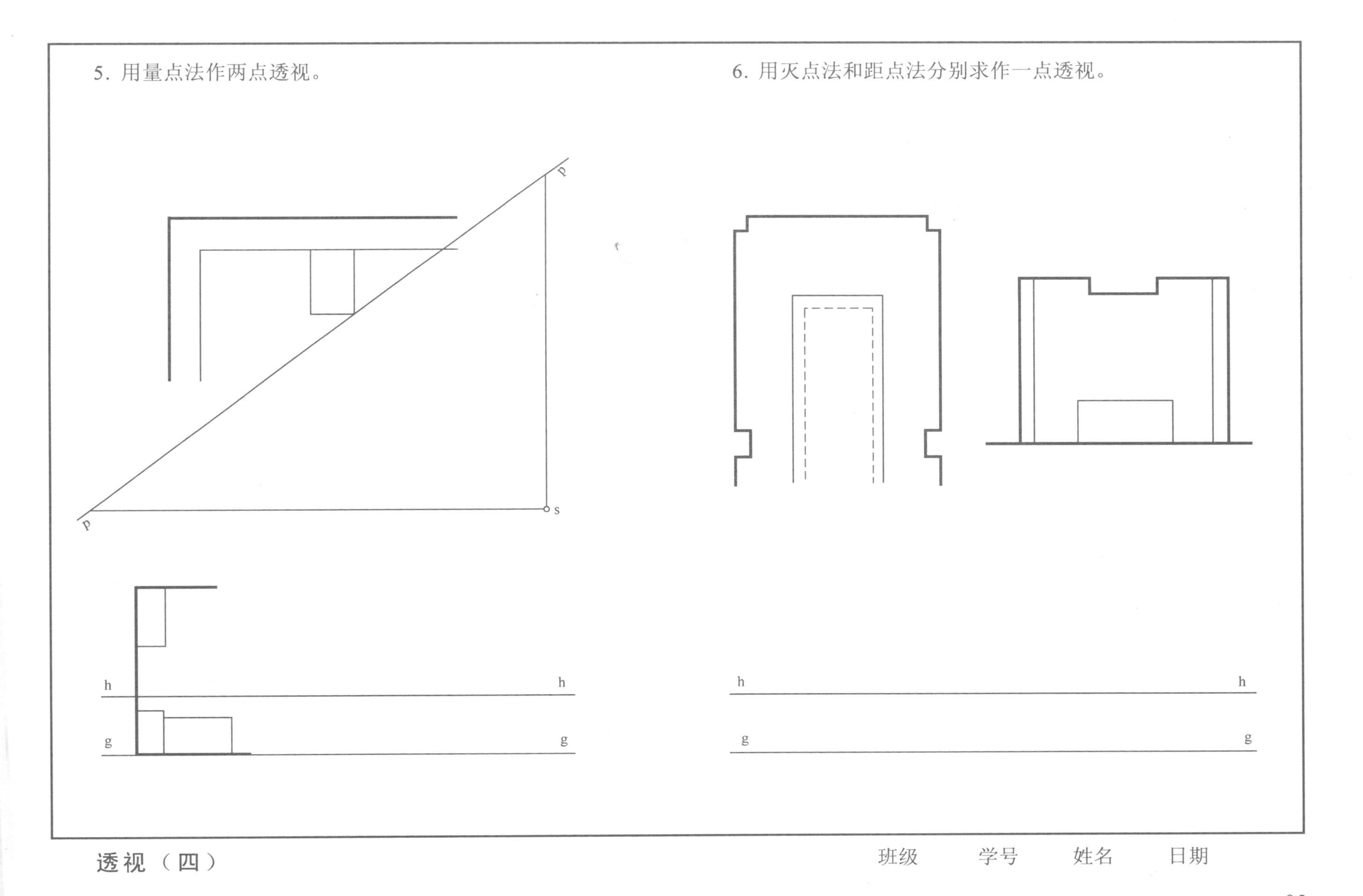


透视（四）

班级　学号　姓名　日期

7. 用网格法作一点透视及两点透视。

8. 作形体的两点透视（作图方法自定）。

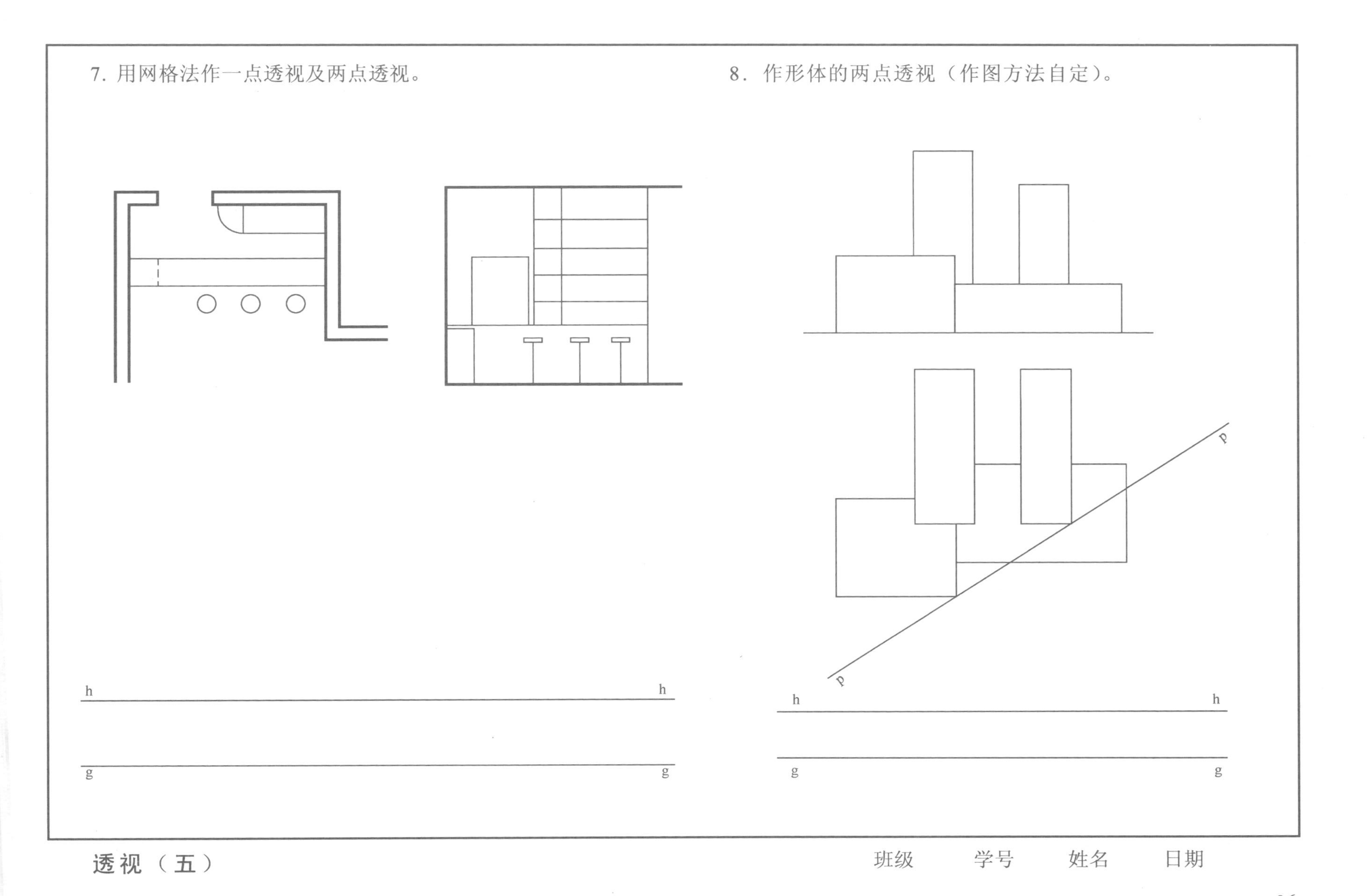


透视（五）

班级　　学号　　姓名　　日期

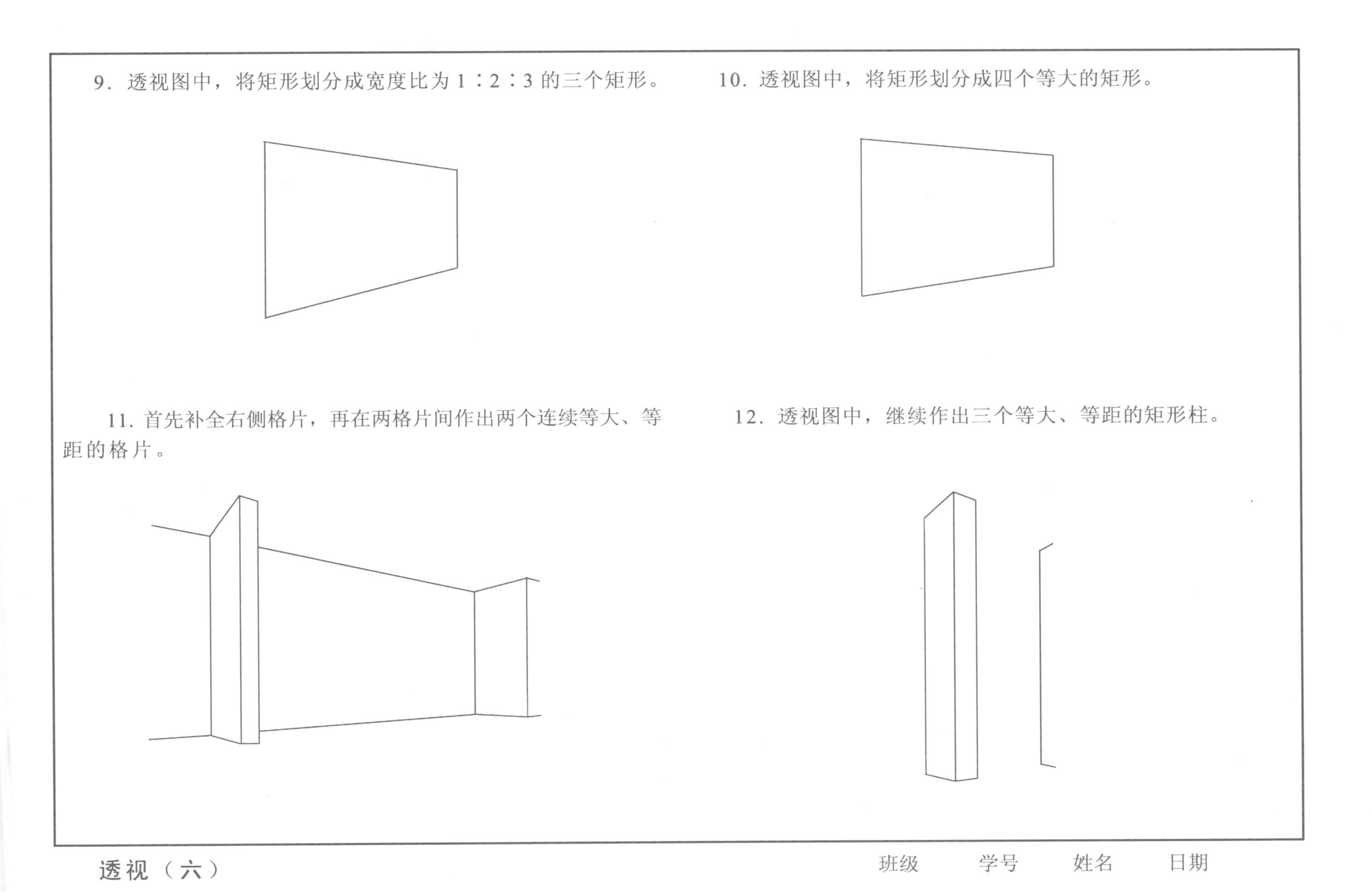
9．透视图中，将矩形划分成宽度比为1∶2∶3的三个矩形。

10．透视图中，将矩形划分成四个等大的矩形。

11．首先补全右侧格片，再在两格片间作出两个连续等大、等距的格片。

12．透视图中，继续作出三个等大、等距的矩形柱。

透视（六）

班级　　学号　　姓名　　日期

13. 求横向圆管的透视。

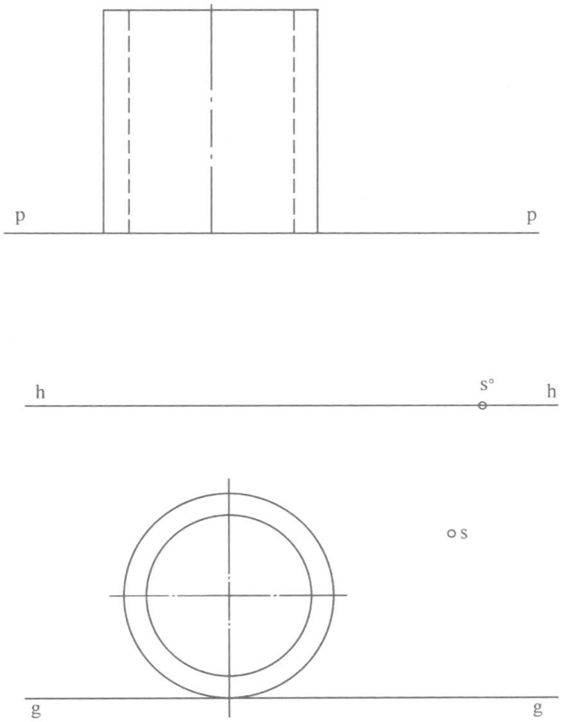

p p

h s° h

s

g g

14. 求直立圆管的透视（视点自定）。

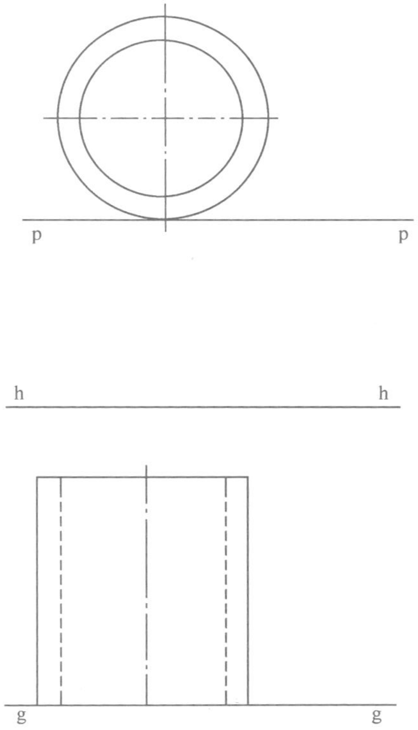

p p

h h

g g

透视（七）

班级 学号 姓名 日期

15.按给定的画面与视高，作墙饰的透视。

h h

g g

p p

16.放大两倍作室内的透视。

h h

g g

p p

17.作室内一点透视，视距为3000mm，视高为1800mm，（室内家具高度按比例自定）。

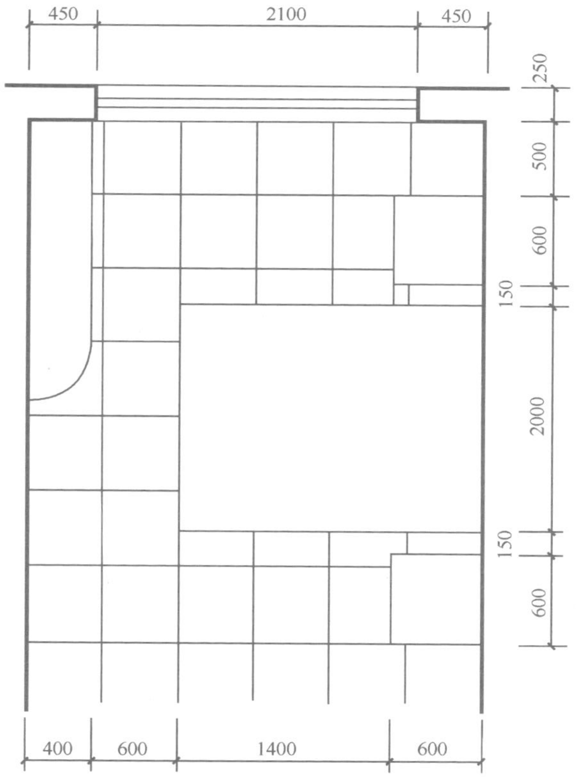

18.作室内两点透视，视高为1800mm。

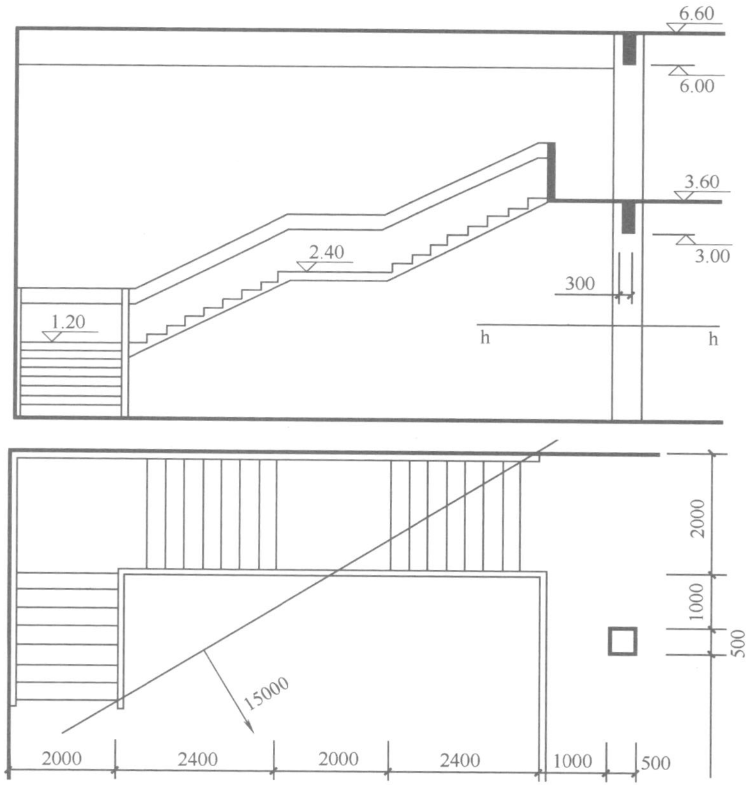

透视（九）

班级　学号　姓名　日期

19.按给定的光线，求作透视阴影。

（1）

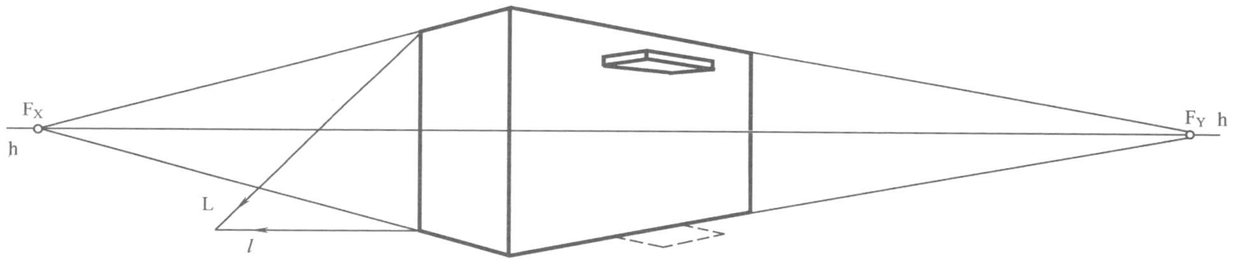

$F_X$ h L $l$ $F_Y$ h

（2）

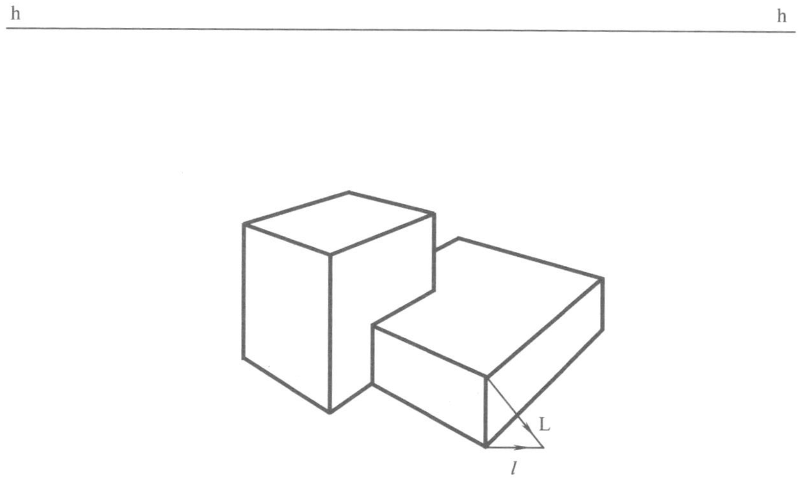

h h

L $l$



班级 学号 姓名 日期

20.按给定的光线，求作透视阴影。

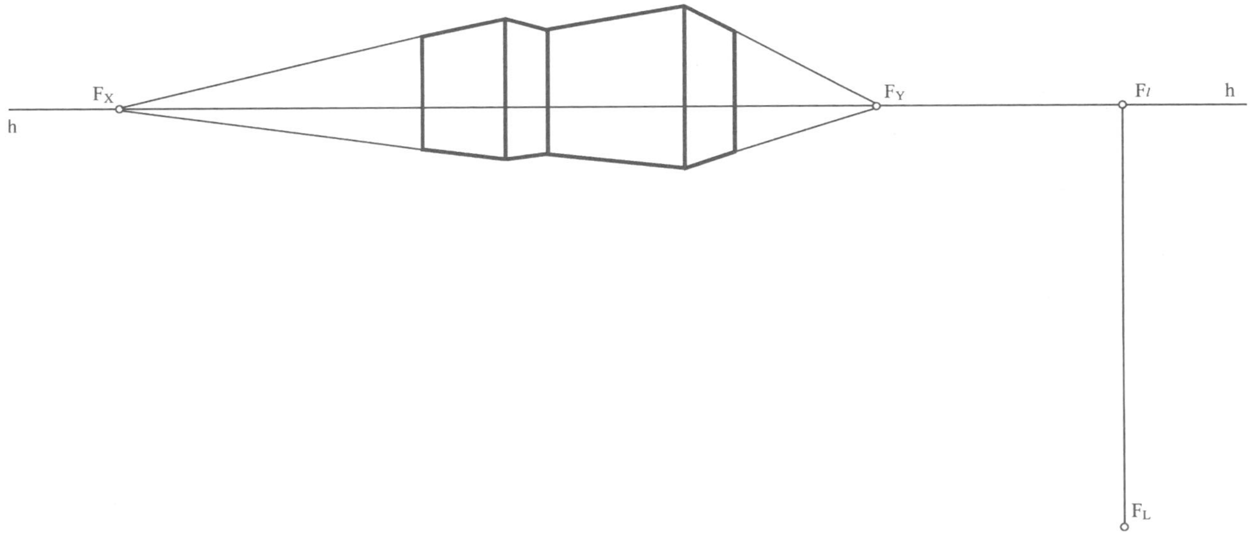

h $F_X$ $F_Y$ $F_l$ h

$F_L$

透视（十一）

班级　　学号　　姓名　　日期

21.按给定的光线，求作透视阴影。

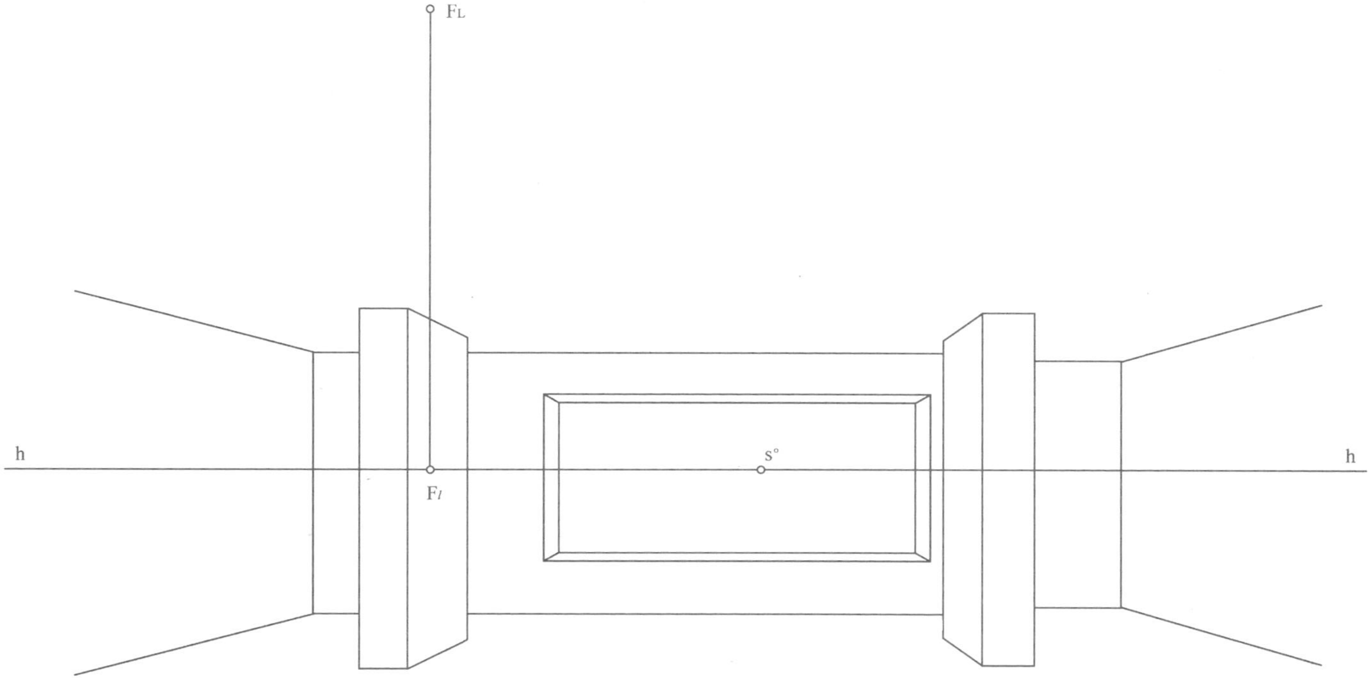

$F_L$

h

$s^{\circ}$

h

$F_l$

透视（十二）

班级　　学号　　姓名　　日期

# 建筑设计说明

## 一、设计说明

1. 本工程为某单位职工宿舍楼，砖混结构，地上六层，地下一层，建筑面积 3125.04$m^2$。
2. 本工程耐火等级为一级，耐久年限为 50 年，体形系数为 0.28。
3. 本工程抗震烈度为 7 度。
4. 本工程± 0.000 相当于绝对标高 725.6m。
5. 门窗：

（1）除注明外，所有门窗均居墙中，预埋木砖防腐处理，预埋铁件作防锈处理。

（2）塑钢门窗选自 98J4（一），木门选自 98J4（二），隔断及木质推拉门、防盗门、防火门由甲方订货。

（3）窗台板采用水磨石窗台板，窗帘盒由甲方订货。

6. 墙体：

（1）砖墙选自 98J3（一），轻质隔墙选自 98J3（七），加气混凝土砌体选自 98J3（四）。

（2）钢筋混凝土过梁，洞口宽度小于 500mm 的墙体留洞采用加筋砖过梁。

7. 内装修：

（1）门窗洞口及室内墙体阳角抹 1∶2 水泥砂浆护角，高度 1800mm，每侧宽度不小于 50mm。

（2）厨房及卫生间设施注明者均由甲方订货。

（3）楼梯扶手采用 98J8-12-1，所有户外楼梯顶层水平段栏杆高 1050mm。

8. 外装修：

（1）瓷砖墙面采用 60mm × 200mm 瓷砖，竖向粘贴。

（2）变形缝做法：98J3（一），颜色同墙面。

（3）雨篷做法 98J6-10。

（4）地下室及一层外窗均设护窗栏杆，做法甲方自定。

9. 厨房、卫生间、阳台均低于楼面20mm。

10. 遇同一墙面或楼面因基材不同或因预制、现浇混凝土板的装修做法不同，而使做法厚度不同时，其厚度应按较大值调整一致，以使面层平整。

11. 施工时各专业图纸对照施工，注意各专业预埋件及开孔留洞，避免事后挖凿，以确保施工质量。

12. 若施工时发现各专业图纸间有冲突时，请及时与设计单位联系，经协商确定后再行施工。

13. 本工程施工过程中，必须按照国家颁布的现行《建筑安装施工验收规范》及我省《建筑安装工程技术操作规程》及有关补充要求施工。

**二、节能设计说明**

1. 墙体采用多孔黏土砖，外墙均为370mm厚，内抹保温砂浆30mm厚。

2. 楼梯间内加抹保温砂浆30mm厚。

3. 地下室顶板做聚苯板保温层65mm厚，传热系数0.63W/（$m^2 \cdot K$）。

4. 屋面采用聚苯板保温层80mm厚，传热系数0.58W/（$m^2 \cdot K$）。

5. 外窗采用塑钢窗，根据具体情况北侧外窗除非采暖房间外，均采用单框双层玻璃，空气层厚度16mm，传热系数0.37W/（$m^2 \cdot K$）。

6. 施工过程中材料采用国家及相关部门认证产品，以达到工程的环保以及节能目的。

7. 阳台做保温处理，具体做法见详图设计。

8. 工程节能设计参照中华人民共和国行业标准《民用建筑节能设计标准（采暖居住部分）》（JGJ 26—95）以及当地建委所颁布的《民用居住节能设计规程》。

（注：本图纸为范例缩样，图上尺寸以标注为准。）

## 工程做法

| 编号 | 名称 | | 施工部位 | 做法 | 备注 |
|---|---|---|---|---|---|
| 1 | 外墙面 | 干粘石墙面 | 见立面图 | 98J1 外 10-A | 内抹保温砂浆30厚 |
| | | 瓷砖墙面 | 见立面图 | 98J1 外 22 | |
| | | 涂料墙面 | 见立面图 | 98J1 外 14 | |
| 2 | 内墙面 | 乳胶漆墙面 | 用于砖墙 | 98J1 内 17 | 楼梯间墙面抹 30 厚保温砂浆 |
| | | 乳胶漆墙面 | 用于加气混凝土墙 | 98J1 内 19 | |
| | | 瓷砖墙面 | 仅用于厨房、卫生间、阳台 | 98J1 内 43 | 规格及颜色由甲方定 |
| 3 | 踢脚 | 水泥砂浆踢脚 | 厨房及卫生间不做 | 98J1 踢 2 | |
| 4 | 地面 | 水泥砂浆地面 | 用于地下室 | 98J1 地 4-C | |
| 5 | 楼面 | 水泥砂浆楼面 | 仅用于楼梯间 | 98J1 楼 1 | |
| | | 铺地砖楼面 | 仅用于厨房及卫生间 | 98J1 楼 14 | 规格及颜色由甲方定 |
| | | 铺地砖楼面 | 用于客厅、餐厅、卧室 | 98J1 楼 12 | 规格及颜色由甲方定 |
| 6 | 顶棚 | 乳胶漆顶棚 | 所有顶棚 | 98J1 棚 7 | |
| 7 | 油漆 | | 用于木件 | 98J1 油 6 | |
| | | | 用于铁件 | 98J1 油 6 | |
| 8 | 散水 | | | 98J1 散 3-C | 宽度 1000 |
| 9 | 台阶 | | 用于楼梯入口处 | 98J1 台 2-C | |
| 10 | 屋面 | | | 98J1 屋 13（A.80） | |

## 门窗表

| 类别 | 设计编号 | 洞口尺寸 | | 数量 | 采用标准图集及编号 | | 备注 |
|---|---|---|---|---|---|---|---|
| | | 宽 | 高 | | 图集代号 | 编号 | |
| 门 | M-1 | 900 | 2100 | | 98J4（二） | 1M37 | |
| | M-2 | 1000 | 2100 | | | 甲方订货 | 甲级防火门 |
| | M-3 | 900 | 2100 | | 98J4（二） | 1M37 | |
| | M-4 | 1000 | 2100 | | | | 防盗门 |
| | M-5 | 800 | 2100 | | 98J4（二） | 1M37 改 | |
| | M-6 | 1500 | 2300 | | | 甲方订货 | 防盗门 |
| | M-7 | 1200 | 2100 | | 98J4（二） | 1M47 | |
| | M-8 | 1170 | 2130 | | | 甲方订货 | 乙级防火门 |
| 窗 | C-1 | 1800 | 400 | | 98J4（一） | AS60-1PC-62 改 | |
| | C-2 | 2100 | 400 | | 98J4（一） | AS60-1PC-72 改 | |
| | C-3 | 900 | 400 | | 98J4（一） | AS60-1PC-32 改 | |
| | C-4 | 1800 | 1800 | | 98J4（一） | BS80-1TC-66 | |
| | C-5 | 2100 | 1800 | | 98J4（一） | BS80-1TC-76 | |
| | C-6 | | | | | 甲方订货 | 异形窗 |

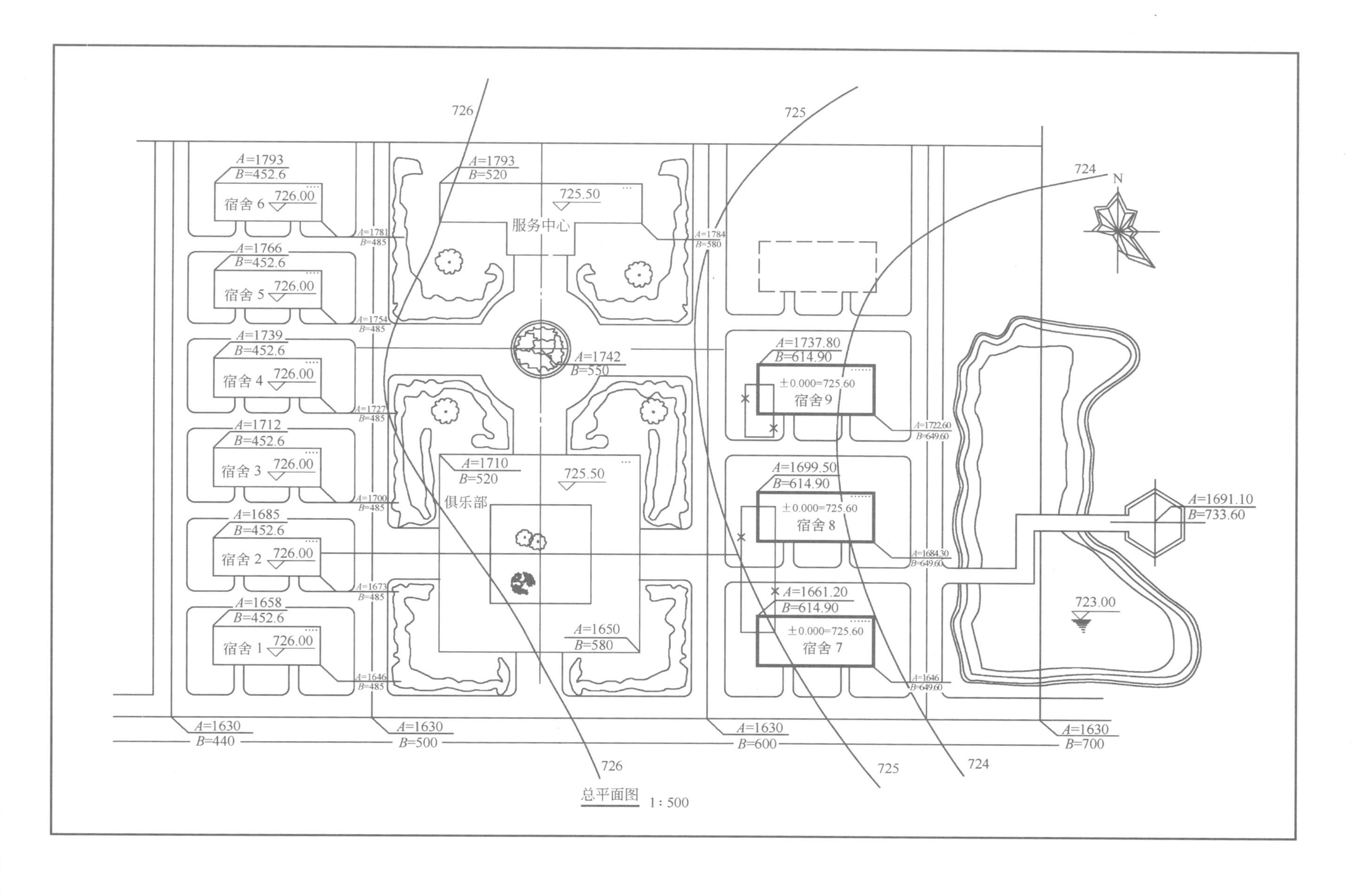
宿舍 6
A=1793
B=452.6
726.00
宿舍 5
A=1766
B=452.6
726.00
宿舍 4
A=1739
B=452.6
726.00
宿舍 3
A=1712
B=452.6
726.00
宿舍 2
A=1685
B=452.6
726.00
宿舍 1
A=1658
B=452.6
726.00
服务中心
A=1793
B=520
725.50
俱乐部
A=1710
B=520
725.50
A=1650
B=580
A=1742
B=550
A=1784
B=580
宿舍 9
A=1737.80
B=614.90
±0.000=725.60
宿舍 8
A=1699.50
B=614.90
±0.000=725.60
宿舍 7
A=1661.20
B=614.90
±0.000=725.60
A=1691.10
B=733.60
723.00
A=1630
B=440
A=1630
B=500
A=1630
B=600
A=1630
B=700
726
725
724
N
总平面图 1:500

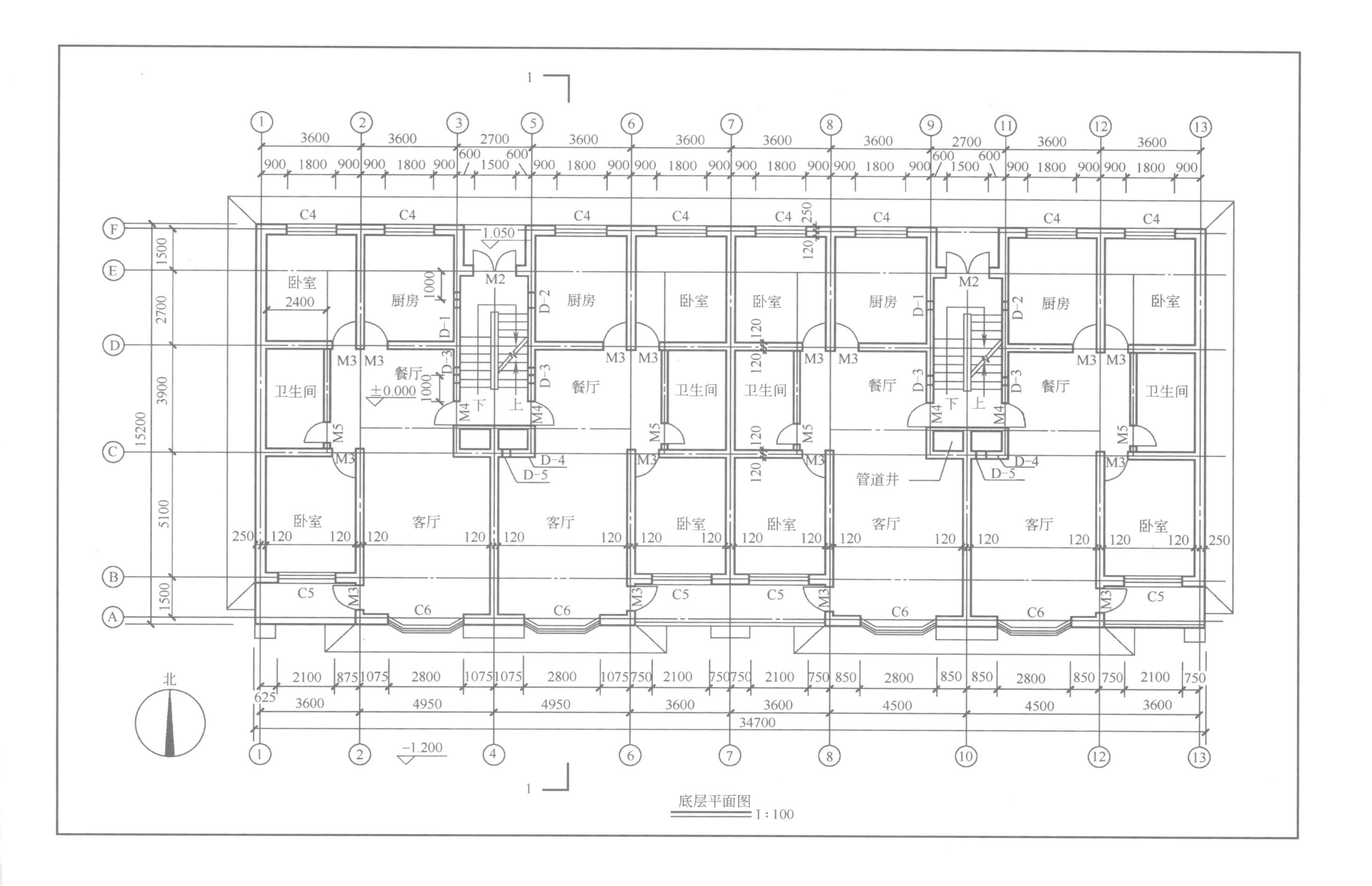
北
卧室
厨房
卫生间
餐厅
客厅
管道井
M2
M3
M4
M5
C4
C5
C6
D-1
D-2
D-3
D-4
D-5
下
上
±0.000
1.050
-1.200
15200
34700

底层平面图 1:100

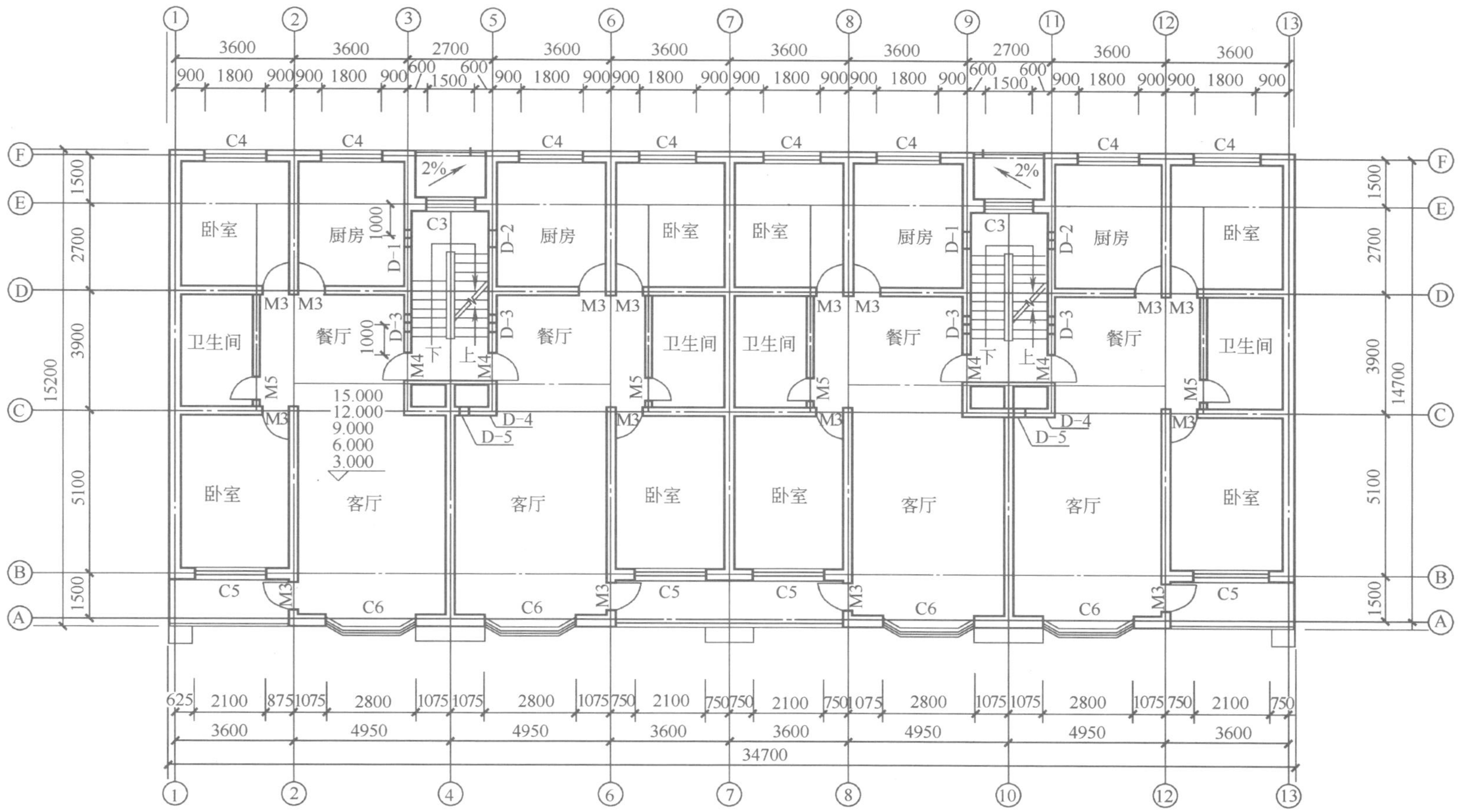

卧室
厨房
卫生间
餐厅
客厅
C3
C4
C5
C6
M3
M4
M5
D-1
D-2
D-3
D-4
D-5
下
上
2%
15.000
12.000
9.000
6.000
3.000
15200
14700
34700


标准层平面图 1:100

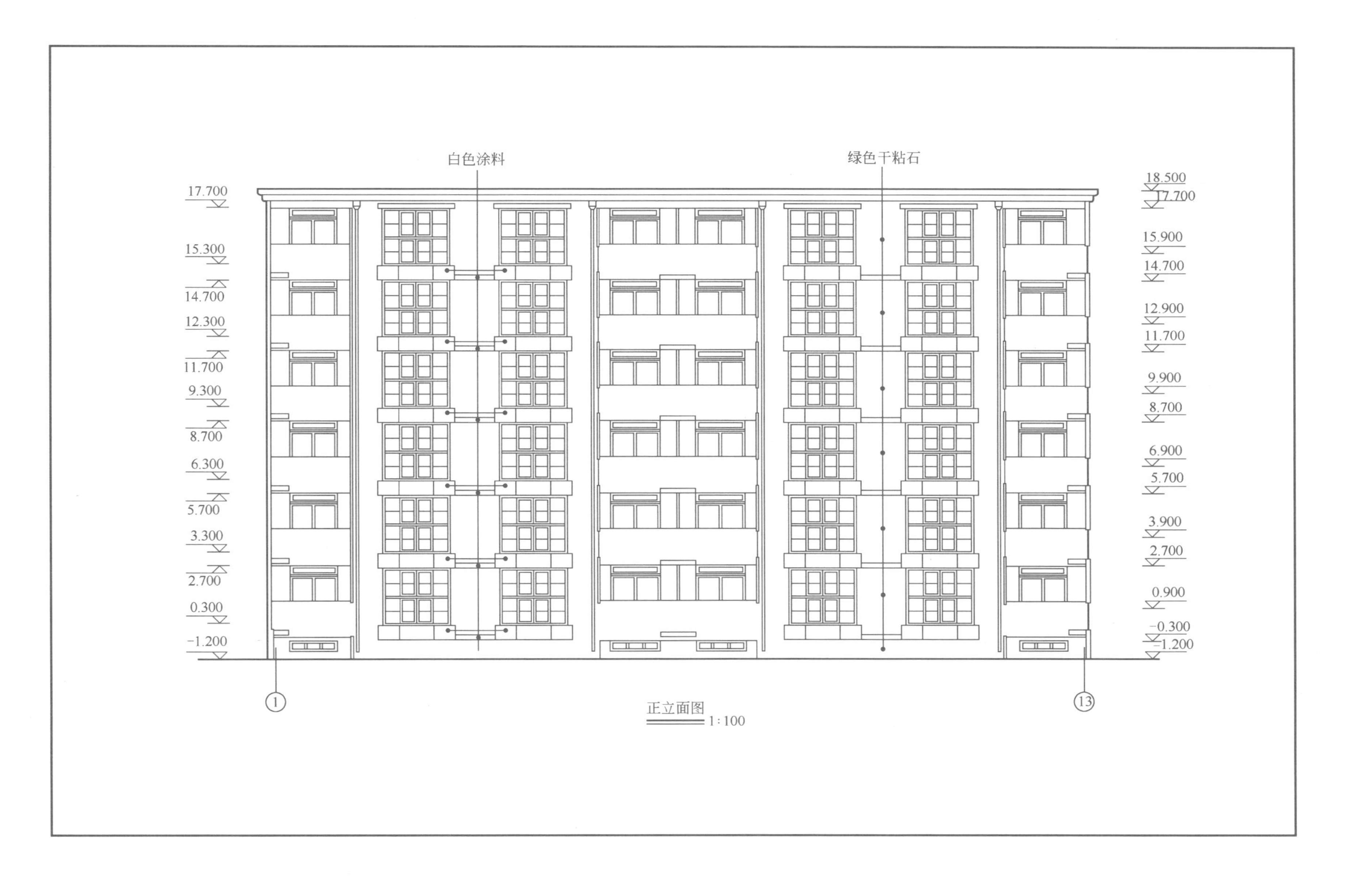
白色涂料
绿色干粘石
17.700
15.300
14.700
12.300
11.700
9.300
8.700
6.300
5.700
3.300
2.700
0.300
-1.200
18.500
17.700
15.900
14.700
12.900
11.700
9.900
8.700
6.900
5.700
3.900
2.700
0.900
-0.300
-1.200
1
13

正立面图 1:100

白色涂料
绿色干粘石
18.400
18.000
17.700
15.900
15.000
14.700
12.900
12.000
11.700
9.900
9.000
8.700
6.900
6.000
5.700
3.900
3.000
2.700
0.900
0.300
-0.700
-1.200
13
1

背立面图 1:100

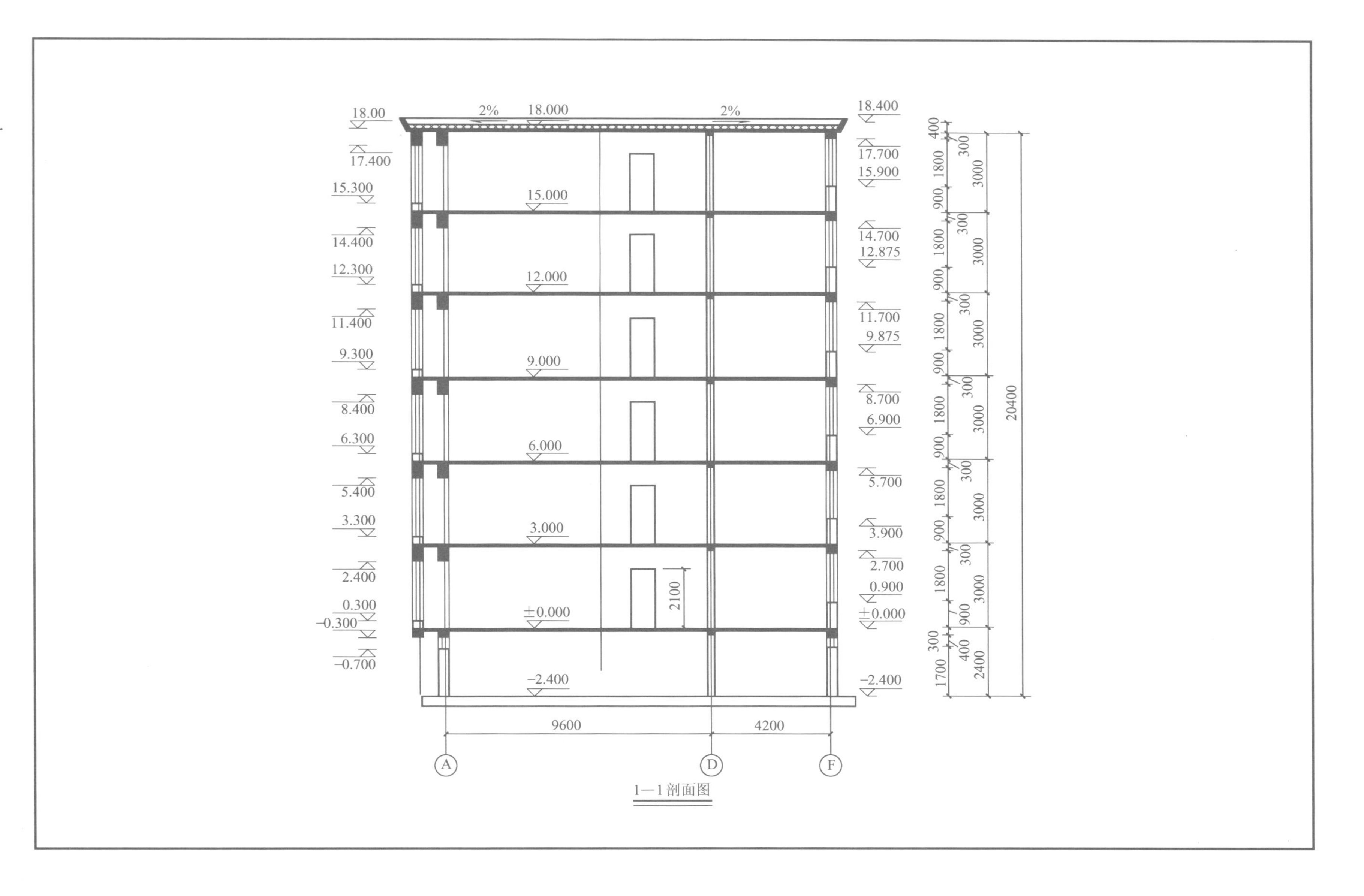
18.00
2%
18.000
2%
18.400
17.400
17.700
15.300
15.900
15.000
14.400
14.700
12.875
12.300
12.000
11.400
11.700
9.875
9.300
9.000
8.400
8.700
6.900
6.300
6.000
5.400
5.700
3.300
3.000
3.900
2.400
2.700
2100
0.300
0.900
±0.000
±0.000
-0.300
-0.700
-2.400
-2.400
9600
4200
A
D
F
20400
1—1剖面图

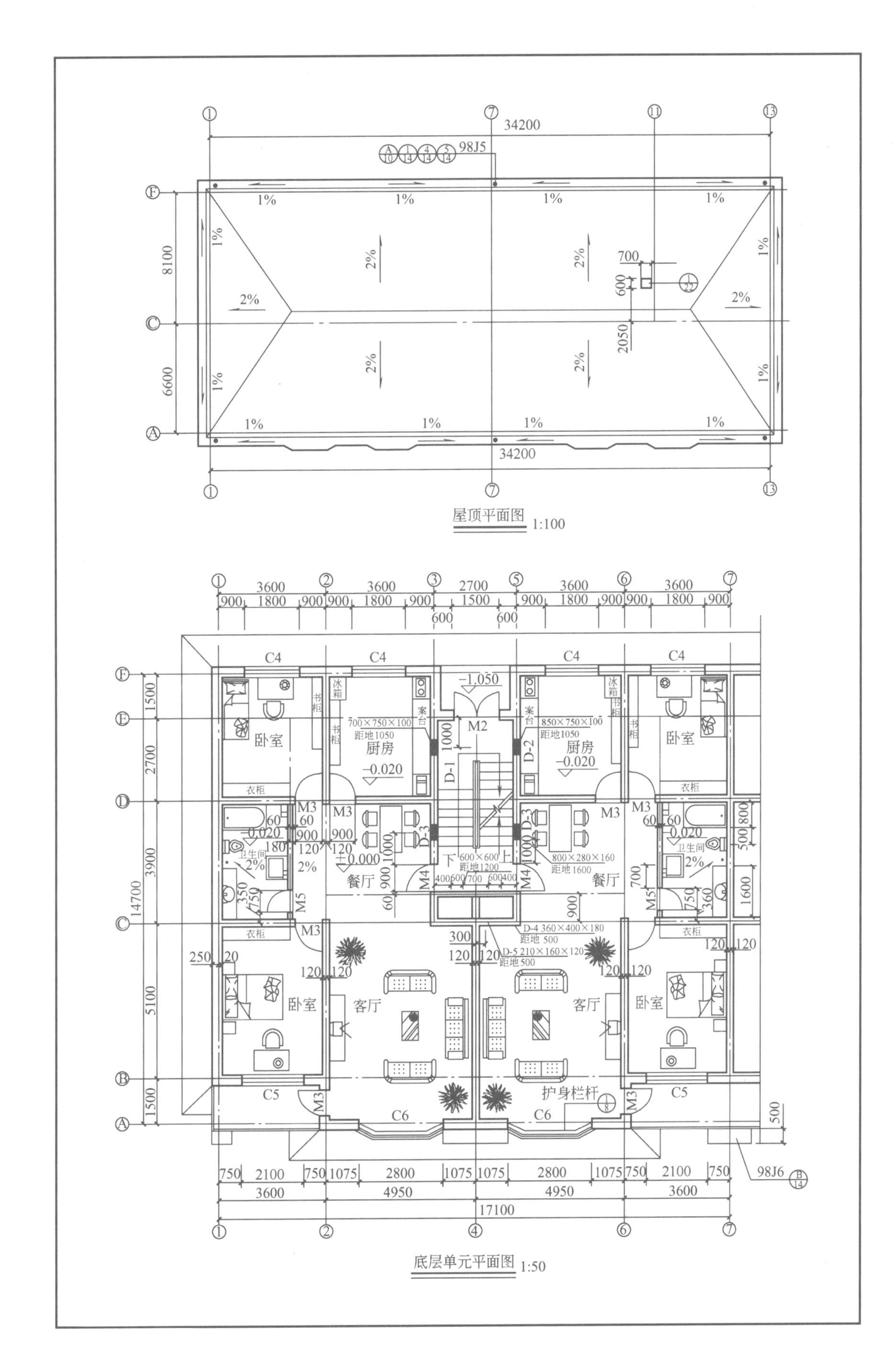


屋顶平面图 1:100

底层单元平面图 1:50

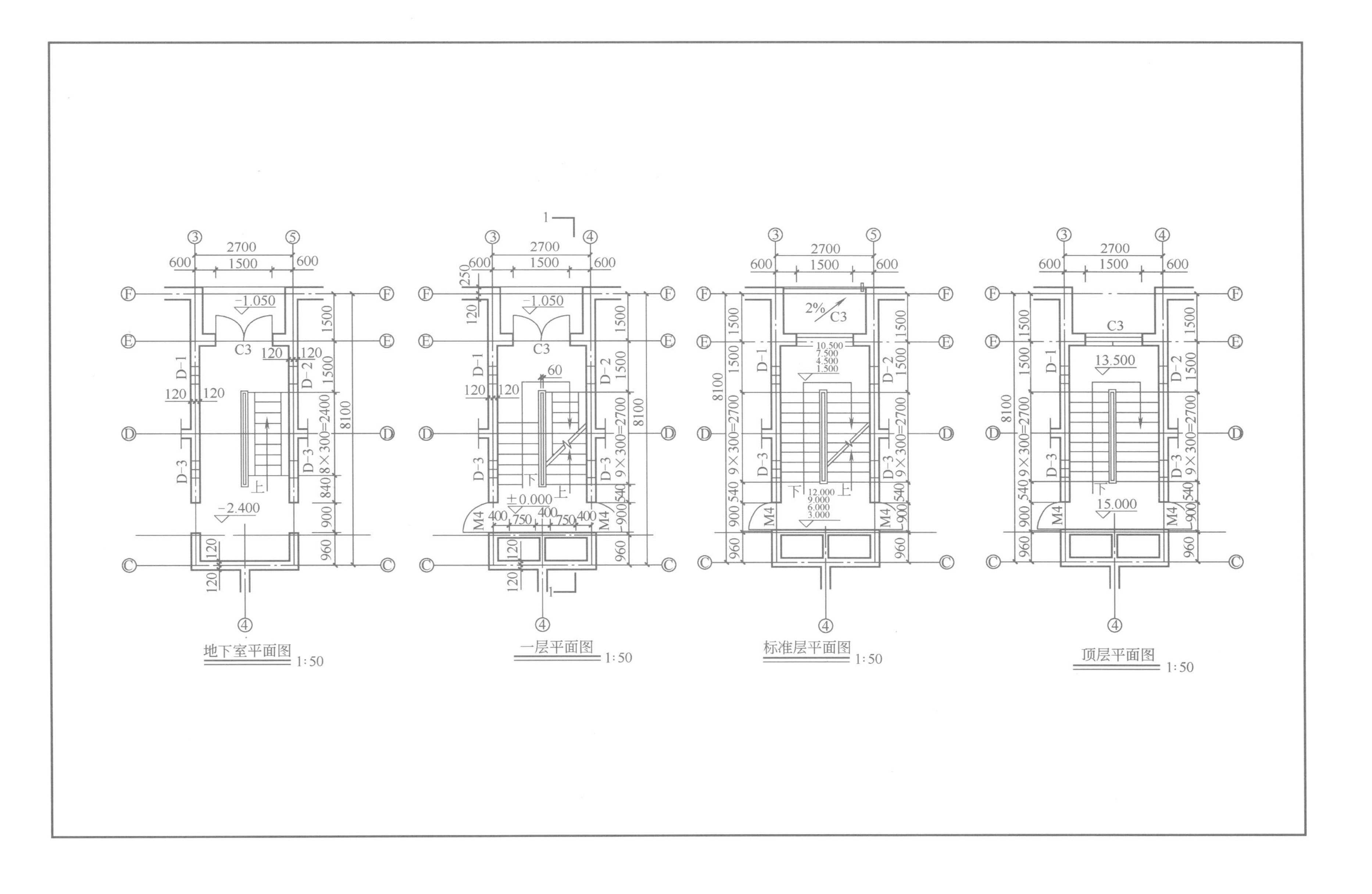
地下室平面图 1:50
一层平面图 1:50
标准层平面图 1:50
顶层平面图 1:50

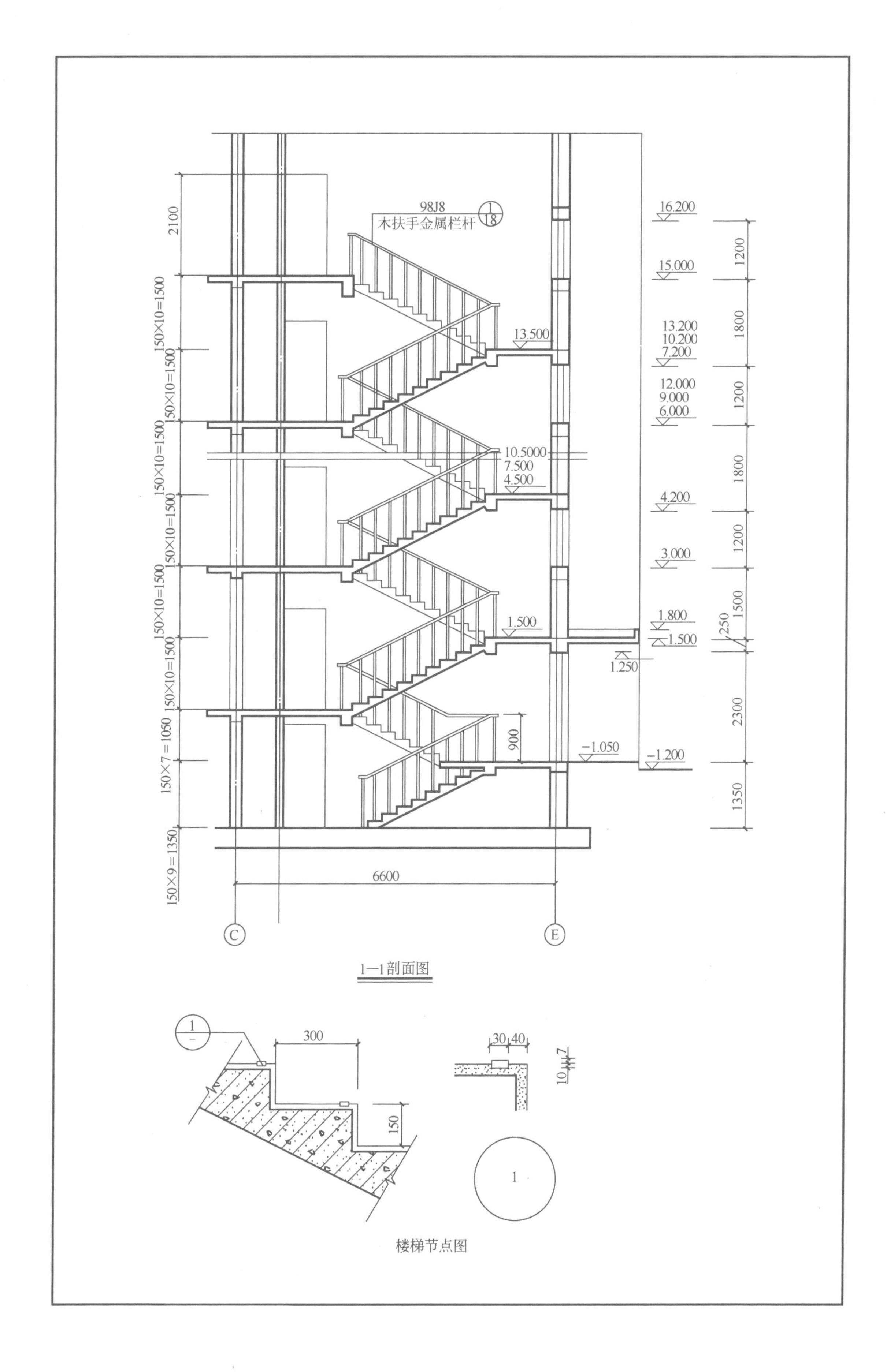
98J8
木扶手金属栏杆
16.200
15.000
13.500
13.200
10.200
7.200
12.000
9.000
6.000
10.5000
7.500
4.500
4.200
3.000
1.500
1.800
1.500
1.250
−1.050
−1.200
900
250
2100
150×10=1500
150×7=1050
150×9=1350
1200
1800
1500
2300
1350
6600
C
E
300
150
30
40
10
7
1
1—1剖面图

楼梯节点图

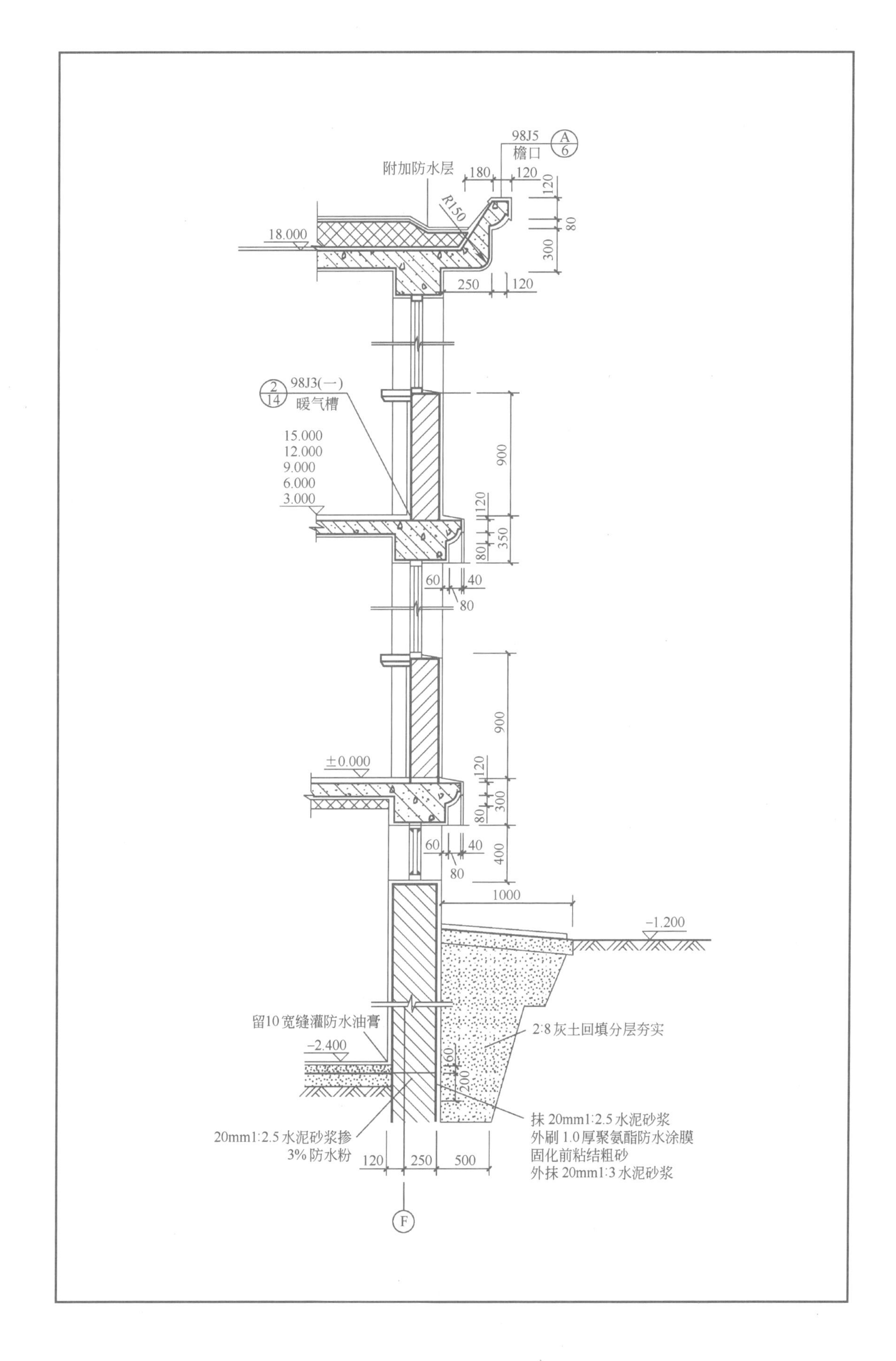
98J5
A
6
檐口
附加防水层
180
120
R150
120
80
300
18.000
250
120
2
14
98J3(一)
暖气槽
15.000
12.000
9.000
6.000
3.000
900
120
350
80
60
40
80
900
±0.000
120
300
80
60
40
80
400
1000
-1.200
留10宽缝灌防水油膏
2:8 灰土回填分层夯实
-2.400
160
200
抹 20mm1:2.5 水泥砂浆
外刷 1.0 厚聚氨酯防水涂膜
固化前粘结粗砂
外抹 20mm1:3 水泥砂浆
20mm1:2.5 水泥砂浆掺
3% 防水粉
120
250
500
F

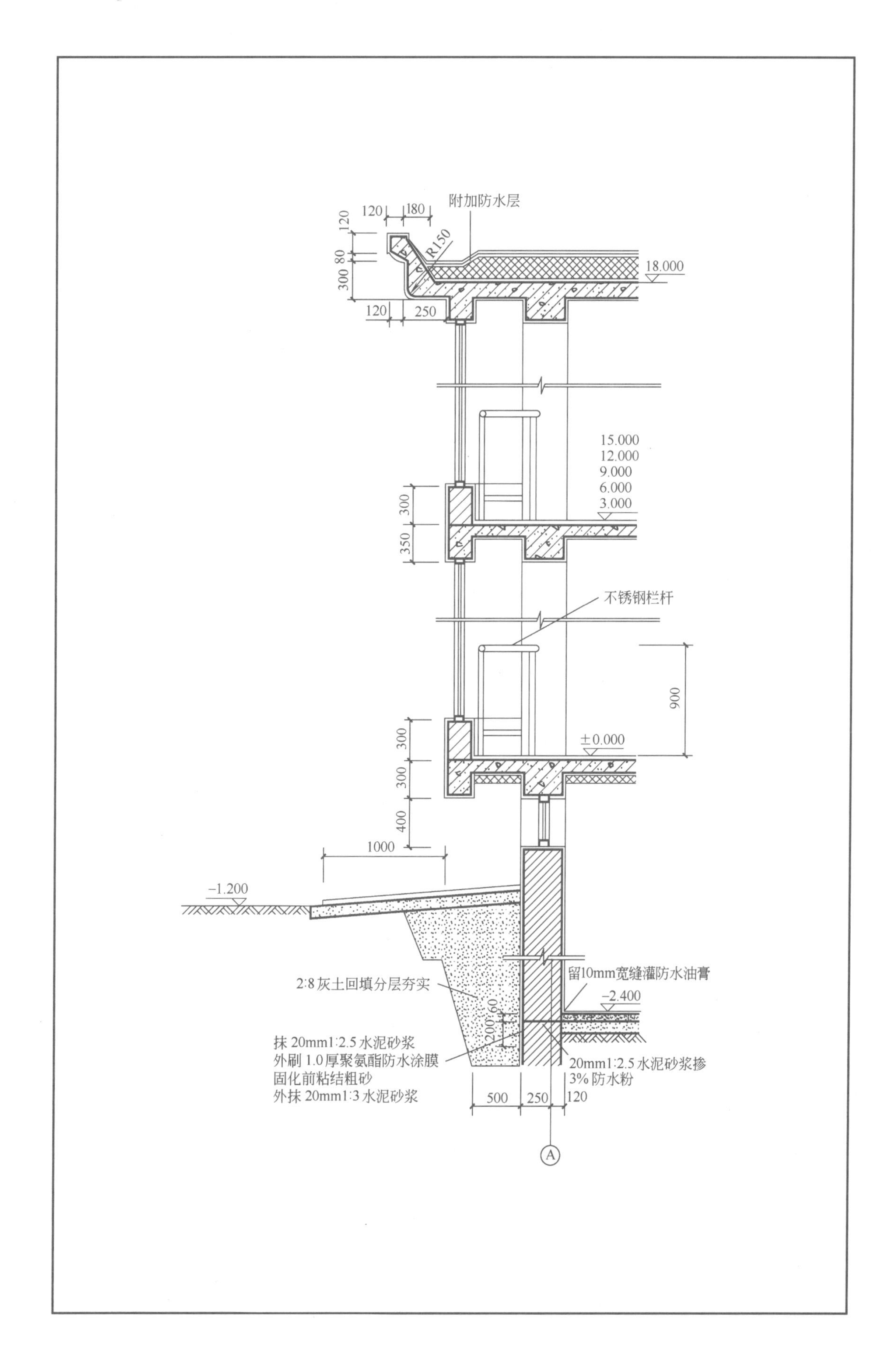

附加防水层
120
180
120
80
300
R150
18.000
120
250
15.000
12.000
9.000
6.000
3.000
300
350
不锈钢栏杆
900
±0.000
300
300
400
1000
-1.200
2:8灰土回填分层夯实
留10mm宽缝灌防水油膏
-2.400
200
60
抹20mm1:2.5水泥砂浆
外刷1.0厚聚氨酯防水涂膜
固化前粘结粗砂
外抹20mm1:3水泥砂浆
20mm1:2.5水泥砂浆掺
3%防水粉
500
250
120
A

# 设计施工说明

1. 本设计为××钢材厂招待所装饰工程。楼房⑥～⑯轴自二层起为该厂部分职工住宅，①～④轴底层为店面，住宅和店面内部装饰由住户和店主自行安排，不在本设计之内。

2. 设计标高

（1）本设计以各层室内主要地面为±0.000。

（2）本设计装饰构件的标高，不论是上顶面或下底面均包括装饰面层，建筑构件的下底面标高不包括装饰面层。

3. 本设计剖面剖切符号以及立面投影符号的编号，均附加了一个数字注脚，用以表示楼层。如 $1_1—1_1$ 表示底层 1—1 剖面，$A_2$ 表示二层 A 向立面。

4. 本设计标高以米为单位，其余尺寸以毫米为单位。

5. 本工程凡埋入或接触砌体之木构件均应进行防腐处理，全部木龙骨均需刷防火漆三道。

6. 本工程所用型钢骨架、吊筋等铁件均需刷防锈漆三道。

7. 除本说明外，均按现行国家及有关规范、规程施工。

8. 图纸未予详尽表明部分的装饰说明：

（1）外墙面装饰。

12mm 厚 1∶3 水泥砂浆抹底灰。

7mm 厚 1∶3 水泥砂浆掺 4%108 胶贴白色外墙面砖。

（2）底层部分内墙装饰。

洗手间墙面贴 200mm × 150mm × 5mm 淡米色釉面砖。

大厨房墙面 1800mm 高，贴 152mm × 152mm × 5mm 白色釉面砖，以上部分刮钢化仿瓷涂料三遍。

招待所办公室墙面 1100mm 高夹板墙裙，做法参见 $\frac{13}{11}$，墙裙以上刮钢化仿瓷涂料三遍。

（3）二至五层部分内墙装饰。

楼梯、平台、过道墙面 1100mm 高夹板墙裙，做法同上。

服务员房墙面刮钢化仿瓷涂料，15mm 厚硬木踢脚。

（4）三至五层标准间顶棚和立面装饰参照二层标准间，其余详见图纸内说明。

门　窗　表

| 设计编号 | 型式 | 标准图编号 | 洞口尺寸(mm) | | 数量 | 备注 |
|---|---|---|---|---|---|---|
| | | | 宽度 | 高度 | | |
| C1 | 铝合金推拉窗 | 92SJ713（五）.TLC90-1-15 | 1800 | 1500 | 4 | 银白色铝型材宝蓝色浮法玻璃 |
| C2 | 铝合金推拉窗 | 92SJ713（五）.TLC90-1-9 | 1500 | 1500 | 8 | 银白色铝型材宝蓝色浮法玻璃 |
| C3 | 铝合金平开窗 | 92SJ712（三）.PLC70-21 | 900 | 1200 | 3 | 银白色铝型材宝蓝色浮法玻璃 |
| C4 | 铝合金推拉窗 | 92SJ713（五）.TLC90-1-45 | 3000 | 1500 | 20 | 银白色铝型材宝蓝色浮法玻璃 |
| C5 | 铝合金推拉窗 | 参 92SJ713（五）.TLC90-1-48 | 3360 | 1800 | 12 | 银白色铝型材宝蓝色浮法玻璃，洞宽尺寸按本表 |

续表

| 设计编号 | 型式 | 标准图编号 | 洞口尺寸(mm) | | 数量 | 备注 |
|---|---|---|---|---|---|---|
| | | | 宽度 | 高度 | | |
| C6 | 铝合金推拉窗 | 92SJ713（五）.TLC90-1-29 | 2400 | 1500 | 4 | 银白色铝型材宝蓝色浮法玻璃 |
| M1 | 厚玻璃装饰门 | 见有关立面图和M1剖面详图 | 2400 | 2600 | 1 | |
| M2 | 厚玻璃装饰门 | 见有关立面图，参见M1剖面详图 | 1500 | 2150 | 1 | 无上侧亮，上横用101.6mm×44.5mm×1.8mm铝方管 |
| M3 | 镶玻地弹簧门 | 见M3门详图 | 1400 | 2100 | 1 | |
| M4 | 平开胶合板门 | 赣91J602.PJM-6 | 900 | 2100 | 26 | 水曲柳胶合板压制，成品定购 |
| M5 | 平开胶合板门 | 赣91J602.PJM-9 | 1000 | 2100 | 1 | 水曲柳胶合板压制，成品定购 |
| M6 | 平开胶合板门 | 参赣91J602.PJM-4 | 800 | 2050 | 17 | 水曲柳胶合板压制，洞高尺寸按本表，成品定购 |
| M7 | 平开全钢板门 | 浙85J603.GM280a | 1200 | 2500 | 1 | 1.2mm厚压花钢板 |
| M8 | 铝合金推拉门 | 92SJ606（二）.TLM90-1 | 1500 | 2100 | 4 | 古铜色铝型材，茶色浮法玻璃 |

## 图纸目录

| 序号 | 图纸内容 | 图别 | 图号 |
|---|---|---|---|
| 1 | 设计施工总说明，图纸目录，门窗表 | 饰施 | 1 |
| 2 | ④～⑯轴底层平面布置图 | 饰施 | 2 |
| 3 | ④～⑯轴底层顶棚平面图 | 饰施 | 3 |
| 4 | 门头、门面正立面图，①～④轴门廊平面图，主入口局部立面图 | 饰施 | 4 |
| 5 | $1_1$—$1_1$、$2_2$—$2_2$剖面图，④～⑥轴门头节点详图，招牌顶面排水大样 | 饰施 | 5 |
| 6 | $A_1$、$B_1$、$C_1$、$D_1$立面图 | 饰施 | 6 |
| 7 | $E_1$、$F_1$、$G_1$、$H_1$立面图 | 饰施 | 7 |
| 8 | $I_1$、$J_1$、$K_1$、$L_1$立面展开图，总服务台剖面详图，线脚①②③踢脚④大样 | 饰施 | 8 |
| 9 | 酒柜详图，酒吧台详图，门厅顶棚节点详图，大餐厅顶棚节点详图，线脚⑤⑥⑦⑧大样 | 饰施 | 9 |
| 10 | 门廊花岗石圆柱详图，M1剖面详图，M3门详图，大餐厅厚玻璃门门套详图，线脚⑨⑩大样 | 饰施 | 10 |
| 11 | 窗套详图，单扇夹板门门套详图<br>底层小餐厅内墙剖面，楼梯栏板与踏步详图 | 饰施 | 11 |
| 12 | ①～⑥轴二层平面布置图 | 饰施 | 12 |
| 13 | ①～⑥轴二层顶棚平面图 | 饰施 | 13 |
| 14 | $1_2$—$1_2$、$2_2$—$2_2$剖面图，$A_2$、$B_2$立面图 | 饰施 | 14 |
| 15 | $D_2$、$C_2$立面图，$3_2$—$3_2$剖面图，漱洗台构造详图 | 饰施 | 15 |
| 16 | $4_2$—$4_2$剖面图，$E_2$（$G_2$）、$F_2$立面图， | 饰施 | 16 |
| 17 | ①～⑥轴三层平面布置图 | 饰施 | 17 |

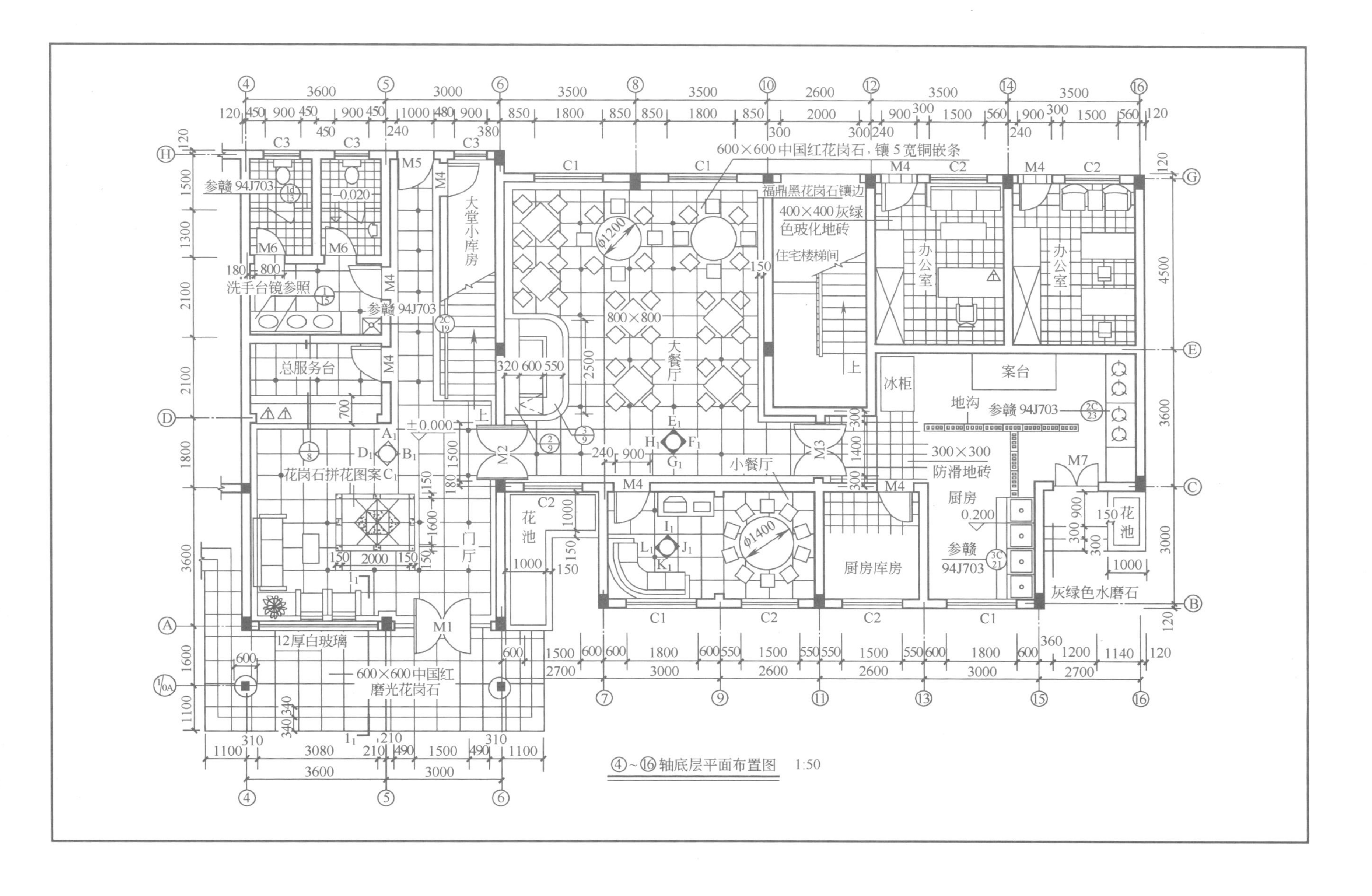

④~⑯轴底层平面布置图 1:50

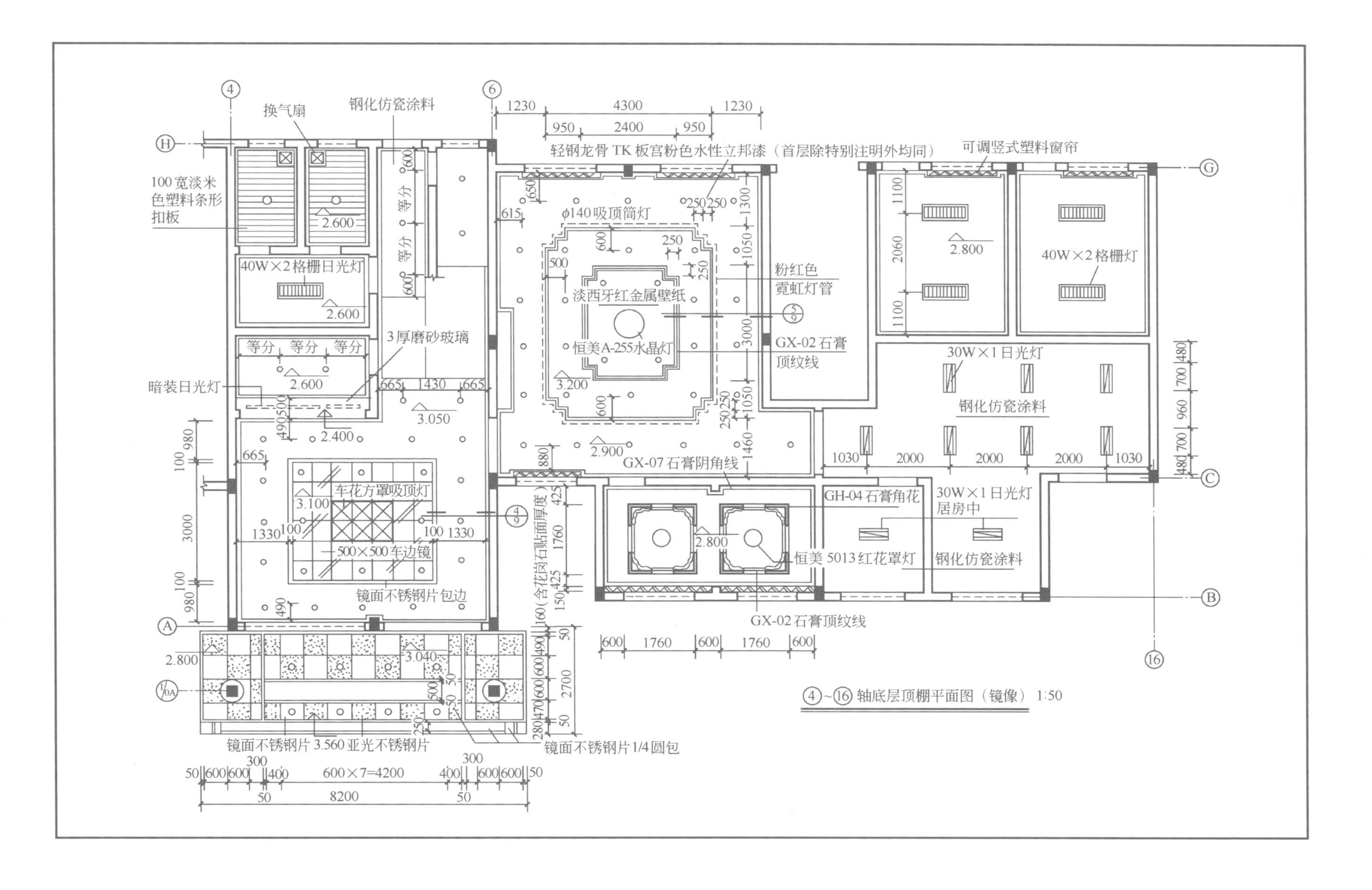

④～⑯轴底层顶棚平面图（镜像） 1:50

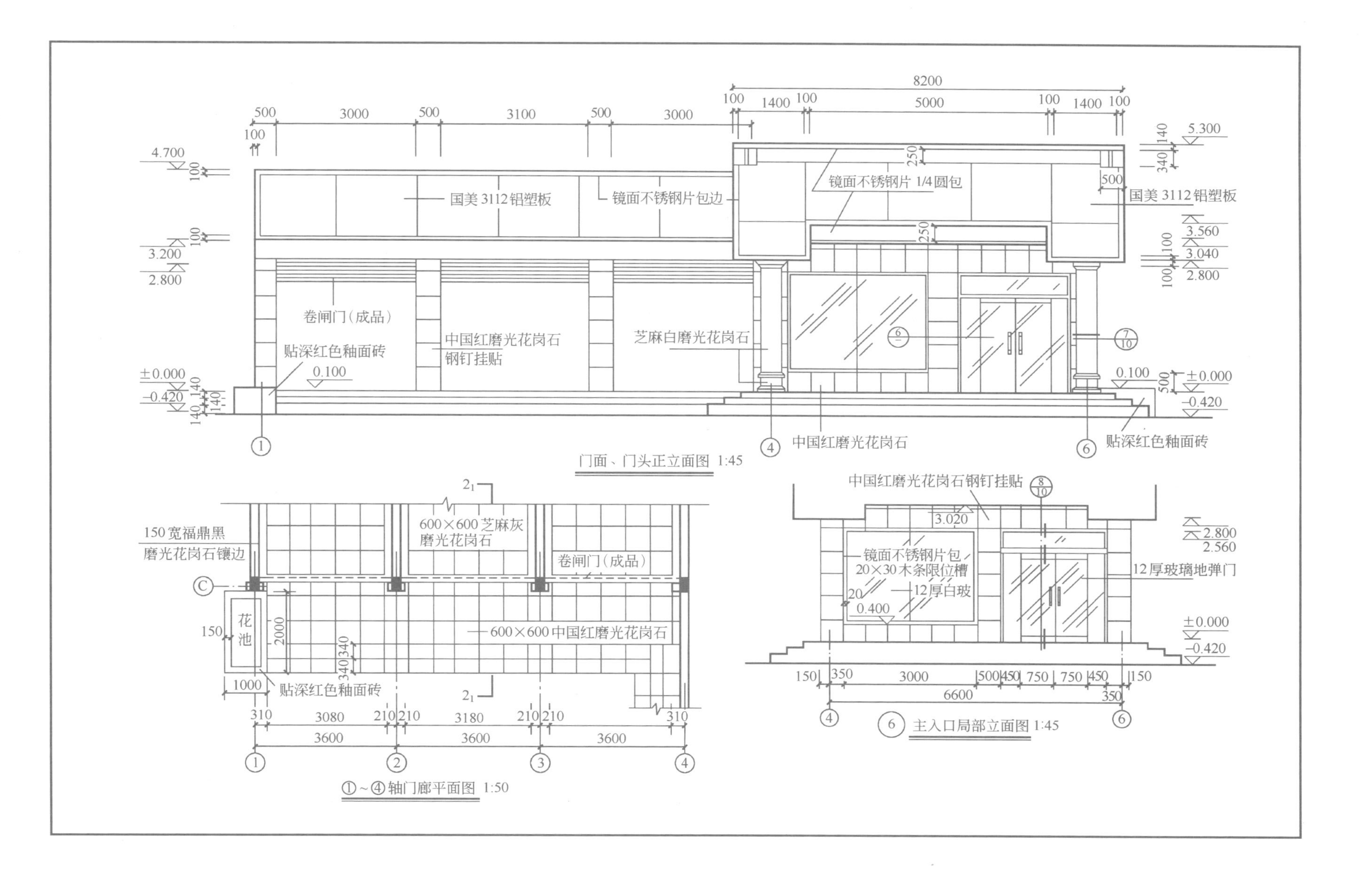

门面、门头正立面图 1:45

①～④轴门廊平面图 1:50

⑥ 主入口局部立面图 1:45

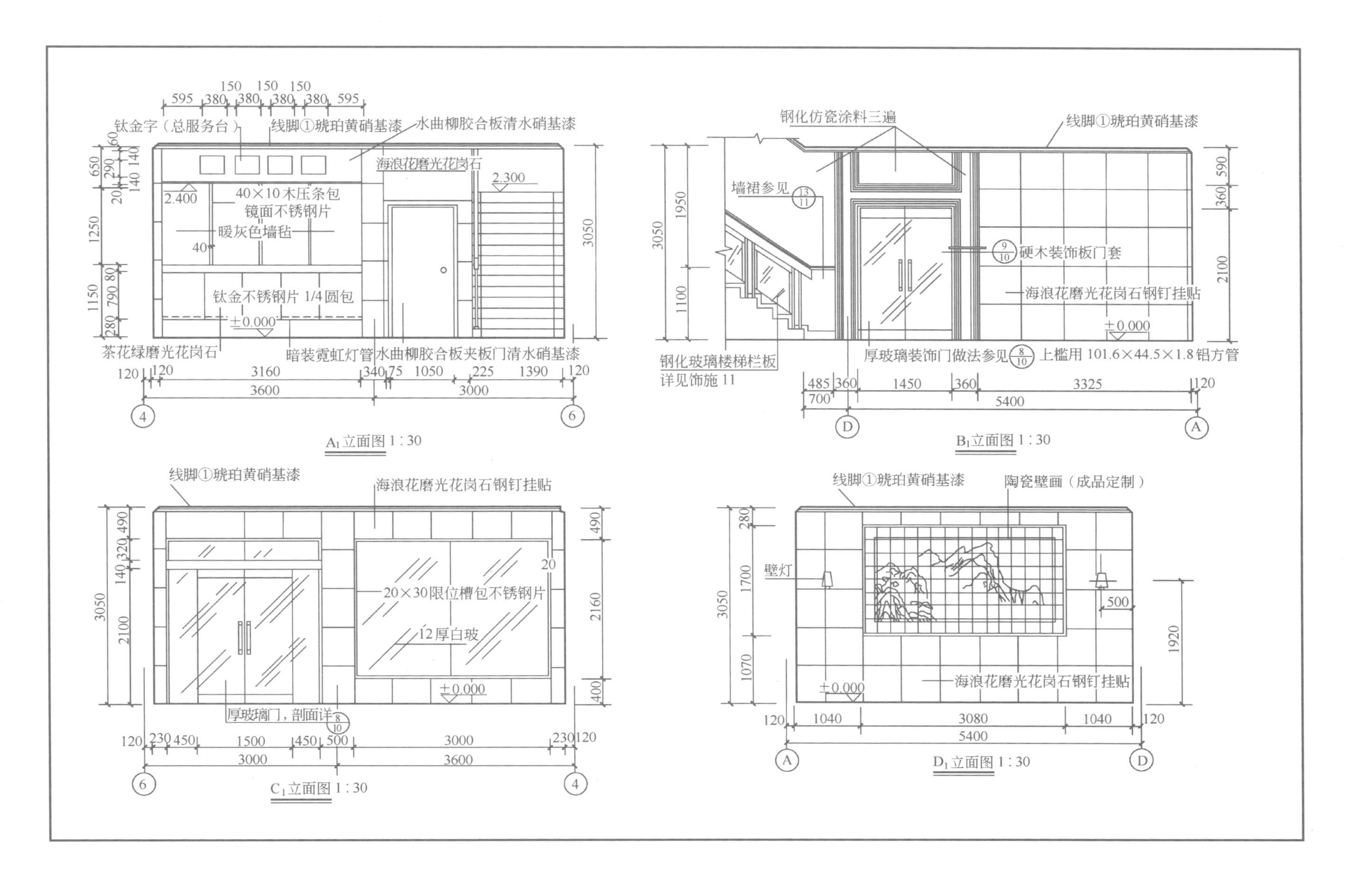

A1立面图 1:30

B1立面图 1:30

C1立面图 1:30

D1立面图 1:30

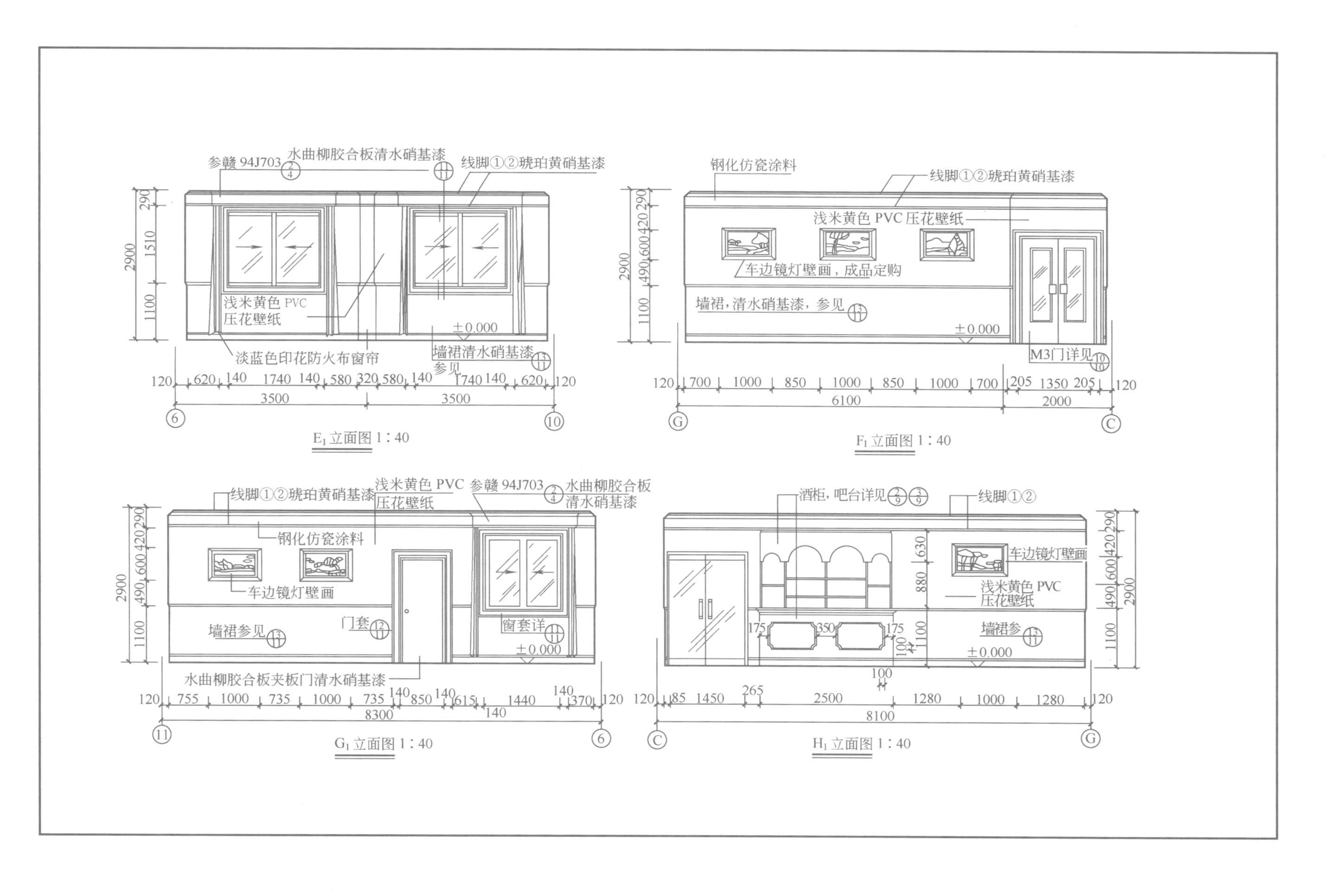
参赣 94J703
水曲柳胶合板清水硝基漆
线脚①②琥珀黄硝基漆
浅米黄色 PVC
压花壁纸
淡蓝色印花防火布窗帘
墙裙清水硝基漆
参见
±0.000
E1 立面图 1∶40
钢化仿瓷涂料
线脚①②琥珀黄硝基漆
浅米黄色 PVC 压花壁纸
车边镜灯壁画，成品定购
墙裙，清水硝基漆，参见
±0.000
M3门详见
F1 立面图 1∶40
线脚①②琥珀黄硝基漆
浅米黄色 PVC
压花壁纸
参赣 94J703
水曲柳胶合板
清水硝基漆
钢化仿瓷涂料
车边镜灯壁画
墙裙参见
门套
窗套详
±0.000
水曲柳胶合板夹板门清水硝基漆
G1 立面图 1∶40
酒柜，吧台详见
线脚①②
车边镜灯壁画
浅米黄色 PVC
压花壁纸
墙裙参
±0.000
H1 立面图 1∶40

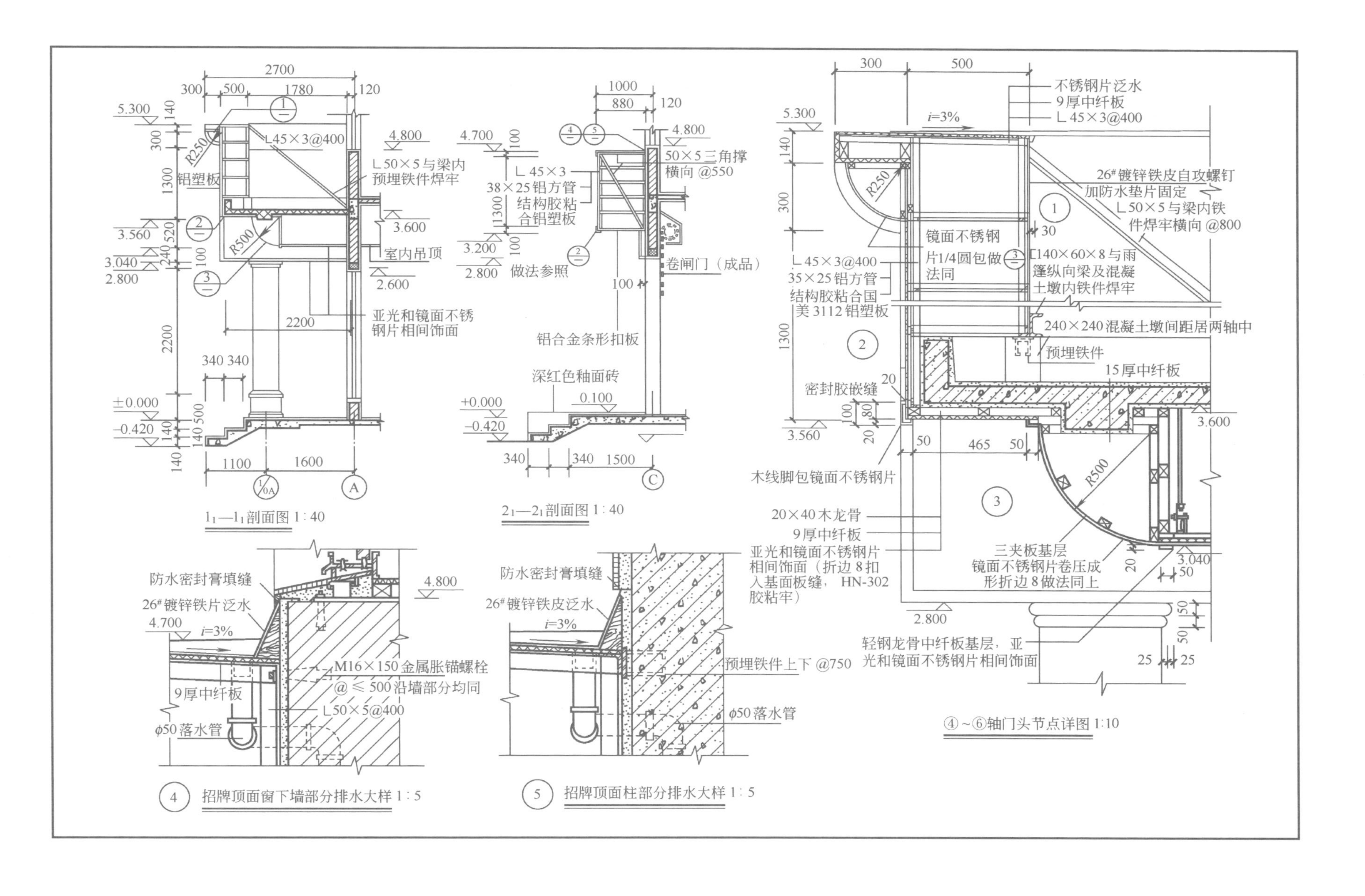


1₁—1₁剖面图 1∶40

2₁—2₁剖面图 1∶40

④~⑥轴门头节点详图 1:10

④ 招牌顶面窗下墙部分排水大样 1∶5

⑤ 招牌顶面柱部分排水大样 1∶5

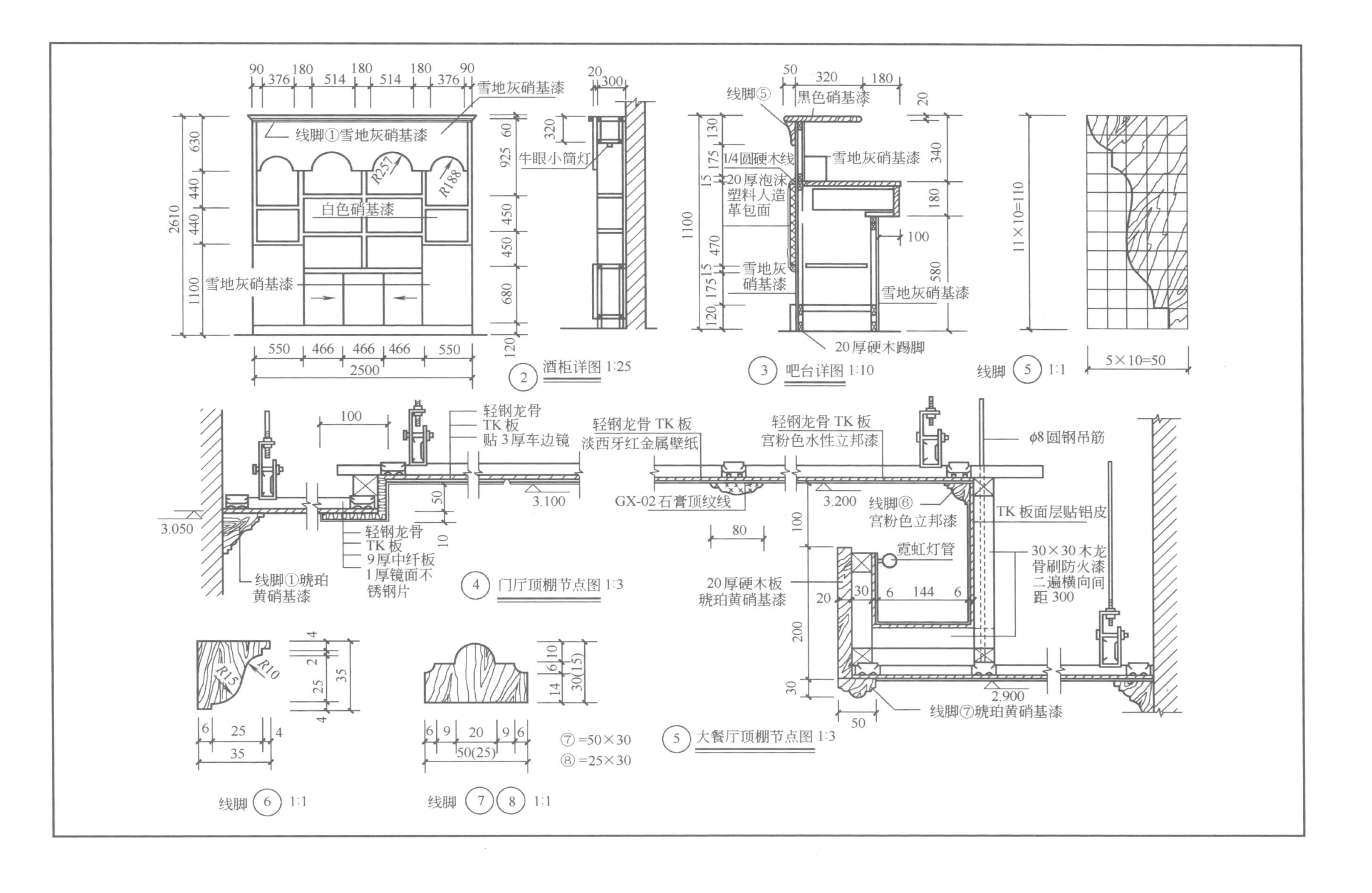


② 酒柜详图 1:25

③ 吧台详图 1:10

线脚 ⑤ 1:1

④ 门厅顶棚节点图 1:3

⑤ 大餐厅顶棚节点图 1:3

线脚 ⑥ 1:1

线脚 ⑦ ⑧ 1:1

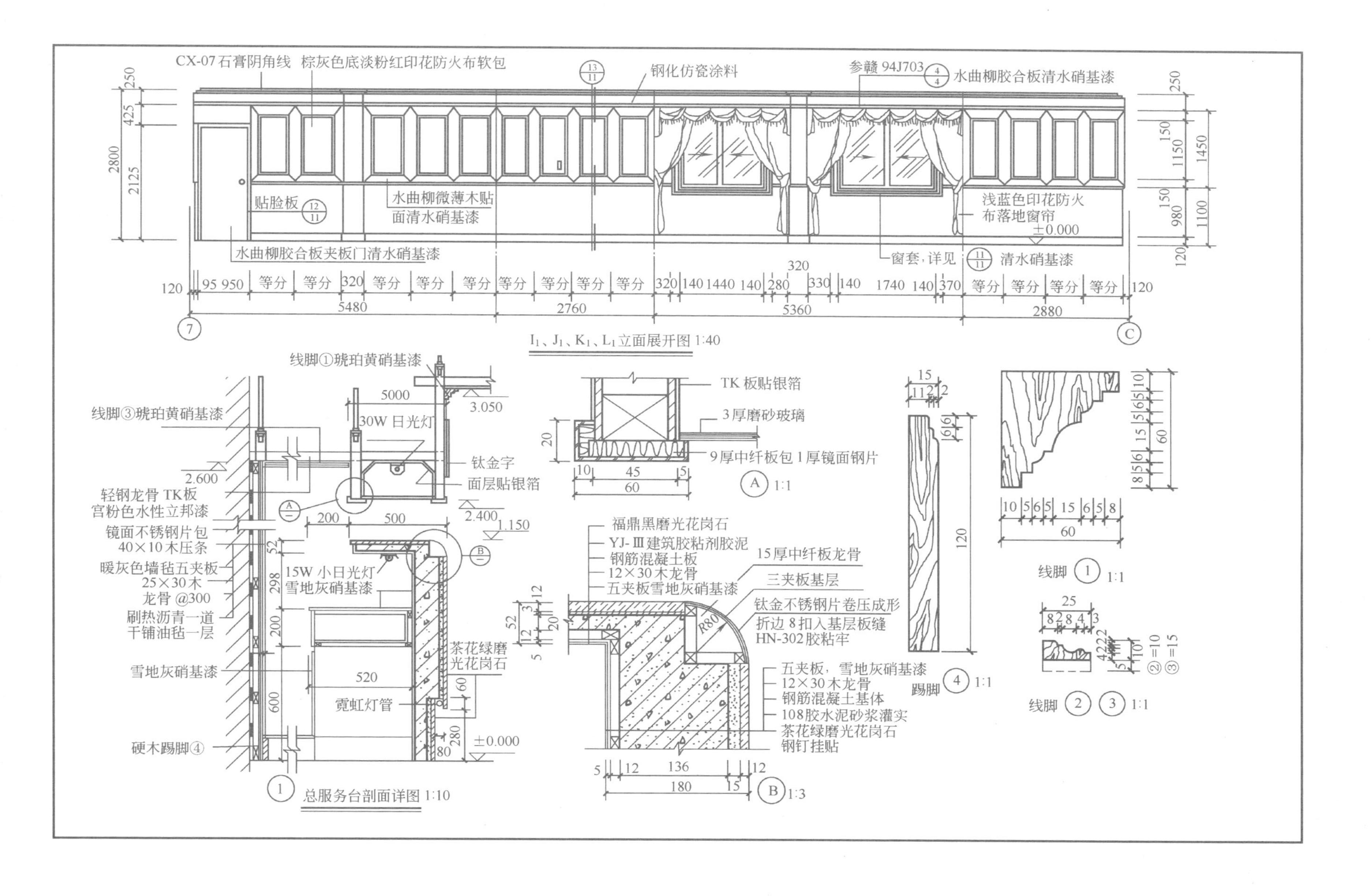

CX-07石膏阴角线
棕灰色底淡粉红印花防火布软包
钢化仿瓷涂料
参赣 94J703
水曲柳胶合板清水硝基漆
贴脸板
水曲柳微薄木贴面清水硝基漆
水曲柳胶合板夹板门清水硝基漆
浅蓝色印花防火布落地窗帘
±0.000
窗套，详见
清水硝基漆
I1、J1、K1、L1立面展开图 1:40
线脚①琥珀黄硝基漆
线脚③琥珀黄硝基漆
30W 日光灯
钛金字
面层贴银箔
轻钢龙骨 TK板
宫粉色水性立邦漆
镜面不锈钢片包
40×10木压条
暖灰色墙毡五夹板
25×30木
龙骨 @300
刷热沥青一道
干铺油毡一层
15W 小日光灯
雪地灰硝基漆
茶花绿磨光花岗石
霓虹灯管
硬木踢脚④
总服务台剖面详图 1:10
TK 板贴银箔
3厚磨砂玻璃
9厚中纤板包 1厚镜面钢片
A 1:1
福鼎黑磨光花岗石
YJ-Ⅲ建筑胶粘剂胶泥
钢筋混凝土板
12×30木龙骨
五夹板雪地灰硝基漆
15厚中纤板龙骨
三夹板基层
钛金不锈钢片卷压成形
折边 8扣入基层板缝
HN-302胶粘牢
五夹板，雪地灰硝基漆
12×30木龙骨
钢筋混凝土基体
108胶水泥砂浆灌实
茶花绿磨光花岗石
钢钉挂贴
B 1:3
踢脚 4 1:1
线脚 1 1:1
线脚 2 3 1:1
②=10
③=15

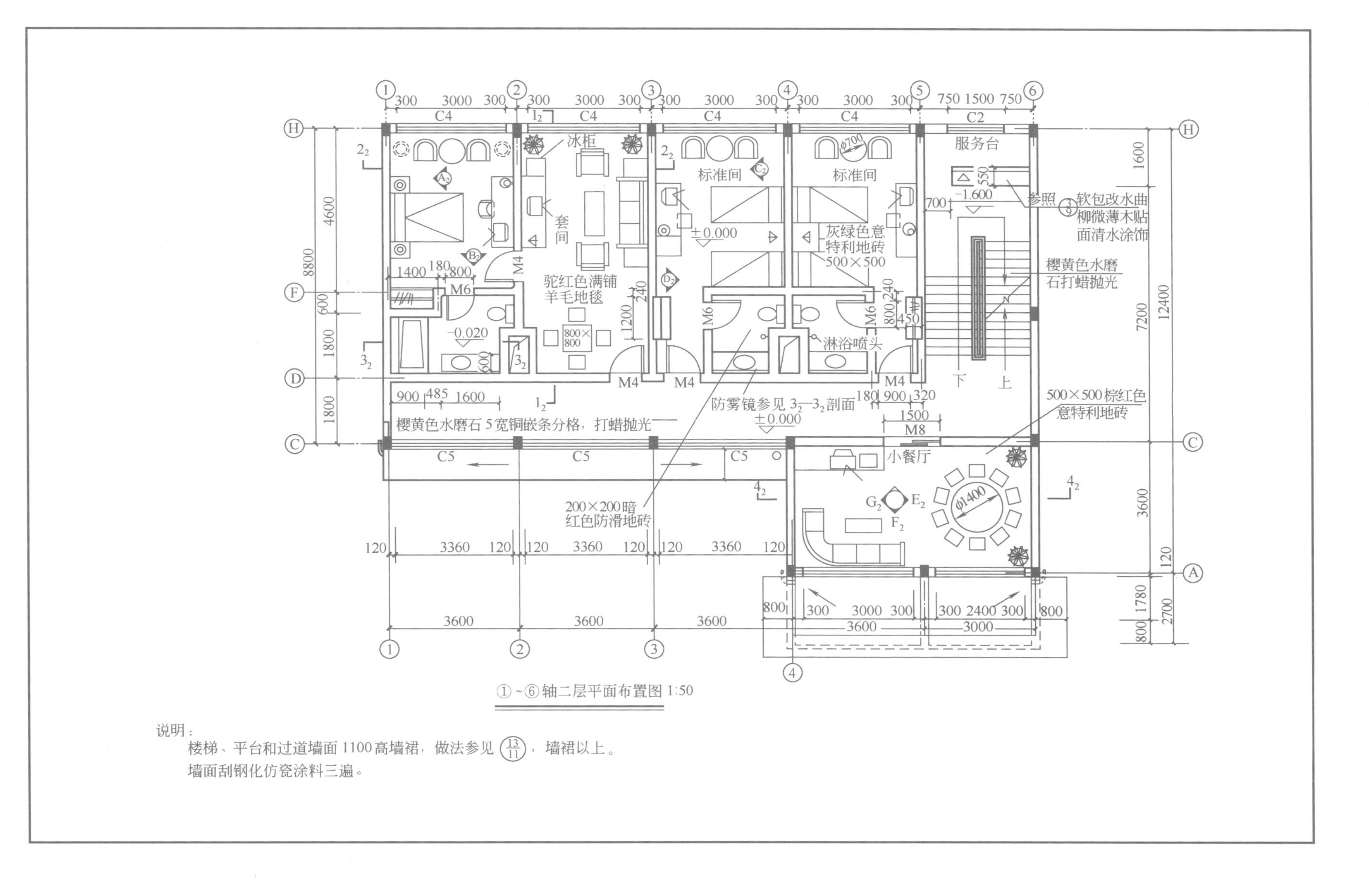


① ~ ⑥ 轴二层平面布置图 1:50

说明：

楼梯、平台和过道墙面 1100 高墙裙，做法参见 $\frac{13}{11}$，墙裙以上。

墙面刮钢化仿瓷涂料三遍。

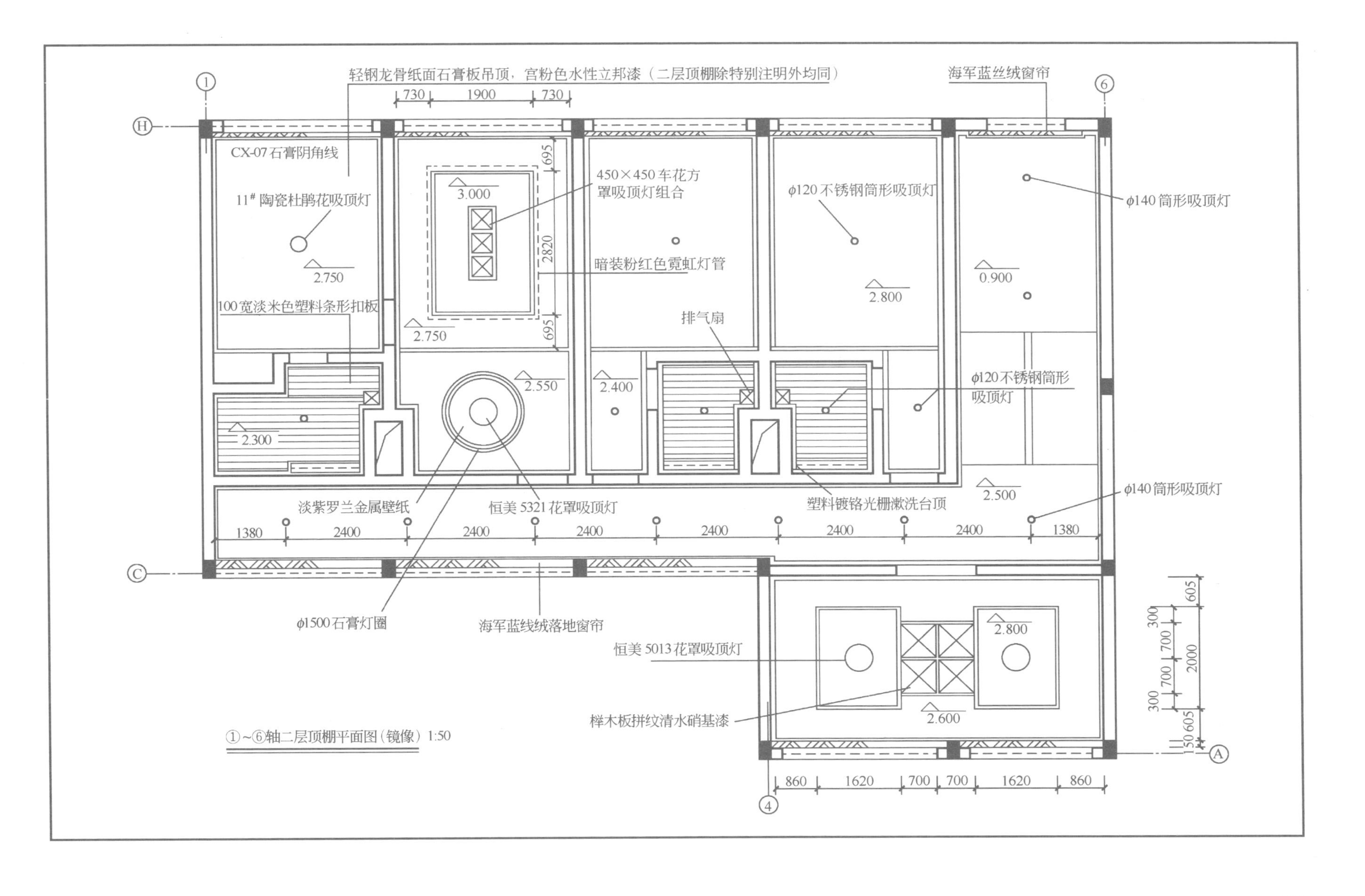


①～⑥轴二层顶棚平面图（镜像）1:50

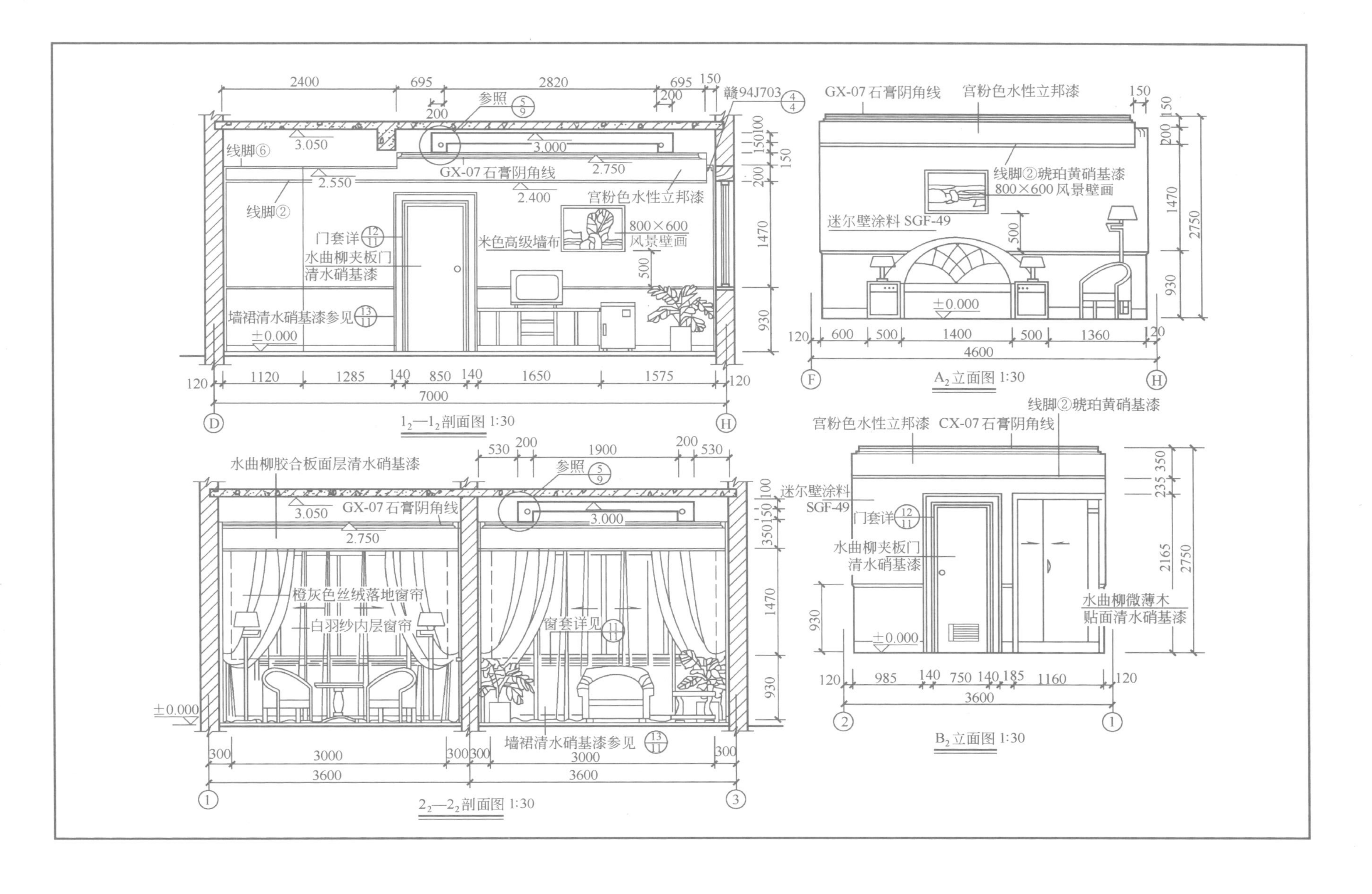

参照
赣94J703
线脚⑥
GX-07石膏阴角线
线脚②
宫粉色水性立邦漆
门套详
水曲柳夹板门
清水硝基漆
米色高级墙布
800×600
风景壁画
墙裙清水硝基漆参见
±0.000
$1_2$—$1_2$剖面图 1:30
GX-07石膏阴角线
宫粉色水性立邦漆
线脚②琥珀黄硝基漆
800×600 风景壁画
迷尔壁涂料 SGF-49
$A_2$立面图 1:30
水曲柳胶合板面层清水硝基漆
橙灰色丝绒落地窗帘
白羽纱内层窗帘
窗套详见
墙裙清水硝基漆参见
$2_2$—$2_2$剖面图 1:30
线脚②琥珀黄硝基漆
宫粉色水性立邦漆 CX-07石膏阴角线
迷尔壁涂料
SGF-49
门套详
水曲柳夹板门
清水硝基漆
水曲柳微薄木
贴面清水硝基漆
$B_2$立面图 1:30

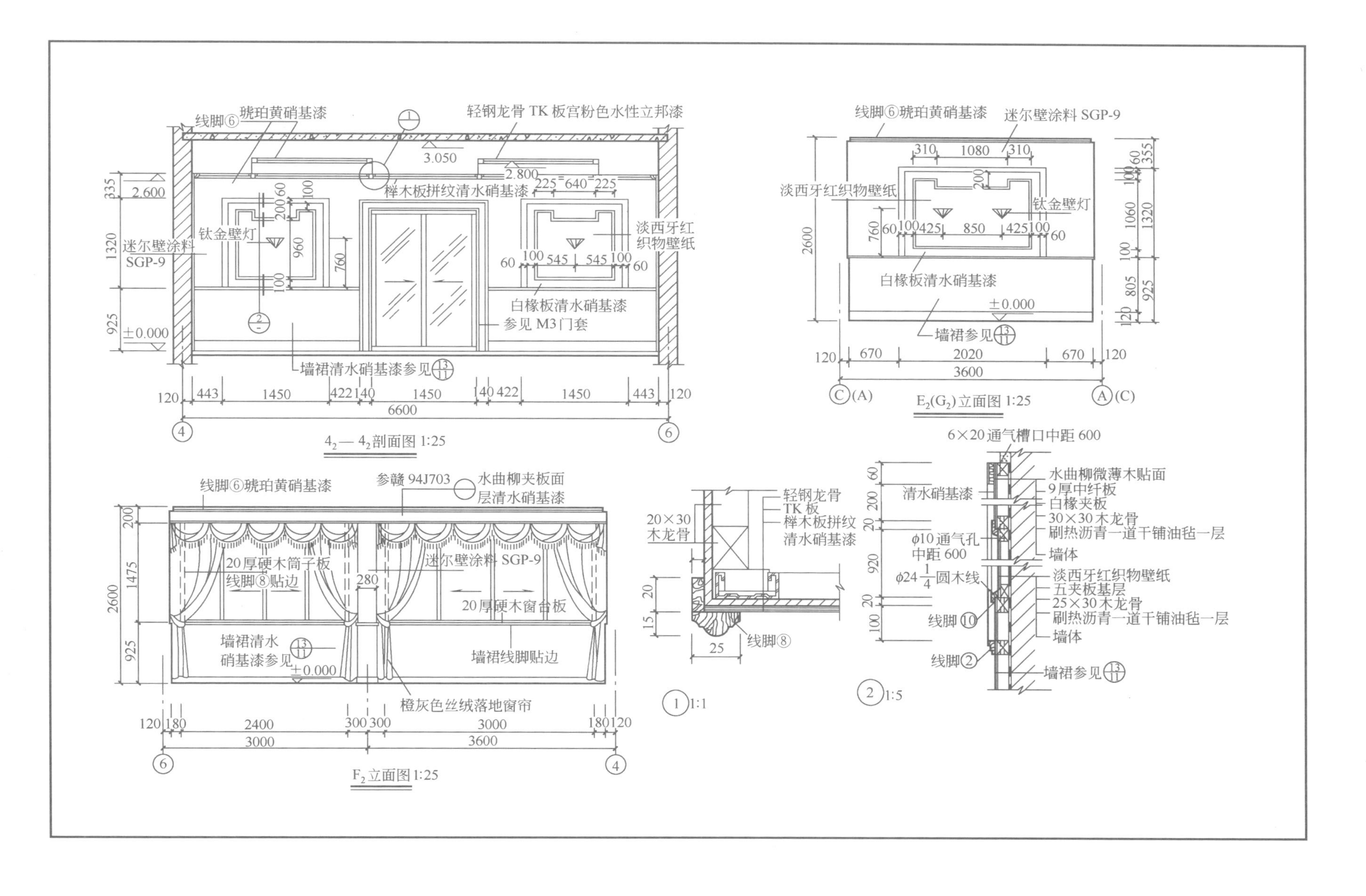
线脚⑥琥珀黄硝基漆
轻钢龙骨 TK 板宫粉色水性立邦漆
3.050
2.800
榉木板拼纹清水硝基漆
2.600
迷尔壁涂料 SGP-9
钛金壁灯
淡西牙红织物壁纸
白橡板清水硝基漆
参见 M3 门套
±0.000
墙裙清水硝基漆参见
6600
$4_2$—$4_2$剖面图 1:25
迷尔壁涂料 SGP-9
3600
$E_2(G_2)$立面图 1:25
墙裙参见
参赣 94J703
水曲柳夹板面层清水硝基漆
20厚硬木筒子板线脚⑧贴边
20厚硬木窗台板
墙裙清水硝基漆参见
墙裙线脚贴边
橙灰色丝绒落地窗帘
$F_2$立面图 1:25
20×30木龙骨
轻钢龙骨
TK 板
榉木板拼纹
清水硝基漆
线脚⑧
1:1
6×20通气槽口中距 600
清水硝基漆
φ10通气孔中距 600
φ24 $\frac{1}{4}$圆木线
线脚⑩
线脚②
水曲柳微薄木贴面
9厚中纤板
白橡夹板
30×30木龙骨
刷热沥青一道干铺油毡一层
墙体
淡西牙红织物壁纸
五夹板基层
25×30木龙骨
刷热沥青一道干铺油毡一层
墙体
墙裙参见
1:5

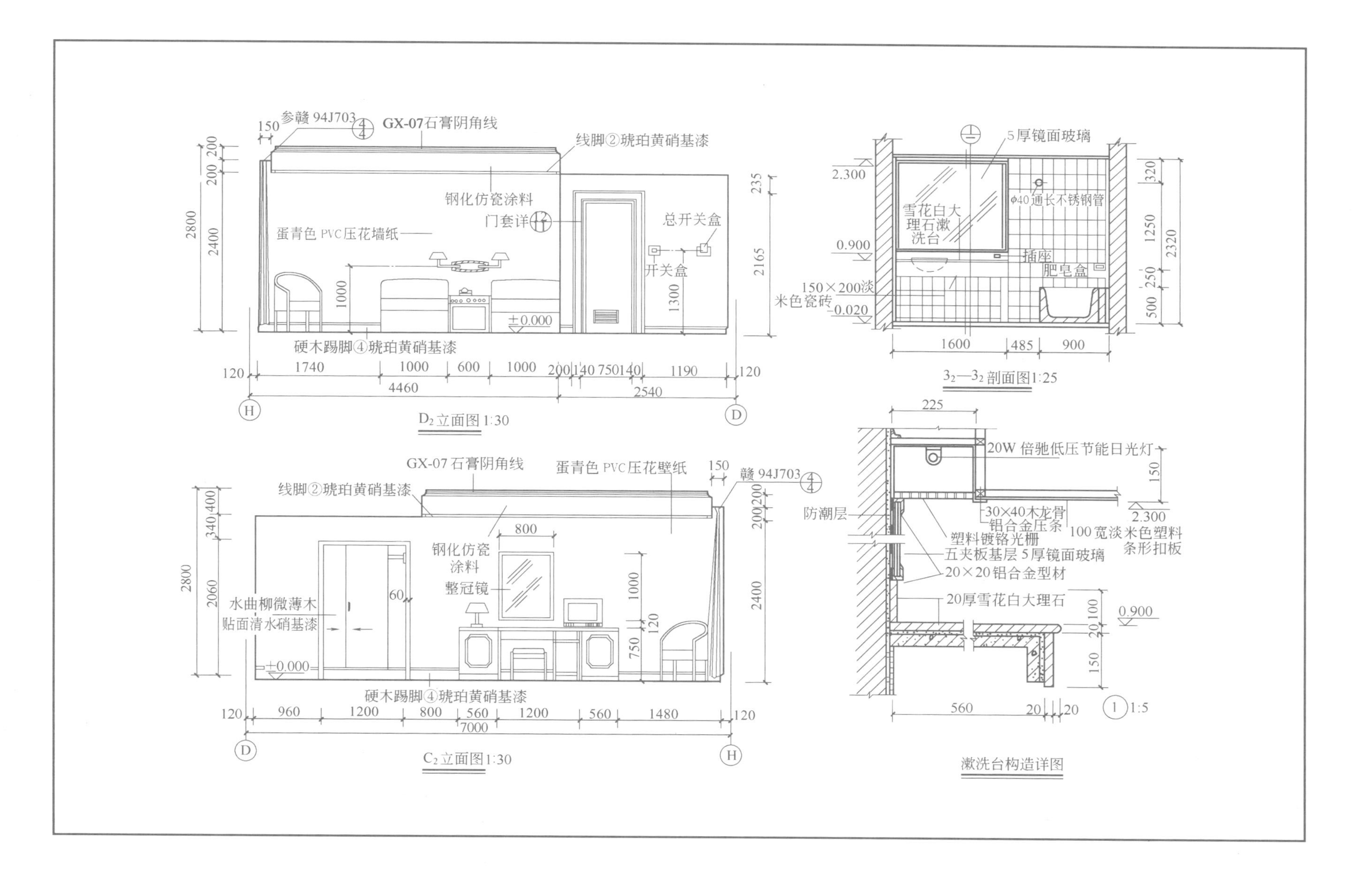

参赣 94J703
GX-07石膏阴角线
线脚②琥珀黄硝基漆
钢化仿瓷涂料
门套详
总开关盒
蛋青色 PVC压花墙纸
开关盒
硬木踢脚④琥珀黄硝基漆
±0.000
D₂立面图 1:30
GX-07石膏阴角线
蛋青色 PVC压花壁纸
赣 94J703
线脚②琥珀黄硝基漆
钢化仿瓷涂料
整冠镜
水曲柳微薄木贴面清水硝基漆
硬木踢脚④琥珀黄硝基漆
C₂立面图 1:30
5厚镜面玻璃
ϕ40通长不锈钢管
雪花白大理石漱洗台
插座
肥皂盒
150×200淡米色瓷砖
3₂—3₂剖面图 1:25
20W 倍驰低压节能日光灯
防潮层
30×40木龙骨
铝合金压条
100宽淡米色塑料条形扣板
塑料镀铬光栅
五夹板基层 5厚镜面玻璃
20×20铝合金型材
20厚雪花白大理石
1:5
漱洗台构造详图

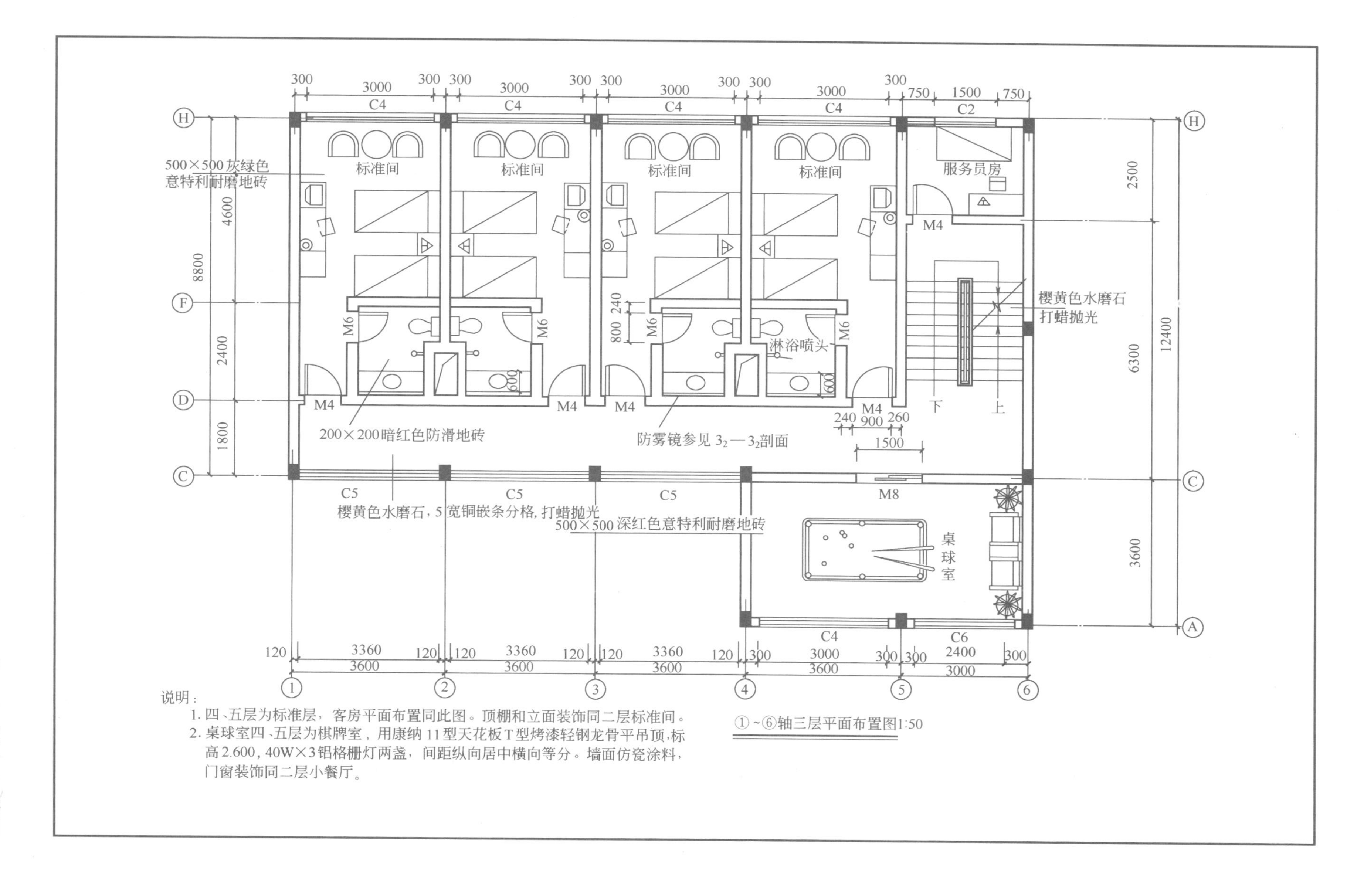


说明：

1. 四、五层为标准层，客房平面布置同此图。顶棚和立面装饰同二层标准间。
2. 桌球室四、五层为棋牌室，用康纳11型天花板T型烤漆轻钢龙骨平吊顶，标高2.600，40W×3铝格栅灯两盏，间距纵向居中横向等分。墙面仿瓷涂料，门窗装饰同二层小餐厅。

①～⑥轴三层平面布置图1:50